学电脑从入门到精通

电脑软硬件维修

从入门到精通（第2版）

王红军　等编著

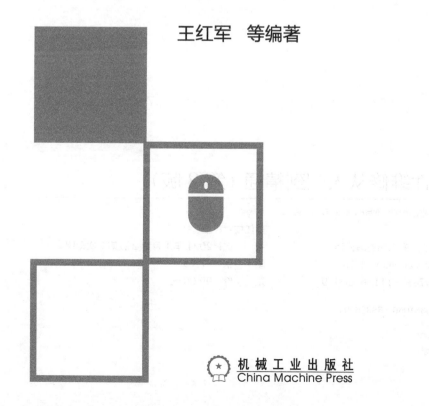

机械工业出版社
China Machine Press

图书在版编目（CIP）数据

电脑软硬件维修从入门到精通 / 王红军等编著 . —2 版 . —北京：机械工业出版社，2020.1（2024.1 重印）

ISBN 978-7-111-64360-9

I. 电…　II. 王…　III. 计算机维护　IV. TP306

中国版本图书馆 CIP 数据核字（2020）第 015070 号

电脑软硬件维修从入门到精通（第 2 版）

出版发行：机械工业出版社（北京市西城区百万庄大街 22 号　邮政编码：100037）

责任编辑：罗丹琪　　责任校对：殷　虹

印　刷：北京捷迅佳彩印刷有限公司　　版　次：2024 年 1 月第 2 版第 7 次印刷

开　本：185mm×260mm　1/16　　印　张：37.75

书　号：ISBN 978-7-111-64360-9　　定　价：99.00 元

客服电话：（010）88361066　68326294

前言

作为电脑维修类工具书，本书从实战出发，以理论结合实际的方式全面讲解电脑最常用的维修方法，包括电脑主要硬件、系统和软件、网络、数据恢复、数据加密等方面的故障诊断修复方法。

写作目的

作为一名电脑维修工作人员，笔者经常遇到一些非常简单的电脑故障，比如键盘和鼠标接口插反了，再比如一个用户说显卡坏了，买了新的显卡，但经过检测发现是显卡的驱动程序出了问题，而显卡没问题。如何让电脑用户了解电脑的维护维修方法，掌握电脑故障的基本处理技能，是笔者最初的写作目的。

在使用电脑的过程中，会发生各种错误，很难在一本书中给出所有错误的解决方法。本书并不试图简单地罗列电脑发生的错误，而是着重介绍如何判断电脑的错误以及解决的方法和手段。本书以电脑软硬件维修的基本技能知识开篇，让读者能够充分了解电脑的结构原理，掌握电脑软硬件故障发生的原因，明确解决故障的思路，还提供了电脑软硬件故障的应急处理方法，让你在电脑罢工时不至于手忙脚乱。

本书内容

本书内容分为六篇，包括多核电脑维护与调试、系统和网络故障诊断与修复、电脑硬件故障诊断与维修、电脑周边设备故障维修、电脑芯片级故障维修、数据恢复与加密技术。

第一篇：多核电脑维护与调试。维修电脑软硬件的第一步是了解电脑的组成结构，掌握基本的电脑维护技能。这些基本技能包括设置 UEFIBIOS 的技能，快速启动操作系统的技能，超大硬盘分区技术，安装、设置硬件驱动的技能，Windows 系统优化方法，设置注册表的方法等。学习本篇内容，可以帮助读者在找出电脑故障后，使用基本维修技能对电脑进行基本的维护维修。

第二篇：系统和网络故障诊断与修复。在日常使用电脑的过程中，用户操作不当、电脑病毒、系统文件损坏等致使 Windows 系统或软件出现问题是电脑故障的主要原因，对于这些问题，只要你掌握一定的系统软件维修的基本知识和方法，都可以轻松应对。本篇主要讲解电脑软件故障的维修方法，如修复 Windows 系统错误的方法；修复 Windows 系统启动与关机故障的方法，修复 Windows 系统蓝屏故障的方法，网络搭建与故障诊断维修方法。

第三篇：电脑硬件故障诊断与维修。本篇主要讲解电脑硬件方面的各种故障的诊断修复方法。首先讲解了电脑硬件故障的诊断方法，然后讲解了各种硬件设备包括 CPU、主板、内存、硬盘、显卡、显示器、光驱、电源等故障的诊断修复方法，同时总结了大量的硬件故障案例，供读者学习，增加实践经验。

第四篇：电脑周边设备故障维修。本篇主要讲解电脑周边设备故障的诊断修复方法。首先讲解了键盘、鼠标故障的诊断方法，然后讲解了音箱、U 盘、打印机、复印机、扫描仪、投影仪等设备和笔记本电脑故障的诊断修复方法，同时总结了大量硬件故障案例。

第五篇：电脑芯片级故障维修。本篇主要讲解电脑硬件设备芯片级故障维修方法。首先讲解了芯片级维修工具的使用方法，电脑元器件好坏的检测方法，然后讲解了主板、硬盘等硬件电路芯片级维修方法。

第六篇：数据恢复与加密。由于误操作或其他原因导致硬盘数据被删除或被损坏等情况屡屡发生，那么如何恢复丢失或损坏的硬盘数据呢？本篇将带你深入了解硬盘数据存储的奥秘，掌握恢复硬盘数据的方法。

本书特点

❑ 循序渐进

本书按照人们对事物认识的一般规律，从遇到的实际问题出发，先介绍电脑的结构和工作原理、基本维护技能，然后介绍在使用电脑的过程中可能遇到的软硬件问题，并介绍如何解决这些问题，让读者能够充分了解电脑的运行原理，明确电脑出现故障的原因和解决故障的思路。

❑ 实战性强

本书没有生硬地讲解各种电脑知识，而是通过各种维修实例，图文结合，分步讲解，使读者一目了然。读者可结合本书内容在电脑上实践操作，不但能够快速掌握电脑的使用、维修技巧，还可以获得成就感。

❑ 引人入胜

与其他同类书籍相比，本书更注重故障分析和故障诊断维修技能的培养，所谓知其然更要知其所以然。为了让读者更容易理解那些微小到肉眼看不见的电子运动，本书使用了大量的图片、模拟示意图、形象的比喻等手法，让知识不再枯燥。

读者对象

本书语言通俗易懂，总结了大量案例，诊断维修方法简单实用，资料准确全面。适合初、中级电脑用户学习使用，也可供中、高级电脑爱好者精进理论，专业维修人员和网络管理员参照使用，还可作为中专、大专院校相关专业师生的参考书。

参加本书编写的人员有王红军、贺鹏、王红明、韩海英、付新起、韩佶洋、多国华、多国明、李传波、杨辉、连俊英、孙丽萍、张军、刘继任、齐叶红、刘冲、多孟琦、王伟伟、王红丽、高红军、马广明、丁兰凤等。

由于作者水平有限，书中难免有遗漏和不足之处，恳请社会业界同仁及读者朋友提出宝贵意见。

感谢

一本书的出版要经历很多环节，在此感谢机械工业出版社以及负责本书的李华君等编辑，他们不辞辛苦，为本书出版做了大量工作。

王红军

2020 年 1 月

目录

第三篇　电脑硬件故障诊断与维修

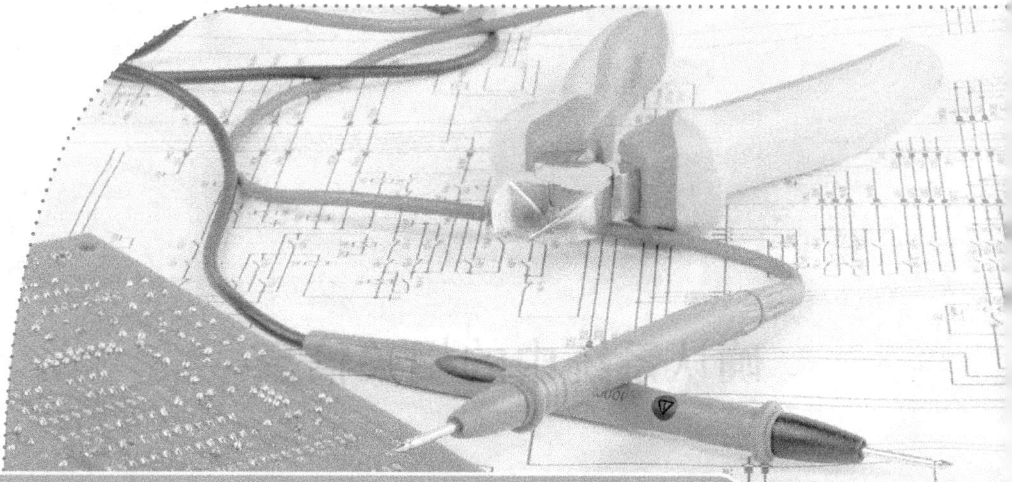

第一篇

多核电脑维护与调试

- 第 1 章　确认系统中的相关信息
- 第 2 章　了解多核电脑硬件的结构
- 第 3 章　制作电脑维修应急启动盘
- 第 4 章　掌握 BIOS 有用设置
- 第 5 章　各种硬盘的分区技术
- 第 6 章　快速重装 Windows 10 系统
- 第 7 章　优化 Windows 系统
- 第 8 章　优化注册表

计算机现已成为不可缺少的工具，而且随着信息技术的发展，用户在使用电脑时面临着越来越多的系统维护和管理问题，如系统安装升级、软件系统优化、系统备份、注册表维护等，如果不能及时有效地处理好这些问题，将会给正常工作、生活带来影响。

如何让系统稳定、快速地运行呢？本篇将为你带来最新多核电脑维护调试的设置方法。

第 1 章 确认系统中的相关信息

当你接触一台电脑时，会想了解这台电脑是什么配置，什么档次，想评判一下这台电脑性能的好坏。要想清晰地了解电脑的具体情况，就需要通过一些途径进行查看。本章将详细讲解如何查看电脑的配置，介绍电脑启动画面的含义，以及评判电脑档次和性能的方法。

1.1 查看电脑配置

组装电脑的用户最喜欢问的一句话是：这台电脑的配置怎么样？

查看电脑配置的方法有很多，最好的方法是打开电脑主机箱，取下各个部件，确认其型号后，在制造商网站上查询各部件的详细参数。

1.1.1 查看简单的硬件信息

不管你是电脑“小白”，还是电脑达人，买了电脑后第一时间想到的可能就是查看其配置，如何在不开主机箱的条件下查看电脑配置呢？最直接的办法就是查看“设备管理器”中关于电脑配置的信息。操作方法如下（以 Windows 10 系统为例）。

1）在桌面的“这台电脑”图标上单击鼠标右键，然后在弹出菜单中选择“属性”命令，如图 1-1 所示。

2）在打开的“系统”窗口中，单击左侧的“设备管理器”选项按钮，如图 1-2 所示。

3）在“设备管理器”窗口中可以查看电脑的硬件信息，如图 1-3 所示。在硬件信息列表中单击左侧的小三角可以展开具体设备项，查看详细信息，如图 1-4 所示。

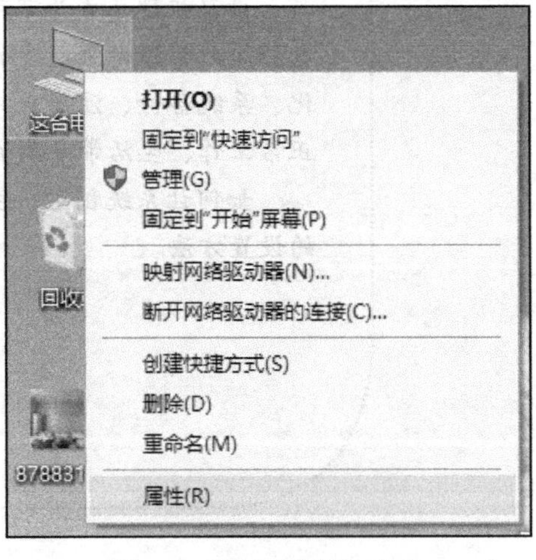

图 1-1 选择“属性”命令

图 1-2 “系统”窗口

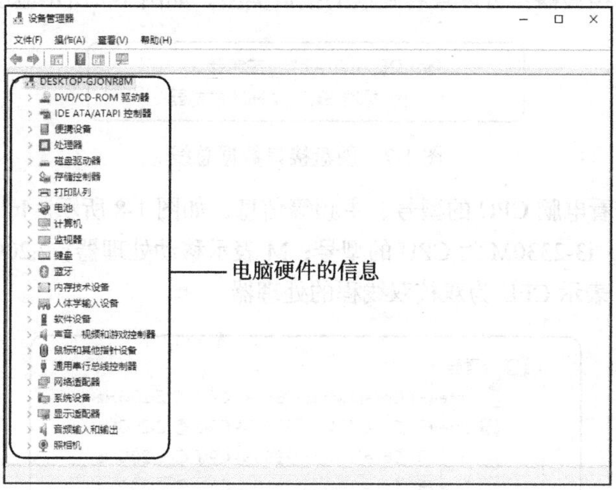

图 1-3 “设备管理器”窗口

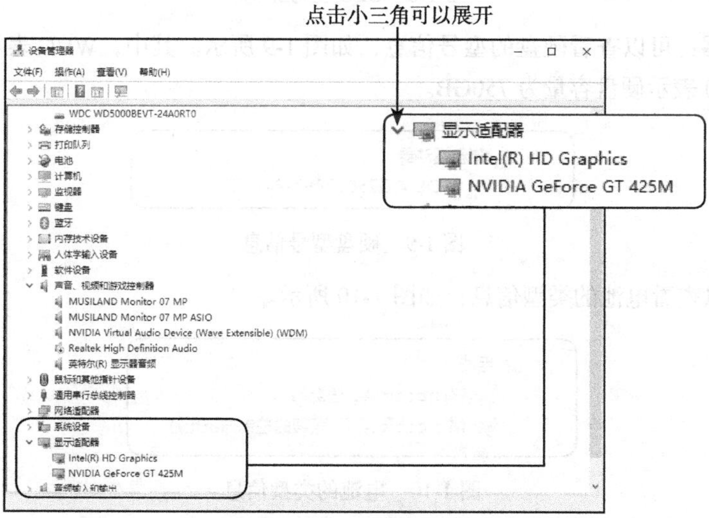

图 1-4 展开硬件详细信息

在设备管理器中，硬件的简要信息如下。

蓝牙：可以查看蓝牙设备的版本等信息，如图 1-5 所示。

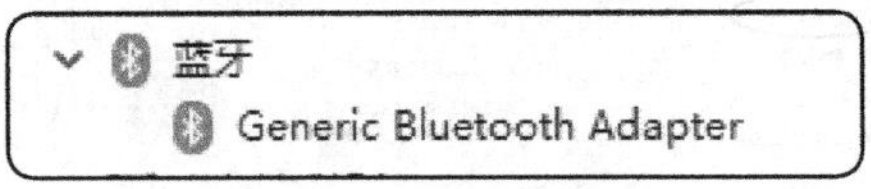

图 1-5 蓝牙设备信息

DVD/DC-ROM 驱动器：可以查看电脑中光驱的信息，如图 1-6 所示。图中显示电脑所装光驱为“Slimtype DVD A DS8A4S”，即 DVD 刻录机。

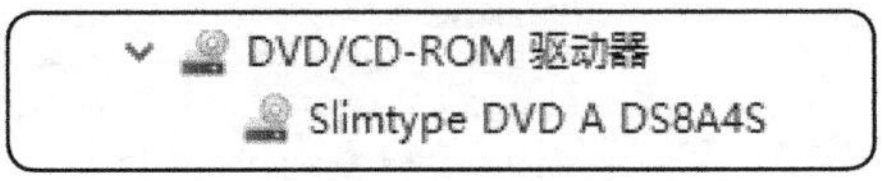

图 1-6 光驱设备信息

IDE ATA/ATAPI 控制器：可以查看硬盘的接口类型。如图 1-7 所示显示硬盘接口为 SATA。

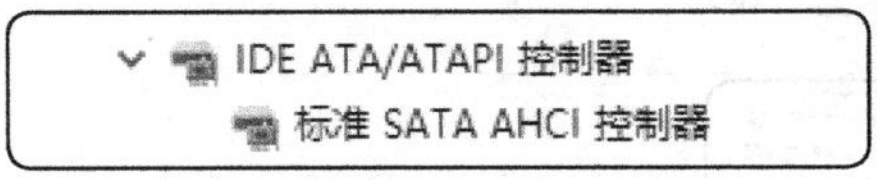

图 1-7 硬盘接口数据总线

处理器：可以查看电脑 CPU 的型号、主频等信息，如图 1-8 所示。Intel 为 CPU 的生产商；Core 为 CPU 的名称；i3-2330M 为 CPU 的型号；M 表示移动处理器；2.20GHz 为 CPU 的主频。图中有 4 个处理器，表示 CPU 为双核双线程的处理器。

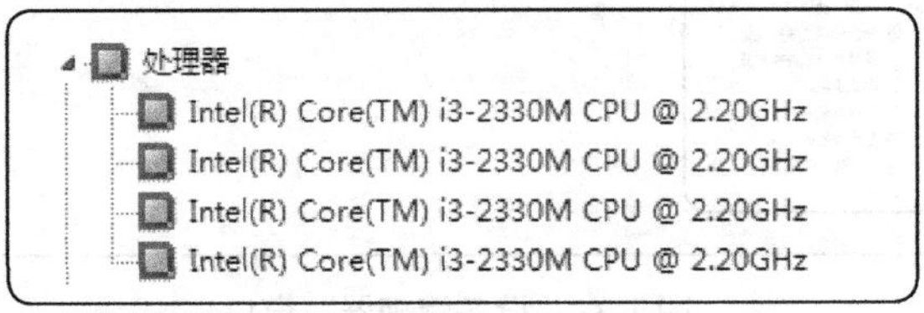

图 1-8 CPU 型号信息

磁盘驱动器：可以查看硬盘的型号信息，如图 1-9 所示。其中，WDC 表示硬盘生产商为西部数据，7500 表示硬盘容量为 750GB。

图 1-9 硬盘型号信息

电池：可以查看电池的类型信息，如图 1-10 所示。

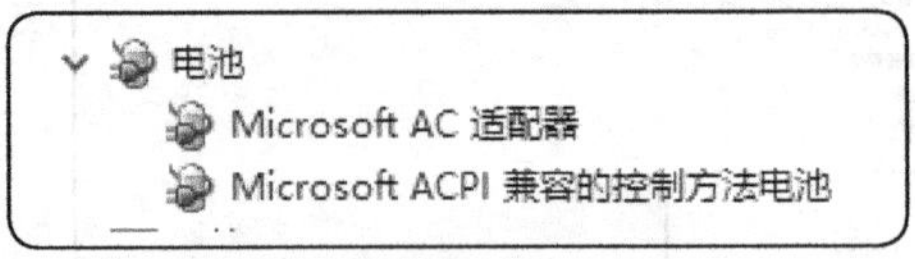

图 1-10 电池的类型信息

计算机：可以查看电脑主板的架构信息，如图 1-11 所示。

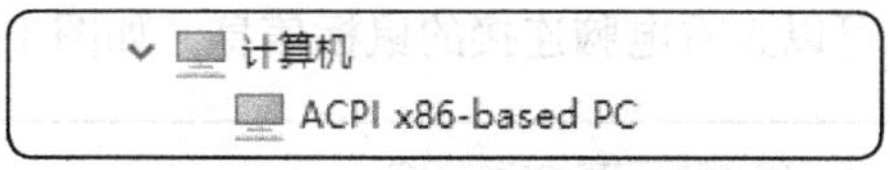

图 1-11　电脑主板架构信息

监视器：可以查看显示器的大致信息。如图 1-12 所示，显示了电脑连接的两个显示器。

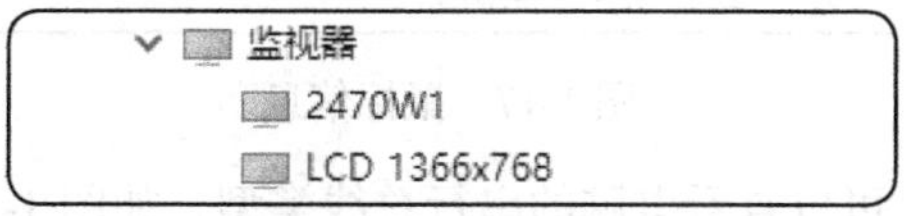

图 1-12　显示器的信息

键盘：可以查看电脑连接键盘类型信息。如图 1-13 所示，表示电脑有一个笔记本键盘和一个外接标准键盘。

图 1-13　键盘信息

内存技术设备：可以查看内存总线信息，如图 1-14 所示。

图 1-14　内存总线信息

人体学输入设备：可以查看电脑中的人体学输入设备，如鼠标、蓝牙等，如图 1-15 所示。

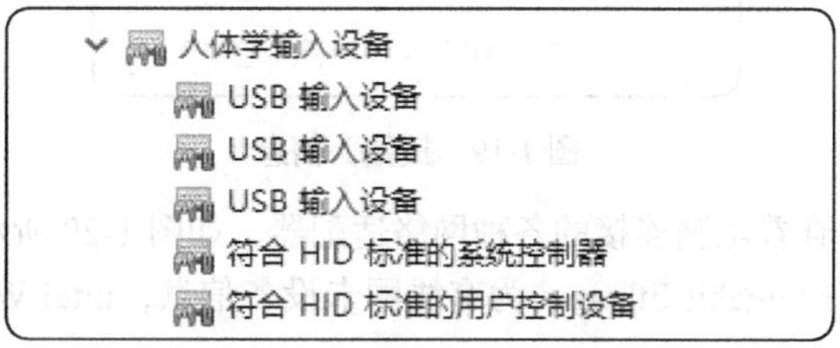

图 1-15　人体学输入设备信息

声音、视频和游戏控制器：可以查看电脑的声卡、视频卡、游戏杆等设备信息，如图 1-16 所示。其中，Realtek 为声卡的生产商，蓝牙音频为电脑蓝牙设备。

图 1-16　声卡、视频卡和游戏杆信息

鼠标和其他指针设备：可以查看电脑连接的鼠标信息，如图 1-17 所示。

图 1-17　鼠标信息

通用串行总线控制器：可以查看电脑的串行总线类型，如图 1-18 所示。

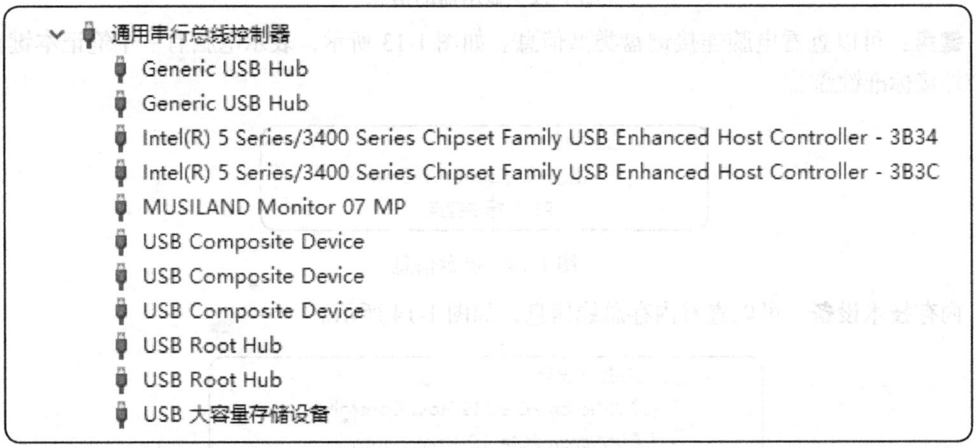

图 1-18　串行总线类型

照相机：可以查看电脑的摄像头信息，如图 1-19 所示。图中 Lenovo 为摄像头生产商——联想公司。

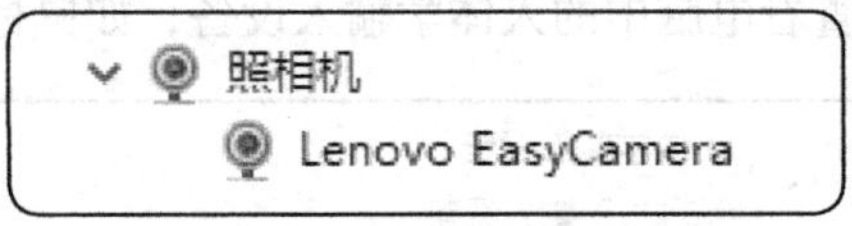

图 1-19　摄像头信息

网络适配器：可以查看电脑连接的各种网络适配器，如图 1-20 所示。图中 Bluetooth 表示蓝牙，Broadcom Netlink Gigabit Ethernet 为有线网卡设备信息，Intel WiFi Link1000 BGN 为无线网卡信息。

图 1-20　网卡信息

系统设备：可以查看系统中的各种信息，如图 1-21 所示。

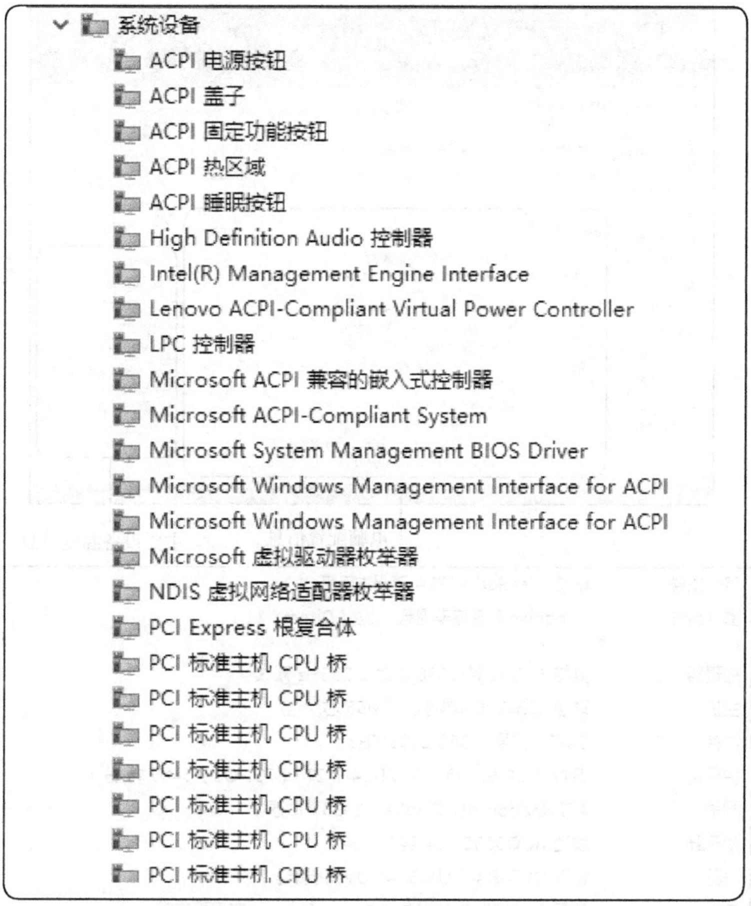

图 1-21　系统信息

显示适配器：可以查看电脑显卡的信息，如图 1-22 所示。图中，NVIDIA GeForce GT 425M 为其中一个显卡的信息，GT 425M 为显卡型号，Intel (R) HD Graphics 为另一个显卡的信息。

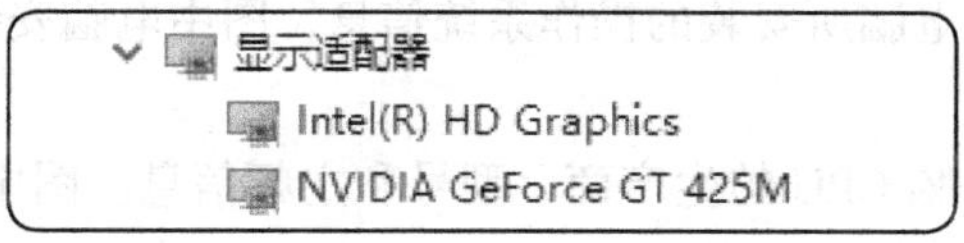

图 1-22　显卡信息

1.1.2　查看详细的硬件信息

借用软件查看详细的硬件信息是一种非常简单的方法，目前可以使用的软件有很多，最常用的是鲁大师、360 硬件检测以及 QQ 电脑管家。下面我们以鲁大师为例进行讲解。

首先从网上下载鲁大师硬件检测软件（www.ludashi.com）并安装。接着运行安装好的鲁大师软件。

鲁大师检测软件首先会扫描电脑的硬件设备，然后会提供一个电脑概览，说明电脑硬件的基本配置，如图 1-23 所示。

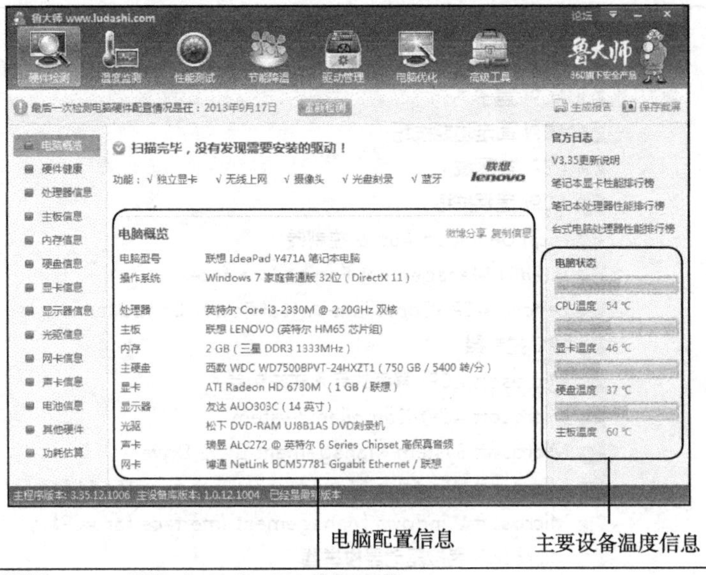

电脑型号	联想 IdeaPad Y471A 笔记本电脑
操作系统	Windows 7 家庭普通版 32位（DirectX 11）
处理器	英特尔 Core i3-2330M @ 2.20GHz 双核
主板	联想 LENOVO (英特尔 HM65 芯片组)
内存	2 GB（三星 DDR3 1333MHz）
主硬盘	西数 WDC WD7500BPVT-24HXZT1（750 GB / 5400 转/分）
显卡	ATI Radeon HD 6730M （1 GB / 联想）
显示器	友达 AUO303C（14 英寸）
光驱	松下 DVD-RAM UJ8B1AS DVD刻录机
声卡	瑞昱 ALC272 @ 英特尔 6 Series Chipset 高保真音频
网卡	博通 NetLink BCM57781 Gigabit Ethernet / 联想

图 1-23　电脑概览界面

电脑型号：可以显示电脑的类型及名称信息，图中显示为联想 Y471A 笔记本电脑。如果组装的是台式电脑，则会显示“X64 兼容台式电脑”。

操作系统：可以显示电脑所安装的操作系统信息，图中电脑安装的是 32 位的 Windows 7 操作系统。

处理器：可以显示电脑 CPU 的生产商、型号和主频信息。图中 CPU 为 Intel 公司的酷睿 i3-2330 双核处理器，主频为 2.20GHz。

主板：可以显示电脑主板的生产商和芯片组型号信息。图中为联想主板，芯片组为 HM65。

内存：可以显示电脑内存的容量、生产商和频率信息。图中为三星公司的 DDR3 内存，容量为 2GB，频率为 1333MHz。

主硬盘：可以显示电脑硬盘的生产商、容量和转速信息。图中为西部数据生产的容量为 750GB 的硬盘，转速为 5400 转 / 分。

显卡：可以显示电脑中显卡的型号和参数信息。图中为 AMD 公司生产的 HD 6730 显卡，显存容量为 1GB。

显示器：可以显示电脑显示器的类型信息。图中显示器为友达公司生产的 14 英寸[⊖]显示器。

⊖ 1 英寸 =2.54 厘米。——编辑注

光驱：可以显示光驱的生产商和类型信息。图中为松下公司生产的 DVD 刻录机。

声卡：可以显示声卡的生产商和类型信息。

网卡：可以显示网卡的型号信息。

1. 查看硬件使用状况

在鲁大师软件界面的左边显示有电脑各种硬件信息的选项按钮，单击想要查看的硬件信息选项按钮，即可查看电脑对应硬件更加详细的信息。如图 1-24 所示为单击“硬件健康”选项按钮后的界面。

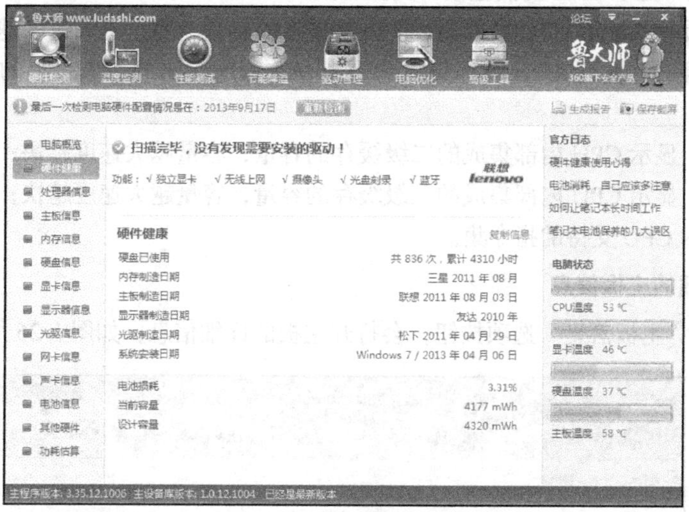

图 1-24　硬件健康信息

在此信息界面中，会显示硬盘的使用时间和次数、内存的生产日期、主板的生产日期、显示器的生产日期、光驱的生产日期、系统安装日期、电池的总容量和损耗情况等信息。

2. 查看详细的处理器信息

单击左侧的“处理器信息”选项按钮，会打开处理器的详细信息，如图 1-25 所示。

图 1-25　处理器详细信息

"当前温度"为CPU当前工作的温度；

"处理器"显示CPU的生产商、型号、主频和单双核；

"速度"显示CPU的主频、外频和倍频（图中的外频为100MHz，倍频为22）；

"处理器数量"显示CPU的核心数和线程数，即是单核、双核、三核、四核或是六核；

"核心代号"显示CPU的内核代号；

"生产工艺"显示CPU的制造生产工艺，有22纳米、32纳米、45纳米等几种，越小工艺越好；

"插槽/插座"显示CPU的插座接口类型，如Socket G2等；

"一级数据缓存"显示CPU内部集成的一级缓存的容量，容量越大速度越快；

"一级代码缓存"显示CPU内部集成的用来存放程序代码的一级缓存的容量，容量越大越好；

"二级缓存"显示CPU内部集成的二级缓存的容量，容量越大速度越快；

"三级缓存"显示CPU内部集成的三级缓存的容量，容量越大速度越快；

"特征"显示CPU支持的指令集。

3. 查看详细的主板信息

单击左侧的"主板信息"选项按钮，会打开主板的详细信息，如图1-26所示。

图1-26 主板详细信息

"当前温度"为主板芯片组的温度；

"主板型号"显示主板的生产商和型号；

"芯片组"显示主板的芯片组生产商和型号；

"序列号"显示主板的序列号；

"BIOS"显示主板BIOS生产商及型号；

"制造日期"显示主板的生产日期。

如果有集成网卡的主板，会显示"板载设备"一栏，并显示集成网卡的信息。

4. 查看详细的内存信息

单击左侧的"内存信息"选项按钮，会打开内存的详细信息，如图1-27所示。

图 1-27　内存详细信息

“DIMM 0”显示内存第一个插槽中的内存的生产商（如三星）、内存类型（如 DDR3）、工作频率（如 1333MHz）、内存容量（如 2GB）；

“制造日期”显示第一个插槽中的内存的生产日期；

“型号”显示第一个插槽中的内存的厂商型号；

“序列号”显示第一个插槽中的内存的序列号。

如果电脑主板的其他内存插槽中还安装有内存，则会在下面显示类似“DIMM 1”“DIMM 2”插槽中的内存的信息。

5. 查看详细的硬盘信息

单击左侧的“硬盘信息”选项按钮，会打开硬盘的详细信息，如图 1-28 所示。

图 1-28　硬盘详细信息

“当前温度”显示硬盘当前的工作温度；

“产品”显示硬盘的生产商（如西部数据、希捷）、硬盘的序列号等信息；

“大小”显示硬盘的容量；

“转速”显示硬盘的主轴转速；
“缓存”显示硬盘的缓存容量；
“硬盘已使用”显示硬盘的使用次数和时间；
“固件”显示硬盘的固件类型；
“接口”显示硬盘的数据线接口类型，一般与主板硬盘接口类型对应；
“数据传输率”显示硬盘的接口的数据传输速度；
“特征”显示硬盘支持的硬盘技术。

6. 查看详细的显卡信息

单击左侧的“显卡信息”选项按钮，会打开显卡的详细信息，如图 1-29 所示。

图 1-29 显卡的详细信息

“当前温度”显示芯片当前的工作温度；
“显卡”显示主板集成的显卡的显示芯片的生产商和型号；
“显存”显示主板集成显卡的显存容量；
“制造商”显示显卡的生产商；
“BIOS 日期”显示显卡 BIOS 的生产日期；
“驱动版本”显示显卡驱动程序的版本号；
“驱动日期”显示显卡驱动程序的安装日期；
“主显卡”显示主板独立显卡的显示芯片的生产商（如 ATI）和型号（如 HD 6730）；
“显存”显示主显卡的显存容量；
“制造商”显示主显卡的生产商。

7. 查看详细的显示器信息

单击左侧的“显示器信息”选项按钮，会打开显示器的详细信息，如图 1-30 所示。
“产品”显示显示器的生产商（如友达）和型号（如 AUO303C）；
“制造日期”显示显示器的生产日期；
“屏幕尺寸”显示显示器的屏幕对角线的尺寸，单位为英寸；
“显示比例”显示显示器屏幕的比例，目前主流显示器为宽屏，比例为 16 : 9 或 16 : 10；

图 1-30　显示器详细信息

“分辨率”显示显示器支持的最佳分辨率；

“最大分辨率”显示显示器支持的最大分辨率。

8. 查看详细的光驱信息

单击左侧的“光驱信息”选项按钮，会打开光驱的详细信息，如图 1-31 所示。

图 1-31　光驱详细信息

“产品”显示光驱的生产商（如松下）、型号（如 DVD-RAM UJ881AS）、类型（如 DVD 刻录机）；

“缓存 / 固件”显示光驱的缓存容量（如 1536KB）和固件型号。

9. 查看详细的网卡信息

单击左侧的“网卡信息”选项按钮，会打开网卡的详细信息，如图 1-32 所示。

“网卡”显示有线网卡芯片的生产商（如博通）和型号（如 BCM57781）；

“制造商”显示有线网卡的生产商；

“无线网卡”显示无线网卡芯片的生产商和型号。

图 1-32 网卡详细信息

10. 查看详细的声卡信息

单击左侧的“声卡信息”选项按钮，会打开声卡的详细信息，如图 1-33 所示。

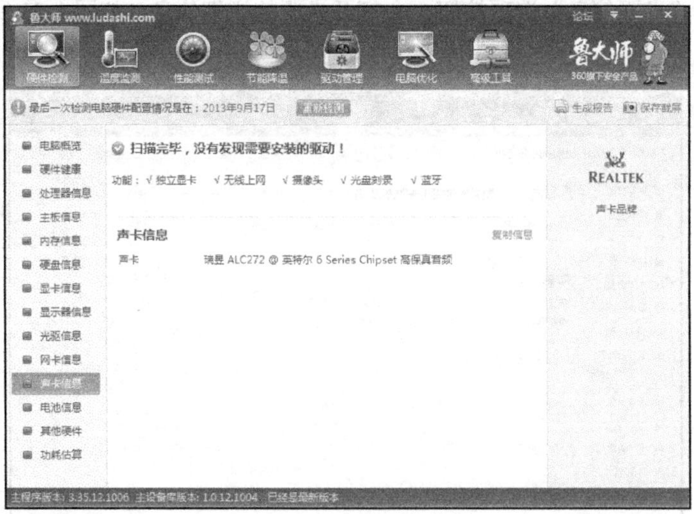

图 1-33 声卡详细信息

“声卡”显示声卡芯片的生产商和型号。

11. 查看详细的电池信息

单击左侧的“电池信息”选项按钮，会打开电池的详细信息，如图 1-34 所示。

“产品”显示笔记本电池生产商、型号和电池类型；

“电池损耗”显示电池的损耗率；

“完全充电容量”显示电池现在的充电容量；

“出厂设计容量”显示电池的设计容量；

“ID”显示电池的序列号。

图 1-34　电池详细信息

12. 查看其他硬件信息

单击左侧的“其他硬件”选项按钮，会打开其他硬件的详细信息，主要显示键盘、鼠标和摄像头等设备，如图 1-35 所示。

图 1-35　其他硬件设备信息

“键盘”显示电脑连接的键盘类型，如果连接两个键盘，则显示两个；

“鼠标”显示电脑连接的鼠标类型，如果连接了两个鼠标，则显示两个；

“摄像头”显示摄像头的生产商和型号。

13. 查看电脑功耗信息

单击左侧的“功耗估计”选项按钮，会打开电脑功耗统计的详细信息，如图 1-36 所示。

图中主要统计了主板、处理器、显卡、硬盘、内存、显示器、光驱、鼠标、键盘等设备的最大功耗。

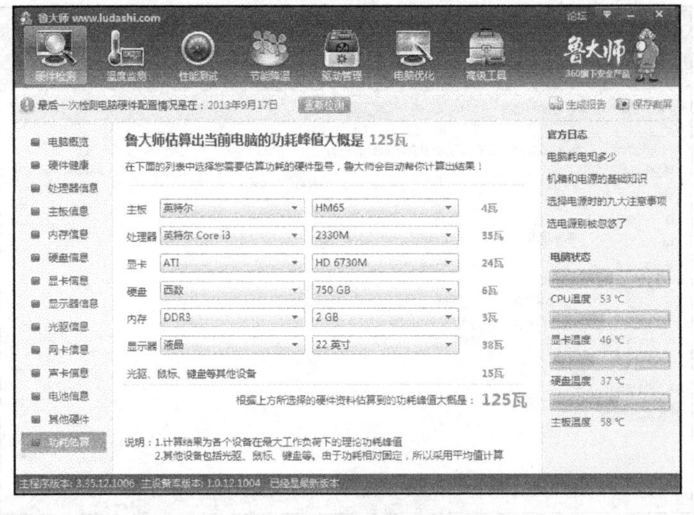

图 1-36 功耗统计信息

1.2 分析电脑配置信息

接通电脑电源后，开机启动，我们可以从启动自检时显示器上的画面中确认主板上安装的BIOS 的种类和版本、主板型号、芯片组信息、CPU 信息、内容信息、硬盘信息等。

1.2.1 启动时查看电脑 BIOS、主板信息

打开电脑主机上的电源开关，注意看显示器屏幕第一个画面显示的内容，从中可了解主板BIOS 信息、芯片组信息，如图 1-37 所示。

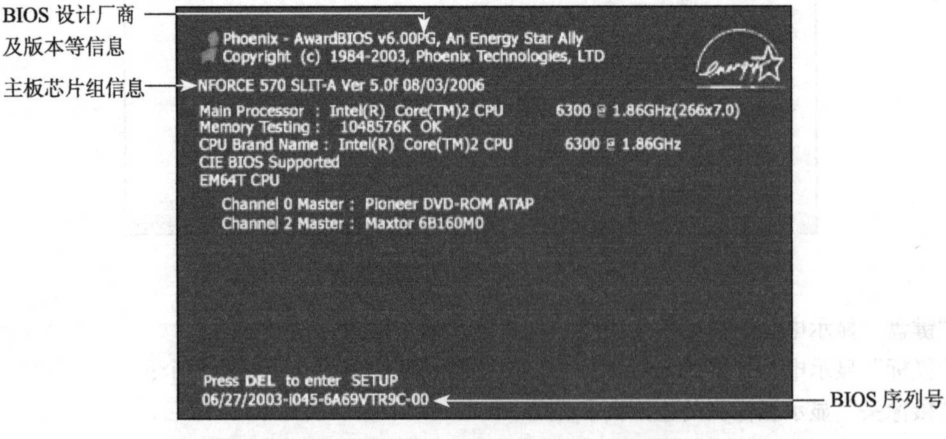

图 1-37 启动时查看电脑 BIOS、主板信息

1.2.2 启动时查看电脑 CPU 信息

在显示器屏幕第一个画面显示的内容中可看到 CPU 型号、CPU 主频信息，如图 1-38 所示。

提 示

图中“Intel(R) Core(TM)2”代表 Intel 公司的酷睿 2 CPU，“1.86GHz”代表主频，“266×7.0”代表外频是 266MHz、倍频是 7。

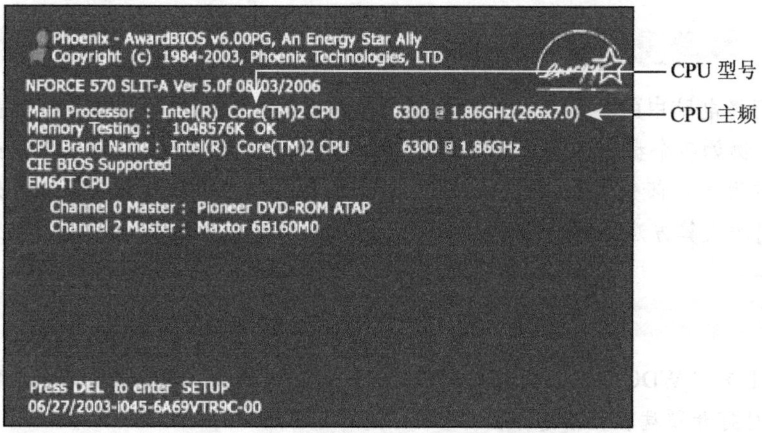

图 1-38　启动时查看电脑 CPU 信息

注意

如果是品牌机，开机第一个画面将显示电脑品牌厂商的公司图标，这时只要按键盘的 Tab 键即可显示上述开机画面。

1.2.3　启动时查看内存容量信息

在显示器显示的第一个画面中可以查看内存容量，如图 1-39 所示。

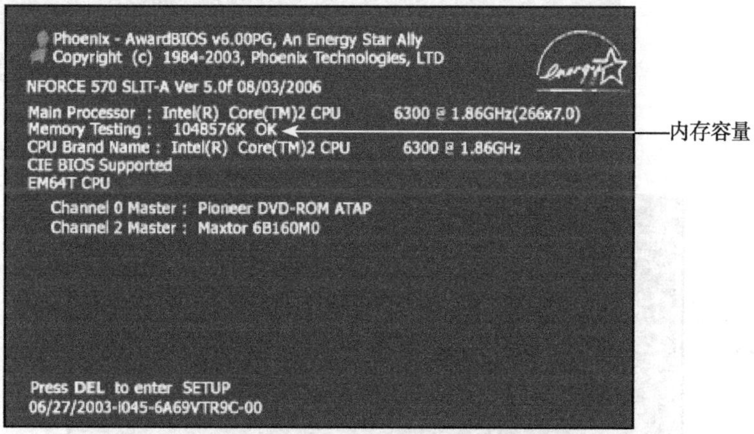

图 1-39　启动时查看内存容量信息

提 示

内存容量“1048576K”即 1GB。

1.2.4 启动时查看硬盘容量信息

查看硬盘容量的方法有三种：一是，开机启动检测时会显示，如图 1-40 所示；二是，开机时进入 CMOS 程序进行查看，如图 1-41 所示；三是，电脑启动后打开“计算机”窗口，将各分区的总大小相加即为硬盘的总容量，如图 1-42 所示。

提示

当人们将电脑中的各个盘的总容量相加后会发现，各个盘的总容量和硬盘标注的容量不相符，例如各个盘的总容量为 931GB，而硬盘标注的容量为 1000GB，这是因为硬盘的分区表占用了一部分容量，好比一本书的目录占去了一部分页数一样。另外，这与硬盘厂商采用的换算方法不同也有关。

提示

图 1-41 中“WDC”代表西部数据公司，“WD10EADS-00L5B1”为硬盘代号，当按 Enter 键后可打开硬盘容量信息界面。

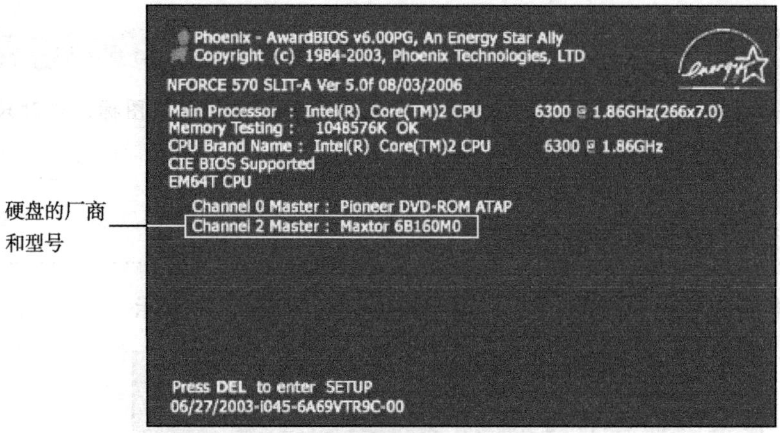

图 1-40 启动时显示的硬盘信息

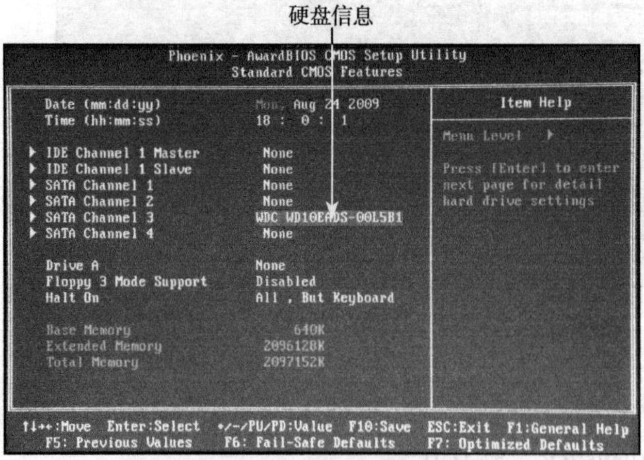

图 1-41 CMOS 中检测到的硬盘信息

图 1-42　“计算机”窗口中的硬盘信息

1.3 分析评价电脑的档次

我们经常会谈论电脑是什么档次的，对一台电脑的档次的评判，一般依据的电脑的配置。下面我们先了解一下影响电脑速度的主要硬件。

第 1 个硬件设备是 CPU。CPU 即中央处理器，是电脑的核心部件，作用是控制和运算，决定着电脑的运行速度。

第 2 个硬件设备是主板。主板决定运算速度和稳定性，由于主板应用的芯片不同，运行的速度也会不同。

第 3 个硬件设备是内存。内存决定数据的读取速度和存放数据的多少，而电脑运行时需要处理各种各样的数据，因此内存的速度和容量大小影响电脑的速度。

第 4 个硬件设备是显卡。显卡决定画面显示效果的好坏与显示速度，如果 CPU 的处理速度很快，处理完的数据无法及时显示出来，显示速度也不会快，显卡的性能指数一般看它的显示芯片型号、显存容量及显存位宽。

第 5 个硬件设备是硬盘。硬盘决定读、写数据的速度和大小。电脑中很多数据都存放在硬盘中，运行时一般需要将数据从硬盘调入内存再由 CPU 处理，如果无法及时调入数据，电脑整体的运行速度也会慢下来。

下面以一个实例来具体讲解评判一台电脑档次的方法。

案例：某电脑公司一款电脑配置单信息为，Intel Core i5-9400F（六核处理器），2.9GHz/16GB/ 1TB/NVIDIA RTX 2070 8GB / 32 英寸 LCD。

通过 CPU 型号评价

“Intel Core i5-9400F 六核处理器”指 CPU 设备，它是电脑的“大脑”。其中“Intel”是生产 CPU 的美国芯片厂商，除此之外还有 AMD 公司。

“Core”即酷睿，是 Intel 公司性能优越的多核 CPU 产品，Intel 公司的产品还有

“Pentium（奔腾）”系列、面向低端用户的“Atom（凌动）”系列和面向服务器的“Xeon（至强）”系列。一般来说，酷睿比奔腾性能好，奔腾比凌动性能好。

AMD 公司的产品主要有 APU 系列、羿龙系列、速龙系列等。

“i5-9400F”是第九代酷睿系列 CPU 的型号，酷睿系列除了 i5 外，还有 i3、i7 等处理器。其中，i7 系列性能最好，其次是 i5，最后是 i3。“9400F”是具体的型号。

通过 CPU 主频评价

“2.9GHz”指 CPU 的主频。主频是指 CPU 内部的工作频率，即 CPU 的时钟频率，反映的是 CPU 的速度，主频越高，电脑的速度越快。

通过内存容量评价

“16GB”指内存的容量。内存也叫内部存储器，是电脑的重要部件之一。它在 CPU 与其他设备交互过程中起到中转站的作用，电脑的整体性能与内存的大小和性能有很大的关系，在电脑主板性能允许的范围内，内存越大，一次可从硬盘中调用的文件也就越多，CPU 处理速度就会加快。内存的存取速度取决于接口、频率和内存容量，所以除了查看内存容量之外，还应查看内容的接口类型和频率。内存的容量一般为 4GB、8GB、16GB、32GB 等，容量越大，存储的数据越多。目前内存主流接口为 DDR4，频率为 2666MHz、3000MHz、3200MHz 等。

提示

Hz 是频率的单位。电脑中最基本的容量单位是字节（B），1 字节＝1 个英文字母所占空间，1 个汉字占 2 字节。

单位换算：1KB = 1024B 1MB = 1024KB 1GB = 1024MB 1TB = 1024B

通过硬盘容量评价

“1TB”指硬盘的容量。硬盘是电脑的外部存储器之一，它是电脑中主要的存储“仓库”。硬盘由金属磁片制成，因此可以长时间保存其中的数据，不会因为关机断电而丢失数据。硬盘的容量通常为 500GB、1TB、2TB、4TB 等。

硬盘容量通常不会直接影响硬盘的工作速度，只决定存储数据的空间。影响硬盘工作速度的是硬盘的转速、接口和缓存容量。硬盘的转速主要有 7200 转 / 分、5400 转 / 分，一般转速越快，从硬盘读 / 写数据的速度越快；硬盘的接口主要有 IDE、SATA I、SATA II 等，其中 SATA II 接口速度最快；缓存容量也直接影响硬盘的读 / 写速度，主流硬盘的缓存容量主要有 16MB、32MB、64MB 等，缓存容量越大，速度越快。

通过显卡芯片及显存容量评价

“NVIDIA RTX 2070 8GB”指显卡的指标，其中“NVIDIA”为显示芯片的生产厂商，“RTX 2070”为 GeForce 品牌中的 RTX 2070（中档）型号，“8GB”为显存容量。显存和内存的作用一样，它的大小会影响显卡的工作速度，而显卡影响显示画面的速度和质量。显存越大，显卡运行速度越快，3D 画面显示越快。另外，显卡的主核频率、显存位宽也会影响显卡的速度。频率越高，速度越快，则显存位宽越宽，速度越快。

通过显示器评价

32 英寸 LCD（液晶显示器）的尺寸。

要想清楚地了解一台电脑的档次，需要查看它的 CPU 是什么级别、是否为主流、主频有多大，还需要查看其内存种类、频率和容量为多少，其硬盘的容量、转速、缓存容量为多少，以及显卡的显示芯片型号频率、显存容量、位宽多大等。

第 2 章

了解多核电脑硬件的结构

如果想要掌握电脑故障维修技术，需要了解电脑各部分的名称、作用和连接方式等。另外，还必须深入认识电脑的结构，了解电脑的运行原理。

2.1 多核电脑的组成

人们日常使用的电脑如图 2-1 所示，主要由硬件和软件组成。这里的“硬件”指的是电脑的物理部件，如显示器、键盘、内存等；软件指的是指导硬件完成任务的一系列程序指令，即用来管理和操作硬件所需的程序软件，如 Windows 10、办公软件、浏览器、游戏等。

图 2-1　多媒体电脑

从外观看，多媒体电脑主要包括液晶显示器（或 CRT 显示器）、主机、键盘、鼠标、音箱等部件（有的还有摄像头、打印机等）。启动电脑后，我们还可以看见电脑中安装了操作系统、应用软件（办公软件、工具软件等）、游戏软件等。

这些软件需要通过硬件将需要的程序数据进行处理后，才能输出用户需要的结果。如用户用键盘在 Word 软件中输入“LISA”，键盘将字母转换为二进制代码（0110110011001），然后传送到主机中的内存和 CPU 进行处理。处理后，再通过显卡传输到显示器，显示器将这些数据转换后，在显示屏上显示出来。同时，用户还可以通过打印机打印出这几个字母，如图 2-2 所示。

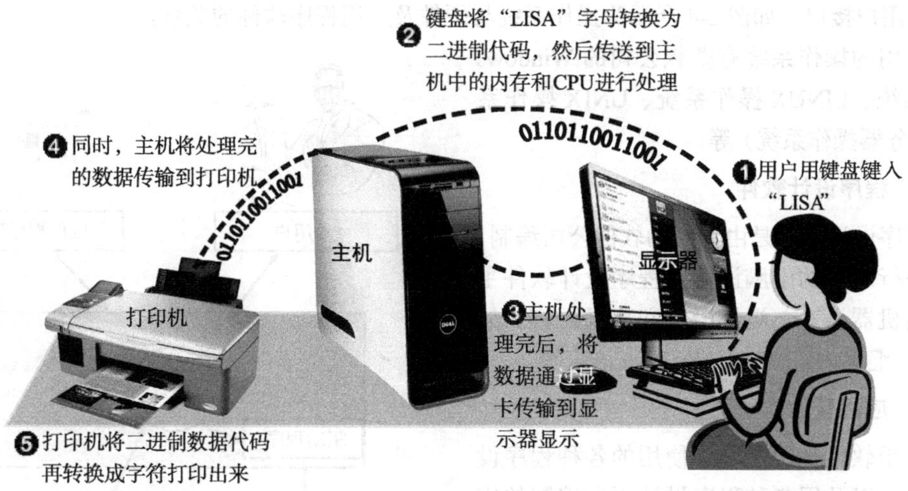

图 2-2　电脑工作过程

2.1.1　电脑的软件系统

软件系统是指由操作系统软件、支撑软件和应用软件组成的电脑软件系统，它是电脑系统所使用的各种程序的总体。软件的主体存储在外存储器中，用户通过软件系统对电脑进行控制，并与电脑系统进行信息交换，使电脑按照用户的意图完成预定的任务。

软件系统和硬件系统共同构成实用的电脑系统，两者是相辅相成、缺一不可的。要执行电脑任务，软件需要通过硬件进行四项基本功能：输入、处理、存储和输出。同时，硬件必须在它们中间传递数据和指令，而且需要供电系统供给电力，如图 2-3 所示。

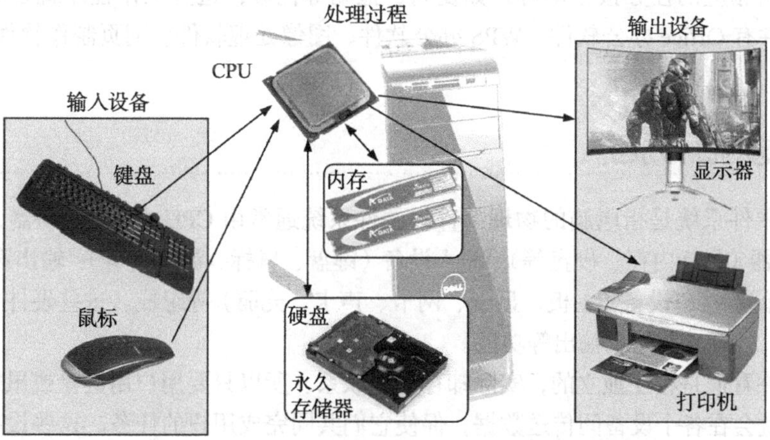

图 2-3　电脑的运行由输入、存储、处理和输出组成

软件系统一般分为操作系统、程序设计软件和应用软件三类。

1. 操作系统

操作系统是一段管理电脑硬件与电脑软件资源的程序，同时也是电脑系统的核心与基石。操作系统身负诸如管理与配置内部存储器、决定系统资源供需的优先次序、控制输入与输出装置、操作网络与管理文件系统等基本事务。操作系统也提供一个让用户与系统互动的操作接口及图形用户接口。如图 2-4 所示为操作系统与硬件及应用程序软件的关系。

常用的操作系统有微软公司的 Windows 操作系统、LINUX 操作系统、UNIX 操作系统（服务器操作系统）等。

2. 程序设计软件

程序设计软件是由专门的软件公司编制，用来进行编程的电脑语言。程序设计软件主要包括机器语言、汇编语言和高级语言。如 VC++、汇编语言、Delphi、Java 语言等。

3. 应用软件

应用软件是用户可以使用的各种程序设计语言，以及用各种程序设计语言编制的应用程序的集合。应用软件是为满足用户不同领域、不同问题的应用需求而提供的那部分软件。它可以拓宽电脑系统的应用领域，放大硬件的功能。

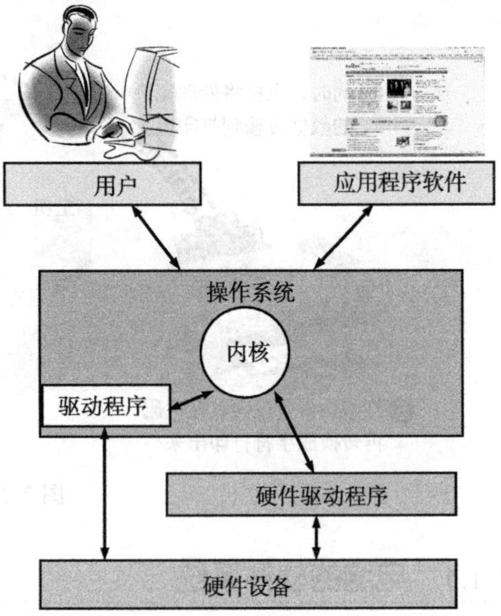

图 2-4 操作系统与硬件及应用程序软件的关系

当电脑完成一个复杂工作时，并不是一步做完，而是由许多分解的简单步骤一步步组合完成。就像人完成一个工作一样，是分步骤来完成的。这就需要在电脑开始工作前，先用机器语言告诉电脑要完成哪些工作；但由于电脑语言非常复杂，只有专业人员才能掌握，进而编写工作程序。所以为了普通用户能使用电脑，电脑专业人员会根据用户的工作、生活、学习需要提前编写好用户常用的工作程序，在用户使用时，只需单击相应的任务按钮即可，如复制、拖动等任务，这些工作程序就是应用软件。常用的应用软件有 Office 办公软件、WPS 办公软件、图像处理软件、网页制作软件、游戏软件、杀毒软件等。

2.1.2 电脑的硬件系统

电脑的硬件系统是指电脑的物理部件，硬件系统通常由 CPU（中央处理器，用来运算和控制）、存储器（包括内存、硬盘等）、输入设备（键盘、鼠标、游戏杆等）、输出设备（显示器、打印机、音箱）、接口设备（主板、显卡、网卡、声卡、光驱）等组成。这些硬件主要用于完成电脑的输入、处理、存储和输出等功能。

这些硬件看似是相互独立的，实际却存在着联系，所以只要用户用键盘或鼠标向电脑输入操作任务，就会在各个设备间传送数据，促使它们共同完成用户的任务。这些设备之间的关系如图 2-5 所示。

1. 输入设备

大多数输入设备位于电脑主机箱外，这些设备与主机箱内部各部件间的通信可通过无线连接完成，也可通过连接到主机箱端口上的电缆完成。电脑主机箱的端口主要位于主机箱的背面，如图 2-6 所示为电脑主机箱背面的端口。但某些内部模块在主机箱的前面也有连接端口，方便与外部设备连接，如图 2-7 所示。对采用无线连接的设备来说，它们采用无线电波与系统通信。最常见的输入设备是键盘和鼠标。

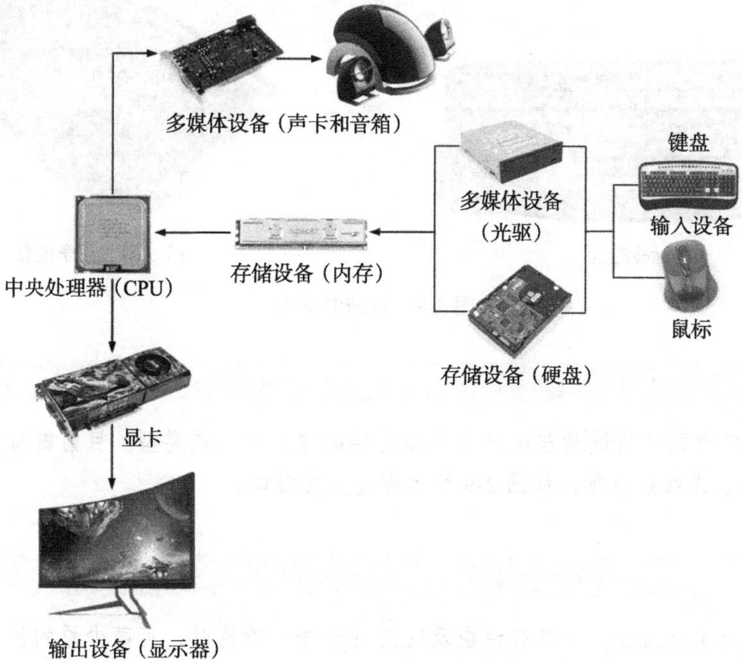

图 2-5　电脑各个设备之间的关系

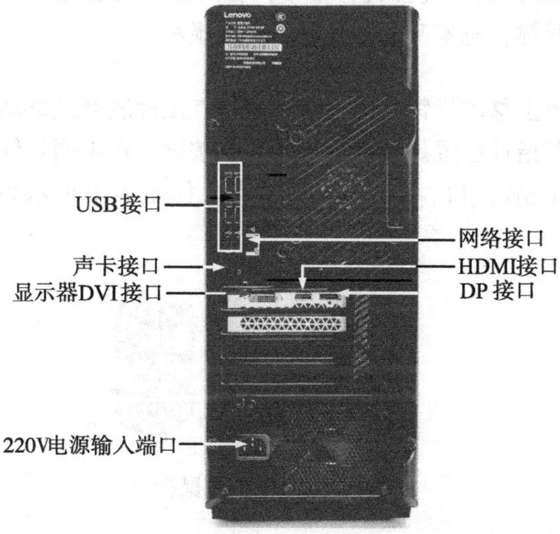

图 2-6　电脑主机箱背面的端口

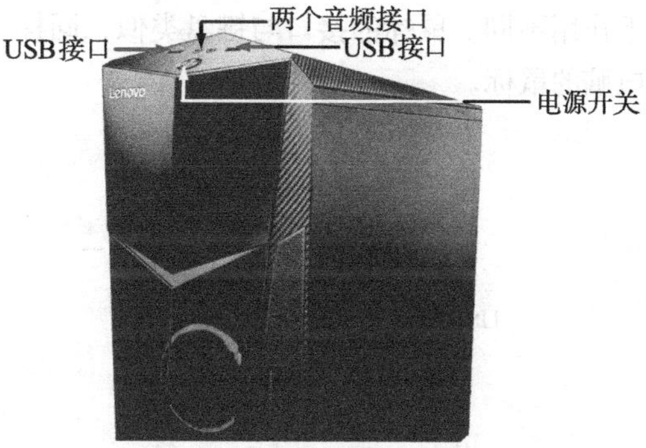

图 2-7　电脑主机箱前面的端口

键盘是电脑的基本输入设备，通过键盘，可以将英文字母、数字、标点符号等输入到电脑中，从而向电脑发出命令、输入数据等。键盘主要分为标准键盘和人体工程学键盘，一般标准键盘有 104 个键，是目前主流的键盘。人体工程学键盘是在标准键盘上将指法规定的左手键区和右手键区这两大板块左右分开，并形成一定角度，使操作者不必有意识地夹紧双臂，保持一种比较自然的形态。如图 2-8 所示为电脑的键盘。

a）标准键盘　　b）人体工程学键盘

图 2-8　电脑的键盘

【小知识】键盘的接口

键盘接口类型是指键盘与电脑主机相连接的接口方式或类型。目前键盘的接口主要有 USB 接口、无线接口等，如图 2-9 所示为键盘的接口。

【小知识】键盘维护技巧

键盘必须保持清洁，一旦脏污应及时清洗干净。清洗时，可蘸少量的洗衣粉进行擦拭，之后用柔软的湿布擦净。决不能用酒精等具有较强腐蚀性的试剂清洗键盘，并注意清洗前先要彻底关闭电脑电源。目前多数普通键盘都无防溅入装置，因此千万不要将咖啡、啤酒、茶水等液体洒在键盘上面。倘若液体流入键盘内部的话，轻则会造成按键接触不良，重则还会腐蚀电路或者出现短路等故障，也有可能导致整个键盘损坏。

鼠标是一种指示设备，我们用它在电脑屏幕上移动指针并进行选择操作。鼠标底部是滚动球或光学传感器，通过它控制指针的移动并跟踪指针位置。鼠标顶部的几个按键，在不同软件下作用不同。鼠标的接口与键盘类似，同样有 USB 接口、无线接口等类型。如图 2-10 所示为电脑的鼠标。

图 2-9　键盘的接口

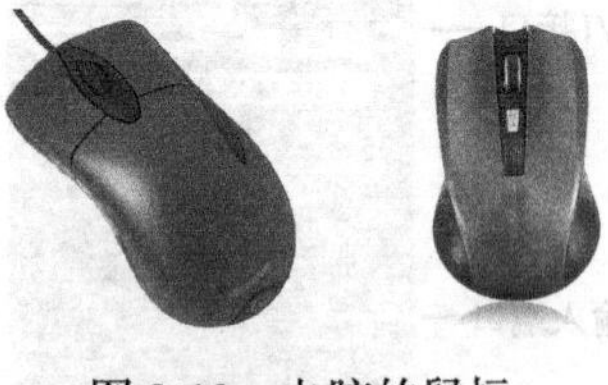

图 2-10　电脑的鼠标

【小知识】光电鼠标维护技巧

用户平时使用光电鼠标时，如果鼠标光眼 / 激光眼有细微的灰尘，只需用气吹清理一下即可。对于比较严重的污垢，可拆开鼠标用无水酒精擦拭。

对于光电鼠标的滚轮部分，最好每半年进行一次清洗。清洗时，拆开鼠标外壳，然后清除污垢即可（注意：对于处于保修期的鼠标，最好不要私自拆开，否则将无法享受保修服务）。

2. 输出设备

输出设备是人与电脑交互的一种部件，用于数据的输出。它把各种计算结果数据或信息以数字、字符、图像、声音等形式表示出来。电脑常用的输出设备有显示器、打印机、音箱等。

显示器是电脑必备的输出设备，目前主流的显示器为液晶显示器，另外还包括阴极射线管显示器和等离子显示器。

显示器是通过“显示接口”及总线与电脑主机连接，待显示的信息（字符或图形图像）是从显示卡的缓冲存储器（即显存）传送到显示器的接口，经显示器内部电路处理后，由液晶显示模块将输出的数据显示到液晶屏幕上。如图 2-11 所示为电脑的液晶显示器。

图 2-11 电脑的液晶显示器

显示器与电脑的连接接口主要为 VGA 接口、DVI-D 接口、HDMI 接口、DP 接口，其中 VGA 接口为模拟信号接口，也称为 D-SUB 接口，此接口共有 3 排，15 只针脚，每排 5 只引脚。如图 2-12 所示为显示器 VGA 接口。

DVI-D 为数字信号接口，它可以传输数字信号和模拟视频信号。DVI-D 接口是由一个 3 排 24 个针脚组成的接口，每排有 8 个针脚，右边为“一”，如图 2-13 所示为 DVI-D 接口。

图 2-12 显示器 VGA 接口

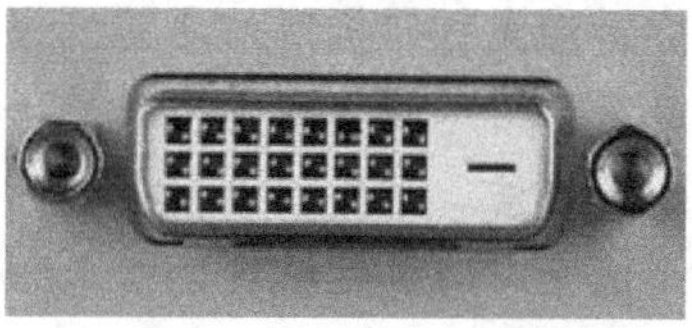

图 2-13 DVI-D 接口

HDMI 接口是一种全数字化视频和声音发送接口，可以发送未压缩的音频及视频信号。HDMI 继承了 DVI 的核心技术“传输最小化差分信号（TMDS)”，从本质上来说仍然是 DVI 技术的扩展。如图 2-14 所示为 HDMI 接口。

DP（DisplayPort）接口是一种高清数字显示接口标准，主要用于视频源与液晶显示器等设备的连接，如图 2-15 所示。

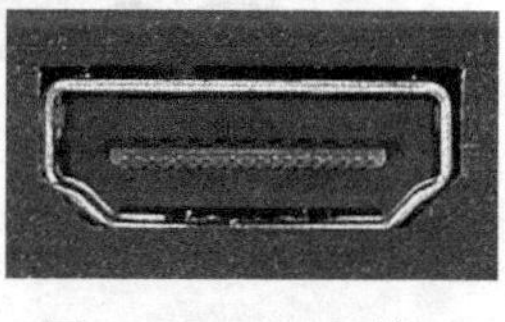

图 2-14 HDMI 接口

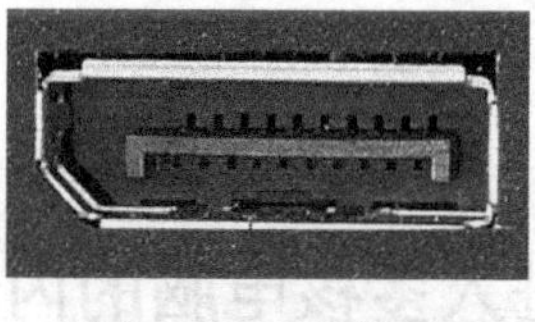

图 2-15 DP 接口

【小知识】液晶显示器的保养技巧

液晶显示器的工作环境要保持干燥，并避免化学药品接触液晶显示器。因为水分是液晶的天敌，如果湿度过大，液晶显示器内部就会结露，结露之后就会发生漏电和短路现象，而且液晶显示屏也会变得模糊起来。因而不要把液晶显示器放在潮湿的地方，更不要让任何带有水分的东西进入液晶显示器内。如果在开机前发现只是屏幕表面有雾气，用软布轻轻擦拭即可；如果湿气已经进入了液晶显示器，可以关闭显示器，把液晶屏背对阳光，或者用台灯烘烤，将里面的水分蒸发掉。

打印机是电脑最基本的输出设备之一。它可以将电脑的处理结果打印在纸上。常用的打印机主要有针式打印机、喷墨打印机、激光打印机等。打印机的接口主要有并口、USB 接口等，目前主流打印机的接口为 USB 接口。如图 2-16 所示为电脑打印机。

a) 喷墨打印机

b) 激光打印机

图 2-16 电脑打印机

【小知识】激光打印机清洁技巧

在对激光打印机清洁之前，一定要切断电源以免造成人为故障及安全事件；打印机的机身需要用尽量干的湿布来进行擦拭，只能用纯水来润湿，不得用具有挥发性的化学溶液进行清洁。另外，由于打印机内部是比较怕潮的，所以在清洁打印机内部时一定要用光滑的干布去擦拭机内的灰尘和碎屑，当然，灰尘如果过多，用户可先用小软毛刷清除一下再用布擦。当清洁光束检测镜、光纤头、聚焦透镜、六棱镜等部件时，只能用竹镊子或软木片、小棍等，避免清洁过程中的金属损伤或划伤光学部件。

音箱指将音频信号变换为声音的一种设备。通俗地讲就是指音箱主机箱体或低音炮箱体内自带功率放大器，其对音频信号进行放大处理后由音箱本身回放出声音。目前主流的电脑音箱有 2.0 音箱、2.1 音箱、5.1 音箱等。如图 2-17 所示为电脑音箱。

图 2-17 电脑音箱

2.2 进入多核电脑的内部

大多数存储以及所有数据和指令处理都是在电脑主机箱内部完成的，电脑主机箱可以说是整个电脑的中心，因此在认识电脑时，有必要了解电脑的内部构造。

当你观察电脑内部时，第一眼所看到的设备就是电路板。电路板就是上面有集成电路芯片以及连接这些芯片的电路的一块板，这块板称为主板，在主板上安装有内存、CPU、CPU 风扇、显示卡等。机箱内其他主要部件从外表看就像一个个小盒子，包括 ATX 电源、硬盘、光驱等，如图 2-18 所示为电脑主机箱内部结构。

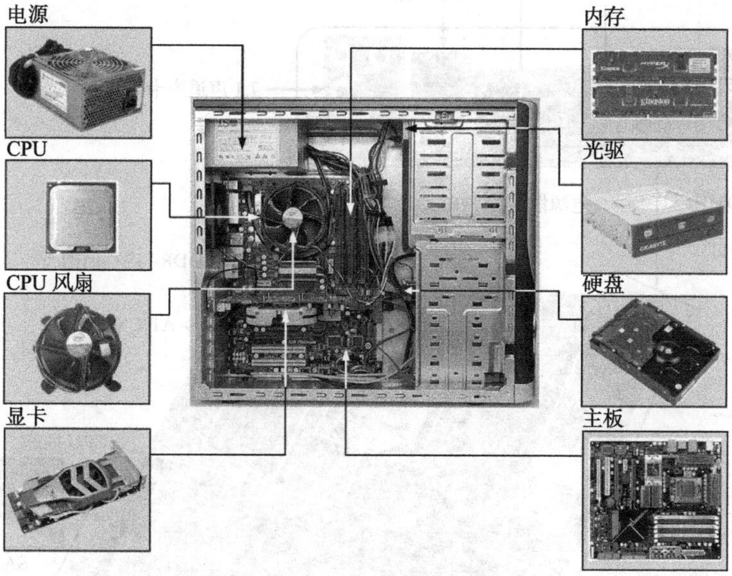

图 2-18 电脑主机箱内部结构

另外，机箱内还有各种电缆，这些电缆主要有两种类型。一种是用于设备间互联的数据线，另一种是用于供电的电源线。一般情况下，数据线是红色窄扁平电缆或宽扁平电缆（也称为排线），电源线是细圆的。如图 2-19 所示为机箱内部的数据线和电源线。

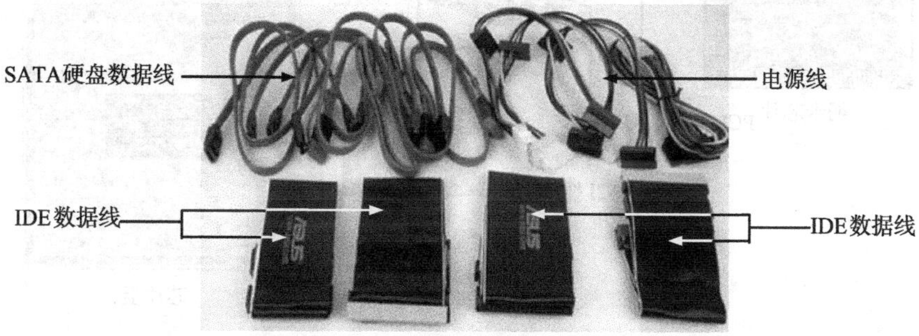

图 2-19 机箱内部的数据线和电源线

2.2.1 硬件的平台——主板

机箱中最大、最重要的电路板就是主板，主板是连接电脑各个硬件设备的平台，电脑的各个设备都与主板直接或间接相连。因为所有的设备都必须与主板上的 CPU 通信，所以这些设备或者直接安装在主板上，或者与连接到主板的端口上的电缆直接联系，或者通过扩展卡间接连接到主板上。如图 2-20 所示为主板主要部件及安装硬件的各种接口。

从图中可以看到，主板露在外面的一些端口一般包括 4 ～ 8 个 USB 接口（USB2.0 接口、USB3.0 接口等）、一个 PS/2 键鼠接口、1 ～ 2 个网络接口、一个 HDMI 接口、一个 USB Type C 接口（连接手机）、多个音频接口（连接音箱、麦克风等设备）。有的主板还有 DP 接口、DVI 接口等。

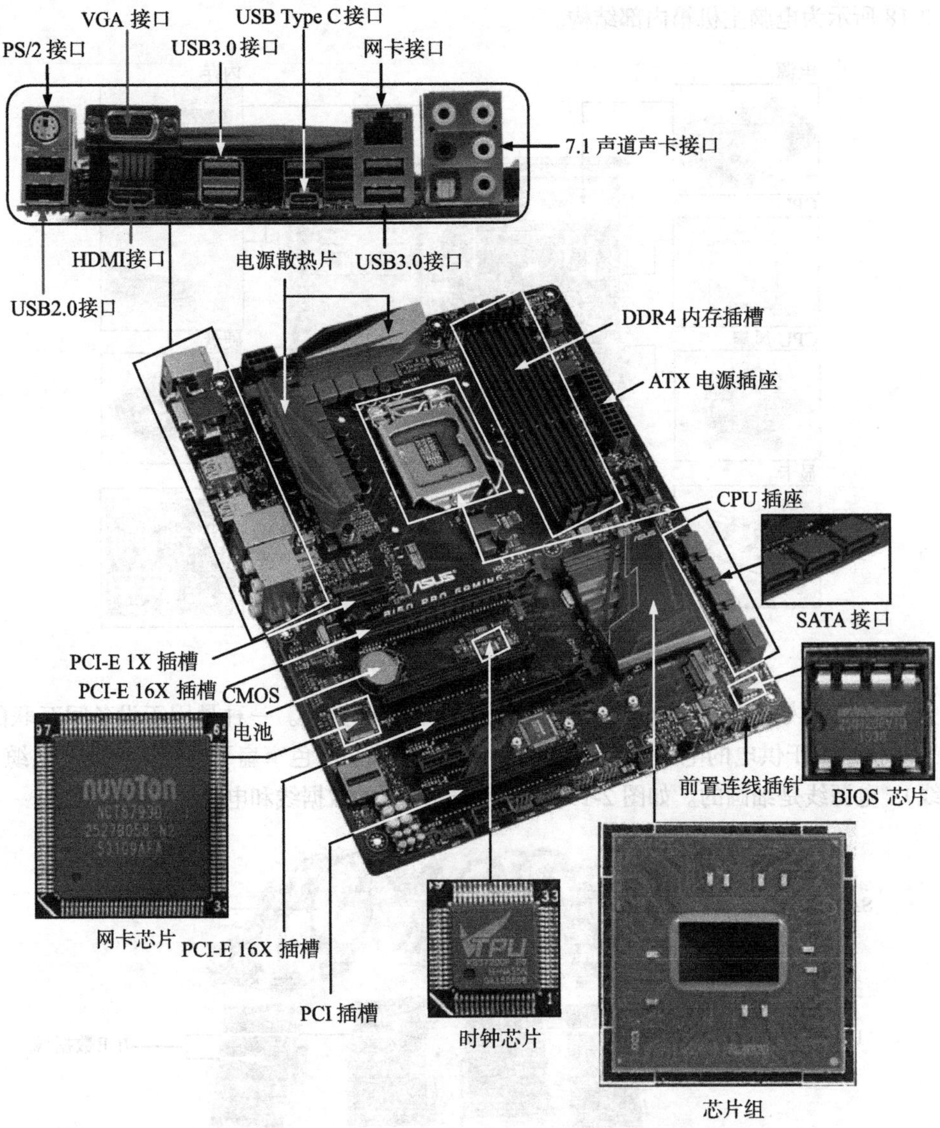

图 2-20 主板上主要部件及安装硬件的各种接口

1. 主板中的重要芯片

主板中的芯片主要有芯片组、I/O 芯片、BIOS 芯片、电源供电芯片、网络芯片等。

（1）为硬件提供服务的 BIOS 芯片

BIOS（Basic Input Output System）是基本输入 / 输出系统，是为电脑中的硬件提供服务的。BIOS 属于只读存储器，它包含了系统启动程序、系统启动时必需的硬件设备的驱动程序、基本的硬件接口设备驱动程序。目前主板中的 BIOS 芯片主要由 Award 和 AMI 两家公司提供。

目前 BIOS 芯片的封装形式主要采用 PLCC（塑料有引线芯片）封装形式，采用这种形式封装的芯片非常小巧，外观大致呈正方形。这种小型的封装形式可以减少占用的主板空间，从而提高主板的集成度，缩小主板的尺寸，如图 2-21 所示。

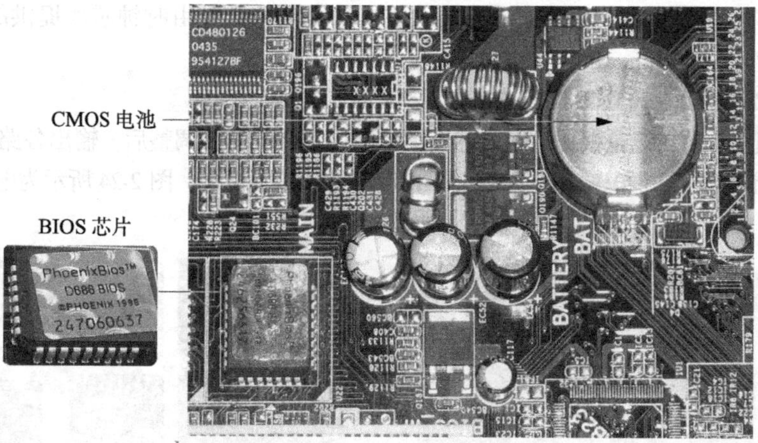

图 2-21　PLCC 封装的 BIOS

（2）提供输入输出控制和管理的 I/O 芯片

I/O 芯片是主板输入输出管理芯片，它在主板中起着举足轻重的作用，负责管理和监控整个系统的输入输出设备。在主板的实际工作中，I/O 芯片有时对某个设备仅提供最基本的控制信号，然后再用这些信号去控制相应的外设芯片，如鼠标键盘接口（PS/2 接口）、串口（COM 口）、并口、USB 接口、软驱接口等都统一由 I/O 芯片控制。部分 I/O 芯片还能提供系统温度检测功能，我们在 BIOS 中看到的系统温度的来源就是由它提供的。

I/O 芯片个头比较大，能够被清楚地辨别出来，如图 2-22 所示。它一般位于主板的边缘地带。

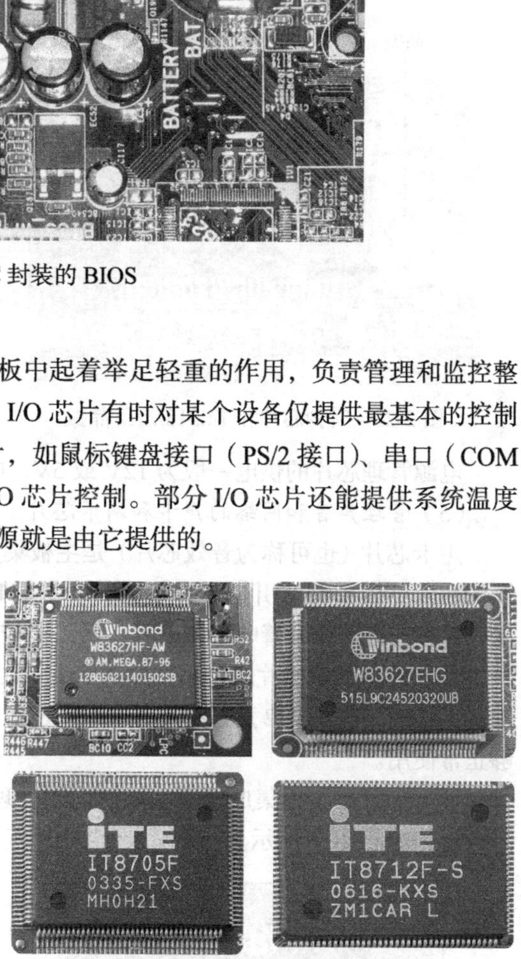

图 2-22　I/O 芯片

I/O 芯片的工作电压一般为 5V 或 3.3V。I/O 芯片直接受南桥芯片控制，如果 I/O 芯片出现问题，轻则会使某个 I/O 设备无法正常工作；重则会造成整个系统瘫痪。假如主板找不到键盘或串并口失灵，原因很可能是为它们提供服务的 I/O 芯片出现了不同程度的损坏。平时所说的热插拔操作就是针对保护 I/O 芯片提出的。因为进行热插拔操作时会产生瞬间强电流，很可能会烧坏 I/O 芯片。

（3）主板的心脏——时钟芯片

如果把电脑系统比喻成人体，CPU 当之无愧就是人的大脑，而时钟芯片就是人的心脏。通过时钟芯片给主板上的芯片提供时钟信号，那些芯片才能够正常工作，如果缺少时钟信号，主板将陷入瘫痪状态。

时钟芯片需要与 14.318MHz 晶振连接在一起，为主板上的其他部件提供时钟信号，时钟芯片位于显卡插槽附近。放在这里也是有讲究的，因为时钟芯片到 CPU、北桥、内存等的时钟信号线要等长，所以这个位置比较合适。时钟芯片的作用也非常重要，它能够为整个电脑系统提供不同的频率，使每个芯片都能够正常工作。没有这个频率，很多芯片可能都要罢工。时钟芯片损坏后主板一般就无法工作了。

现在很多主板都具有线性超频的功能，其实这个功能就是由时钟芯片提供的。图 2-23 所示为时钟芯片。

（4）管理主板供电的电源控制芯片

电源管理芯片的功能是根据电路中的反馈信息，在内部进行调整后，输出各路供电或控制电压，主要负责识别 CPU 供电幅值，为 CPU、内存、芯片组等供电。图 2-24 所示为电源管理芯片。

图 2-23 时钟芯片和 14.318MHz 晶振

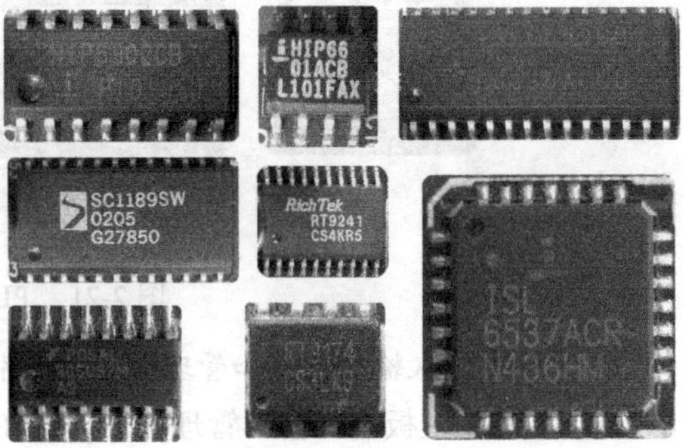

图 2-24 电源管理芯片

电源管理芯片的供电一般为 12V 或 5V，电源管理芯片损坏将造成主板不工作。

（5）管理声音和网络的声卡和网卡芯片

声卡芯片（也可称为音效芯片）是主板集成声卡时的一个声音处理芯片。它是一个方方正正的芯片，四周都有引脚，一般位于第一根 PCI 插槽附近，靠近主板边缘的位置，在它的周围，整整齐齐地排列着电阻和电容，所以比较容易辨认出来，如图 2-25 所示。

目前提供声卡芯片的公司主要有 Realtek、VIA 和 CMI 等，不同公司的声卡会有不同的驱动。集成声卡除了有 2 声道、4 声道外，还有 6 声道和 8 声道，不过要在系统中进行设置才能够正常使用。

网卡芯片是主板集成网络功能时用来处理网络数据的芯片，一般位于音频接口或 USB 接口附近，如图 2-26 所示。

图 2-25 声卡芯片

图 2-26 网络芯片

2. 主板中的插槽

主板中的插槽主要包括 CPU 插座、内存插槽、扩展槽等。

（1）连接多核 CPU 的 CPU 插座

CPU 插座是主板上最重要的插座，一般位于主板的右侧，它的上面布满了许多“针孔”或“触角”，而且边上还有一个固定 CPU 的拉杆。CPU 插座的接口方式一般与 CPU 对应，目前主流的 CPU 插座主要有 Intel 公司的 LGA2066、LGA2011-v3、LGA1151 插座以及 AMD 公司的 Socket TR4、Socket AM4 插座等，如图 2-27 所示。

a）LGA 1151 插座　　b）Socket AM4 插座

图 2-27　CPU 插座

（2）连接 DDR4 内存的插槽

内存插槽是用来安装内存条的，它是主板上必不可少的插槽，一般主板中都有 2 ～ 6 个内存插槽，方便升级时使用。目前市场上的主流内存是 DDR4。DDR4 内存有 288 个针脚，工作电压为 1.2V。而主板内存插槽主要有双通道、三通道、四通道内存插槽，图 2-28 所示为双通道的 DDR4 内存插槽。

图 2-28　主板内存插槽

（3）连接显卡的总线扩展槽

总线扩展槽是用于扩展电脑功能的插槽，一般主板上都有 1 ～ 8 个扩展槽。扩展槽是总线的延伸，在它上面可以插入任意的标准选件，如显卡、声卡、网卡等。

主板中的总线扩展槽主要有 ISA、PCI、AGP、PCI Express（PCI-E）、AMR、CNR、ACR 等。其中，ISA 总线扩展槽和 AGP 总线扩展槽已经被淘汰，AMR、CNR、ACR 等总线扩展槽用得也比较少，而 PCI-E 总线扩展槽和 PCI 总线扩展槽是目前的主流扩展槽。

PCI（Peripheral Component Interconnection）是外设互连总线，它是 Intel 公司开发的一套局部总线系统，它支持 32 位或 64 位的总线宽度，频率通常是 33MHz。PCI 2.0 总线的速度是 66MHz，带宽可以达到 266MB/s。PCI 扩展槽一般为白色。

PCI-E（PCI Express）是最新的总线和接口标准，是由 Intel 公司提出的，目前主要应用在显卡的接口上。PCI-E 接口采用了目前业内流行的点对点串行连接，使每个设备都有自己的专用连接，不需要向整个总线请求带宽，而且可以把数据传输率提高到一个很高的频率。PCI-E 的传输速度可以达到 2.5GB/s，PCI-E 的规格主要有 PCI-E 1.0、PCI-E 2.0、PCI-E 3.0 等，如图 2-29 所示。

图 2-29　PCI-E 插槽

3. 连接重要部件的接口

（1）连接大容量存储设备的 SATA 接口

SATA（Serial ATA）接口即串行 ATA，它是目前硬盘采用的一种新型的接口类型。SATA 接口主要采用连续串行的方式传输数据，这样在同一时间点内只会有 1 位数据传输，此做法能减小接口的针脚数目，用 4 个针脚就完成了所有的工作。其中，SATA 1.0 定义的数据传输速率可达 150MB/s，SATA 2.0 的数据传输速率可达 300MB/s，SATA 3.0 的数据传输速率可达 625MB/s，图 2-30 所示为 SATA 数据线及接口。

a）SATA 数据线

b）SATA 接口

图 2-30 SATA 数据线及接口

（2）适用性最广泛的 USB 接口

USB（Universal Serial Bus）接口即通用串行总线接口，它是一种性能非常好的接口。它可以连接 127 个 USB 设备，传输速率可达 12 Mbps，USB 2.0 标准可以达到 480 Mbps，USB 3.0 标准可以达到 5.0Gbps，USB3.1 标准可以达到 10 Gbps。USB 接口不需要单独的供电系统，而且还支持热插拔，不需要麻烦地开关机，设备的人工切换因此变得省时省力。目前被普遍应用于各种设备，如硬盘、调制解调器、打印机、扫描仪、数码相机等，主板中一般有 4～8 个 USB 接口，如图 2-31 所示。

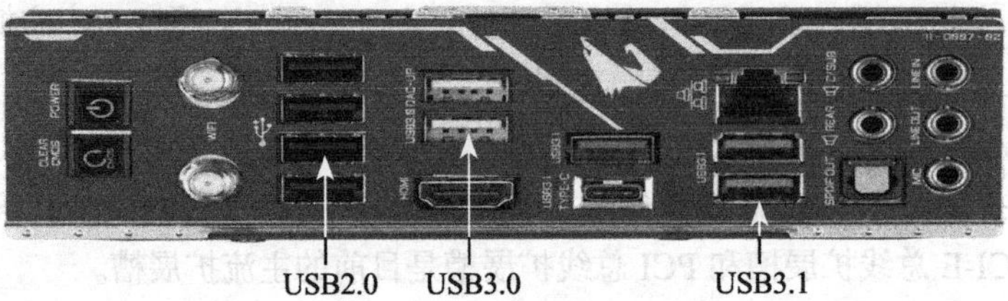

图 2-31 USB 接口

（3）为主板提供供电的电源接口

目前，主板电源接口插座主要采用 ATX 电源接口，ATX 电源接口一般为 24 针电源插座、8 针电源插座、4 针电源插座等，主要为主板提供 ±5V、±12V、3.3V 电压等，如图 2-32 所示。ATX 电源都支持软件关机功能。

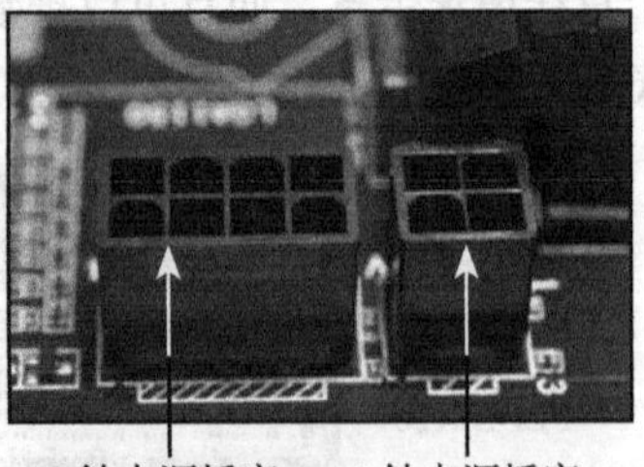

图 2-32 电源插座

目前，双核 CPU 主板上的电源插座一般为 24 针电源插座和 8 针电源插座，以提供更大的功率。

（4）鼠标和键盘接口

鼠标和键盘接口绝大多数采用 PS/2 接口，鼠标和键盘的 PS/2 接口不但物理外观完全相同（主板中通常用两种不同的颜色来将其区别开：鼠标接口为绿色，键盘接口为蓝色），而且键盘、鼠标接口的工作原理也是完全相同的，但二者不能混用。

2.2.2 电脑的核心——CPU

CPU（Central Processing Unit）简称为微处理器或处理器。不要因为这些简称而忽视它的作用，CPU 是电脑的核心，它负责处理、运算电脑内部的所有数据，其重要性好比大脑对于人一样。CPU 的种类决定了你使用的操作系统和相应的软件。CPU 主要由运算器、控制器、寄存器组和内部总线等构成，寄存器组用于在指令执行过后存放操作数和中间数据，由运算器完成指令所规定的运算及操作。

CPU 的性能决定着电脑的性能，通常用户都以它为标准来判断电脑的档次，目前主流的 CPU 为四核 / 六核 / 八核 / 十六核。

CPU 散热风扇主要由散热片和风扇组成，它的作用是通过散热片和风扇及时将 CPU 发出的热量散去，保证 CPU 在正常的温度范围内（温度高于 100℃，会影响 CPU 正常运行）工作。由此可见，散热风扇是否正常运转将直接决定 CPU 是否能正常工作。如图 2-33 所示为 CPU 及 CPU 散热风扇。

图 2-33 CPU 及 CPU 散热风扇

1. 确定 CPU 的主频

CPU 的主频就是 CPU 内核工作的时钟频率，一般以 GHz（吉赫兹）为单位。通常来讲，主频越高的 CPU，性能越强，但是由于 CPU 的内部结构不同，所以不能单纯以主频来判断 CPU 的性能。

那么如何查看 CPU 的主频信息呢？有一个简单的方法，CPU 在封装时都会在外壳上标注一些信息，比如 CPU 的主频、型号、制造日期、制造国家等字符。所以直接看 CPU 封装外壳上面的文字就可以找到 CPU 的主频信息了。如图 2-34 所示，Core i2-8700 处理器的主频为 3.20GHz。

图 2-34 Core i2-8700 处理器

另外，在电脑进入系统之后可以通过电脑属性直接查看 CPU 的性能，我们以 Windows 10 系统为例，启动电脑进入系统之后单击“计算机”，然后在计算机图标上面单击鼠标右键，在弹出的菜单中单击“属性”，那么在弹出的窗口中可以看见 CPU 的主频等信息，如图 2-35 所示。从图中可以看到该 CPU 的型号为 i7-4770M，主频为 3.4GHz。在图中左侧的“设备管理器”中也可以查看 CPU 的主频。

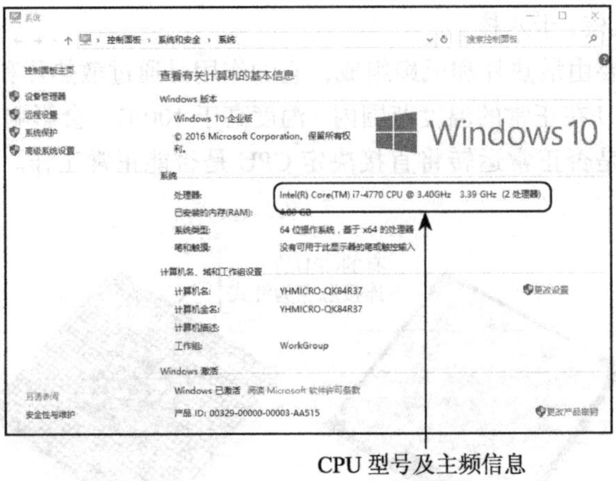

图 2-35 在电脑属性中查看主频

2. 提高 CPU 性能的缓存

缓存是决定 CPU 性能的主要参数之一，它是存在于内存与 CPU 之间的存储器，容量比较小但速度比内存高得多，接近于 CPU 的速度，是用于减少 CPU 访问内存所需的平均时间的部件。在结构上，一个直接匹配缓存由若干缓存段构成。每个缓存段存储具有连续内存地址的若干个存储单元。

高速缓存的工作原理是：如果 CPU 要读取一个数据，首先从高速缓存中查找，如果找到就立即读取并送给 CPU 处理；如果没有找到，就用相对慢的速度从内存中读取并送给 CPU 处理，同时把这个数据所在的数据块调入高速缓存中，使得以后对整块数据的读取都从高速缓存中进行，不必再调用内存，如图 2-36 所示。

为了更好地了解缓存，我们可以将 CPU 理解为市中心工厂，内存为远郊仓库，而缓存就在 CPU 与内存之间。图 2-37 所示为 CPU、缓存、内存位置关系。距离 CPU 工厂最近的仓库是一级缓存，其次为二级缓存、三级缓存。工厂所需的物资可以直接从缓存仓库中提取，而不必到很远的郊区内提取。

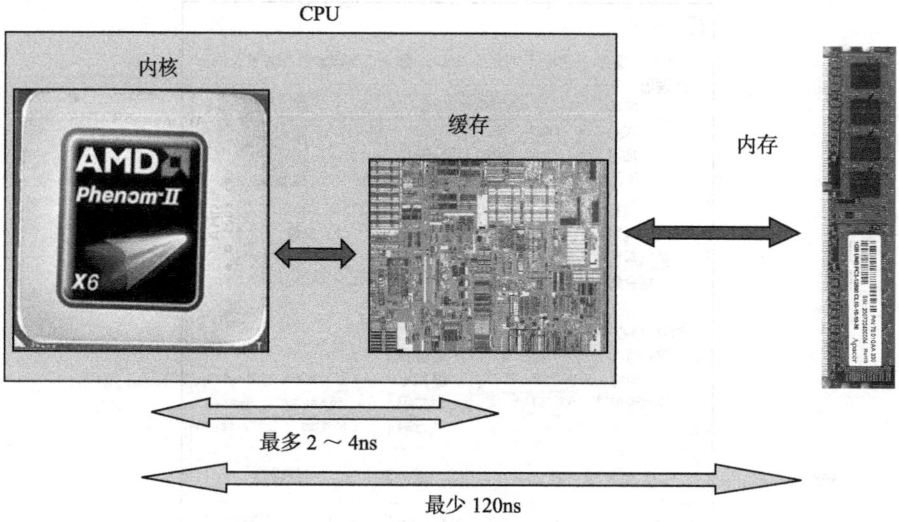

图 2-36　从缓存读数据

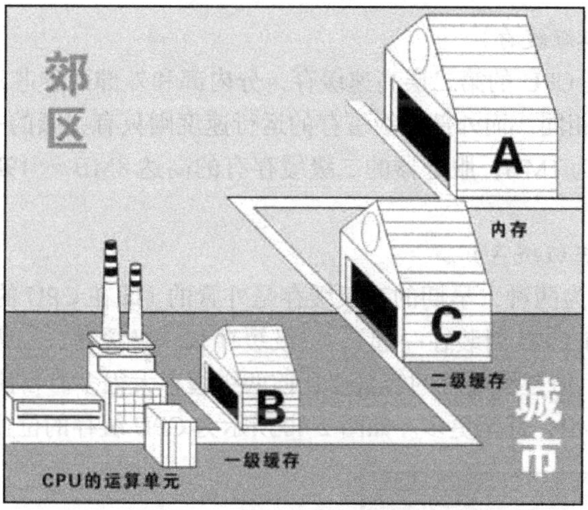

图 2-37　CPU、缓存、内存的位置关系

正是这样的读取机制使 CPU 读取高速缓存的命中率非常高，通常 CPU 下一次要读取的数据 90% 都在高速缓存中，只有大约 10% 需要从内存读取。这大大节省了 CPU 直接读取内存的时间，也使 CPU 读取数据时基本无须等待。

正因为高速缓存的命中率非常高，所以缓存对 CPU 性能的影响会很大，CPU 中的缓存容量越大，整体性能越好。

（1）用软件检测 CPU 缓存相关信息

目前,CPU 中一般包含三级缓存，分别是 L1（一级缓存）、L2（二级缓存）和 L3（三级缓存）。CPU 的缓存信息都能够通过软件进行检测，如图 2-38 所示为 Intel Core i7 860 处理器的缓存信息，一级缓存为 128KB，二级缓存为 512KB、三级缓存为 8MB。

（2）CPU 的 L1（一级缓存）

L1（一级缓存）是 CPU 第一层高速缓存，分为数据缓存和指令缓存。内置的 L1 高速缓存的容量和结构对 CPU 的性能影响较大，目前主流的双核 CPU 的一级缓存通常为 128KB。

图 2-38　缓存检测

（3）CPU 的 L2（二级缓存）

L2（二级缓存）是 CPU 的第二层高速缓存，分内部和外部两种芯片。内部二级缓存的运行速度与 CPU 的主频相同，而外部二级缓存的运行速度则只有主频的一半。目前主流的双核 CPU 的二级缓存通常为 1MB，服务器的二级缓存有的高达 8MB ～ 19MB。如图 2-39 所示为 CPU 的二级缓存位置。

（4）CPU 的 L3（三级缓存）

L3(三级缓存)分为两种，早期的三级缓存是外置的（即在 CPU 的外面），而目前三级缓存都采用内置的（即和 CPU 封装在一起）。三级缓存和一级缓存、二级缓存相比，距离 CPU 核心较远，速度较慢，但三级缓存的容量要比前两级缓存大很多。目前主流的双核 CPU 的三级缓存通常为 2 ～ 12MB，甚至更多。如图 2-40 所示为 CPU 缓存的位置关系图。

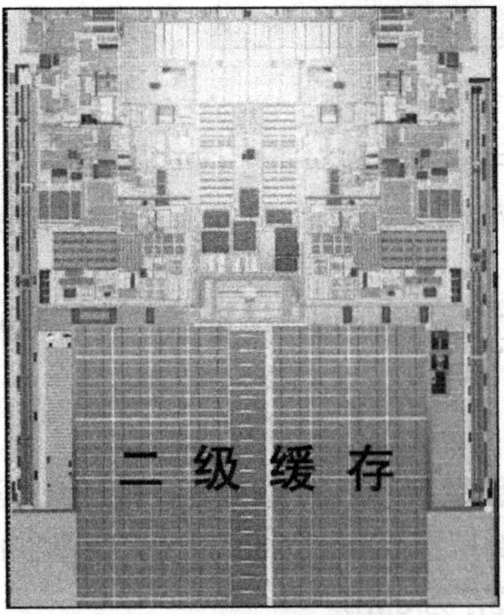

图 2-39　二级缓存

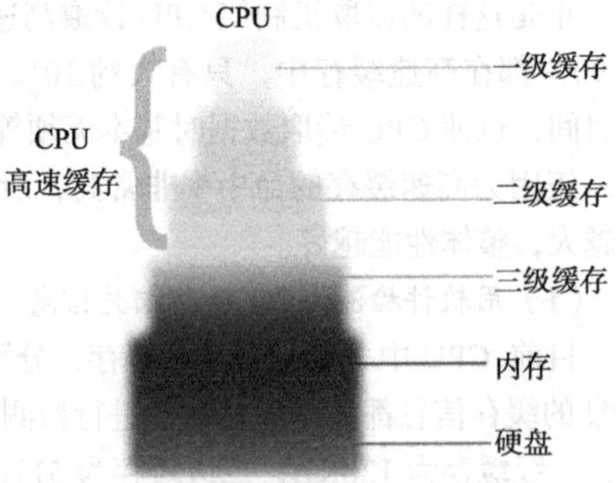

图 2-40　CPU 缓存的位置关系

但是要注意，CPU 缓存并不是越大越好。因为缓存采用的是速度快、价格昂贵的静态 RAM（SRAM），由于每个 SRAM 内存单元都是由 4 ～ 6 个晶体管构成的，增加缓存会带来

CPU 集成晶体管个数增加，发热量也随之增大，会给设计制造带来很大的难度。所以就算缓存容量做得很大，但设计不合理也会造成缓存的延时，CPU 的性能也未必得到提高。

3. 从外观区分 CPU

众多的 CPU 芯片有很多的相同之处，但是也有很多的不同之处，我们可以通过软件对 CPU 进行参数的检测，以此来区分不同 CPU。

另外，我们还可以通过 CPU 的外观来区分 CPU，因为不同 CPU 的接口类型不同，而且插孔数、体积、整体形状都有变化，所以部分不同 CPU 不能互相接插。当然也可以通过 CPU 芯片中间电容的不同排布形式来进行区分。

CPU 的接口就是 CPU 与主板连接的通道，CPU 的接口类型有多种形式，有引脚式、卡式、触点式、针脚式等。目前主流 CPU 的接口分为两类：触点式和针脚式。其中，Intel 公司的 CPU 采用触点式接口，如图 2-41 所示分别为 LGA1150、LGA1151、LGA2011、LGA2011-v3、LGA2066 CPU 接口类型；而 AMD 公司的 CPU 主要采用针脚式，如 Socket TR4、SocketAM4、SocketAM3、SocketAM3+ 等，这些接口都与主板上的 CPU 插座类型相对应，如图 2-42 所示为 AMD 公司 CPU 接口。

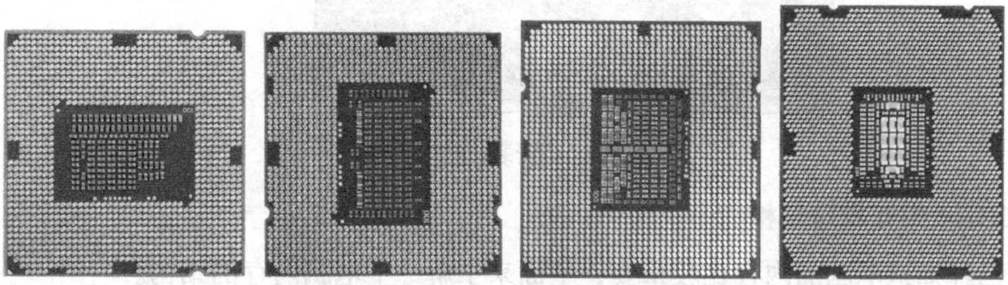

图 2-41　Intel 公司主流 CPU 的接口

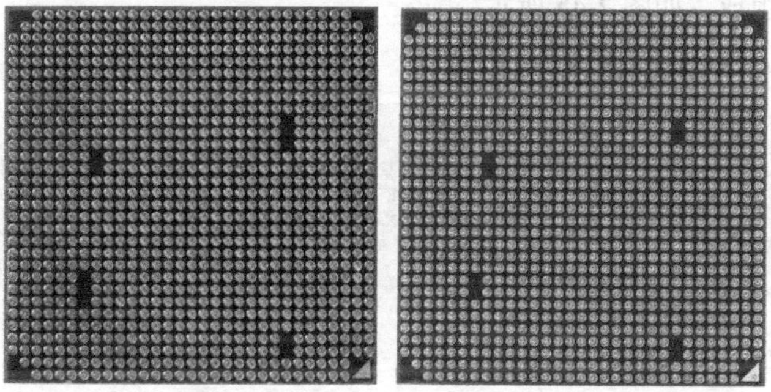

图 2-42　AMD 公司主流 CPU 的接口：AM3（左）和 AM3+（右）

2.2.3　数据的“月台”——内存

内存是电脑存储器的一个很重要的部分，内存是用来存储程序和数据的部件，对于电脑来说，有了存储器，才有记忆功能，才能保证正常工作。我们平常使用的程序，如 Windows 操作系统、打字软件、游戏软件等，一般都是安装在硬盘等外部存储器上，但需要使用这些软件时，必须把它们调入内存中运行，才能真正使用其功能。我们平时输入一段文字、玩一个游戏，其实都是在内存中进行的。这就好比在图书馆中，存放书籍的书架和书柜相当于电脑的外存，而阅览用的桌子就相当于内存，它是 CPU 要处理数据和命令的展开地点。内存的种类较多，目前主流的内存为DDR2内存，如图2-43和2-44所示为电脑内存及安装内存的卡槽。

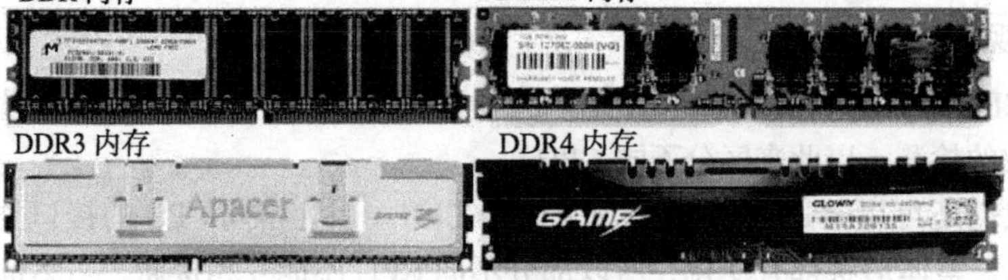

图2-43　电脑的内存

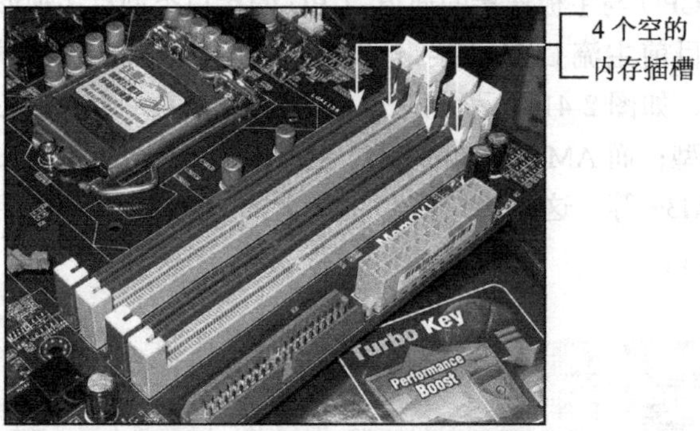

图2-44　安装内存的卡槽

1. DDR4内存物理结构

我们已经知道电脑的内存比较重要，下面来了解一下电脑内存的结构。

电脑的内存通常由PCB、金手指、内存芯片、电容、电阻、内存固定卡缺口、内存脚缺口、SPD等几部分组成，如图2-45所示。

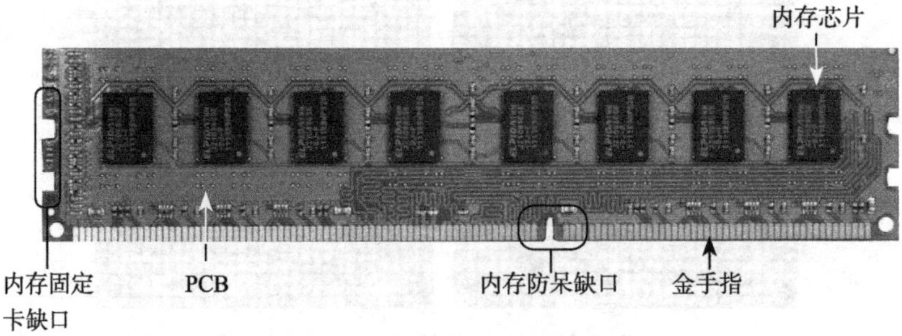

图2-45　台式机电脑的内存

（1）PCB

流行内存的PCB多为绿色，一般采用多层设计。理论上分层越多内存的性能越稳定。PCB制造严密，肉眼较难分辨PCB的层数，只能借助一些印在PCB上的符号或标识来断定。

（2）金手指

内存金手指就是内存模组下方的一排金黄色引脚，其作用是与主板内存插槽中的触点相接触，以此来实现电路连通，数据就是通过金手指来传输的。金手指由铜质导线制成，长时间的使用会出现氧化，而影响内存的正常工作。最好每隔半年左右用橡皮清理一下金手指上的氧化物。金手指如图2-46所示。

（3）内存芯片

内存芯片又被称为内存的灵魂，内存的性能、速度、容量都是由内存芯片决定的。内存芯片的功能决定了内存的功能。内存芯片就是内存条上一个个肉眼可见的集成电路块，又被称作内存颗粒，是构成内存的主要部分，如图 2-47 所示。

图 2-46　金手指

图 2-47　内存芯片

（4）电阻、电容

PCB 上必不可少的电子元件就是电阻和电容，作用是提高电气性能。为了减小内存的体积，无论是电阻还是电容都采用贴片式，这些电阻或电容的性能丝毫不比非贴片式的电阻或电容功能逊色，为提高内存的稳定性起了很大作用。如图 2-48 所示。

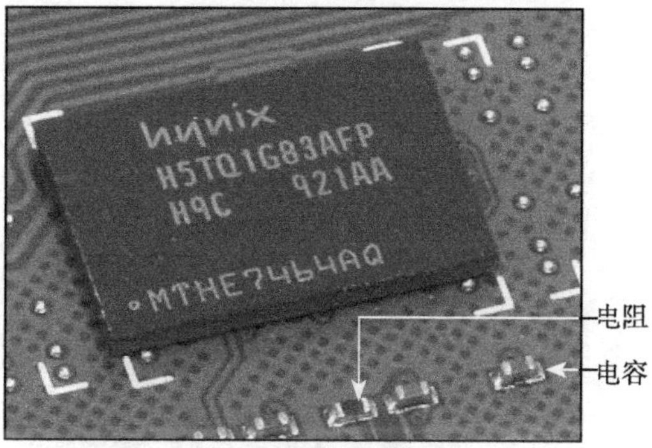

图 2-48　电容和电阻

（5）内存固定卡缺口

内存插到主板上后，主板上的内存插槽会靠两个夹子牢固地扣住内存，这个缺口用于固定内存。

（6）内存防呆缺口

内存脚上的缺口主要是用来防止内存插反，其次是用来区分不同内存的。之前的 SDRAM 内存有两个缺口，如图 2-49 所示，而 DDR 内存则只有一个缺口，不能混插。如图 2-50 所示为 DDR4 内存的防呆缺口。

图 2-49　SDRAM 内存

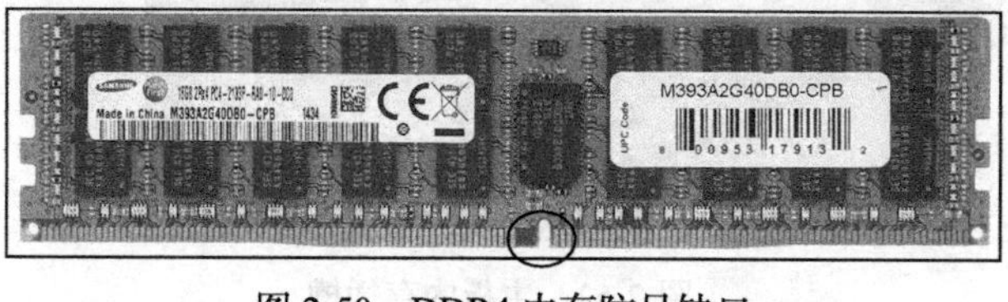

图 2-50　DDR4 内存防呆缺口

（7）SPD 芯片

SPD 是一个 EEPROM 可擦写存储器的八脚小芯片，容量仅有 256 字节，只可以写入一点信息，主要包括内存的标准工作状态、速度、响应时间等，用以协调电脑系统更好地工作。如图 2-51 所示。

2. 内存的金手指

如图 2-52 所示，内存条上的众多金黄色的排列整齐的一排导电触片就是我们常说的内存金手指（Connecting Finger）。这种导电的触片排列如手指状，而且早期内存金手指表面多为镀金，所以显示为金黄色，美其名曰金手指。其实，它就是内存的导电金属端子。它排列为手指状，其中一个原因是适应主板内存插槽，如图 2-53 所示为主板内存插槽。而导电触片表面镀金主要是因为金的抗氧化性极强，而且数据的传导性也很强，内存处理单元的所有数据流、电子流正是通过金手指与内存插槽的接触跟 PC 系统进行交换，金手指是内存的输出输入端口，因此其制作工艺对于内存连接相当重要。但是，如今主板、内存、显卡的金手指表面几乎都采用镀锡，只有部分高性能服务器 / 工作站的配件接触点才会继续采用镀金的做法，这主要是因为金的价格比较昂贵，而这也是那些高性能服务器 / 工作站的配件价格高的原因之一。这种材料的更换大概是在 20 世纪 90 年代开始普及的。

图 2-51 SPD 芯片

图 2-52 内存条金手指

图 2-53 主板内存插槽

通常所说的内存针数，指的正是内存条金手指的个数。DDR4 台式机内存金手指是 288 个，金手指的个数是固定的。另外，笔记本内存和台式机内存金手指的总个数是不同的，笔记本内存金手指总数是 260。如图 2-54 所示，一般内存条都会在左下角和右下角标出金手指的个数信息。

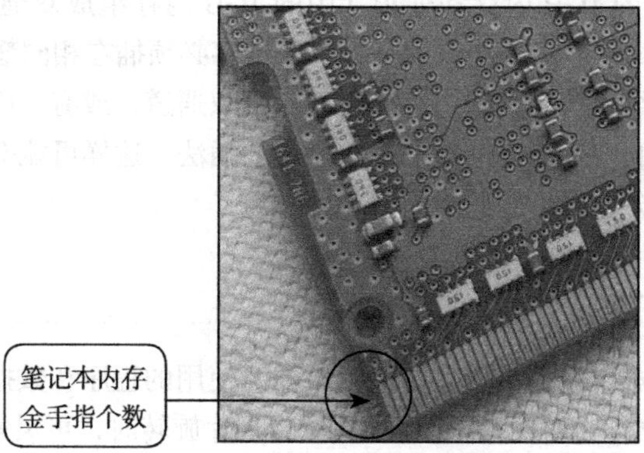

图 2-54　金手指个数标注信息

3. **怎样组成双通道**

如图 2-55 所示为主板的双通道内存插槽。

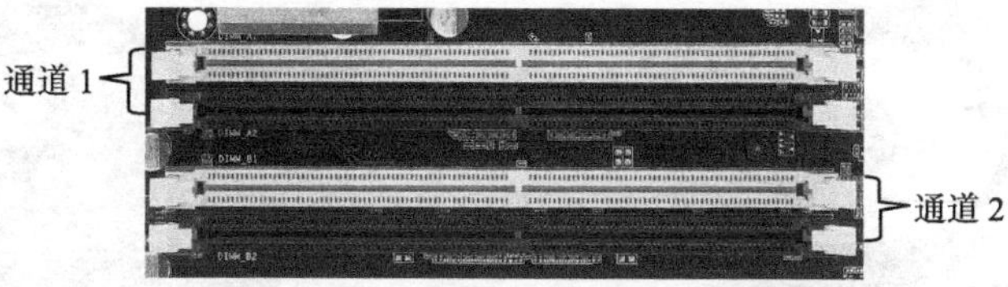

图 2-55　双通道内存插槽

主流主板上都是由不同颜色的两条插槽组成一个通道，将两条相同的内存插在同颜色的两个插槽内就可以组成双通道了，如图 2-56 所示。

图 2-56　主板上的双通道内存插法

对称双通道：理论上只要通道 1 和通道 2 的内存容量相当、内存颗粒相同的话，就可以组成双通道。所以在通道 1 上插一条 1GB 内存，在通道 2 上插两条 2GB 内存，同样可以组成双通道。但因为内存颗粒和总线带宽等条件都不容易做到一致，所以采用这种方法组成双通道是比较困难的。

非对称双通道：在非对称双通道模式下，两个通道的内存容量可以不相等，而组成双通道的内存容量大小取决于容量较小的那个通道。例如通道 1 有一条 1GB 内存，通道 2 有一条 2GB 内存，则通道 1 中的 1GB 内存和通道 2 中的 1GB 内存组成双通道，通道 2 剩下的 1GB 内存仍工作于单通道模式下。需要注意的是，两条内存必须插在相同颜色的插槽中。

因为主板的内存模组会自动判断内存是否能组成双通道，或有一部分可以组成双通道，所以就算使用两条不一样的内存，也推荐采用双通道的插法。这样可能会有一部分内存被作为双通道来使用，剩下的就会当作单通道使用。

2.2.4 数据的仓库——硬盘

硬盘属于外部存储器，它是用来存储电脑工作时使用的程序和数据的地方。硬盘驱动器是一个密封的盒体，内有高速旋转的盘片和磁盘。当盘片旋转时，可灵敏读 / 写的磁头在盘面上来回移动，既向盘片或磁盘写入新数据，也从盘片或磁盘中读取已存在的数据。硬盘的接口主要有 USB 接口、SATA 接口等，其中 SATA 接口为目前的主流硬盘接口。如图 2-57 所示为电脑硬盘及主板硬盘接口。

a）硬盘的内部结构

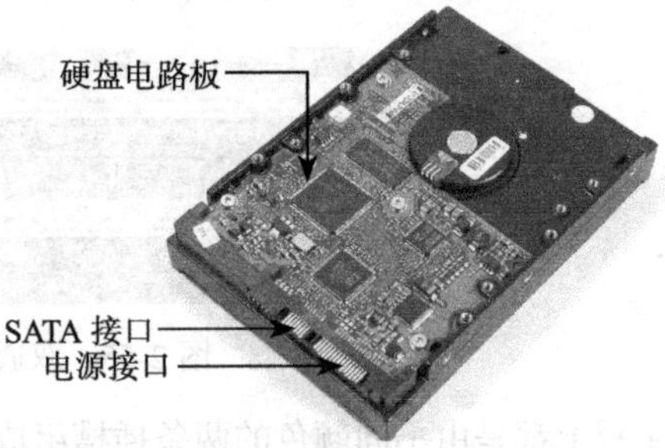

b）电脑硬盘

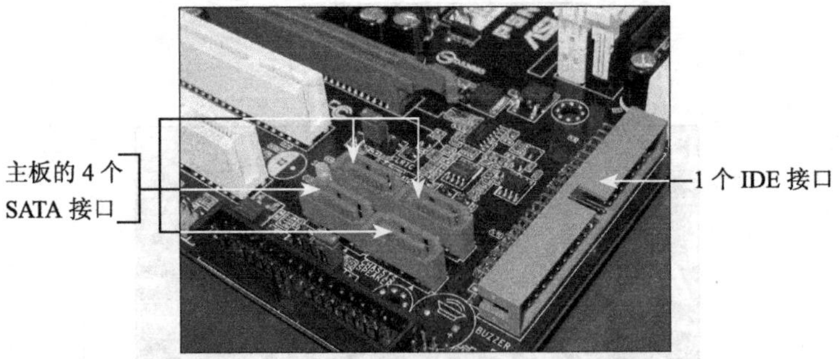

c）主板硬盘接口

图 2-57 电脑硬盘及主板硬盘接口

【小知识】硬盘和内存的关系

硬盘与内存都为电脑的存储设备，关闭电源后，内存中的数据会丢失，但硬盘中的数据会继续保留。当用户用键盘输入一篇文字，文字被存储在内存中，如果用户在关机前没有将输入的文字存储到硬盘中，关机后输入的文字就会丢失。用文字编辑程序中的“保存”功能即可将内存中存储的文字转移到硬盘中存储。硬盘和内存在电脑中的作用分别是存储仓库和中转站。

1. 机械硬盘的构造

硬盘主要由盘片和主轴组件、浮动磁头组件、磁头驱动机构、前置驱动控制电路等组成，如图 2-58 所示。

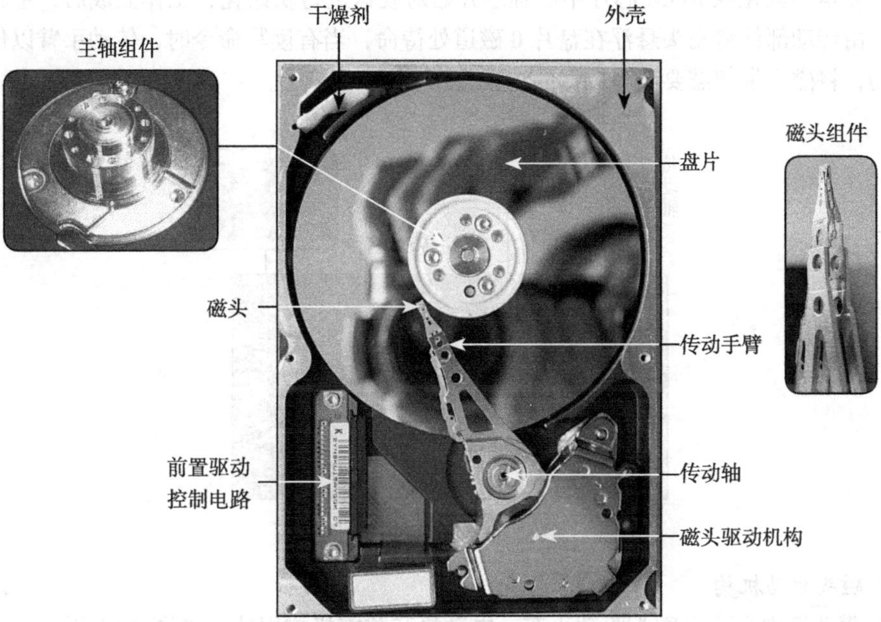

图 2-58 硬盘的盘体

（1）盘片和主轴组件

盘片和主轴组件是两个紧密相连的部分，如图 2-59 所示。硬盘盘片是一个圆形的薄片，一般采用硬质合金制造，表面上被涂上了磁性物质，通过磁头的读写，将数据记录在其中。由于盘片在硬盘中要高速旋转，所以硬盘的盘片表面都十分光滑，而且耐磨度很高，多为铝合金材质，也有玻璃等材质。通常一个硬盘由若干张盘片叠加而成，目前一张盘片的单碟容量已经达到惊人的 1TB，而总容量高达 12TB 以上。

图 2-59 硬盘的盘片和主轴组件

主轴组件由主轴电动机驱动，带动盘片高速旋转，旋转速度越快，磁头在相同时间内相对盘片移动的距离就越大，相应地也就能读取到更多的信息。

目前硬盘的主轴都采用了“液态轴承电动机”，这种电动机使用的是黏膜液油轴承，以油膜代替滚珠，有效避免了由于滚珠摩擦带来的高温和噪声。同时，这种技术对于硬盘防震也有很大的帮助，对于突如其来的震动，油膜能够很好地吸收。因此，采用该技术的硬盘在运转中能够承受几十至几百 G 的外力。

（2）浮动磁头组件

浮动磁头组件由磁头、传动手臂和传动轴三部分组成，如图 2-60 所示。其中，磁头是用线圈缠绕在磁芯上制成的，安放在传动手臂的末端，在盘片高速旋转时，传动手臂以传动轴为圆心带动前端的磁头在盘片旋转的垂直方向上移动，磁头感应盘片上的磁信号来读取数据或改变磁性涂料的磁性达到写入信息的目的（磁头和盘片并没有直接接触，与盘片之间的距离为 0.1 ～ 0.3μm）。

当硬盘没有工作时，传动手臂和传动轴将磁头停放在硬盘盘片的最内圈的起停区内。开始工作时，硬盘中固化在 ROM 芯片中的程序开始对硬盘进行初始化，工作完成后，主轴开始高速旋转，由传动部件将磁头悬浮在盘片 0 磁道处待命，当有读写命令时，传动手臂以传动轴为圆心摆动，将磁头带到需要读写数据的地方去。

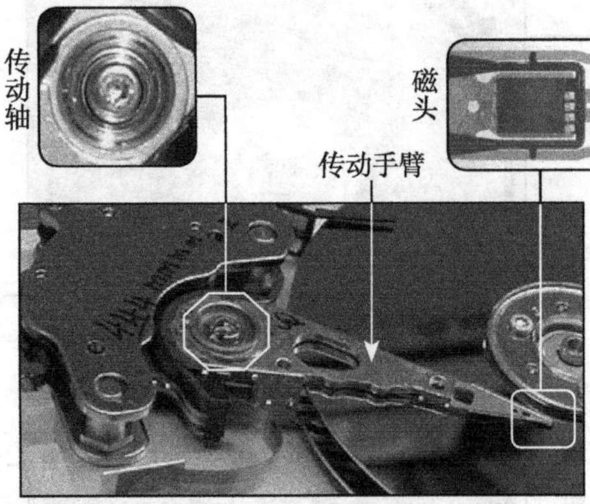

图 2-60 浮动磁头组件

（3）磁头驱动机构

磁头驱动机构主要由磁头驱动小车、电动机和防震机构组成，如图 2-61 所示。其作用是对磁头进行驱动和高精度定位，使磁头能迅速、准确地在指定的磁道上进行读写工作。现在的硬盘所使用的磁头驱动机构中已经淘汰了老式的步进电动机和力矩电动机，用速度更快、安全性更高的音圈电动机取而代之，以获得更高的平均无故障时间和更低的寻道时间。

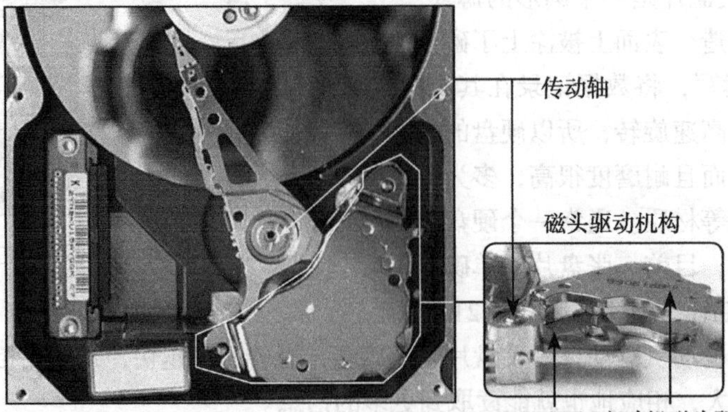

图 2-61 磁头驱动机构

（4）前置驱动控制电路

前置驱动控制电路是密封在屏蔽腔体以内的放大线路。主要作用是控制磁头的感应信号、主轴电动机调速、驱动磁头和伺服定位等，如图 2-62 所示。

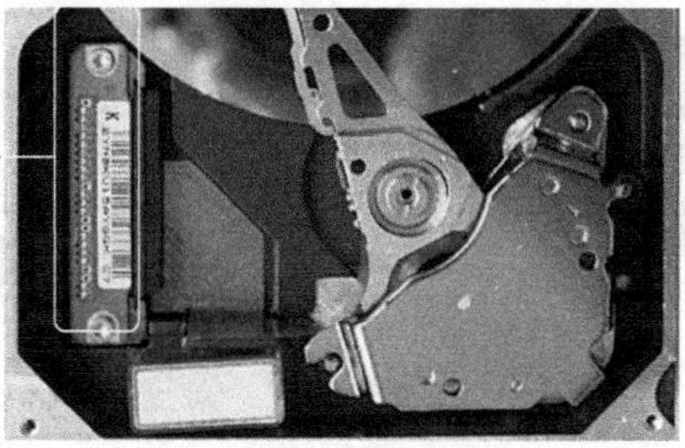

图 2-62 前置驱动控制电路

2. 固态硬盘的构造

固态硬盘（Solid State Disk）是用固态电子存储芯片阵列制成的硬盘，由控制单元和存储单元（FLASH 芯片）组成。固态硬盘的接口规范和定义、功能及使用方法与普通硬盘完全相同。还有一种使用 DRAM 存储的固态硬盘，应用非常少，这一节主要介绍 Flash 芯片阵列组成的 SSD 固态硬盘，如图 2-63 所示。

图 2-63 三星固态硬盘

固态硬盘主要由 PCB、控制芯片、缓存、Flash 芯片组成，结构简单，如图 2-64 所示。

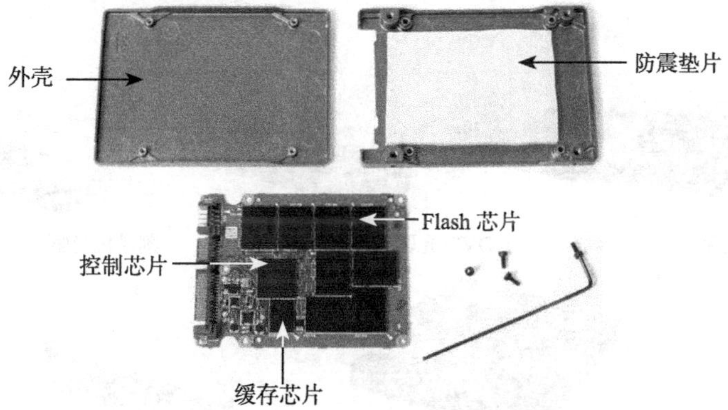

图 2-64 SSD 固态硬盘

SSD 硬盘的内部构造十分简单，主体其实就是一块 PCB，而这块 PCB 上最基本的配件就是控制芯片、缓存芯片（部分低端硬盘无缓存芯片）和用于存储数据的 Flash 芯片，如图 2-65 所示。

主控芯片是固态硬盘的大脑，其作用是合理调配各个 Flash 芯片上的数据负荷，以及承担整个数据中转，连接 Flash 芯片和外部 SATA 或 PCI-E 接口。不同的主控芯片，能力相差非常大，在数据处理能力、算法、对 Flash 芯片的读取写入控制上会有非常大的不同。

图 2-65 SSD 固态硬盘芯片

固态硬盘有 SATA 和 PCI-E 两种接口，虽然理论上 PCI-E 接口要比 SATA 的传输速度更快，但由于都已经超过硬盘内部速度的上限，所以使用中感觉差别不大。带有这两种接口的SSD如图2-66所示。

a）带有SATA接口的SSD b）带有PCI-E接口的SSD

图2-66 固态硬盘接口

2.2.5 拥有无限备份能力——刻录机

光驱即光盘驱动器，是用来读取光盘的设备。光驱是一个结合光学、机械及电子技术的产品。在光学和电子结合方面，激光光源来自于光驱内部的一个激光二极管，它可以产生波长约0.52～0.68μm的光束，光束经过处理后更集中且能精确控制。在读盘时，光驱内部的激光二极管发出的激光光束首先打在光盘上，再由光盘反射回来，光检测器捕获信号，再由光驱中专门的电路将信号转换成数据并进行校验，然后传输到电脑的内存，从而就可以得到光盘中的实际数据。光驱可分为CD-ROM光驱、DVD光驱、康宝光驱、蓝光光驱和刻录机光驱等，如图2-67所示。光驱常用的接口种类主要有IDE接口、SATA接口和USB接口等，如图2-68所示。

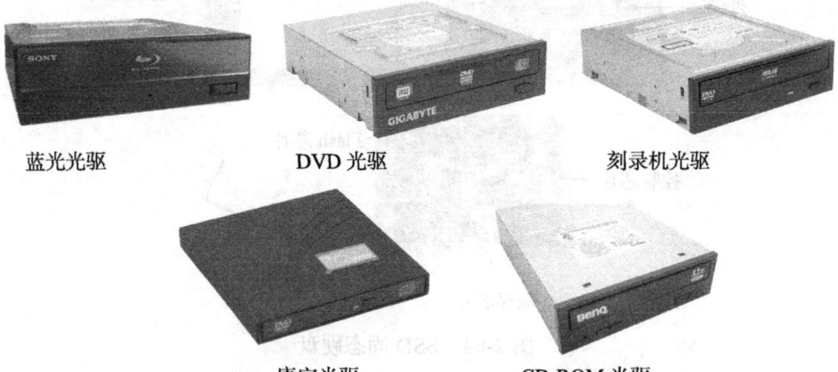

图2-67 电脑光驱

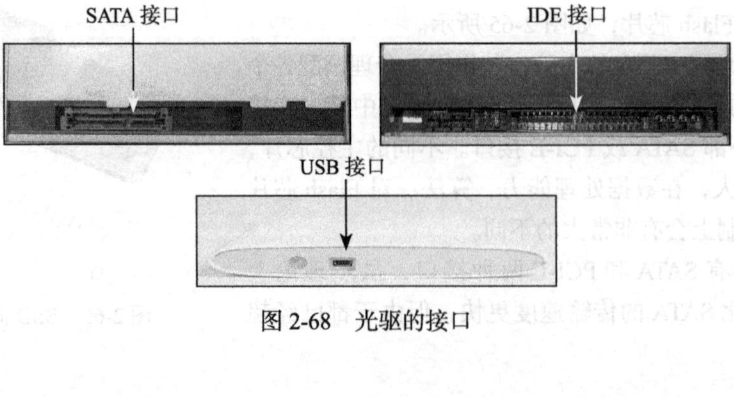

图2-68 光驱的接口

【小知识】光盘的容量

光盘为只读外部存储设备。一般一张 CD 光盘的容量为 650MB 左右，一张 DVD 光盘的容量为 4.7GB 左右，一张蓝光 DVD 光盘的容量为 25GB 左右。

2.2.6 带你走进 3D 世界——显卡

显卡的用途是将电脑系统所需要的显示信息进行转换驱动，并向显示器提供行扫描信号，控制显示器的正确显示，显卡是连接显示器和个人电脑主板的重要部件，承担输出显示图形的任务，对于从事专业图形设计的人来说显卡非常重要。显卡的输出接口主要有 VGA 接口、DVI 接口、S 端子等。如图 2-69 所示为电脑的显卡。

图 2-69 电脑的显卡

1. 显卡的主要部件

（1）显示芯片

图形处理芯片就是我们常说的 GPU(Graphic Processing Unit)，即图形处理单元。它是显卡的“大脑”，负责绝大部分的计算工作，在整个显卡中，GPU 负责处理由电脑发来的数据，最终将产生的结果显示在显示器上，如图 2-70 所示。显卡的 GPU 与电脑的 CPU 类似。但是，GPU 是专为执行复杂的数学和几何计算而设计的，这些计算是图形渲染所必需的。某些最快速的 GPU 所具有的晶体管数甚至超过了普通 CPU。GPU 会产生大量热量，所以它的上方通常安装有散热器或风扇。

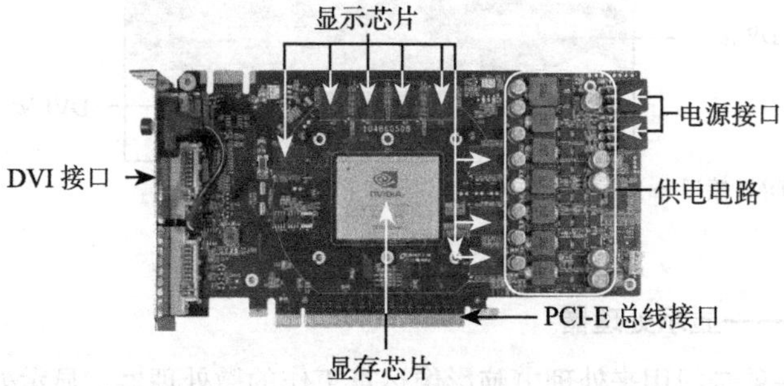

图 2-70 显示芯片

（2）显存

显存即显示内存，与主板上的内存的功能基本一样，显存的速度以及带宽直接影响着一块显卡的速度，即使你的显卡芯片的性能很强劲，但是如果板载显存达不到要求，无法将处理过的数据即时传送，那么你就无法得到满意的显示效果。显存的容量跟速度直接关系到显卡性能的高低，高速的显卡芯片对显存容量的要求相应会更高一些，所以显存的好坏也是衡量显卡的重要指标。要评估一块显存的性能，主要从显存类型、工作频率、封装和显存位宽等方面来分析。

（3）RAMDAC（数 / 模转换器）

RAM DAC（RAM Digital to Analog Converter）即随机存储器数 / 模转换器，负责将显存中的数字信号转换成显示器能够接收的模拟信号。

RAM DAC 是影响显卡性能的重要器件，它能达到的转换速度影响着显卡的刷新率和最大分辨率。对于一个给定的刷新频率，分辨率越高，像素就越多。如果要保持一定的画面刷新，则生成和显示像素的速度就必须快。RAM DAC 的转换速度越快，影像在显示器上的刷新频率也就越高，从而图像显示也越快，图像也越稳定。

（4）显卡 BIOS

显卡 BIOS 中包含了显示芯片和驱动程序的控制程序、产品标识信息。这些信息一般由显卡厂商固化在 BIOS 芯片中。如在开机时，最先在屏幕上看到的便是显卡 BIOS 中的内容，即显卡的产品标识、出厂日期、生产厂家等相关信息。

（5）总线接口

显卡需插在主板上才能与主板交换数据，因而就必须有与之相对应的总线接口。现在最主流的总线接口是 PCI Express 接口，此接口是显卡的一种新接口规格，PCI Express 3.0 x16 接口的数据带宽是 32GB/s。PCI Express 还可给显卡提供高达 75W 的电源供给，PCI Express 接口是现在比较先进的接口规范。

（6）输出接口

经显卡处理好的图像数据要显示在显示器上面，必须通过显卡的输出接口输出到显示器上，现在最常见的显卡输出接口主要有 DVI 接口、DisplayPort 接口、HDMI 接口等，如图 2-71 所示。

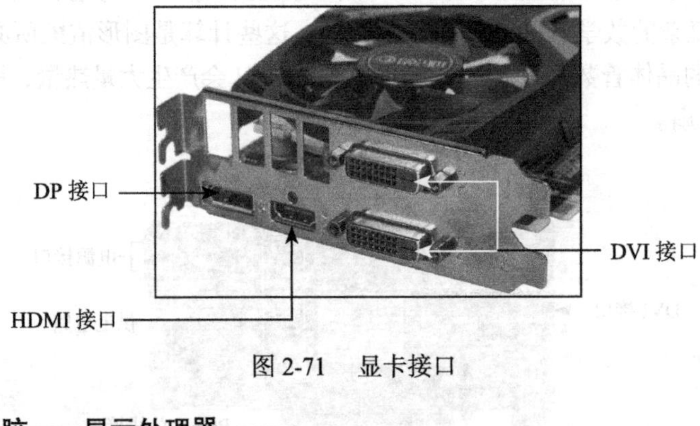

图 2-71　显卡接口

2. 显卡的大脑——显示处理器

显示处理器是一种专门用来处理电脑影像运算工作的微处理器。显示处理器可以看作显卡的大脑，它承担着显卡最核心的工作，将电脑系统所需要的显示信息处理为显示器可以处理的信息后，送到显示屏上形成影像。显示处理器决定了显卡的档次和大部分性能，同时也是 2D 显卡和 3D 显卡的区别依据。

随着时代的发展、科技的进步，人们对显卡性能的需求越来越高，所以图形的处理变得越来越重要，从而需要一个专门的图形核心处理器，所以1999年NVIDIA公司发布了GeForce 256图形处理芯片，率先提出GPU的概念，GPU的性能比以往的显示处理器要高。原来的显卡要等待繁忙的CPU来处理图形数据，而GPU使显卡减少了对CPU的依赖，显示效果满足了人们的需求，至此显卡大脑（GPU）的概念深入人心。

目前，主流显示处理器市场主要由NVIDIA、AMD和Intel三家公司主导。NVIDIA和AMD主要负责独立显卡的生产，独立显示卡是市场的主流产品。Intel主要做集成显卡，市场份额较少。如图2-70所示为NVIDIA和AMD显卡商标。

图2-72　NVIDIA和ATI显卡商标

2.2.7　电源

电源就像电脑的心脏一样，用来为电脑中的其他部件提供能源。电脑电源的作用是把交流220V的电源转换为电脑内部使用的3.3V、5V和12V直流电。由于电源的功率直接影响电源的“驱动力”，因此电源的功率越高越好。目前主流的多核处理器电源的一般输出功率为350W以上，有的甚至达到900W。电源一般包括1个20+4针接口，4个大4针接口，4～8个SATA接口，2个6针接口，1个4+4针接口，如图2-73所示。

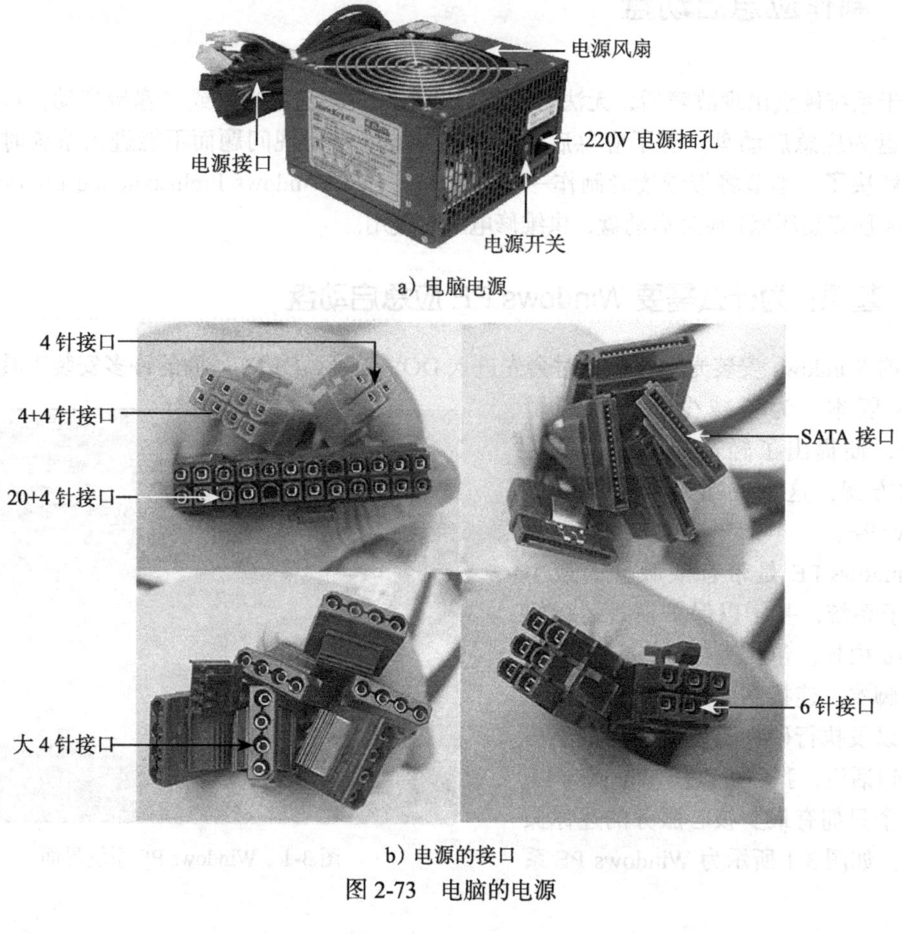

a）电脑电源

b）电源的接口

图2-73　电脑的电源

第 3 章

制作电脑维修应急启动盘

在使用电脑的过程中，如果电脑的硬盘发生故障，经常会造成电脑不能从硬盘启动的后果。要查出电脑的故障，必须进入操作系统，因此，常备一张完整的系统应急启动盘是非常有必要的。

3.1 制作应急启动盘

由于系统硬盘出现故障后，无法从硬盘启动，这时必须从光盘或 U 盘等启动，可以称这张系统盘为应急启动盘。有了应急启动盘，在 Windows 出现问题而不能进入系统时，就可以很快解决了。本节将带领读者制作一张 Windows PE（Windows PreInstallation Environment，Windows 预安装环境）应急启动盘，供维修电脑时使用。

3.1.1 起源：为什么需要 Windows PE 应急启动盘

以前 Windows 安装光盘在开机时会先进入 DOS 环境，OEM 厂商的许多安装工具也都还是 DOS 版本。为了减少对 DOS 环境的依赖，便提出了轻量级 Win32 执行环境的方案，这个方案后来发展成了 Windows PE。

图 3-1 Windows PE 系统界面

Windows PE 是带有限服务的最小 Win32 子系统，基于以保护模式运行的 Windows 内核，包括运行 Windows 安装程序及脚本、连接网络共享、自动化基本过程以及执行硬件验证所需的最小功能。换句话说，我们可以把 Windows PE 看作一个只拥有最少核心服务的迷你操作系统。如图 3-1 所示为 Windows PE 系统界面。

虽然 Windows PE 最初是为 OEM 厂商开发的，但当计算机出现故障无法启动时，普通用户也可以用 Windows PE 预安装环境来启动计算机，对计算机系统进行修复，因此 Windows PE 可以作为安装、维护与维修电脑时的应急启动盘。

3.1.2 Windows PE 应急启动盘的作用

Windows PE 应急启动盘很重要，当你的系统崩溃无法启动的时候，应急启动盘就成了“救命稻草”。正常状况下，我们的计算机都是从硬盘启动的，不会用到应急启动盘。应急启动盘只有在装机或系统崩溃，以及修复计算机系统或备份系统损坏的计算机中的数据时才会用到，即它的主要作用就是安装系统和维护系统。

Windows PE 应急启动盘一般使用 U 盘作为存储介质，对于用户来说，手头常备一个应急启动 U 盘非常重要，这样可以确保随时启动计算机并且能够保留重要的系统数据和设置。

应急启动盘的作用主要有：

1）在系统崩溃时，启动系统恢复被删除或破坏的系统文件等；

2）感染了不能在 Windows 正常模式下清除的病毒，用应急启动盘启动计算机，彻底删除这些病毒；

3）用应急启动盘启动系统，然后测试一些软件等；

4）用应急启动盘启动系统，然后运行硬盘修复工具，解决硬盘坏道等问题。

3.1.3 手把手教你制作 U 盘 Windows PE 启动盘

当电脑没有光驱或者光驱损坏的情况下，可以通过 U 盘、移动硬盘等工具制作的 Windows PE 启动盘来维护电脑。

下面以 U 盘为例进行详细介绍。

制作 U 盘 Windows PE 启动盘的方法非常简单。先在网上下载一个“老毛桃 WinPE”工具软件，将 U 盘连接到电脑上，按照如图 3-2 所示步骤进行操作。

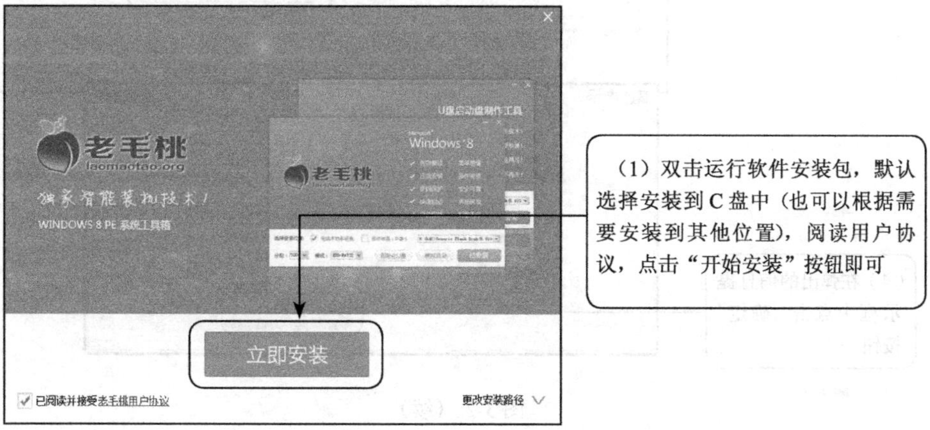

图 3-2 制作 U 盘 Windows PE 启动盘

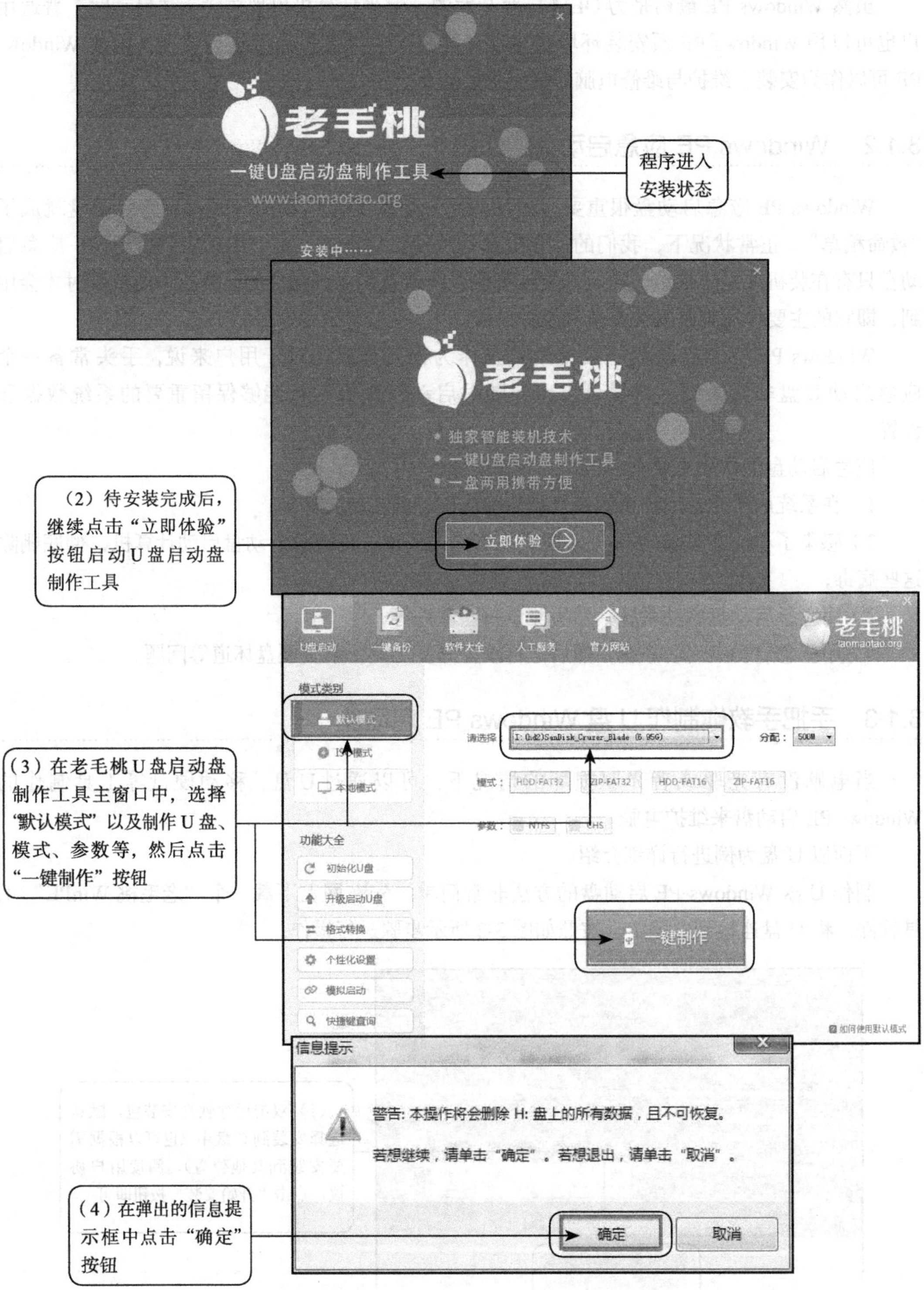
老毛桃
一键U盘启动盘制作工具
www.laomaotao.org
安装中……
程序进入安装状态
老毛桃
独家智能装机技术
一键U盘启动盘制作工具
一盘两用携带方便
立即体验
（2）待安装完成后，继续点击“立即体验”按钮启动U盘启动盘制作工具
U盘启动
一键备份
软件大全
人工服务
官方网站
老毛桃
laomaotao.org
模式类别
默认模式
本地模式
请选择：
分配：
500M
模式：
HDD-FAT32
ZIP-FAT32
HDD-FAT16
ZIP-FAT16
参数：
NTFS
CHS
功能大全
初始化U盘
升级启动U盘
格式转换
个性化设置
模拟启动
快捷键查询
一键制作
如何使用默认模式
（3）在老毛桃U盘启动盘制作工具主窗口中，选择“默认模式”以及制作U盘、模式、参数等，然后点击“一键制作”按钮
信息提示
警告：本操作将会删除 H: 盘上的所有数据，且不可恢复。
若想继续，请单击“确定”。若想退出，请单击“取消”。
确定
取消
（4）在弹出的信息提示框中点击“确定”按钮

图 3-2 （续）

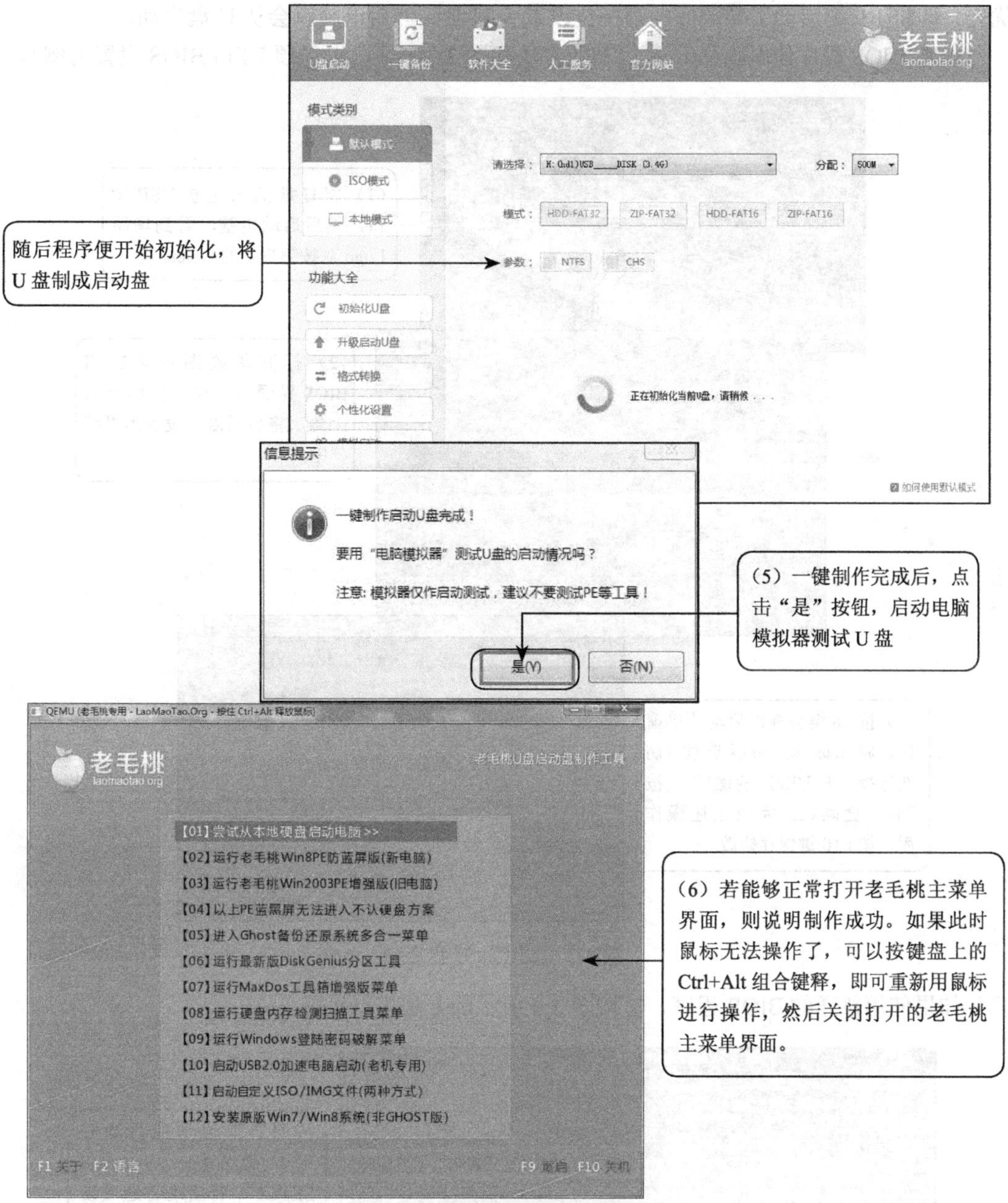

图 3-2 （续）

3.2 如何使用启动盘

3.2.1 用 U 盘 Windows PE 启动盘启动系统

在使用应急启动盘时，如果要让电脑从启动盘中启动，首先应在 BIOS 中设置为 U 盘启动优先，即将 BIOS 启动引导顺序的第一位设置为 U 盘，然后电脑就会从 U 盘启动。

设置 BIOS 程序使电脑从 U 盘启动的方法如图 3-3 所示（以华硕 UEFI BIOS 设置为例）。

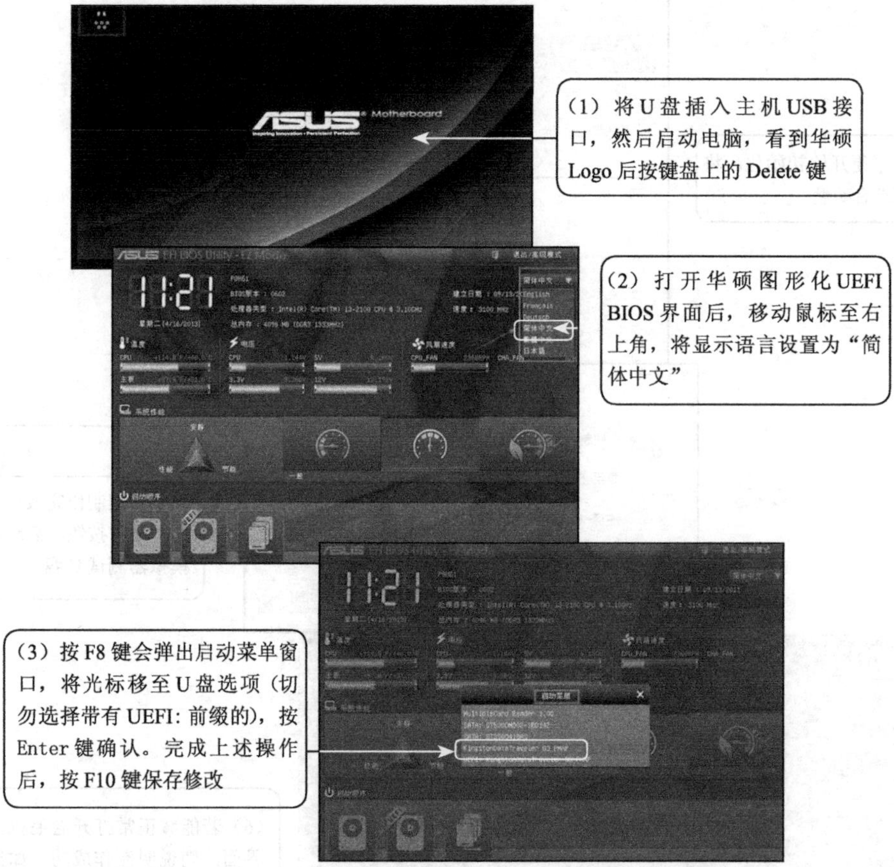
（1）将 U 盘插入主机 USB 接口，然后启动电脑，看到华硕 Logo 后按键盘上的 Delete 键
（2）打开华硕图形化 UEFI BIOS 界面后，移动鼠标至右上角，将显示语言设置为“简体中文”
（3）按 F8 键会弹出启动菜单窗口，将光标移至 U 盘选项（切勿选择带有 UEFI: 前缀的），按 Enter 键确认。完成上述操作后，按 F10 键保存修改
11:21

图 3-3　设置从 U 盘启动

如果使用普通的 BIOS 程序，可按图 3-4 所示的方法进行设置。

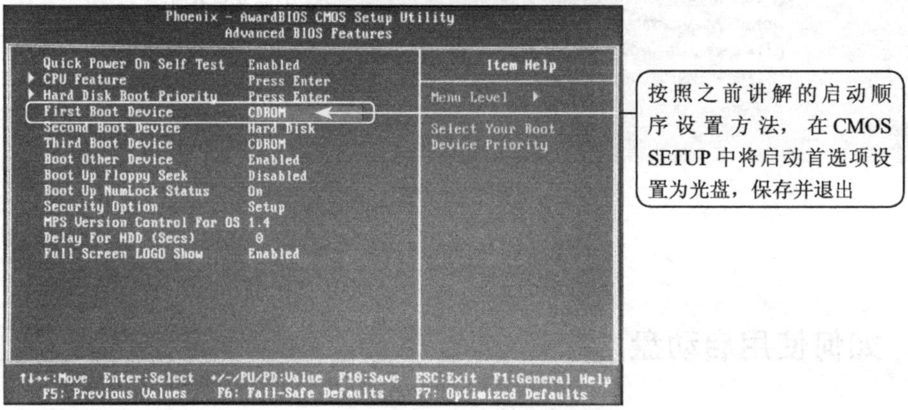

图 3-4　普通 BIOS 程序设置方法

插入 U 盘，重启电脑之后，会出现如图 3-5 所示的界面，我们可以根据需要进行选择和操作。

图 3-5　U 盘 Windows PE 启动盘维护界面

3.2.2　使用应急启动盘检测硬盘坏扇区

使用 Windows PE 检测硬盘坏扇区的方法如图 3-6 所示。

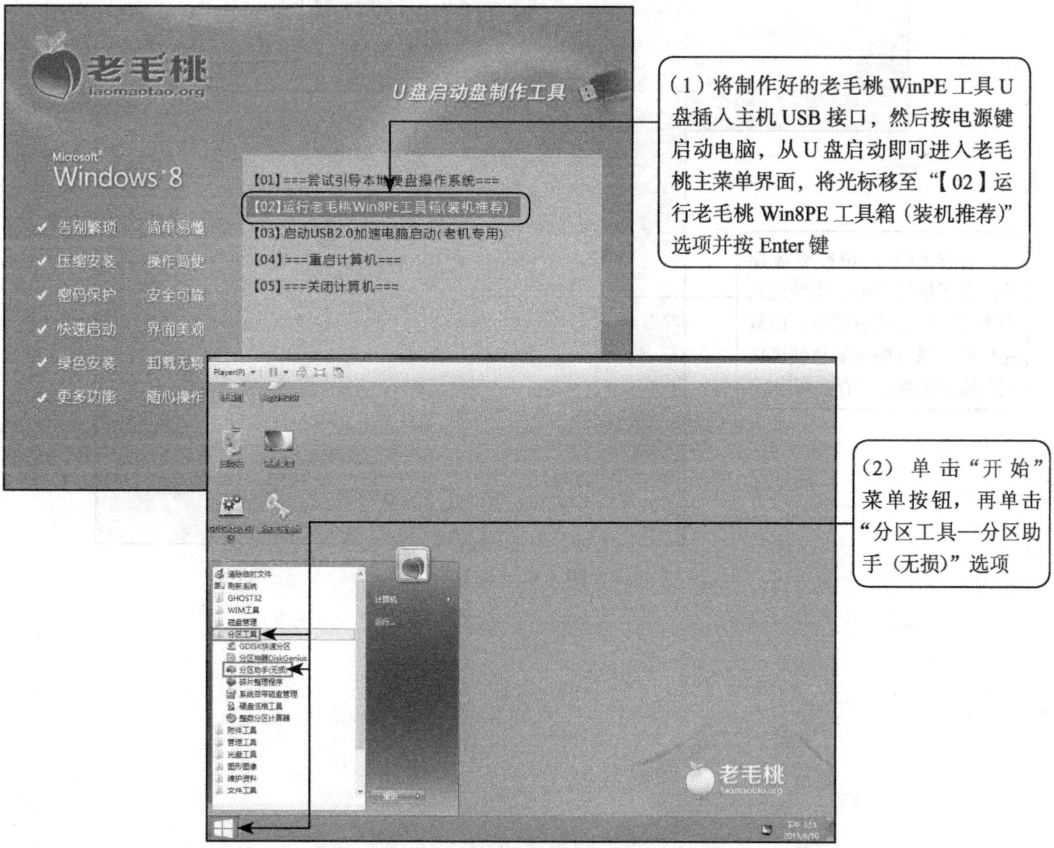

图 3-6　使用 Windows PE 检测硬盘坏扇区

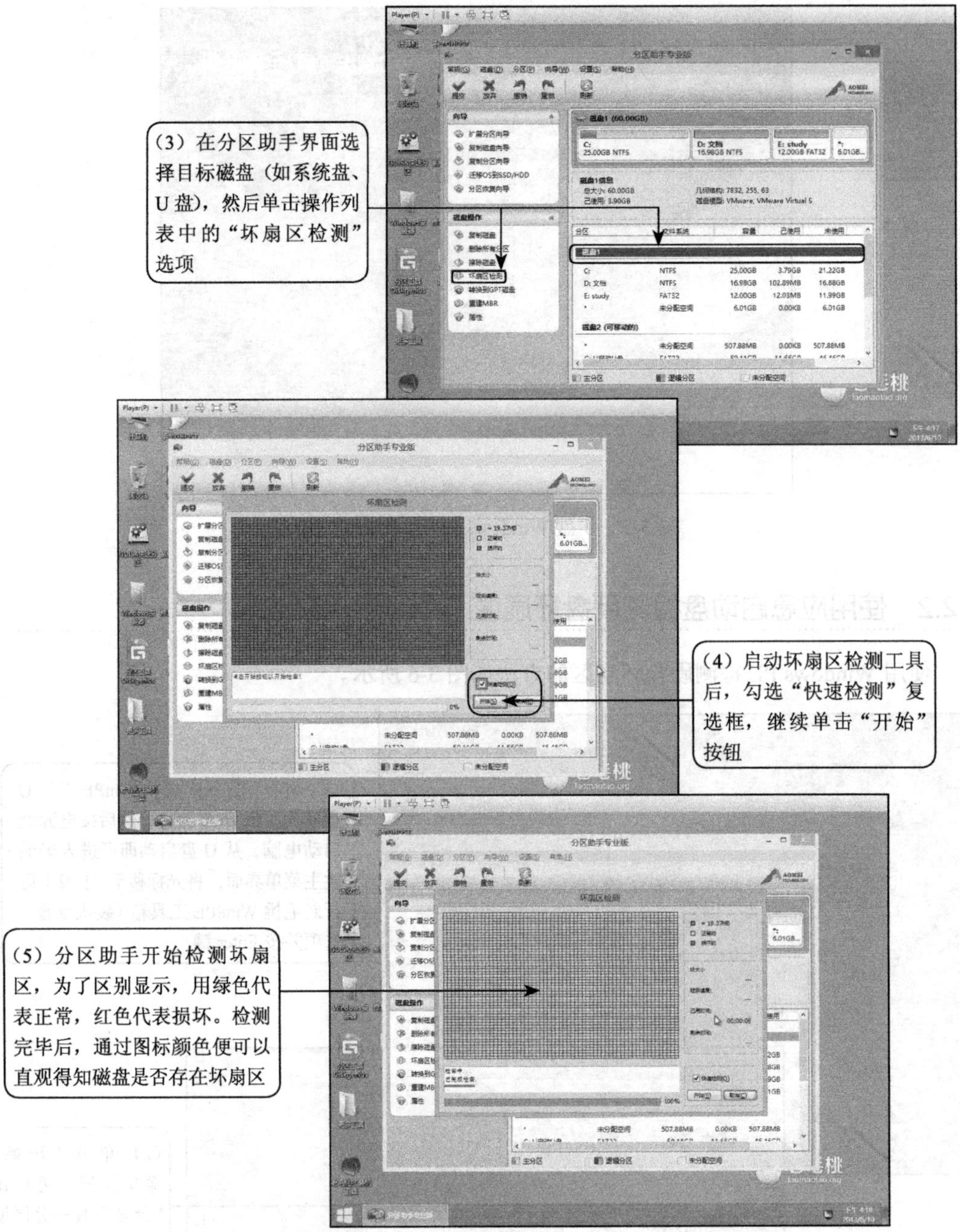
（3）在分区助手界面选择目标磁盘（如系统盘、U盘），然后单击操作列表中的“坏扇区检测”选项
（4）启动坏扇区检测工具后，勾选“快速检测”复选框，继续单击“开始”按钮
（5）分区助手开始检测坏扇区，为了区别显示，用绿色代表正常，红色代表损坏。检测完毕后，通过图标颜色便可以直观得知磁盘是否存在坏扇区
分区助手专业版
坏扇区检测

图 3-6 （续）

第 4 章

掌握 BIOS 有用设置

人们在使用电脑的过程中，都会接触到 BIOS，它在电脑系统中起着非常重要的作用。BIOS 完整地说应该是 BIOS ROM，它是基本输入输出系统只读存储器。BIOS 是被固化到 ROM 芯片中的一组程序，为电脑提供最低级的、最直接的硬件控制。

4.1 最新 UEFI BIOS 与传统 BIOS 有何不同

由于 BIOS 的功能限制和操作不便，UEFI BIOS 已经逐渐成为其取代者。那么 UEFI BIOS 又是什么？它凭什么取代 BIOS？它究竟是如何运作的呢？下面就让我们揭开它的神秘面纱。

4.1.1 认识全新的 UEFI BIOS

UEFI（Unified Extensible Firmware Interface）为统一的可扩展固件接口，实际上它是 EFI（Extensible Firmware Interface，可扩展固件接口）的升级版 EFI 是由 Intel 提出的，目的在于为下一代的 BIOS 开发树立全新的框架。EFI 不是一个具体的软件，而是操作系统与平台固件（Platform Firmware）之间的一套完整的接口规范。EFI 定义了许多重要的数据结构以及系统服务，如果完全实现了这些数据结构与系统服务，也就相当于实现了一个真正的 BIOS 核心。

4.1.2 UEFI BIOS 与传统 BIOS 的区别

最早 X86 电脑是 16 位架构的，操作系统 DOS 也是 16 位的。BIOS 为了兼容 16 位实模式，就要求处理器升级换代都要保留 16 位实模式。这些迫使英特尔在开发新的处理器时，都必须考虑 16 位兼容模式，16 位实模式严重限制了 CPU 的性能发展，因此英特尔在开发安腾处理器后推出了 EFI（UEFI 前身）。

UEFI BIOS 和传统 BIOS 的一个显著区别就是：UEFI 是用模块化、C 语言风格的参数堆栈传递方式，从动态链接的形式构建的系统，较传统 BIOS 而言更易于实现，容错和纠错特性更强，缩短了系统研发的时间。它运行于 32 位或 64 位模式，乃至在未来增强的处理器模式下，突破传统 16 位代码的寻址能力，达到处理器的最大寻址。它利用加载 UEFI 驱动的形式，识别及操作硬件，不同于 BIOS 利用挂载实模式中断的方式增加硬件功能。

Windows 8 的开机速度之所以如此之快，其中一个原因在于其支持 UEFI BIOS 的引导。对比采用传统 BIOS 引导启动方式，UEFI BIOS 减少了 BIOS 自检的步骤，节省了大量的时间，从而加快平台的启动。

传统 BIOS 的运行流程图如图 4-1 所示。

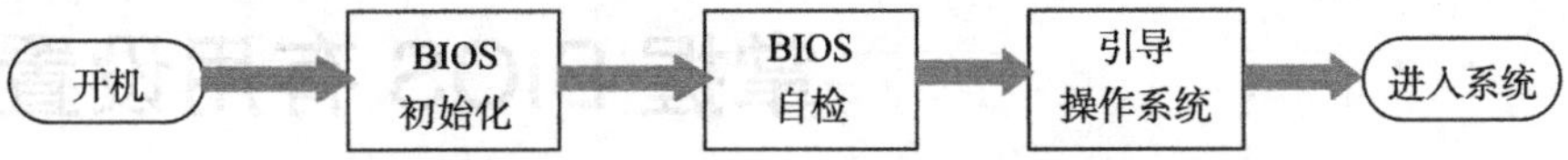

图 4-1 传统 BIOS 运行流程图

UEFI BIOS 的运行流程图如图 4-2 所示。

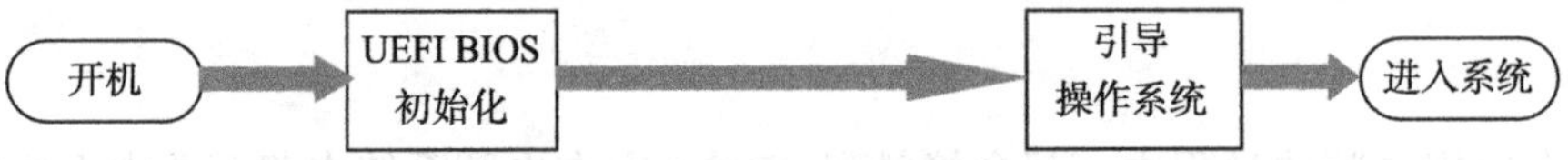

图 4-2 UEFI BIOS 运行流程图

4.2 如何进入 BIOS 设置程序

最新的 UEFI BIOS 设置程序和传统的 BIOS 设置程序的进入方法相同，都是在显示开机画面时，按下 Del 键或 F2 键来进入。下面以最新的 UEFI BIOS 为例讲解。

由于电脑系统不同，UEFI BIOS 设置程序的进入方法也会有所区别。按下电脑开机电源后，电脑系统都会给出进入 UEFI BIOS 设置程序的提示。一般台式机进入 UEFI BIOS 设置程序的方法是开机后立即按 Del 键。通常电脑在开机检测时，会出现如何进入 UEFI BIOS 设置程序的提示，如图 4-3 所示。

图 4-3 开机提示

4.3 最新 UEFI BIOS 程序

4.3.1　漂亮的 UEFI BIOS 界面

下面以华硕 UEFI BIOS 为例进行讲解。

按下电脑开机电源后，当屏幕出现开机检测画面时，根据提示按 Del 键，便会进入 EFI BIOS 设置程序，如图 4-4 所示。UEFI BIOS 设置程序主界面主要由基本信息区、电脑监控信息、系统性能设置和启动顺序设置区 4 部分组成。

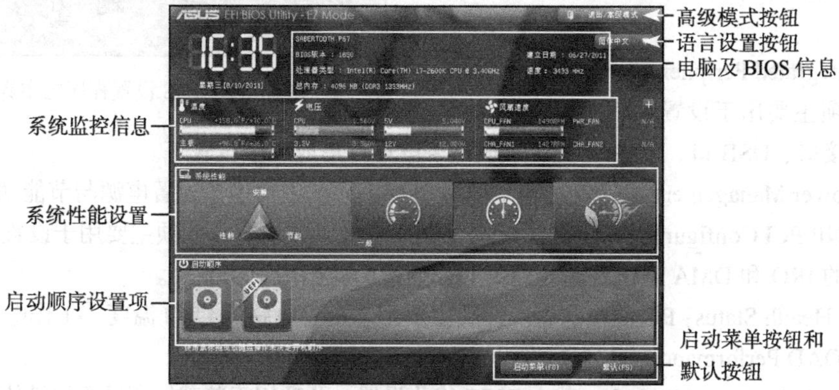

a）UEFI BIOS 主界面

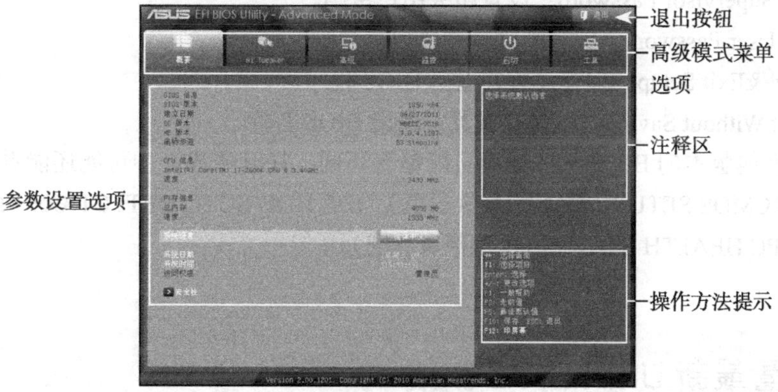

b）高级模式界面

图 4-4　UEFI BIOS 界面信息

4.3.2　认识传统 BIOS 主界面

开机时按下进入 BIOS 设置程序的快捷键，将会进入 BIOS 设置程序，进入后首先显示的是 BIOS 设置程序的主界面，如图 4-5 所示。

BIOS 设置程序的主界面中一般有十几个选项，不过由于 BIOS 的版本和类型不同，BIOS 程序主界面中的选项也有一些差异，但主要的选项每个 BIOS 程序都会有，下面我们就以上图为例讲解它们的含义。

1）Standard CMOS Features 标准 CMOS 设置。此项主要用于设置系统日期、时钟、硬盘类型、软盘类型、显示器类型等信息。

2）Advanced BIOS Features：BIOS 特性设置。此项主要用于设置防病毒保护、缓存、启动顺序、键盘参数、系统影子内存、密码选项等。

3）Advanced Chipset Features：芯片组特性设置。

此项主要用于设置内存读写时序、视频缓存、I/O 延时、串并口、软驱接口、IDE 接口等。

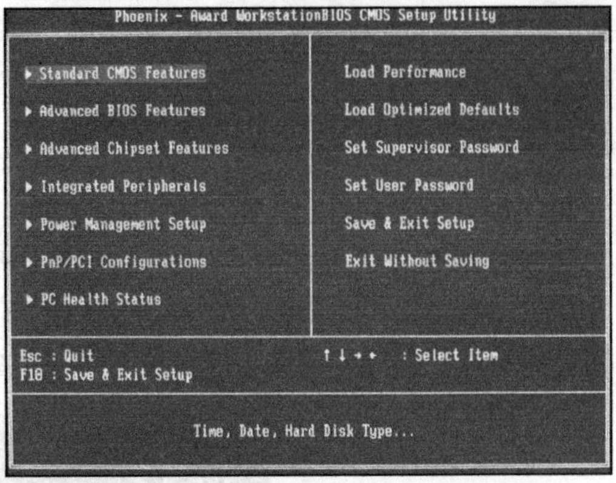

图 4-5 BIOS 设置程序的主界面

4）Integrated Peripherals：集成外围设备设置。此项主要用于设置软驱接口、硬盘接口、串并接口、USB 口、USB 键盘、集成显卡设置、集成声卡设置等。

5）Power Management SETUP：电源管理设置。此项主要用于设置电源与节能功能等。

6）PNP/PCI Configurations：即插即用与 PCI 总线参数设置。此项主要用于设置 ISA、PCI 总线占用的 IRQ 和 DMA 通道资源分配及 PCI 插槽的即插即用功能等。

7)PC Health Status：PC 健康状态。此项主要用于查看电脑的 CPU 温度、工作电压等参数。

8）LOAD Performance：载入标准设置。

9)LOAD Optimized Defaults：载入 BIOS 优化设置。此项用于装载厂商设置的最佳性能参数。

10）Set Supervisor Password：设置超级用户密码。

11）Set User Password：设置普通用户密码。

12）Save&Exit Setup：保存设置并退出 BIOS 程序。

13）Exit Without Saving：不保存设置并退出 BIOS 程序。

注意，其他版本的 BIOS 程序界面可能略有不同，在其主界面中可能还能看到以下选项：ADVANCED CMOS SETUP（高级 CMOS 设置）、IDE HDD SUTO DETECTION（IDE 硬盘类型自动检测）、PC HEALTH STATUS（电脑健康状况）。

4.4 设置最新 UEFI BIOS 实战

4.4.1 装机维修常用——设置启动顺序

电脑启动时，按照启动顺序设置选择从硬盘启动还是从软盘启动、从光驱启动还是从其他设备启动。启动顺序设置是在新装机或重新安装系统时，必须手动设置的选项，现在主板的智能化程度非常高，开机后可以自动检测到 CPU、硬盘、软驱、光驱等的型号信息，这些在开机后不用再手动设置，但不管主板的智能化程度多高都必须手动设置启动顺序。

1. 为何要设置启动顺序

在电脑启动时，首先检测 CPU、主板、内存、BIOS、显卡、硬盘、软驱、光驱、键盘等，如这些部件检测通过，接下来将按照 BIOS 中设置的启动顺序从第一个启动盘调入操作系统，正常情况下，都设置成从硬盘启动。但是，当电脑硬盘中的系统出现故障，无法从硬盘启动时，我们只有通过 BIOS 把第一个启动盘设为软盘或光盘，进而启动维修电脑，所以在装机或维修电脑时设置启动顺序非常重要。

2. 何时设置启动顺序

前面讲过正常状况下，电脑通常设置为硬盘启动，只有新装机和电脑系统损坏无法启动修理时，才考虑设置启动顺序。

3. 如何设置启动顺序

若要设置第一启动顺序为 CDROM，第二启动顺序为 Hard Disk，设置步骤如下（以华硕 UEFI BIOS 为例）：

1）按下开机电源，根据屏幕下方提示“ Press DEL to enter Setup”，按 Del 键进入 UEFI BIOS 设置界面的 EZ 模式下，如图 4-6 所示。

图 4-6　EZ 模式

2）用鼠标拖动“启动顺序”选项中的硬盘图标，使光驱的图标排列到第一位，再拖动硬盘的图标，使硬盘图标排列在第二位，如图 4-7 所示。

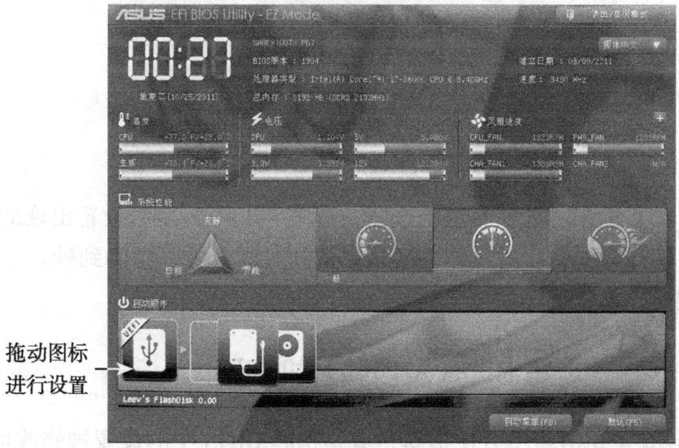

图 4-7　设置启动顺序

3）设置好后，按 F10 保持设置，然后按 ESC 退出 BIOS 设置。

4.4.2 实现无人值守——设置自动开机

电脑自动开机功能的设置步骤如下（以华硕 UEFI BIOS 为例）：

1）开机按 Del 键，进入 UEFI BIOS 设置。然后在 EZ 模式下，单击“退出 / 高级模式”，再单击“高级模式”选项，进入高级模式中，如图 4-8 所示。

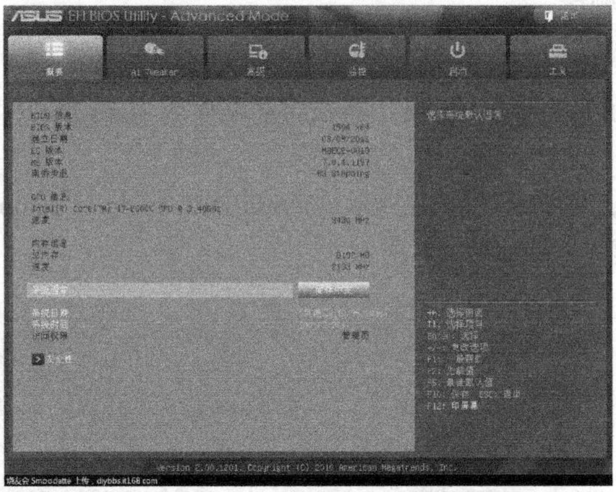

图 4-8 高级模式

2）单击“高级”选项卡，再单击“高级电源管理（APM）”选项，进入高级电源管理界面，如图 4-9 所示。

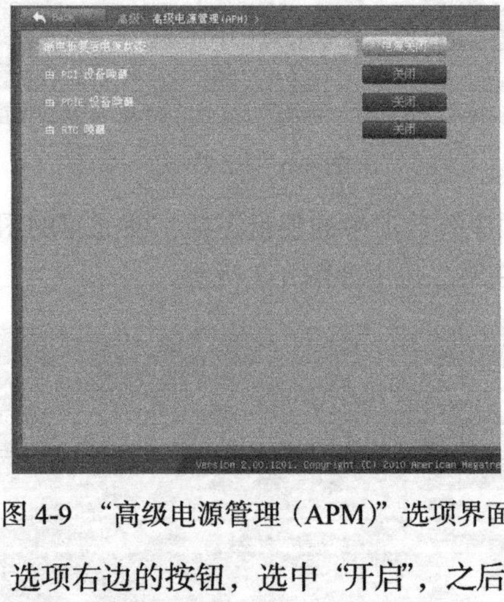

图 4-9 “高级电源管理（APM）”选项界面

3）单击‘由 RTC 唤醒’选项右边的按钮，选中‘开启’，之后设置出现的“RTC 唤醒日期’与“小时 / 分钟 / 秒”选项，设置具体的唤醒日期和时间，可以精确到秒。

4）按 F10 键保持设置，然后按 ESC 键退出 BIOS 设置。

4.4.3 安全第一——设置 BIOS 及电脑开机密码

如果电脑内装有重要信息不方便透露，或是担心 BIOS 中的设置被修改而影响应用时，可通过设置 BIOS 进入密码和开机密码来解决。

1. 设置系统管理员密码

设置系统管理员密码的方法如下（以华硕 UEFI BIOS 为例）：

1）按下开机电源，根据屏幕下方提示“Press DEL to cnter Setup”，按 Del 键进入 UEFI BIOS 设置界面。

2）然后在 EZ 模式下，单击“退出 / 高级模式”，再单击“高级模式”选项，进入高级模式中，如图 4-10 所示。

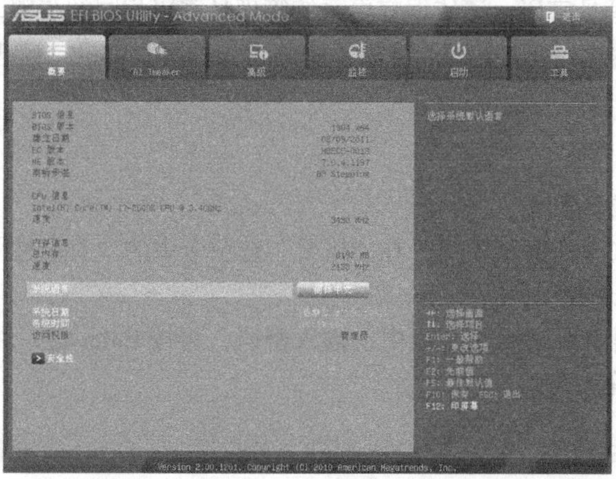

图 4-10　高级模式

3）在“概要”选项卡中，单击“安全性”选项，进入安全性界面，如图 4-11 所示。

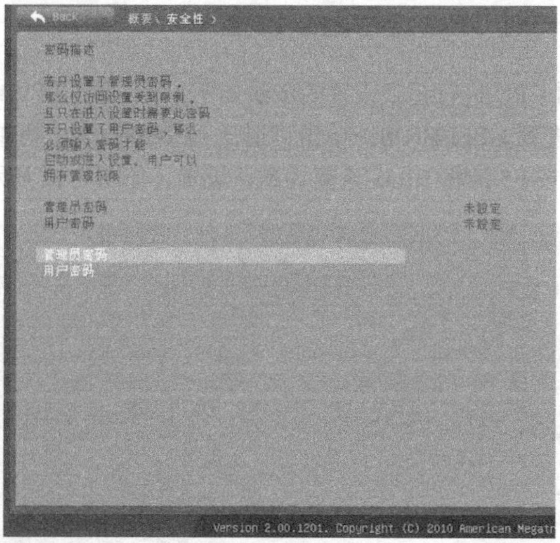

图 4-11　安全性界面

4）选择“管理员密码”选项，并按 Enter 键。然后在弹出的“创建新密码”窗口中，输入密码，再按 Enter 键。

5）在弹出的确认窗口中再一次输入密码以确认密码正确。

2. 变更系统管理员密码

变更系统管理员密码的方法如下：

1）进入 UEFI BIOS 的高级模式，在“概要”选项卡中的“安全性”选项中，选择“管理员密码”选项并按下 Enter 键。

2）在弹出的“输入当前密码”窗口，输入现在的密码，再按 Enter 键。

3）在弹出的“创建新密码”窗口中，输入欲设置的新密码，再按 Enter 键，然后在弹出的确认窗口中再一次输入密码以确认密码正确。

3. 清除系统管理员密码

若要清除系统管理员密码，请依据变更系统管理员密码相同的步骤，但在确认窗口出现时直接按下 Enter 键以创建 / 确认密码。清除了密码后，屏幕顶部的“管理员密码”选项显示为“没有设置”。

4. 设置用户密码

设置用户密码的方法如下：

1）进入 UEFI BIOS 的高级模式，在“概要”选项卡中的“安全性”选项中，选择“用户密码”选项并按下 Enter 键。

2）在弹出的“创建新密码”窗口中，输入密码，再按 Enter 键，然后在弹出的确认窗口中再一次输入密码以确认密码正确。

提示

变更和清除用户密码的操作方法与管理员密码相似，参考设置即可。

4.4.4 加足马力——对 CPU 进行超频设置

在 UEFI BIOS 中对 CPU 进行超频设置的步骤如下（以华硕 UEFI BIOS 为例）：

1）开机按 Del 键进到 UEFI BIOS，单击“退出 / 高级模式”，再单击“高级模式”选项，进入高级模式中，然后按 F5 键将 BIOS 恢复为默认设置，如图 4-12 所示。

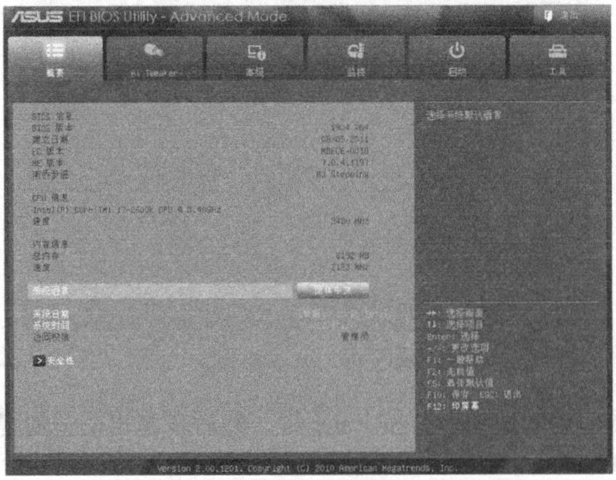

图 4-12 将 BIOS 恢复为默认设置

2）单击“ AI Tweaker”选项卡，将“内存频率”选项设置为电脑内存的实际频率，然后在“内存时序控制”选项中按内存实际参数对内存时序进行设定，如图 4-13 所示。

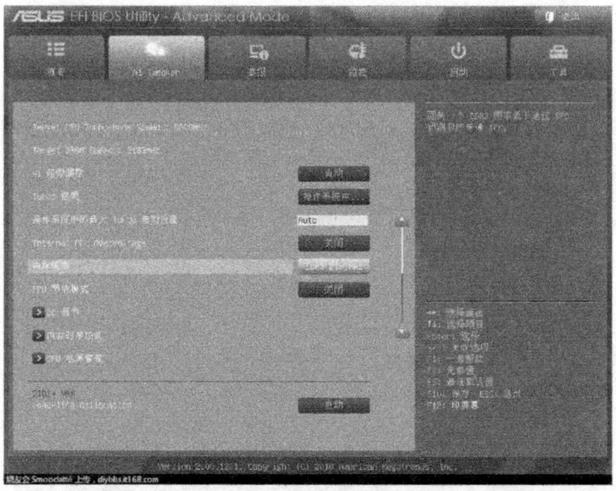

图 4-13　设置内存频率

3）将“Ai Tweaker”选项卡中的“EPU 节能模式”设置为“关闭”，电压选项全保持默认即可，如图 4-14 所示。

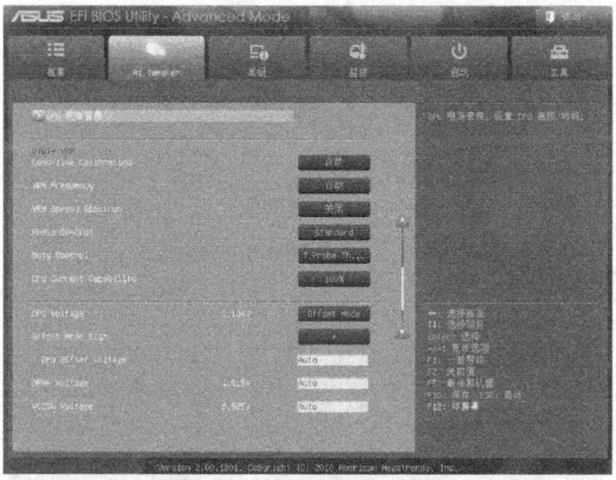

图 4-14　节能模式设置

4）将“Ai Tweaker”选项卡中的“CPU 电源管理”选项中的“CPU voltage”选项设置为“offset 模式”，将“Dram voltage”选项设置为 1.496v（按自己的内存参数设置），如图 4-15 所示。

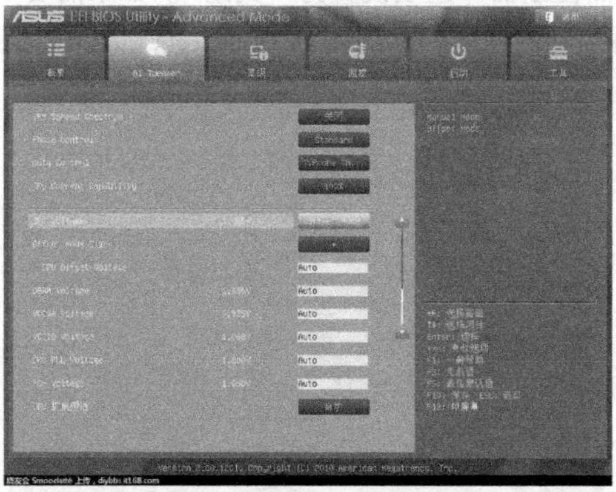

图 4-15　设置 CPU 的电压

5）在“高级”选项卡下的“处理器设置”选项中，将“CPU 比率”选项改为新的频率，这里以 4.5GHz 为例，输入“45”，如图 4-16 所示。

图 4-16 设置 CPU 频率

6）在“高级”选项卡中的“SATA 设置”选项中，将“SATA 模式”选项改为“AHCI 模式”，如图 4-17 所示。

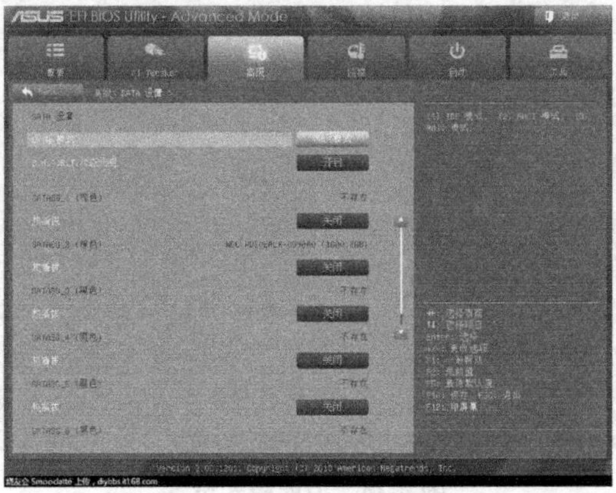

图 4-17 设置 SATA 模式

7）在“高级”选项卡下的“内置设备设置”选项里，将“VIA 1394 控制器”选项设置为“关闭”，将“Marvell 存储控制器”选项设置为“关闭”。如果需要 1394 接口就打开，不需要就关闭，这可以加快硬件启动的速度，如图 4-18 所示。

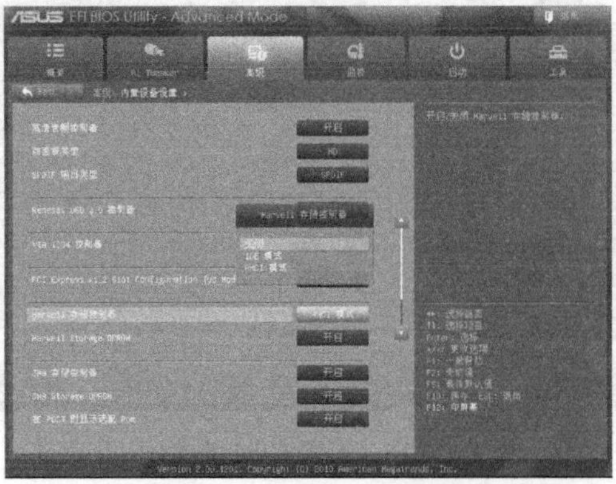

图 4-18 关闭不用的设备

8）在“监控”选项卡下，将“处理器 Q-Fan 控制”选项设置为“关闭”，将“机箱 Q-Fan 控制”选项设置为“关闭”，如图 4-19 所示。

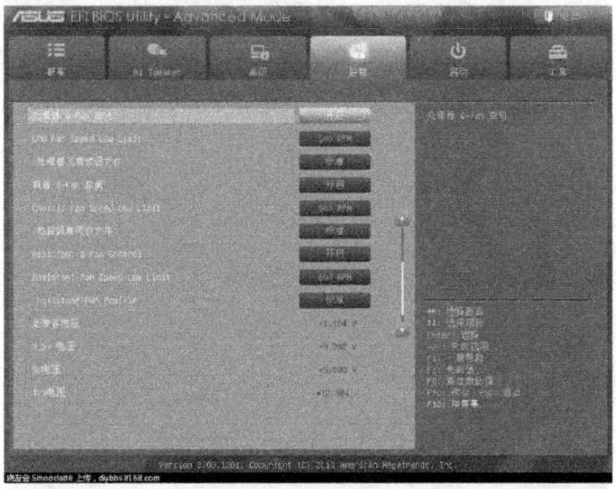

图 4-19 设置处理器及机箱的风扇

9）最后按 F10 键将 BIOS 保存，再按 Esc 键退出。

4.4.5 恢复到断电前的状态——设置意外断电后接通电源的状态

很多人都会遇到这个问题——正在使用电脑时突然断电，先前的工作来不及保存。这时可以通过 BIOS 设置来解决。

在 UEFI BIOS 的“高级电源管理（APM）”选项卡中，有一个“断电恢复后电源状态（Restore AC Power Loss）”选项，将其参数设成 Last State（恢复到断电前的状态），可以为我们减少许多麻烦。

具体操作步骤如下（以华硕 UEFI BIOS 为例）：

1）按下开机电源，根据屏幕下方提示“Press DEL to enter Setup”，按 Del 键进入 UEFI BIOS 设置界面。

2）在 EZ 模式下，单击“退出 / 高级模式”，再单击“高级模式”选项，进入高级模式中，如图 4-20 所示。

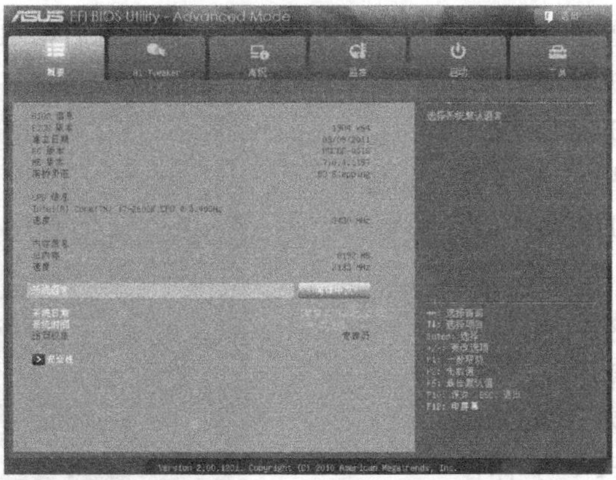

图 4-20 高级模式

3）单击“高级”选项卡，再单击“高级电源管理（APM）”选项，进入高级电源管理界面，如图 4-21 所示。

图 4-21 “高级电源管理（APM）”选项界面

4）单击“断电恢复后电源状态”选项右边的按钮，选中“Last State”。

5）按 F10 键保持设置，然后按 Esc 键退出 BIOS 设置。

4.5 设置传统 BIOS 实战

由于现在 BIOS 程序的智能化程度很高，出厂设置基本已经是最佳化设置，所以装机时需要我们设置的选项已非常少，一般新装机时只需要设置一下系统时钟和开机启动顺序即可。下面我们介绍一些常用的重要选项。

4.5.1 装机维修常用——设置启动顺序

启动顺序设置项在 BIOS 界面中的“ADVANCED BIOS FEATURES”（BIOS 特性设置）选项中，在 BIOS 特性设置选项中“First”单词开头的项为设置启动顺序的项，即“First Boot Device”（第一优先开机设备）项，如图 4-22 所示。“First Boot Device”（第一优先开机设备）项的选项有“FLOPPY”（软盘）、“CDROM”（光盘）、“HDD-0”（硬盘）、“LAN”（网卡）、“DISABLED”（无效的），当我们想从软盘启动电脑时，可把“First Boot Device”（第一优先开机设备）项设置为“FLOPPY”，保存后退出即可，重启电脑时插入软盘系统盘即可从软盘启动电脑。设置

“第一优先开机设备”选项

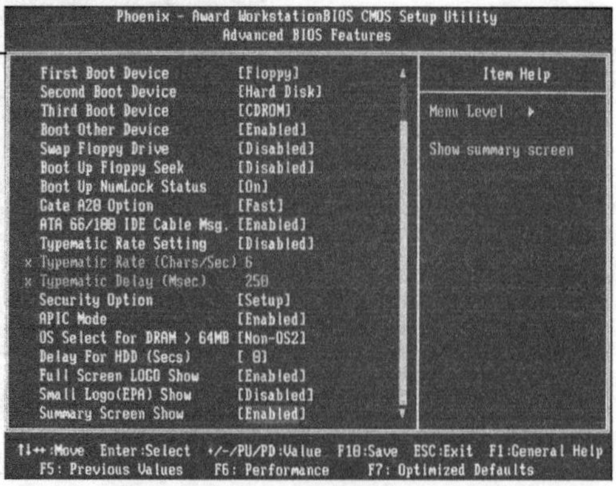

图 4-22 启动顺序设置选项

时用“Page Up、Page Down”或“＋、－”键选择其值。

4.5.2　安全设置 1——设置开机密码

在电脑中设置密码可以保护电脑内的资料不被删除和修改，电脑中的密码有两种：一种是开机密码，设置此密码后，开机需要输入密码才能启动电脑，否则电脑就无法启动，该设置可以防止别人开机进入系统中破坏你的资料；另一种是进入 BIOS 程序的密码，设置后可以防止别人修改你的 BIOS 程序参数设置这两种密码时，需将 BIOS 特性设置中的“Security Option”（开机口令选择）选项设置为“System”（设置开机密码时用）或“Setup”（设置 BIOS 专用密码时用）。

1. 设置密码权限

“SET SUPERVISOR PASSWORD”（设置超级用户密码），拥有该密码的用户对电脑的 BIOS 设置具有最高的权限，可以更改 BIOS 的任何设置。

“SET USER PASSWORD”（设置普通用户密码），可以开机进入 BIOS 设置，但除了更改自己的密码以外，不能更改其他任何设置。

2. 设置开机密码

我们以设置开机密码为例讲解设置密码的方法。

1）开机进入 BIOS 程序。

2）进入“ADVANCED BIOS FEATURES”（BIOS 特性设置）选项，将“Security Option”（开机口令选择）选项设置为“System”，然后退出，如图 4-23 所示。

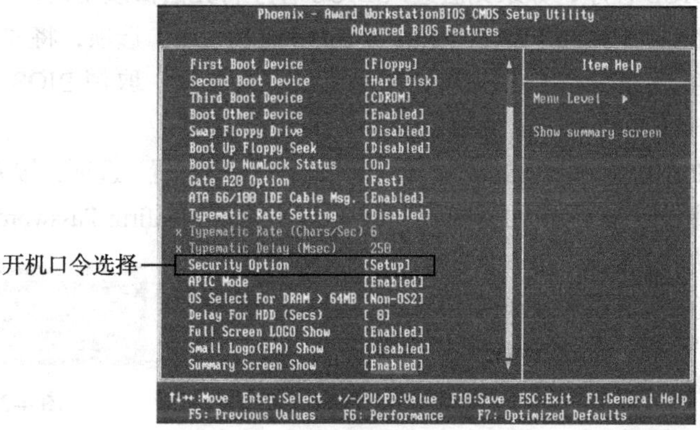

图 4-23　密码选项

3）选择“SET SUPERVISOR PASSWORD”（设置超级用户密码）选项，按回车键，如图 4-24 所示。在“Enter Password：”文本框中，输入密码，然后按回车键，会显示如图 4-25 所示画面，在“Confirm Password:”文本框中，再次输入刚才输入的密码，按“Enter”键。

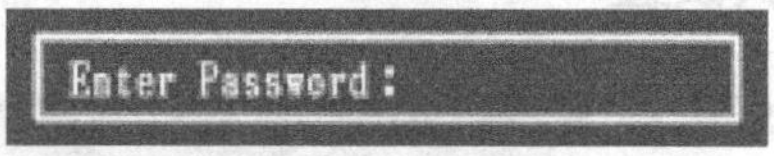

图 4-24　“Enter Password：”文本框

图 4-25　“Confirm Password：”框

4）最后按 F10 键保存设置，开机时将出现如图 4-26 所示的输入开机密码画面，只有输入正确的密码才能开机启动系统。

提示：密码设置时一定要注意密码其最大长度为 8 个字符，有大小写之分，而且前后输入的密码一定要相同。设置开机密码后，BIOS 程序同时也被设置了一个与开机密码相同的密码，进入 BIOS 程序时要输入相同的密码。

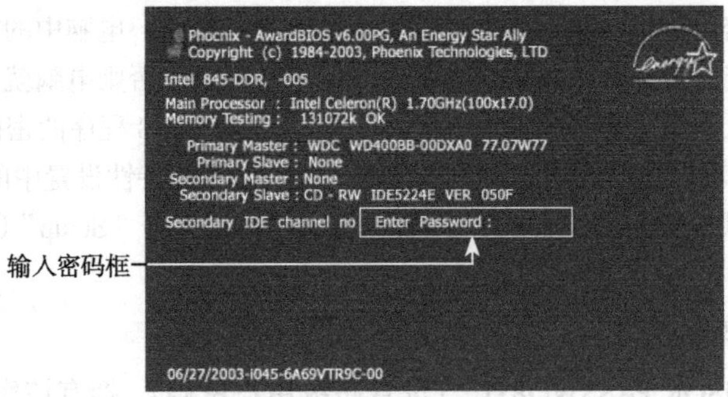

图 4-26 输入密码界面

4.5.3 安全设置 2——修改和取消密码

这里以修改、取消开机密码为例进行讲解，修改密码时分为知道开机密码和不知道开机密码两种情况。

1. 知道开机密码的情况

如果用户知道开机密码，想修改或取消开机密码，可按照下面的方法进行操作。

1）开机进入 BIOS 程序，如果无法进入 BIOS 程序将无法修改密码。

进入“ADVANCED BIOS FEATURES”（BIOS 特性设置）选项，将“Security Option（开机口令选择）”选项设置为“System”，然后退出，如修改、取消 BIOS 专用密码，这里将“Security Option”(开机口令选择）选项设置为“Setup”即可。

2）选择“SUPERVISOR PASSWORD”（超级用户密码设置）选项，按 Enter 键，在“Enter Password :”文本框中，输入新的密码后按回车键，在“Confirm Password :”文本框中，再次输入新密码，按“Enter”键。注意，如果在“Enter Password:”文本框中，要求输入新的密码时，用户没有输入直接按了“Enter”键，将会取消密码，如图 4-27 所示。

图 4-27 取消密码

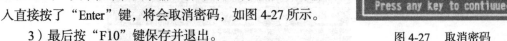

3）最后按“F10”键保存并退出。

2. 不知道开机密码的情况

如果我们不知道开机密码，也就无法进入 CMOS 程序，这时只能打开机箱，将主板上的 CMOS 电池取下，进行 CMOS 放电，之后同样可以取消密码。

4.5.4 撤销重设——将 BIOS 程序恢复为默认设置

在 BIOS 主界面中选择“LOAD OPTIMIZED DEFAULTS”（载入 BIOS 优化设置）项，并按 Enter 键，就会进入 BIOS 最佳参数设置功能，如图 4-28 所示。

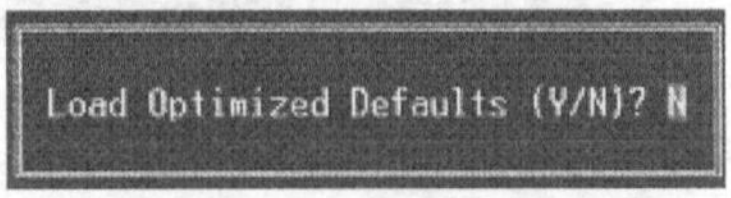

图 4-28 载入 BIOS 优化设置

如果按“Y”，再按“Enter”键，则 BIOS 主界面中除“STANDARD CMOS SETUP”（标准 CMOS 设置）以外的各项设置将使用系统 BIOS 最佳参数自动进行设置，然后返回主界面。

对于系统的最佳化设置，将 BIOS 的各项参数设置成能较好地发挥系统性能的预设值，能较好地发挥原机内硬件的性能，同时也能使系统正常工作。

4.6 升级 UEFI BIOS 以兼容最新的硬件

在 UEFI BIOS 中，带有升级 BIOS 的程序，直接使用此程序可轻松升级 UEFI BIOS，下面详细讲解升级 UEFI BIOS 的方法（以华硕 UEFI BIOS 为例）：

1）到主板厂商网站根据主板的型号，下载最新的 BIOS 文件。

2）将保存有最新 BIOS 文件的 U 盘插入电脑 USB 接口。

3）开机按 DEL 键，进入 UEFI BIOS 设置程序，再单击“退出 / 高级模式”按钮进入高级模式画面，然后单击“工具”选项卡，进入工具选项卡界面，如图 4-29 所示。

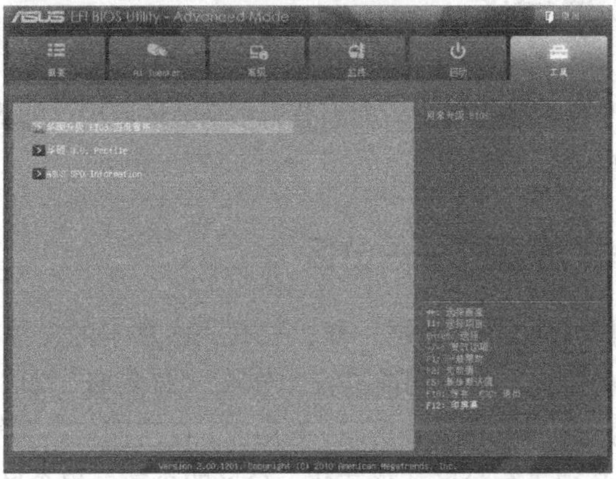

图 4-29　工具选项卡

4）单击“华硕升级 BIOS 应用程序 2”选项，进入升级 BIOS 的界面，如图 4-30 所示。

图 4-30　BIOS 升级界面

5）按 Tab 键切换到“文件路径:”文本框中“驱动器信息”下，用上 / 下箭头键选择 U 盘盘符。

6）按 Tab 键切换到“文件夹信息”栏，用上 / 下箭头键选择最新的 BIOS 文件，然后按 Enter 键开始更新 BIOS。

7）更新完成后重新启动电脑完成 UEFI BIOS 升级。

第 5 章 各种硬盘的分区技术

5.1 硬盘为什么要分区

硬盘分区就是将一个物理硬盘通过软件划分为多个区域使用，即将一个物理硬盘分为多个盘，如 C 盘、D 盘、E 盘等。

5.1.1 新硬盘必须进行的操作——分区

硬盘就好比一层刚盖好的办公楼层一样，只有一些基本的支撑柱、支撑墙，没有打隔墙，需要用户根据自己的情况，在使用前进行“分区”“打隔墙”“标门牌”。比如把楼房分成 10 个房间，分别为 C 房间、D 房间、E 房间、F 房间、G 房间等，每个房间可大可小。同样，我们的硬盘在使用前也必须进行分区、格式化，分区的个数、单个区的大小用户可以视情况而定。

硬盘在由生产厂商生产出来后，没有进行分区和激活，但要在硬盘上安装操作系统，就必须有一个被激活的活动分区，通过分区就可以将硬盘激活。另外将硬盘进行分区操作，使得文件管理更加方便。

5.1.2 何时对硬盘进行分区

由于硬盘分区之后，硬盘中以前使用时存放的文件会被全部删除，所以我们平时使用电脑时不能随便对硬盘进行重新分区，否则就会造成不可挽回的损失。那么我们平时使用、维修电脑时，什么情况下需要对硬盘进行分区呢？如下所示。

1）第一次使用的新硬盘需要分区。

2）现在的硬盘分区不是很合理时。比如硬盘的分区个数太少，单个分区的容量太小或太大。要注意，分区前一定要将硬盘中的重要数据备份下来。

3）硬盘感染引导区病毒时。

除以上三种情况外，一般我们都不对硬盘进行分区。

5.1.3 硬盘分区前要做什么工作

分区的个数一般由用户来定，没有统一的标准。我们可以把一个硬盘分为系统盘、软件盘、游戏盘、工作盘等。每个分区的容量（除C盘外）可以自行确定。C盘常用于安装操作系统，比较重要，比如Windows 10系统需要20GB左右的容量，应用软件、游戏约占1GB～20GB的容量，但是，各个软件还要占据很多空间容量，而且运行大的程序还会生成许多临时文件，因此建议C盘的容量最好不低于50GB。

5.1.4 选择合适的文件系统很重要

FAT32是从FAT和FAT16发展而来的，优点是稳定性和兼容性好，能充分兼容Windows 9X及以前版本，且维护方便。缺点是安全性差，且最大只能支持32GB分区，单个文件最大也只能支持4GB。

NTFS更适合NT内核（2000、XP）系统，能够使其发挥最大的磁盘效能，而且可以对磁盘进行加密，单个文件最大支持64GB。缺点是维护硬盘时（比如格式化C盘）比FAT32要复杂，而且NTFS格式在DOS环境中无法识别。

许多人认为NTFS比FAT慢，这主要是因为测试中NTFS文件系统的配置不良。正确配置的NTFS系统与FAT文件系统的性能相似。与以前的Windows版本相比，Windows XP以后的版本，在Windows家族中NTFS性能基准要更高。

5.2 普通硬盘常规分区方法

对于普通硬盘，一般可以采用Windows 7/8/10系统中的“磁盘管理”工具进行分区，或使用Windows 7/8/10安装程序分区，也可使用分区软件进行分区（如分区大师等）。下面以Windows 7系统中的“磁盘管理”工具分区方法为例讲解如何对普通硬盘进行分区（Windows 8/10系统分区方法与此相同）。

1）在桌面上的“计算机”图标上单击鼠标右键，并在打开的右键菜单中单击“管理”命令；在打开的“计算机管理”窗口中单击“磁盘管理”选项，可以看到硬盘的分区状态，如图5-1所示。

2）准备创建磁盘分区，在Windows 7操作系统中，当对基本磁盘创建新分区时，前3个分区将被格式化为主分区。从第4个分区开始，会将每个分区配置为扩展分区内的逻辑驱动器。在“未分配”图标上单击鼠标右键，接着单击右键菜单中的“新建简单卷”命令，如图5-2所示。

3）在打开的“新建简单卷向导”对话框中单击“下一步”按钮，如图5-3所示。

4）在打开的“新建简单卷向导－指定卷大小”对话框中的“简单卷大小”设置文本框中，输入所创建分区的大小，接着单击“下一步”按钮，如图5-4所示。

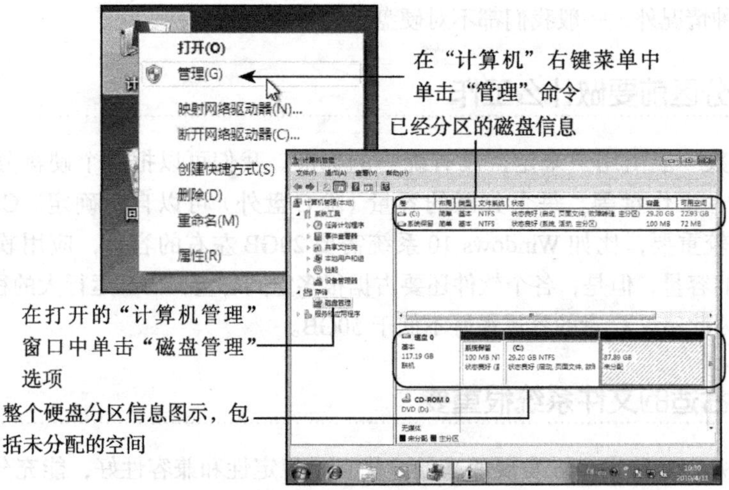

图 5-1　进入“磁盘管理”界面

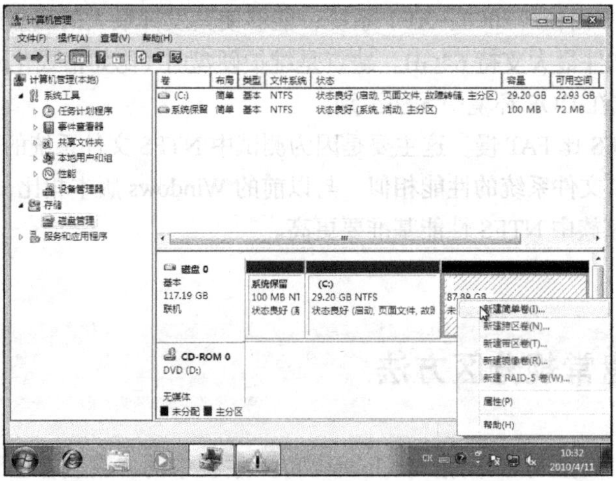

图 5-2　开始分区

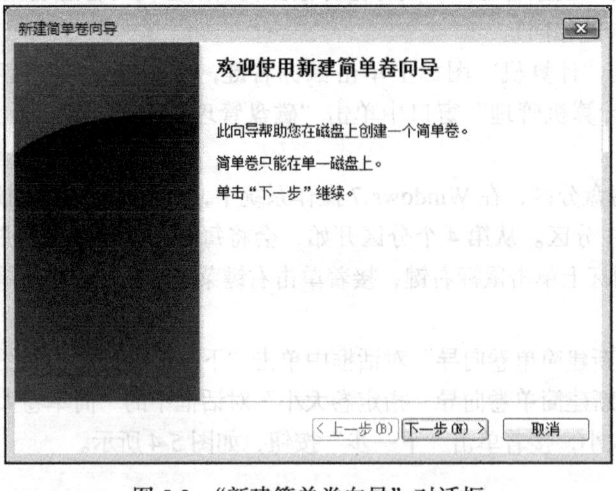

图 5-3　“新建简单卷向导”对话框

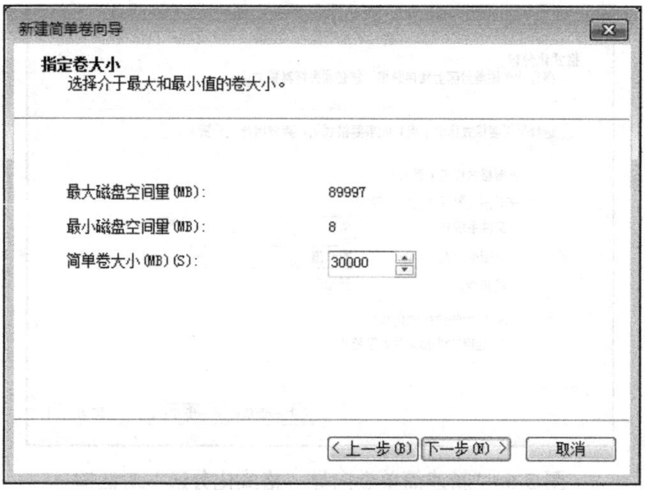

图 5-4 “新建简单卷向导 – 指定卷大小”对话框

5）在“新建简单卷向导 – 分配驱动器号和路径”对话框中，单击“下一步”按钮，如图 5-5 所示。

提示

如果想为分区指定盘号，则单击“分配以下驱动器号（A)”右边的下拉按钮，如图 5-5 所示。

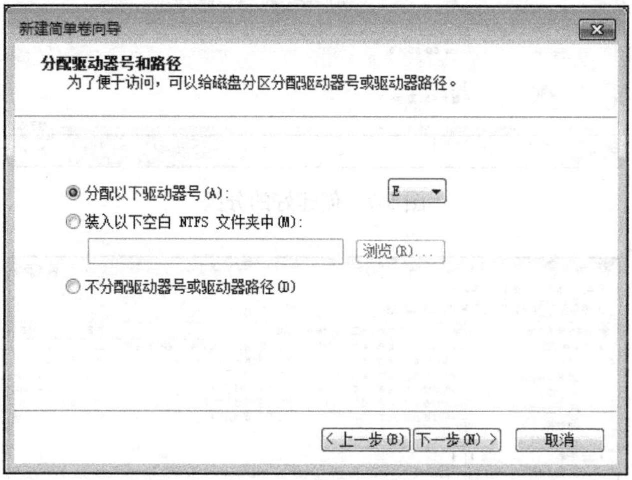

图 5-5 “新建简单卷向导 – 分配驱动器号和路径”对话框

6）在“新建简单卷向导 – 格式化分区”对话框中，保持默认设置，单击“下一步”按钮，如图 5-6 所示。

7）单击“完成”按钮，完成分区创建，同时在磁盘图示中会显示创建的分区，如图 5-7 所示。

8）用相同的方法，继续创建其他分区，直到创建完所有扩展分区容量，最后创建好的分区，如图 5-8 所示。

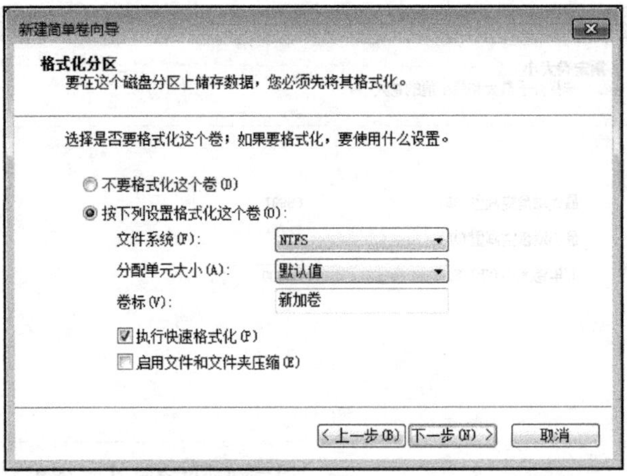

图 5-6 “新建简单卷向导 – 格式化分区”对话框

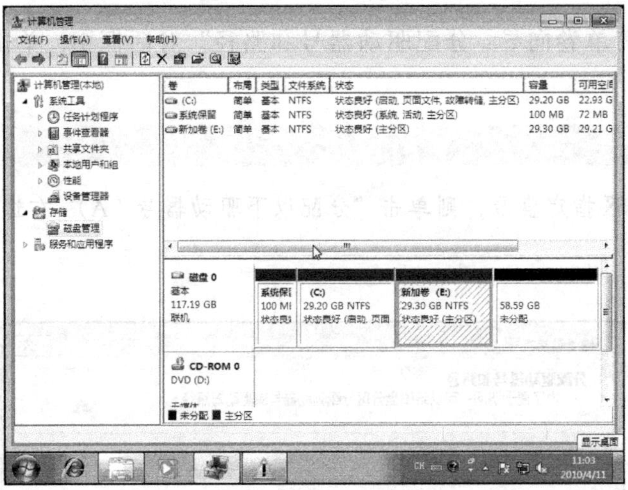

图 5-7 创建好的分区

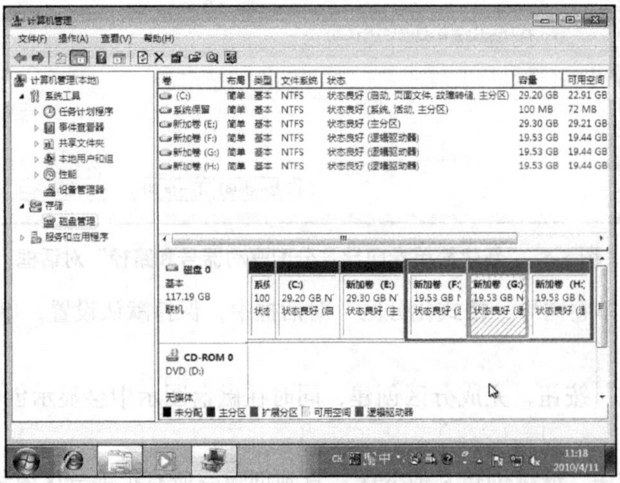

图 5-8 创建其他分区

5.3 对 3TB 以上的超大硬盘进行分区

5.3.1 超大硬盘必须采用 GPT 格式

由于 MBR 分区表（MBR 是 Master Boot Record 的缩写，即主引导记录。它是计算机开机后访问硬盘时所必须要读取的首个扇区，它在硬盘上的地址为 0 柱面，0 磁头，1 扇区。）定义每个扇区为 512 字节，磁盘寻址 32 位地址，所能访问的磁盘容量最大是 2.19TB（2^{32}*512B），所以对于 3TB 以上的硬盘，MBR 分区就无法全部识别了。因此从 Windows 7、Windows 8 开始，为了解决硬盘限制的问题，增加了 GPT（Globally Unique Identifier Partition Table，全局唯一标示磁盘分区表）格式。GPT 分区表采用 8 个字节（即 64bit）来存储扇区数，因此它最大可支持 2^{64} 个扇区。同样按每扇区 512byte 容量计算，每个分区的最大容量可达 9.4ZB（即 94 亿 TB）。

GPT 格式也称为 GUID 分区表格式，常见于磁盘管理软件中。GPT 也是 UEFI 所使用的磁盘分区格式。

GPT 分区的一大优势就是针对不同的数据建立不同的分区，同时为不同的分区创建不同的权限。就如其名字一样，GPT 能够保证磁盘分区的 GUID 唯一性，所以 GPT 不允许将整个硬盘进行复制，从而保证了磁盘内数据的安全性。

GPT 分区的创建或者更改其实并不烦琐，使用 Windows 自带的磁盘管理功能或者使用 DiskGenius 等磁盘管理软件就可以轻松地将硬盘转换成 GPT（GUID）格式（注意转换之后，硬盘中的数据会丢失）。转换之后就可以在 3TB 以上的硬盘上正常存储数据了。

5.3.2 支持 GPT 格式的操作系统

GPT 格式、容量为 3TB 以上的数据盘能否作为系统盘？当然可以，这里需要借助一种先进的 UEFI BIOS 和更高级的操作系统。表 5-1 中列出了各种系统对超大硬盘的支持情况。

表 5-1　各个操作系统对 GPT 格式的支持情况

操作系统	数据盘是否支持 GPT	系统盘是否支持 GPT
Windows 7 32bit	支持 GPT 分区	不支持 GPT 分区
Windows 7 64bit	支持 GPT 分区	GPT 分区需要 UEFI BIOS
Windows 8 32bit	支持 GPT 分区	不支持 GPT 分区
Windows 8 64bit	支持 GPT 分区	GPT 分区需要 UEFI BIOS
Windows 10 32bit	支持 GPT 分区	GPT 分区需要 UEFI 2.0 BIOS
Windows 10 64bit	支持 GPT 分区	GPT 分区需要 UEFI BIOS
Linux	支持 GPT 分区	GPT 分区需要 UEFI BIOS

如表 5-1 所示，如果想识别完整的 3TB 以上的硬盘，用户应使用像 Windows 7/8/10 等高级的操作系统。在早期的 32 位版本的 Windows 7 操作系统中，GPT 格式化硬盘可以作为从盘，划分多个分区，但是无法作为系统盘。到了 64 位 Windows7 以及 Windows 8 操作系统，赋予了 GPT 格式 3TB 以上的硬盘全新的功能，即 GPT 格式硬盘可以作为系统盘。它不需要进入操作系统里，通过特殊软件工具去解决，而是通过主板的 UEFI BIOS 在硬件层面彻底解决。

5.3.3 如何创建 GPT 分区

DiskGenius 是一款集磁盘分区管理与数据恢复功能于一体的工具软件，不仅具备与分区管理有关的几乎全部功能，即支持 GUID 分区表，支持各种硬盘、存储卡、虚拟硬盘、RAID 分区，还提供了独特的快速分区、整数分区等功能，是一款常用的磁盘工具。用 DiskGenius 来转换硬盘模式也非常简单。

首先运行 DiskGenius 程序，然后选中要转换格式的硬盘，之后单击“硬盘”菜单中的“转换分区表类型为 GUID 模式”命令，之后在弹出的对话框中单击“确定”按钮，即可将硬盘格式转换为 GPT 格式，如图 5-9 和图 5-10 所示。

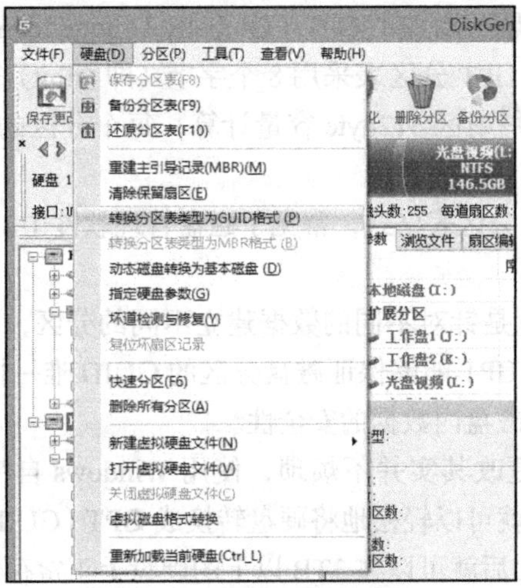

图 5-9 转换硬盘格式为 GPT

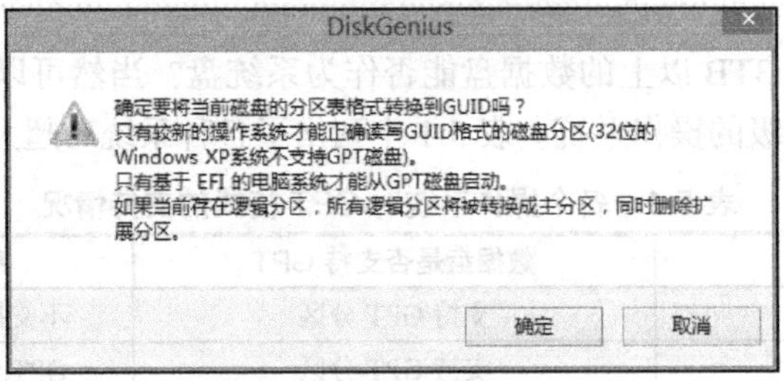

图 5-10 确定信息

5.4 3TB 以上超大硬盘分区实战

对硬盘分区是安装系统过程中的第一步，调整好硬盘分区的大小，对日后的使用是一个良好的开始。这里仍使用分区软件 DiskGenius 。如图 5-11 所示。

用启动盘启动到 Windows PE 系统或光盘引导页面中，选择 DiskGenius 分区工具，如图 5-12 所示。

图 5-11 硬盘分区工具 DiskGenius

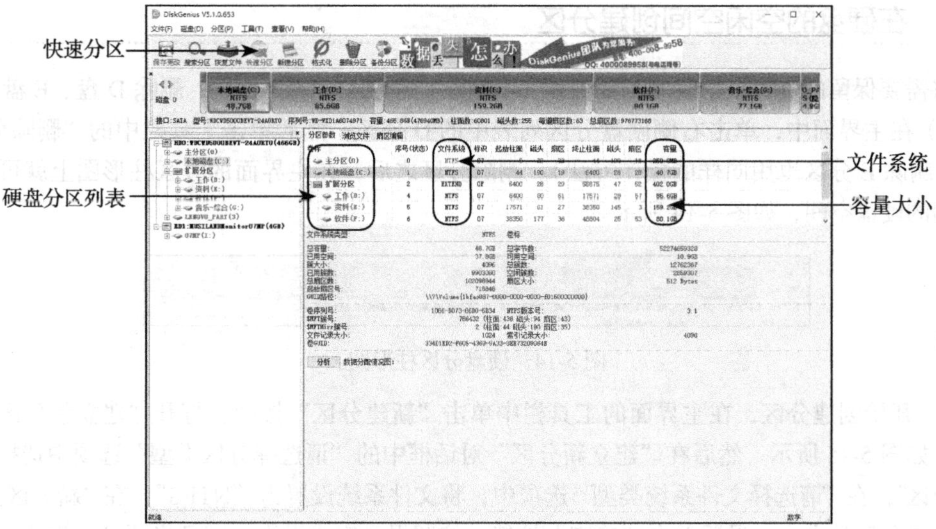

图 5-12 DiskGenius

5.4.1 如何超快速分区

新组装的电脑，如果对硬盘分区不满意，可以使用快速分区选项重新分区。点击快速分区按钮，打开如图 5-13 所示对话框。

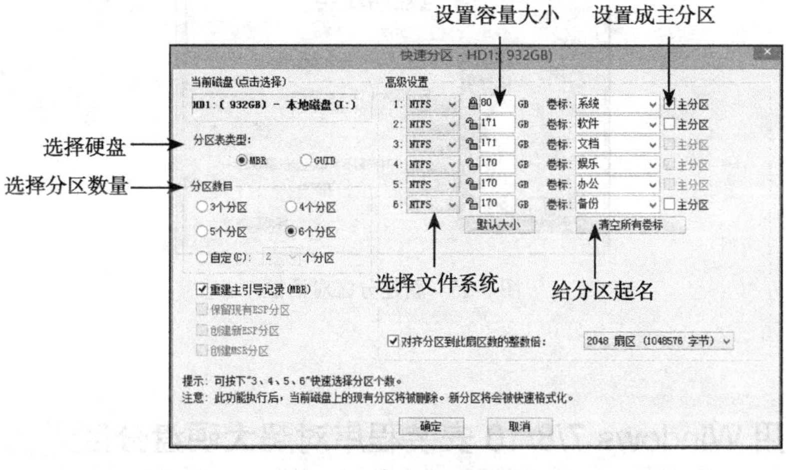

图 5-13 快速分区选项

首先选择要分区的硬盘（笔者的电脑只有一个硬盘，所以不用选择）。在分区数目中选择分区个数，这里可以选择 3、4、5、6 个或者自定义分区个数。选定分区个数后，在右边的高级设置中会显示分区的选项。这里可以选择文件系统、容量大小、卷标名称以及是否为主分区。主分区是作为启动硬盘和存放启动文件的分区（一般用 C 盘作为主分区），无论电脑有几个硬盘，主分区都至少有一个。没有点选主分区的分区将作为扩展分区使用。一切都设置完毕，点击“确定”按钮就可以进行快速分区了。

快速分区的优点是简单方便，但其缺点是分区后，硬盘原来所有分区都被删除，硬盘中所有资料被全部清空。所以在使用此功能前要慎重。

5.4.2 在硬盘的空闲空间创建分区

将需要保留的资料全部复制到要保留（不删除）的分区（保留 C 盘，删除 D 盘、E 盘）。

1）在主界面中，单击右侧硬盘分区列表中的 D 分区，然后单击工具栏中的“删除分区”按钮（删除 E 分区也用同样的操作方法）。删除分区之后，在主界面的分区柱形图上就可以看到空闲的硬盘空间，如图 5-14 所示。

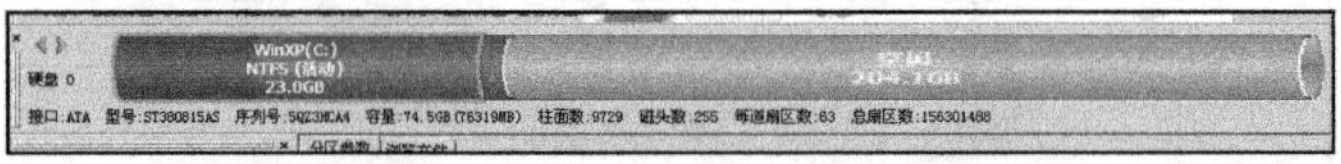

图 5-14 硬盘分区柱形图

2）开始创建分区，在主界面的工具栏中单击“新建分区”按钮，打开“建立新分区”对话框，如图 5-15 所示。然后在“建立新分区”对话框中的“请选择分区类型”选项中选择“主磁盘分区”，在“请选择文件系统类型”选项中，将文件系统设置为“NTFS”，在“新分区大小”栏中设置分区的大小。最后单击“确定”按钮，按照提示完成操作，即可将硬盘空闲部分分成想要的分区。

图 5-15 新建分区对话框

5.5 使用 Windows 7/8/10 安装程序对超大硬盘分区

Windows 8/10 安装程序的分区界面和方法与 Windows 7 相同。这里以 Windows 7 安装程序分区为例讲解，方法如下（此操作方法也适合小容量的硬盘）。

1）用 Windows 7 安装光盘启动电脑，并进入安装程序。接着单击“开始安装”按钮，并在安装界面中单击“驱动器选项（高级）”超链接，如图 5-16 所示。

2）单击“新建”按钮新建分区，并在打开的“大小”文本框中输入分区的大小，然后单击“应用”按钮，如图 5-17 所示。

3）创建好一个分区后，再在“大小”文本框中输入第二个分区的大小，然后单击“应用”按钮创建第二个分区，如图 5-18 所示。

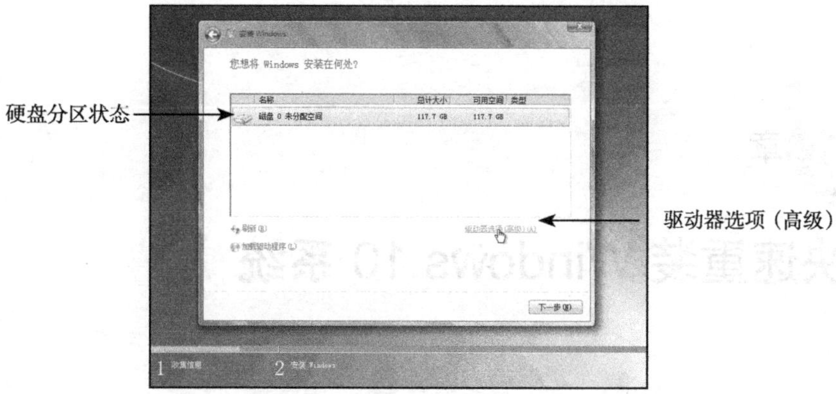

图 5-16　Windows 7 安装界面

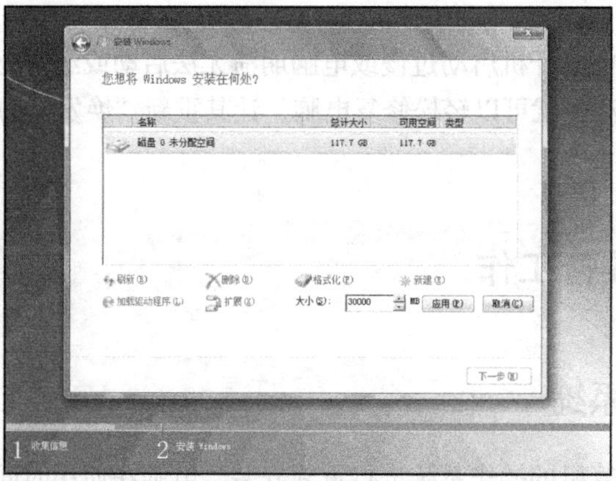

图 5-17　新建分区

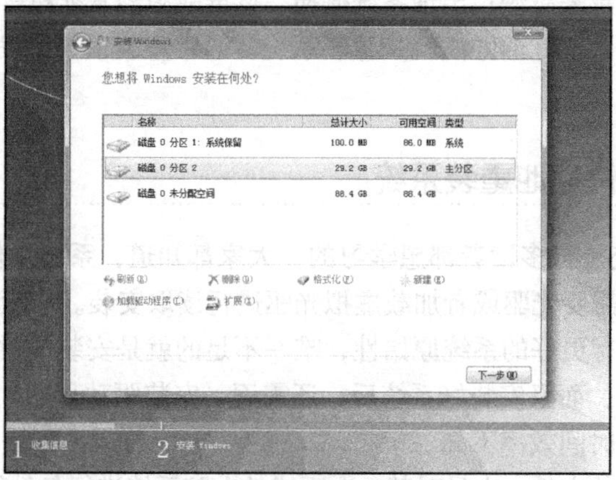

图 5-18　创建第二个分区

提示

如果安装 Windows 7 系统时没有对硬盘分区（硬盘原先也没有分区），Windows 7 安装程序将自动把硬盘分为一个分区，分区格式为 NTFS。

第 6 章

快速重装 Windows 10 系统

相信很多人都曾为电脑开机启动过慢或电脑崩溃无法启动或经常死机蓝屏着急过，这时只要你掌握重装系统的方法，就可以轻松修复电脑，让其重新“焕发活力”。

6.1 重装系统准备工作

6.1.1 为何要重装系统

重装系统是指对计算机的操作系统进行重新安装。电脑在使用时间长了以后就免不了会发生一些问题，如电脑感染顽固病毒木马，杀毒软件查杀不了；安装系统时间过长硬盘里的碎片越来越多，运行的速度越来越慢；出现系统瘫痪、蓝屏故障经常死机等一系列的问题。这个时候如果找不到具体原因，最好的办法就是重装系统。通常重装系统比找到故障原因并修复故障要更加节省时间。

6.1.2 如何简单又快速地重装系统

电脑如何重装系统是很多读者都想学习的。大家都知道，系统文件有 ISO 和 Gho 两种格式。ISO 镜像文件一般需要光驱或者加载虚拟光驱进行读取安装。原版的系统一般都是 ISO 版本的，ISO 镜像文件具有更好的系统原始性，唯一不足的就是安装的时间比较长，一般都需要超过 40 分钟～ 60 分钟，而且安装好系统后，还需逐一安装驱动程序，安装漏洞补丁、常用工具软件等，整体算下来时间效率不高。

GHO 是 Ghost 软件的文件，它是对某一个现成的电脑系统进行备份的克隆，通过 Ghost 软件来安装其实质是一个系统还原的过程，一般将系统、补丁、驱动、软件等都安装完只需 10 多分钟，大大节约了时间和技术成本。综合这几点分析，采用 GHO 文件重装系统，既简单又快速。

6.1.3 重装系统的流程

重装系统的方法与全新安装方法有区别，也有相同的地方。其中，区别比较大的地方是重装系统一般不需对硬盘进行分区，而且安装前需要对电脑中的资料进行备份。下面先来了解一下重装 Windows 系统的流程。如图 6-1 所示。

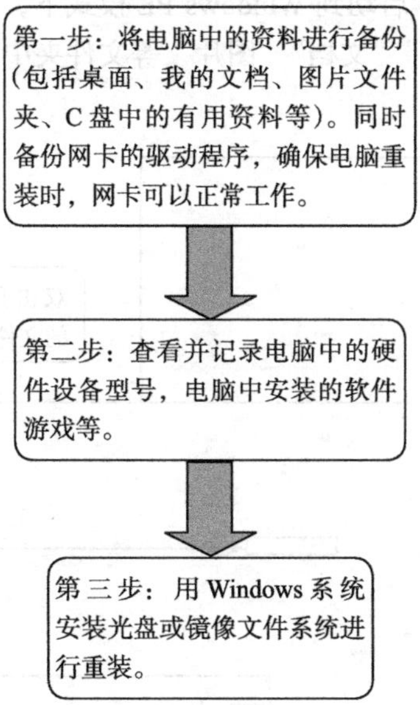

第一步：将电脑中的资料进行备份（包括桌面、我的文档、图片文件夹、C 盘中的有用资料等）。同时备份网卡的驱动程序，确保电脑重装时，网卡可以正常工作。
第二步：查看并记录电脑中的硬件设备型号，电脑中安装的软件游戏等。
第三步：用 Windows 系统安装光盘或镜像文件系统进行重装。

图 6-1　重装流程

6.1.4　重装系统前需要做的准备工作

重装操作系统是维修电脑时经常需要做的工作，在安装前要做好充分的准备工作，不然有可能无法正常安装。具体来讲，对于全新组装的电脑，主要准备好安装系统需要的物品即可，但对于出现故障、需要重新安装系统的电脑来说，需要做的工作就比较多了，大致包括备份电脑中的资料、查看硬件型号、查看电脑安装的应用软件、准备安装物品等。

1. 如何备份电脑中的重要资料

当我们用一块新买的、第一次使用的硬盘安装系统时，不用考虑备份工作，因为硬盘中是空的没有任何东西。但是如果是正在使用的电脑出现问题，需要重装系统，那就必须考虑备份硬盘中的重要数据，否则将酿成大错。因为在安装系统时通常要将装系统的分区进行格式化，会丢失格式化盘中的所有数据。

一般重装系统都会自动格式化 C 盘，然后系统会在 C 盘重新安装，所以重装系统一般影响的仅仅是系统盘 C 盘。非系统盘的文件不会受影响。

1）备份实际上就是将硬盘中重要的数据转移到安全的地方，即用复制的方法进行备份。

我们将硬盘中要格式化的分区中的重要数据复制到不需要格式化的分区中（如 D 盘、E 盘等），或复制到 U 盘、移动硬盘，刻录到光盘等，或复制到联网的服务器上或客户机上等。不需格式化的分区不用备份。

2）备份时我们需要查看桌面上自己建的文件、文件夹（如果电脑还可以启动的话）、“文档”文件夹、“图片”文件夹和要格式化盘中自己建立的文件和文件夹等其他资料。另外还有网卡的驱动，已经安装的应用软件不用备份、原来的操作系统不用备份。

3）各种情况下的备份方法如下。

系统能正常启动或能启动到安全模式下时，将桌面、文档及 C 盘中的重要文件，复制到 D 盘、E 盘或 U 盘中即可。

系统无法启动时，用启动盘启动到 Windows PE 模式下，将“计算机”C 盘中重要文件及 C 盘“用户”文件夹中的“桌面”“文档”“图片”等文件夹中的重要文件，复制到 D 盘、E 盘或 U 盘中即可。如图 6-2 所示。

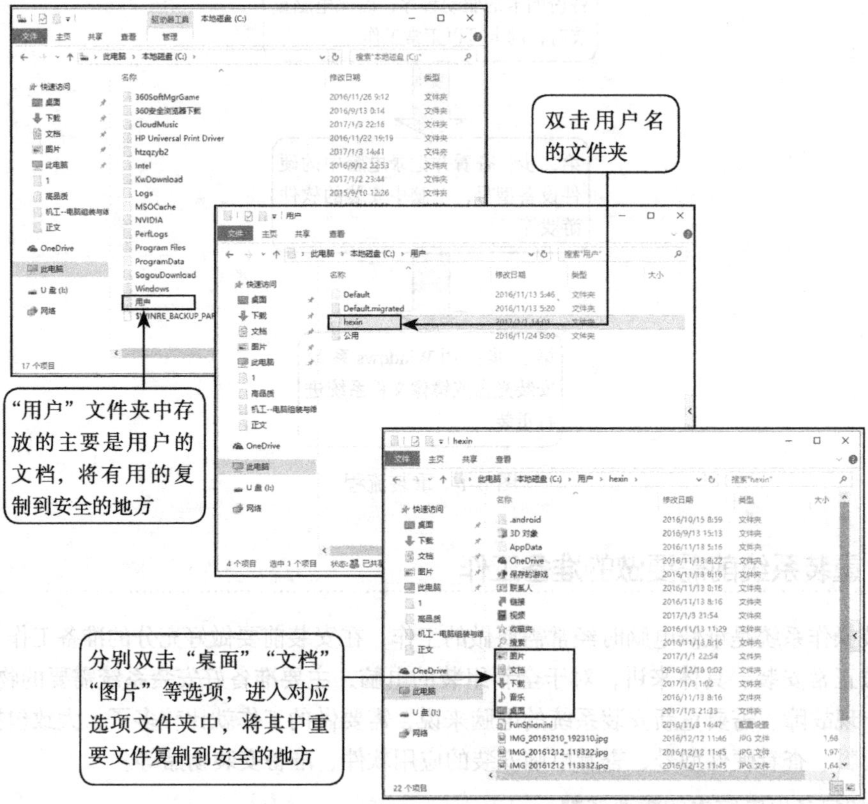

图 6-2 备份有用的文件

2. 怎样查看电脑各硬件的型号

为什么要查看电脑硬件的型号呢？因为在安装完系统后，需要安装硬件的驱动程序，通过提前查看硬件的型号，可以对应准备硬件的驱动程序。如不提前查看，等系统安装完后，找不到原先设备配套的驱动盘，上网下载又需要设备的型号，查找设备型号就比较麻烦（如遇见这种情况，我们需打开机箱查看设备硬件芯片的标识）。新装电脑由于还没安装系统无法查看，可以对照装机配置单进行查看。

查看硬件设备型号方法如图 6-3 所示（以 Windows 10 系统为例）。

3. 为何要提前准备网卡的驱动

网卡驱动的重要性，也许好多人还不太清楚，当系统重装后发现不能联网的时候，你就知道没网系统就没法激活、驱动没法从网上查找、软件没法从网上下载等。也许你装的 ghost 版系统中自带了网卡驱动，但是总会有意外情况（如果网卡型号太新，就会出现驱动安装不上的情况，纯净版系统更是如此）。所以我们需要把网卡驱动在重装系统之前准备好，可以使用驱动精灵或者其他工具备份现有系统的网卡驱动。

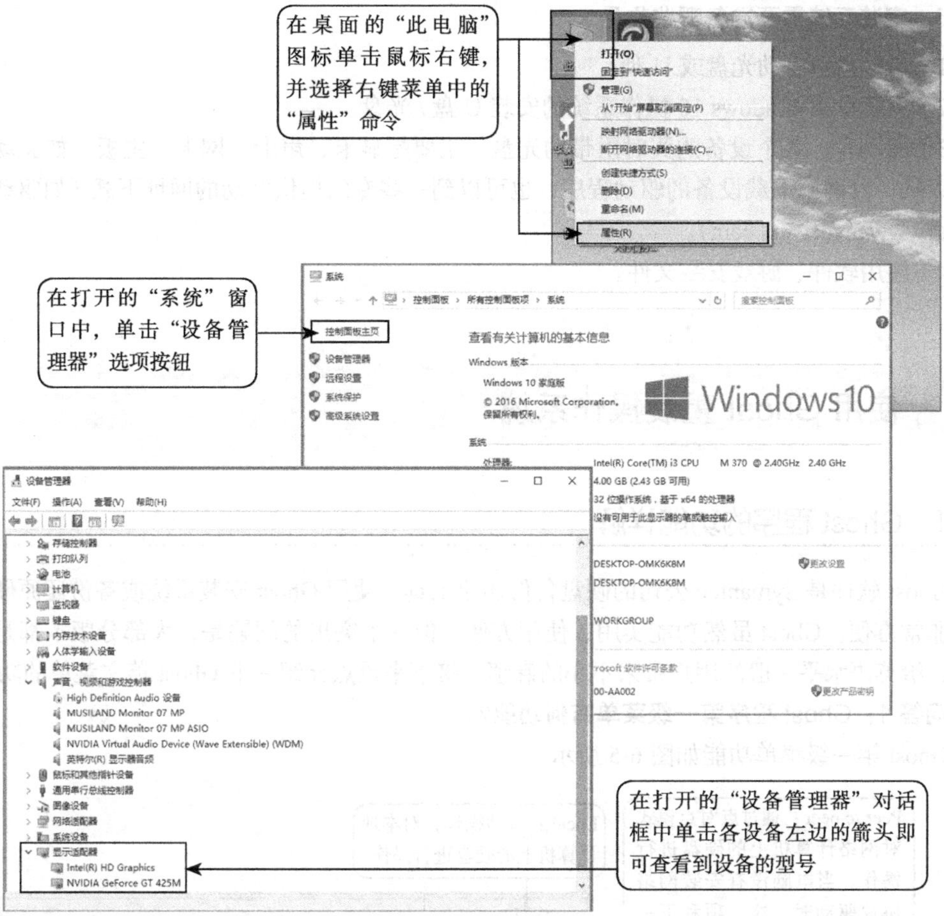

图 6-3 查看设备型号

4. 为何要查看系统中安装的应用软件

对于维修人员来说，需要提前了解用户可能需要的软件和游戏，并提前准备好，这样可以提高服务效率。维修人员可以通过提前查看电脑中的软件和游戏来了解。具体方法如图 6-4 所示。

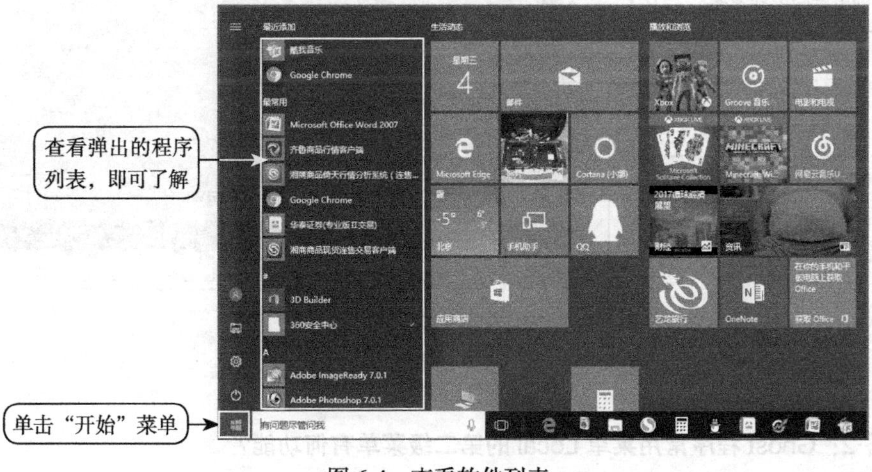

图 6-4 查看软件列表

5. 安装系统需要准备哪些物品

1）启动盘：启动光盘或 U 盘。

2）系统盘：Windows 10 操作系统的安装 U 盘 / 光盘。

3）驱动盘：各个设备购买时附带的光盘，主要是显卡、声卡、网卡、主板。如驱动盘丢失可以从厂商网站下载设备的驱动程序，也可以到一些专门提供驱动的网址下载（如驱动之家网站：www.mydrivers.com）。

4）应用软件、游戏安装文件。

6.2 使用 Ghost 重装操作系统

6.2.1 Ghost 程序的功能详解

Ghost 软件是 Symantec 公司的硬盘备份还原工具。使用 Ghost 安装系统或备份还原硬盘数据，非常方便。Ghost 虽然功能实用、使用方便，但一个突出的问题是，大部分版本都是英文界面，给英语水平一般的用户带来不小的麻烦。接下来重点介绍一下 Ghost 英文菜单的功能。

问答 1：Ghost 程序第一级菜单有何功能？

Ghost 第一级菜单功能如图 6-5 所示。

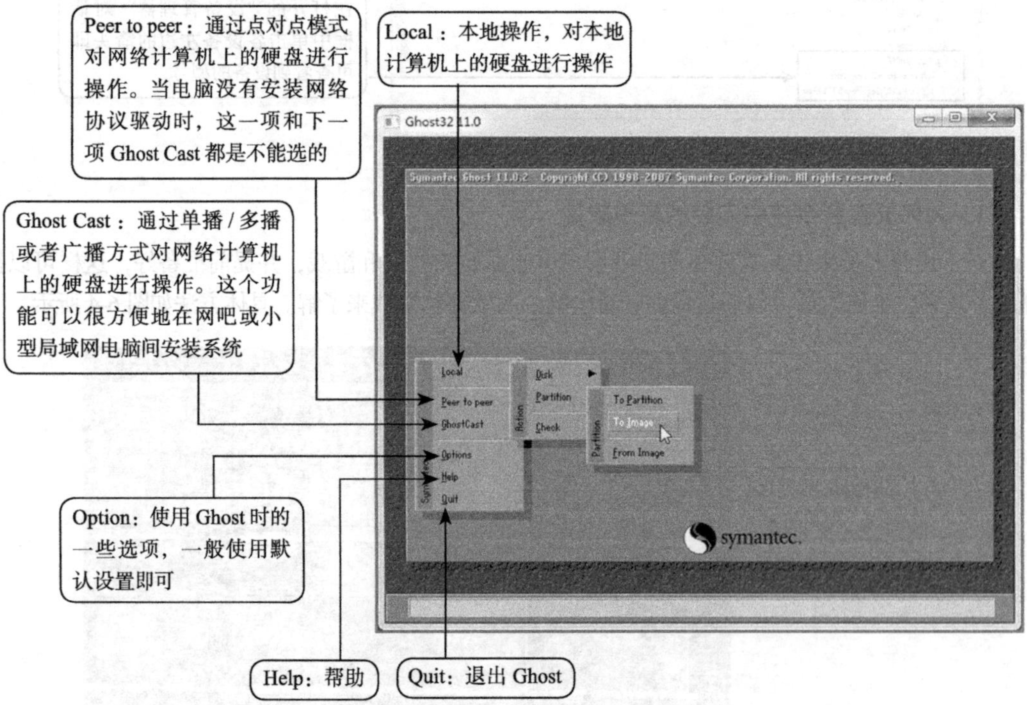

图 6-5 Ghost 第一级菜单

问答 2：Ghost 程序常用菜单 Local 的第二级菜单有何功能？

Ghost 程序 Local 的第二级菜单如图 6-6 所示。

专家提示：Ghost 的使用主要是本地操作，这里主要介绍 Local 的二级菜单。

问答 3：Ghost 程序常用菜单 Local 的第三级菜单有何功能？

Local 下的 Disk 菜单下的三级菜单功能如图 6-7 所示。

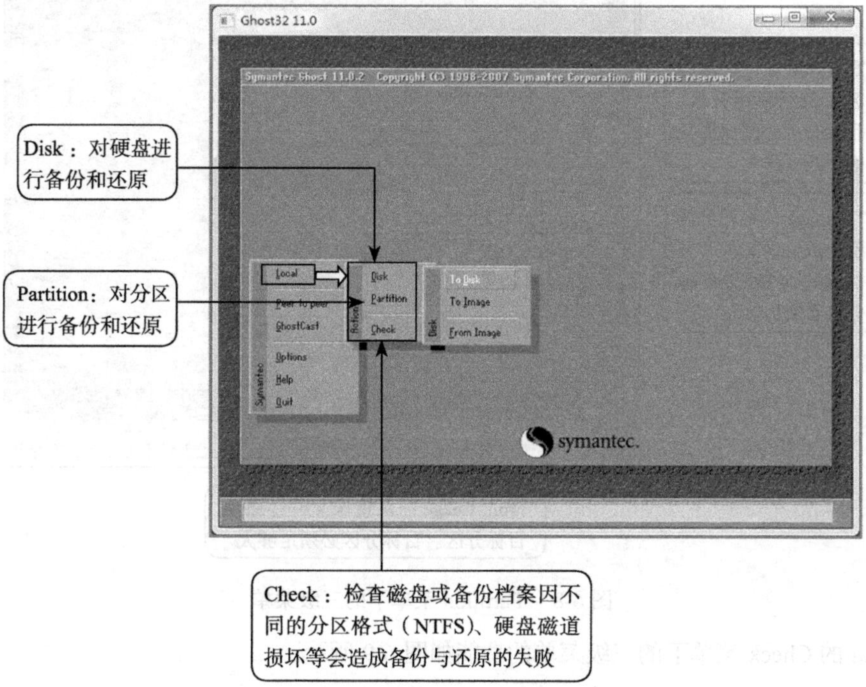

图 6-6　Local 的二级菜单

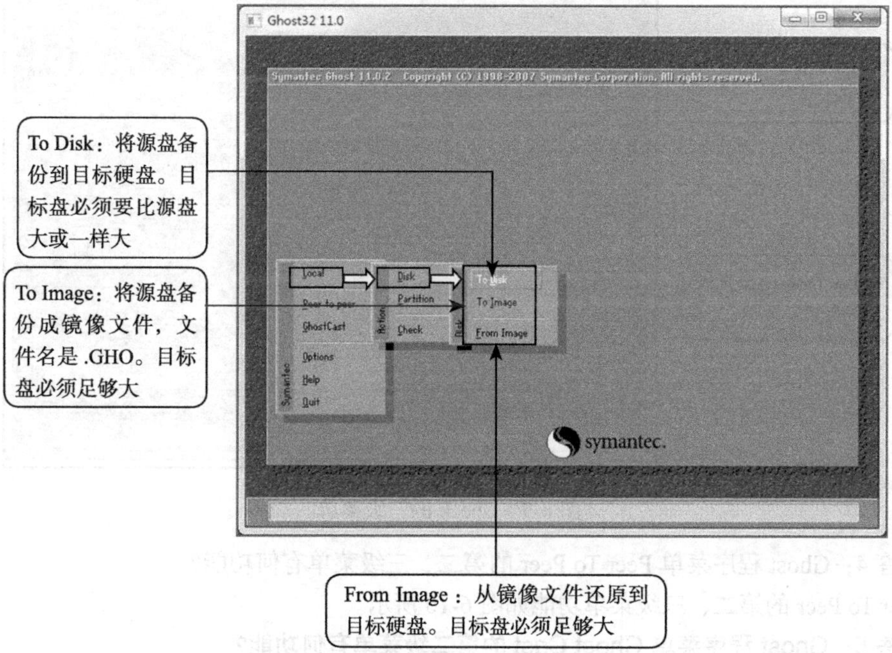

图 6-7　Disk 菜单下的三级菜单

Local 下的 Partition 菜单下的三级菜单功能如图 6-8 所示。

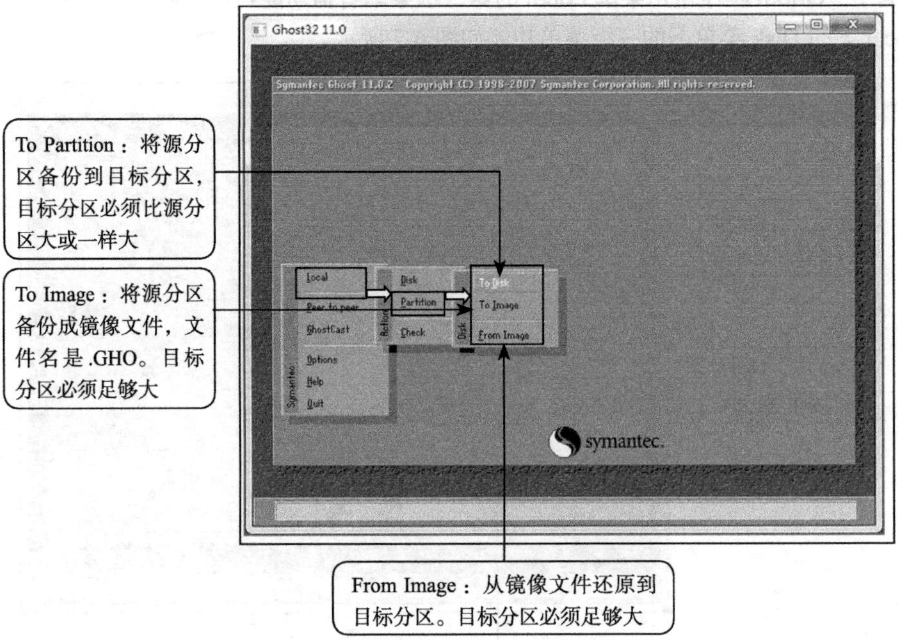

图 6-8 Partition 菜单下的三级菜单

Local 的 Check 菜单下的三级菜单的功能如图 6-9 所示。

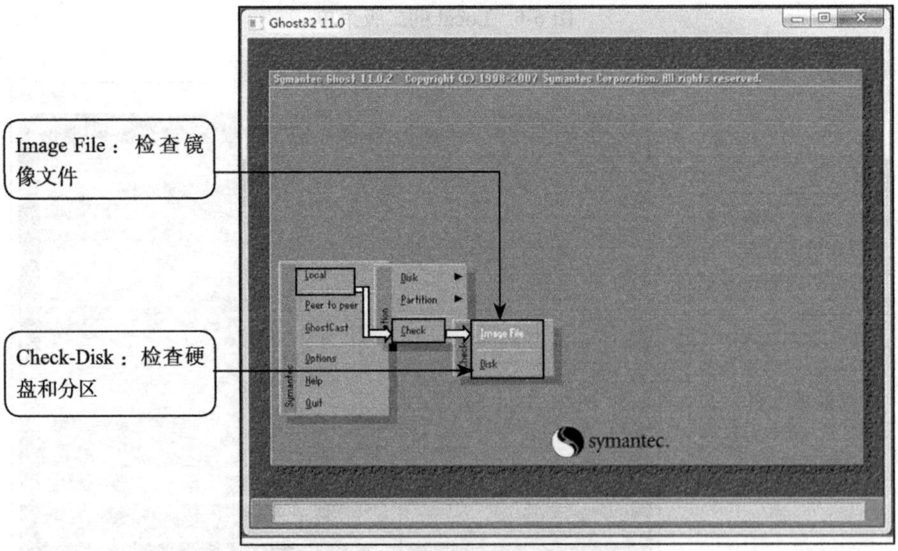

图 6-9 Check 的三级菜单

问答 4：Ghost 程序菜单 Peer To Peer 的第二、三级菜单有何功能？

Peer To Peer 的第二、三级菜单功能如图 6-10 所示。

问答 5：Ghost 程序菜单 Ghost Cast 的第二级菜单有何功能？

Ghost Cast 的第二级菜单功能如图 6-11 所示。

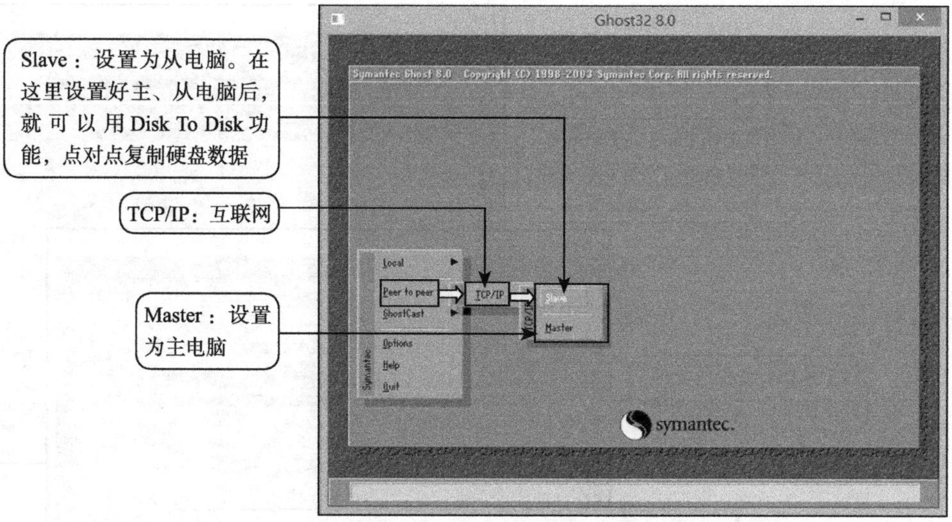

图 6-10　Peer To Peer 的二、三级菜单

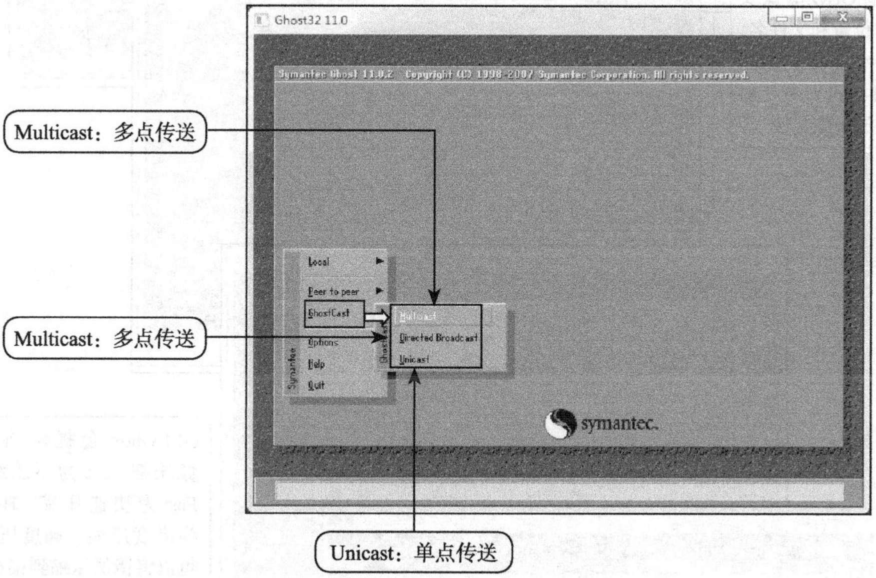

图 6-11　Ghost Cast 的二级菜单功能

6.2.2　用 Ghost 克隆电脑系统

用 Ghost 克隆系统后，重装系统时就可以使用克隆文件，克隆方法如图 6-12 所示。首先用 Windows PE 启动盘启动电脑，然后运行 Ghost 程序。

6.2.3　用 Ghost 重装电脑系统

用 Ghost 重装电脑系统的方法如图 6-13 所示。首先用 Windows PE 启动盘启动电脑，然后运行 Ghost 程序。

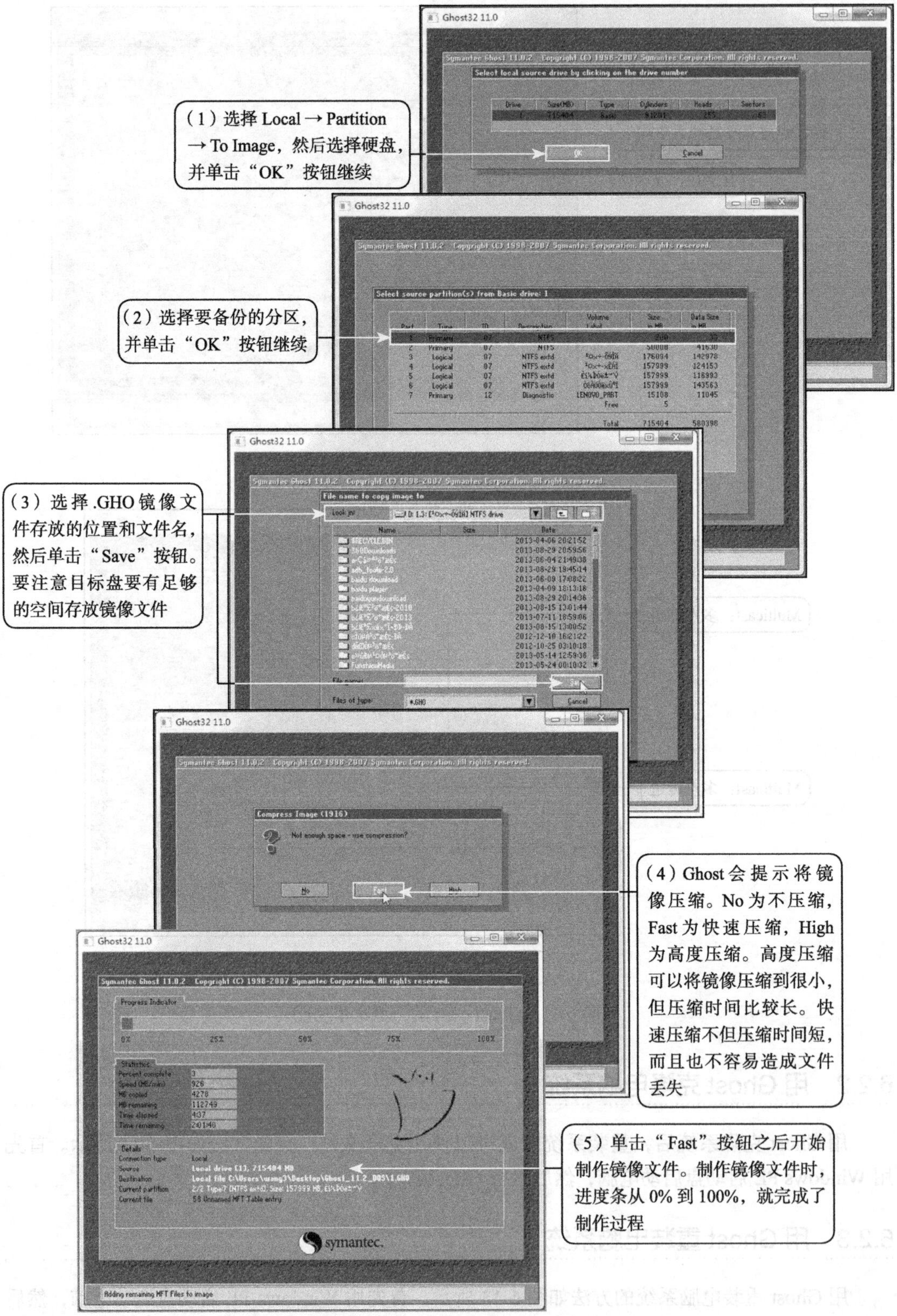
Ghost32 11.0
（1）选择 Local → Partition → To Image，然后选择硬盘，并单击“OK”按钮继续
（2）选择要备份的分区，并单击“OK”按钮继续
（3）选择.GHO镜像文件存放的位置和文件名，然后单击“Save”按钮。要注意目标盘要有足够的空间存放镜像文件
（4）Ghost会提示将镜像压缩。No为不压缩，Fast为快速压缩，High为高度压缩。高度压缩可以将镜像压缩到很小，但压缩时间比较长。快速压缩不但压缩时间短，而且也不容易造成文件丢失
（5）单击“Fast”按钮之后开始制作镜像文件。制作镜像文件时，进度条从0%到100%，就完成了制作过程
symantec.

图 6-12　备份分区（“克隆”）的方法

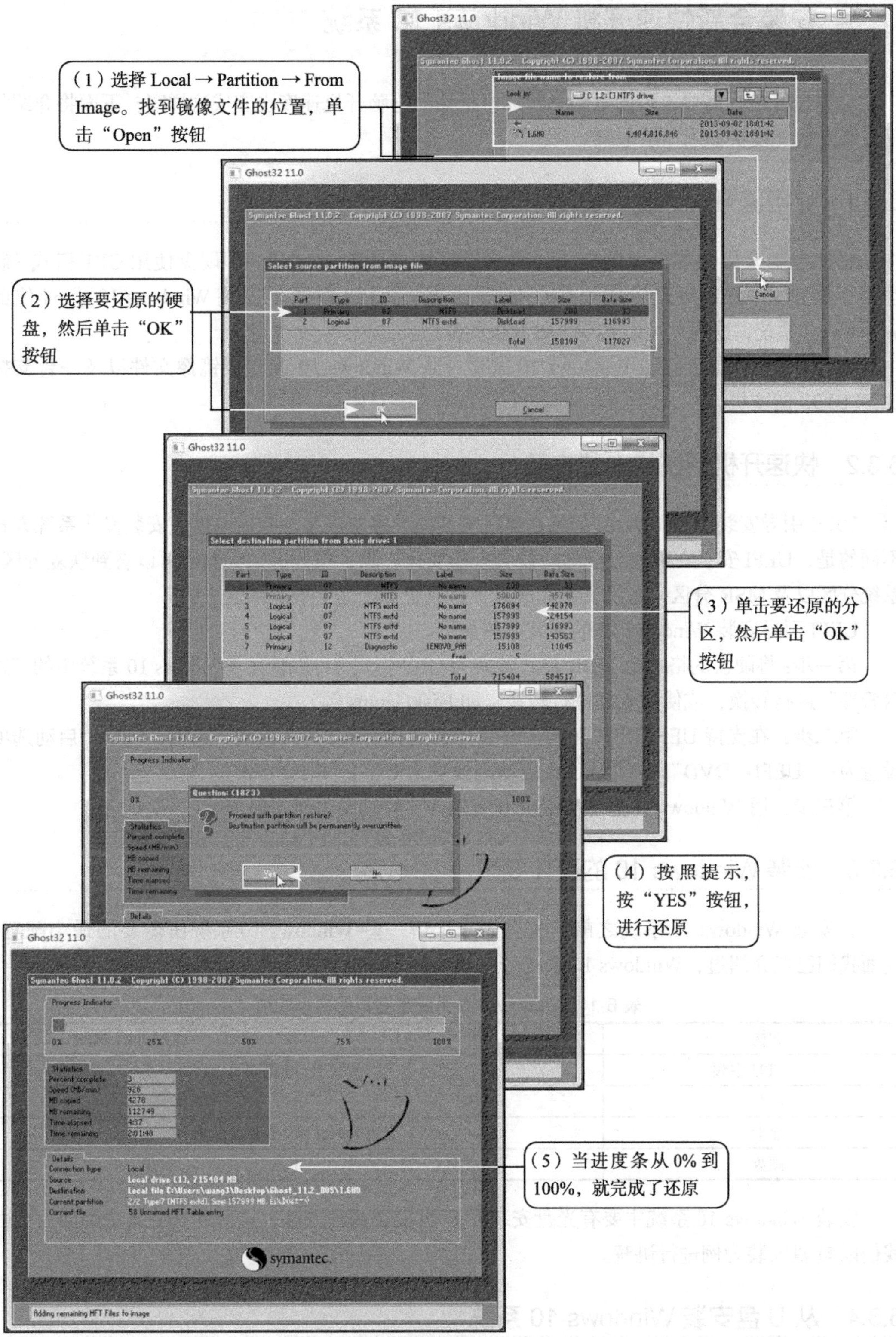
（1）选择 Local → Partition → From Image。找到镜像文件的位置，单击“Open”按钮
（2）选择要还原的硬盘，然后单击“OK”按钮
（3）单击要还原的分区，然后单击“OK”按钮
（4）按照提示，按“YES”按钮，进行还原
（5）当进度条从 0% 到 100%，就完成了还原
Ghost32 11.0
Select source partition from image file
Select destination partition from Basic drive: 1
Progress Indicator
symantec.

图 6-13　用 Ghost 重装电脑系统

6.3 安装全新快速开机 Windows 10 系统

你见过开机只需要 5 秒的电脑吗？你想把你的电脑开机速度也变成这样吗？下面将介绍如何安装开机速度快如闪电的电脑。

6.3.1 让电脑开机速度“快如闪电”的方法

想让电脑开机快如闪电的方法，简单说就是“ UEFI+GPT”，即硬盘使用 GPT 格式（硬盘需要提前由 MBR 格式转化为 GPT 格式），并在 UEFI 模式下安装 Windows 10 或 64 位的 Windows 7 系统，这样就可以实现 5 秒开机的梦想。

要在 UEFI 平台上安装 Windows 10 需要一张 Windows 10 光盘或镜像文件以及一台支持 UEFI BIOS 的主机。

6.3.2 快速开机系统的安装流程

UEFI 引导安装 Windows 10 仍然是通过安装向导逐步安装，唯一与传统安装操作系统方式不同的是，UEFI 安装在磁盘分区的时候会有所变化。除了主分区，我们还可以看到恢复分区、系统分区以及 MSR 分区，系统安装完成后，这三个分区是会被隐藏起来的。

UEFI 引导安装 Windows 10 的安装流程如下。

第一步：将硬盘的格式由 MBR 格式转换为 GPT 格式（可以使用 Windows 10 系统中的“磁盘管理”进行转换，或使用软件进行转换，如 DiskGenius 等）。

第二步：在支持 UEFI BIOS 的设置程序中，选择 UEFI 的“启动”选项，将第一启动选项设置为：“UEFI：DVD”（若使用 U 盘启动则设置为 UEFI：Flash disk）。

第三步：用 Windows 10 系统安装光盘或镜像文件启动系统进行安装。

6.3.3 安装 Windows 10 的硬件要求

在安装 Windows 10 系统之前，我们先来了解一些 Windows 10 系统所需要的最小配置。前面我们已经介绍过，Windows 10 系统分为 32bit 和 64bit。如表 6-1 所示。

表 6-1 Windows 10 系统所需要的最小配置

架构	X86（32bit）	X86-64（64bit）
CPU 主频	1GHz 或更高	
内存	1GB	2GB
显卡	支持 Direct X 9 或更高版本	
硬盘	16GB	20GB

安装 Windows 10 系统主要有光盘安装和 U 盘安装两种方法，这两种安装方法类似，下面我们以 U 盘安装为例进行讲解。

6.3.4 从 U 盘安装 Windows 10 系统

随着 U 盘的普及，目前很多电脑都不再配置光驱，日常文件的保存、转移都使用 U 盘。

目前操作系统厂商也提供 U 盘版操作系统，即将操作系统下载到 U 盘再安装到电脑。下面介绍其安装方法。

首先我们要从网上下载 Windows 10 系统安装程序，并创建 USB 系统安装文件。然后从 U 盘启动后开始安装系统，如图 6-14 所示。

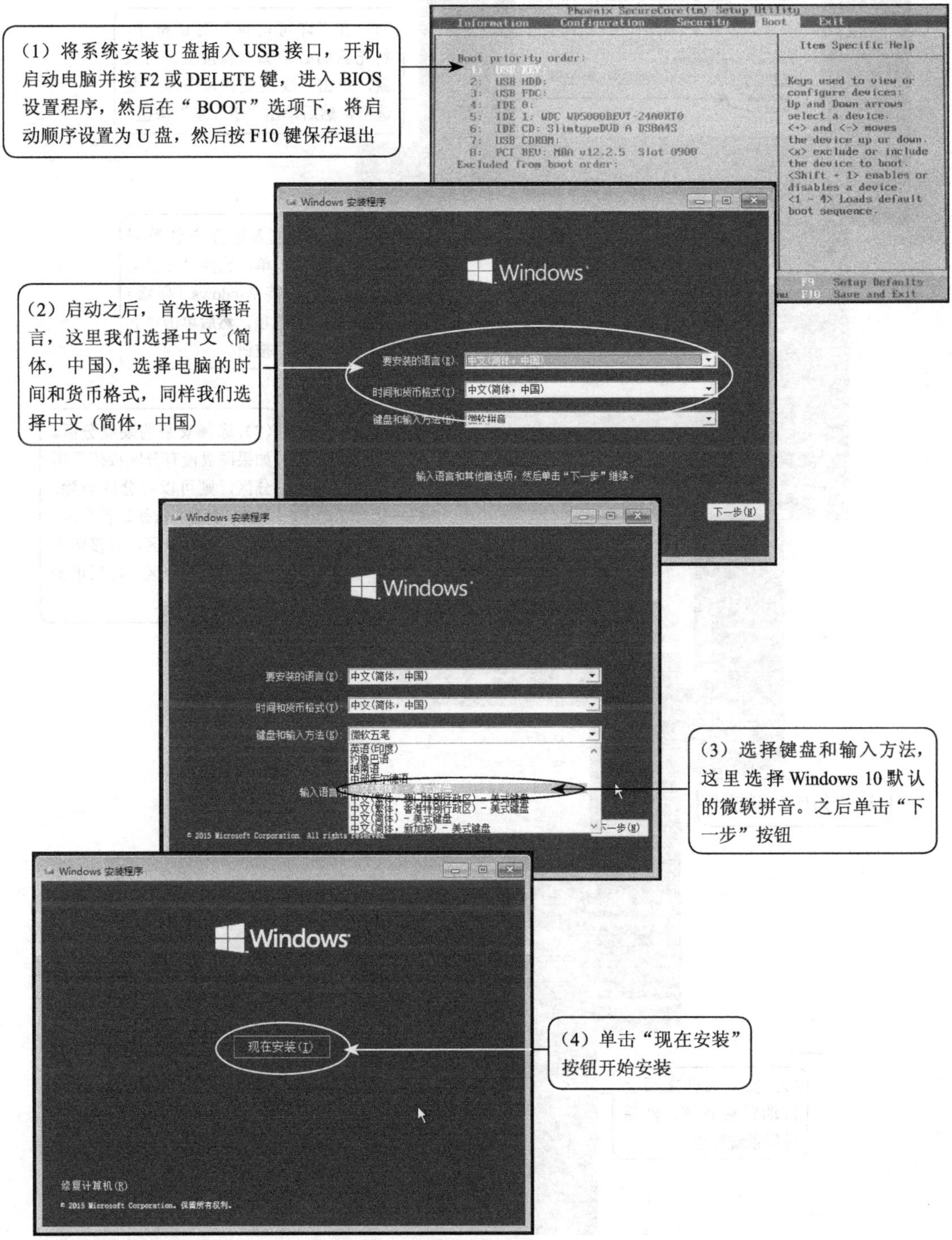
（1）将系统安装 U 盘插入 USB 接口，开机启动电脑并按 F2 或 DELETE 键，进入 BIOS 设置程序，然后在“ BOOT ”选项下，将启动顺序设置为 U 盘，然后按 F10 键保存退出
（2）启动之后，首先选择语言，这里我们选择中文（简体，中国），选择电脑的时间和货币格式，同样我们选择中文（简体，中国）
（3）选择键盘和输入方法，这里选择 Windows 10 默认的微软拼音。之后单击“下一步”按钮
（4）单击“现在安装”按钮开始安装

图 6-14　安装 Windows 10 系统

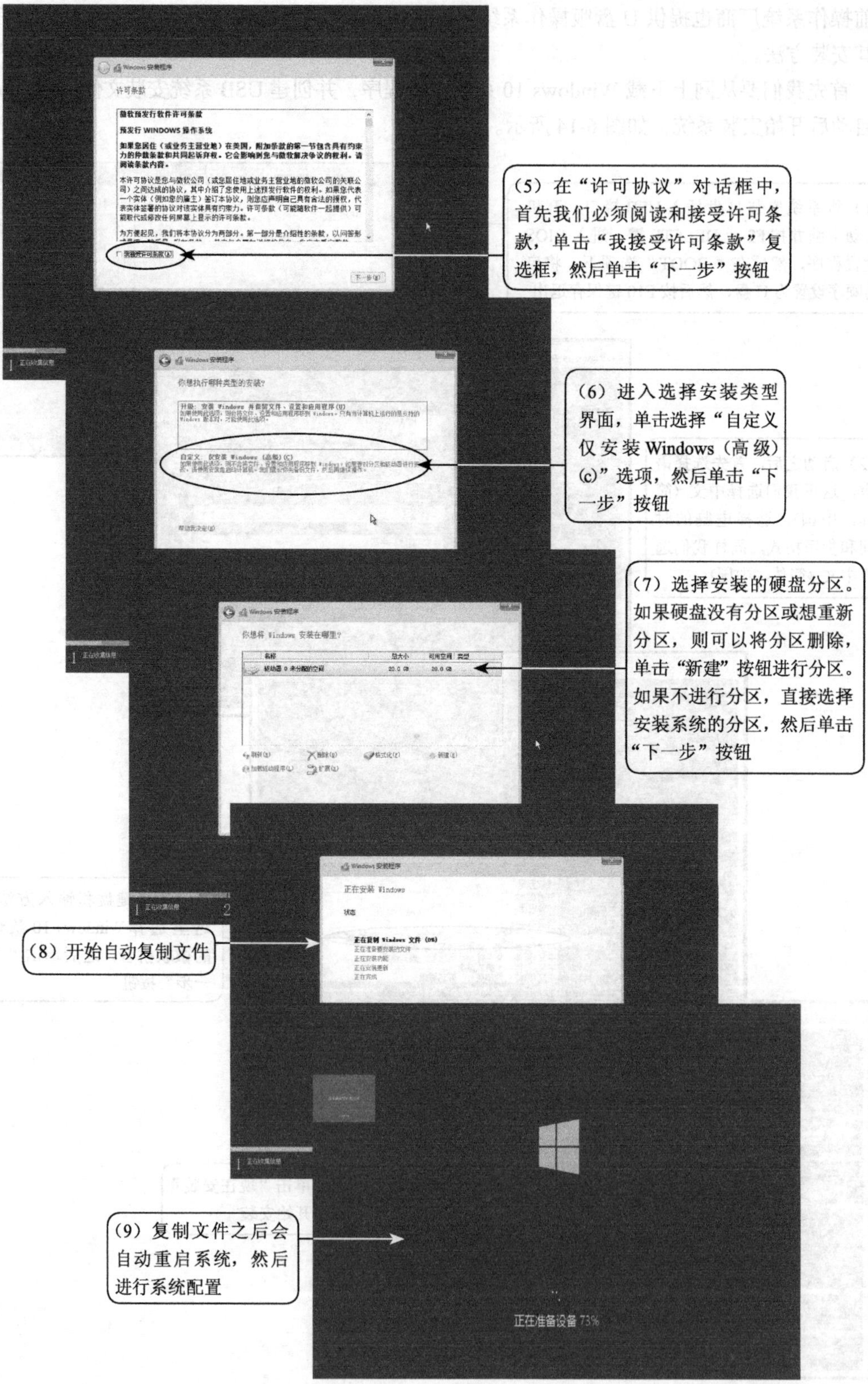
(5) 在“许可协议”对话框中，首先我们必须阅读和接受许可条款，单击“我接受许可条款”复选框，然后单击“下一步”按钮
(6) 进入选择安装类型界面，单击选择“自定义仅安装Windows（高级）(c)”选项，然后单击“下一步”按钮
(7) 选择安装的硬盘分区。如果硬盘没有分区或想重新分区，则可以将分区删除，单击“新建”按钮进行分区。如果不进行分区，直接选择安装系统的分区，然后单击“下一步”按钮
(8) 开始自动复制文件
(9) 复制文件之后会自动重启系统，然后进行系统配置
正在准备设备 73%

图 6-14 （续）

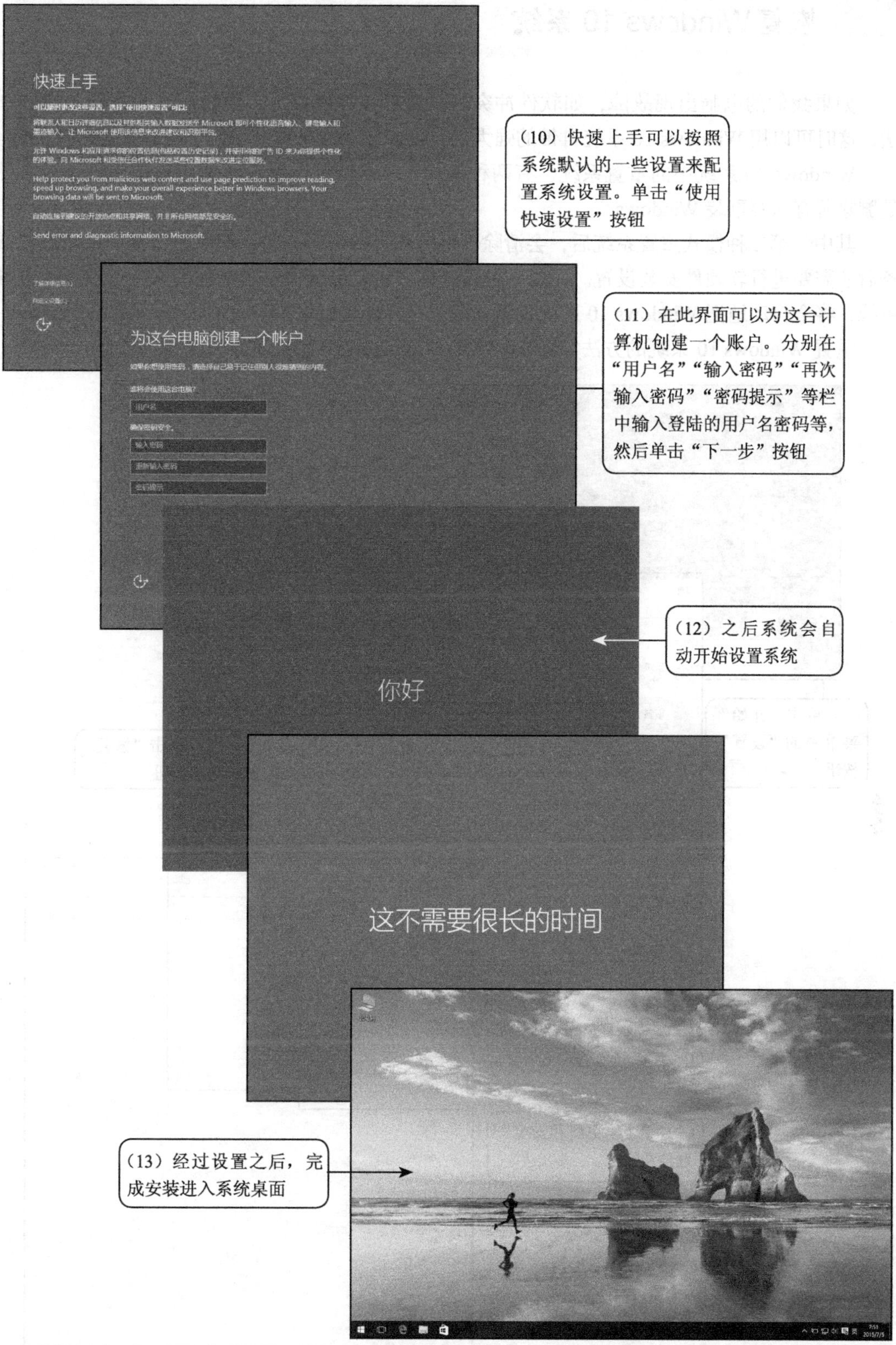
快速上手
Send error and diagnostic information to Microsoft.
（10）快速上手可以按照系统默认的一些设置来配置系统设置。单击“使用快速设置”按钮
为这台电脑创建一个帐户
（11）在此界面可以为这台计算机创建一个账户。分别在“用户名”“输入密码”“再次输入密码”“密码提示”等栏中输入登陆的用户名密码等，然后单击“下一步”按钮
（12）之后系统会自动开始设置系统
你好
这不需要很长的时间
（13）经过设置之后，完成安装进入系统桌面

图 6-14 （续）

6.4 恢复 Windows 10 系统

如果我们的电脑出现故障，如软件冲突、系统卡顿、中毒等，而我们又找不到解决的办法，这时可以用 Windows 10 系统自带的强大的自我修复功能来重装系统，可以快速解决问题。

Windows 10 系统中的重置系统，有两种模式，一是恢复电脑而不影响你的文件，另一种是删除所有内容重装 Windows。

其中，第二种模式重置系统后，会清除你电脑所有的内容，包括产品密匙等信息，重置纸条后还需要进行软硬件安装设置。而第一种模式即“恢复电脑而不影响你的文件”模式下重置系统，将全自动地把 Windows 10 系统重新安装一次，还可以保留现有的软件，应用和资料。

重置 Windows 10 系统的方法如图 6-15 所示（Windows 8 系统重置方法与此类似）。

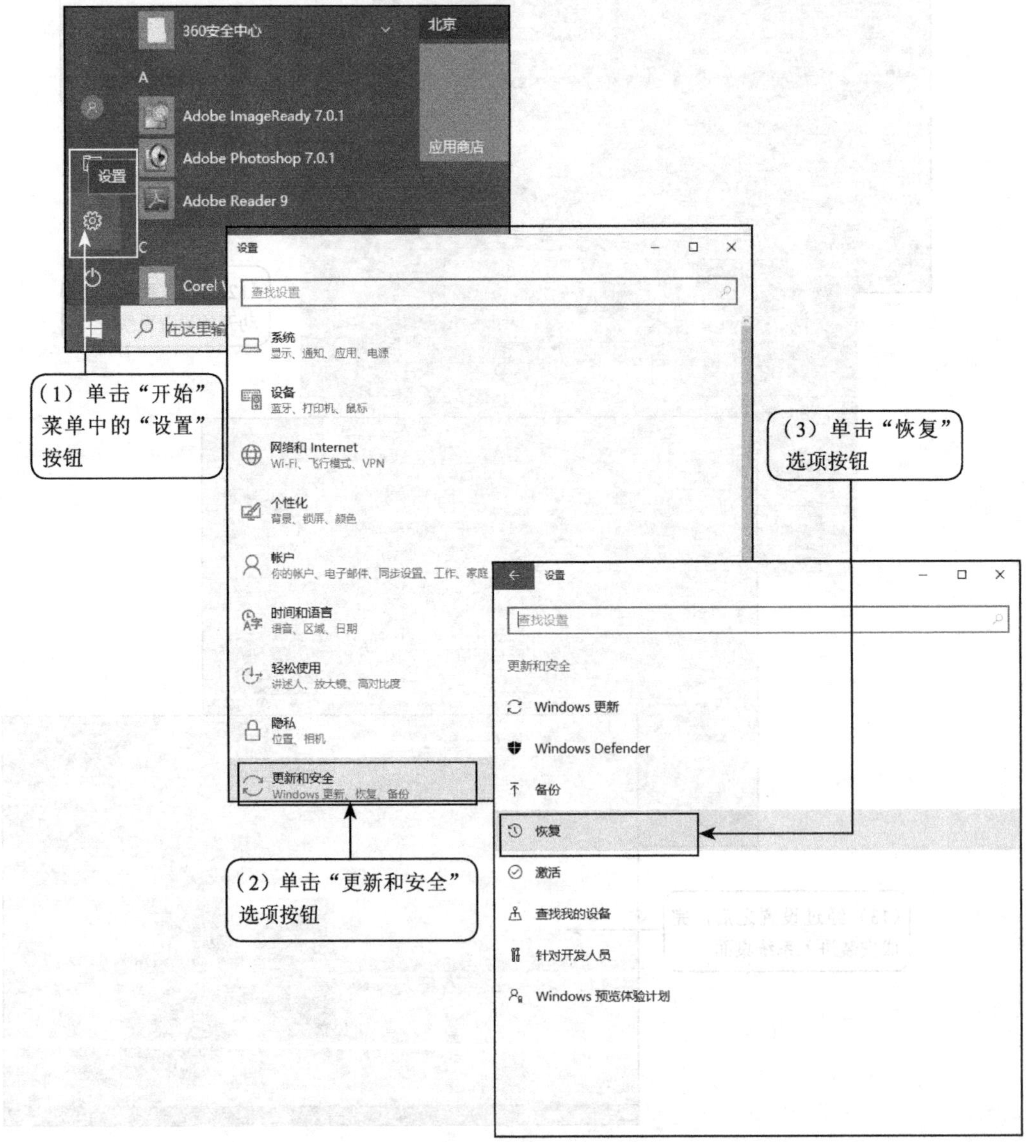

图 6-15 重置 Windows 10 系统的方法

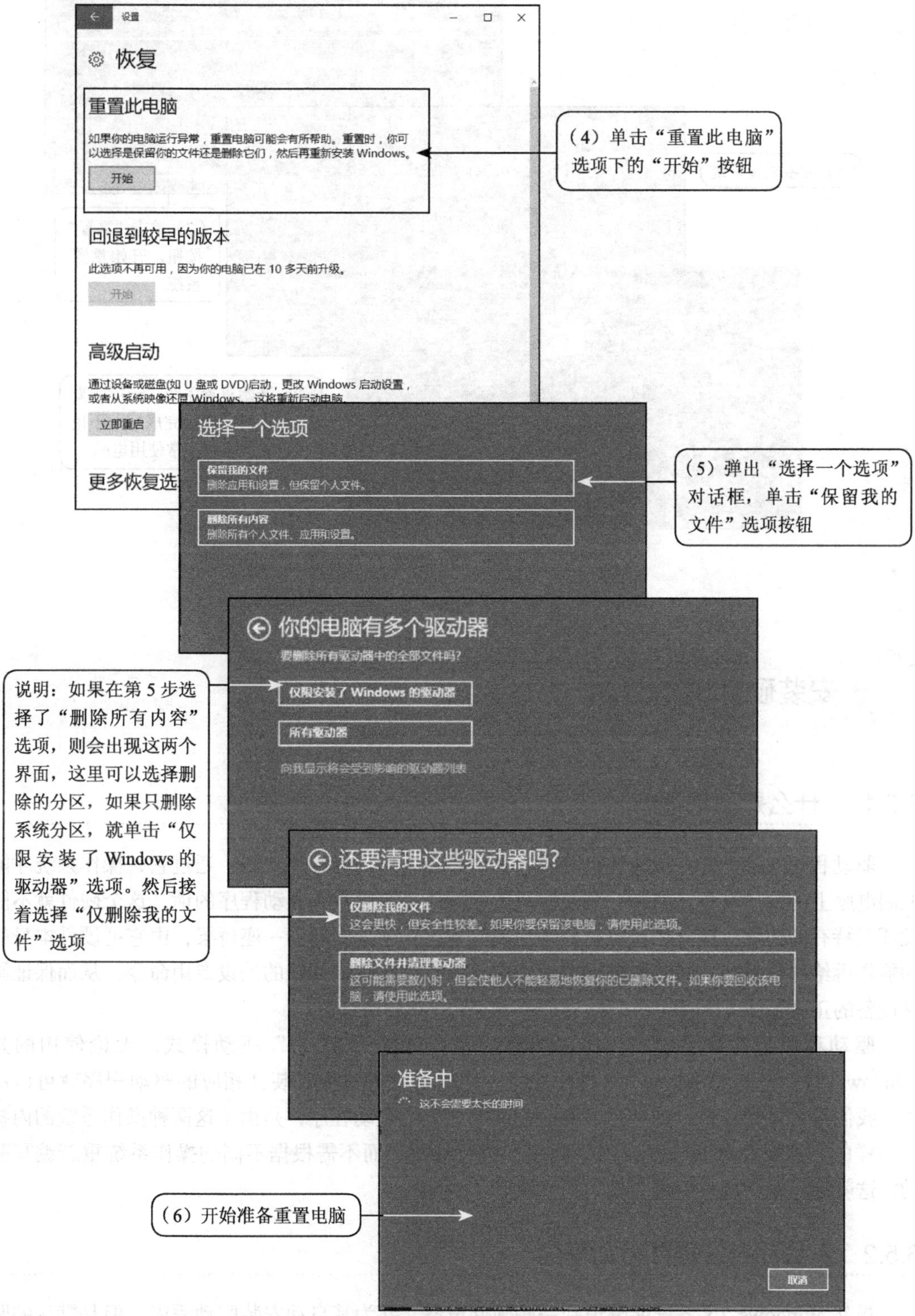
设置
恢复
重置此电脑
如果你的电脑运行异常，重置电脑可能会有所帮助。重置时，你可以选择是保留你的文件还是删除它们，然后再重新安装 Windows。
开始
（4）单击“重置此电脑”选项下的“开始”按钮
回退到较早的版本
此选项不再可用，因为你的电脑已在 10 多天前升级。
开始
高级启动
通过设备或磁盘(如 U 盘或 DVD)启动，更改 Windows 启动设置，或者从系统映像还原 Windows。这将重新启动电脑。
立即重启
选择一个选项
保留我的文件
删除应用和设置，但保留个人文件。
删除所有内容
删除所有个人文件、应用和设置。
（5）弹出“选择一个选项”对话框，单击“保留我的文件”选项按钮
你的电脑有多个驱动器
要删除所有驱动器中的全部文件吗?
仅限安装了 Windows 的驱动器
所有驱动器
向我显示将会受到影响的驱动器列表
说明：如果在第 5 步选择了“删除所有内容”选项，则会出现这两个界面，这里可以选择删除的分区，如果只删除系统分区，就单击“仅限安装了 Windows 的驱动器”选项。然后接着选择“仅删除我的文件”选项
还要清理这些驱动器吗?
仅删除我的文件
这会更快，但安全性较差。如果你要保留该电脑，请使用此选项。
删除文件并清理驱动器
这可能需要数小时，但会使他人不能轻易地恢复你的已删除文件。如果你要回收该电脑，请使用此选项。
准备中
这不会需要太长的时间
（6）开始准备重置电脑
取消

图 6-15　（续）

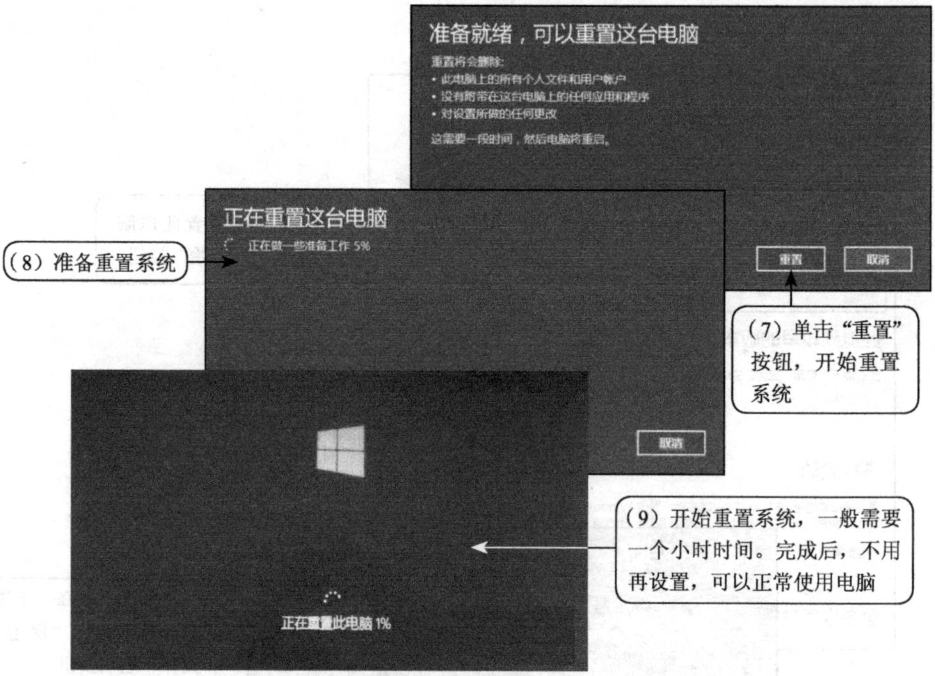

图 6-15 （续）

6.5 安装硬件驱动程序

6.5.1 什么是驱动程序

驱动程序实际上是一段能让电脑与各种硬件设备通话的程序代码，通过它，操作系统才能控制电脑上的硬件设备。如果一个硬件只依赖操作系统而没有驱动程序的话，这个硬件就不能发挥其特有的功效。换言之，驱动程序是硬件和操作系统之间的一座桥梁，由它把硬件本身的功能告诉给操作系统，同时也将标准的操作系统指令转化成特殊的外设专用命令，从而保证硬件设备的正常工作。

驱动程序也有多种模式，比较熟悉的是微软的“Win32”驱动模式，无论使用的是Windows XP，还是Windows 7/8操作系统，同样的硬件只需安装其相应的驱动程序就可以用了。我们常常见到“For XP”或“For Win8”之类的驱动程序，是由于这两种操作系统的内核不一样的，需要针对Windows的不同版本进行修改。而不需根据不同的操作系统重新编写驱动，这就给厂家和用户带来了极大的方便。

6.5.2 查找和安装硬件驱动程序

虽然Windows 7/8系统能够识别一些硬件设备，并为其自动安装驱动程序。但是默认的驱动程序一般不能完全发挥硬件的最佳功能，这时就需要安装生产厂商提供的驱动程序。

另外，对于有些硬件设备 Windows 7/8/10 系统无法识别，就无法自动安装其需要的驱动程序，这些都需要用户来安装设备驱动程序。如图 6-16 所示为无法识别被打上黄色感叹号的硬件设备。

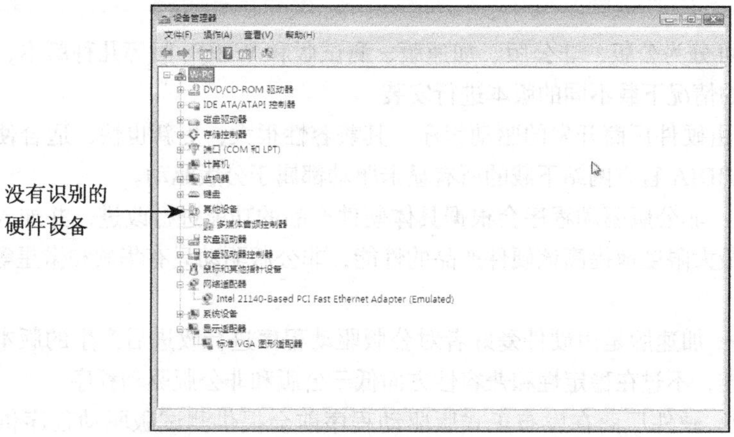

图 6-16　无法识别被打上黄色感叹号的硬件设备

6.5.3　如何获得驱动程序

获取硬件的驱动程序主要有以下几种方法。

1. 购买硬件时附带的安装光盘

购买硬件设备时，包装盒内带有一张驱动程序安装光盘。将光盘放入光驱后，会自动打开一个安装界面引导用户安装相应的驱动程序，选择相应的选项即可安装相应的驱动程序，如图 6-17 所示。

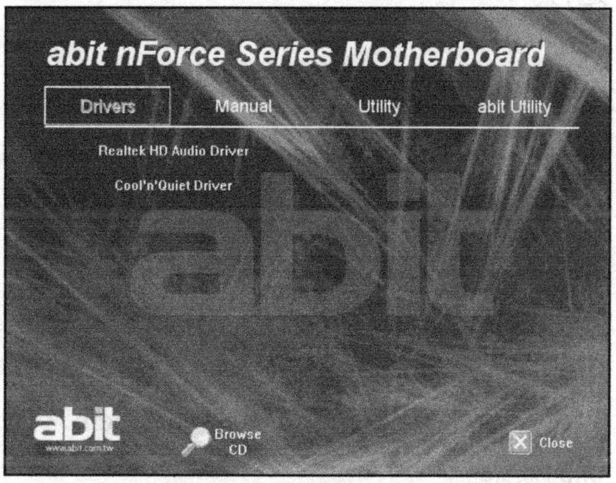

图 6-17　驱动程序安装界面

2. 从网上下载

通过网络一般可以找到绝大部分硬件设备的驱动程序，获取资源也非常方便，通过以下几个方式即可获得驱动程序。

（1）访问硬件厂商的官方网站

当硬件的驱动程序有新版本发布时，在官方网站都可以找到，下面列举部分厂商的官方网站：

❶ 微星：http//www.microstar.com.cn/

❷ 华硕：http//www.asus. com.cn/

❸ nVIDIA: http//www. nvidia.cn/

（2）访问专业的驱动程序下载网站

用户可以到一些专业的驱动程序下载网站下载驱动程序，（如驱动之家网站，网址为：http//www.mydrivers.com/），在这些网址中可以找到几乎所有硬件设备的驱动程序，并且提供多个版本供用户选择。

提示

下载时注意驱动程序支持的操作系统类型和硬件的型号，硬件的型号可从产品说明书或 Everest 等软件测试得到。

驱动程序可分为公版、非公版、加速版、测试版和 WHQL 版等几种版本，用户根据自己的需要及硬件的情况下载不同的版本进行安装。

❶ 公版：由硬件厂商开发的驱动程序，其兼容性很大，更新也快，适合使用该硬件的所有产品，在 NVIDIA 官方网站下载的所有显卡驱动都属于公版驱动。

❷ 非公版：非公版驱动程序会根据具体硬件产品的功能进行改进，并加入一些调节硬件属性的工具，最大限度地提高该硬件产品的性能，非公版驱动只有华硕和微星等知名大厂才具有实力开发。

❸ 加速版：加速版是由硬件爱好者对公版驱动程序进行改进后产生的版本，使硬件设备的性能达到最佳，不过在稳定性和兼容性方面低于公版和非公版驱动程序。

❹ 测试版：硬件厂商在发布正式版驱动程序前会提供测试版驱动程序供用户测试。这类驱动分为 Alpha 版和 Beta 版，其中 Alpha 版是厂商内部人员测试版本，Beta 版是公开测试版本。

❺WHQL 版：WHQL（Windows Hardware Quality Lads，Windows 硬件质量实验室）主要负责测试硬件驱动程序的兼容性和稳定性，验证其是否能在 Windows 系统操作系统中稳定运行。该版本的特点就是通过了 WHQL 认证，最大限度地保证了操作系统和硬件的稳定运行。

6.5.4 到底应该先装哪个驱动程序

在安装驱动程序时，应该特别留意驱动程序的安装顺序。如果不能按顺序安装的话，有可能会造成频繁的非法操作、部分硬件不能被 Windows 识别或是出现资源冲突，甚至会有黑屏、死机等现象出现。

1）在安装驱动程序时应先安装主板的驱动程序，其中最需要安装的是主板识别和管理硬盘的 IDE 驱动程序。

2）依次安装显卡、声卡、Modem、打印机、鼠标等驱动程序，这样就能让各硬件发挥最优的效果。

6.5.5 实践：安装显卡驱动程序

由于 Windows 10/8 和 Windows 7 系统驱动安装方法相同，下面以 Windows 7 系统安装显卡驱动程序为例讲解驱动程序的安装方法。

具体安装方法如下：

1）把显卡的驱动程序安装盘放入光驱，接着弹出“自动播放”对话框。在此对话框中，单击“运行 autorun.exe”选项，如图 6-18 所示。

2）弹出“用户账户控制”对话框，在此对话框中单击“是”按钮，如图 6-19 所示。

3）接下来会运行光盘驱动程序，并打开驱动程序主界面，选择系统对应的驱动程序，这里单击“Windows 7 Driver”选项，再单击“Windows 732-Bit Edition”选项，如图 6-20 所示。

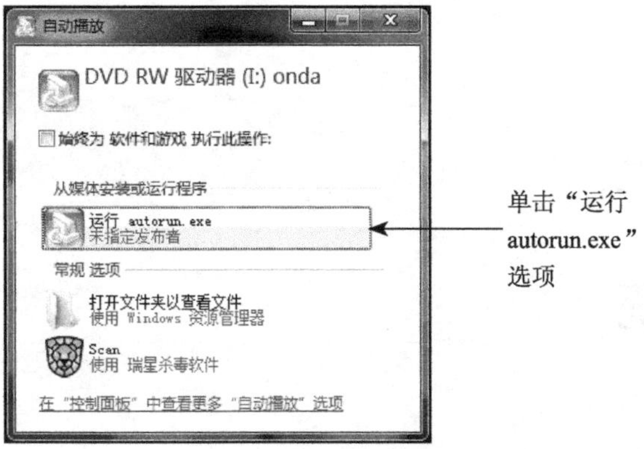

图 6-18　运行光盘

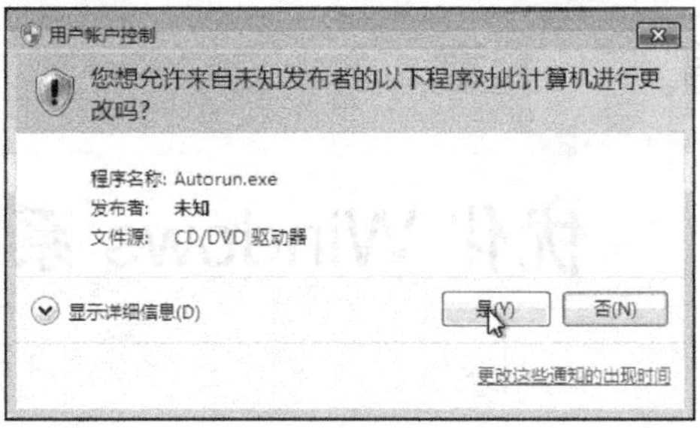

图 6-19　"用户账户控制"对话框

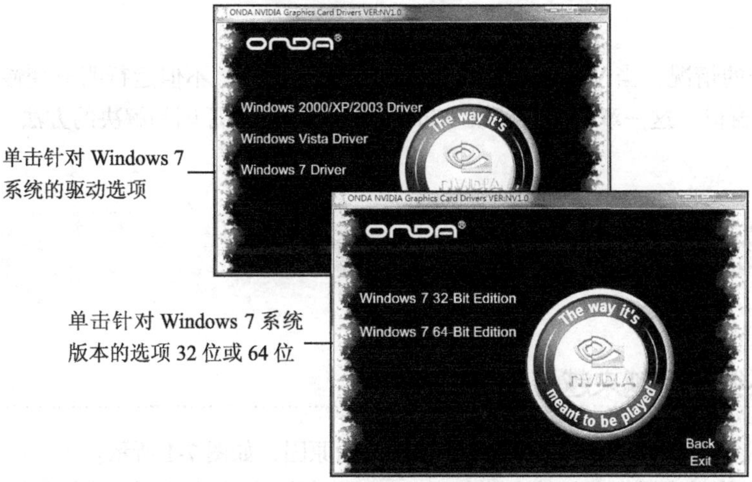

图 6-20　驱动程序主界面

4）选择显卡型号对应的驱动选项，本例中显卡的型号为"昂达 GeForce 9600"，因此这里选择"GeForce 8/9 Series"选项，如图 6-21 所示。

5）进入驱动程序安装向导，根据提示单击"下一步"安装即可，如图 6-22 所示。

图 6-21　选择显卡的型号

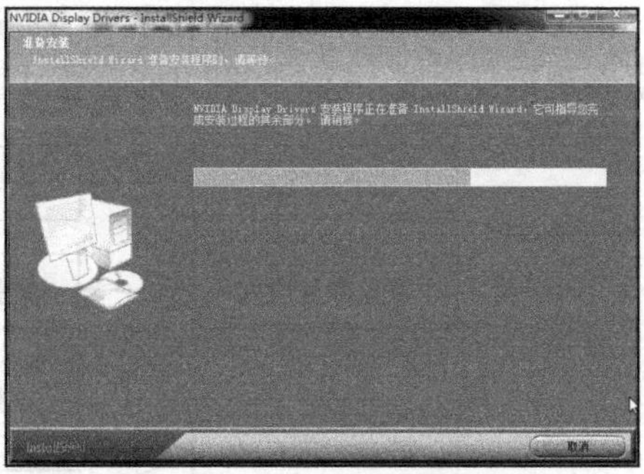

图 6-22　开始安装驱动程序

6）复制完驱动文件之后，系统开始检测注册表，然后开始复制驱动程序到系统中，复制完文件后，弹出安装完成的对话框，单击"完成"按钮，显卡驱动程序安装完毕，重启计算机后即可看到安装好的显卡驱动。

第 7 章

优化 Windows 系统

你是否遇到过这样的情况，当 Windows 系统使用了较长时间后，不但运行明显变慢，还经常跳出各种错误提示窗口。这一章就介绍导致 Windows 系统变慢的原因和解决的方法。

7.1 Windows 系统运行速度为何越来越慢

7.1.1 Windows 系统运行越来越慢的原因

Windows 使用久了，会变得越来越慢，主要有几方面的原因，如图 7-1 所示。

1）不断安装程序，使得注册表文件越来越大。Windows 每次启动时都会调用注册表文件。

2）程序运行时，会不断地读写磁盘，造成磁盘碎片增加。磁盘碎片会使得硬盘存取数据时寻址变得更加缓慢。

3）程序和数据不断增加会使硬盘空间逐渐变小。硬盘空间不足会导致虚拟内存不足，使得系统运行缓慢。空间不足还会造成临时文件无法存储，从而导致系统错误或运行缓慢。

4）与 Windows 不相符的程序可能不返还使用完的系统资源（主要是内存），造成内存变小，系统运行缓慢。这个问题可能会通过重启电脑得到缓解，但时间一长又会发生。

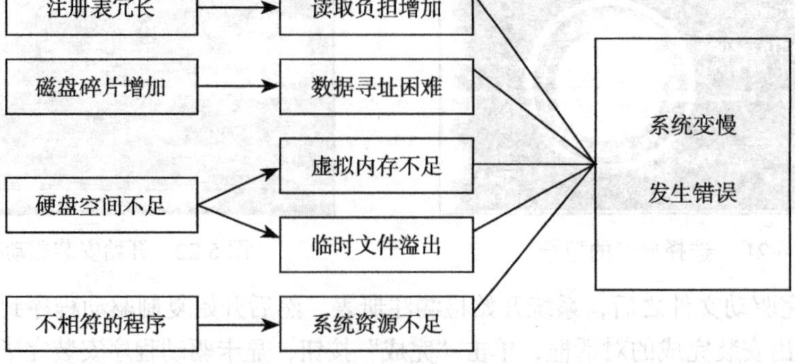

图 7-1　造成系统缓慢的原因

7.1.2 使用 Windows Update 自动更新系统

使用 Windows 的时候要注意，不要移动或删除 Windows 系统文件。有些系统安装完毕后，会将 C 盘的 Windows 文件夹隐藏起来，避免误操作带来的麻烦，如图 7-2 所示。

经常更新系统文件到最新版本，不但可以弥补系统的安全漏洞，还会提高 Windows 的性能。

想要升级 Windows 系统，可以使用 Windows 自带的 Update 功能。通过网络自动下载安装 Windows 升级文件，还可以设置定期自动更新。

Window Update 的设置方法如下：

1）单击“开始”菜单图标，然后单击“设置”按钮，弹出“Windows 设置”窗口如图 7-3 所示。

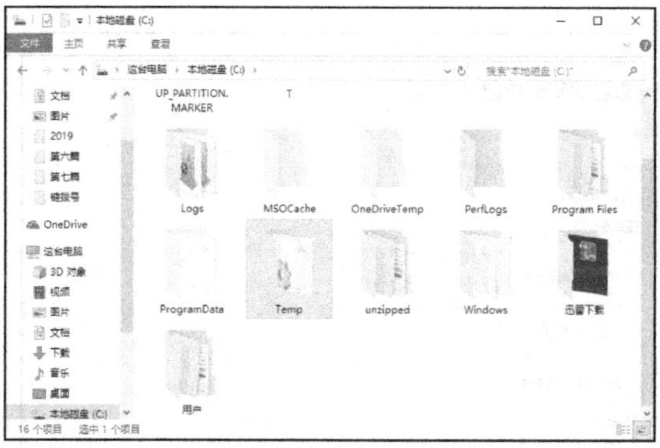

图 7-2 C 盘中的 Windows 系统文件夹

图 7-3 “Window”设置窗口

2）单击“更新和安全”选项，然后在新弹出的对话框中单击“ Window 更新”选项，在窗口右边可以看到“Windows 更新”的功能选项，如图 7-4 所示。

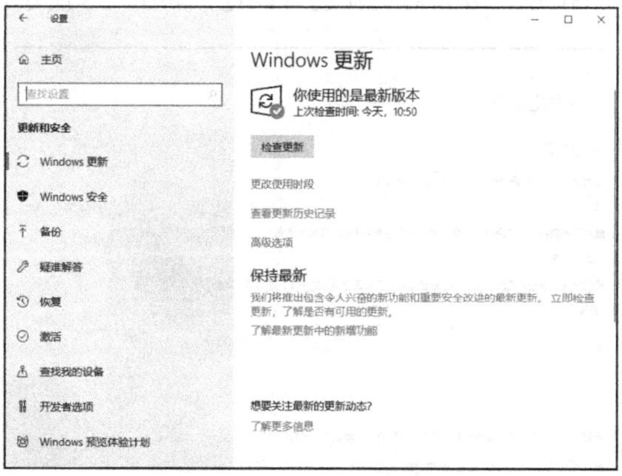

图 7-4 Windows 更新

3）如果想要立刻检查更新内容，可以单击“检查更新”按钮，系统会检查并下载更新项，如图 7-5 所示。

4）单击“更改使用时段”可以设置使用电脑的时间段，系统会避开此时间段重启电脑，如图 7-6 所示。

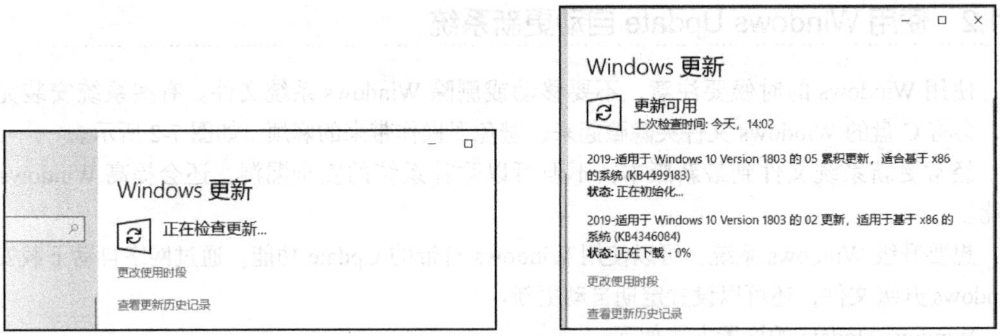

图 7-5　检查更新

5）单击“查看更新历史记录”按钮，可以查看之前更新的明细，还可以卸载之前的更新，如图 7-7 所示。

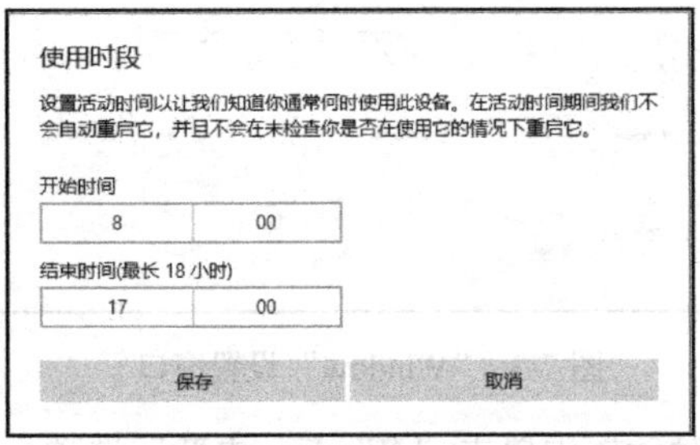

图 7-6　设置更新时间段

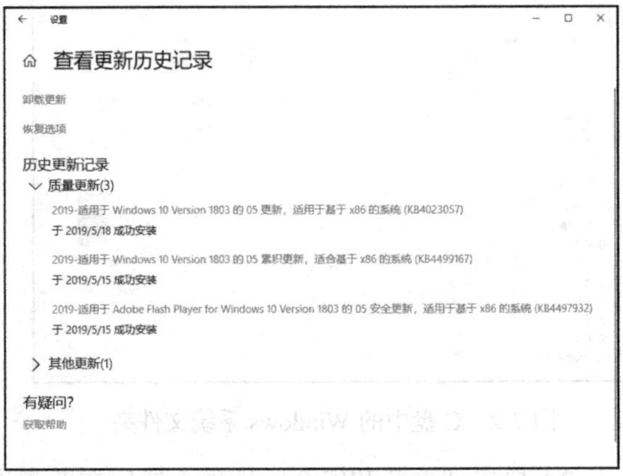

图 7-7　查看更新历史记录

6）单击“高级选项”按钮，可以对更新进行设置，如图 7-8 所示。

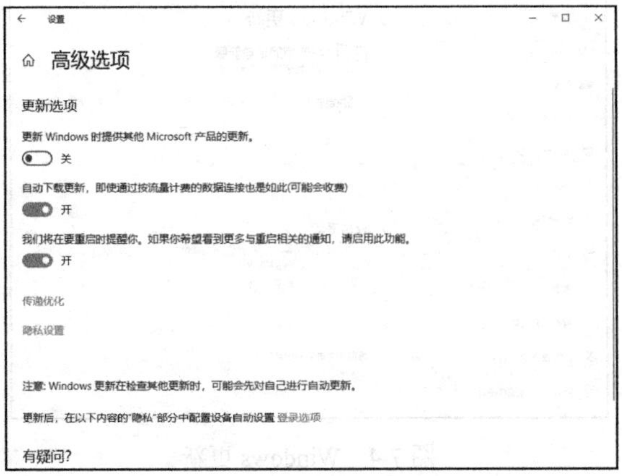

图 7-8　高级选项设置

如果用户想要关闭自动更新功能，则按下面的方法关闭。

1）单击“开始菜单”按钮，再单击“Windows 管理工具”下的“服务”菜单，打开“服务”窗口，如图 7-9 所示。

2）下拉窗口右侧的下拉滑块，找到“Windows Update”然后双击此选项，如图 7-10 所示。

3）在打开的对话框中，单击“启动类型”下拉菜单，然后选择“禁用”，之后单击“确定”按钮即可。

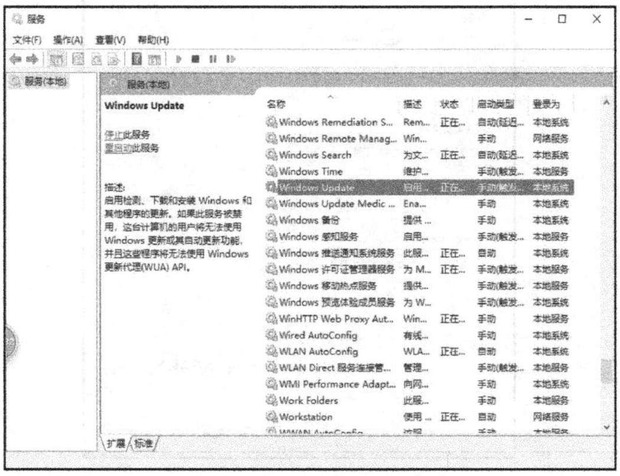

图 7-9 服务窗口

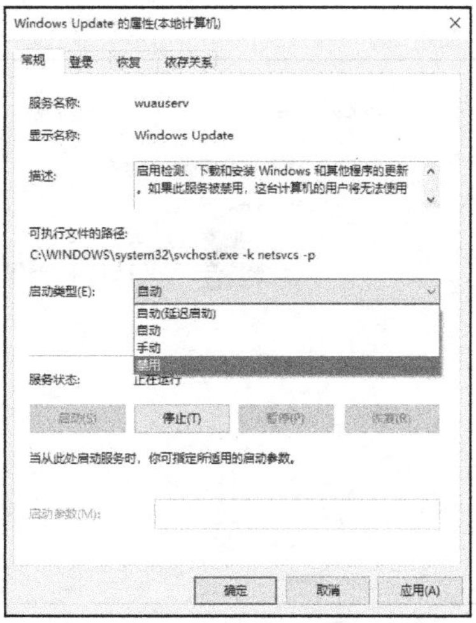

图 7-10 设置自动更新

7.2 提高存取速度

7.2.1 合理使用虚拟内存

虚拟内存是指内存空间不足时，系统会把一部分硬盘空间作为内存使用。也就是说，将一部分硬盘空间作为内存使用，从形式上增加系统内存的大小。有了虚拟内存，Windows 就可以同时运行多个大型程序。

在运行多个大型程序时，会导致存储指令和数据的内存空间不足。这时 Windows 会把重要程度较低的数据保存到硬盘的虚拟内存中。这个过程叫作交换数据（Swap）。交换数据以后，系统内存中只留下重要的数据。由于要在内存和硬盘间交换数据，使用虚拟内存会导致系统速度略微下降。内存和虚拟内存就像书桌和书柜的关系，使用中的书本放在桌子上，暂时不用但经常使用的书本放在书柜里。

虚拟内存的诞生是为了应对内存的价格高昂和容量不足。使用虚拟内存会降低系统的速度，但依然难掩它的优势。现在虽然内存的价格已经大众化，容量也已经达到数十吉字节，但虚拟内存仍然被大众继续使用，因为虚拟内存的使用已经成为系统管理的一部分。

虚拟内存设置多大合适呢？

Windows 会默认设置一定量的虚拟内存。用户可以根据自己电脑的情况，合理设置虚拟内存，这样可以提升系统速度。如果电脑中有两个或多个硬盘，将虚拟内存设置在速度较快的硬盘上，可以提高交换数据的效率，如果设置在固态硬盘上，效果会非常明显。虚拟硬盘大小应设置为系统内存的 2.5 倍左右，如果太小就需要更多的数据交换，效率降低。

Windows 10 系统中设置虚拟内存的方法：

1）在桌面的电脑图标上右击，选择“属性”，打开“系统”窗口，如图 7-11 所示。

2）单击“高级系统设置”选项按钮，打开“系统属性”对话框，如图 7-12 所示。再单击“高级”选项卡下“性能”栏中的“设置”按钮。

图 7-11 系统窗口

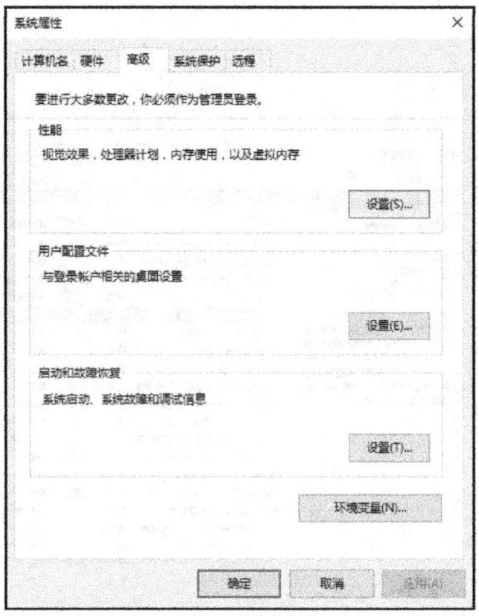

图 7-12 性能选项

3）弹出“性能选项”对话框，然后单击“高级”选项卡下的“虚拟内存”栏中的“更改”按钮，如图 7-13 所示。

4）在弹出的“虚拟内存”对话框中，单击“系统管理的大小”单选按钮，系统就会自动分配虚拟内存的大小；单击“自定义大小”单选按钮，可手动设置初始大小和最大值。再单击“设置”按钮，就可以将虚拟内存设置成想要的大小。设置完成后，单击“确定”按钮，完成虚拟内存的设置，如图 7-14 所示。

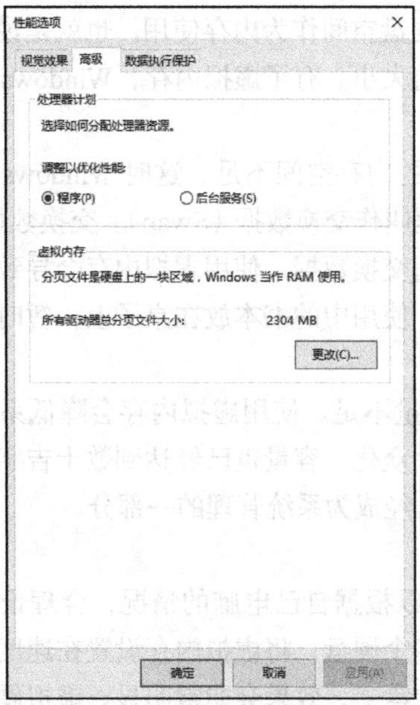

图 7-13 性能选项对话框

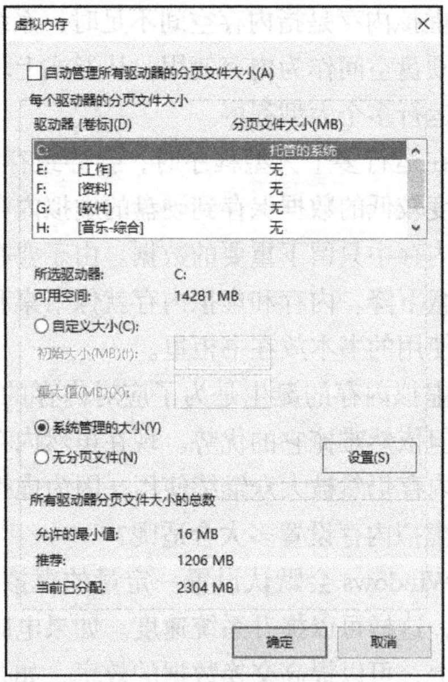

图 7-14 虚拟内存对话框

7.2.2　用快速硬盘存放临时文件夹

Windows 中有三个临时文件夹，用于存储运行时临时生成的文件。安装 Windows 时，临时文件夹会默认放在 Windows 文件夹下。如果系统盘空间不够大的话，可以将临时文件放置在其他速度快的分区中。临时文件夹中的文件可以通过磁盘清理功能进行删除。

以 Windows 10 为例，改变临时文件夹的设置方法是：

1）在桌面的电脑图标上右击，选择“属性”，打开“系统”窗口，如图 7-15 所示。

2）单击“高级系统设置”选项按钮，打开“系统属性”对话框，如图 7-16 所示。再单击“高级”选项卡下“环境变量”按钮。

图 7-15　系统窗口

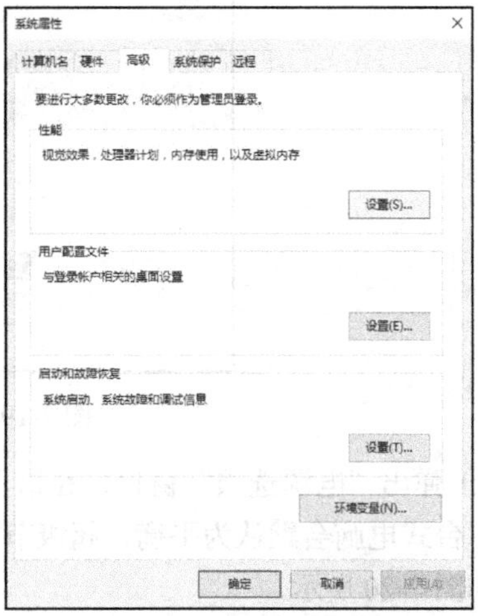

图 7-16　系统属性对话框

3）弹出“环境变量”对话框，在环境变量设置中，有用户变量和系统变量两个框体。设置临时文件时，需要单击用户变量中的“Temp”变量，再点击编辑按钮，如图 7-17 所示。

4）弹出“编辑用户变量”对话框，在变量值一栏中，可以设置临时文件的路径，如 D：\Temp\。点击“确定”按钮，就设置了临时文件的新路径，如图 7-18 所示。

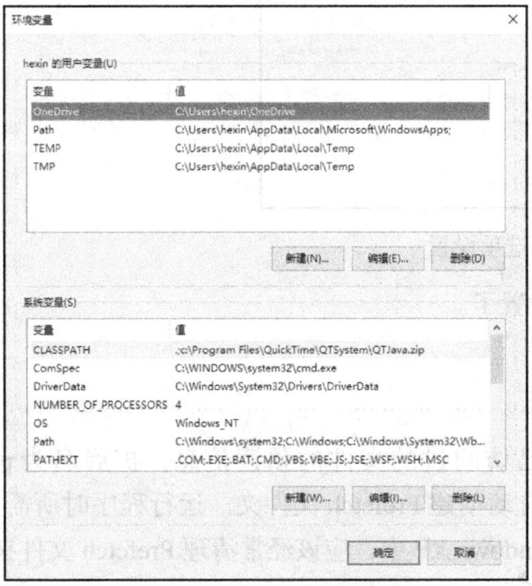

图 7-17　环境变量窗口

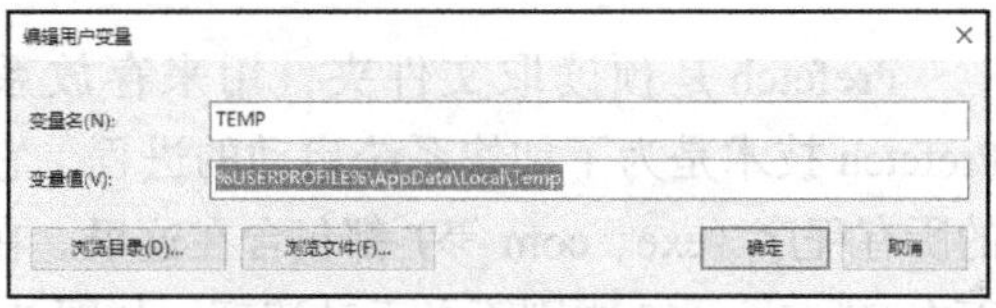

图 7-18　编辑用户变量

7.2.3 设置电源选项

Windows Vista 以上版本系统提供多种节能模式。在节能模式下，可以在不使用电脑的时候切断电源。

以 Windows 10 为例，设置方法如下：

1）单击“开始→ Windows 系统→控制面板→硬件和声音→电源选项”，如图 7-19 所示。

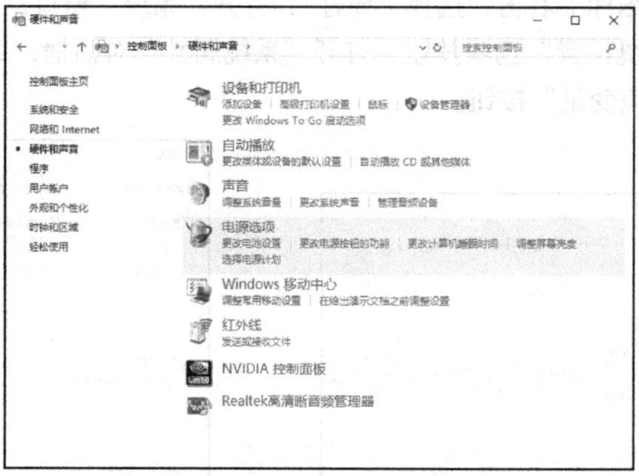

图 7-19 Windows 7 的电源选项

2）弹出“电源选项”窗口，在这里有四个选项：平衡（推荐）、高性能、能源之星、超级节能。台式电脑会默认为平衡，超级节能专为笔记本设计，高性能可以通过增加功耗来提高性能，如图 7-20 所示。

图 7-20 电源选项设置

3）设置完成后，关闭选项就可以改变电源设置了。

7.2.4 提高 Windows 效率的 Prefetch

Prefetch 是预读取文件夹，用来存放系统已访问过的文件的预读信息，扩展名为 pf。Prefetch 技术是为了加快系统启动的进程，它会自动创建 Prefetch 文件夹。运行程序时所需要的所有程序（exe、com 等）都包含在这里。在 Windows XP 中，应该经常清理 Prefetch 文件夹，而在 Windows 10 中则不必手动清理，如图 7-21 所示。

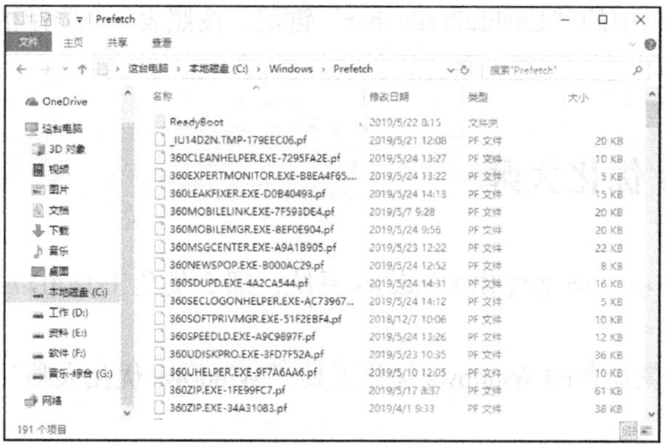

图 7-21 Prefetch 文件夹

Prefetch 有四个级别，在 Windows 10 中，默认的使用级别是 3。pf 文件会由 Windows 自行管理，用户只需要选择与电脑用途相符的级别即可，如表 7-1 所示。

表 7-1 Prefetch 在注册表中的级别

级别	操作方式
0	不使用 Prefetch。Windows 启动时不使用预读入 Prefetch 文件，所以启动时间可以略微缩短，但运行应用程序时会相应变慢
1	优化应用程序。为部分经常使用的应用程序制作 pf 文件，对于经常使用 Photoshop、CAD 这样针对素材文件的程序来说，并不合适
2	优化启动。为经常使用的文件制作 pf 文件，对于使用大规模程序的用户非常适合刚安装 Windows 时没有明显效果，在经过几天 pf 文件积累后，就能发挥其性能
3	优化启动和应用程序。同时使用 1 和 2 级别，既为文件也为应用程序制作 pf 文件，这样同时提高了 Windows 的启动和应用程序的运行速度，但会使 Prefetch 文件夹变得很大

设置 Prefetch 的方法如下：

按 Win+R（ +R）组合键调出运行窗口，输入 Regedit，按回车键打开注册表编辑器。

在注册表编辑器左边窗口依次单击“HKEY_LOCAL_MACHINE → SYSTEM → Current ControlSet → Control → Session Manager → Memory Management → PrefetchParameters”选项，如图 7-22 所示。

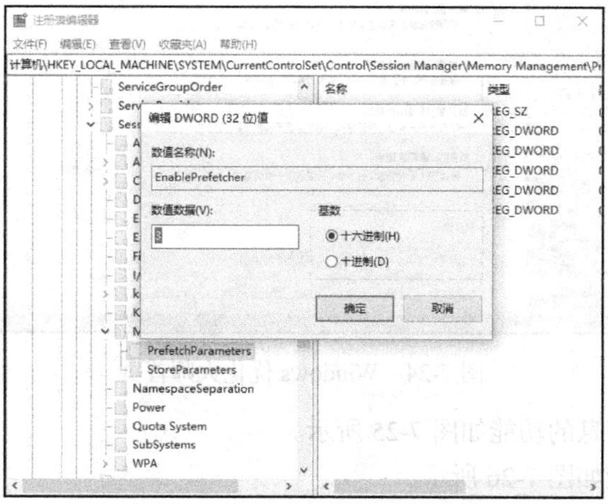

图 7-22 注册表中的 Prefetch 选项

然后双击右侧窗口中的“EnablePrefetcher”键值，按照表 7-1 选择相应级别即可。

7.3 Windows 优化大师

如果你不愿意一项一项地优化 Windows 系统，那么优化工具可以帮你解决这些烦琐的工作。

这里我们介绍一款免费的 Windows 优化工具“ Windows 优化大师”，它的功能非常丰富，如图 7-23 所示。

图 7-23 Windows 优化大师

自动优化系统和清理注册表功能如图 7-24 所示。

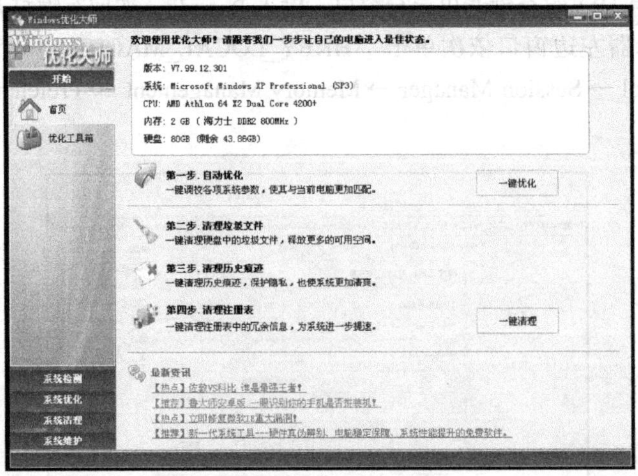

图 7-24 Windows 优化大师首页

检测系统软硬件信息的功能如图 7-25 所示。

手动系统优化功能如图 7-26 所示。

手动清理垃圾和冗余功能如图 7-27 所示。

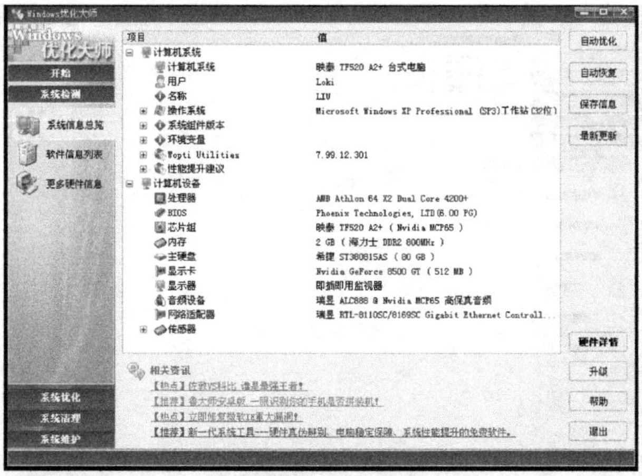

图 7-25　系统检测

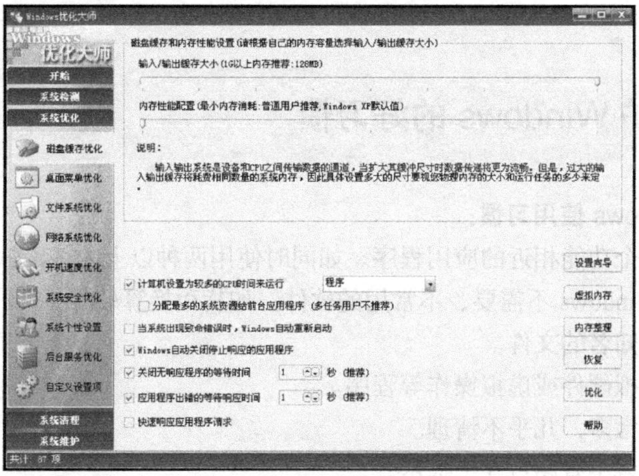

图 7-26　系统优化

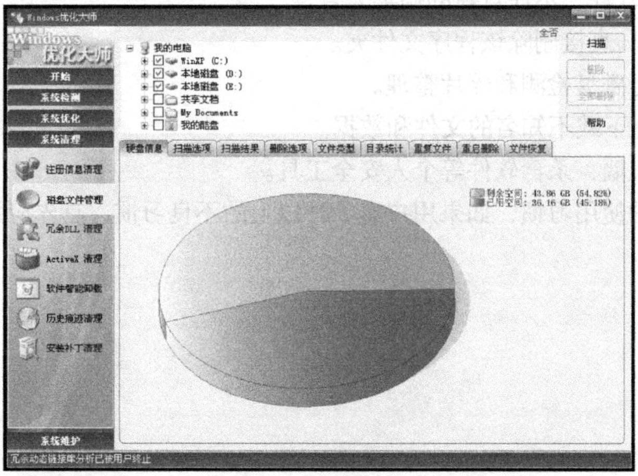

图 7-27　系统清理

维护系统安全和磁盘整理功能如图 7-28 所示。

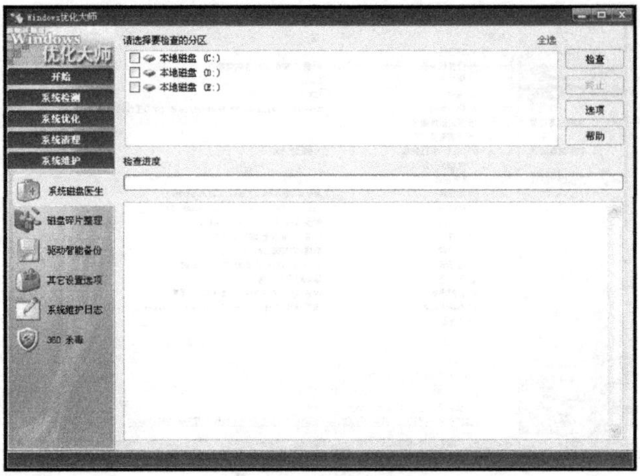

图 7-28 系统维护

7.4 养成维护 Windows 的好习惯

测试你的 Windows 使用习惯：

1）经常使用多个功能相近的应用程序。如同时使用两种以上的杀毒软件。

2）经常安装 Windows 不需要、不常用的软件。如货币换算软件。

3）随意删除不知名的文件。

4）经常使用虚拟硬件或虚拟操作等程序。

5）桌面图标非常多，几乎不清理。

6）系统通知区域中有超过 3 个提示。

7）不经常检查恶意代码。

8）不更新杀毒软件，不注意新的病毒公告。

9）删除程序时，直接删除该程序文件夹。

10）不经常进行磁盘检测和碎片整理。

11）经常从网上下载不知名的文件和数据。

12）不使用防火墙、杀毒软件等个人安全工具。

以上都是不良的使用习惯，如果用户有 5 种以上的不良习惯，首先应该改正，然后给系统做好备份工作。

第 8 章 优化注册表

注册表（Registry）原意是登记本。Windows 中的一个重要的数据库，用于存储系统和应用程序的设置信息。就像户口本上登记家庭住址和邮编等信息一样。如果户口登记资料丢失了，那我们在户籍管理系统上就成了不存在的人。Windows 也是一样，如果注册表中的环境信息或驱动信息丢失的话，就会造成 Windows 的运行错误。

8.1 注册表是什么

8.1.1 神秘的注册表

注册表是保存所有系统设置数据的存储器。注册表保存了 Windows 运行所需的各种参数和设置，以及应用程序相关的所有信息。从 Windows 启动开始，到用户登录、应用程序运行等所有操作都需要以注册表中记录的信息为基础。注册表在 Windows 操作系统中起着最为核心的作用。

Windows 运行中，系统环境会随着应用程序的安装等操作而改变，改变后的环境设置又会保存在注册表中。所以可以通过编辑注册表来改变 Windows 的环境。但如果注册表出现问题，Windows 就不能正常工作了。如图 8-1 所示。

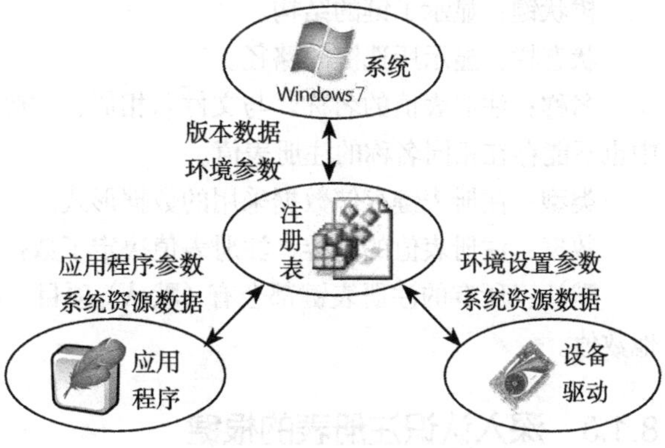

图 8-1　注册表与系统

注册表中保存着系统设置的相关数据，启动 Windows 时会从注册表中读入系统设置数据。如果注册表受损，Windows 就会发生错误，还有可能造成 Windows 的崩溃。

每次启动 Windows 时，电脑会检查系统中安装的设备，并把相关的最新信息记录到注册表中。Windows 内核在启动时，从注册表中读入设备驱动程序的信息才能建立 Windows 的运行环境，并选择合适的 .inf 文件安装驱动程序。安装的驱动程序会改变注册表中各个设备的环境参数、IRQ、DMA 等信息。

操作系统完成启动后，Windows 和各种应用程序、服务等都会参照注册表中的信息运行。

安装各种应用程序的时候，都会在注册表中登记程序运行时所需的信息。在 Windows 中卸载程序，就会在卸载过程中删除注册表中记录的相关信息。

8.1.2 注册表编辑器

注册表编辑器与 Windows 的资源管理器相似，呈树状目录结构。资源管理器中的文件夹的概念到注册表编辑器中叫作“键”。资源管理器最顶层的文件叫作“根目录”，其下一层文件夹叫作“子目录”。相似的注册表编辑器的最顶层叫作“根键”，其下一层叫作“子键”。单击键前面的▷可以打开下一层的子键。如图 8-2 所示。

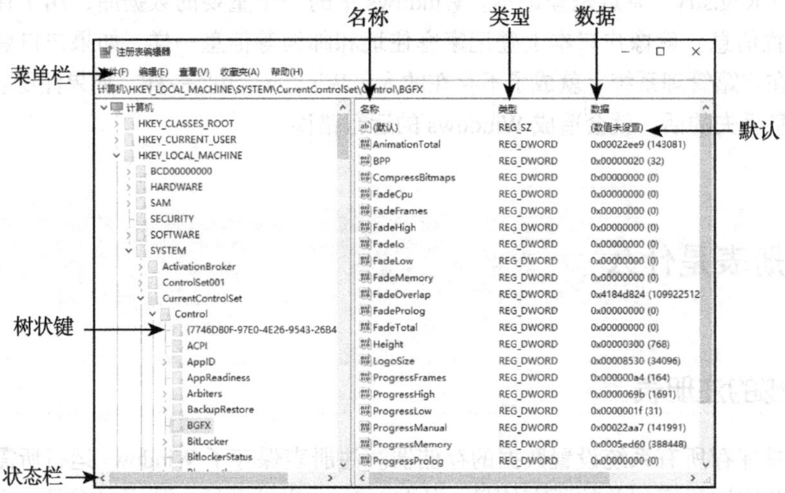

图 8-2 注册表编辑器

注册表编辑器的左侧是列表框，显示了注册表的结构。右侧是显示键的具体信息。

菜单栏：这里有导入、导出、编辑、查看等操作功能。

树状键：显示了键的结构。

状态栏：显示所选键的路径。

名称：注册表值的名称。与文件名相似，注册表键也有重复的现象，但在同一个注册表键中也不能存在相同名称的注册表值。

类型：注册表键存储数据采用的数据形式。

数据：注册表值的内容，注册表值决定了数据的内容。

默认：所有的注册表键都会有（默认）项目。应用程序会根据注册表键的默认项来访问其他数值。

8.1.3 深入认识注册表的根键

Windows 7 的注册表结构中有 5 个根键。如图 8-3 所示为注册表编辑器。

HKEY_ClASSES_ROOT：这里保存的信息用于保证 Windows 资源管理器中，打开文件时能够正确地打开相关联的程序。

HKEY_CURRENT_USER：这里保存着当前登录用户信息的键。用户文件夹、画面色彩设置等设置参数都在这里。

HKEY_LOCAL_MACHINE：电脑中安装的硬件和软件相关设置，包括硬件的驱动程序，都保存在这里。

HKEY_USERS：电脑所有用户的资料和设置，包括桌面、网络连接等都存放在这里，大部分情况下，不需要修改这里的内容。

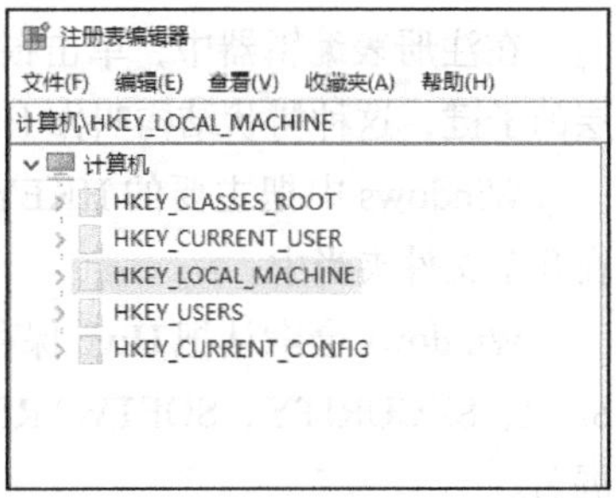

图 8-3 注册表的根键

HKEY_CURRENT_CONFIG：这里存放着显示、字体、打印机设置等内容。

查看这些根键，可以看出，5 个根键中大部分注册表内容都在 HKEY_LOCAL_MACHINE 和 HKEY_CURRENT_USER 中，其他 3 个根键可以看作是这两个根键的子键。

8.1.4 注册表的值有哪些类型

注册表中保存了多种数据类型的数据，有字符串、二进制、DWORD 等。在注册表编辑器中，右侧窗口中“类型”一栏中就是相关键值的数据类型。无论是多字符串还是扩充字符串，一个键的所有值的总大小都不能超过 64KB。如表 8-1 所示。

表 8-1 注册表键值的数据类型

类 型	名 称	说 明
REG_SZ	字符串值	S 表示字符串（String），Z 表示以 0 结束的内容（Zero Byte）
REG_BINARY	二进制	用 0 和 1 表示的二进制数值。大部分硬件的组成信息都用二进制数据存储，在注册表编辑器中以 16 进制形式表示
REG_DWORD	双字节	DWORD 表示双字节（Double Word），一个字节可以表示从 0 到 65535 的 16 位数值，双字节是两个 16 位数，也就是 32 位，可以表示 40 亿以上的数值
REG_MULTI_SZ	多字符串	多个无符号字符组成的集合，一般用来表示数值或目录等信息
REG_EXPAND_SZ	可扩充字符串	用户可以通过控制面板中的“系统”选项设置一部分环境参数，可扩充字符串用于定义这些参数，包括了程序或服务使用数据时确认的变量等
REG_RESOURCE_LIST	二进制	为存储硬件设备的驱动程序或这个驱动程序控制的物理设备所使用的资源目录而设计的数据类型，是一系列重叠的序列。系统识别这些目录后，将其写入 Resource Map 目录下，这种数据类型在注册表编辑器中会显示二进制数据的 16 进制形式
REG_RESOURCE_REQUIREMENT_LIST	二进制	为存储硬件设备的驱动程序或这个驱动程序控制的物理设备所使用的资源目录而设计的数据类型，是一系列重叠的序列。系统会在 Resource Map 目录下编写该目录的低级集合。这种数据类型在注册表编辑器中会显示二进制数据的 16 进制形式
REG_FULL_RESOURCE_DESCRIPTOR	二进制	为存储硬件设备的驱动程序或这个驱动程序控制的物理设备所使用的资源目录而设计的数据类型，是一系列重叠的序列。系统识别这种数据类型，会将其写入 Hardware Description 目录中。这种数据类型在注册表编辑器中会显示二进制数据的 16 进制形式
REG_NONE	无	没有特定形式的数据，这种数据会被系统和应用程序写入注册表中，在注册表编辑器中会显示为二进制数据的 16 进制形式
REG_LINK	链接	提示参考地点的数据类型，各种应用程序会根据 REG_LINK 类型键的指定到达正确的目的地
REG_QWORD	QWORD	以 64 位整数显示的数据。这个数据在注册表编辑器中显示为二进制值

8.1.5 树状结构的注册表

在注册表编辑器中，单击根键前的▷图标，就能打开根键下一层的子键，从子键再到下一层的子键，这种树状结构叫作 Hive。

Windows 中把主要的 HKEY_LOCAL_MACHINE 键和 HKEY_USERS 键的 Hive 内容保存在几个文件夹当中。

Windows 会默认把 Hive 保存在 C：\Windows\system32\config 文件夹中，分为 DEFAULT、SAM、SECURITY、SOFTWARE、SYSTEM、COMPONENT 六个文件。Hive 本身并没有扩展名。

在 C：\Windows\system32\config 文件夹中存在相同文件名的文件，实际上是扩展名为 LOG、SAV、ALT 等多个扩展名的文件。一般来说，LOG 扩展名的文件用于 Hive 的登记和监视记录。SAV 扩展名的文件用于系统发生冲突时恢复注册表的 Hive 和保存注册表的备份。

注册表中保存用户资料的 HKEY_USERS 键的 Hive 文件，保存在 Windows 目录中用户名文件夹中的 NTUSER.DAT 文件中，其作用是便于用户各自进行管理。如表 8-2 所示。

表 8-2 Windows 中注册表的保存路径

Hive	相关文件	相关注册表键
DEFAULT	DEFAULT、Default.log、Default.sav	HKEY_USERS\DEFAULT
HARDWARE	无	HKEY_LOCAL_MACHINE\HARDWARE
SOFTWARE	SOFTWAR、Software.log、Software.sav	HKEY_LOCAL_MACHINE\SOFTWARE
SAM	SAM、Sam.log、Sam.sav	HKEY_LOCAL_MACHINE\SECURITY\SAM
SYSTEM	SYSTEM、System.alt、System.log、System.sav	HKEY_LOCAL_MACHINE\SYSTEMHKEY_CURRENT_CONFIG
SECURITY	SECURITY、Security.log、Security.sav	HKEY_LOCAL_MACHINE\SECURITY
SID	NTUSER.DAT、Ntuser.dat.log	HKEY_CURRENT_USER\ 当前登录用户

8.2 操作的注册表

8.2.1 打开注册表

注册表不能像其他文本文件一样用记事本打开，必须用注册表编辑器来打开。方法是：单击开始菜单，在搜索中输入“Regedit”再按 Enter 键，双击搜索出来的 Regedit 程序，或按 Win+R（⊞ +R）键调出运行窗口，在运行中输入“Regedit”再按 Enter 键。如图 8-4 和图 8-5 所示。

打开的注册表编辑器与 Windows 资源管理器的结构相似，如图 8-6 所示。

图 8-4　搜索 Regedit 程序

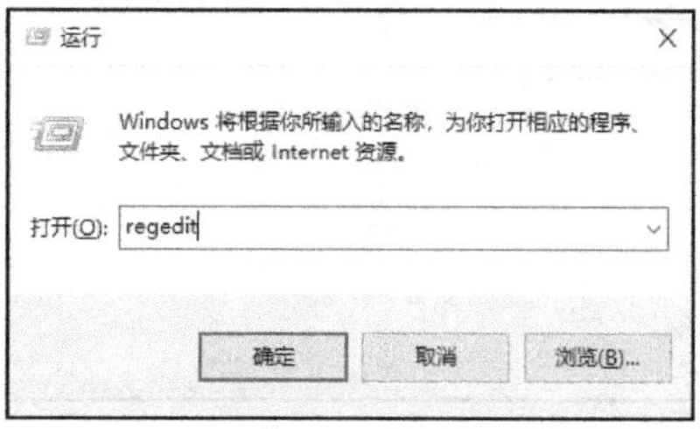

图 8-5　“运行”窗口

图 8-6　注册表编辑器

8.2.2　注册表的备份和还原

Windows 中提供了利用系统还原功能制作系统还原点，在发生注册表或系统文件被改变的时候，可以自动恢复到原来的设置，因此有时用户觉得备份注册表没有什么必要。而且 Windows 的启动过程中，发生错时可以选“最后一次正确配置”(高级启动选项中) 启动。

既然有了上述的安全措施，那备份注册表还有什么意义呢？在进行修改注册表的操作时，可能由于注册表的改动导致 Windows 无法运行，而通过注册表还原，可以轻松解决这个问题。这不像系统还原那样，把整个 Windows 设置回复为以前的设置，也不像“最后一次正确配置”那样恢复注册表的全部内容。而是可以根据用户的需要，灵活地恢复必要的部分。

注册表备份一般在 Windows 正常运行时进行，下面介绍如何利用注册表编辑器进行备份：

1）按上一节介绍的方法打开注册表编辑器。

2）单击菜单栏中的“文件”，在下拉菜单中单击“导出”选项，如图 8-7 所示。

3）在弹出的保存窗口中，选择备份文件存放的路径，输入备份文件的名称，选择“全部”将备份整个注册表，选择“所选分支”将只保存选中的键及其子键。单击保存按钮，完成备份。如图 8-8 所示。

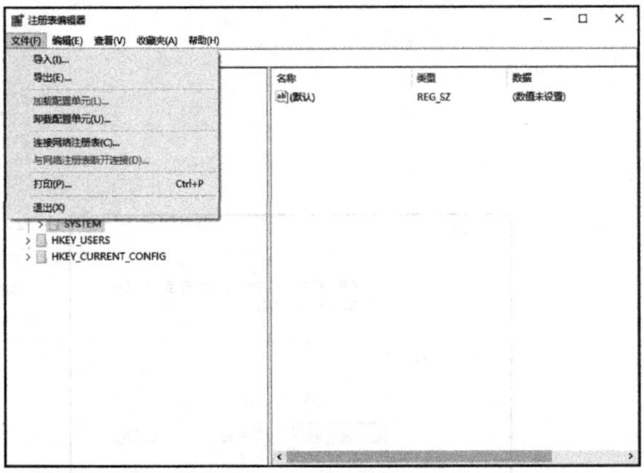

图 8-7 导出注册表

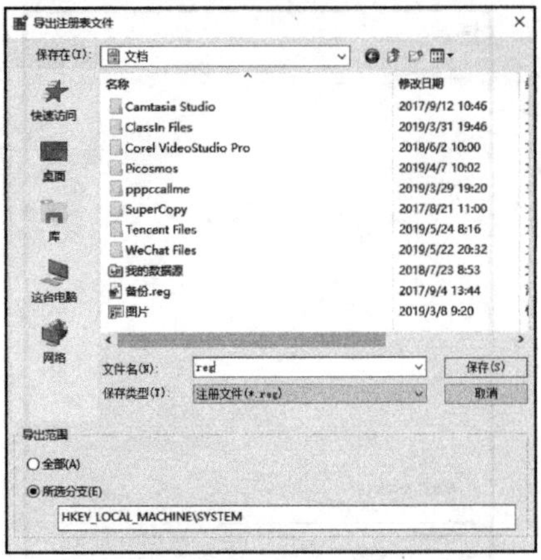

图 8-8 保存备份注册表文件

当注册表发生错误时，就用到了还原注册表的功能，前提是之前做过注册表的备份。方法是：

1）按照上一节介绍的方法打开注册表编辑器。

2）单击菜单栏中的“文件”，选择“导入”选项，如图 8-9 所示。

3）选择注册表备份文件，单击“打开”按钮，如图 8-10 所示。

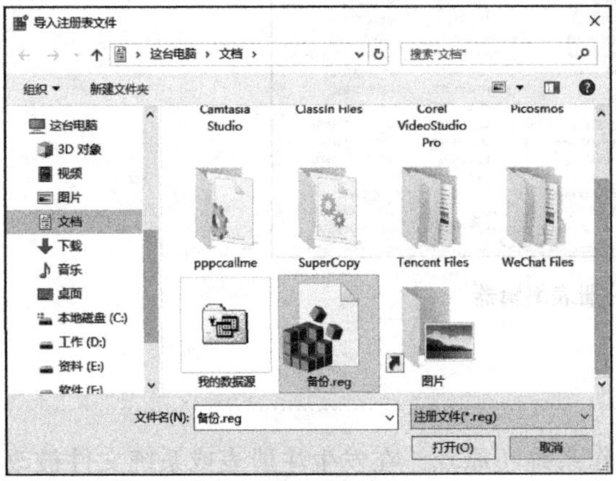

图 8-9 导入注册表

图 8-10 正在导入注册表

4）导入注册表完成后重启电脑，就完成了注册表的还原。

8.2.3 给注册表编辑器加把锁

当电脑用户不止一个的时候，怎样防止别人随意修改注册表呢？这一节我们介绍怎样禁止访问注册表编辑器。

1）单击开始菜单，在“运行”或“搜索”中输入 gpedit.msc(组策略编辑器）后按 Enter 键，如图 8-11 所示。

2）打开组策略编辑器，在左侧裂变中选择“用户配置→管理模板→系统”选项。如图 8-12 所示。

3）在右侧窗口中找到并双击“阻止访问注册表编辑器工具”。如图 8-13 所示。

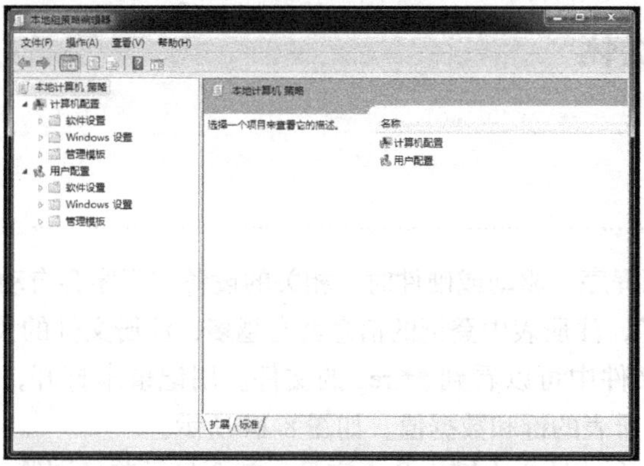

图 8-11　本地组策略编辑器

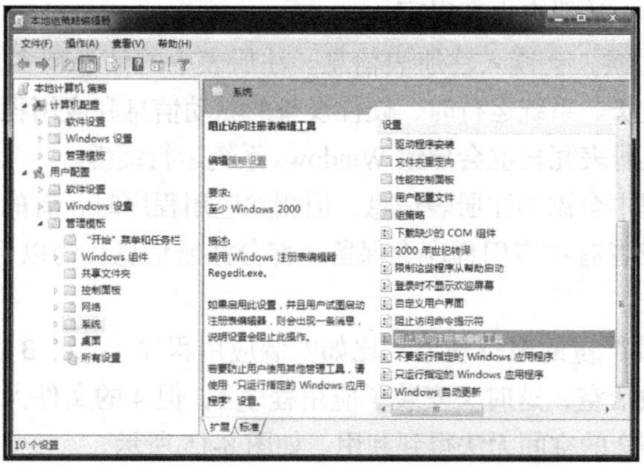

图 8-12　找到“阻止访问注册表编辑器”

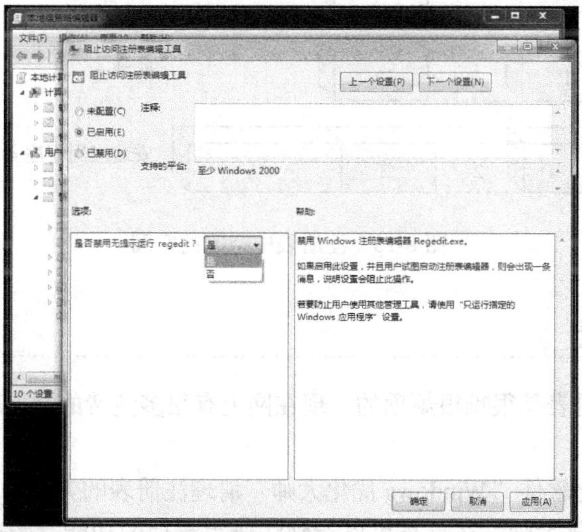

图 8-13　配置是否阻止访问注册表编辑器

4）点选以启用，然后在下面的“是否禁用无提示运行 regedit？”下拉菜单中选择“是”，然后单击“确定”按钮。

至此，除了管理员权限以外，其他用户和来宾，都无法打开注册表编辑器了。

8.3 注册表的优化

8.3.1 注册表冗长

在电脑上安装应用程序、驱动或硬件时，相关的设备或程序会自动添加到注册表中。所以使用 Windows 时间久了，注册表中登记的信息就会越多，注册文件的大小也会随之增加。

一些程序的安装文件中可以看到 **.reg 的文件。用记事本打开，就能看到将要添加到注册表的键和数据值。如图 8-14 所示。

图 8-14 注册表文件

上网时打开网页，在地址栏中键入几个字母，就会显示曾经浏览相关网页的下拉菜单，这些记录都保存在注册表中。因为这些信息随着使用时间而不断增加，注册表也变得冗长。

Windows 启动的时候，会读入注册表信息。注册表中的信息越多，电脑读入的速度也就越慢，启动时间也就越长。系统运行时，硬件设备的驱动信息和应用程序的注册信息也必须从注册表中读取，所以注册表冗长也会导致 Windows 系统运行缓慢。

应用程序安装过程中会添加注册表信息，但删除应用程序时，有的应用程序不能完全删除添加的注册表信息，或者有些应用程序会保留一部分注册信息，为以后重装应用程序时使用。这也会造成注册表冗长。

注册表中还存在着严重的浪费现象。比如安装应用程序 1、2、3 后，删除了应用程序 2，这时 2 的注册表空间被清空，这时又安装了应用程序 4，但 4 的文件大于 2 处空出的空间，只得将 4 排在 3 后，使得 2 的空间无法得到利用。如图 8-15 所示。

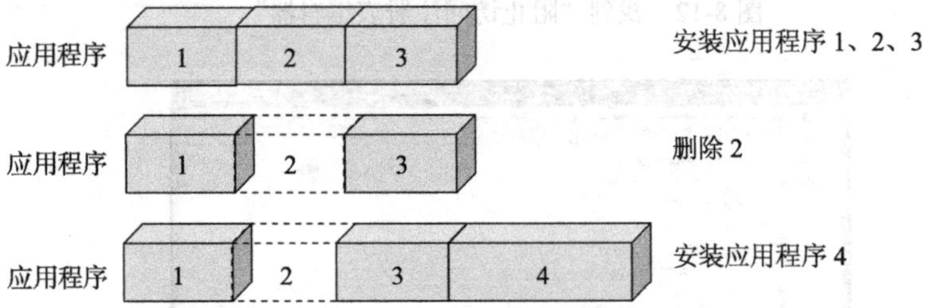

图 8-15 注册表中空闲的空间

8.3.2 简化注册表

自己动手简化注册表是很难很烦琐的。现在网上有很多免费的注册表清理工具可以帮助我们完成这个工作。

这里介绍利用优化软件“Windows 优化大师”清理注册表的方法，如图 8-16 所示。

打开 Windows 优化大师，在首页可以看到注册表清理的功能，旁边的“一键清理”功能就能自动扫描和清理注册表中的冗余信息和无效软件信息（删除软件时的残留）。用户单击“一键清理”按钮之后，只要按照提示操作就可以完成注册表的清理工作。如图 8-17 所示。

还可以在系统清理选项中找到注册表信息清理功能，这里可以手动扫描和清理注册表中的冗余和无效的注册信息。如图 8-18 所示。

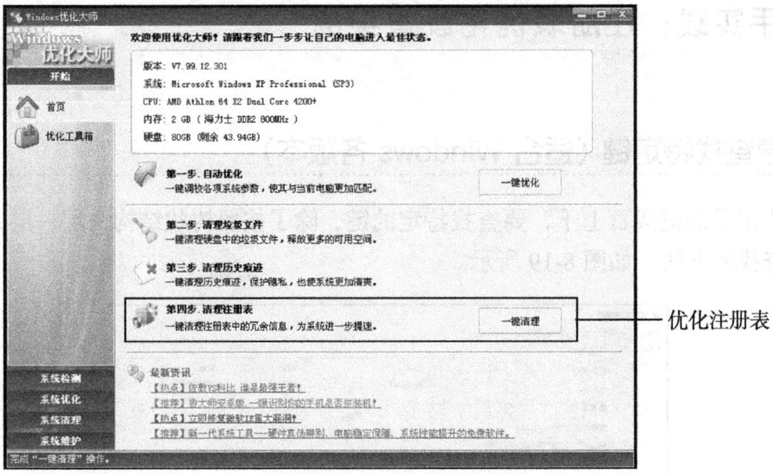

图 8-16 Windows 优化大师

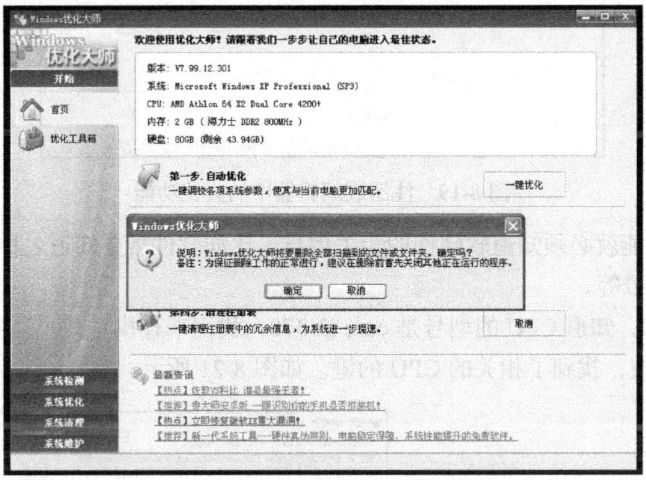

图 8-17 单击“确定”删除扫描的冗余信息

图 8-18 注册表信息清理

8.4 动手实践：注册表优化设置实例

8.4.1 快速查找特定键（适合 Windows 各版本）

注册表中记录的键成百上千，要查找特定的键，除了按照树状结构一层一层查找之外，还有一个快速查找的方法。如图 8-19 所示。

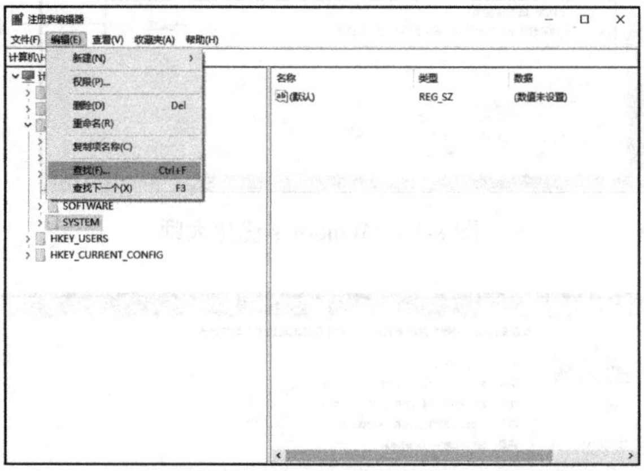

图 8-19 注册表编辑器中的查找功能

要使用查找功能就必须知道软硬件的相关信息，比如软件需要知道名称、制造商等；硬件需要知道名称、型号等。

比如查找 CPU，知道 CPU 的型号是 core i3-370，我们来查找“370”。如图 8-20 所示。

按 Enter 键查找，找到了相关的 CPU 的键。如图 8-21 所示。

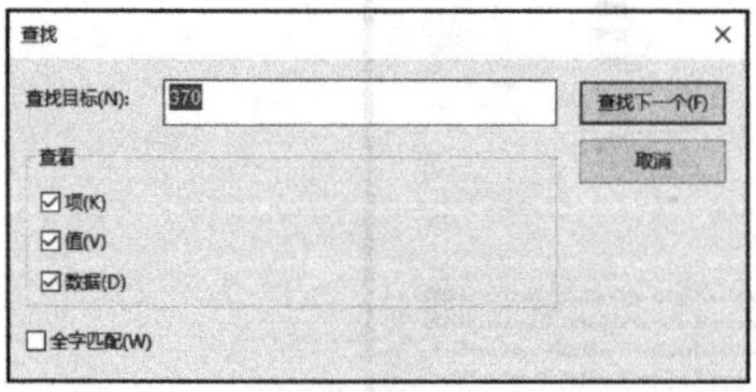

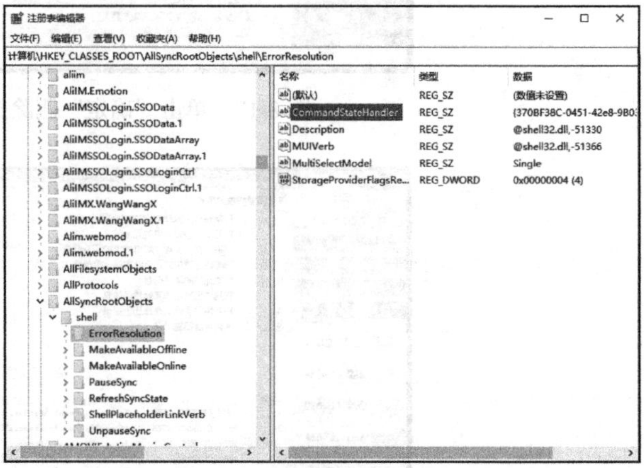

图 8-20 查找 370　　　　图 8-21 找到的 CPU 键

8.4.2 缩短 Windows 10 的系统响应时间

通过注册表的修改，可以缩短 Windows 7 的响应时间，可以避免系统假死等情况的发生。

打开注册表编辑器：

[HKEY_CURRENT_USER] → [Control Panel] → [Desktop]

在左侧的键值栏中新建一个 DWORD（ 32 位）值类型的键，命名为“WaitToKillApp-Timeout”。将 WaitToKillAppTimeout 的值设为 0。重启后即可生效。如图 8-22 所示。

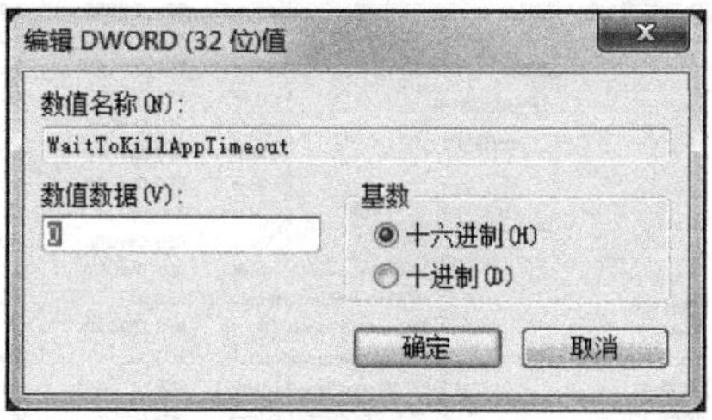

图 8-22　设定新建的 WaitToKillAppTimeout 键值

8.4.3　Windows 自动结束未响应的程序

使用 Windows 的时候，有时会遇到某些程序死机的情况，这时打开 Windows 任务管理器查看应用程序，发现该程序的状态是“未响应”。通过注册表的设置可以让 Windows 自动结束这样的未响应程序。

打开注册表编辑器：[HKEY_CURRENT_USER] → [Control Panel] → [Desktop]，右侧窗口中找到 [AutoEndTasks]，将字符串值的数值数据更改为 1，退出注册表编辑器，重新启动即可打开此功能。如图 8-23 所示。

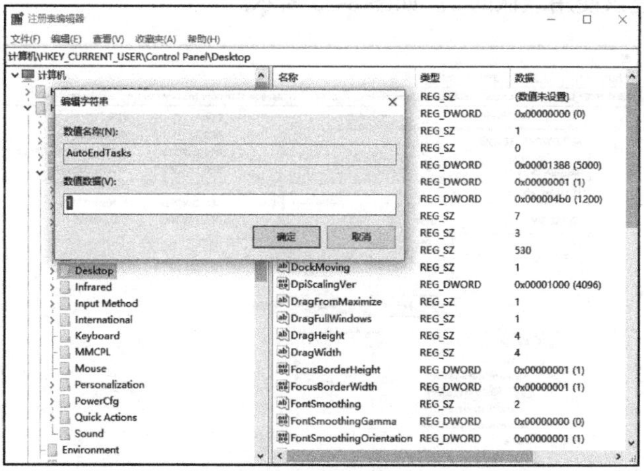

图 8-23　AutoEndTasks

8.4.4　清除内存中使用不到的 DLL 文件

有些应用程序结束后，不会主动归还内存中占用的资源，通过注册表中的设置可以清除这些内存中使用不到的 DLL 文件。

[HKKEY_LOCAL_MACHINE] → [SOFTWARE] → [Microsoft] → [Windows] → [CurrentVersion] → [Explorer]，右侧窗口中找到 [AlwaysUnloadDLL]，将默认值设为 1，退出注册表，重启电脑即可生效。如由默认值设定为 0 则代表停用此功能。如图 8-24 所示。

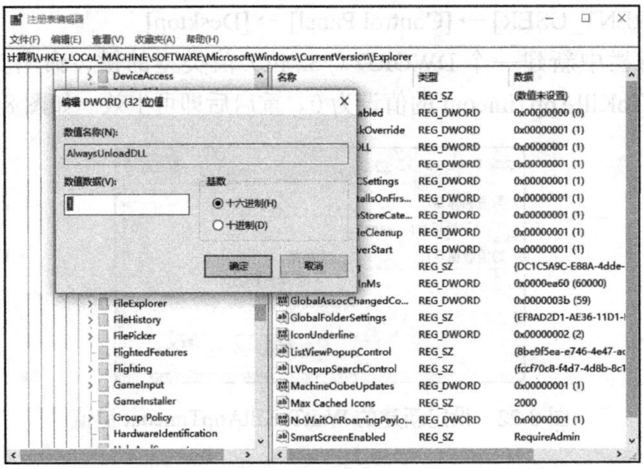

图 8-24　删除内存中不适用的 DLL

8.4.5　加快开机速度

Windows XP 的预读能力可以通过注册表设置来提高，预读能力增加可以加快开机的速度。

[HKEY_LOCAL_MACHINE] → [SYSTEM] → [CurrentControlSet] → [Control] → [SessionManager] → [MemoryManagement] → [PrefetchParameters]，右侧窗口中 [EnablePrefetcher] 的数值数据为预读能力，数值越大能力越强。双核 1GHz 以上主频的 CPU 可以设置 4、5 或更高一点，单核 1GHz 以下的 CPU 建议使用默认的 3。如图 8-25 所示。

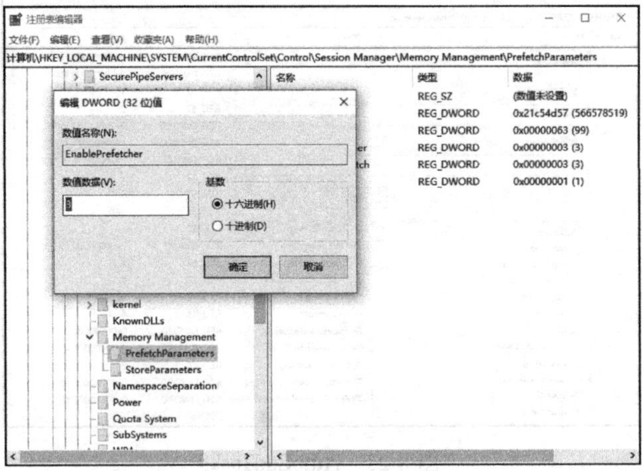

图 8-25　预读能力设置

8.4.6　减小系统启动时造成的碎片

开机打开磁盘清理程序可以减少系统启动时造成的碎片。

[HKEY_LOCAL_MACHINE] → [SOFTWARE] → [Microsoft] → [Dfrg] → [BootOptimizeFunction]，在右侧窗口中将字符串值 [Enable] 设定为：Y 等于开启而设定为 N 等于关闭。如图 8-26 所示。

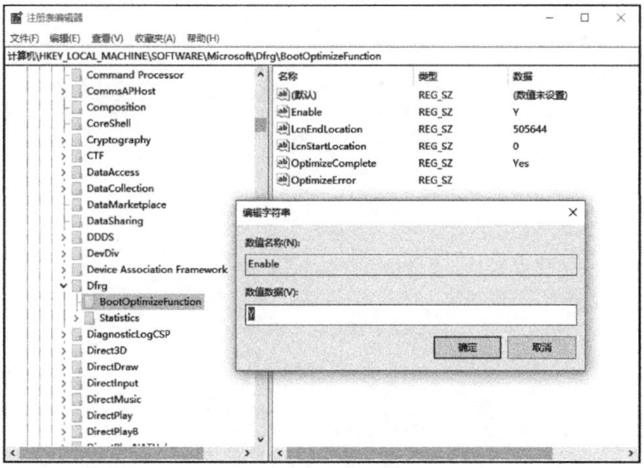

图 8-26　打开磁盘碎片整理程序

8.4.7　关闭 Windows 自动重启

当 Windows 遇到无法解决的问题时，便会自动重新启动，如果想要阻止 Windows 自动重启，可以通过注册表的设置来完成。

打开注册表编辑器：[HKEY_LOCAL_MACHINE] →[SYSTEM] →[CurrentControlSet] →[Control] →[CrashControl]，将左侧 [AutoReboot] 键值更改为 0，重新启动生效。如图 8-27 所示。

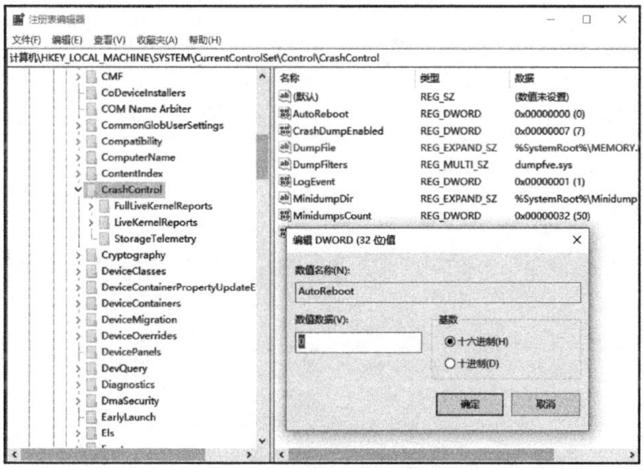

图 8-27　关闭自动重启

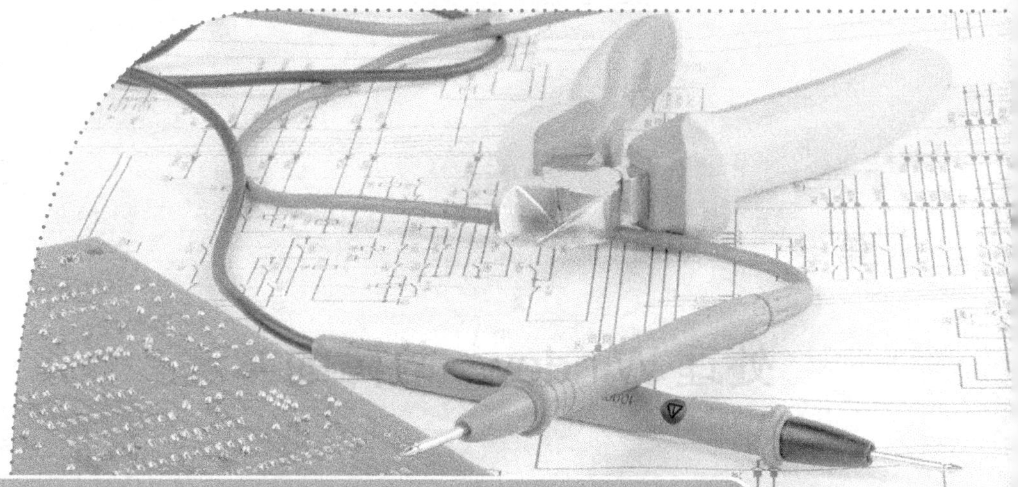

第二篇 系统和网络故障诊断与修复

- 第 9 章　处理 Windows 故障的方法
- 第 10 章　修复 Windows 系统错误
- 第 11 章　修复 Windows 系统启动与关机故障
- 第 12 章　修复电脑死机和蓝屏故障
- 第 13 章　网络搭建与故障诊断维修

在日常使用电脑的过程中，电脑出现问题有很多原因，有的是因为用户操作不当，有的是因为电脑有病毒，还有的是因为系统文件损坏等导致 Windows 系统或软件出现问题。对于这些问题，只要掌握一定的系统软件维修的基本知识和方法，就可以轻松应对。那么，怎样让灾难远离电脑呢？这一篇我们就详细介绍系统与网络故障诊断维修方法。

第 9 章

处理 Windows 故障的方法

电脑在运行过程中，经常会因为 Windows 系统或软件故障而死机或运行不稳定，严重影响工作效率。本章主要介绍电脑系统软件故障处理的基本方法。

9.1 Windows 系统的启动过程

基本上，操作系统的引导过程是从电脑通电自检完成之后开始进行的，而这一过程又可以细分为预引导、引导、载入内核、初始化内核以及登录这 5 个阶段。

9.1.1 阶段 1：预引导

当我们打开电脑电源后，预引导过程就开始运行了。在这个过程中，电脑硬件首先要完成通电自检（Power-On Self Test，POST），这一步主要会对电脑中安装的处理器、内存等硬件进行检测，如果一切正常，则会继续下面的过程。

接下来电脑将会定位引导设备（例如第一块硬盘，设备的引导顺序可以在电脑的 CMOS 设置中修改），然后从引导设备中读取并运行主引导记录（Master Boot Record，MBR）。至此，预引导阶段成功完成。

9.1.2 阶段 2：引导

引导阶段又可以分为：初始化引导载入程序、操作系统选择、硬件检测、硬件配置文件选择这 4 个步骤。在这一过程中需要使用的文件包括：Ntldr、Boot.ini、Ntdetect.com、Ntoskrnl.exe、Ntbootdd.sys、Bootsect.dos（非必须）等。

（1）初始化引导载入程序

在这一阶段，首先会调用 ntldr 程序，该程序会将处理器由实模式（Real Mode）切换为 32 位平坦内存模式（32-bit Flat Memory Mode）。不使用实模式的主要原因是，在实模式下，内存中的前 640KB 是为 MS-DOS 保留的，而剩余内存则会被当作扩展内存使用，这样 Windows 系统将无法使用全部的物理内存。

接下来ntldr会寻找系统自带的一个微型的文件系统驱动。加载这个系统驱动之后，ntldr才能找到硬盘上被格式化为NTFS或者FAT/FAT32文件系统的分区。如果这个驱动损坏了，就算硬盘上已经有分区，ntldr也认不出来。

读取了文件系统驱动，并成功找到硬盘上的分区后，引导载入程序的初始化过程就已经完成了，随后我们将会进行下一步。

（2）操作系统选择

如果电脑中安装了多个操作系统，将会进行操作系统的选择。如果已经安装了多个Windows操作系统，那么所有的记录都会被保存在系统盘根目录下一个名为boot.ini的文件中。ntldr程序在完成了初始化工作之后就会从硬盘上读取boot.ini文件，并根据其中的内容判断电脑上安装了几个Windows，它们分别安装在第几块硬盘的第几个分区上。如果只安装了一个，那么就直接跳过这一步。但如果安装了多个，那么ntldr就会根据文件中的记录显示一个操作系统选择列表，并默认持续30秒。如果你没有选择，那么30秒后，ntldr会开始载入默认的操作系统。至此操作系统选择这一步已经成功完成。

（3）硬件检测

这一过程中主要需要用到Ntdetect.com和Ntldr程序。当我们在前面的操作系统选择阶段选择了想要载入的Windows系统之后，Ntdetect.com首先要将当前电脑中安装的所有硬件信息收集起来，并列成一个表，接着将该表交给Ntldr（这个表的信息稍后会被用来创建注册表中有关硬件的键）。这里需要被收集信息的硬件类型包括：总线/适配器类型、显卡、通信端口、串口、浮点运算器（CPU）、可移动存储器、键盘、指示装置（鼠标）。至此，硬件检测操作已经成功完成。

（4）硬件配置文件选择

硬件检测操作完成后，接着系统会自动创建一个名为"Profile 1"的硬件配置文件，默认设置下，在"Profile 1"硬件配置文件中启用了所有安装Windows时安装在这台计算机上的设备。

9.1.3 阶段3：载入内核

在这一阶段，ntldr会载入Windows系统的内核文件：Ntoskrnl.exe，但这里仅仅是载入，内核此时还不会被初始化。随后被载入的是硬件抽象层（hal.dll）。

硬件抽象层其实是内存中运行的一个程序，这个程序在Windows系统内核和物理硬件之间起到了桥梁的作用。正常情况下，操作系统和应用程序无法直接与物理硬件打交道，只有Windows内核和少量内核模式的系统服务可以直接与硬件交互。而其他大部分系统服务以及应用程序，如果想要和硬件交互，就必须通过硬件抽象层进行。

9.1.4 阶段4：初始化内核

当进入到这一阶段时，电脑屏幕上就会显示Windows操作系统的标志，同时还会显示一个滚动的进度条，这个进度条可能会滚动若干次。从这一步开始我们才能从屏幕上对系统的启动有一个直观的印象。在这一阶段中主要会完成四项任务：创建Hardware注册表键、对Control Set注册表键进行复制、载入和初始化设备驱动，以及启动服务。

（1）创建 Hardware 注册表键

首先要在注册表中创建 Hardware 键，Windows 内核会使用在前面的硬件检测阶段收集到的硬件信息来创建 HKEY_LOCAL_MACHINE\Hardware 键。也就是说，注册表中该键的内容并不是固定的，而是会根据当前系统中的硬件配置情况动态更新。

（2）对 Control Set 注册表键进行复制

如果 Hardware 注册表键创建成功，那么系统内核将会对 Control Set 键的内容创建一个备份。这个备份将会被用在系统的高级启动菜单中的“最后一次正确配置”选项。例如，如果我们安装了一个新的显卡驱动，重启动系统之后 Hardware 注册表键还没有创建成功系统就已经崩溃了，这时候如果选择“最后一次正确配置”选项，系统将会自动使用上一次的 Control Set 注册表键的备份内容重新生成 Hardware 键，这样就可以撤销之前因为安装了新的显卡驱动对系统设置的更改。

（3）载入和初始化设备驱动

在这一阶段里，操作系统内核首先会初始化之前在载入内核阶段载入的底层设备驱动，然后内核会在注册表的 HKEY_LOCAL_MACHINE\System\CurrentControlSet\Services 键下查找所有 Start 键值为“1”的设备驱动。这些设备驱动将会在载入之后立刻进行初始化，如果在这一过程中发生了任何错误，系统内核将会自动根据设备驱动的“ErrorControl”键的数值进行处理。“ErrorControl”键的键值共有四种，分别具有如下含义：

“0”忽略，继续引导，不显示错误信息。

“1”正常，继续引导，显示错误信息。

“2”恢复，停止引导，使用“最后一次正确配置”选项重启动系统。如果依然出错则会忽略该错误。

“3”严重，停止引导，使用“最后一次正确配置”选项重启动系统。如果依然出错则会停止引导，并显示一条错误信息。

（4）启动服务

系统内核成功载入，并且成功初始化所有底层设备驱动后，会话管理器会开始启动高层子系统和服务，然后启动 Win32 子系统。Win32 子系统的作用是控制所有输入 / 输出设备以及访问显示设备。当所有这些操作都完成后，Windows 的图形界面就可以显示出来了，同时我们也将可以使用键盘以及其他 I/O 设备。

接下来会话管理器会启动 Winlogon 进程，至此，初始化内核阶段已经成功完成，这时候用户就可以开始登录了。

9.1.5 阶段 5：登录

在这一阶段，由会话管理器启动的 winlogon.exe 进程将会启动本地安全性授权（Local Security Authority，lsass.exe）子系统。到这一步之后，屏幕上将会显示 Windows XP 的欢迎界面或者登录界面，这时候你已经可以顺利进行登录了。不过与此同时，系统的启动还没有彻底完成，后台可能仍然在加载一些非关键的设备驱动。

随后系统会再次扫描 HKEY_LOCAL_MACHINE\System\CurrentControlSet\Services 注册表键，并寻找所有 Start 键的数值是“2”或者更大数字的服务。这些服务就是非关键服务，系统直到用户成功登录之后才开始加载这些服务。

到这里，Windows 系统的启动过程就算全部完成了。

9.2 Windows 系统故障处理方法

Windows 系统故障一般分为运行类故障和注册表故障。运行类故障指的是在正常启动完成后，在运行应用程序或控制软件过程中出现错误，无法完成用户要求的任务。

运行类故障主要有：内存不足故障、非法操作故障、电脑蓝屏故障、自动重启故障等。

注册表故障是指注册表文件损坏或丢失，导致系统无法启动或应用程序无法正常运行的故障。注册表故障主要有：运行程序时弹出“找不到 *.dll”信息故障；Windows 应用程序出现“找不到服务器上的嵌入对象”或“找不到 OLE 控件”错误提示故障、单击某个文档时提示“找不到应用程序打开这种类型的文档”信息的故障；Windows 资源管理器中存在没有图标的文件夹、文件或奇怪的图标故障；Windows 系统显示“注册表损坏”故障等。

9.2.1 用“安全模式”修复系统错误

当使用 Windows 发生严重错误，导致系统无法正常运行时，可以使用“安全模式”修复电脑出现的系统错误。使用安全模式方法，对注册信息丢失、Windows 设置错误、驱动设置错误等系统错误，有着很好的修复效果。

具体使用方法是：在系统出现错误时，可以在启动系统时进入“启动选项”菜单，然后选择“安全模式”或“网络安全模式”启动系统。启动后，如果是由于硬件配置问题引起的系统故障，可以对硬件重新配置。如果是因注册表损坏，或系统文件损坏引起的系统错误，安全模式启动过程中会对这些错误进行自动修复。

最后，重新启动电脑，一般的系统故障就会自动消失。

9.2.2 用修复命令处理故障

当遇到错误无法启动电脑时，也可以从 Windows 系统中进入“命令提示符”，或从工具盘启动电脑后，进入“命令提示符”程序，然后使用修复命令来修复错误。如硬盘引导分区损坏后，使用“bootrec /fixmbr”命令进行修复。如图 9-1 所示。

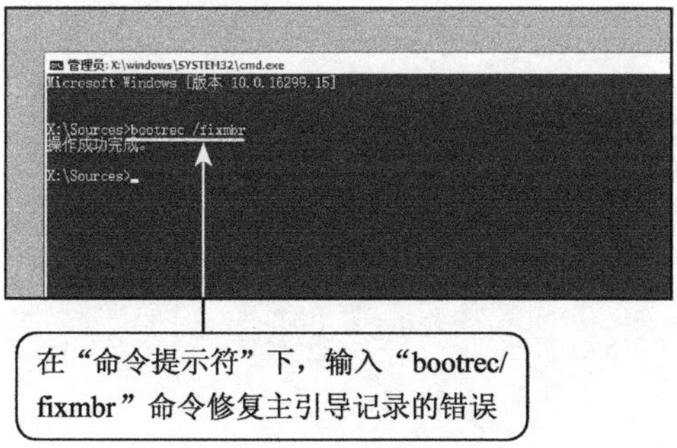

图 9-1　用修复命令修复错误

9.2.3 卸掉有冲突的设备

设备冲突问题也不少，遇到这种情况，可以采用进入安全模式，打开设备管理器卸载有冲突硬件的方法来解决。

9.2.4 快速进行覆盖安装

对于初学者和经验不足的维修人员来说，Windows 无法启动，但又想保留原来的系统设置，这时就可以采用快速覆盖安装。

如果以上方法还是不能解决问题，那只好格式化系统盘，重装系统。

第 10 章

修复 Windows 系统错误

你有没有遇到过这样的情况，在电脑用的正开心愉快时，突然看到一个莫名其妙的错误提示，这不但毁了你的程序，还毁了你的好心情?

这一章就来详细讲解 Windows 错误的恢复，这样从此以后就不用担心电脑崩溃了。Windows Vista 和 Windows 7、Windows 8 都具有较强的自我修复能力，并且 Windows 7 安装光盘中自带修复工具，当出现系统错误后，系统会自动进行修复，而 Windows XP 这方面的功能比较差，在今后的使用过程中，要特别注意。

10.1 了解 Windows 系统错误

Windows 系统错误是指 Windows 在使用过程中，由人为操作失误或恶意程序破坏等，造成的 Windows 相关文件受损或注册信息错误，或导致的 Windows 系统错误等。这时系统会出现错误提示对话框，如图 10-1 和图 10-2 所示。

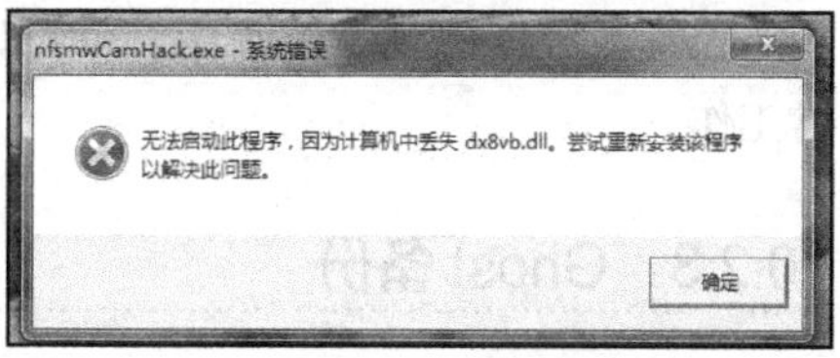

图 10-1 Windows 系统错误

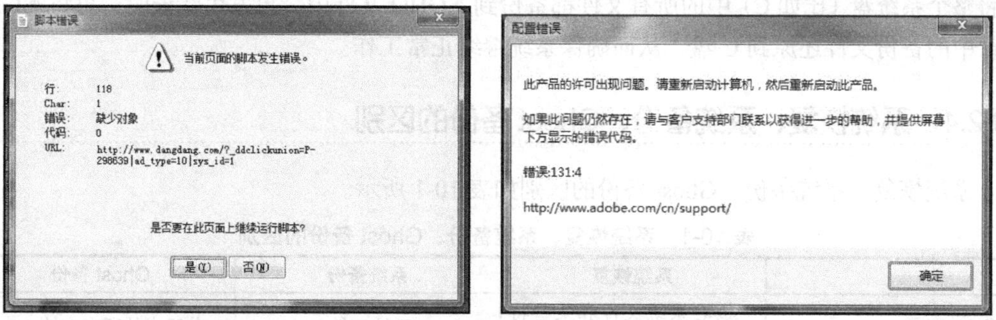

图 10-2 Windows 运行错误

系统错误会在使用 Windows 的时候，造成程序意外终止、数据丢失等不良影响，严重的还会造成系统崩溃。

我们在使用 Windows 系统时，不仅要保持良好的使用习惯、做好防范措施，还要能在发生系统错误时恢复电脑的状态。

10.2 Windows 系统恢复综述

Windows 在使用过程中，经常发生错误和意外终止。在发生不可挽回的错误时，除了重装 Windows 系统外，还有没有其他方法将其恢复正常呢？

系统恢复、系统备份都能让你在发生错误的时候坦然地面对这一切。首先我们要区别几个容易混淆的概念：系统恢复、系统备份、Ghost 备份。

10.2.1 系统恢复

当 Windows 遇到问题时，系统恢复功能可以将电脑的设置还原到以前正常时的某个时间点时的状态。系统恢复功能自动监控系统文件的更改和某些程序文件的更改，记录并保存更改之前的状态信息。系统恢复功能会自动创建易于标记的还原点，使得用户可以将系统还原到以前的状态。

还原点的建立是在系统发生重大改变时（安装程序或更改驱动等）创建的，同时也会定期（比如每天）创建，用户还可以随时创建和命名自己的还原点，方便用户进行恢复。

10.2.2 系统备份

系统备份是将现有的 Windows 系统保存在备份文件中，这样在发生错误时，将备份的 Windows 系统还原到系统盘中，就可以覆盖发生错误的 Windows 系统，从而系统可以继续正常工作。

10.2.3 Ghost 备份

Ghost 备份不仅是系统的备份，也是整个系统分区的备份，比如 C 盘。Ghost 备份是完整地将整个系统盘（比如 C）中的所有文件都备份到 *.GHO 文件中，再发生错误时，再将 *.GHO 文件中的备份文件还原到 C 盘，从而确保系统继续正常工作。

10.2.4 系统恢复、系统备份、Ghost 备份的区别

系统恢复、系统备份、Ghost 备份的区别如表 10-1 所示。

表 10-1 系统恢复、系统备份、Ghost 备份的区别

	系统恢复	系统备份	Ghost 备份
恢复对象	核心系统文件和某些特定文件	系统文件	分区内的所有文件
是否能够恢复数据（比如照片、Word 文档）	不能	不能	能
是否能够恢复密码	不能	能	能

（续）

	系统恢复	系统备份	Ghost 备份
需要的硬盘空间	400MB	2GB	10GB（视系统分区大小）
是否能自定义大小	可以（最小 200MB）	不能	可以通过压缩减少占用的硬盘空间
还原点的选择	几天内任意时间（可自定义还原时间）	备份时	备份时
是否需要管理员权限	是	是	不是
是否影响电脑性能	不会	不会	不会
是否需要手动备份	不需要	需要	需要

10.3 开始修复系统故障

10.3.1 用“安全模式”修复系统故障

当系统频频出现故障的时候，或当使用 Windows 发生严重错误，导致系统无法正常运行时，可以进入“高级启动选项”菜单中，然后用“安全模式”启动，这样可以修复系统的一些常见故障。

以 Windows 10 为例，电脑进入“启动设置”的方法如图 10-3 所示。

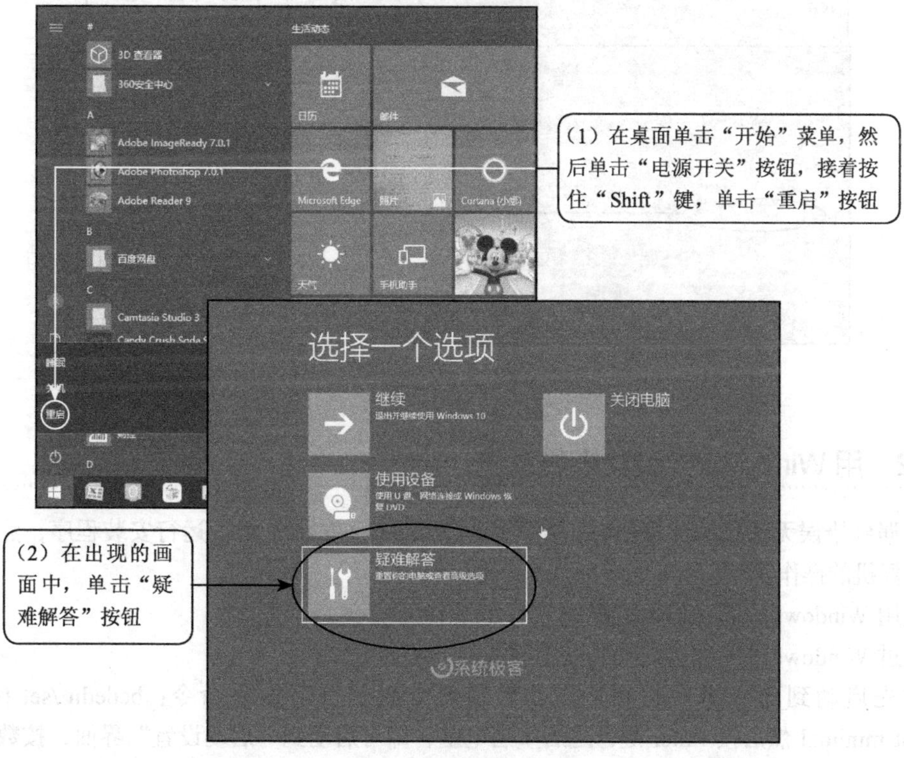

图 10-3 启动设置

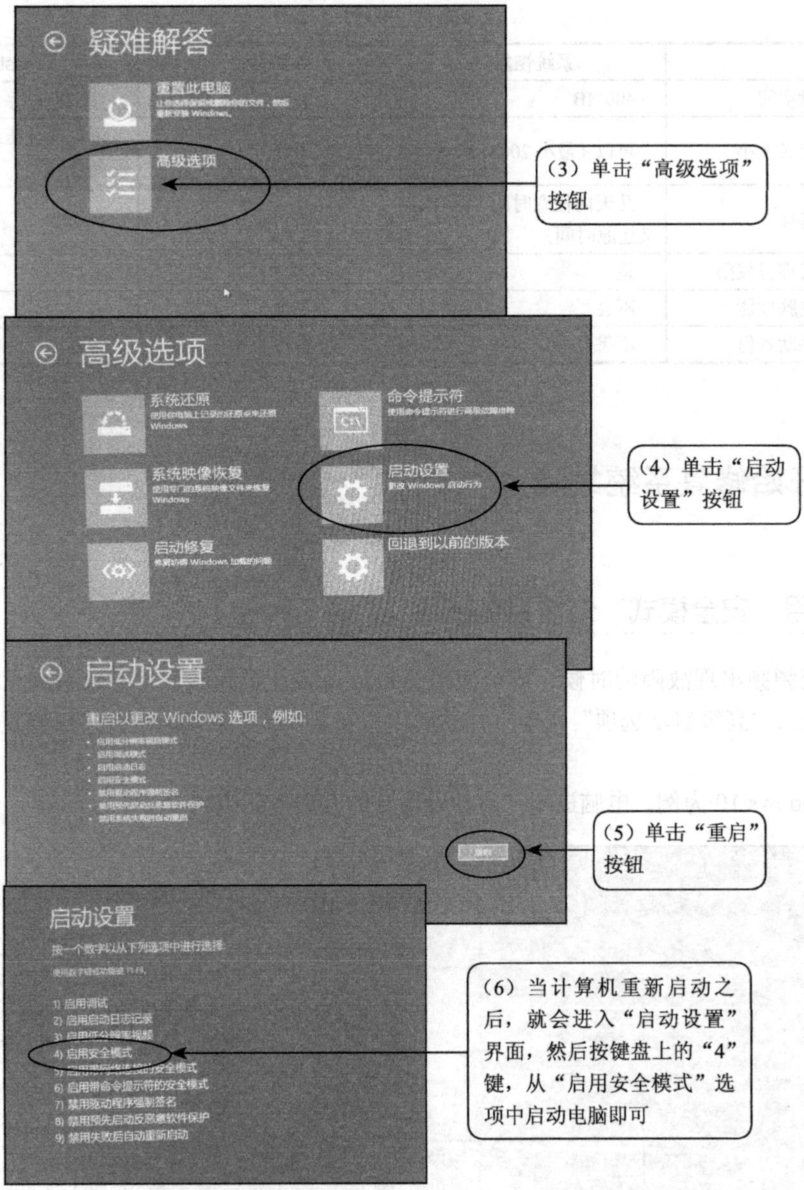

图 10-3 （续）

10.3.2 用 Windows 安装盘恢复系统

当遇到错误无法启动计算机时，也可以从 Windows 安装 U 盘上运行安装程序，然后进行修复计算机的操作。

使用 Windows 安装盘修复故障的方法如图 10-4 所示。

通过 Windows10 安装盘启动到安全模式的方法如下：

首先启动到命令提示符程序，然后在命令提示符下输入命令：bcdedit /set {default} safeboot minimal 然后按 Enter 键，之后重启电脑，即可启动到“启动设置”界面，按数字 4 键可以启动到安全模式下。

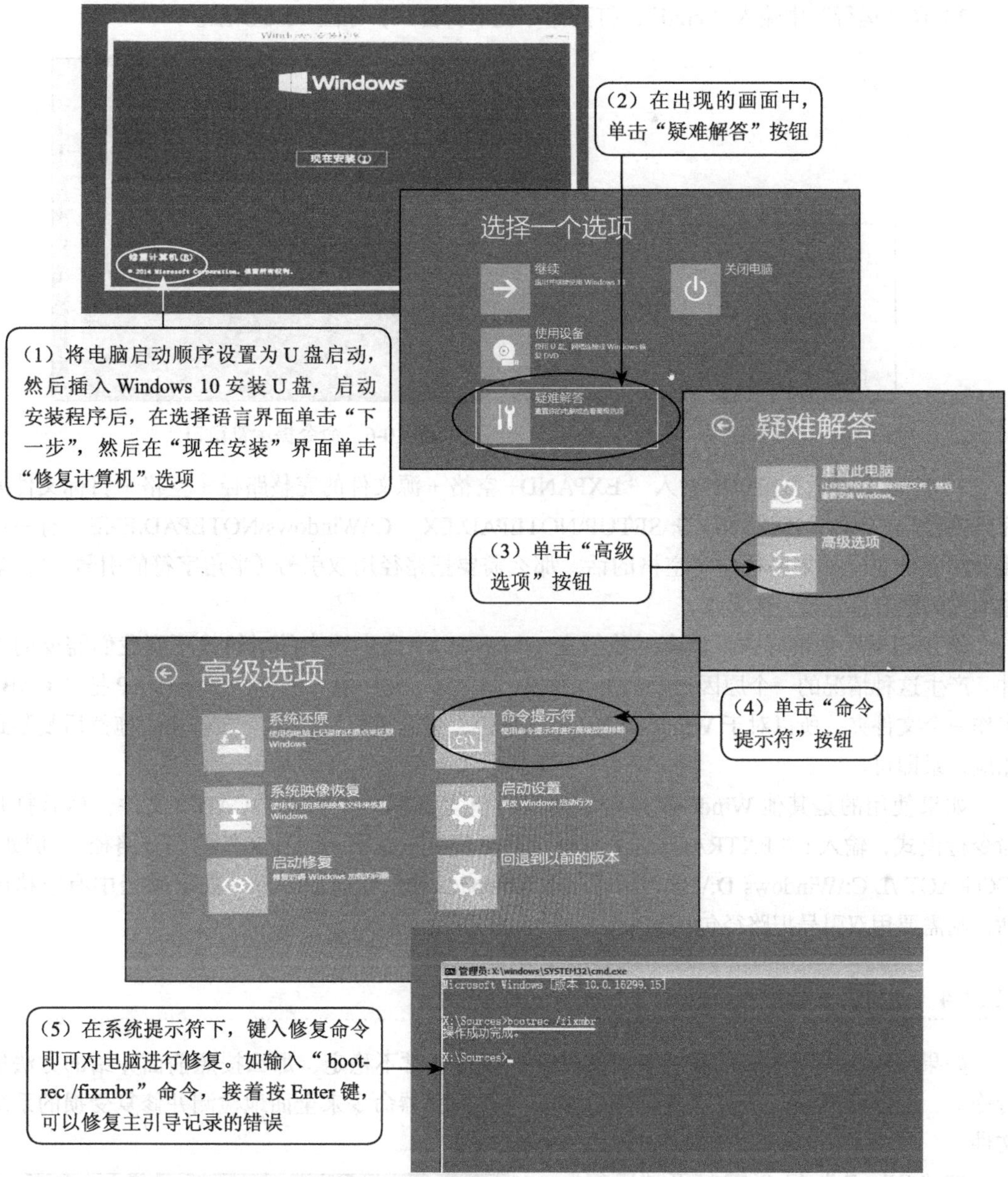

图 10-4　使用 Windows 安装盘修复故障

10.3.3　用 Windows 安装盘文件修复系统

如果 Windows 操作系统的系统文件被误操作删除或被病毒破坏，而受到了损坏，可以通过 Windows 的安装盘来修复被损坏的文件。

使用 Windows 安装光盘修复损坏文件的方法如下：

1）在 Windows 的安装盘中搜索被破坏的文件。搜索时文件名的最后一个字符用下划线“_”代替，比如要搜索记事本程序“Notepad.exe”，则需要用“Notepad.ex_”来进行搜索。记事本程序如图 10-5 所示。

2）在“运行”中输入“cmd”，打开命令提示符窗口，如图 10-6 所示。

图 10-5 记事本程序

图 10-6 命令提示符窗口

3）在命令提示符窗口中输入“EXPAND+ 空格 + 源文件的完整路径 + 空格 + 目标文件的完整路径”。例如：EXPAND G:\SETUP\NOTEPAD.EX_ C:\Windows\NOTEPAD.EXE。有一点需要注意的是，如果路径中有空格的话，那么需要把路径用双引号（半角字符的引号 " "，学过编程的朋友都知道）括起来。

能找到当然是最好的，但有时我们在 Windows XP 盘中搜索的时候找不到我们需要的文件。产生这种情况的一个原因是要找的文件在“CAB”文件中。由于 Windows XP 把“CAB”当作一个文件夹，所以对于 Windows XP 系统来说，只需要把“CAB”文件向右拖然后复制到相应目录即可。

如果使用的是其他 Windows 平台，搜索到包含目标文件名的“CAB”文件，然后打开命令行模式，输入：“EXTRACT /L+ 空格 + 目标位置 + 空格 +CAB 文件的完整路径”，例如：EXTRACT /L C:\Windows D:\I386\Driver.cab Notepad.exe。同前面一样，如果路径中有空格的话，则需要用双引号把路径包括起来。

10.3.4 全面修复受损文件

如果系统丢失了太多的系统重要文件就会变得非常不稳定，那么按照前面介绍的方法进行修复，会非常麻烦。这时就需要使用 SFC 文件检测器命令来全面地检测并修复受损的系统文件。

按“Win+R”组合键打开“运行”对话框，然后在“运行”对话框中输入“sfc”命令，并单击“确定”按钮。这时在命令提示符窗口会出现 sfc 命令的说明和后缀参数说明，如图 10-7 所示。

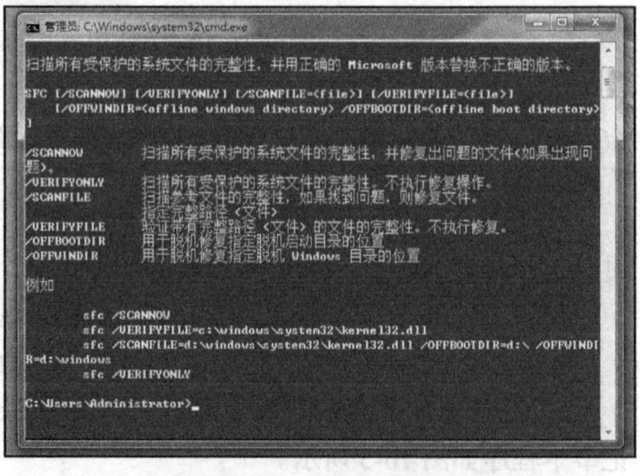

图 10-7 sfc 文件检测修复命令

我们使用 /scannow 后缀按扫描所有受保护的系统文件，检查完整性，并修复出现的问题文件。命令格式是：sfc /scannow，输入后按回车键。注意 sfc 后面有空格。

这时 sfc 文件检测器将立即扫描所有

受保护的系统文件，期间会提示用户插入 Windows 安装光盘，如图 10-8 所示。

图 10-8　sfc 修复文件过程

大约过 10 分钟左右，sfc 就将会检测并修复好受保护的系统文件。可用 sfc 命令全面修复受损文件。

10.3.5 修复 Windows 中的硬盘逻辑坏道

磁盘出现坏道会导致硬盘上的数据丢失，这是我们不愿意看到的。硬盘坏道分为物理坏道和逻辑坏道。物理坏道无法修复，但可以屏蔽一部分。逻辑坏道是可以通过重新分区格式化来修复的。

使用 Windows 10 安装光盘中所带的分区格式化工具（见图 10-9），对硬盘进行重新分区，不但可以修复磁盘的逻辑坏道，还可以自动屏蔽掉一些物理坏道。注意分区之前一定要做好备份工作。

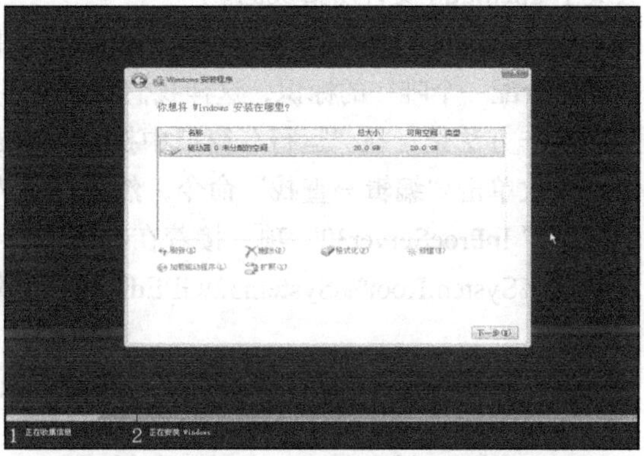

图 10-9　Windows 安装程序中的分区格式化工具

10.4 一些特殊系统文件的恢复

10.4.1　恢复丢失的 Rundll32.exe

Rundll32.exe 程序是执行 32 位的 DLL（动态链接库）文件，它是重要的系统文件，缺少了它一些项目和程序将无法执行。不过由于它的特殊性，致使它很容易被破坏。如果你在打开控制面板里的某些项目时出现“Windows 无法找到文件‘C:\Windows\system32 \Rundll32.exe’”的错误提示，则可以通过修复丢失的 Rundll32.exe 文件来恢复 Windows 的正常使用，如图 10-10 所示。

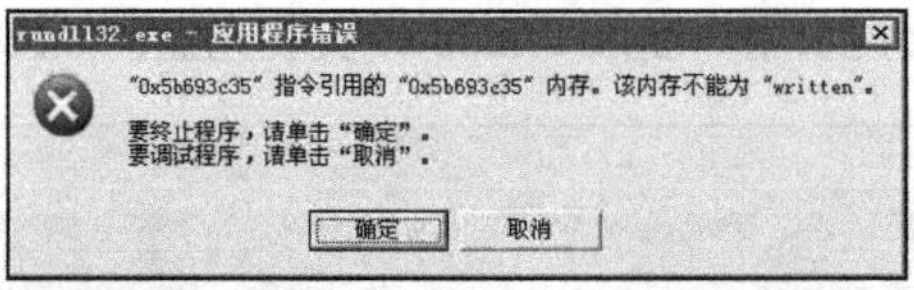

图 10-10 Rundll32.exe 程序错误

恢复 Rundll32.exe 的方法是：

1）将 Windows 安装光盘插入你的光驱，然后依次单击“开始→运行”命令。

2）在“运行”窗口中输入“ expand G:\i386\rundll32.ex_ C:\windows\system32 \rundll32.exe”命令并按回车键执行 (其中“G:”为光驱，“C:”为系统所在盘)。

3）修复完毕后，重新启动系统即可。

10.4.2 恢复丢失的 CLSID 注册码文件

这类故障出现时不是告诉用户所损坏或丢失的文件名称，而是给出一组 CLSID 注册码（Class IDoridentifier)，因此经常会让人感到不知所措。

例如笔者在运行窗口中执行“ gpedit.msc”命令来打开组策略时，出现了“管理单元初始化失败”的提示窗口，单击“确定”也不能正常地打开相应的组策略。而经过检查发现是因为丢失了 gpedit.dll 文件所造成的。

要修复这些另类文件丢失，需要根据窗口中的 CLSID 类提示的标识。在注册表中会给每个对象分配一个唯一的标识，这样我们就可通过在注册表中查找来获得相关的文件信息。

操作方法是，在“运行”窗口中执行“ regedit”命令，打开注册表编辑器。在注册表窗口中依次单击“编辑→查找”命令，然后在输入框中输入 CLSID 标识。然后在搜索的类标识中选中“ InProcServer32”项，接着在右侧窗口中双击“默认”项，这时在“数值数据”中会看到“ %SystemRoot%\System32\GPEdit.dll”，其中的 GPEdit.dll 就是本例故障所丢失或损坏的文件。

这时只要将安装光盘中的相关文件解压或直接复制到相应的目录中，即可完全修复。

10.4.3 恢复丢失的 NTLDR 文件

电脑开机时，出现“ NTLDR is Missing Press any key to restart”提示，然后按任意键还是出现这条提示，这说明 Windows 中的 NTLDR 文件丢失了。如图 10-11 所示。

在突然停电或在高版本系统的基础上安装低版本的操作系统时，很容易造成 NTLDR 文件的丢失。

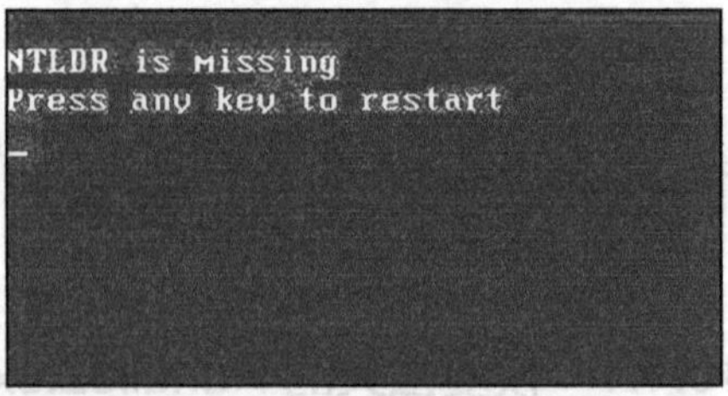

图 10-11 NTLDR 文件丢失，按任意键重试

要恢复 NTLDR 文件可以在“故障恢复控制台”中进行解决。方法是：

1）插入 Windows 安装 U 盘。在 BIOS 中将电脑设置为 U 盘启动。

2）重启电脑，进入安装引导页面，单击“下一步”按钮进入“现在安装”界面，然后单击“修复计算机”按钮。

3）单击“疑难解答”，然后单击“高级选项”，再单击“命令提示符”，进入“命令提示符”

界面。

4）在故障恢复控制台的命令状态下输入“copy G:\i386\ntldr c:\”命令并按回车键即可（“G”为光驱所在的盘符）。将 NTLDR 文件复制到 C 盘根目录中。

5）在执行“copy x:\i386\ntdetect.com c:\”命令时，如果提示是否覆盖文件，则键入“y”确认，并按回车键。

6）执行完后，重启电脑就会修复 NTLDR 文件丢失的错误。

10.4.4　恢复受损的 Boot.ini 文件

当 NTLDR 文件丢失时，Boot.ini 文件多半也会出现错误。同样可以在故障控制台中进行修复。

修复 Boot.ini 文件的方法是：

1）用 Windows 安装盘启动，然后打开“命令提示符”界面（参考 10.4.3 节内容）。

2）输入“bootcfg /redirect”命令来重建 Boot.ini 文件。

3）执行“fixboot c:”命令，重新将启动文件写入 C 盘。

4）重启电脑，就可以修复 Boot.ini 文件了。

10.5　利用修复精灵修复系统错误

除了上面讲的手动修复系统错误外，我们还可以利用系统错误修复软件，自动进行系统错误修复，这一节我们来介绍一个实用的修复软件“系统错误修复精灵”，在网上可以免费下载，如图 10-12 所示。

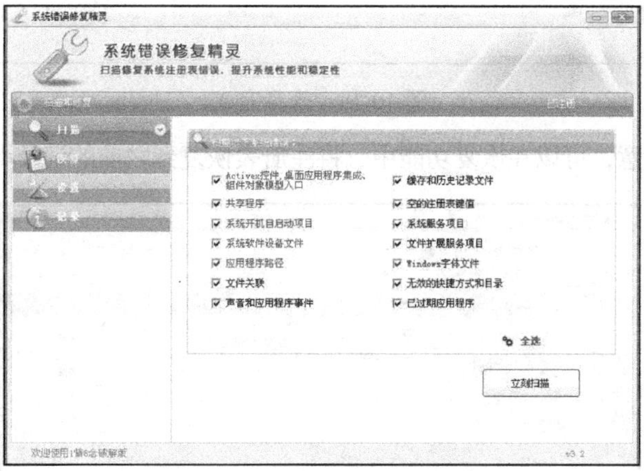

图 10-12　系统错误修复精灵

在修复精灵主界面中，左侧列表中有扫描、修复、设置、记录几项功能，右边是功能的设置和扫描修复进度。

我们在扫描功能中选择全部检查选项进行扫描，如图 10-13 所示。

修复精灵会逐个扫描系统中是否存在错误或文件丢失。扫描完成后，单击“修复”按钮，修复精灵会自动修复扫描到的系统错误，如图 10-14 所示。

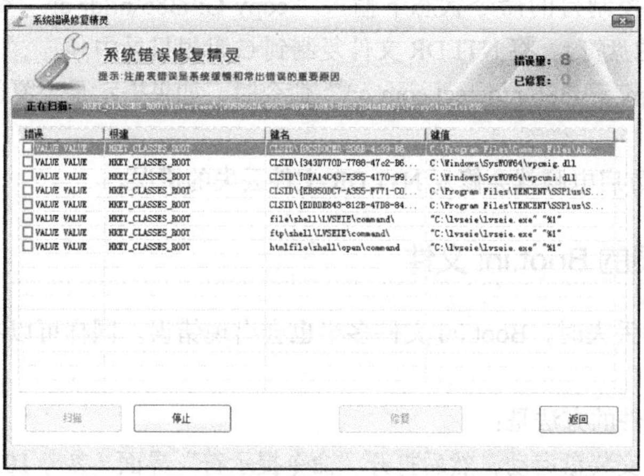

图 10-13　修复精灵正在扫描系统错误

图 10-14　修复完成

如果对修复不满意，可以在恢复功能中，将注册表恢复到之前的记录点，如图 10-15 所示。

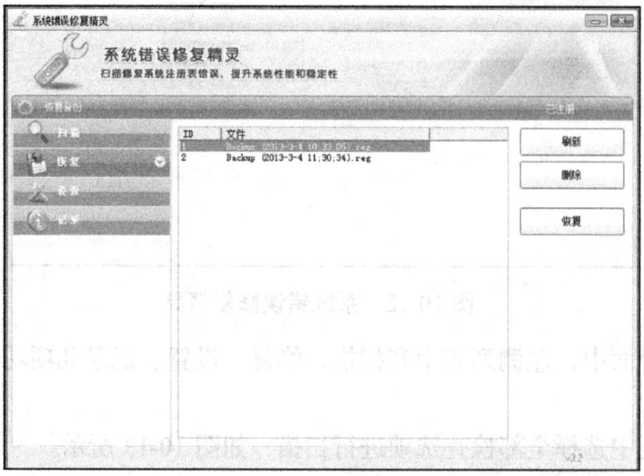

图 10-15　恢复注册表

“设置”中可以设置是否在修复前备份注册表。

“记录”中是扫描和修复结果的记录。

利用系统错误修复精灵，使得我们可以轻松处理系统错误，也让 Windows 不再“野性难驯”。

10.6 动手实践：Windows 系统错误维修实例

10.6.1 未正确卸载程序导致错误

1. 故障现象

一台装有 Windows 系统的电脑，在启动时会出现：“ Error occurred while trying to remove name. Uninstallation has been canceled”的错误提示信息。

2. 故障分析

根据故障现象分析，该错误的信息是未进行正确的卸载程序而造成的。发生这种现象的一个最常见的原因是用户直接删除了原程序的文件夹，而该程序在注册表中的信息并未删除。通过在注册表中手动删除可以解决问题。

3. 故障查找与排除

1）按“⊞ +R”组合键，打开“运行”对话框，然后输入“regedit”，单击“确定”按钮，如图 10-16 所示，打开注册表编辑器，如图 10-17 所示。

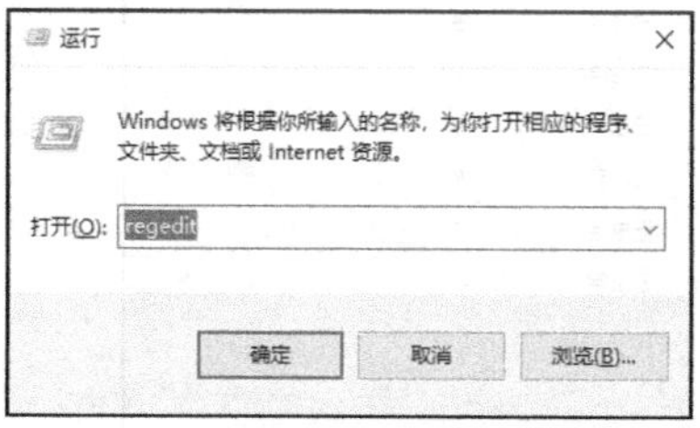

图 10-16　“运行”对话框

图 10-17　进入注册表编辑器

2）在注册表编辑器中依次单击子键：

HKEY_CURRENT_USER\software\Microsoft\Windows\CurrentVersion\Uninstall

3）找到后删除右边的相应项值，然后重启电脑，故障排除。

10.6.2 Windows 开机速度越来越慢

1. 故障现象

一台酷睿 i3 笔记本，采用 AMD Radeon 高性能独立显卡，4G 内存。但用了才两个月，就感觉电脑的运行明显没有刚买回来时那么流畅了，且开机速度越来越慢。

2. 故障分析

从电脑的硬件配置上来说，应该不是电脑配置低的问题。经检查发现电脑启动时，一般影响电脑启动速度的因素主要是，启动时加载了过多的随机软件、应用软件、操作中产生的系统垃圾、系统设置等，这些都是系统迟缓、开机速度变慢的原因。所以可以考虑在启动项中，将不需要的随机项和软件删除，以加快启动速度。

3. 故障查找与排除

（1）减少随机启动项

将鼠标放到任务栏单击右键，从打开的菜单中单击“任务管理器”命令，在弹出的窗口中切换到“启动”标签，禁用那些不需要的启动项目就可以了，如图 10-18 所示。一般我们只运行一个输入法程序和杀毒软件。这一步主要是针对开机速度，如果利用一些优化软件，也可以实现这个目的，其核心思想就是禁止一些启动项目。

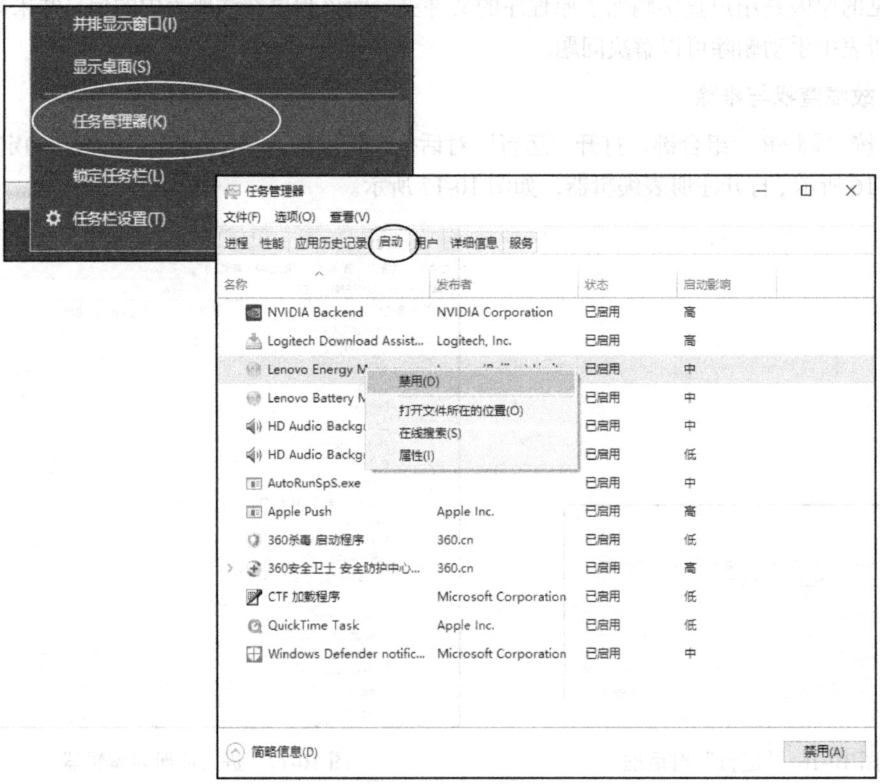

图 10-18 启动标签

（2）减少 Windows 系统启动显示时间

首先按“⊞+R”组合键，打开“运行”对话框，然后输入“msconfig”，接着在弹出的“系统配置”对话框中，单击“引导”选项卡，右下方会显示启动等待时间，默认是 30 秒，一般都可以改短一些，比如 5 秒、10 秒等，如图 10-19 所示。

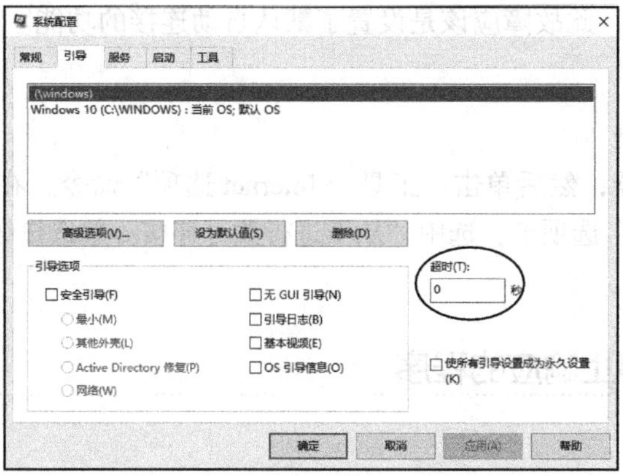

图 10-19 引导标签

（3）调整 Windows 系统启动等待时间

在“系统配置”对话框的‘引导’标签中，单击‘高级选项’按钮，会打开‘引导高级选项’对话框。在此对话框中，单击勾选“处理器个数”，在下拉菜单中按照自己的电脑 CPU 的核心数进行选择，如图 10-20 所示。如果是双核就选择 2，之后单击“确定”按钮后重启电脑生效。

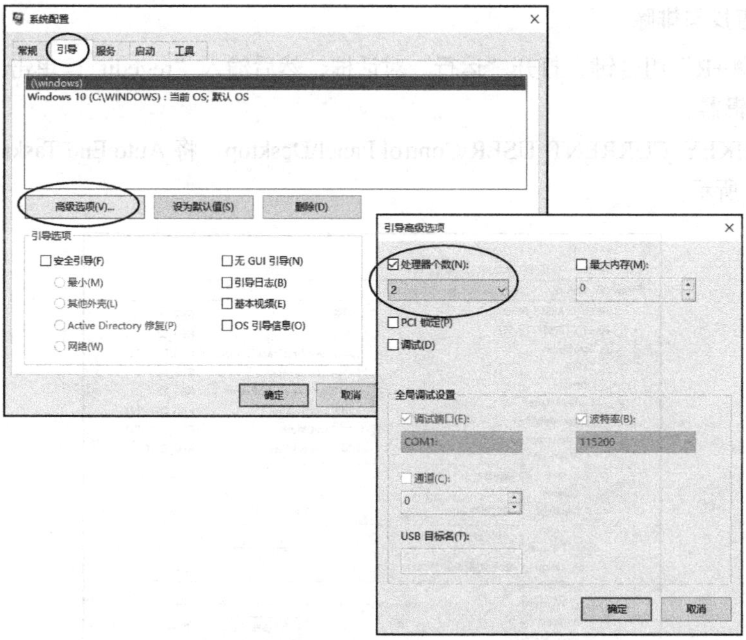

图 10-20 “引导高级选项”对话框

10.6.3 在 Windows 系统中打开 IE 浏览器后总是弹出拨号对话框开始拨号

1. 故障现象

用户在使用电脑时，进入 Windows 系统中打开 IE 浏览器后，总是弹出拨号对话框开始自动拨号。

2. 故障分析

根据故障现象分析，此故障应该是设置了默认自动连接的功能。一般在 IE 中进行设置即可解决问题。

3. 故障查找与排除

首先打开 IE 浏览器，然后单击“工具→ Internet 选项”命令，在打开的“ Internet 选项”对话框中，单击“连接”选项卡，选中“从不进行拨号连接”单选按钮，最后单击“确定”按钮即可。

10.6.4 自动关闭停止响应的程序

1. 故障现象

在 Windows 操作系统中，有时候会出现“应用程序已经停止响应，是否等待响应或关闭”提示对话框。如果不操作，则需等待许久，而手动选择又比较麻烦。

2. 故障分析

在 Windows 侦测到某个应用程序已经停止响应时会出现这个提示。其实我们可以自动关闭它，不让系统出现提示对话框。

3. 故障查找与排除

1）按“⊞ +R”组合键，打开“运行”对话框，然后输入“regedit”，单击“确定”按钮，打开注册表编辑器。

2）修改 HKEY_CURRENT_USER\Control Panel\Desktop，将 Auto End Tasks 的键值设置为 1，如图 10-21 所示。

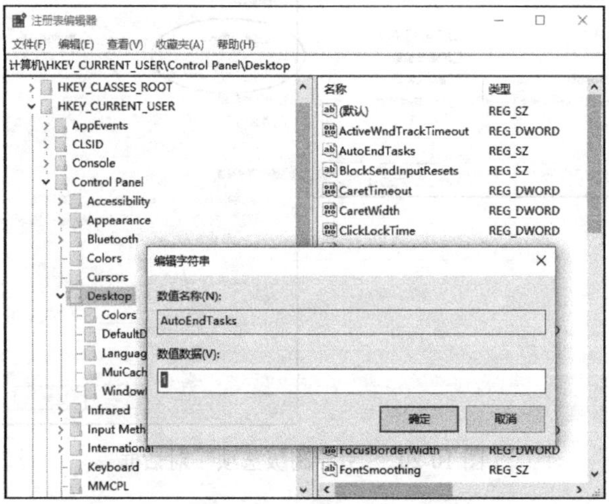

图 10-21 设置 Auto End Tasks 键值

将 WaitTokillAppTimeOut（字符串值）设置为 1 0000（等待时间（毫秒）），如图 10-22 所示。

3）关闭注册表编辑器，重启电脑检测，故障排除。

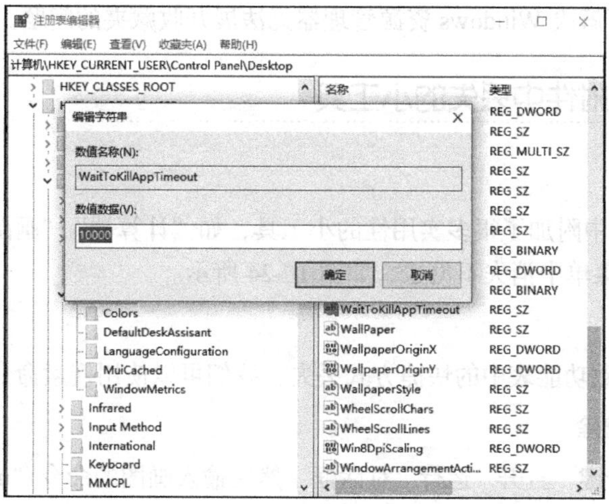

图 10-22 设置 WaitTokillAppTimeOut 字符串值

10.6.5 Windows 资源管理器无法展开收藏夹

1. 故障现象

用户在 Windows 中的资源管理器中，无法展开“收藏夹”，但是“库”和“计算机”等都可以正常展开。如果点击“收藏夹”的话，能进入它的文件夹，里面的内容并未丢失。右击收藏夹，在弹出的菜单中选择“还原收藏夹连接”，问题依旧。

2. 故障分析

出现这个问题是因为注册表受损了，我们可以通过修改注册表来解决。

3. 故障查找与排除

1）按“⊞+R”组合键，打开“运行”对话框，输入“regedit”，单击“确定”按钮打开注册表编辑器。

2）定位到“HKEY_CLASSES_ROOT\lnkfile”。在右侧新建一个字符串值“lsShortcut”，不用填写值，然后关闭注册表，如图 10-23 所示。

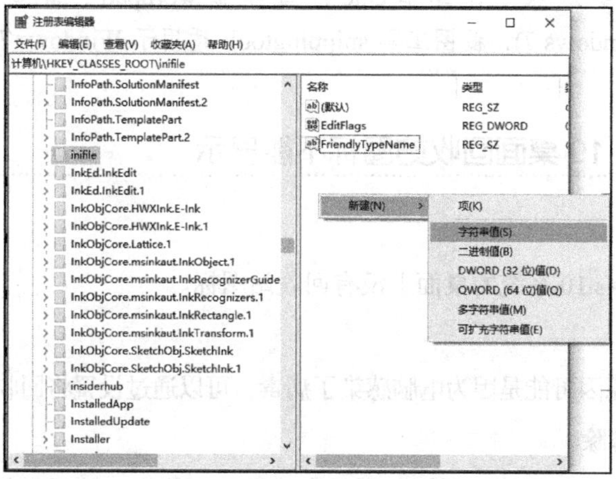

图 10-23 新建 lsShortcut 字符串

3）重启电脑即可解决 Windows 资源管理器无法展开收藏夹的问题。

10.6.6 如何找到附件中丢失的小工具

1. 故障现象

在 Windows 系统中附加了很多实用性的小工具，如“计算器”“画图”等，但有时会发现这些工具在“附件”菜单中消失不见了，如图 10-24 所示。

2. 故障分析

错误的操作会导致功能表中的快捷方式丢失，我们可以使用搜索命令调出相关工具。

3. 故障查找与排除

按“⊞+R”组合键，打开“运行”对话框，然后输入画图的命令“mspaint”，单击“确定”按钮，如图 10-25 所示，即可打开画图。

图 10-24 附件中的工具

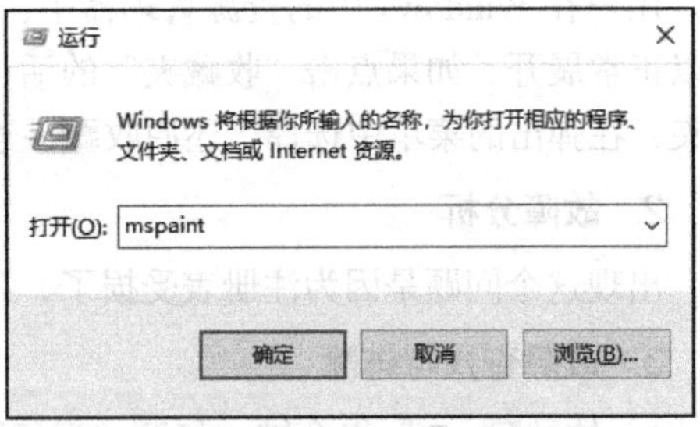

图 10-25 搜索相关命令

提示

其他工具命令对照：计算器 calc；写字板 wordpad；记事本 notepad；便签 stikynot(适用于 Windows 7)；截图工具 snippingtool(适用于 Windows 7)。

10.6.7 Windows 10 桌面回收站图标不能显示

1. 故障现象

用户反映 Windows 10 系统的桌面上没有回收站图标。

2. 故障分析

引起这个现象的原因可能是因为电脑感染了病毒，可以通过设置将回收站图标显示在桌面上。

3. 故障查找与排除

1）启动系统，单击“开始”图标，再单击“设置”按钮，然后在打开的“设置”窗口中单击“个性化”选项，如图 10-26 所示。

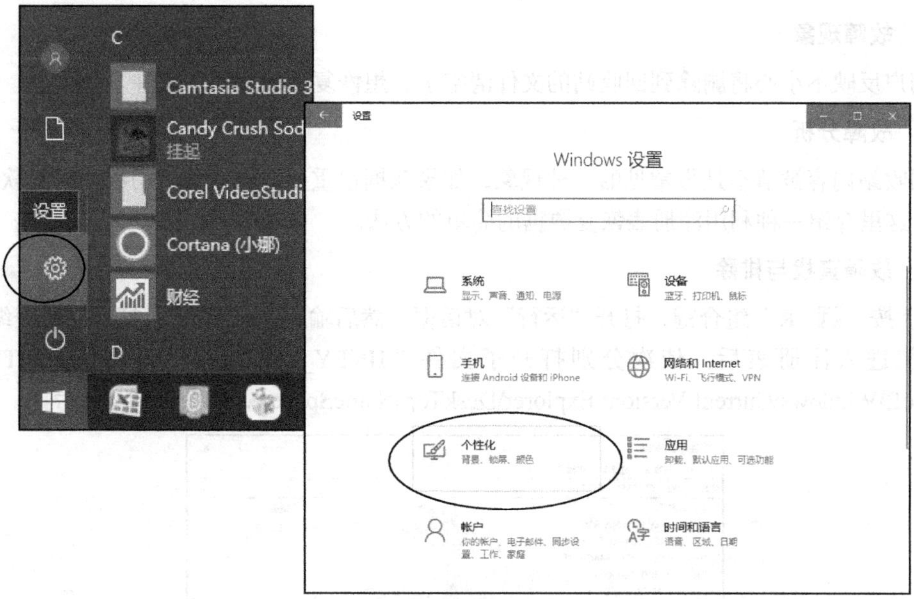

图 10-26 设置窗口

2）单击“主题”选项按钮，再在右侧窗口下拉滑块，然后单击“桌面图标设置”选项按钮。之后打开“桌面项目”对话框，在此对话框中将“回收站”选项勾选即可。如图 10-27 所示。

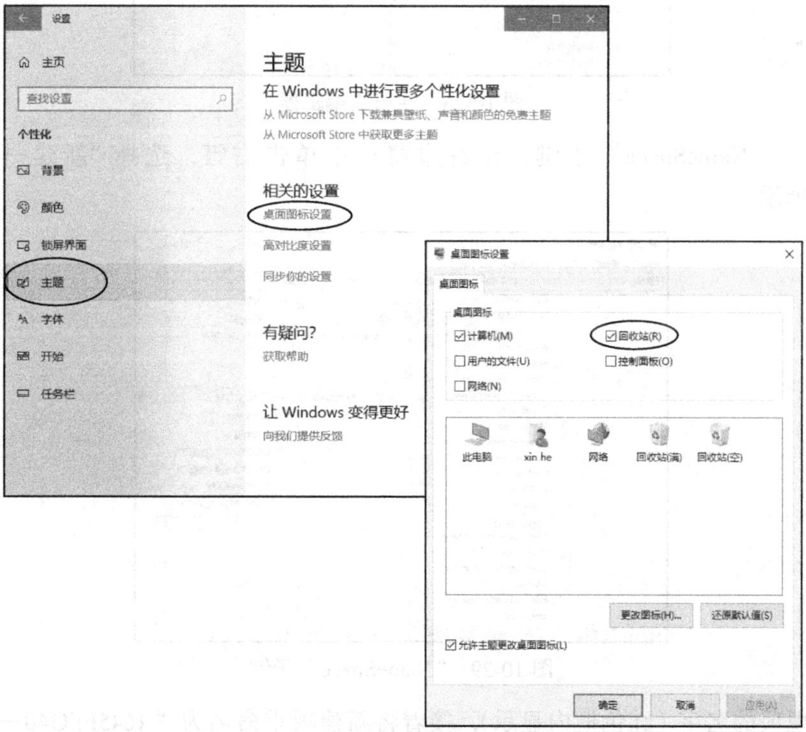

图 10-27 “桌面选项”对话框

10.6.8 恢复被删除的数据

1. 故障现象

用户反映不小心将删除到回收站的文件清空了，想恢复回收站中的文件。

2. 故障分析

回收站内容被清空是很常见的一种现象，如果数据很重要，可以尝试用数据恢复软件进行恢复，这里介绍一种利用注册表恢复数据的简单的方法。

3. 故障查找与排除

1）按“田+R”组合键，打开“运行”对话框，然后输入“regedit”，打开注册表编辑器。

2）进入注册表后，依次分别打开子文件“HKEY_LOCAL_MACHINE\ SOFTWARE\ Microsoft\Windows\Current Version\ Explorer\DeskTop\NameSpace”，如图 10-28 所示。

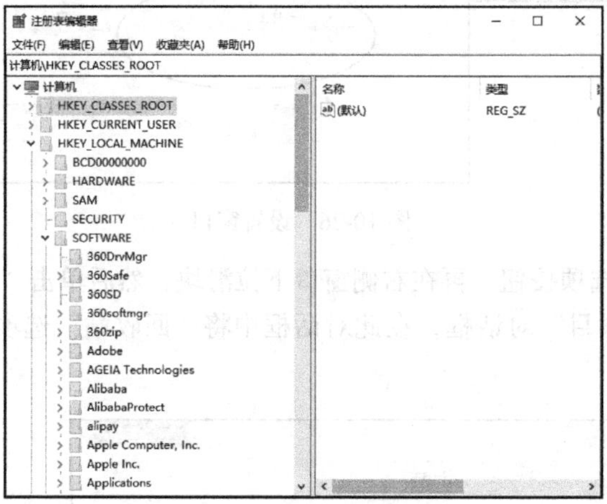

图 10-28 注册表编辑器

3）单击“NameSpace”子键，在右边窗口中单击右键，选择“新建→项”命令，如图 10-29 所示。

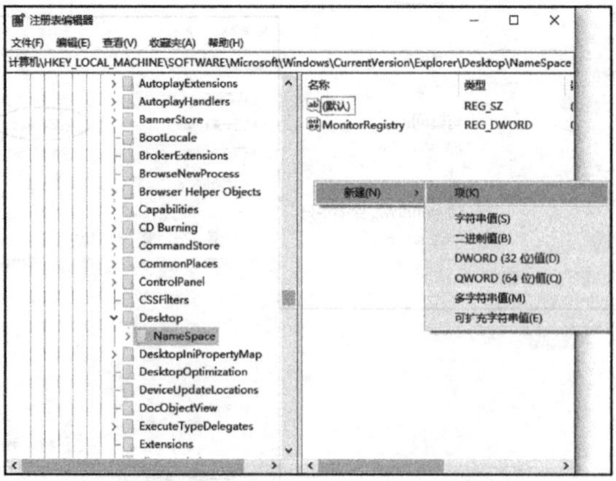

图 10-29 “NameSpace”子键

4）出现项的名字（红色框内显示），接着将新建项重命名为“{645FFO40——5081——101B——9F08——00AA002F954E}”，如图 10-30 所示。

图 10-30　新建项

5）单击新建的项，右边会出现“默认”等显示，然后再右边窗口单击“默认”二字，再单击右键，选择“修改”命令，如图 10-31 所示。

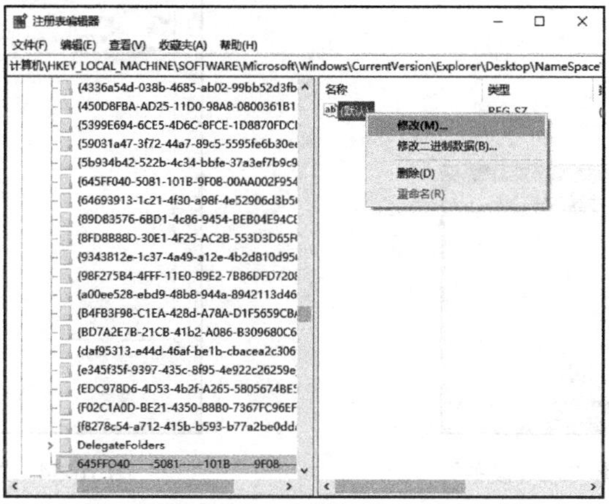

图 10-31　“修改”选项

6）打开“编辑字符串”对话框，在此对话框中，将“数据数值”栏修改为“回收站”，然后单击。重启电脑后打开回收站，删除的数据又出现了，如图 10-32 所示。

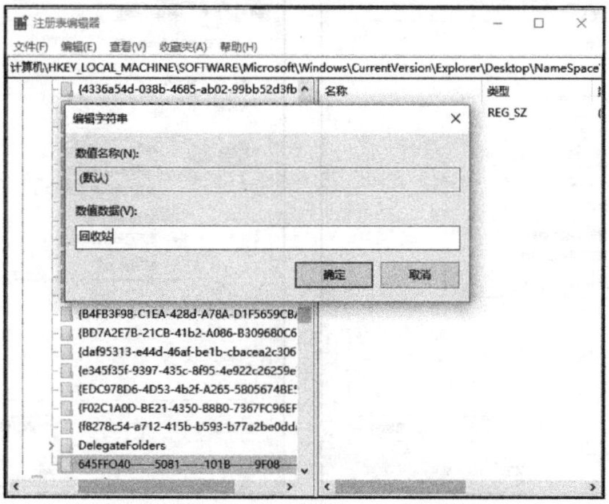

图 10-32“编辑字符串”对话框

10.6.9 在 Windows 7 系统中无法录音

1. 故障现象

用户反映在使用 Windows 7 系统时，无法录音了。

2. 故障分析

根据故障现象分析，此故障是由于 Windows7 硬件设定或驱动程序而导致的，可以重点检查这些方面问题。

3. 故障查找与排除

1）在任务栏的声音图标上单击鼠标右键，然后选择“录音设备”命令，如图 10-33 所示。

2）在打开的“声音”对话框中的下方空白处单击右键，可以看到弹出的右键菜单中的“显示禁用设备”选项前面没有对勾，单击此项进行勾选，如图 10-34 所示。

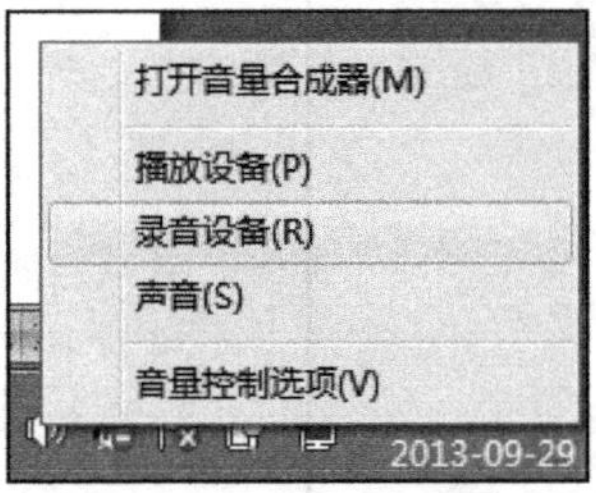

图 10-33 选择“录音设备”

图 10-34 “声音”对话框

3）“声音”对话框中会显示“立体声混音”选项，接着在“立体声混音”选项上单击右键，选择‘启用’命令，然后再次单击右键，在打开的菜单中选择‘设置为默认设备’，如图 10-35 所示。

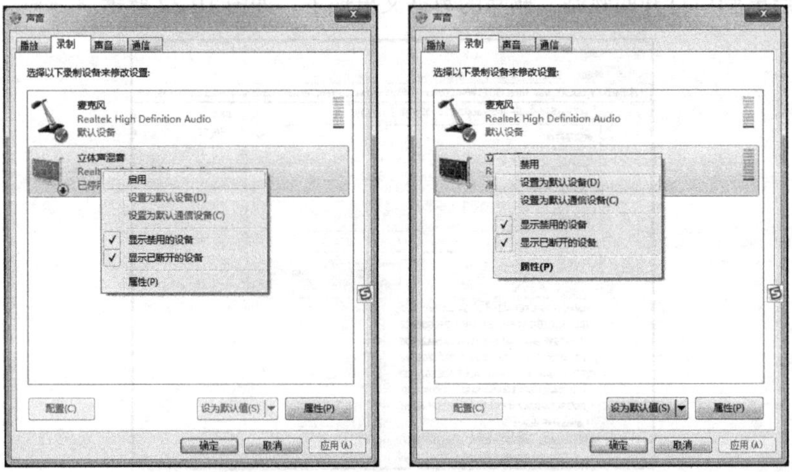

图 10-35 启用“立体声混音”

4）到此为止，Windows 7 录音的硬件设定已经完成。开启录音所使用的软件，如录音机、Cooledit 等，即可开始录音了。

10.6.10　恢复 Windows 7 系统注册表

1. 故障现象

用户反映在安装软件时提示无法注册，反复重启电脑也不能解决。

2. 故障分析

根据故障现象分析，估计是由于用户注册表有问题而引起的故障，可以通过修复注册表或恢复注册表来解决问题。

3. 故障查找与排除

1）按住 shift 键，单击“开始”菜单下的“电源”按钮，再单击“重启”。然后从打开的界面中依次单击“疑难解答”“高级选项”“启动设置”，之后单击“重启”按钮，重启电脑后，进入启动菜单按键盘的数字“4”键启动“安全模式”(参考 10.3.1 节内容)。

2）进入 C 盘，打开 C 盘中的 windows\system32\config\RegBack 文件夹。

3）将该文件夹中的文件复制到 C 盘 windows\system32\config 文件夹下，然后重启电脑，电脑运行正常，故障排除，如图 10-36 所示。

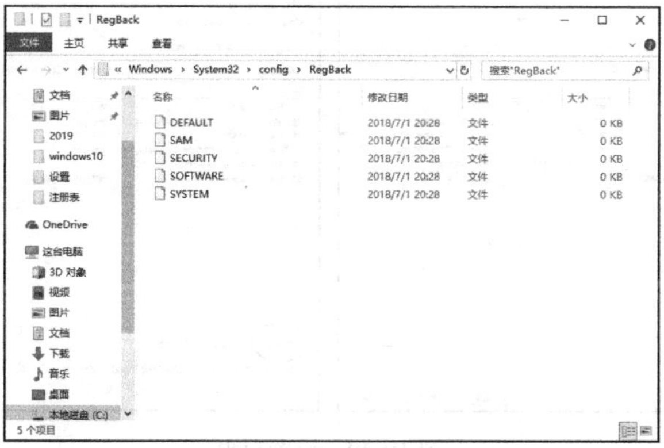

图 10-36　RegBack 文件夹中的文件

10.6.11　打开程序或文件夹出现错误提示

1. 故障现象

用户的电脑在打开程序或文件夹总提示“ Windows 无法访问指定设备，路径或文件”，如图 10-37 所示。

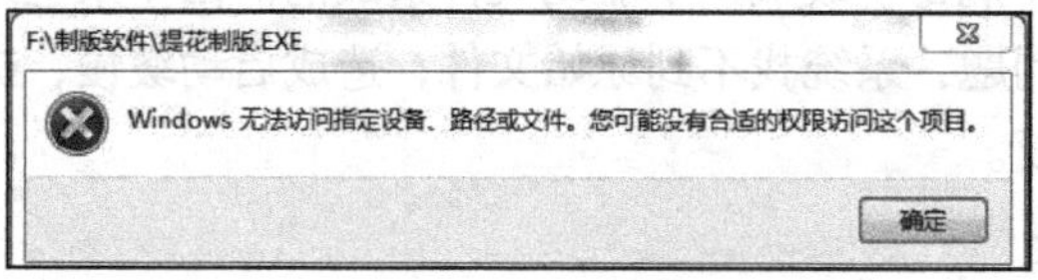

图 10-37　故障现象

2. 故障分析

根据故障现象分析，此故障可能是因为系统分区采用NTFS分区格式，并且没有设置管理员权限，或者是因为感染病毒所致。

3. 故障查找与排除

1）用杀毒软件查杀病毒，未发现病毒。

2）打开桌面“计算机”图标，在打开的“计算机”窗口中的“本地磁盘（C：）”上单击右键，选择“属性”命令，打开“本地磁盘（C：）属性”对话框，接着单击“安全”选项卡，如图10-38所示。

3）单击“高级”按钮，打开高级安全级别对话框，然后单击“更改权限”按钮，再在打开的对话框中，单击“添加”按钮选择一个管理员账号，单击“确定”。如图10-39所示。

4）用这个管理员账号登录即可（注销或重启电脑）。

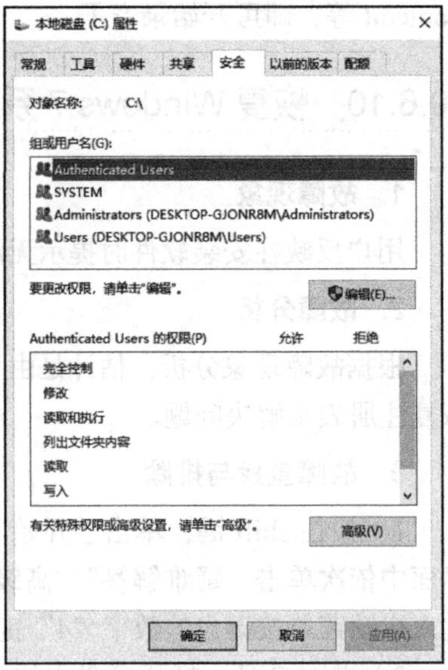

图10-38 “本地磁盘（C:）属性”对话框

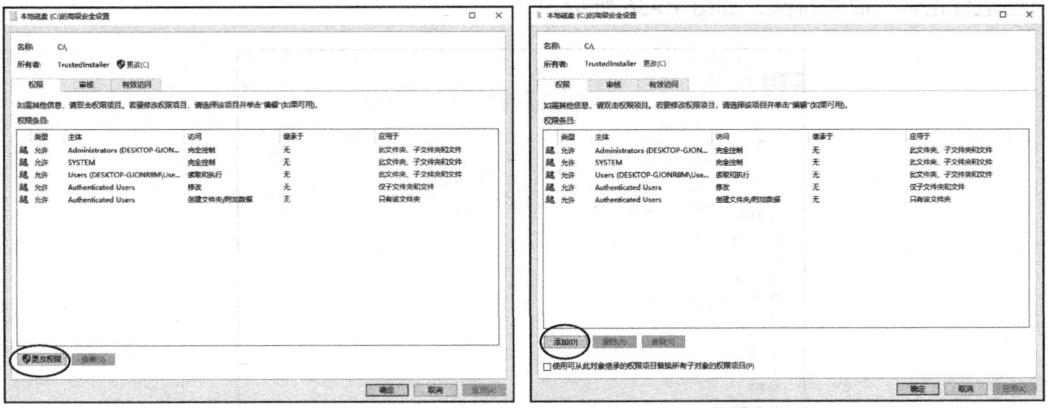

图10-39 设置权限

10.6.12 电脑开机后出现DLL加载出错提示

1. 故障现象

Windows系统启动后弹出“soundmax.dll出错，找不到指定模块”错误提示。

2. 故障分析

此类故障一般是由于病毒伪装成声卡驱动文件造成的。由于某些杀毒软件无法识别，并有效解决“病毒伪装”的问题，系统找不到原始文件，造成启动缓慢，提示出错。此类故障可以利用注册表编辑器来修复。

3. 故障查找与排除

1）按“⊞+R”组合键，打开“运行”对话框，然后输入regedit并单击“确定”按钮，打开注册表编辑器，如图 10-40 所示。

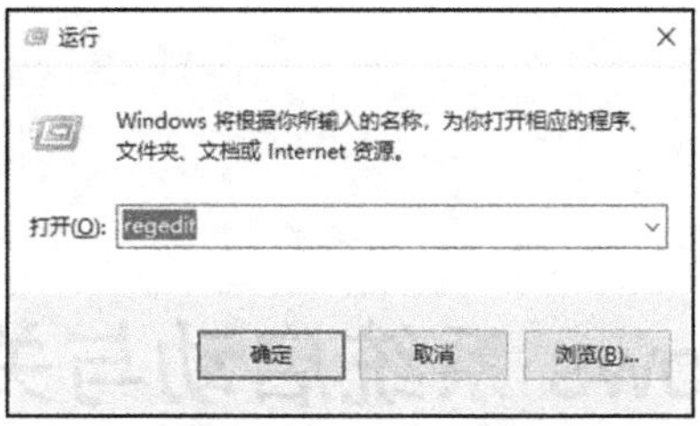

图 10-40　“运行”对话框

2）依次展开到 HKEY_LOCAL_MACHINE\SOFTWARE\Microsoft\Windows\CurrentVersion\Policies\Explorer\Run，然后与找到 Soundmax.dll 相关的启动项，并删除。

3）鼠标放到任务栏单击右键，选择“任务管理器”，然后在打开的“任务管理器”对话框中，单击“启动”标签，然后寻找与 Soundmax.dll 相关的项目。如果有，在选项上单击鼠标右键，选择“禁用”，如图 10-41 所示。修改完毕后，重启计算机，你会发现系统提示的错误信息已经不再出现。

图 10-41　“系统配置”对话框

第 11 章

修复 Windows 系统启动与关机故障

本章主要讲解了 Windows 系统启动故障维修方法，Windows 系统关机故障维修方法和常见故障维修案例等。

11.1 修复电脑开机报错故障

电脑开机报错故障是指电脑开机自检时或启动操作系统前电脑停止启动，在显示屏出现一些错误提示的故障。

造成此类故障的原因一般是电脑在启动自检时，检测到硬件设备不能正常工作或在自检通过后从硬盘启动时，出现硬盘的分区表损坏，或硬盘主引导记录损坏，或硬盘分区结束标志丢失等故障，电脑出现相应的故障提示。

维修此类故障时，一般根据故障提示先判断发生故障的原因，再根据故障原因使用相应的解决方法进行解决。下面根据各种故障提示总结出故障提示原因及解决方法。

1）提示“BIOS ROM Checksum Error-System Halted”（BIOS 校验和失败，系统挂起）故障，一般是由于 BIOS 的程序资料被更改引起，通常由 BIOS 升级错误造成的。采用重新刷新 BIOS 程序的方法进行解决。

2）提示“ CMOS Battery State Low”故障是指 CMOS 电池电力不足，更换 CMOS 电池即可。

3）提示“ CMOS Checksum Failure”（CMOS 校验和失败）故障是指 CMOS 校验值与当前读数据产生的实际值不同。进入 BIOS 程序，重新设置 BIOS 程序即可解决。

4）提示“ Keyboard Error（键盘错误）”故障是指键盘不能正常使用。一般是由于键盘没有连接好，或键盘损坏，或键盘接口损坏等引起的。一般将键盘重新插好或更换好的键盘即可解决。

5）提示“HDD Controller Failure”（硬盘控制器失败）故障是指 BIOS 不能与硬盘驱动器的控制器传输数据。一般是由于硬盘数据线或电源线接触不良造成的，检查硬件的连接状况，并将硬盘重新连接好即可。

6）提示“ C ：Drive Failure Run Setup Utility，Press（F1）To Resume”故障是指硬盘类型

设置参数与格式化时所用的参数不符。对于此类故障一般备份硬盘的数据，重新设置硬盘参数，如不行，重新格式化硬盘后，重新安装操作系统即可。

7）先提示“Device Error”，然后又提示“Non — System Disk Or Disk Error，Replace and Strike Any Key When Ready”，硬盘不能启动，用软盘启动后，在系统盘符下输入“C：”，然后按回车键，屏幕提示“Invalid Drive Specification”，系统不能检测到硬盘。此故障一般是 CMOS 中的硬盘设置参数丢失或硬盘类型设置错误等造成的。首先需要重新设置硬盘参数，并检测主板的 CMOS 电池是否有电；然后检查硬盘是否接触不良；检查数据线是否损坏；检查硬盘是否损坏；检查主板硬盘接口是否损坏。检查到故障原因后排除故障即可。

8）提示“Error Loading Operating System”或“Missing Operating System”故障是指硬盘引导系统时，读取硬盘 0 面 0 道 1 扇区中的主引导程序失败。一般此类故障是由于硬盘 0 面 0 道磁道格式和扇区 ID 逻辑或物理损坏，找不到指定的扇区或分区表的标识“55AA”被改动，系统认为分区表不正确。可以使用 NDD 磁盘工具进行修复。

9）提示“Invalid Drive Specification”故障是指操作系统找不见分区或逻辑驱动器，此故障一般是由于分区或逻辑驱动器在分区表里的相应表项不存在、分区表损坏引起。可以使用 Disk Genius 磁盘工具恢复分区表。

10）提示“Disk boot failure，Insert system disk”故障是指硬盘的主引导记录损坏，一般是由于硬盘感染病毒导致主引导记录损坏。可以使用 NDD 磁盘工具恢复硬盘分区表进行修改。

11.2 无法启动 Windows 系统的故障分析与修复

无法启动 Windows 操作系统故障是指电脑开机有自检画面，但进入 Windows 启动画面时，无法正常启动到 Windows 桌面的故障。

11.2.1 无法启动 Windows 系统的故障分析

Windows 操作系统启动故障又分为下列几种情况。

1）电脑开机自检时出错无法启动故障。

2）硬盘出错无法引导操作系统故障。

3）启动操作系统过程中出错无法正常启动到 Windows 桌面故障。

造成无法启动 Windows 系统故障的原因较多，总结一下主要包括下列几种原因。

1）Windows 操作系统文件损坏。

2）系统文件丢失。

3）系统感染病毒。

4）硬盘有坏扇区。

5）硬件不兼容。

6）硬件设备有冲突。

7）硬件驱动程序与系统不兼容。

9）硬件接触不良。

10）硬件有故障。

11.2.2 无法启动 Windows 系统的故障修复

如果电脑开机后电脑停止启动，出现错误提示，这时首先应认真领会错误提示的含义，根据错误提示检测相应硬件设备即可解决问题。

如果电脑在自检完成后，开始从硬盘启动时（即出现自检报告画面，但没有出现 Windows 启动画面），出现错误提示或电脑死机，这时一般故障与硬盘有关，应首先进入 BIOS 检查硬盘的参数，如果 BIOS 中没有硬盘的参数，则是硬盘接触不良或硬盘损坏，这时应关闭电源，然后检查硬盘的数据线、电源线是否损坏，主板的硬盘接口是否损坏，硬盘是否损坏等故障；如果 BIOS 中可以检测到硬盘的参数，则故障可能是由于硬盘的分区表损坏、主引导记录损坏、分区结束标志丢失等引起的，这时需要使用 NDD 等磁盘工具进行修复。

如果电脑已经开始启动 Windows 操作系统，但在启动的中途出现错误提示、死机或蓝屏等故障，则不能判断故障是由硬件还是软件方面引起的。对于此类故障应首先检查软件方面的原因，先用安全模式启动电脑修复一般性的系统故障，如果不行可以采用恢复注册表，恢复系统的方法修复系统；如果还不行可以采用重新安装系统的方法排除软件方面的故障。如果重新安装系统后故障依旧，则一般是由于硬件存在接触不良、不兼容、损坏等故障，需要用替换法等方法排除。

无法启动 Windows 操作系统的各种修复方法如下。

1）用安全模式启动电脑（Windows 10 系统启动方法参考 20.3.2 节中通过 Windows 10 安装盘启动到安全模式的方法，按 F8 键，通过启动菜单来启动，看能否正常启动。如果用安全模式启动时出现死机或蓝屏等故障，则转至（6）。

2）如果能启动到安全模式，则造成启动故障的原因可能是硬件驱动程序与系统不兼容，或操作系统有问题，或感染病毒等。接着在安全模式下运行杀毒软件查杀病毒，如果查出病毒，将病毒清除然后重新启动电脑，看是否能正常运行。

3）如果查杀病毒后系统还不能正常启动，则可能是病毒已经破坏了 Windows 系统重要文件，需要重新安装操作系统才能解决问题。

4）如果没有查出病毒，则可能是硬件设备驱动程序与系统不兼容引起的；接着将声卡、显卡、网卡等设备的驱动程序删除，然后再逐一安装驱动程序，每安装一个设备就重新启动一次电脑，检查是哪个设备的驱动程序引起的故障，查出故障原因后，下载故障设备的新版驱动程序，然后重新安装即可。

5）如果检查硬件设备的驱动程序不能排除故障，则不能启动故障可能是由操作系统损坏引起的。接着重新安装 Windows 操作系统即可排除故障。

6）如果电脑不能从安全模式启动，则可能是 Windows 系统严重损坏或电脑硬件设备有兼容性问题。接着首先用 Windows 安装光盘重新安装操作系统，看是否可以正常安装，并正常启动。如果不能正常安装转至（10）。

7）如果可以正常安装 Windows 操作系统，接着检查重新安装操作系统后，故障是否消失。如果故障消失，则是系统文件损坏引起的故障。

8）如果重新安装操作系统后，故障依旧，则故障原因可能是硬盘有坏道或设备驱动程序与系统不兼容等引起的。接着用安全模式启动电脑，如果不能启动，则是硬盘有坏道引起的故障。接着将电脑硬盘连接到其他电脑，用 NDD 磁盘工具修复硬盘坏道即可。

9）如果能启动安全模式，则电脑还存在设备驱动程序问题。接着按照（4）中的方法将声卡、显卡、网卡等设备的驱动程序删除，检查故障原因。查出来后，下载故障设备的新版驱动程序，然后安装即可。

10）如果安装操作系统时出现故障，如死机、蓝屏、重启等故障导致无法安装系统，则应该是硬件有问题或硬件接触不良引起的。接着首先清洁电脑中的灰尘，清洁内存、显卡等设备金手指，重新安装内存等设备，然后再重新安装系统，如果能够正常安装，则是接触不良引起的故障。

11）如果还是无法安装系统，则可能是硬件问题引起的故障。接着用替换法检查硬件故障，找到后更换硬件即可。

11.3 多操作系统无法启动的故障修复

多操作系统是指在一台电脑中安装两个或两个以上的操作系统，如一台电脑中同时并存 Windows 7 操作系统和 Windows 10 操作系统。

多操作系统在启动时通常会先进入启动菜单，然后选择要启动的操作系统进行启动。所以一般多操作系统的电脑中会自动生产一个 BOOT.INI 启动文件，专门管理多操作系统的启动。

如果多操作系统无法正常启动，一般是由于 BOOT.INI 启动文件损坏或丢失引起的，另外，多操作系统中某一个操作系统损坏也会造成多操作系统启动故障。

多操作系统无法正常启动故障维修方法如下。

1）对于多操作系统中某个操作系统损坏导致多操作系统无法启动的，一般用安全模式法、系统还原法、恢复注册表法修复操作系统故障，一般修复后即可启动。

2）对于 BOOT.INI 文件损坏导致无法启动的故障，首先用 Windows XP 安装光盘启动电脑，在进入系统安装界面时，按 R 键进入“故障修复控制台”。接着根据故障提示再按 C 键，在屏幕出现故障恢复控制台提示“C：\Windows 时，输入“1”，然后按 Enter 键；接下来会提示输入管理员密码，输好后按 Enter 键确认。此时可以看到类似 DOS 的命令提示符操作界面。在此界面中输入“bootcfg /add”命令进行修复，修复后重新启动电脑即可。

11.4 Windows 系统关机故障分析与修复

Windows 系统关机故障是指在单击“关机”按钮后，Windows 系统无法正常关机，在出现“ Windows 正在关机”的提示后，系统停止反应。这时只好强行关闭电源。下一次开机时系统会自动运行磁盘检查程序。长此以往对系统将造成一定的损害。

11.4.1 了解 Windows 系统关机过程

Windows 系统在关机时有一个专门的关机程序，关机程序主要执行如下功能：

1）完成所有磁盘写操作；

2）清除磁盘缓存；

3）执行关闭窗口程序关闭所有当前运行的程序；

4）将所有保护模式的驱动程序转换成实模式。

以上 4 项任务是 Windows 系统关闭时必须执行的任务，这些任务不能随便省略，在每次关机时必须完成上述工作，否则如果直接关机将导致一些系统文件损坏而出现关机故障。

11.4.2 Windows 系统关机故障原因分析

Windows 系统正常状况下不会出现关机问题，只有在一些与关机相关的程序任务出现错误时才会导致系统不关机。

一般引起 Windows 系统出现关机故障的原因主要有：

1）没有在实模式下为视频卡分配一个 IRQ；

2）某一个程序或 TSR 程序可能没有正确地关闭；

3）加载一个不兼容的、损坏的或冲突的设备驱动程序；

4）选择的退出 Windows 时的声音文件损坏；

5）不正确配置硬件或硬件损坏；

6）BIOS 程序设置有问题；

7）在 BIOS 中的“高级电源管理”或“高级配置和电源接口”的设置不正确；

8）注册表中快速关机的键值设置为了“enabled”。

11.4.3 Windows 系统不关机故障修复

当 Windows 系统出现不关机故障时，首先要查找引起 Windows 系统不关机的原因，然后根据具体的故障原因采取相应的解决方法。

Windows 系统不关机故障解决方法如下。

1. 检查所有正在运行的程序

检查运行的程序主要包括关闭任何在实模式下加载的 TSR 程序、关闭开机时从启动组自动启动的程序、关闭任何非系统引导必需的第三方设备驱动程序。

具体方法是（以 Windows10 为例）：

在任务栏中单击鼠标右键，选择“任务管理器”，然后在弹出的“任务管理器”对话框中，单击“启动”标签，然后单击不想启动的项目，右击鼠标，选择“禁用”命令，即可停止启动此程序。如图 11-1 所示。

图 11-1 启动项设置

另外，还可以使用“系统配置”来选择加载的项。按“⊞+R”组合键，打开“运行”对话框，然后输入“msconfig”并单击“确定”按钮，打开“系统配置”对话框。如图 11-2 所示。

使用系统配置工具主要用来检查有哪

些运行的程序，然后只加载最少的驱动程序，并在启动时不允许启动组中的任何程序进行系统引导，对系统进行干净引导。如果干净引导可以解决问题，则可以利用系统配置工具确定引起不能正常关机的程序

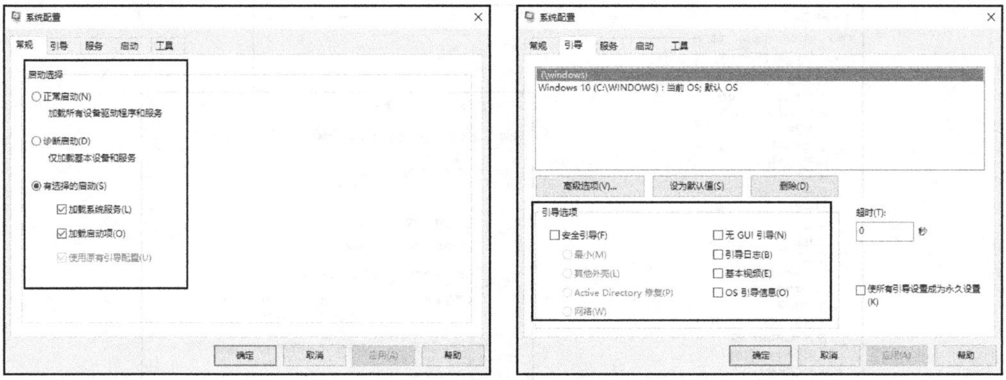

图 11-2　“系统配置”对话框

2. 检查硬件配置

检查硬件配置主要包括检查 BIOS 的设置、BIOS 版本，将任何可能引起问题的硬件删除或使之失效。同时，向相关的硬件厂商索取升级的驱动程序。

检查计算机的硬件配置的方法如下（以 Windows10 为例）。

1）在桌面“这台电脑”图标右击鼠标，选择“属性”命令，打开“系统”窗口，接着单击“设备管理器”选项按钮，打开“设备管理器”窗口。如图 11-3 所示。

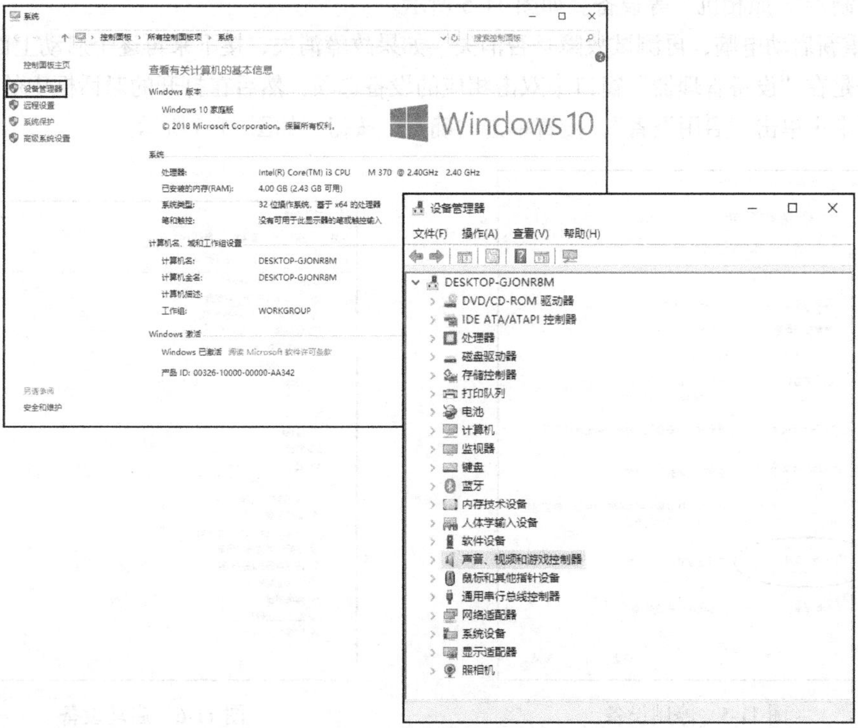

图 11-3　“设备管理器”对话框

2）在“设备管理器”窗口中单击“显示适配器”选项前的下拉按钮，展开显示卡选项，接着双击下面的其中一个选项，打开属性对话框，在此对话框中的“驱动程序”选项卡中单击“禁用设备”，再单击“确定”按钮。如图 11-4 所示。

图 11-4 停用显卡

3）使用上面的方法停用“显卡”“磁盘驱动器”“键盘”“鼠标”“网络适配器”“声音、视频和游戏控制器”“照相机”等设备。如图 11-5 所示。

4）重新启动电脑，再测试故障是否消失。如果故障消失，接下来再逐个启动上面的设备，启动方法是在“设备管理器”窗口中双击相应的设备选项，然后在打开的对话框中的“驱动程序”选项卡中单击“启用设备”，接着单击“确定”按钮。如图 11-6 所示。

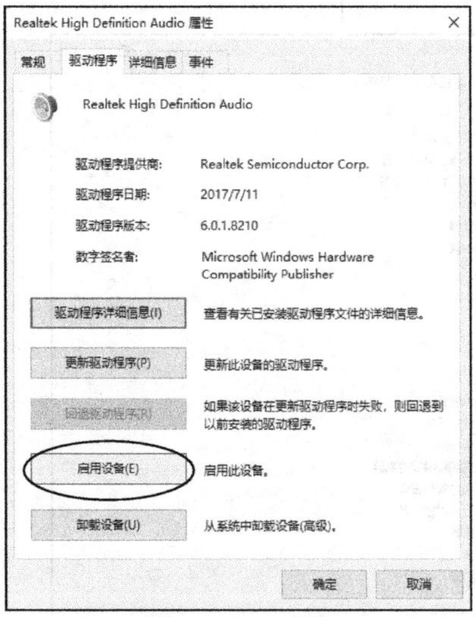

图 11-5 停用设备

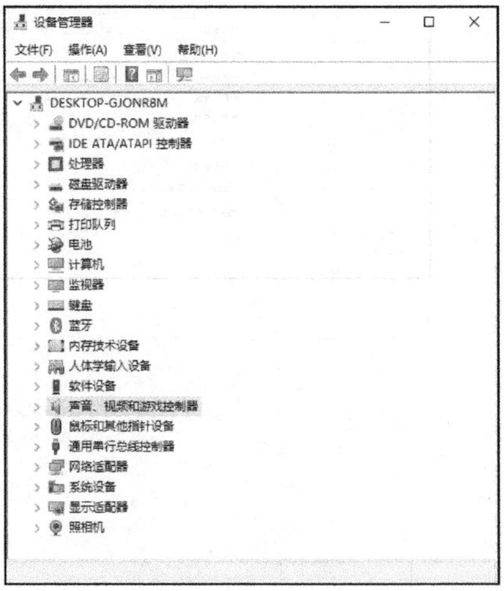

图 11-6 启动设备

5）如果启用一个设备后故障消失，接着启用第二个设备。启用设备时，按照下列顺序逐个启用设备："通用串行总线控制器""硬盘控制器""其他设备"。

6）在启用设备的同时，要检查设备有没有冲突。检查设备冲突的方法如下。

在设备属性对话框中的"常规"选项卡中的"设备状态"列表中，检查有无冲突的设备。如果没有冲突的设备，接着重新启动电脑。有冲突的话，需要重装冲突设备的驱动程序。如图 11-7 所示。

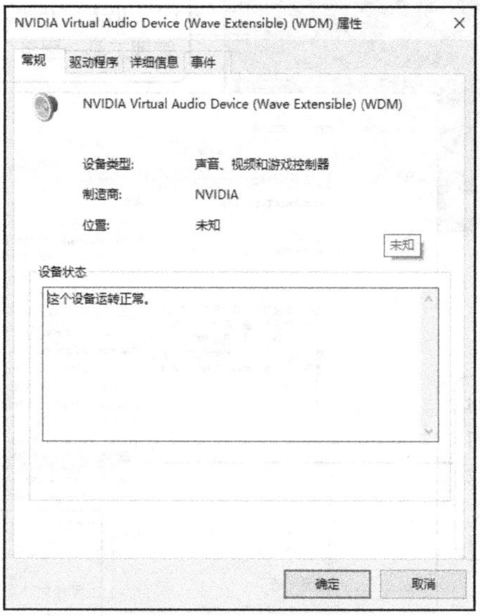

图 11-7　查看设备状态

如果通过上述步骤，确定了某一个硬件引起非正常关机问题，应与该设备的代理商联系，以更新驱动程序或固件。

11.5 动手实践：Windows 系统启动与关机故障维修实例

11.5.1　系统启动时启动画面停留时间长

1. 故障现象

一台电脑启动时启动画面停留时间长而且启动很慢。

2. 故障分析

一般影响系统启动速度的因素是启动时的加载启动项，如果电脑启动时系统中加载了很多没必要的启动项，一般取消这些加载项的启动后可以加快启动速度。一般造成"Windows 正在启动"画面停留时间长通常是由于"Windows Event log"服务有问题引起的，重点检查此项服务。

3. 故障查找与排除

故障排除方法如图 11-8 所示。

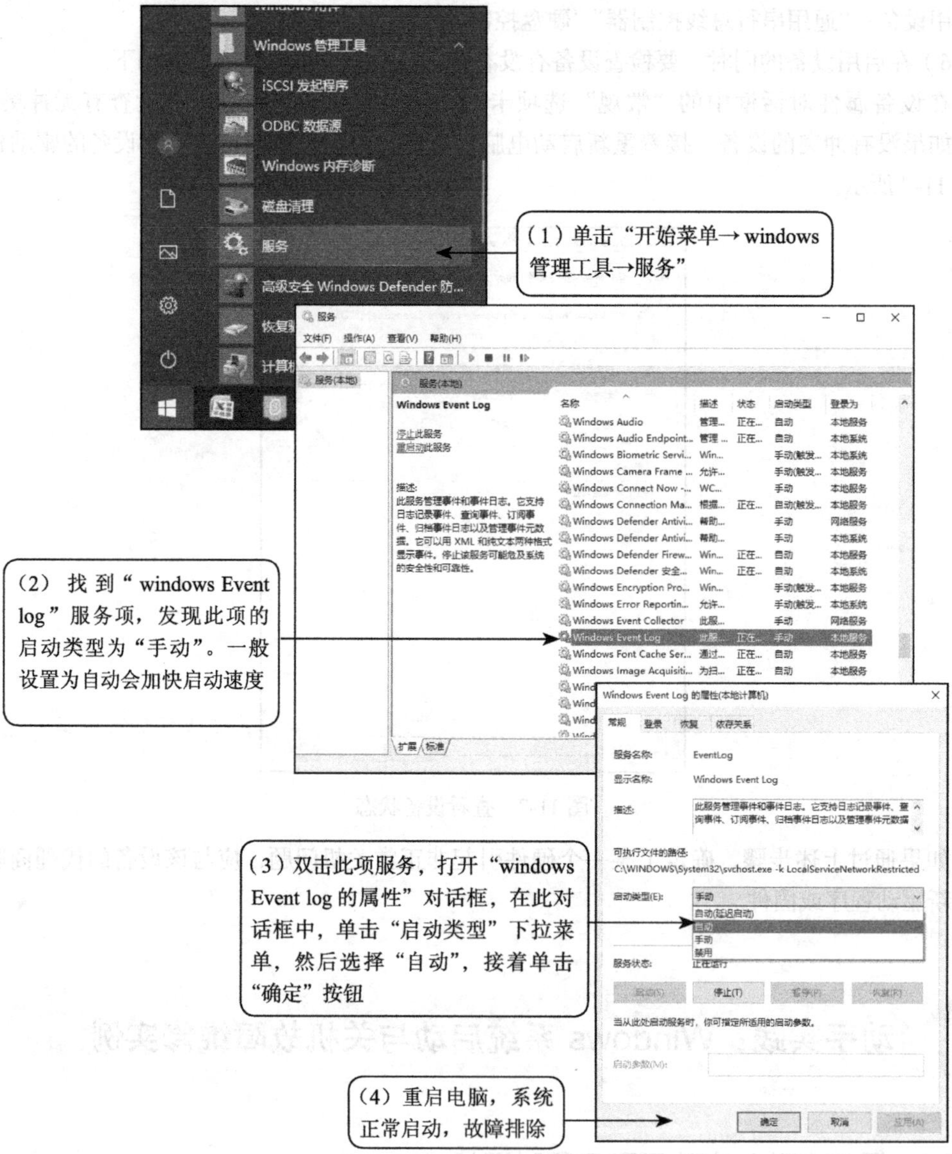

图 11-8 修复启动时间长问题

11.5.2 Windows 关机后自动重启

1. 故障现象

用户的电脑每次关机时，单击“关机”后，电脑没有关闭反而又重新启动了。

2. 故障分析

一般关机后重新启动的故障是由于系统设置的问题、高级电源管理不支持、电脑接有 USB 设备等引起的。

3. 故障查找与排除

故障排除方法如图 11-9 所示。

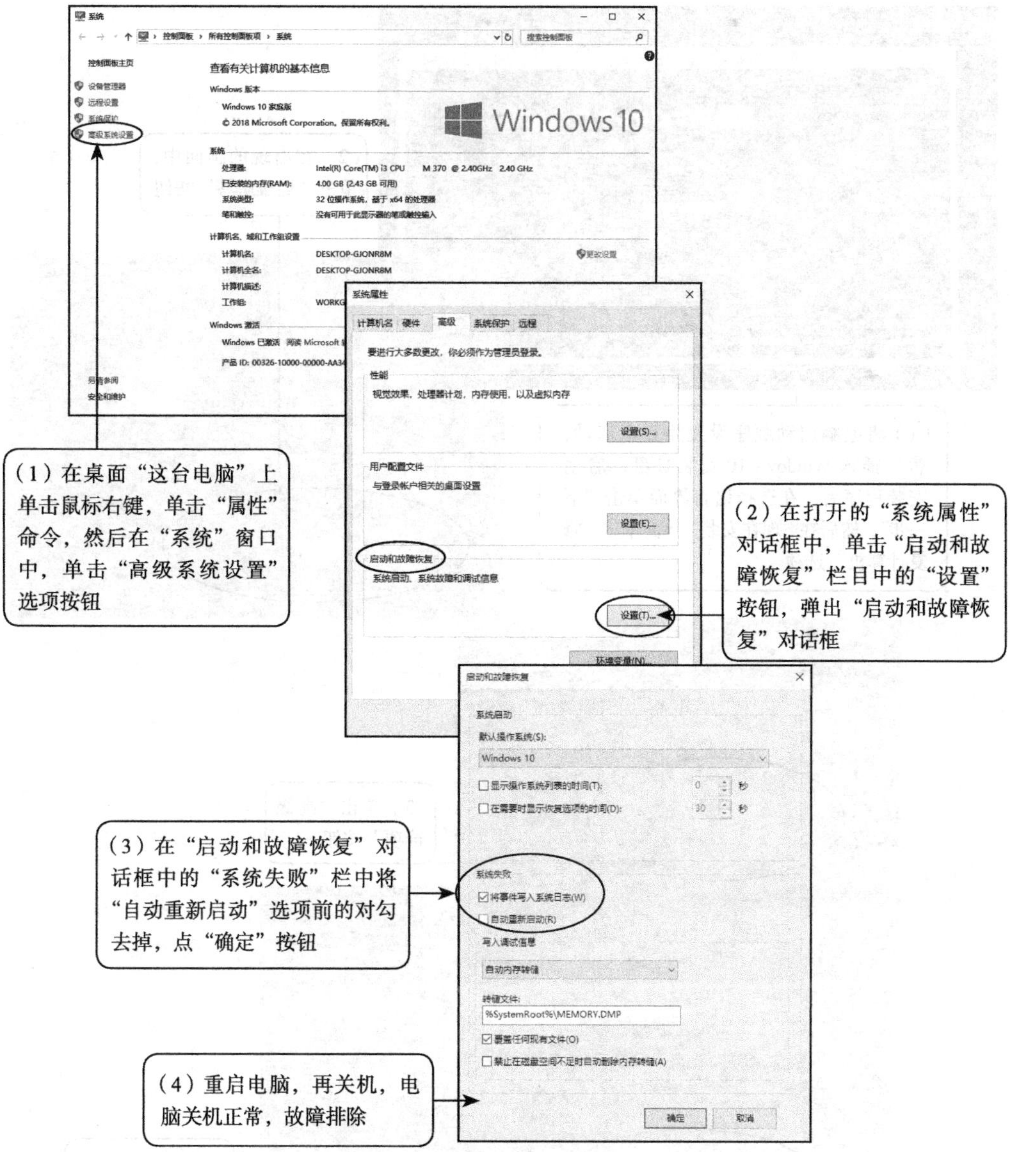
（1）在桌面“这台电脑”上单击鼠标右键，单击“属性”命令，然后在“系统”窗口中，单击“高级系统设置”选项按钮
（2）在打开的“系统属性”对话框中，单击“启动和故障恢复”栏目中的“设置”按钮，弹出“启动和故障恢复”对话框
（3）在“启动和故障恢复”对话框中的“系统失败”栏中将“自动重新启动”选项前的对勾去掉，点“确定”按钮
（4）重启电脑，再关机，电脑关机正常，故障排除

图 11-9　排除关机自动重启故障

11.5.3　电脑启动后无法进入 Windows 系统

1. 故障现象

一台电脑之前使用正常，今天开机启动后，不能正常进入操作系统。

2. 故障分析

无法启动系统的原因主要是系统软件损坏，或注册表损坏、硬盘有坏道等引起的，一般可以用系统自带的修复功能来修复即可。

3. 故障查找与排除

故障排除方法如图 11-10 所示。

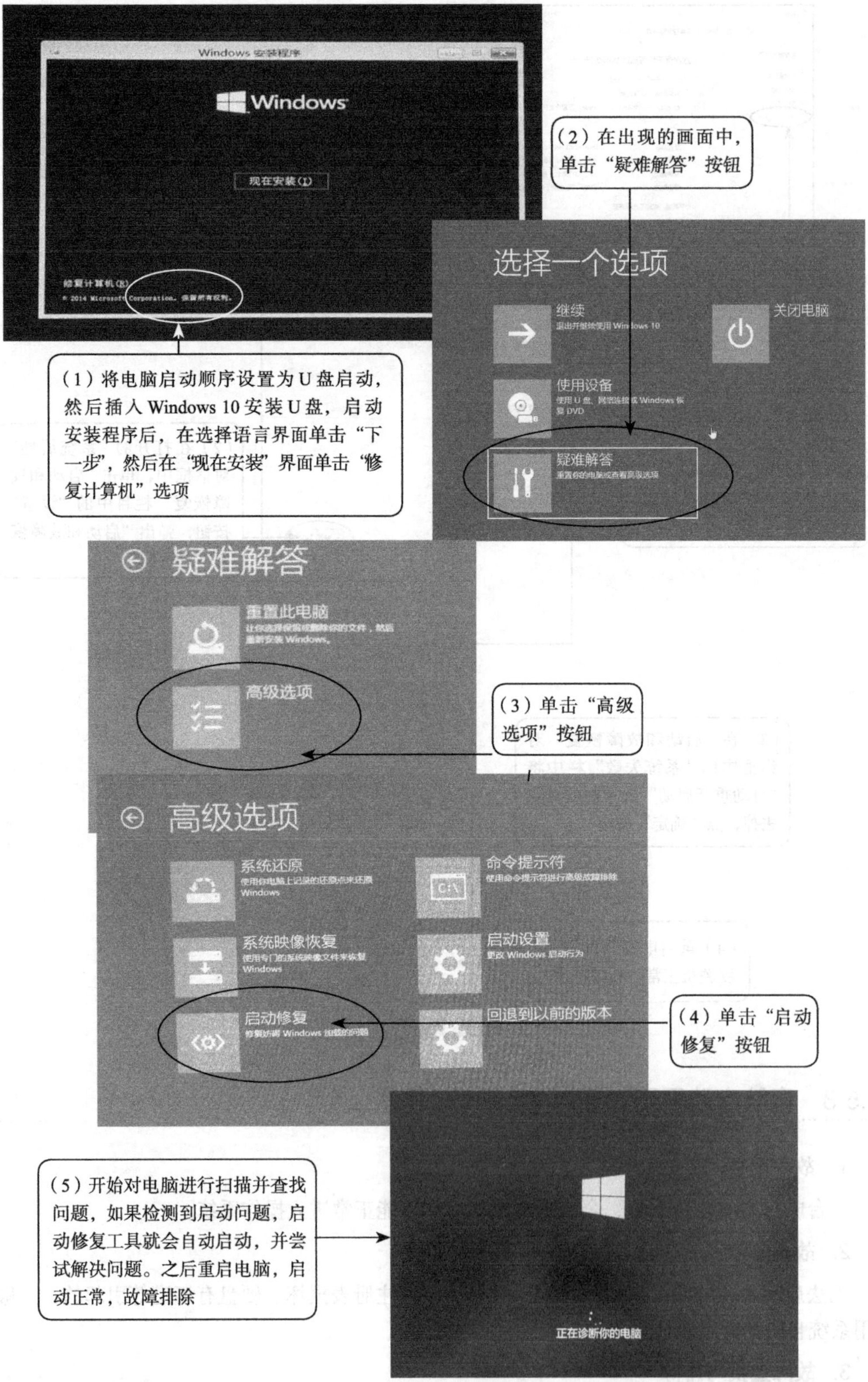

图 11-10 故障排除方法

11.5.4　丢失 boot.ini 文件导致 Windows 双系统无法启动

1. 故障现象

用户反映电脑安装的双系统无法系统。

2. 故障分析

根据故障现象分析，双系统一般由 boot.ini 启动文件引导启动，估计是启动文件损坏引起的。

3. 故障查找与排除

1）用 winpe 启动 U 盘启动电脑，然后检查 C 盘下面的 boot.ini 文件，发现文件丢失。

2）在 C 盘新建一个记事本文件，并在记事本里输入如图 11-11 所示的内容。

```
代码如下:                                                    复制代码

[boot loader]
timeout=10
default=multi(0)disk(0)rdisk(0)partition(2)WINDOWS
[operating systems]
multi(0)disk(0)rdisk(0)partition(1)WINDOWS="Microsoft Windows 98" /fastdetect /N
oExecute=OptIn
multi(0)disk(0)rdisk(0)partition(2)WINNT="Microsoft Windows XP" /fastdetect
```

图 11-11　boot.ini 文件内容

3）最后将它保存为名字是 boot.ini 的文件，然后重启电脑，系统启动正常，故障排除。

11.5.5　系统提示“Explorer.exe”错误

1. 故障现象

一台电脑，在装完常用的应用软件，正常运行了几个小时后，无论运行哪个程序都会提示：你所运行的程序需要关闭，并不断提示“Explorer.exe”错误。

2. 故障分析

根据故障现象分析，由于是在安装应用软件后出现的，故障应该是由于所安装的应用软件与操作系统有冲突造成的。

3. 故障查找与排除

将应用软件逐个卸载，卸载一个重新启动一遍电脑进行测试，当卸载紫光输入法后故障消失，看来是此软件与系统有冲突。

11.5.6　电脑启动时系统提示“kvsrvxp.exe 应用程序错误”

1. 故障现象

一台电脑，启动时自动弹出一个窗口，提示“ kvsrvxp.exe 应用程序错误。0x3f00d8d3 指令引用的 0x0000001c 内存，该内存不能为 read”。

2. 故障分析

由于 kvsrvxp.exe 为江民杀毒软件的进程，根据提示分析可能是在安装江民杀毒软件时出了问题，没有安装好。

3. 故障查找与排除

1）鼠标放到任务栏单击右键，选择“任务管理器”，然后在打开的“任务管理器”对话框中，单击“启动”标签。

2）单击“启动”选项卡，并在启动项目中将含有“kvsrvxp.exe”的选项取消即可。

11.5.7 玩游戏时出现内存不足

1. 故障现象

一台双核电脑，内存为2GB的电脑，玩游戏时出现内存不足故障，之后系统会跳回桌面。

2. 故障分析

根据故障现象分析，造成此故障的原因主要有：

1）电脑同时打开的程序窗口太多；

2）系统中的虚拟内存设置太小；

3）系统盘中的剩余容量太小；

4）内存容量太小。

3. 故障查找与排除

1）将不用的程序窗口关闭，然后重新运行游戏，故障依旧。

2）检查系统盘中剩余的磁盘容量，发现系统盘中还有5GB的剩余容量。

3）在桌面“这台电脑”图标上单击鼠标右键，再单击“属性”命令，然后单击“系统”窗口中的“高级系统配置”选项按钮，接着单击“高级”选项卡下的“性能”文本框中的“设置”按钮。如图11-12所示。

4）在打开的“性能选项”对话框中单击“高级”选项卡，然后查看“虚拟内存”文本框中的虚拟内存值，发现虚拟内存值太小。

5）单击“虚拟内存”文本框中的“更改”按钮，打开“虚拟内存”对话框，然后在“虚拟内存”对话框中增大虚拟内存，进行测试，故障排除。

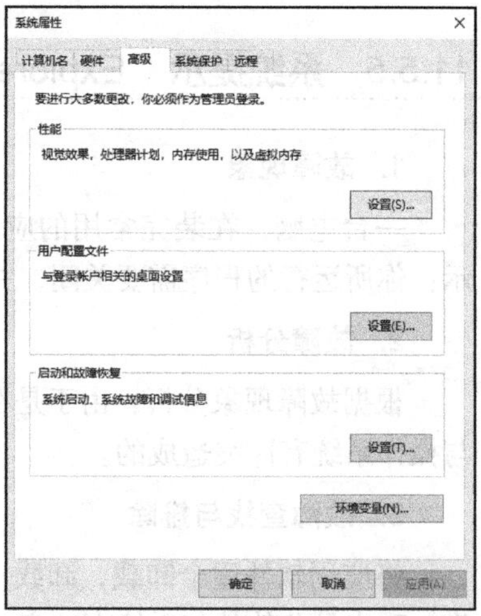

图11-12 “系统属性”对话框

11.5.8 电脑经常死机

1. 故障现象

一台安装Windows系统的电脑，最近使用时经常死机，有时候还会自动重启，重启后播放歌曲，歌曲的声音音调会变高变细。

2. 故障分析

根据故障现象分析，造成此故障的原因主要有：

1）电脑感染病毒；

2）系统文件损坏；

3）硬件驱动程序和系统不兼容；

4）硬件设备冲突；

5）硬件设备接触不良；

6）CPU 过热或超频。

3. 故障查找与排除

1）用最新版杀毒软件查杀病毒，未发现病毒。

2）重启电脑到安全模式，启动后，继续使用测试，发现故障消失。由于故障发生时，电脑声卡的声音会变调，怀疑故障与声卡有关，将声卡的驱动程序删除，然后重新启动电脑到正常模式进行测试，发现正常模式下也未出现故障，看来是声卡驱动程序问题。

3）从网上下载新版的声卡驱动程序，安装后测试，故障排除。

11.5.9 Windows 系统启动速度较慢

1. 故障现象

Windows 系统在启动到桌面之后，很长时间后才能进行操作，启动时间非常长。

2. 故障分析

根据故障现象分析，造成此故障的原因主要有：

1）感染病毒；

2）系统问题；

3）开机启动的程序过多；

4）硬盘问题。

3. 故障查找与排除

1）用杀毒软件查杀电脑病毒，未发现病毒。

2）重新启动系统，发现启动后有很多游戏程序在系统启动时会自动启动，看来系统启动太慢主要是系统中自动启动的程序太多。

3）鼠标放到任务栏单击右键，选择“任务管理器”，然后在打开的“任务管理器”对话框中，单击“启动”标签。然后在启动项目列表中将不需要启动的游戏程序项前面复选框去掉，重新启动，故障排除。

11.5.10 无法卸载游戏程序

1. 故障现象

一台联想品牌电脑，从“添加 / 删除程序”选项中卸载一个游戏程序。但执行卸载程序后，游戏的选项依然在开始菜单的列表中，无法删除。

2. 故障分析

根据故障现象分析，造成此故障的原因主要有：

1）注册表问题；

2）系统问题；

3）游戏软件问题。

3. 故障查找与排除

根据故障现象分析，此故障应该是恶意网站更改了系统注册表引起的，可以通过修改注册表来修复。在“运行”对话框中输入“regedit”并按Enter键，打开“注册表编辑器”窗口。依次展开“HKEY_LOCAL_MACHINE\Software\Microsoft\Windows\CurrentVersion\ Uninstall”子键，然后将子键下游戏的注册文件删除。之后重启电脑，故障排除。

11.5.11 电脑启动后，较大的程序无法运行，且死机

1. 故障现象

一台新装的三核电脑，启动后，只要打开“我的电脑”就死机，一些较大的程序也运行不了，但小的程序可以运行。

2. 故障分析

经过了解，用户除了上网，一般不做其他工作，而且电脑从装好后一直非常正常，没有出现过故障。根据故障现象分析，造成此故障的原因主要有：

1）感染木马病毒；

2）电脑硬件有问题；

3）电脑系统有问题。

3. 故障查找与排除

1）查看电脑上安装的杀毒软件，发现杀毒软件的版本较低。

2）将杀毒软件升级到最新版后，查杀电脑的病毒，发现两个木马病毒。将病毒杀掉后，重新安装系统，故障排除。

11.5.12 双核电脑出现错误提示，键盘无法使用

1. 故障现象

一台AMD双核电脑不能启动，开机发出1长3短的报警声，显示器出现“Keyboard Error or No Keyboard Present”错误提示。

2. 故障分析

根据错误提示和BIOS报警声可知（错误提示为键盘错误），此故障应该是键盘问题引起的，应首先检查键盘设备。另外，经过和用户了解，电脑以前没有发生过类似的故障，不过在电脑出现故障前，邻居家的两个小孩来玩过游戏。

3. 故障查找与排除

在检查此类故障时应先检查键盘信号线连接问题，再检查断线及键盘电路问题，具体步骤如下：

首先检查电脑键盘接头是否接触良好，发现键盘接头松动，重新插紧后，开机测试，故障排除。看来是小孩玩游戏时，使劲拉拽过键盘，导致键盘接头松动、接触不良，从而产生故障。

11.5.13　双核电脑无法正常启动系统，不断自动重启

1. 故障现象

一台主板为升技主板的电脑，安装的是 Windows 操作系统。在电脑启动时，当出现启动画面后不久，就自动重启，并不断循环往复。

2. 故障分析

经过了解，电脑以前使用一直正常，但在故障出现前关闭电脑时，在系统还没有关闭的情况下，突然断电，第二天启动电脑时就出现不断重启的故障。

由于电脑以前使用一直正常，可以基本判断，故障应该不是由于硬件兼容性问题引起的。根据故障现象分析，造成此故障的原因可能是以下几个方面引起。

1）系统文件损坏。

2）感染病毒。

3）硬盘损坏。

3. 故障查找与排除

由于电脑是在非正常关机后出现的，因此在检查时应首先排除系统文件损坏引起故障的原因。具体检修步骤如下：

1）尝试恢复系统。用操作系统安装盘启动电脑，在“选择语言”界面单击“下一步”按钮，然后在“现在安装”界面单击“修复计算机”按钮。

2）依次单击“疑难解答”“高级选项”“命令提示符”，打开命令提示符程序。

3）在命令提示符下，输入“bootrec.exe / fixmbr”，然后按 Enter 键开始修复系统，修复完成后输入“Exit”命令退出。

4）退出后，重新启动电脑，进行测试，发现启动正常，故障排除。

11.5.14　电脑出现“ Disk boot failure，Insert system disk”错误提示，无法启动

1. 故障现象

一台 Intel 酷睿 i5 电脑，开机启动电脑时，出现“ Disk boot failure，Insert system disk”错误提示，无法正常启动电脑。

2. 故障分析

经过了解，电脑以前使用正常，在故障出现前，用户向电脑中连接了第二块硬盘，由于电脑是在接入第二块硬盘后出现的，故怀疑此故障与硬盘有关。造成此故障的原因主要有：

1）硬盘冲突。

2）硬盘数据线有问题。

3）硬盘损坏。

4）系统文件损坏。

5）硬盘主引导记录损坏。

6）感染病毒。

3. 故障查找与排除

由于电脑以前工作正常，在安装第二块硬盘后，出现故障，因此应首先检测硬盘方面的原因。此故障的检修步骤如下：

1）关闭电脑的电源，打开机箱检查电脑中的硬盘连接情况，发现硬盘连接正常。

2）将第二块硬盘取下，在只接原先硬盘的情况下开机测试，发现电脑启动正常。看来系统文件没有问题。

3）将第二块硬盘接入电脑，连接时将硬盘接在 SATA 1 接口中（原电脑硬盘在 SATA 2 接口），然后开机测试。发现故障又重现。

4）重启电脑，然后进入 BIOS 程序查看硬盘的参数。发现 BIOS 中可以检测到两个硬盘，而且参数正常。看来第二块硬盘应该没有问题。

5）根据故障提示，怀疑电脑启动时从第二块硬盘引导系统，导致无法启动。在 BIOS 中将电脑的启动顺序设为从 SATA 2 硬盘启动。接着重启电脑进行测试，发现启动正常，而且两个硬盘均能正常访问，故障排除，看来是启动时选择错了硬盘引起的。

11.5.15 酷睿电脑开机出现错误提示，无法正常启动

1. 故障现象

一台处理器为 Core i3 的电脑，开机启动时，出现“Non-system disk or disk error. Replace andstrike any key when ready.”错误提示，无法正常启动。

2. 故障分析

此故障提示的意思是：“非系统盘或磁盘出错，当一切准备好时，按任意键”，根据故障提示造成此故障的原因主要有：

1）系统文件损坏或丢失。

2）硬盘接触不良。

3）硬盘损坏。

4）设置的启动盘不是硬盘。

3. 故障查找与排除

对于此类故障应用首先检查硬盘是否正常，然后再检查软件方面的原因。此故障的检修步骤如下：

1）启动电脑，开机时按 Delete 键进入 BIOS 程序，然后检查 BIOS 程序中的硬盘参数是否正确。发现硬盘参数正确，说明硬盘连接正常。

2）用启动盘启动电脑，将电脑中的有用数据备份出来，然后重新安装操作系统。

3）安装完成后，测试电脑，故障消失，电脑运行正常，看来是系统文件损坏引起的故障。

11.5.16 双核电脑出现“Verifying DMI Pool Data”错误提示，无法正常启动

1. 故障现象

一台联想的双核电脑，开机自检正常，但电脑出现“Verifying DMI Pool Data”准备从硬盘引导操作系统时，停止不动，无法正常启动。

2. 故障分析

经过了解，电脑是在连接宽带网后出现的，而且电脑出现故障前，电脑中还没有安装杀毒软件。由于电脑在自检完成后，要开始启动操作系统时，即 BIOS 准备读取并执行硬盘中的主引导记录时出现了故障，因此怀疑电脑硬盘的主引导记录损坏或丢失引起此故障的。根据分析造成此故障的原因主要有：

1）硬盘主引导记录损坏。

2）感染病毒。

3）硬盘有问题。

3. 故障查找与排除

根据故障分析，此故障主要是由主引导记录损坏引起的，应重点检查主引导记录。此故障的检修步骤如下：

1）启动电脑，然后进入 BIOS 程序检查硬盘的参数是否正常。经检查硬盘正常。

2）将硬盘接到另一台电脑中，然后在另一台电脑中安装 NDD 磁盘工具软件。

3）运行此磁盘软件，然后恢复故障盘的主引导记录。修复后将硬盘接回电脑，然后启动测试，启动正常，故障排除。看来是主引导记录损坏引起的故障，怀疑由于上网电脑感染了病毒，破坏了硬盘主引导记录。

11.5.17 Windows 7 和 Windows 10 双系统的电脑无法正常启动

1. 故障现象

一台清华同方品牌电脑。安装了 Windows 7 和 Windows 10 双系统，在启动时选择 Windows 7 操作系统后，不能正常启动，只能看到在屏幕左上角的光标一直闪。

2. 故障分析

根据故障现象分析，此故障是在选择操作系统后，无法启动，所以故障可能是由启动文件损坏或系统文件损坏引起的。造成此故障的原因主要有：

1）双系统启动文件损坏。

2）Windows 7 系统文件损坏。

3）感染病毒。

3. 故障查找与排除

此故障应首先检查启动文件是否损坏，然后检查操作系统文件。具体检修步骤如下：

1）重启电脑，然后在出现启动菜单时，选择 Windows 10 系统启动。发现出现同样的故障现象，看来是启动文件损坏引起的故障。

2）用 Windows 10 系统安装盘启动电脑，在“选择语言”界面单击“下一步”按钮，然后在“现在安装”界面单击“修复计算机”按钮。

3）依次单击“疑难解答”“高级选项”“命令提示符”，打开命令提示符程序。

4）在命令提示符下，输入“fixmbr C:”然后按 Enter 键。

5）按 Enter 键后，再输入“ Bootcfg /add”并按 Enter 键，接着选择提示安装，一般是 1；接下来提示输入加载识别符，输入“Microsoft Windows 7”后按 Enter 键，然后会提示输入 OS 加载选项，输入“fastdetect”后按 Enter 键，最后输入“exit”后按 Enter 键重新启动电脑。

6）启动到启动菜单时，选择 Windows 7 操作系统启动，正常启动，故障排除。

11.5.18 无法启动系统，提示“NTLDR is missing，Press any key to restart”

1. 故障现象

一台 CPU 为 AMD A10 的电脑，安装的操作系统为 Windows 10。开机自检后，出现“NTLDR is missing，Press any key to restart”错误提示，不能正常启动系统。

2. 故障分析

根据错误提示分析，此故障为 Windows 10 中的系统文件损坏或丢失所致。造成此故障的原因主要有：

1）非法关机。

2）硬盘有坏道。

3）电脑有病毒。

4）误操作（如误删除等）。

5）硬盘有问题。

3. 故障查找与排除

由于此故障是系统文件损坏或丢失所致，下面重点修复损坏的系统文件，具体的检修步骤如下：

1）用 Windows 10 系统安装盘启动电脑，在“选择语言”界面单击“下一步”按钮，然后在“现在安装”界面单击“修复计算机”按钮。

2）依次单击“疑难解答”“高级选项”“命令提示符”，打开命令提示符程序。

3）在命令提示符下，输入“ sfc /scannow”，然后按 Enter 键。这时 sfc 文件检测器将立即扫描所有受保护的系统文件，其间会提示用户插入 Windows 安装盘。

4）大约 10 分钟左右的时间里，sfc 检测并修复好受保护的系统文件。重新启动电脑，系统可以正常启动，故障排除。

第 12 章

修复电脑死机和蓝屏故障

本章主要讲解了电脑死机故障维修方法、电脑蓝屏故障维修方法及相关故障维修案例等。

12.1 电脑的死机和蓝屏

死机是令操作者颇为烦恼的事情，常常使劳动成果付之东流。电脑死机时的表现多为蓝屏、无法启动系统、画面“定格”无反应、键盘无法输入、软件运行非正常中断、鼠标停止不动等。

蓝屏是指基于某些原因，例如硬件冲突、硬件产生问题、注册表错误、虚拟内存不足、动态链接库文件丢失、资源耗尽等问题而导致驱动程序或应用程序出现严重错误，进而波及内核层，在这种情况下，Windows 中止系统运行，并启动名为“ KeBugCheck”的功能，通过检查所有中断的处理进程，同预设的停止代码和参数比较后，屏幕将变为蓝色，并显示相应的错误信息和故障提示的现象。

出现蓝屏时，出错的程序只能非正常退出，有时即使退出该程序也会导致系统越来越不稳定，有时则在蓝屏后死机，所以蓝屏问题是比较棘手的，而且产生蓝屏的原因是多方面的，软硬件的问题都有可能导致蓝屏，排查起来非常麻烦。如图 12-1 所示为系统蓝屏画面。

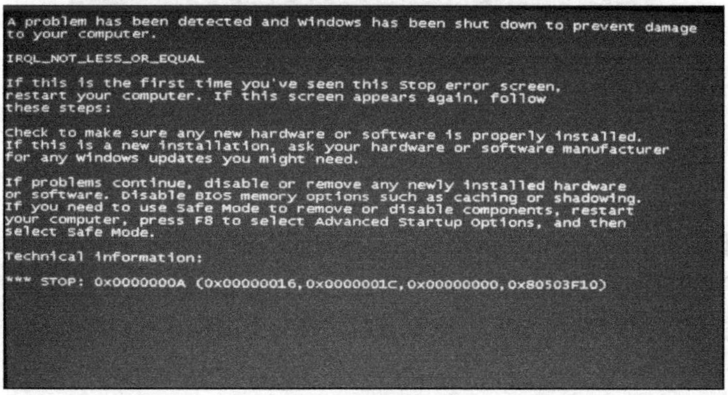

图 12-1　蓝屏画面

12.2 电脑死机故障修复

12.2.1 修复开机过程中发生死机的故障

在启动计算机时，只听到硬盘自检声而看不到屏幕显示或听不到开机自检时发出报警声，且计算机不工作或在开机自检时出现错误提示等。

此时死机的原因主要有：

1）BIOS 设置不当。

2）移动电脑时设备遭受震动。

3）灰尘腐蚀电路及接口。

4）内存条故障。

5）CPU 超频。

6）硬件兼容问题。

7）硬件设备质量问题。

8）BIOS 升级失败等。

开机过程中发生死机时的解决方法：

1）如果电脑是在移动之后发生死机，可以判断为移动过程中受到很大震动，引起电脑死机，因为移动可能造成电脑内部器件松动，从而导致接触不良。这时打开机箱，把内存、显卡等设备重新紧固即可。

2）如果电脑是在设置 BIOS 之后发生死机，可恢复 BIOS 的设置，如忘记了之前的设置项，可以选择 BIOS 中的“最佳化预设值”进行恢复。如图 12-2 所示为 UEFI BIOS 界面。

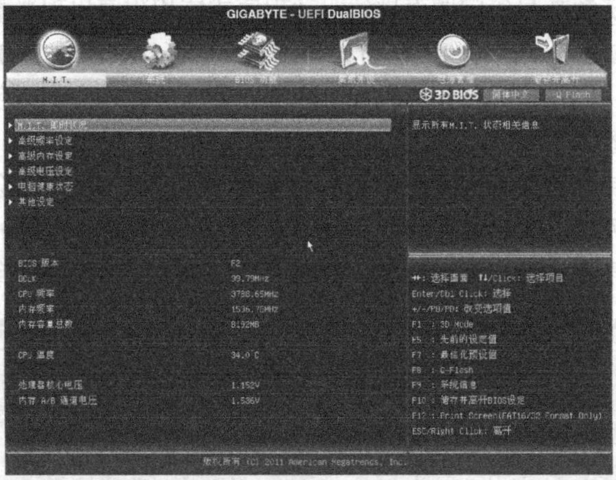

图 12-2 UEFI BIOS 界面

3）如果电脑是在 CPU 超频之后死机，可以判断为超频引起电脑死机，因为超频加剧了在内存或虚拟内存中找不到所需数据的矛盾，造成死机。将 CPU 频率恢复即可。

4）如屏幕提示“无效的启动盘”，则是系统文件丢失或损坏，或硬盘分区表损坏，修复系统文件或恢复分区表即可。

5）如果不是上述问题，那么检查机箱内是否干净，设备连接有无松动，因为灰尘会腐蚀电路及接口，造成设备间接触不良，引起死机。清理机箱及设备接口的灰尘，重新连接设备，故障即可排除。

6）如果故障依旧存在，可用替换法排除硬件兼容性问题和设备质量问题。

12.2.2 修复启动操作系统时发生死机的故障

在电脑通过自检，开始装入操作系统时或刚刚启动到桌面时，计算机出现死机。

此时死机的原因主要有：

1）系统文件丢失或损坏。

2）感染病毒。

3）初始化文件遭破坏。

4）非正常关闭计算机。

5）硬盘有坏道等。

启动操作系统时发生死机的解决方法如下：

1）如启动时提示找不到系统文件，则可能是因为系统文件丢失或损坏，从其他装有相同操作系统的电脑中复制丢失的文件到故障电脑中即可。

2）如启动时出现蓝屏，提示系统无法找到指定文件，则为硬盘坏道导致系统文件无法读取所致。用启动盘启动电脑，运行 HDD 磁盘扫描程序，检测并修复硬盘坏道即可。

3）如没有上述故障，首先用杀毒软件查杀病毒，再重新启动电脑，看电脑是否正常运行。

4）如还死机，尝试用“安全模式”启动，然后再重新启动，看是否死机。

5）如依然死机，接着恢复 Windows 注册表（如系统不能启动，则用启动盘启动）。

6）如不起作用，则打开“命令提示符”对话框，输入“sfc /scannow”并按 Enter 键，启动“系统文件检查器”开始检查。如查出错误，屏幕会提示具体损坏文件的名称和路径，接着插入系统光盘，选择“还原文件”选项，被损坏或丢失的文件就会还原，如图 12-3 所示。

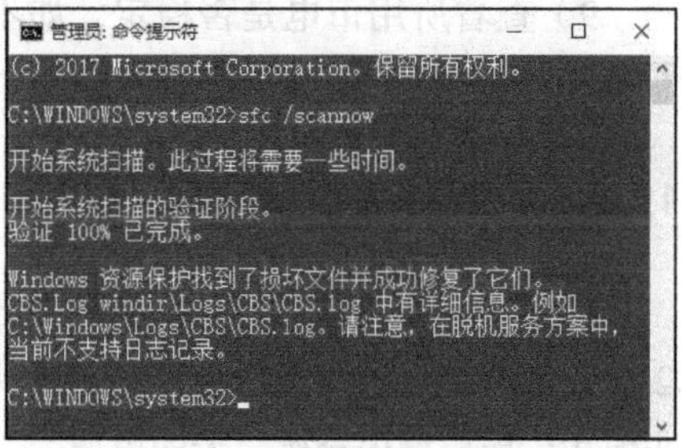

图 12-3 检测磁盘文件

7）如果仍未解决问题，可考虑重新安装操作系统。

12.2.3 修复使用一些应用程序过程中发生死机的故障

计算机一直都运行良好，只在运行某些应用程序或游戏时出现死机。

此时死机的原因主要有：

1）病毒感染。

2）动态链接库文件（.dll 文件）丢失。

3）硬盘剩余空间太少或碎片太多。

4）软件升级不当。

5）非法卸载软件或误操作。

6）启动程序太多。

7）硬件资源冲突。

8）CPU 等设备散热不良。

9）电压不稳等。

在使用一些应用程序的过程中发生死机的解决方法如下：

1）用杀毒软件查杀病毒，再重新启动电脑。

2）看打开的程序是否太多，如果是，则关闭暂时不用的程序。

3）是否升级了软件，如果是，将软件卸载再重新安装即可。

4）是否非法卸载软件或误操作，如果是，可通过恢复 Windows 注册表来尝试恢复损坏的共享文件。

5）查看硬盘空间是否太少，如果是，请删掉不用的文件并进行磁盘碎片整理。

6）查看死机有无规律，如电脑总是在运行一段时间后死机或运行大的游戏软件时死机，则可能是 CPU 等设备散热不良引起，打开机箱查看 CPU 的风扇是否运转，风力如何，如果风力不足，则应及时更换风扇，改善散热环境。

7）用硬件测试工具测试电脑，检查是否是由于硬件的品质和质量不好造成的死机，如果是，则更换硬件设备。

8）打开"系统 → 设备管理器"，查看硬件设备有无冲突（冲突设备一般用"！"号标出），如果有，将其删除，重新启动计算机并安装驱动程序即可，如图 12-4 所示。

9）查看所用市电是否稳定，如不稳定，配置稳压器即可。

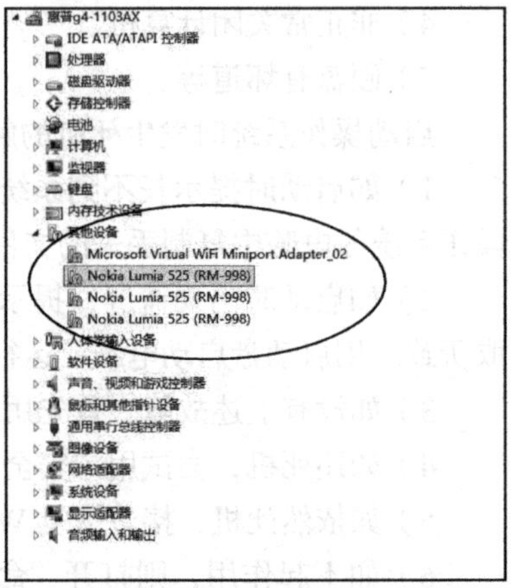

图 12-4 设备管理器

12.2.4 修复关机时出现死机的故障

在退出操作系统时出现死机。Windows 的关机过程为：先完成所有磁盘写操作，清除磁盘缓存；接着执行关闭窗口程序，关闭所有当前运行的程序，将所有保护模式的驱动程序转换成实模式；最后退出系统，关闭电源。

此时死机的原因主要有：

1）选择退出 Windows 系统时声音文件损坏。

2）BIOS 的设置不兼容。

3）BIOS 中"高级电源管理"的设置不当。

4）没有在实模式下为视频卡分配一个 IRQ。

5）某一个程序或 TSR 程序可能没有正常关闭。

6）加载了一个不兼容的、损坏的或冲突的设备驱动程序等。

关机时出现死机的解决方法如下：

1）确定"退出 Windows"声音文件是否已毁坏，单击"开始 → 控制面板"，然后单击"硬件和声音"选项，再单击"声音"选项中的"管理音频设备"选项，如图 12-5 所示。

2）在"声音"选项卡中的"程序事件"框中，单击"关闭程序"选项。在"声音"框中单击"(无)"，然后单击"确定"按钮，接着关闭计算机。如果 Windows 正常关闭，则问题是由退出声音文件所引起的。如图 12-6 所示。

3）在 CMOS 设置程序中，重点检查 CPU 外频、电源管理、病毒检测、IRQ 中断开闭、磁盘启动顺序等选项设置是否正确。具体设置方法可参考主板说明书，其中有很详细的设置说明。如果对其设置还是不太懂，建议将 CMOS 恢复到出厂默认设置即可。

4）如不起作用，排查硬件不兼容问题或安装的驱动不兼容问题。

图 12-5　声音设备选项

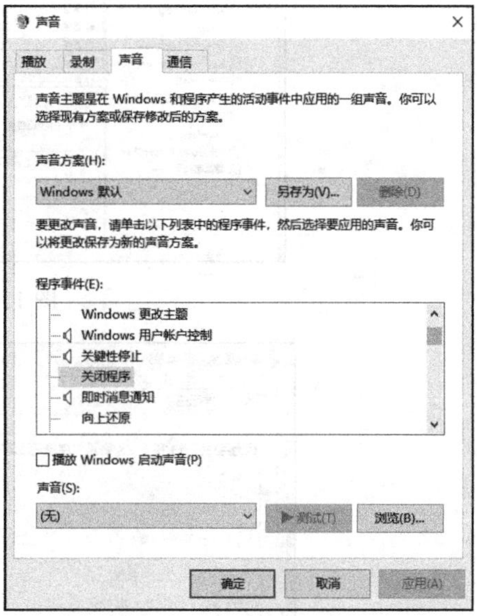

图 12-6　声音设置

12.3 电脑系统蓝屏故障修复

12.3.1　修复蓝屏故障

当出现蓝屏故障时，如不明确故障原因，首先重启电脑，接着按下面的步骤进行维修。

1）用杀毒软件查杀病毒，排除病毒造成的蓝屏故障。

2）在 Windows 系统中，打开“控制面板→管理工具→事件查看器”，在这里根据日期和时间重点检查“系统”和“应用程序”中类型标志为“错误”的事件，如图 12-7 所示，双击事件类型，打开错误事件的“事件属性”对话框，查找出错原因，再进行有针对性的修复，如图 12-8 所示。

3）用“安全模式”启动，或恢复 Windows 注册表（恢复至最后一次正确的配置）来修复蓝屏故障。

4）查询错误代码，错误代码中一般“*** Stop：”后面的类似“0x0000000A”（参考图 12-1）的代码为错误代码，可以通过查询错误代码的含义来查询故障原因（参考 12.3.6 节中的表 12-1）。

图 12-7　事件查看器

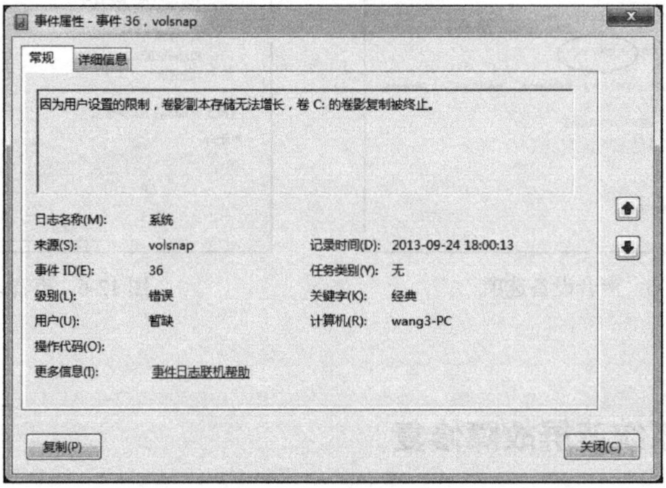

图 12-8　事件属性

12.3.2 修复虚拟内存不足造成的蓝屏故障

如果蓝屏故障是由虚拟内存不足造成的，可以按照如下的方法进行解决。

1）删除一些系统产生的临时文件、交换文件，释放硬盘空间。

2）手动配置虚拟内存，把虚拟内存的默认地址转到其他逻辑盘下。

具体方法如下。

1）在桌面的“这台电脑”图标上右击鼠标，在弹出的右键菜单中单击“属性”命令，打开“系统”窗口，然后单击“高级系统设置”选项按钮，打开“系统属性”对话框，如图 12-9 所示。

2）单击对话框中“性能”文本框中的“设置”按钮，打开“性能选项”对话框，并在此对话框中单击“高级”选项卡，如图 12-10 所示。

3）在“性能选项”对话框中单击“更改”按钮，打开“虚拟内存”对话框，并单击取消选择“自动管理所有驱动器的分页文件大小”前的复选框，如图 12-11 所示。

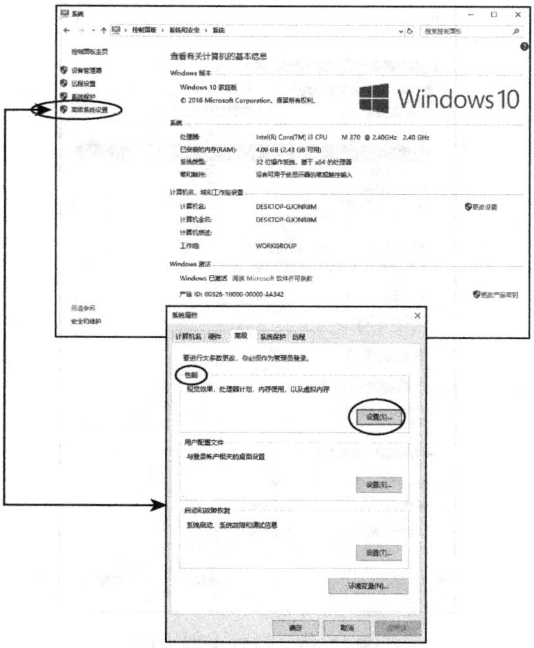

图 12-9　“系统属性”对话框

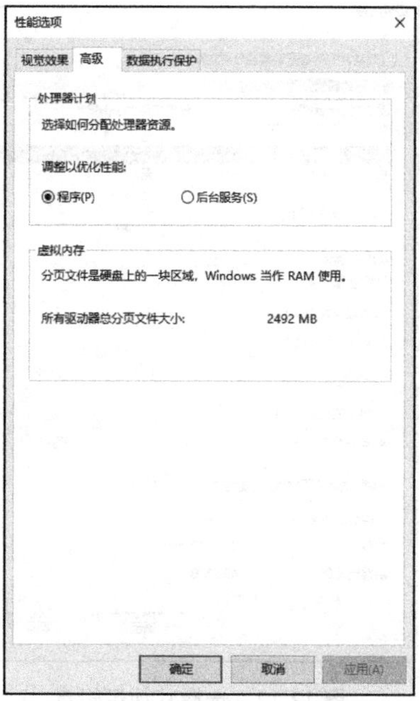

图 12-10　“性能选项”对话框

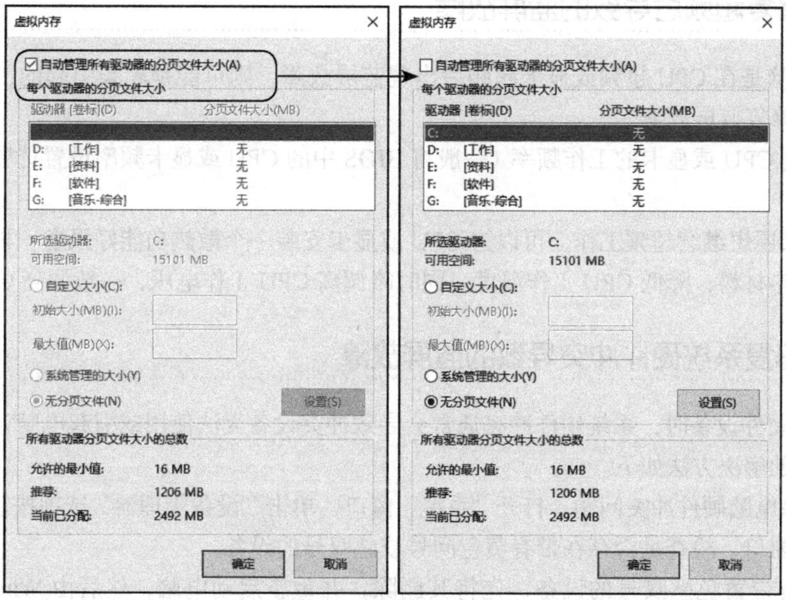

图 12-11　“虚拟内存”对话框

4）在此对话框中单击“驱动器”文本框中的“D：”，然后单击“自定义大小”单选按钮，如图 12-12 所示。

5）分别在“初始大小”和“最大值”栏中输入“虚拟内存”的初始值（如 768）和最大值（如 1534）。然后，单击“设置”按钮，如图 12-13 所示。

6）分别在“虚拟内存”对话框、“性能选项”对话框和“系统属性”对话框中单击“确定”按钮，完成虚拟内存的设置。

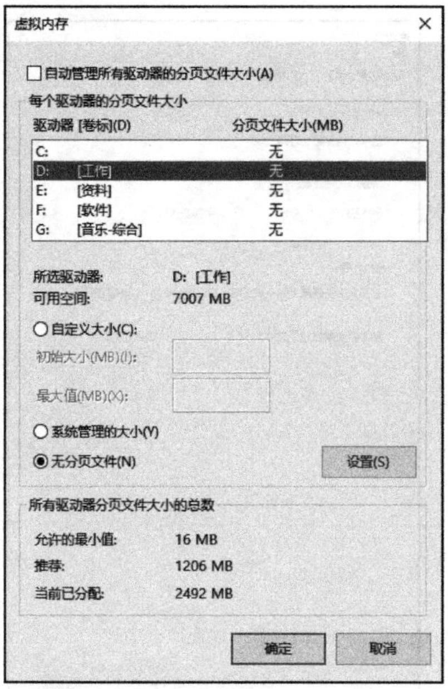

图 12-12 选择其他逻辑盘

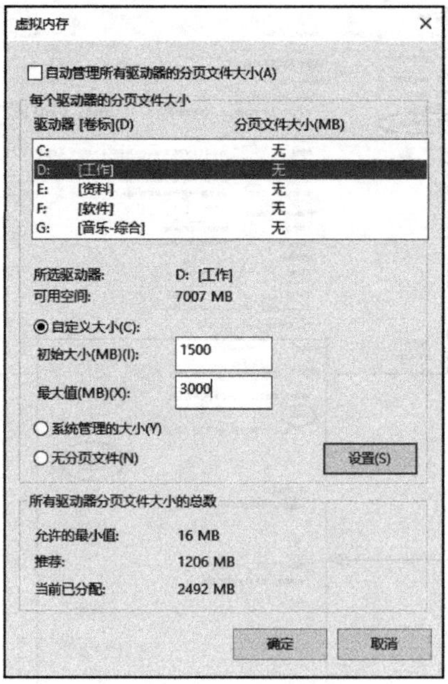

图 12-13 设置虚拟内存

12.3.3 修复超频后导致的蓝屏故障

如果电脑是在 CPU 超频或显卡超频后出现蓝屏故障，则可能是超频引起的，这时可以采取以下方法修复蓝屏故障。

1）恢复 CPU 或显卡的工作频率（一般将 BIOS 中的 CPU 或显卡频率设置选项恢复到初始状态即可）。

2）如果还想继续超频工作，可以为 CPU 或显卡安装一个散热功能好风扇，再多涂一些硅胶之类的散热材料，降低 CPU 工作温度。同时略调高 CPU 工作电压，一般调高 0.05V 即可。

12.3.4 修复系统硬件冲突导致的蓝屏故障

在调用硬件设备时，系统硬件冲突通常会导致冲突设备无法使用或引起电脑蓝屏故障。这种蓝屏故障的解决方法如下。

1）排除电脑硬件冲突问题。打开“系统”窗口，单击“设备管理器”选项按钮，打开“设备管理器”窗口，检查是否存在带有黄色问号或感叹号的设备。

2）如有带黄色感叹号的设备，先将其删除，并重新启动电脑，然后由 Windows 自动调整，一般可以解决问题。

3）如果 Windows 自动调整后还是不行，可将冲突设备的驱动程序删除，再重新安装相应的驱动程序。

12.3.5 修复注册表问题导致的蓝屏故障

注册表保存着 Windows 的硬件配置、应用程序设置和用户资料等重要数据，如果注册表出现错误或被损坏，通常会导致蓝屏故障发生，这种蓝屏故障的解决方法如下。

1）用安全模式启动电脑，之后再重新启动到正常模式，一般情况下故障可排除。

2）如果故障依旧存在，接着用备份的正确的注册表文件恢复系统的注册表即可解决蓝屏故障。

3）如果还是不行，尝试重新安装操作系统。

12.3.6　修复各种蓝屏错误代码提示的故障

蓝屏故障出现时，通常会出现相应的错误代码，错误代码中“*** Stop:”至“****** wdmaud.sys”之间的这段内容是错误信息，如“*** STOP:0x0000001E (0x80000004, 0x8046555F; 0x81B369D8, 0xB4DC0D0C) KMODE_EXCEPtion_NOT_HANDLED ”蓝屏错误提示信息中的“0×0000001E”即为错误代码。通常每个错误代码都有相应的错误信息，根据错误信息一般可找到出现蓝屏故障的原因。

部分错误信息代码和含义如表 12-1 所示。

表 12-1　部分蓝屏故障错误信息代码和含义

序　号	错误代码	含　义
1	0x00000000	作业完成
2	0x00000001	不正确的函数
3	0x00000002	系统找不到指定的档案
4	0x00000003	系统找不到指定的路径
5	0x00000004	系统无法开启档案
6	0x00000005	拒绝存取
7	0x00000006	无效的代码
8	0x00000007	存储体控制区块已毁
9	0x00000008	存储体空间不足，无法处理该指令
10	0x00000009	存储体控制区块地址无效
11	0x0000000A	存储器不正确
12	0x0000000B	尝试加载一个格式错误的程序
13	0x0000000C	存取码错误
14	0x0000000D	资料错误
15	0x0000000E	存储体空间不足，无法完成这项作业
16	0x0000000F	系统找不到指定的磁盘驱动器
17	0x00000010	无法移除目录
18	0x00000011	系统无法将档案移到其他磁盘驱动器
19	0x00000012	没有任何档案
20	0x00000013	存储体为写保护状态
21	0x00000014	系统找不到指定的装置
22	0x00000015	装置尚未就绪
23	0x00000016	装置无法识别指令
24	0x00000017	资料错误（cyclic redundancy check）
25	0x00000018	程序发出一个长度错误的指令
26	0x00000019	磁盘驱动器在磁盘上找不到指定的扇区或磁道
27	0x0000001A	指定的磁盘或磁盘无法存取

（续）

序 号	错误代码	含 义
28	0x0000001B	磁盘驱动器找不到要求的扇区
29	0x0000001C	打印机没有纸
30	0x0000001D	系统无法将资料写入指定的磁盘驱动器
31	0x0000001E	系统无法读取指定的装置
32	0x0000001F	连接到系统的某个装置没有作用
33	0x00000021	档案的一部分被锁定，现在无法存取
34	0x00000022	磁盘驱动器的磁盘不正确
35	0x00000024	开启的分享档案数量太多
36	0x00000026	到达档案结尾
37	0x00000027	磁盘已满
38	0x00000032	不支持这种网络要求
39	0x00000033	远程计算机无法使用
40	0x00000034	网络名称重复
41	0x00000035	找不到网络路径
42	0x00000036	网络忙碌中
43	0x00000037	特殊的网络资源或设备不可再使用
44	0x00000038	网络 BIOS 命令已达到限制
45	0x00000039	网络配接卡发生问题
46	0x0000003A	指定的服务器无法执行要求的作业
47	0x0000003B	网络发生意外错误
48	0x0000003C	远程配接卡不兼容
49	0x0000003D	打印机队列已满
50	0x0000003E	服务器的空间无法存储等候打印的档案
51	0x0000003F	等候打印的档案已经删除
52	0x00000040	指定的网络名称无法使用
53	0x00000041	拒绝存取网络
54	0x00000042	网络资源类型错误
55	0x00000043	网络名称找不到
56	0x00000044	超过区域计算机网络配接卡的名称限制
57	0x00000045	超过网络 BIOS 作业阶段的限制
58	0x00000046	远程服务器已经暂停或者正在开始中
59	0x00000047	由于联机数目已达上限，此时无法再联机到这台远程计算机
60	0x00000048	指定的打印机或磁盘装置已经暂停作用
61	0x00000050	档案已经存在
62	0x00000052	无法建立目录或档案
63	0x00000053	INT 24 失败
64	0x00000055	近端装置名称已经在使用中
65	0x00000056	指定的网络密码错误
66	0x00000057	参数错误
67	0x00000058	网络发生资料写入错误
68	0x00000059	此时系统无法执行其他任务

12.4 动手实践：电脑死机和蓝屏典型故障维修实例

12.4.1 升级后的电脑安装操作系统时出现死机，无法安装系统

1. 故障现象

一台经过升级的电脑，在安装 Windows 10 操作系统的过程中出现死机故障，无法继续安装。

2. 故障分析

根据故障现象分析，此故障应该是硬件方面的原因引起的。造成此故障的原因主要为：

1）内存与主板不兼容。

2）显卡与主板不兼容。

3）硬盘与主板不兼容。

4）主板有问题。

5）ATX 电源供电电压太低。

3. 故障查找与排除

由于是在安装操作系统时死机，所以应该是硬件发生故障引起的。经过了解，故障电脑刚刚升级了显卡，所以先检查显卡是否存在问题，具体检修步骤如下：

打开机箱拆下升级的显卡，更换为原来的显卡，然后重新安装系统。发现顺利完成安装，看来是显卡与主板不兼容引起的故障，更换显卡后，故障排除。

12.4.2 电脑总是出现没有规律的死机，不能正常使用

1. 故障现象

一台双核电脑，安装了 Windows 10 操作系统。最近出现没有规律的死机，一般一天出现几次死机故障。

2. 故障分析

造成死机故障的原因非常多，有软件方面的，也有硬件方面的，主要原因包括：

1）感染病毒。

2）内存、显卡、主板等硬件不兼容。

3）电源工作不稳定。

4）BIOS 设置有问题。

5）系统文件损坏。

6）注册表有问题。

7）程序与系统不兼容。

8）程序有问题。

9）硬件冲突。

3. 故障查找与排除

由于死机没有规律，出现此类故障时应首先检查软件，然后检查硬件。具体检修方法如下：

1）卸载所怀疑的软件，然后进行测试，发现故障依旧存在。

2）重新安装操作系统，安装过程正常，但安装后测试，故障依旧存在。

3）怀疑硬件设备有问题，因为安装操作系统时没有出现兼容性问题，因此首先检查电脑的供电电压。启动电脑进入 BIOS 程序，检查 BIOS 中的电源电压输出情况，发现电源的输出电压不稳定，5V 电压偏低，更换电源后测试，故障排除。

12.4.3 MP4 播放器接入电脑后，总是出现蓝屏故障

1. 故障现象

将一个 U 盘接入一台装有 Windows 10 操作系统的电脑中后，总是出现蓝屏问题。

2. 故障分析

根据故障现象分析，造成故障的原因主要有：

1）U 盘有问题。

2）感染病毒。

3）系统中 U 盘的驱动程序损坏。

4）操作系统文件损坏。

5）USB 接口有问题。

3. 故障查找与排除

对于此类故障，应首先检查是否感染病毒，然后用排除法进行检查。具体检修步骤如下：

1）用最新版的杀毒软件查杀电脑，没有发现病毒。

2）将 U 盘安装到电脑的其他 USB 接口，结果故障依旧存在。

3）将 U 盘接到其他电脑进行测试，发现出现同样的故障，看来是 U 盘故障造成的电脑蓝屏。使用无故障的 U 盘重新接入电脑并测试，一切正常，故障消失。

12.4.4 新装双核电脑拷机测试时出现蓝屏故障

1. 故障现象

一台新电脑，装上 Windows 10 操作系统后，开始进行拷机测试。测试一段时间后发现硬盘发出了停转又启转的声音，然后电脑出现蓝屏故障。

2. 故障分析

根据故障现象分析，应该是硬件原因引起的故障，造成此故障的原因主要包括：

1）硬盘不兼容。

2）内存有问题。

3）显卡有问题。

4）主板有问题。

5）CPU 有问题。

6）ATX 电源有问题。

3. 故障查找与排除

由于电脑出现故障时，硬盘发出不正常的声音，因此应首先检查硬盘。此故障的检修方

法为：

1）用一块好的硬盘接到故障电脑中，重新安装系统进行测试。

2）经过测试发现故障消失，看来是硬盘有问题。

3）将故障电脑的硬盘安装到另一台电脑中测试，未出现上面的故障现象，看来是故障机的硬盘与主板不兼容造成的故障，更换硬盘后故障排除。

12.4.5　用一台酷睿电脑播放电影、处理照片均正常，但玩游戏时死机

1. 故障现象

一台安装有 Windows 10 操作系统的双核电脑，平时运行基本正常，播放电影和处理照片时都没有出现过死机现象，但只要一玩 3D 游戏就容易死机。

2. 故障分析

根据故障现象分析，造成死机故障的原因可能是软件方面的，也可能是硬件方面的。由于只有在玩 3D 游戏时电脑才出现死机故障，因此应重点检查与游戏关系密切的显卡。造成此故障的原因主要包括：

1）显卡驱动程序有问题。

2）BIOS 程序有问题。

3）显卡有质量缺陷。

4）游戏软件有问题。

5）操作系统有问题。

3. 故障查找与排除

此故障可能与显卡有关系，在检测时应先检测软件方面的原因，再检测硬件方面的原因。此故障的检修方法如下：

1）更新显卡的驱动程序，从网上下载最新版的驱动程序并安装。

2）用游戏进行测试，发现没有出现死机故障。看来故障是由显卡驱动程序与系统不兼容引起的。安装新的驱动程序后，故障排除。

12.4.6　电脑联网时出现死机，不联网时运行正常

1. 故障现象

一台装有 Windows 10 操作系统的电脑，如果不联网可正常运行，但在联网浏览网页时就会死机，且打开 Windows 任务管理器后发现 CPU 的使用率为 100%，如果将浏览器任务结束，电脑又可恢复正常。

2. 故障分析

根据故障现象分析，此死机故障应该是软件方面的问题引起的。造成此故障的原因主要有：

1）IE 浏览器损坏。

2）系统有问题。

3）网卡与主板接触不良。

4）Modem 有问题。

5）网线有问题。

6）感染木马病毒。

3. 故障查找与排除

出现此类故障，应重点检查与网络有关的软件和硬件。此故障的检修方法如下：

1）用最新版的杀毒软件查杀病毒，未发现病毒。

2）将电脑联网，然后运行 QQ 软件，运行正常，未发现死机。看来网卡、Modem、网线等应该正常。

3）怀疑 IE 浏览器有问题，接着安装 Netcaptor 浏览器并运行，发现故障消失。看来故障与 IE 浏览器有关。将 IE 浏览器删除，然后重新安装最新版 IE 浏览器后进行测试，故障消失。

12.4.7 电脑以前一直很正常，最近总是出现随机性的死机

1. 故障现象

一台双核电脑，安装了 Windows 10 操作系统。电脑以前一直运行得很正常，最近总是出现随机性的死机。

2. 故障分析

经了解，电脑出现故障前用户没有打开过机箱，没有设置过硬件。由于电脑以前运行一直正常，而且没有更换或拆卸过硬件设备，因此出现硬件兼容性问题的可能性较小。造成此故障的原因主要包括：

1）CPU 散热不良。

2）灰尘过多。

3）系统损坏。

4）感染病毒。

5）电源问题。

3. 故障查找与排除

对于此类故障，应首先检查软件，再检查硬件。此故障的检修方法如下：

1）用最新版杀毒软件查杀病毒，未检测到病毒。

2）打开机箱检查 CPU 风扇，发现 CPU 风扇的转速非常低，开机几分钟后，CPU 散热片上的温度有些烫手，看来是散热不良引起的死机故障。

3）更换 CPU 风扇后开机测试，故障排除。

12.4.8 电脑开机启动过程中出现蓝屏故障，无法正常启动

1. 故障现象

一台品牌电脑，开机启动时会出现蓝屏故障，提示如下：

```
"IRQL_NOT_LESS_OR_EQUAL
***STOP:0x0000000A(0x0000024B,OX00000002,OX00000000,OX804DCC95)"
```

2. 故障分析

根据蓝屏错误代码分析，“0x0000000A”表示由存储器引起的故障，而“0x00000024”则表示是由于 NTFS.SYS 文件出现了错误（该驱动文件的作用是允许系统读写使用 NTFS 文件系统的磁盘），所以此蓝屏故障可能是由硬盘本身存在物理损坏而引起的。

3. 故障查找与排除

对于此故障，需要先修复硬盘的坏道，然后再修复系统故障。此故障的检修方法如下：

1）重启电脑，然后在出现启动菜单时，选择 Windows 10 系统启动。发现出现同样的故障现象，看来是启动文件损坏引起的故障。

2）用 Windows 10 系统安装盘启动电脑，在“选择语言”界面单击“下一步”按钮，然后在“现在安装”界面单击“修复计算机”按钮。

3）依次单击“疑难解答”“高级选项”“命令提示符”，打开命令提示符程序。

4）直接输入“ chkdsk C: \r”命令，并按 Enter 键对磁盘进行检测，检测过程中找到坏扇区，选择恢复可读取的信息，完成后，输入“Exit”退出。

5）退出后重启电脑，然后开机测试，故障消失。

12.4.9　电脑出现蓝屏，故障代码为“0x0000001E”

1. 故障现象

一台装有 Windows 10 操作系统的电脑近期频频出现蓝屏故障，蓝屏后屏幕提示：

```
“*** STOP:0x0000001E (0x80000004,0x8046555F; 0x81B369D8,0xB4DC0D0C)
KMODE_EXCEPtion_NOT_HANDLED
*** Address 8046555F base at80400000,DateStamp 3ee6co02-ntoskrnl.exe”。
```

2. 故障分析

根据蓝屏错误代码“0x0000001E”分析，此蓝屏故障可能是由于内存问题引起的。造成此蓝屏故障的原因主要有：

1）内存接触不良。

2）系统文件损坏。

3）内存金手指被氧化。

3. 故障查找与排除

根据故障提示，首先排除内存方面的原因，再排除其他原因。此故障检修方法为：

1）检查内存的问题。关闭电脑的电源，然后打开机箱发现机箱内有很多灰尘，清理机箱内的灰尘后，开机测试，故障依旧存在。

2）重新打开机箱，然后拆下内存，用橡皮将内存金手指擦拭一遍，重新安装好后开机测试，故障消失，看来是由灰尘导致的内存接触不良而引起的蓝屏故障。

12.4.10　电脑出现蓝屏，故障代码为“0x000000D1”

1. 故障现象

一台酷睿 2 电脑，系统启动时出现蓝屏故障，无法正常使用，且提示信息为：

```
***STOP: 0X000000D1{0X00300016, 0X00000002, 0X00000001, 0XF809C8DE}
***ALCXSENS. SYS-ADDRESS F809C8DE BASE AT F8049000, DATESTAMP 3F3264E7
```

2. 故障分析

根据蓝屏故障代码“0x000000D1”判断，此蓝屏故障可能是显卡驱动故障或内存故障引起的。

3. 故障查找与排除

根据故障提示，此蓝屏故障的检修方法如下：

1）关闭电脑的电源，然后清洁内存及主板插槽中的灰尘，之后开机测试，故障依旧存在。

2）用替换法检查内存，内存正常。

3）下载新的显卡驱动程序，重新安装下载的驱动程序，然后进行检测，发现故障消失。看来是显卡驱动程序问题引起的蓝屏故障。

12.4.11 玩大型游戏时，突然出现“虚拟内存不足”的错误提示，无法继续玩游戏

1. 故障现象

在用一台双核电脑玩大型游戏时，突然出现“虚拟内存不足”的错误提示，无法继续玩游戏。

2. 故障分析

虚拟内存不足故障一般是由软件方面的原因（如虚拟内存设置不当）和硬件方面的原因（如内存容量太少）引起的，造成此故障的原因主要有：

1）C 盘中的可用空间太小。

2）同时打开的程序太多。

3）系统中的虚拟内存设得太少。

4）内存的容量太小。

5）感染病毒。

3. 故障查找与排除

对于此故障，首先应检查软件，然后检查硬件，此故障的检修方法如下：

1）关闭不用的应用程序、游戏等，然后进行检测，发现故障依旧存在。

2）检查 C 盘的可用空间是否足够大，发现 C 盘的可用空间为 20GB，够用。

3）重启电脑，然后运行出现内存不足故障的游戏，再进行检测，发现运行一段时间后还会出现同样的故障。

4）怀疑系统虚拟内存设置得太少，接着打开“系统属性”对话框，然后在“高级”选项卡中打开“性能选项”对话框，将虚拟内存大小设为 1.5GB。

5）设置好后，重新启动电脑，然后进行测试，发现故障消失，看来是电脑的虚拟内存太小引起的，将虚拟内存设置得大一些后，故障排除。

第 13 章 网络搭建与故障诊断维修

近年来，随着家用电脑、笔记本电脑和宽带上网的普及，小到几台大到几百台电脑组成小型局域网，再通过公用出口进行上网，越来越成为电脑必不可少的组织形式。

局域网本身也是多种多样、大小不一、各有优劣的。如何搭建小型局域网，如何排除局域网和上网设置上的各种难题，也成为现代电脑用户必须掌握的知识和技术。

13.1 怎样让电脑上网

联网设置是电脑上网的第一步，不同的网络，不同的操作系统有不同的联网方法，下面重点讲解通过不同方式联网的方法。

13.1.1 宽带拨号上网

一般来讲，把骨干网传输速率在 2.5Gbit/s 以上、接入网传输速度能够达到 1Mbit/s 的网络定义为宽带网。宽带网建设分为 3 层：骨干网、城域网和社区接入网。打个比方，骨干网相当于城市与城市之间的高速公路，城域网相当于城市市区内的马路，社区接入网相当于小区街道，可以抵达每户的家门口。

用户通过电话线上网，其传输速率只有 56kbit/s，而宽带网则能为用户提供 10 ～ 100Mbit/s 的网络带宽，上网速度将是目前的 100 倍以上。宽带网上可以直接传输声音、图像和数据。

近几年宽带网发展迅速，由于它上网的速度非常快，费用又不高，包月价格为 50 ～ 120 元不等，所以宽带网受到大家的青睐，下面就介绍宽带上网的操作流程。

1. 通过光纤宽带上网所需设备

笔记本电脑通过光纤宽带上网需要准备的设备主要有网卡（如没有内置网卡则需要配外置网卡）、网线、光纤 Modem（一般网络提供商会提供），如图 13-1 所示。

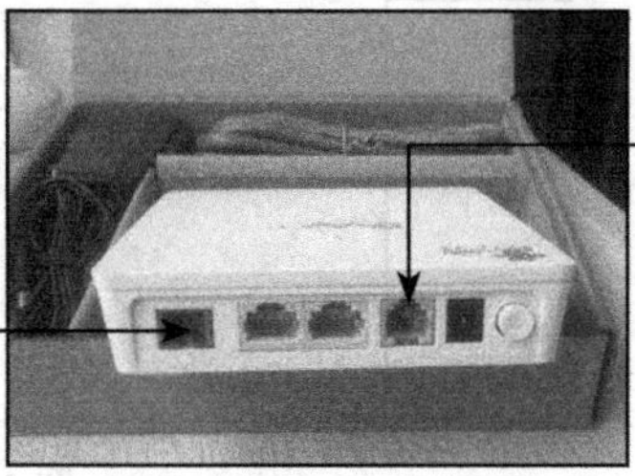

图 13-1　光纤 Modem

2. 安装硬件

安装硬件的步骤如下：

1）如果笔记本电脑没有内置网卡，需要安装外置网卡（PCMICIA 接口或 USB 接口）。

2）安装光纤 Modem。将网络提供商提供的光纤接头插入光纤 Modem 的光纤接口，然后将网线的一端插入光纤 Modem 中的“网口”，再将网线另一端插入笔记本电脑的网卡接口。这时候打开电脑和 ADSL Modem 的电源，如果两边连接网线的插孔所对应的 LED 灯亮了，则硬件连接成功，图 13-2 所示为连接示意图。

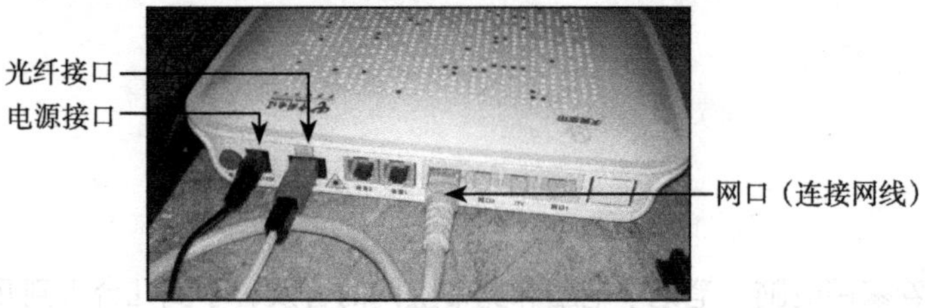

图 13-2　连接示意图

3. 建立宽带拨号

接下来在电脑操作系统中，创建宽带拨号，如图 13-3 所示（以 Windows 10 系统为例）。

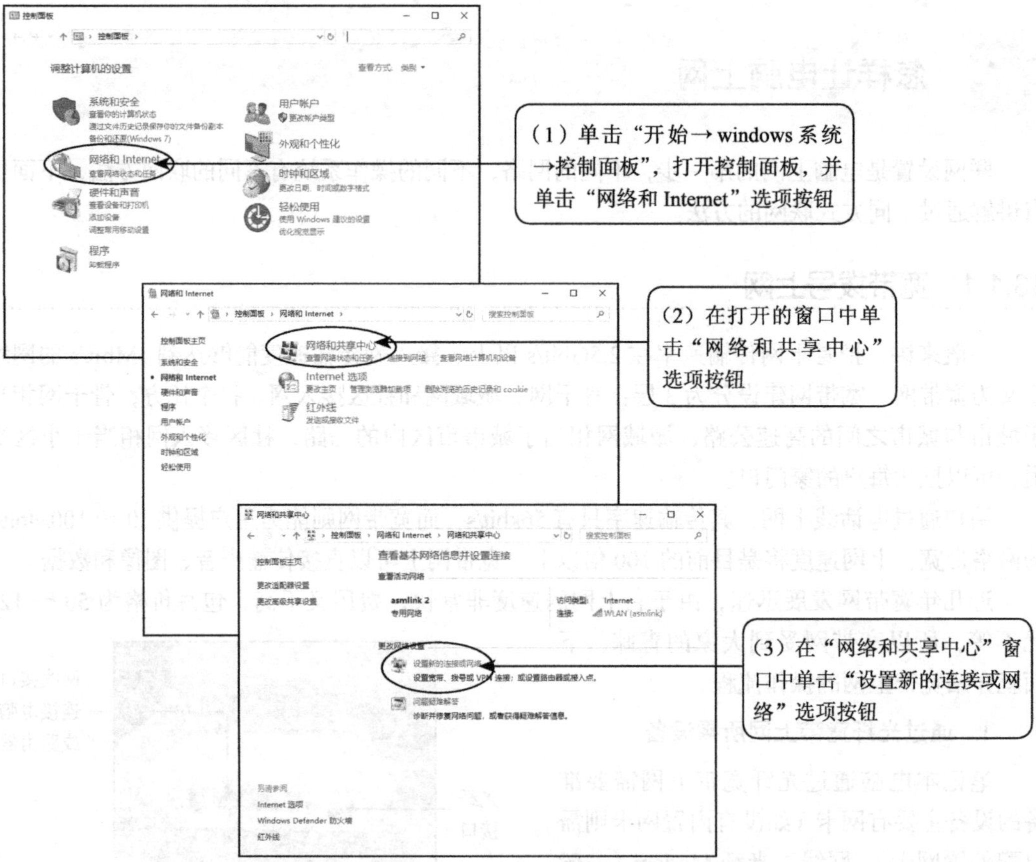

图 13-3　宽带拨号上网

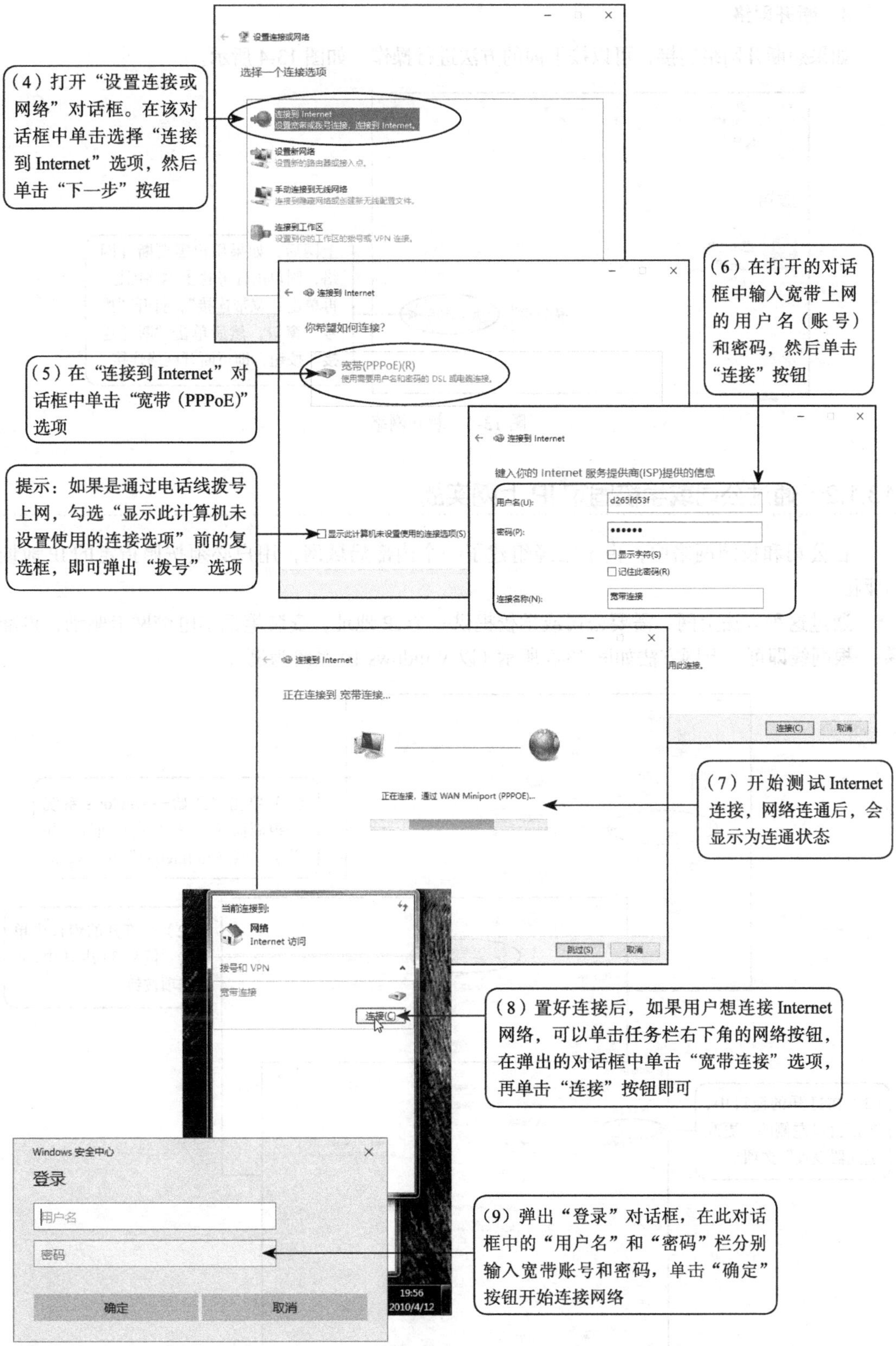
（4）打开“设置连接或网络”对话框。在该对话框中单击选择“连接到 Internet”选项，然后单击“下一步”按钮
设置连接或网络
选择一个连接选项
连接到 Internet
设置新网络
手动连接到无线网络
连接到工作区
（5）在“连接到 Internet”对话框中单击“宽带（PPPoE）”选项
连接到 Internet
你希望如何连接？
宽带(PPPoE)(R)
提示：如果是通过电话线拨号上网，勾选“显示此计算机未设置使用的连接选项”前的复选框，即可弹出“拨号”选项
显示此计算机未设置使用的连接选项(S)
（6）在打开的对话框中输入宽带上网的用户名（账号）和密码，然后单击“连接”按钮
键入你的 Internet 服务提供商(ISP)提供的信息
用户名(U):
d265f653f
密码(P):
显示字符(S)
记住此密码(R)
连接名称(N):
宽带连接
连接(C)
取消
正在连接到 宽带连接...
正在连接，通过 WAN Miniport (PPPOE)...
跳过(S)
取消
（7）开始测试 Internet 连接，网络连通后，会显示为连通状态
当前连接到:
网络
Internet 访问
拨号和 VPN
宽带连接
连接(C)
（8）置好连接后，如果用户想连接 Internet 网络，可以单击任务栏右下角的网络按钮，在弹出的对话框中单击“宽带连接”选项，再单击“连接”按钮即可
Windows 安全中心
登录
用户名
密码
确定
取消
19:56
2010/4/12
（9）弹出“登录”对话框，在此对话框中的“用户名”和“密码”栏分别输入宽带账号和密码，单击“确定”按钮开始连接网络

图 13-3 （续）

4. 断开网络

如果想断开网络连接，可以按下面的方法进行操作。如图 13-4 所示。

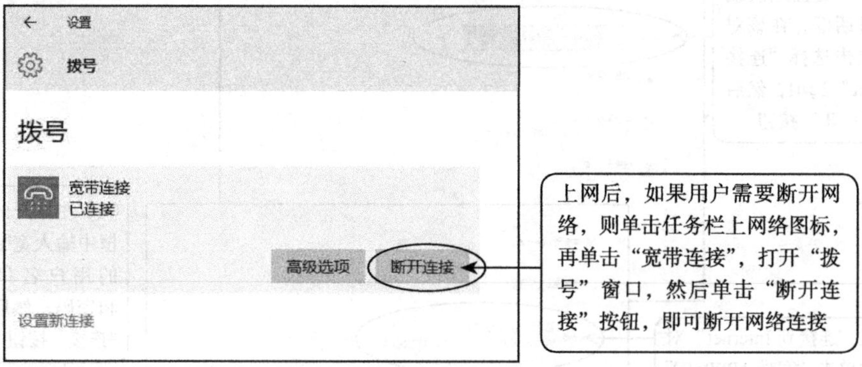

图 13-4 断开网络

13.1.2 通过公司或学校固定 IP 上网实战

在公司和校园网络中，由于已经组建了一个内部局域网，用户必须按照指定的 IP 地址上网。

通过这种方法上网，需要公司或学校提供一个 IP 地址，安装笔记本电脑网卡驱动，再准备一根网线即可。上网方法如图 13-5 所示（以 Windows 10 系统为例）。

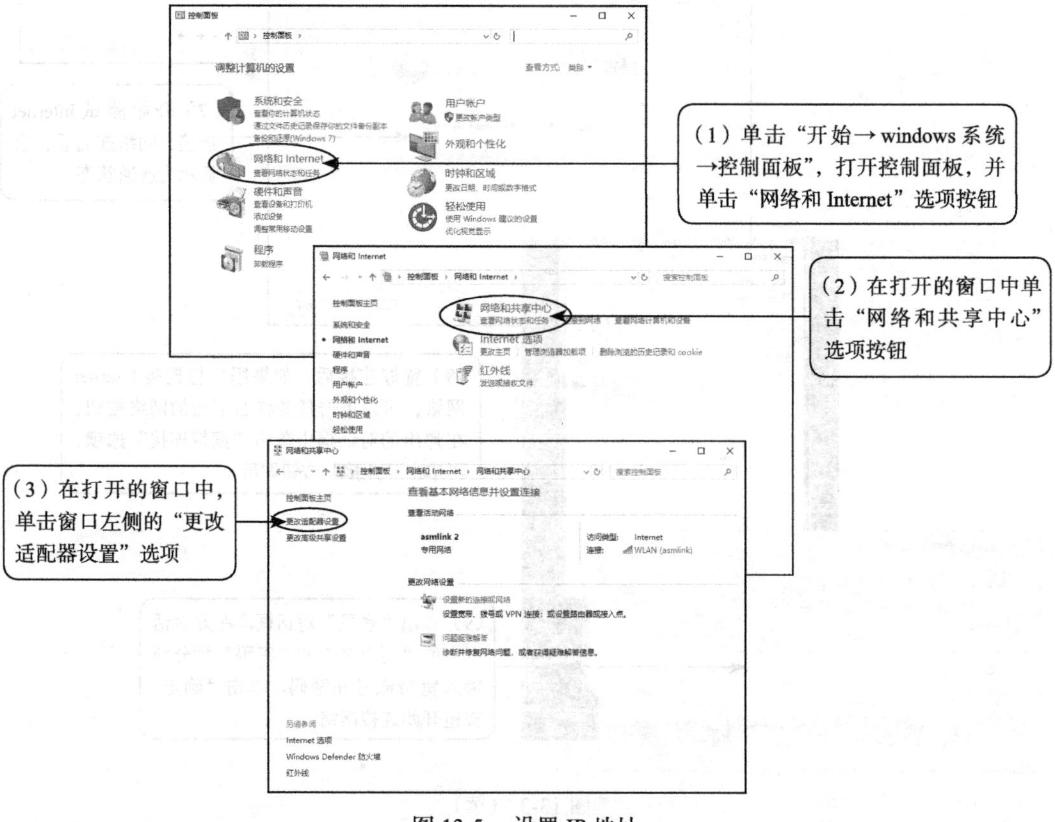

图 13-5 设置 IP 地址

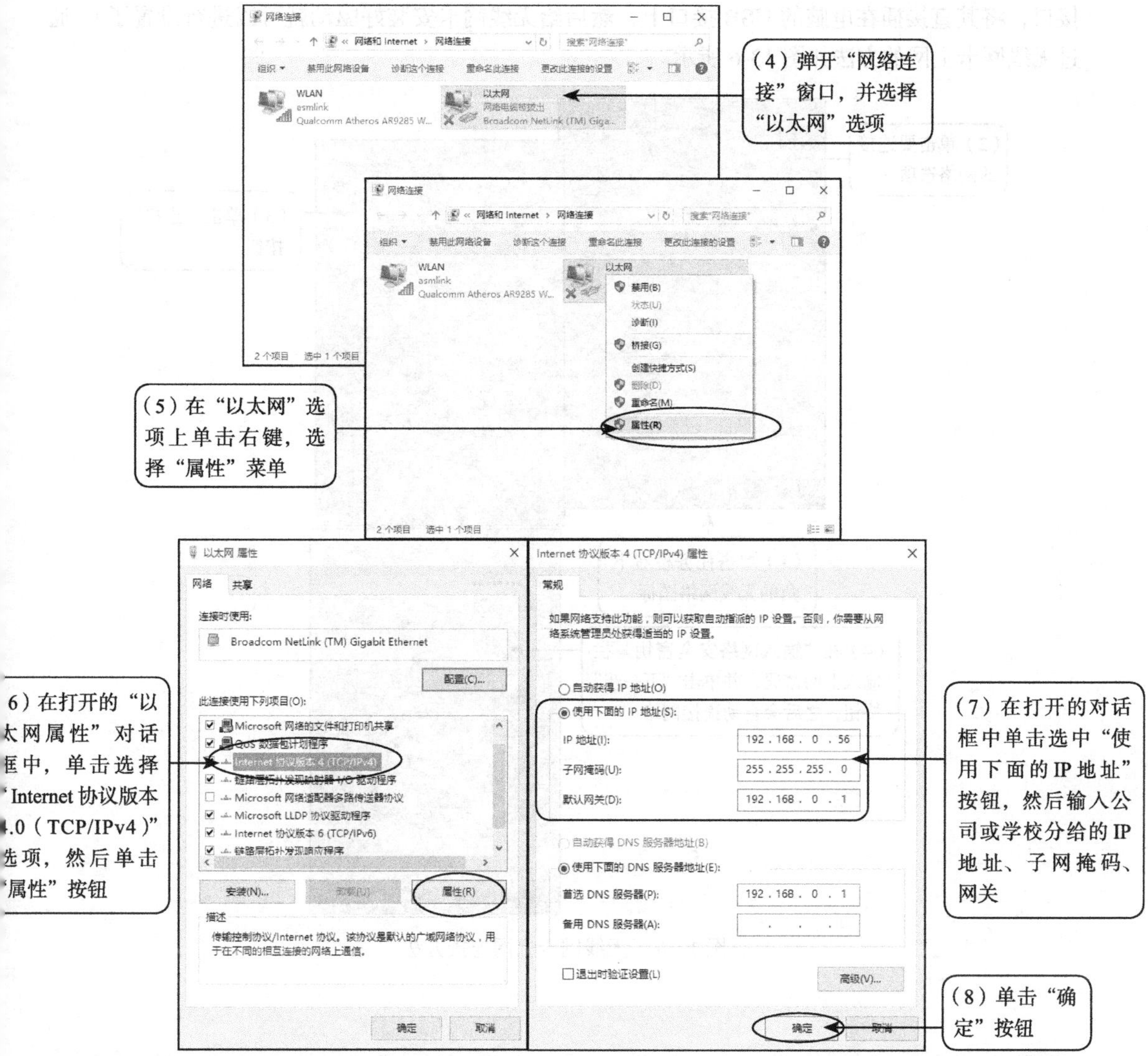

图 13-5 （续）

13.1.3　通过小区宽带上网实战

通过小区宽带上网比较简单，首先申请小区宽带，然后将笔记本电脑网卡和小区宽带的以太网接口用网线连接就可以上网。如果小区宽带服务商为了安全进行了 IPMAC 地址的捆绑，他将会分配一个 IP 地址，再将分配的 IP 地址和小区宽带提供的 DNS 地址、网关等设置好后即可上网，具体设置方法与“通过公司和学校网络上网”设置方法相同。

13.1.4　通过无线路由器上网

现在家里有无线路由器的用户已经不在少数，如果给电脑配置一个无线网卡，就可以通过无线路由器上网。

通过无线路由器上网的第一步是要给电脑安装一个无线网卡（普通的无线网卡通常是 USB

接口，将其直接插在电脑的USB接口上，然后给无线网卡安装好驱动就可以进行设置了)，通过无线网卡上网的方法如图13-6所示。

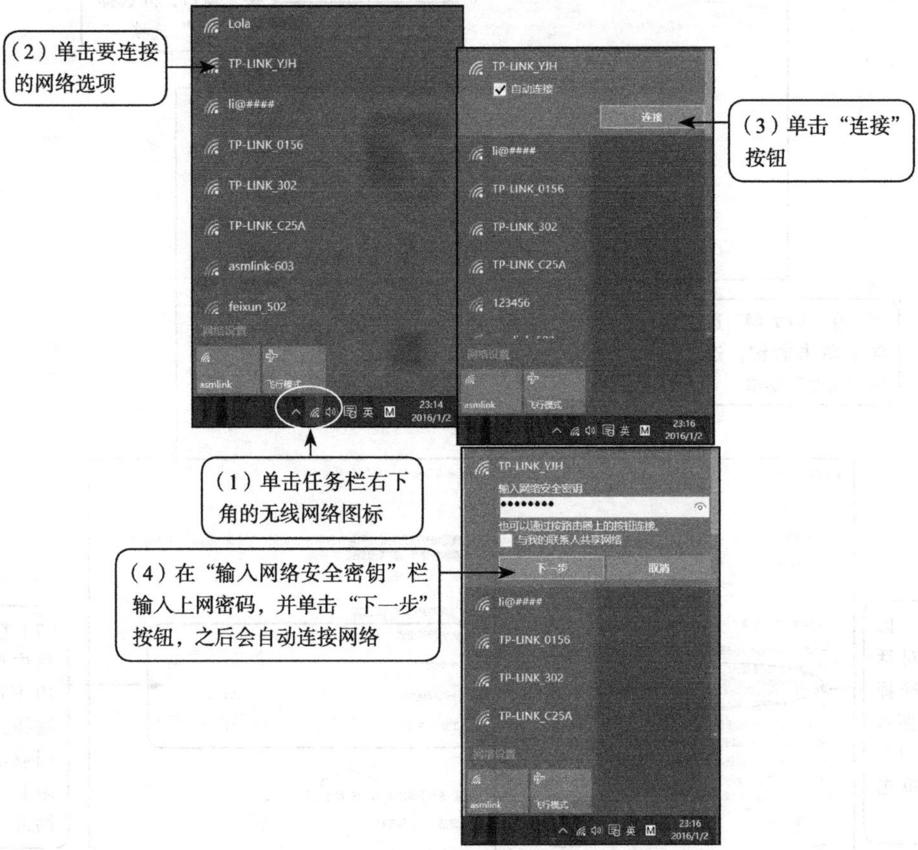

图13-6　无线网卡上网连接方法

13.2 搭建家庭网络——电脑/手机/平板电脑通过无线网络全联网

由于通过网线组网实现多台电脑共同上网时，走线会破坏家庭的装修，且手机无法实现上网，因此在已经完成装修的居室中，可以考虑通过组建无线网络实现多台电脑及手机/平板电脑共同上网。组建家庭无线网主要用到无线网卡（每台电脑一块，笔记本电脑和手机等通常已经有无线网卡）、宽带猫（Modem）、无线宽带路由器等设备。

组建无线家庭网络的示意图如图13-7所示。

提 示

对于没有无线网卡的台式电脑，可以通过网线直接连接到无线路由器（无线路由器通常提供4个有线接口）。

无线网络联网方法如图13-8所示（以TP-link路由器为例）。

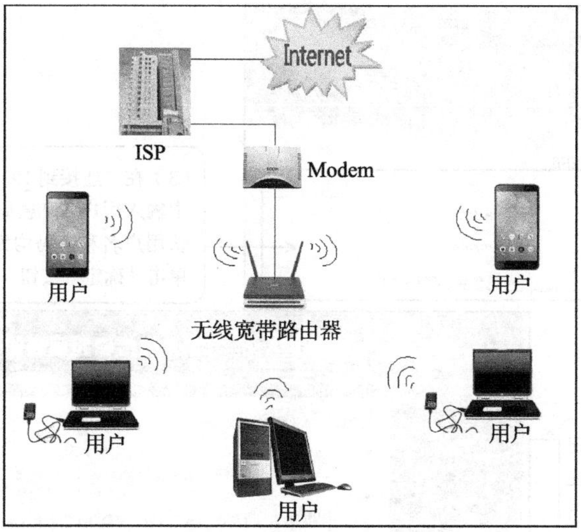

图 13-7　网络连接示意图

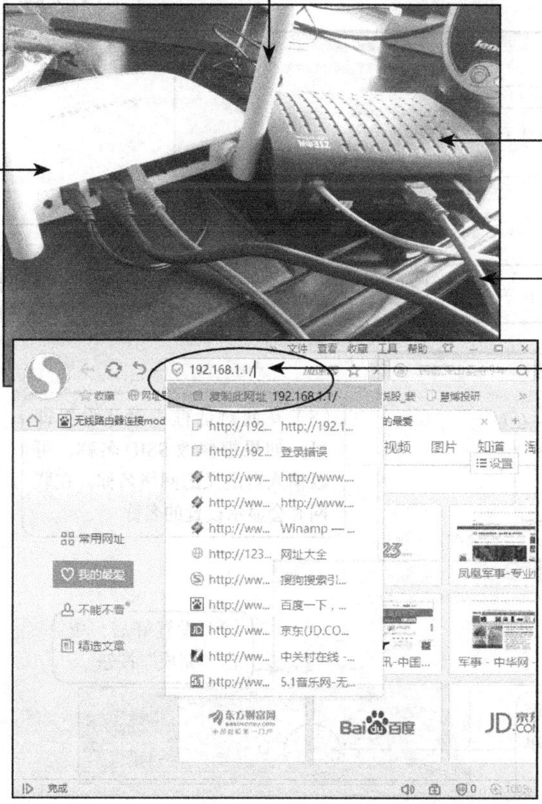
（1）在联网前，首先在所有电脑上安装无线网卡（笔记本电脑 / 手机不用安装），然后将宽带接入线连接到 Modem，并用一根网线将 Modem 的 LAN 端口与无线宽带路由器的 WAN 端口相连，最后将宽带路由器、Modem 接上电源，并将它们的电源开关打开
无线路由器
宽带 Modem
与路由器相连的网线
192.168.1.1/
（2）将其中一台电脑用网线连接到路由器的 LAN 接口，打开浏览器，然后在地址栏输入宽带路由器（说明书中）的管理地址（如 192.168.1.1 或 192.168.0.1），并按 Enter 键，打开“连接到 192.168.1.1”对话框

图 13-8　无线网联网方法

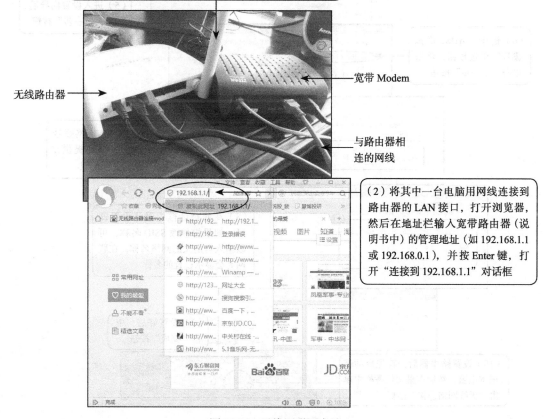

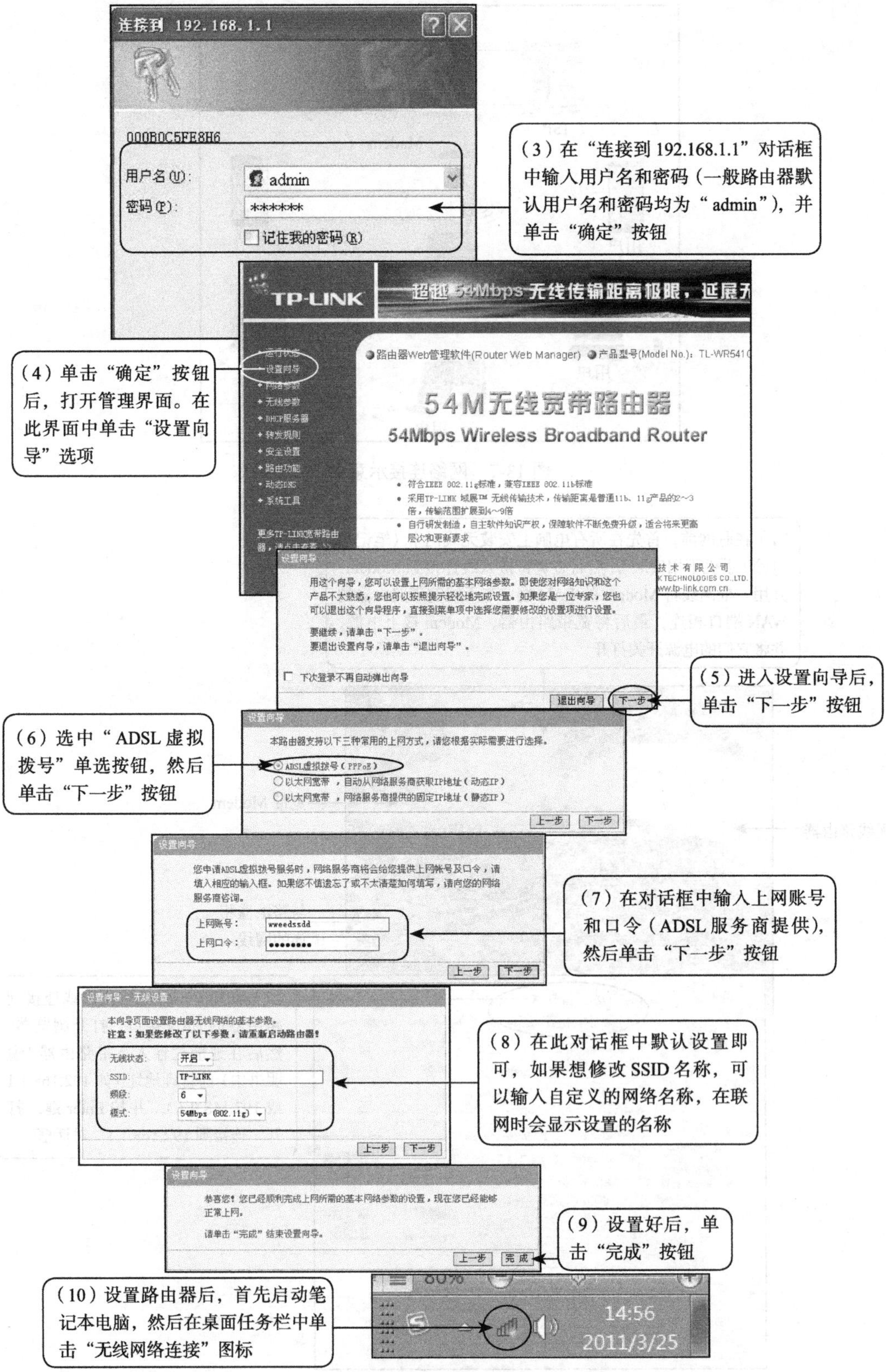

连接到 192.168.1.1
用户名(U): admin
密码(P): ******
记住我的密码(R)
（3）在“连接到 192.168.1.1”对话框中输入用户名和密码（一般路由器默认用户名和密码均为“admin”），并单击“确定”按钮
TP-LINK
54M无线宽带路由器
54Mbps Wireless Broadband Router
（4）单击“确定”按钮后，打开管理界面。在此界面中单击“设置向导”选项
设置向导
要继续，请单击“下一步”。
要退出设置向导，请单击“退出向导”。
退出向导
下一步
（5）进入设置向导后，单击“下一步”按钮
本路由器支持以下三种常用的上网方式，请您根据实际需要进行选择。
ADSL虚拟拨号（PPPoE）
以太网宽带，自动从网络服务商获取IP地址（动态IP）
以太网宽带，网络服务商提供的固定IP地址（静态IP）
上一步
下一步
（6）选中“ADSL虚拟拨号”单选按钮，然后单击“下一步”按钮
上网账号：wweedsdd
上网口令：
（7）在对话框中输入上网账号和口令（ADSL服务商提供），然后单击“下一步”按钮
设置向导 - 无线设置
本向导页面设置路由器无线网络的基本参数。
注意：如果您修改了以下参数，请重新启动路由器！
无线状态：开启
SSID：TP-LINK
频段：6
模式：54Mbps (802.11g)
（8）在此对话框中默认设置即可，如果想修改SSID名称，可以输入自定义的网络名称，在联网时会显示设置的名称
恭喜您！您已经顺利完成上网所需的基本网络参数的设置，现在您已经能够正常上网。
请单击“完成”结束设置向导。
完成
（9）设置好后，单击“完成”按钮
14:56
2011/3/25
（10）设置路由器后，首先启动笔记本电脑，然后在桌面任务栏中单击“无线网络连接”图标

图 13-8（续）

未连接
连接可用
（11）在弹出的“无线网络连接”菜单中单击要连接的无线网络名称
无线网络连接
asmlink
wodewuxian
TP-LINK_7ECF36
其他网络
打开网络和共享中心
未连接
连接可用
无线网络连接
asmlink
wodewuxian
TP-LINK_7ECF36
自动连接
连接(C)
其他网络
（12）单击“连接”按钮
打开网络和共享中心
连接到网络
正在从 TP-LINK_7ECF36 获取信息...
（13）会获取网络信息
连接到网络
键入网络安全密钥
（14）在打开的安全密钥对话框中，输入网络密码，单击“确定”按钮。如果网络没有设置密码，就不会出现此对话框
安全密钥(S):
隐藏字符(H)
确定
取消
（15）电脑会连接到无线路由器，任务栏中的图标会变为连接的图标
15:16
2011/3/25

图 13-8 （续）

13.3 搭建小型局域网

如果有两台以上的电脑，可以通过组网连接实现资源共享、打印共享等服务。如果只想将两台电脑相连，可以利用交叉双绞线将两台笔记本电脑的网卡直接连接在一起而构建网络。也就是说，无须增加交换机设备实现互联，这是一种投资最小的共享组网方案。

随着电脑价格的不断下降，越来越多的家庭拥有了两台电脑，而且往往一台为笔记本电脑，另外一台为普通台式电脑。在这种应用环境下，只需通过一根网线将笔记本电脑与台式电脑连接起来，实现资源共享、打印机共享和上网共享等。

如果想实现两台电脑共享上网，可以在电脑上设置共享 Internet 接入，基本上无须再安装专门的代理服务器软件，使用 Windows 内置的 Internet 连接共享模块，即可实现 Internet 共享接入。

笔记本电脑与台式电脑双机直联的连接步骤如下所述。

13.3.1 将各台电脑组网

1）准备一根交叉网线，用于连接笔记本电脑网卡和台式机网卡。

2）用交叉线将台式机的网卡接口与笔记本电脑网卡接口连接，如图 13-9 所示。

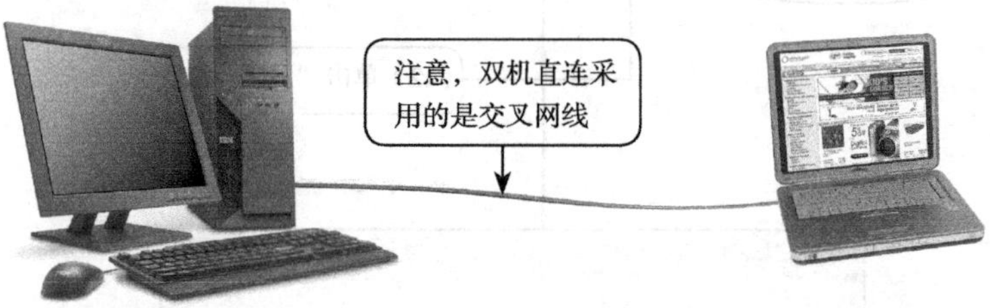

图 13-9 连接网络

提 示

如果想实现多机相连组成一个局域网，只需增加一台交换机，将所有电脑连接到交换机即可，各个电脑与交换机相连必须采用直通网线。

13.3.2 创建家庭组网络

首先在任何一台电脑中对电脑网络进行设置，如图 13-10 所示（以 Windows 10 系统为例）。

13.3.3 如何将文件夹共享

将文件夹共享之后，网络中的计算机用户就可以查看或编辑，将文件夹共享的方法如图 13-11 所示（以 Windows 10 系统为例）。

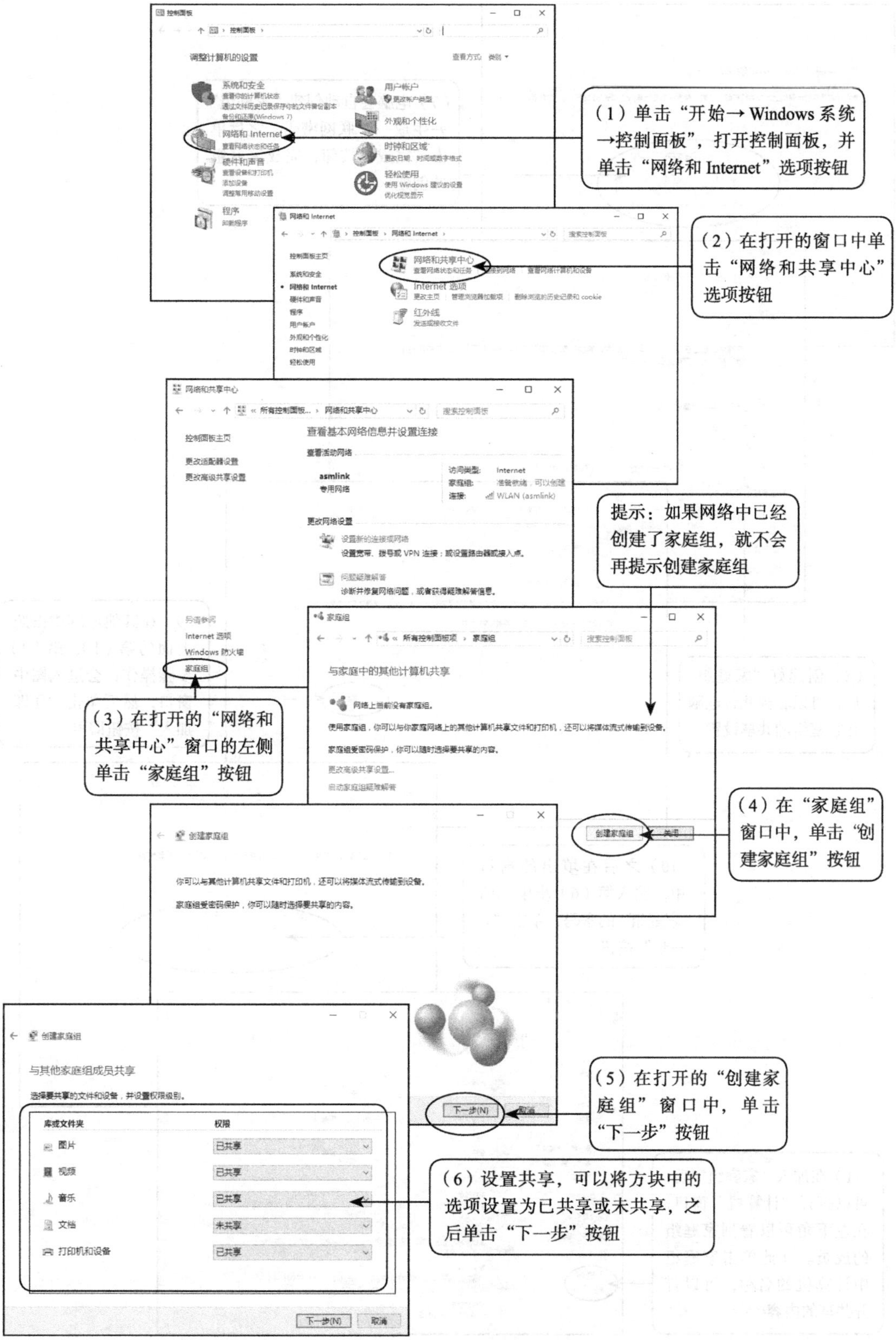
（1）单击“开始→ Windows 系统→控制面板”，打开控制面板，并单击“网络和 Internet”选项按钮
（2）在打开的窗口中单击“网络和共享中心”选项按钮
提示：如果网络中已经创建了家庭组，就不会再提示创建家庭组
（3）在打开的“网络和共享中心”窗口的左侧单击“家庭组”按钮
（4）在“家庭组”窗口中，单击“创建家庭组”按钮
（5）在打开的“创建家庭组”窗口中，单击“下一步”按钮
（6）设置共享，可以将方块中的选项设置为已共享或未共享，之后单击“下一步”按钮

图 13-10　网络设置

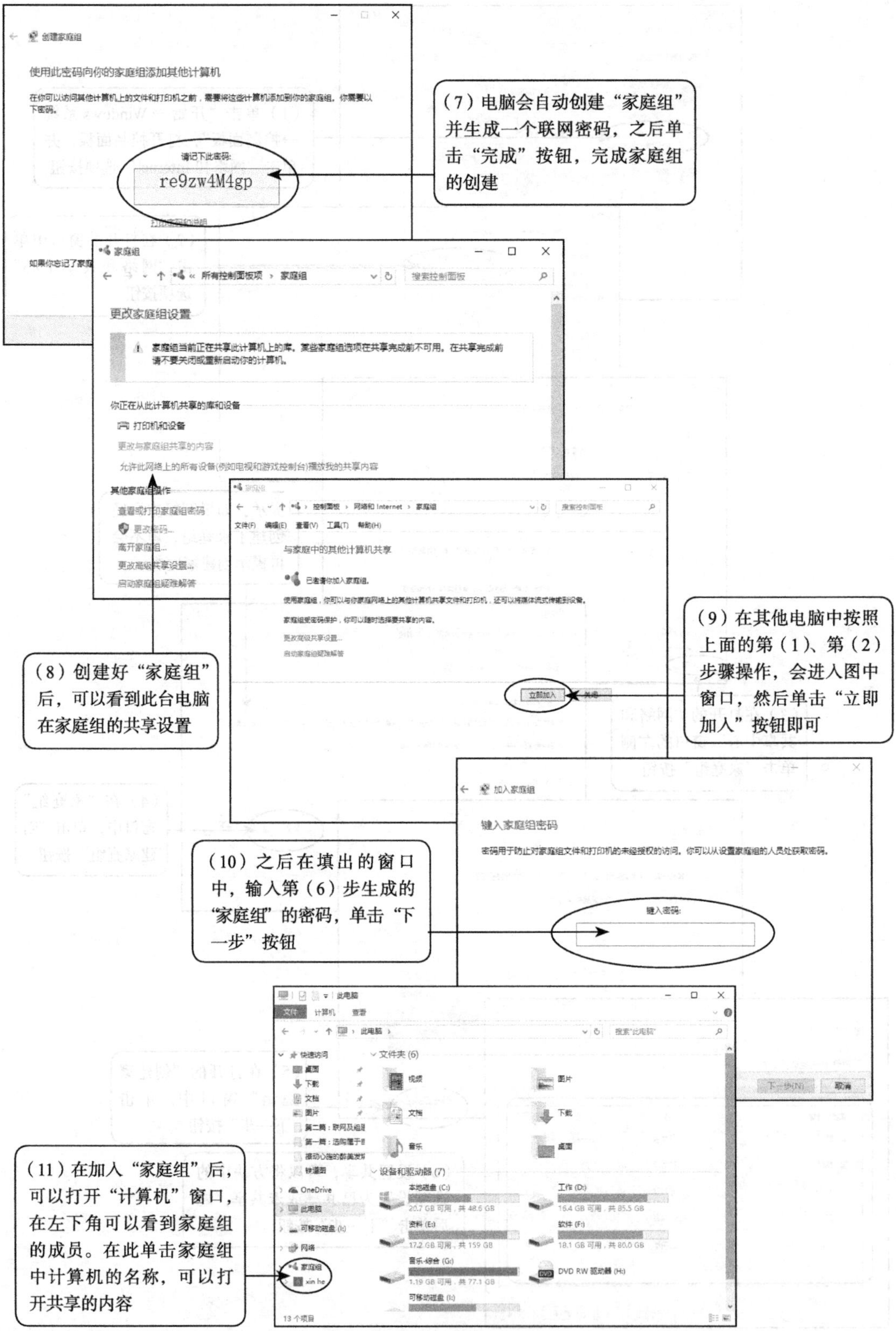
创建家庭组
使用此密码向你的家庭组添加其他计算机
请记下此密码:
re9zw4M4gp
（7）电脑会自动创建“家庭组”并生成一个联网密码，之后单击“完成”按钮，完成家庭组的创建
家庭组
更改家庭组设置
你正在从此计算机共享的库和设备
其他家庭组操作
（8）创建好“家庭组”后，可以看到此台电脑在家庭组的共享设置
与家庭中的其他计算机共享
立即加入
（9）在其他电脑中按照上面的第（1）、第（2）步骤操作，会进入图中窗口，然后单击“立即加入”按钮即可
加入家庭组
键入家庭组密码
键入密码:
（10）之后在填出的窗口中，输入第（6）步生成的“家庭组”的密码，单击“下一步”按钮
此电脑
（11）在加入“家庭组”后，可以打开“计算机”窗口，在左下角可以看到家庭组的成员。在此单击家庭组中计算机的名称，可以打开共享的内容

图 13-10（续）

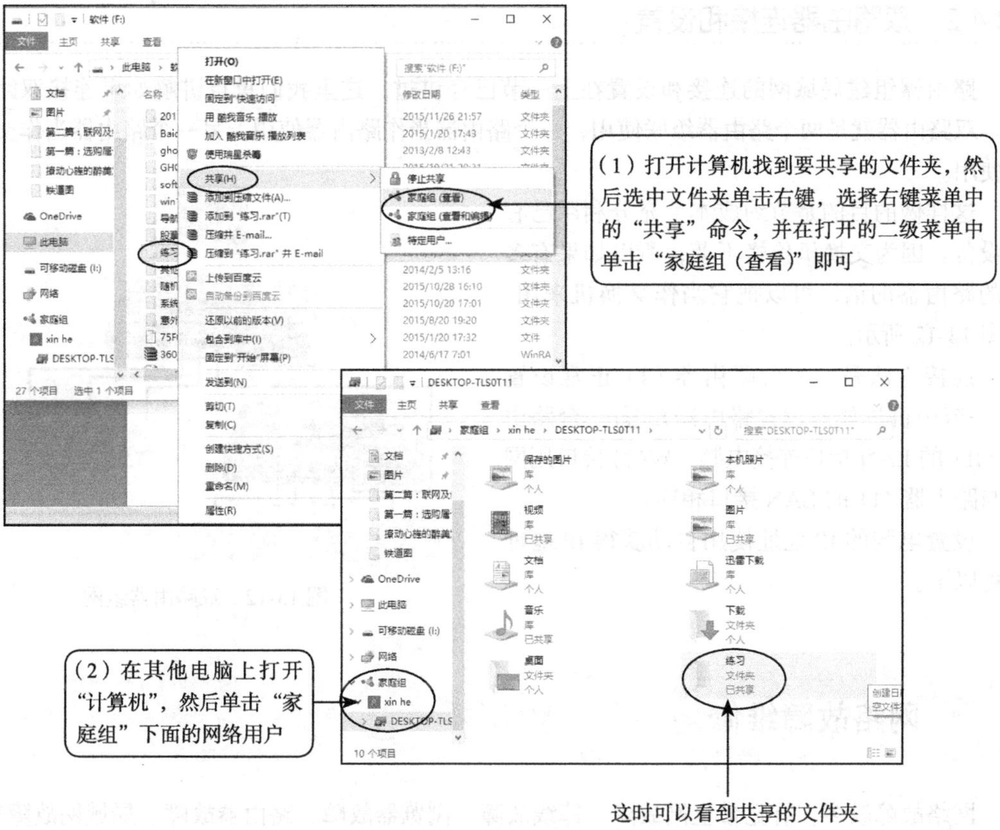
（1）打开计算机找到要共享的文件夹，然后选中文件夹单击右键，选择右键菜单中的“共享”命令，并在打开的二级菜单中单击“家庭组（查看）”即可
（2）在其他电脑上打开“计算机”，然后单击“家庭组”下面的网络用户
这时可以看到共享的文件夹

图 13-11 将文件夹设置为共享

提 示

如图想编辑共享的文件夹，则在第（1）步设置中，选择“家庭组（查看和编辑）”菜单即可。

13.4 双路由器搭建办公室局域网

13.4.1 办公室局域网的要求

办公室小型局域网规模很小，与家庭局域网相比，电脑终端要多一些，一般有几台到十几台电脑。

办公室局域网对局域网本身的要求不高，一般只要能够共享上网、共享打印设备就可以了。

根据要求，我们选择宽带 + 路由器 + 路由器（集线器、交换机）的形式来组建局域网。布线也很简单，只要保证线路连通、布置合理就可以了。

13.4.2 双路由器连接和设置

路由器组建局域网的连接和设置在上一节已经讲过，这里我们重点讲解如果连接双路由器。双路由器就是两个路由器级联使用，一个路由器当作路由器使用，另一个路由器当作交换机使用。

这样做的目的是节约成本、充分利用已有的设备。因为交换机价格不菲，所以如果有多余的路由器的话，可以把它当作交换机来用，如图 13-12 所示。

连接方法是：一台路由器（I）正常设置（上一节中讲过如何设置路由器），另一台路由器（II）的 LAN 接口连接电脑，WAN 接口用网线与路由器（I）的 LAN 接口相连。

设置电脑的 IP 地址使用自动获得 IP 地址就可以了。

图 13-12 双路由器组网

13.5 网络故障维修

网络故障较多，有宽带上网故障、掉线故障、浏览器故障、路由器故障、局域网故障等，每种故障的表现和诊断方法都不同，下面详细分析。

13.5.1 如何诊断 ADSL 宽带上网故障

ADSL 宽带上网故障的诊断方法如下：

1）检查电话线有无问题（可以拨打一个电话测试）。如果电话正常，接着检查信号分离器是否连接正常（其中，电话线接 Line 口，电话机接 Phone 口，ADSL Modem 接 Modem 口）。

2）如果信号分离器的连线正常，接着检查 ADSL Modem 的 Power（电源）指示灯是否亮。如果不亮，检查 ADSL Modem 电源开关是否打开，外置电源是否插接良好等。

3）如果亮，接着检查 Link（同步）指示灯状态是否正常（常亮、闪烁）。如果不正常，检查 ADSL Modem 的各个连接线是否正常（从信号分离器连接到 ADSL Modem 的连线是否接在 Line 口；网卡连接的网线是否接在 LAN 口，是否插好）。如果连接线不正常，重新接好连接线。

4）如果正常，接着检查 LAN（或 PC）指示灯状态是否正常。如果不正常，检查 ADSL Modem 上的 LAN 插口是否接好。如果接好，接着测试网线是否正常，如果不正常，更换网线；如果正常，将电脑和 ADSL Modem 关闭 30s 后，重新启动 ADSL Modem 和电脑。

5）如果故障依旧，打开“控制面板→系统→设备管理器”，在“设备管理器”窗口中双击“网络适配器”下的网卡型号，打开网络适配器属性对话框，然后检查网卡是否有冲突，是否启用。如果网卡有冲突，调整网卡的中断值。

6）如果网卡没有冲突，接着检查网卡是否正常（是否接触不良、老化、损坏等），可以用替换法进行检测。如果网卡不正常，维修或更换网卡。

7）如果网卡正常，接着打开“控制面板→网络和共享中心→更改适配器配置”，在打开的“网络连接”窗口中，在“以太网”图标上单击鼠标右键，在打开的快捷菜单中选择“属性”命令，然后在弹出的窗口中打开“以太网属性”对话框。接着单击“Internet 协议版本 4（TCP/IPv4）”选项，然后单击“属性”按钮，打开“Internet 协议版本 4（TCP/IPv4）属性”对话框，然后查看 IP 地址、子网掩码、DNS 的设置，一般均设为“自动获取”。如图 13-13 所示是“Internet 协议版本 4（TCP/IPv4）属性”对话框。

8）如果网络协议设置正常，则为其他方面故障。接着检查网络连接设置、浏览器、PPPoE 协议等方面存在的故障，并排除故障。

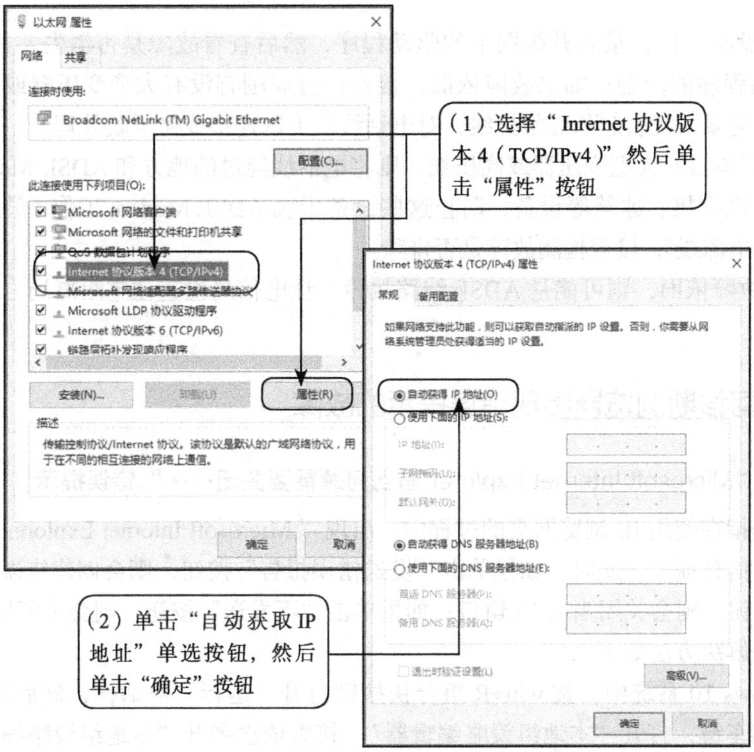

图 13-13　“Internet 协议版本 4（TCP/IPv4）属性”对话框

13.5.2　如何诊断上网经常掉线的故障

上网经常掉线故障是很多网络用户经常遇到的。此故障产生的原因比较复杂，总结起来主要有以下几点：

1）Modem 或信号分离器的质量有问题。

2）线路有问题，主要包括住宅距离网络公司路由器较远（通常应小于 3000m），或线路附近有严重的干扰源（如变压器）。

3）室内有较强的电磁干扰。如无绳电话、空调、冰箱等，有时会引起上网掉线。

4）网卡的质量有缺陷，或者驱动程序与操作系统不兼容。

5）PPPoE 协议安装不合理或软件兼容性不好。

6）感染了病毒。

上网经常掉线故障的诊断方法如下：

1）用杀毒软件查杀病毒，看是否有病毒。如果没有，接着安装系统安全补丁，然后重新建立拨号连接，建好后进行测试。如果故障排除，则是操作系统及 PPPoE 协议引起的故障。

2）如果故障依旧，接着检查 ADSL Modem 是否过热。如果过热，将 ADSL Modem 电源关闭，放置在通风的地方散热后再用。

3）如果 ADSL Modem 温度正常，接着检查 ADSL Modem 及分离器的各种连线是否连接正确。如果连接正确，接着检查网卡。在“系统属性”对话框的“硬件”选项卡中单击“设备管理器”按钮，检查“网络适配器”选项是否有“!”。如果有，将其删除，然后重新安装网卡驱动程序。

4）如果没有“!”，接着升级网卡的驱动程序，然后查看故障是否消失。如果故障消失，则是网卡驱动程序的问题；如果故障依旧，接着检查周围有没有大型变压器或高压线。如果有，则可能是电磁干扰引起的经常掉线，对电话线及上网连接线做屏蔽处理。

5）如果周围没有大型变压器或高压线，则将电话线经过的地方和 ADSL Modem 远离无线电话、空调、洗衣机、冰箱等设备，防止这些设备干扰 ADSL Modem 工作（最好不要同上述设备共用一条电源线），接着检测故障是否排除。

6）如果故障依旧，则可能是 ADSL 线路故障，让电信局检查住宅距离局方机房是否超过 3000 米。

13.5.3 如何诊断浏览器出现错误提示的故障

1. 出现“Microsoft Internet Explorer 遇到问题需要关闭……”错误提示

此故障是指在使用 IE 浏览网页的过程中，出现“ Microsoft Internet Explorer 遇到问题需要关闭……”的信息提示。此时，如果单击“发送错误报告”按钮，则会创建错误报告；如果单击“关闭”按钮，则会关闭当前 IE 窗口；如果单击“不发送”按钮，则会关闭所有 IE 窗口。

此故障的解决方法如下：

在 Windows 10 系统中，按 win+R 组合快捷键打开“运行”对话框，然后输入：“ gpedit.msc”，并按回车键，打开“本地组策略编辑器”。接着依次展开“本地组策略编辑器”窗口左侧的“用户配置→管理模板→ Windows 组件”，然后单击“ Windows 错误报告”，并双击右侧的“禁用 Windows 错误报告”。在弹出的“禁用 Windows 错误报告”窗口中，选择“已启用”，最后单击“确定”按钮保存设置即可。

2. 出现“该程序执行了非法操作，即将关闭……”错误提示

此故障是指在使用 IE 浏览器浏览一些网页时，出现“该程序执行了非法操作，即将关闭……”错误提示。如果单击“确定”按钮，又弹出一个对话框，提示“发生内部错误……”。单击“确定”按钮后，所有打开的 IE 浏览器窗口都被关闭。

产生该错误的原因较多，主要有内存资源占用过多、IE 安全级别设置与浏览的网站不匹配、与其他软件发生冲突、浏览的网站本身含有错误代码等。此故障的解决方法如下：

1）关闭不用的 IE 浏览器窗口。如果在运行需占用大量内存的程序，建议 IE 浏览器窗口打开数不要超过 5 个。

2）降低 IE 浏览器安全级别。在 IE 浏览器中选择“工具”→“ Internet 选项”命令，选择

“安全”选项卡，单击“默认级别”按钮，拖动滑块降低默认的安全级别。

3）将 IE 浏览器升级到最新版本。

3. 显示“出现运行错误，是否纠正错误”错误提示

此故障是指用 IE 浏览器浏览网页时，显示“出现运行错误，是否纠正错误”错误提示。如果单击“否”按钮，可以继续浏览。

此故障可能是所浏览网站本身的问题，也可能是由于 IE 浏览器对某些脚本不支持引起的。此故障的解决方法如下：

首先启动 IE 浏览器，执行“工具”→“ Internet 选项”命令，选择“高级”选项卡，选中“禁止脚本调试”复选框，最后单击“确定”按钮。

4. 上网时出现“非法操作”错误提示

此故障是指在上网时经常出现“非法操作”错误提示。出现此故障一般只有关闭 IE 浏览器，再重新打开才能消除。

此故障的原因和解决方法如下：

1）可能是数据在传输过程中发生错误，当传过来的信息在内存中错误积累太多时便会影响正常浏览，只能重新调用或重启电脑才能解决。

2）清除硬盘缓存。

3）升级浏览器版本。

4）硬件兼容性差，需要更换不兼容的部件。

13.5.4 如何诊断无法正常用浏览器浏览网页的故障

1. IE 浏览器无法打开新窗口

此故障是指在浏览网页的过程中，单击网页中的链接，无法打开链接的网页。此故障一般是由于 IE 浏览器新建窗口模块被破坏所致。此故障的解决方法如下：

选择“开始”→“运行”命令，在“运行”对话框中依次运行“ regsvr32 actxprxy.dll”和“ regsvr32 shdocvw.dll”，将这两个 DLL 文件注册，然后重启系统。如果还不行，则需要用同样的方法注册 mshtml.dll、urlmon.dll、msjava.dll、browseui.dll、oleaut32.dll、shell32.dll。

2. 联网状态下，浏览器无法打开某些网站

此故障是指上网后，在浏览某些网站时遇到不同的连接错误。这些错误一般是由于网站发生故障或者用户没有浏览权限所引起的。

针对不同的连接错误，IE 浏览器会给出不同的错误提示，常见的提示信息如下：

（1）404 NOT FOUND

此提示信息是最为常见的 IE 浏览器错误信息。一般是由于 IE 浏览器找不到所要求的网页文件，该文件可能根本不存在或者已经被转移到了其他地方。

（2）403 FORBIDDEN

此提示信息常见于需要注册的网站。一般情况下，可以通过在网上即时注册来解决该问题，但有一些完全“封闭”的网站还是不能访问的。

（3）500 SERVER ERROR

显示此提示信息是由于所访问的网页程序设计错误或者数据库错误，只能等对方纠正错误后才能浏览。

3. 浏览网页时出现乱码

此故障是指上网时，在网页上经常出现乱码。

造成此故障的原因主要如下：

1）语言选择不当。比如说浏览国外某些网站时，电脑一时不能自动转换内码而出现了乱码。解决这种故障的方法是，选择 IE 浏览器上的“查看”→“编码”命令，再选择要显示文字的语言，一般乱码会消失。

2）电脑缺少内码转换器。一般需要安装内码转换器才能解决。

13.6 修复家用路由器故障

路由器是组建局域网必不可少的设备，无线路由器也越来越多地进入家庭，这使得无线网卡上网、手机、平板电脑等无线上网设备的使用越来越方便了。但是路由器的连接故障复杂多样，经常让新手无从下手。其实只要掌握了路由器的一些检测技巧，路由器的故障就不会那么复杂了。

13.6.1 如何通过指示灯判断状态

判断路由器状态最好的办法就是参照指示灯的状态，每个路由器的面板指示灯不一样，表示的故障也不一样，必须参照说明书进行判断。下面我们以一款 TP-Link 路由器为例，为大家介绍指示灯亮灭代表的路由器状态。如图 13-14 和表 13-1 所示。

图 13-14 TL-WR841N 无线路由器面板指示灯

表 13-1 TL-WR841N 无线路由器指示灯状态

指示灯	描述	功能
PWR	电源指示灯	常灭：没有上电 常亮：上电
SYS	系统状态指示灯	常灭：系统故障 常亮：系统初始化故障 闪烁：系统正常
WLAN	无线状态指示灯	常灭：没有启用无线功能 闪烁：启用无线功能

（续）

指示灯	描述	功能
1/2/3/4	局域网状态指示灯	常灭：端口没有连接上 常亮：端口已经正常连接 闪烁：端口正在进行数据传输
WAN	广域网状态指示灯	常灭：外网端口没有连接上 常亮：外网端口已经正常连接 闪烁：外网端口正在进行数据传输
QSS	安全连接指示灯	绿色闪烁：表示正在进行安全连接 绿色常亮：表示安全连接成功 红色闪烁：表示安全连接失败

13.6.2 怎样明确路由器的默认设定值

检测和恢复路由器都需要有管理员级权限，只有能够管理路由器，才能检测和恢复路由器。路由器的默认管理员账号和密码都是“admin”，这在路由器的背面都有标注，如图 13-15 所示。

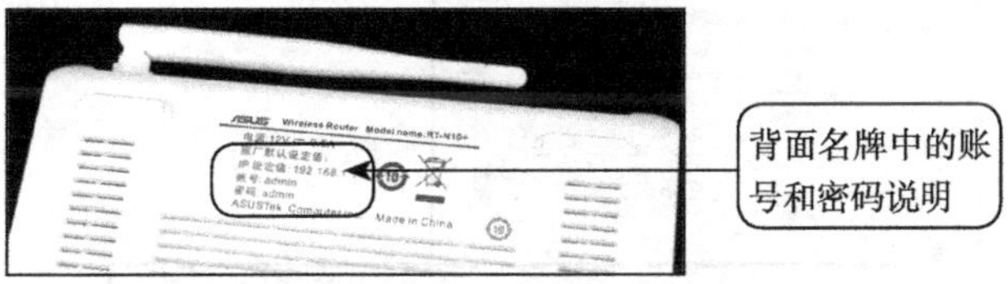

图 13-15 路由器背面的参数

这里我们还可以看到，路由器的 IP 地址设定值为 192.168.1.1。

13.6.3 如何恢复出厂设置

当你更改了路由器的密码而又把密码忘记时，当你多次重启使得路由器的配置文件损坏时，就需要此功能来使路由器恢复出厂时的默认设置。

恢复出厂设置的方法很简单，在路由器上有一个标着“Reset”的小孔，用牙签或曲别针按住小孔内的按钮，持续一小段时间，如图 13-16 所示。

每个路由器的恢复方法略有不同，有的是按住小孔内的按钮数秒，有的是关闭电源后，按住孔内按钮，再打开电源，持续数秒。这就要参照说明书进行操作了，如果不知道要按多少秒，那就尽量按住 30 秒以上，30 秒可以保证每种路由器都能恢复了。

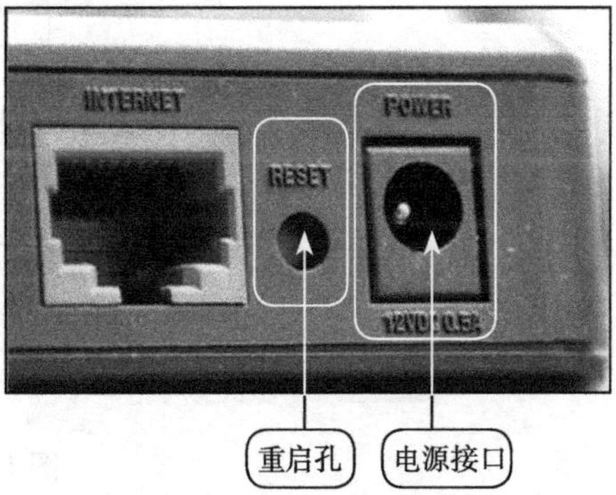

图 13-16 路由器上的 Reset 孔

13.6.4 如何排除外界干扰

有时无线路由器的无线连接会出现时断时续，信号很弱的现象。这可能是因为其他家电产生的干扰，或由于墙壁阻挡了无线信号造成的。

无论商家宣称路由器有多强的穿墙能力，墙壁对无线信号的阻挡都是不可避免的，如果需要在不同房间使用无线路由，最好将路由器放置在门口等没有墙壁阻挡的位置。还要尽量远离电视、冰箱等大型家电，减少家电周围产生的磁场对无线信号的影响。

13.6.5 如何升级到最新版本

路由器中也是有软件在运行的，这样才能保证路由器的各种功能能够正常运行。升级旧版本的软件叫作固件升级，能够弥补路由器出厂时所带软件的不稳定因素。如果是知名品牌的路由器，可能不需要任何升级就可以稳定运行。是否升级固件取决于实际使用中的稳定性和有无漏洞。

首先在路由器的官方网站下载最新版本的路由器固件升级文件。

在浏览器的地址栏中键入“http://192.168.1.1”并按回车键，打开路由器设置页面。在系统工具中点击“软件升级”，将打开路由器自带的升级向导。如图 13-17 所示。

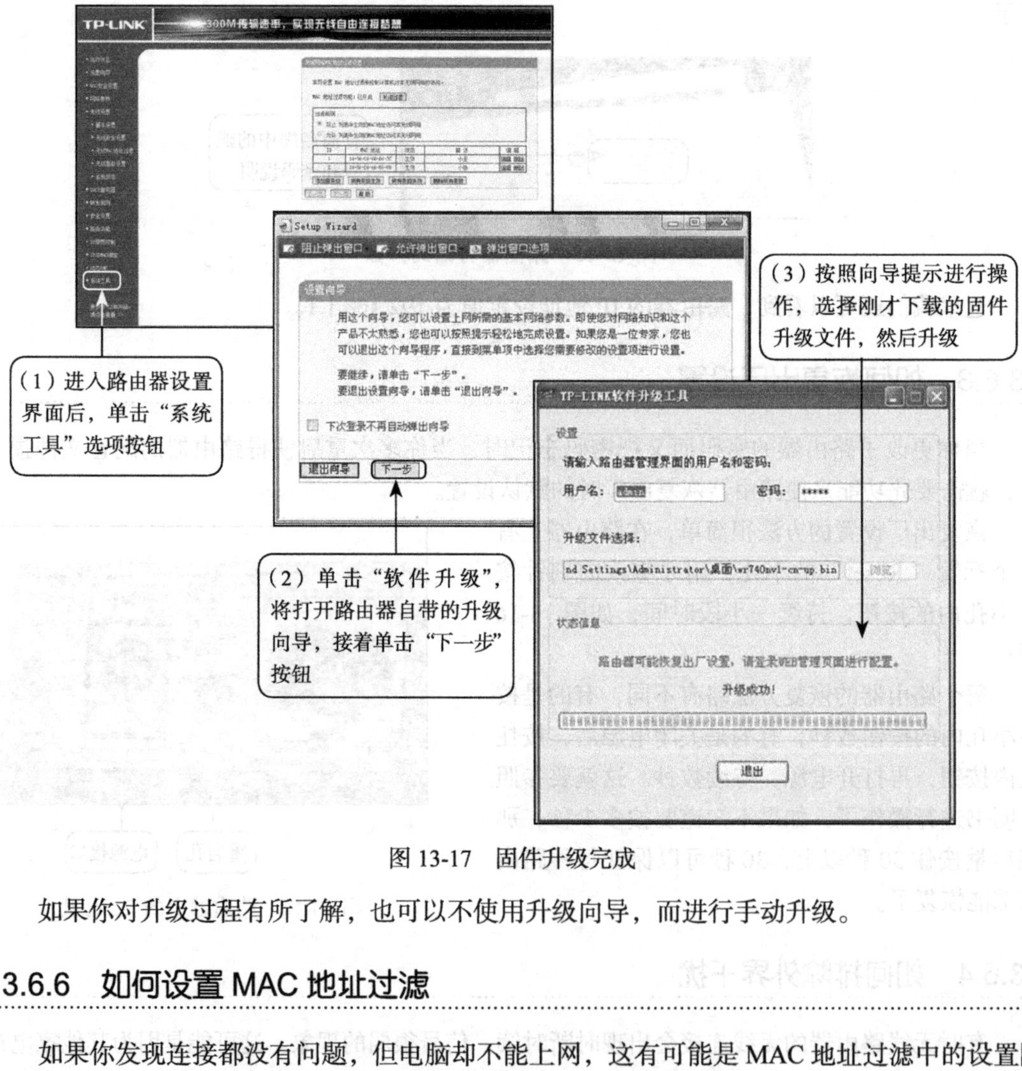

图 13-17 固件升级完成

如果你对升级过程有所了解，也可以不使用升级向导，而进行手动升级。

13.6.6 如何设置 MAC 地址过滤

如果你发现连接都没有问题，但电脑却不能上网，这有可能是 MAC 地址过滤中的设置阻止了你的电脑上网。

MAC（Medium/MediaAccess Control）地址是存在网卡中的一组 48bit 的 16 进制数字，可以简单地理解为一个网卡的标识符。MAC 地址过滤的功能就是可以限制特定的 MAC 地址的网卡，禁止这个 MAC 地址的网卡上网，或将这个网卡绑定一个固定的 IP 地址。如图 13-18 所示。

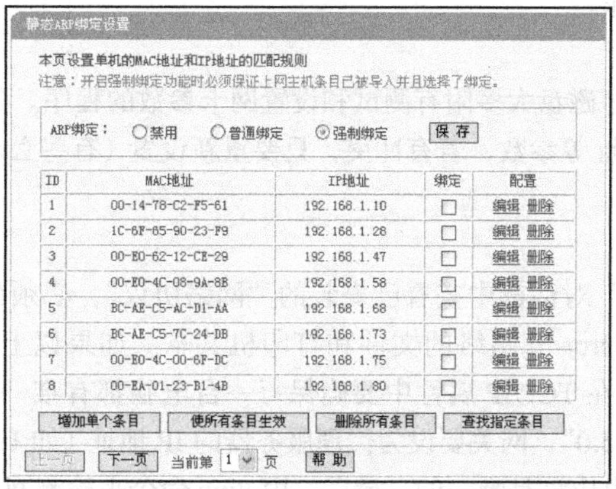

图 13-18　MAC 地址设置

通过 MAC 地址过滤，可以进行一个简单设置，来阻止除你之外的其他电脑通过你的路由器进行上网。

13.6.7　忘记路由器密码和无线密码怎么办

长时间未使用路由器，忘记了登录密码。如果从未修改过登录密码，那么密码应该是“admin”。

如果修改过密码，并且忘记了修改后的密码是什么，就只能通过恢复出厂设置来将路由器恢复成为默认设置，再使用 admin 账户和密码进行修改。

如果忘记了无线密码，只要使用有线连接的电脑打开路由器的设置页面，就可以看到无线密码，这个无线密码显示的是明码，并不是“******”形式，所以可以随时查看。

13.7　修复局域网故障

目前，一般企事业单位、学校都建立了自己的内部局域网，这样既方便实现网络化办公，又可以使局域网中的所有电脑通过局域网连接到 Internet，使每个用户都可以随时上网，还能节省费用。局域网虽然方便，但同样会遇到各种网络问题，常见的故障有网络不通等问题。

局域网不通故障一般涉及网卡、网线、网络协议、网络设置、网络设备等方面，其解决方法如下：

（1）检查网卡侧面的指示灯是否正常

网卡一般有两个指示灯“连接指示灯”和“信号传输指示灯”。正常情况下，“连接指示灯”应一直亮着，而“信号传输指示灯”在信号传输时应不停闪烁。如“连接指示灯”不亮，应考虑连接故障，即网卡自身是否正常，安装是否正确，网线、集线器是否有故障等。

（2）判断网卡驱动程序是否正常

若在 Windows 下无法正常联网，则在“系统属性”对话框中打开“设备管理器”窗口，查看“网络适配器”的设置。若看到网卡驱动程序项目左边标有黄色的感叹号，则可以断定网卡驱动程序不能正常工作。

（3）检查网卡设置

普通网卡的驱动程序磁盘大多附有测试和设置网卡参数的程序。分别查看网卡设置的接头类型、IRQ、I/O 端口地址等参数，若有冲突，只要重新设置（有些必须调整跳线）一般都能使网络恢复正常。

（4）检查网络协议

在“本地连接属性”对话框中查看已安装的“网络协议”，必须配置以下各项：NetBEUI 协议、TCP/IP 协议，Microsoft 网络的文件和打印机共享。如果以上各项都存在，重点检查 TCP/IP 设置是否正确。在 TCP/IP 属性中要确保每一台电脑都有唯一的 IP 地址，将子网掩码统一设置为“255.255.255.0”，网关要设为代理服务器的 IP 地址（如 192.168.0.1）。另外，必须注意主机名在局域网内也应该是唯一的。最后，用 Ping 命令来检测网卡能否正常工作。

（5）检查网线故障

要确认网线故障最好采用替换法，即用另一台能正常联网机器的网线替换故障机器的网线。替换后重新启动，若能正常登录网络，则可以确定为网线故障。一般的解决方法是重新压紧网线接头或更换新的网线接头。

（6）检查 Hub 故障

若发现机房内有部分机器不能联网，则可能是 Hub（集线器）故障。一般先检查 Hub 是否已接通电源或 Hub 的网线接头连接是否正常，最后采用替换法，即用正常的 Hub 替换原来的 Hub。若替换后机器能正常联网，则可以确定是 Hub 发生故障。

（7）检查网卡接触不良故障

若上述解决方法无效，则应该检查网卡是否接触不良。要解决网卡接触不良的故障，一般采用重新拔、插网卡的方法，若还不能解决，则应把网卡插入另一个插槽。当处理完后，网卡能正常工作，则可确定是网卡接触不良引起的故障。

如果采用以上方法都无法解决网络故障，那么完全可以确定网卡已损坏，只有更换网卡才能正常联网。

13.8 动手实践：网络典型故障维修实例

13.8.1 电脑不能连接宽带上网

1. 故障现象

故障电脑的系统是 Windows 10，网卡是主板集成的。使用移动的光纤宽带上网，在无线路由器设置界面中查看连接状态，显示无法连接，反复拨号仍然不能上网。

2. 故障诊断

拨号无法连接，可能是光纤 Modem 故障、线路故障、账号错误等原因造成的。

3. 故障处理

1）重新在无线路由器的管理界面中输入账号密码，连接测试，无法连接。

2）查看光纤 Modem，发现光纤 Modem 与无线路由器的连接网线插在了 LAN2 接口上，经查上网必须连接在光纤 Modem 的 LAN1 接口上。

3）重新将光纤 Modem 和无线路由器连接的网线插入到 LAN1 口上，进行测试，发现可以成功上网了，故障排除。

13.8.2　重装 Windows 10 系统后发现无法上网

1. 故障现象

一台电脑重装 Windows 10 系统后，发现无法上网，宽带是小区统一安装的长城宽带。

2. 故障诊断

长城宽带不需要拨号，也没有 ADSL Modem，不能上网可能是线路问题、网卡驱动问题、网卡设置问题、网卡损坏等。

3. 故障处理

1）打开“控制面板”中的“系统”。再单击“设备管理器”，查看网卡驱动，发现网卡上有黄色叹号，这说明网卡驱动是有问题的。

2）双击“网络适配器”下面的网卡型号，在打开的对话框中，查看资源冲突，发现网卡与声卡有资源冲突。

3）卸载网卡和声卡驱动，重新扫描安装驱动程序并重启电脑。

4）查看资源，已经解决了资源冲突的问题。

5）打开浏览器，看到上网已经恢复了。

13.8.3　经常掉线提示“限制性连接”

1. 故障现象

一台电脑使用 ADSL 上网时，右下角的网络连接经常出现“限制性连接”提示，造成经查掉线，无法上网。

2. 故障诊断

造成限制性连接的原因主要有，网卡驱动损坏、网卡损坏、ADSL Modem 故障、线路故障、电脑中毒。

3. 故障处理

1）用杀毒软件对电脑进行杀毒，问题没有解决。

2）检查线路的连接，没有发现异常。

3）检查网卡驱动，打开“控制面板”中的“系统”。再单击“设备管理器”，查看网卡驱动，发现网卡上有黄色叹号，这说明网卡驱动是有问题的。

4）删除网卡的驱动程序，然后单击扫描，重新安装网卡驱动程序。

5）再连接上网，经过一段时间的观察，没有再发生掉线的情况。

13.8.4 修复打开网页自动弹出广告的故障

1. 故障现象

一台双核电脑最近只要打开网页就会自动弹出好几个广告，上网速度也很慢。

2. 故障诊断

自动弹出广告是电脑安装了流氓插件或中了病毒造成的。

3. 故障处理

安装360安全卫士和360杀毒软件后，对电脑进行杀毒和清理插件。完成后，再打开网页，发现不再弹出广告了。

13.8.5 电脑掉线后必须重启才能恢复上网

1. 故障现象

一台四核电脑，使用ADSL上网，最近经常掉线，掉线后必须重启电脑，才能再连接上。

2. 故障诊断

造成无法上网的原因有很多，网卡故障。网卡驱动问题、线路问题、ADSL Modem问题等，只有一一排除。

3. 故障处理

1）查看网卡驱动，没有异常。

2）查看线路连接，没有异常。

3）检查ADSL Modem，发现Modem很热，推测可能是由于高温导致的网络连接断开。

4）将ADSL Modem放在通风的地方，放置冷却，再将Modem放在容易散热的地方，重新连接电脑。

5）测试上网，经过一段时间，发现没有再出现掉线的情况。判断是Modem散热不理想，高温导致的频繁断网。

13.8.6 公司局域网上网慢

1. 故障现象

公司内部组件局域网，通过ADSL Modem和路由器共享上网。最近公司上网变得非常慢，有时连网页都打不开。

2. 故障诊断

局域网上网速度慢，可能是局域网中电脑感染病毒、路由器质量差、局域网中有人使用BT类软件等原因造成的。

3. 故障处理

1）用杀毒软件查杀电脑病毒，没有发现异常。

2）用管理员账号登录路由器设置页面，发现传输时丢包现象严重，延迟达到 800 多。

3）重启路由器，速度恢复正常，但没过多长时间，又变得非常慢。

4）推测可能是局域网上有人使用 BT 等严重占用资源的软件。

5）设置路由器，禁止 BT 功能。

6）重启路由器，观察一段时间后，没有再出现网速变慢的情况。

13.8.7 局域网内两台电脑不能互联

1. 故障现象

故障电脑的系统都是 Windows 8，其中一台是笔记本电脑。两台电脑通过局域网使用 ADSL 上网共享上网，两台电脑都可以上网，但不能相互访问，从网上邻居中登录另一台电脑时，提示输入密码，但另一台电脑根本就没有设置密码，传输文件也只能靠 QQ 等软件进行。

2. 故障诊断

其他人想要访问 Windows 系统，必须打开来宾账号才能登录。

3. 故障处理

1）在被访问的电脑上，打开控制面板。

2）点击用户账户，点击 Guest 账户，将 Guest 账号设置为开启。

3）关闭选项后，从另一台电脑上尝试登录本机，发现可以通过网上邻居进行登录访问了。

13.8.8 打开网上邻居提示“无法找到网络路径”

1. 故障现象

公司的几台电脑通过交换机组成局域网，通过 ADSL 共享上网。局域网中的电脑打开网上邻居时提示无法找到网络路径。

2. 故障诊断

局域网中无法在网上邻居中查找到其他电脑，用 Ping 命令扫描其他电脑的 IP 地址，发现其他电脑的 IP 都是通的，这可能是网络中的电脑不在同一个工作组中造成的。

3. 故障处理

1）将局域网中的电脑的工作组都设置为同一个工作组。

2）打开控制面板中的系统。

3）将计算机名称、域和工作组设置中的工作组设置为同一个名称，名称可自定义。

4）将几台电脑都设置好后，打开网上邻居，发现几台电脑都可以检测到了。

5）登录其他电脑，发现有的可以登录，有的不能登录。

6）检查不能登录电脑的用户账户，将 Guest 来宾账号设置为开启。

7）重新登录访问其他几台电脑，发现局域网中的电脑都可以顺利访问了。

13.8.9 代理服务器上网速度慢

1. 故障现象

一台双核电脑是校园局域网中的一台分机，通过校园网中的代理服务器上网。以前网速一直正常，今天发现网速很慢，查看其他电脑也都一样。

2. 故障诊断

一个局域网上的电脑网速都慢，一般是网络问题、线路问题、服务器问题等。

3. 故障处理

1）检查了网络连接设置和线路接口，没有发现异常。

2）查看服务器主机，检测后发现服务器运行很慢。

3）将服务器重启后，在上网测速，发现网速恢复正常了。

13.8.10 使用 10/100M 网卡上网时快时慢

1. 故障现象

通过路由器组成的局域网中，使用 ADSL 共享上网，电脑网卡是 10/100M 自适应网卡。电脑在局域网中传输文件或是上网下载时，时快时慢，重启电脑和路由器后，故障依然存在。

2. 故障诊断

上网时快时慢，说明网络能够联通，应该着重检查网卡设置、上网软件设置等方面的问题。

3. 故障处理

检查上网软件和下载软件，没有发现异常。检查网卡设置，发现网卡是 10/100M 自适应网卡，网卡的工作速度设置为 Auto。这种自适应网卡会根据传输数据大小自动设置为 10M 或 100M，手动将网卡工作速度设置为 100M 后，在测试网速，发现网速正常了。

13.8.11 上网时出现脚本错误

1. 故障现象

用户在使用 IE 浏览器时，出现“Internet Explorer 脚本错误”，如图 13-19 所示。

2. 故障诊断

造成此类故障的原因很多，如防病毒程序或防火墙未阻止脚本、ActiveX 和 Java 小程序，IE 浏览器安全级别过高都有可能引起此类故障。

3. 故障处理

1）检查防病毒程序或防火墙日志，未发现阻止 Internet 的脚本、ActiveX 和 Java 小程序。

2）检查 IE 浏览器的“ Internet 选项”中的安全级别，发现级别被设置为“高”。怀疑是此处设置导致问题。接下来将安全级别调整为“中 - 高”然后单击“确定”按钮，如图 13-20 所示。

3）进行测试，不再出现错误提示，故障排除。

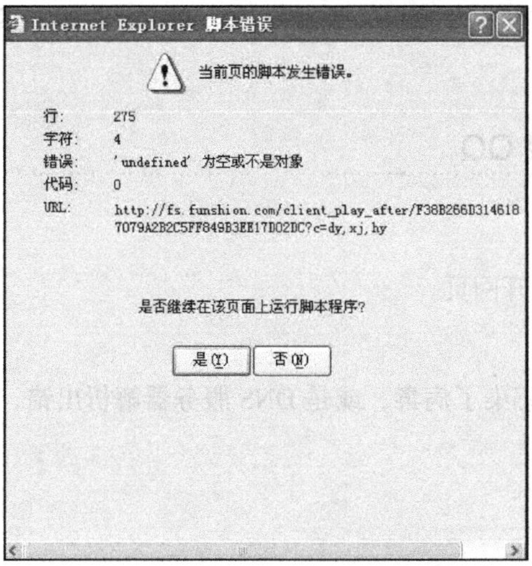

图 13-19　Internet Explorer 脚本错误

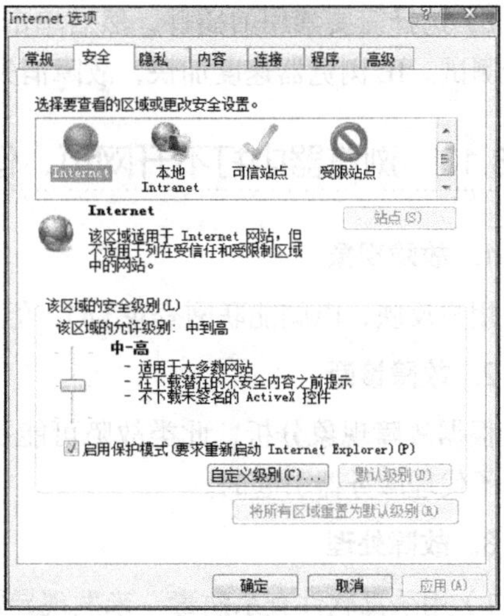

图 13-20　“Internet 选项”对话框

13.8.12　IE 浏览器打开新建选项卡时速度很慢

1. 故障现象

用户在使用 IE 浏览器时，打开新选项卡或新窗口时，速度很慢，会显示“正在连接…”很长时间，如图 13-21 所示。

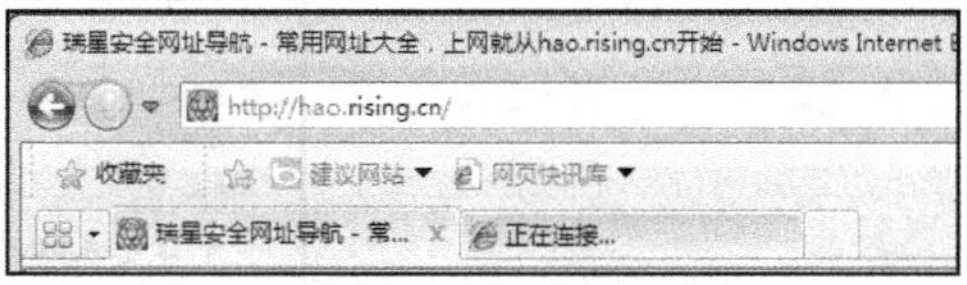

图 13-21　打开新连接

2. 故障诊断

根据故障现象分析，可能造成这一问题的原因是由于 IE 浏览器加载了额外的第三方插件、工具或扩展导致的。另外也可能是网速较慢引起的。

3. 故障处理

1）检查浏览器的加载项。单击 IE 浏览器右上方的“工具”菜单，选择“管理加载项”命令，打开“管理加载项”对话框，如图 13-22 所示。

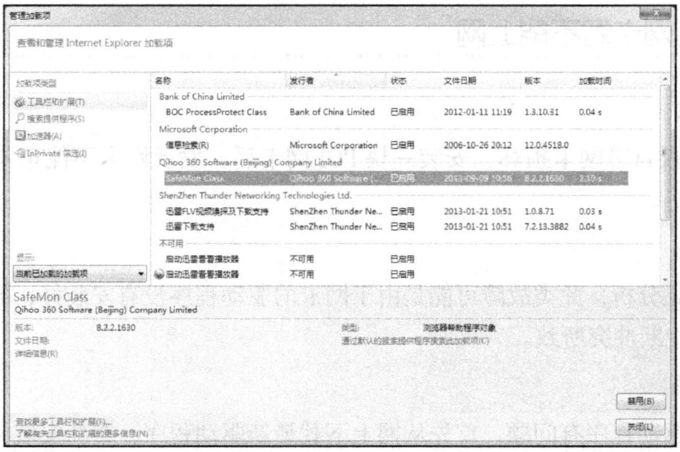

图 13-22　“管理加载项”对话框

2）选择需要禁用的插件，然后单击下面的“禁用”按钮，设置好后，关闭对话框，然后进行测试。IE 浏览器速度加快，故障消失。

13.8.13 浏览器中打不开网页，但能登录 QQ

1. 故障现象

用户反映，电脑能联网登录 QQ，但是却打不开网页。

2. 故障诊断

根据故障现象分析，此类故障可能是由电脑感染了病毒，或是 DNS 服务器解析出错，或使用了代理服务器引起的。

3. 故障处理

1）用杀毒软件查杀病毒，未发现异常。

2）在 IE 浏览器中，单击“工具→ Internet 选项”，在打开的“ Internet 属性”对话框中单击“连接”选项卡，再单击“局域网设置”按钮，如图 13-23 所示。

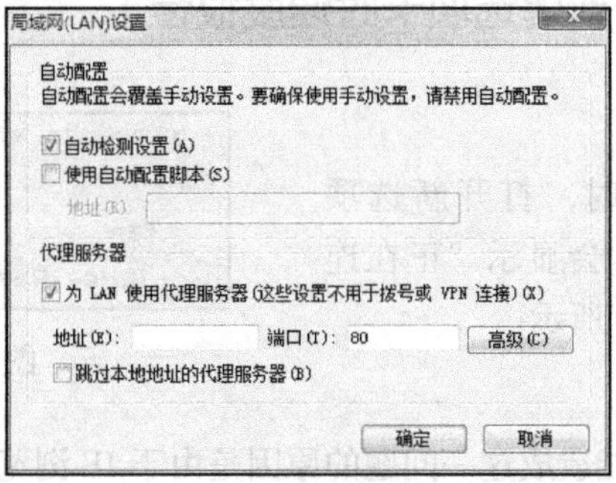

图 13-23 “局域网（LAN）设置”对话框

3）单击“自动检测设置”和“为 LAN 使用代理服务器”复选框，单击“确定”按钮。然后上网测试，网页可以正常打开，故障排除。

注意：如果是 DNS 服务器解析出错，则要重新设置 DNS 服务器。

13.8.14 安装网卡后不能上网

1. 故障现象

一台电脑主板自带网卡损坏，安装一块 PCI 网卡后，发现网卡不能正常工作，有时甚至不能启动计算机。

2. 故障诊断

根据故障现象分析，此类故障可能是由于网卡的驱动程序没有安装好，导致网卡和系统中的其他设备发生中断冲突所致。

3. 故障处理

怀疑网卡的驱动程序有问题，首先从网上下载最新驱动程序，重新安装网卡驱动程序，之后进行测试，网卡工作正常，故障排除。

13.8.15 修复网络中的电脑无法共享网络打印机的故障

1. 故障现象

用户反映在公司内部的电脑不能通过网上邻居共享打印机。

2. 故障诊断

根据故障现象分析，此故障可能是：网络连接有问题；没有正确安装及设置文件和打印机共享服务；没有正确安装网络打印机驱动程序；网络管理权限的因素。

3. 故障处理

1）检查用户端网络打印机的驱动程序。双击桌面上的“网上邻居”图标，在打开的“网上邻居”窗口中，单击左侧的“打印机和传真”选项，然后在打开的“打印机和传真”窗口中发现网络打印机已经装好。

2）在网络打印机图标上单击鼠标右键，选择“设为默认打印机”命令，然后进行测试，网络打印机可以正常使用，故障排除。

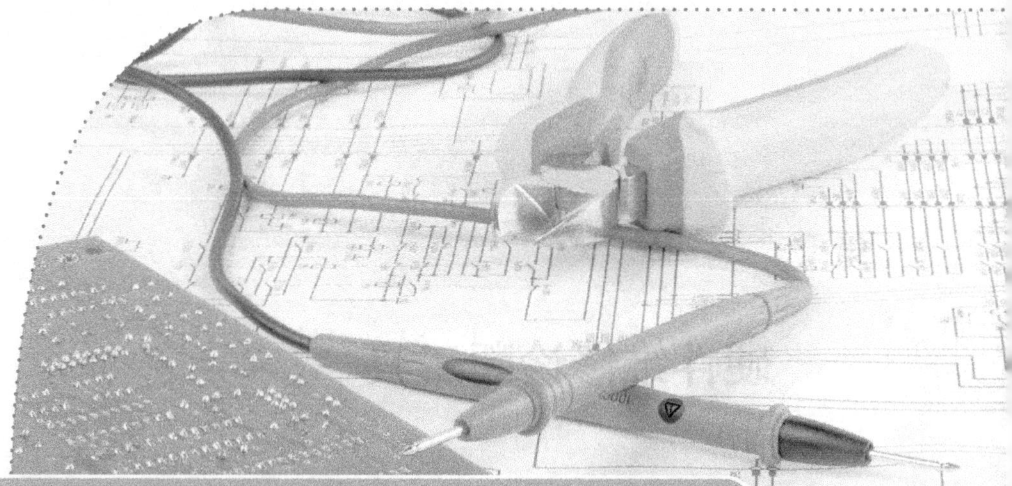

第三篇

电脑硬件故障诊断与维修

- ◆ 第 14 章　硬件维修诊断工具
- ◆ 第 15 章　硬件故障处理方法
- ◆ 第 16 章　从开机启动过程快速判断故障原因
- ◆ 第 17 章　按电脑组成查找故障原因
- ◆ 第 18 章　诊断与修复电脑不开机 / 黑屏故障
- ◆ 第 19 章　诊断与修复 CPU 故障
- ◆ 第 20 章　诊断与修复主板故障
- ◆ 第 21 章　诊断与修复内存故障
- ◆ 第 22 章　诊断与修复硬盘故障
- ◆ 第 23 章　诊断与修复显卡故障
- ◆ 第 24 章　诊断与修复液晶显示器故障
- ◆ 第 25 章　诊断与修复 ATX 电源故障

电脑是由很多个独立设备组成的——CPU、主板、内存、显卡等。任何一个硬件发生故障，都会给电脑带来很大的麻烦。

如何检测硬件的故障，如何维修电脑设备和常用的外围设备，如何让电脑起死回生，本篇将进行详细介绍。

第 14 章

硬件维修诊断工具

电脑中设备众多，发生故障的原因也是五花八门，所以电脑维修是一项很复杂的技术。在开始电脑维修之前，必须先要了解维修的基础知识。这一章介绍电脑维修诊断常用的工具。

14.1 常用工具

在维修当中，有时需要借助一些工具来帮助判断故障的出处。常用的有各种工具软件、螺丝刀、尖嘴钳等。

14.1.1 工具软件

常用的工具软件有：系统安装盘、硬盘分区软件、启动盘、硬件的驱动程序安装光盘、应用软件、杀毒软件等。

14.1.2 螺丝刀和尖嘴钳

螺丝刀是常用的电工工具，也称为改锥，是用来紧固和拆卸螺钉的工具。常用的螺丝刀主要有一字型螺丝刀和十字形螺丝刀，如图 14-1 所示。

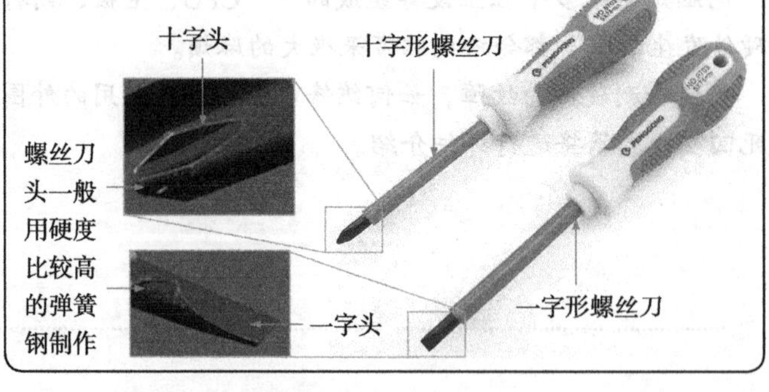

图 14-1　螺丝刀

在使用螺丝刀时，需要选择与螺丝大小相匹配的螺丝刀头，太大或太小都不行，容易损坏螺丝和螺丝刀。另外，电工用螺丝刀的把柄要选用耐压 500V 以上的绝缘体把柄。

尖嘴钳是在安装、拆卸或板正变形器件时使用的，如图 14-2 所示。有时还会用到鸭嘴钳、剥线钳等。

网线钳是专门制作网线接头用的，将网线中的八条不同颜色的细线，按照特定的排列插入水晶头中，用网线钳的专用卡口一卡，就能完成制作（在本书网络部分中，有网线详细的制作方法）。如图 14-3 所示。

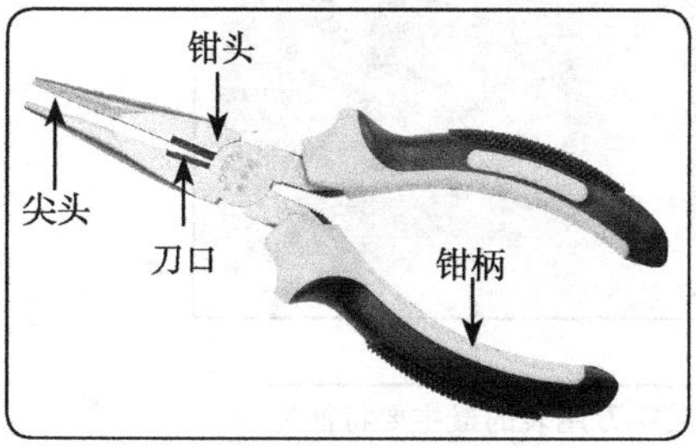

图 14-2　尖嘴钳

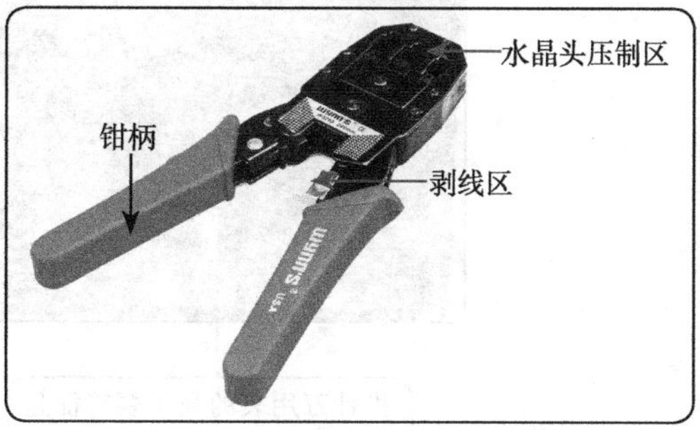

图 14-3　网线钳

14.1.3　清洁工具

清洁工具主要是为了清除电脑机箱中的灰尘，有“皮老虎”、小毛刷、棉签、橡皮等。毛刷主要用来清洁电路板上的灰尘如图 14-4 所示。“皮老虎”主要用于清除元器件与元器件之间的落灰，如图 14-5 所示。

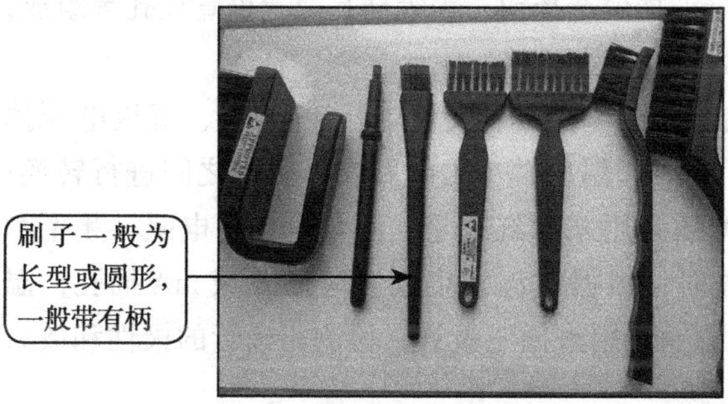

图 14-4　刷子

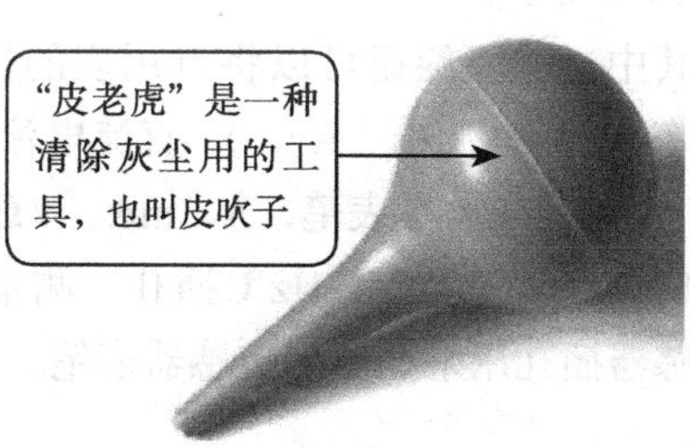

图 14-5　“皮老虎”

14.2　万用表的使用方法

万用表是一种多功能、多量程的测量仪表，万用表可测量直流电流、直流电压、交流电流、交流电压、电阻和音频电平等，是电工和电子维修中必备的测试工具。万用表有很多种，目前常用的有指针万用表和数字万用表两种，如图 14-6 所示。

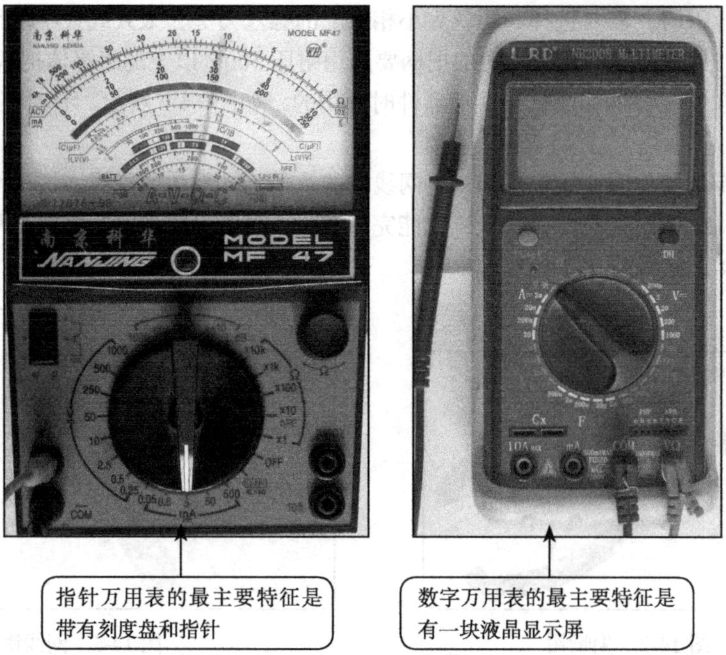

MODEL MF 47
指针万用表的最主要特征是带有刻度盘和指针
数字万用表的最主要特征是有一块液晶显示屏

图 14-6 万用表

14.2.1 万用表的结构

（1）数字万用表的结构

数字万用表具有显示清晰、读取方便、灵敏度高、准确度高、过载能力强、便于携带、使用方便等优点。数字万用表主要由液晶显示屏、挡位选择钮、表笔插孔及三极管插孔等组成，如图 14-7 所示。

其中，功能旋钮可以将万用表的挡位在电阻挡（Ω)、交流电压（V～)、直流电压挡（V—)、交流电流挡（A～)、直流电流挡（A—)、温度挡（℃）和二极管挡之间进行转换；COM 插孔用来插黑表笔，A、mA、VΩHz℃插孔用来插红表笔，测量电压、电阻、频率和温度时，红表笔插 VΩHz℃插孔，测量电流时，根据电流大小红表笔插 A 或 mA 插孔；温度传感器插孔用来插温度传感器表笔；三极管插孔用来插三极管，检测三极管的极性和放大系数。

（2）指针万用表的结构

指针万用表可以显示出所测电路连续变化的情况，且指针万用表电阻挡的测量电流较大，特别适合在路检测元器件。图 14-8 所示为指针万用表表体，其主要由功能旋钮、欧姆调零旋钮、表笔插孔及三极管插孔等组成。其中，功能旋钮可以将万用表的挡位在电阻挡（Ω)、交流电压（V～)、直流电压挡（V—)、交流电流挡（A～)、直流电流挡（A—）之间进行转换；COM 插孔用来插黑表笔，+、10A、2500V 插孔用来插红表笔，测量 1000V 以内电压、电阻、500mA 以内电流时，红表笔插 + 插孔，测量大于 500mA 以上电流时，红表笔插 10A 插孔；测量 1000V 以上电压时，红表笔插 2500V 插孔；三极管插孔用来插三极管，检测三极管的极性和放大系数。欧姆调零旋钮用来给欧姆挡置零。

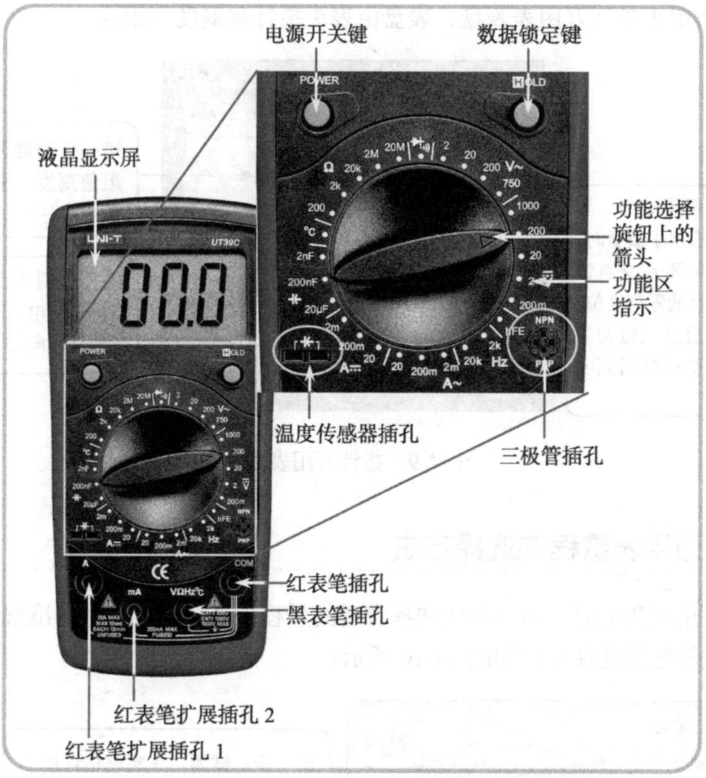

图 14-7　数字万用表的结构

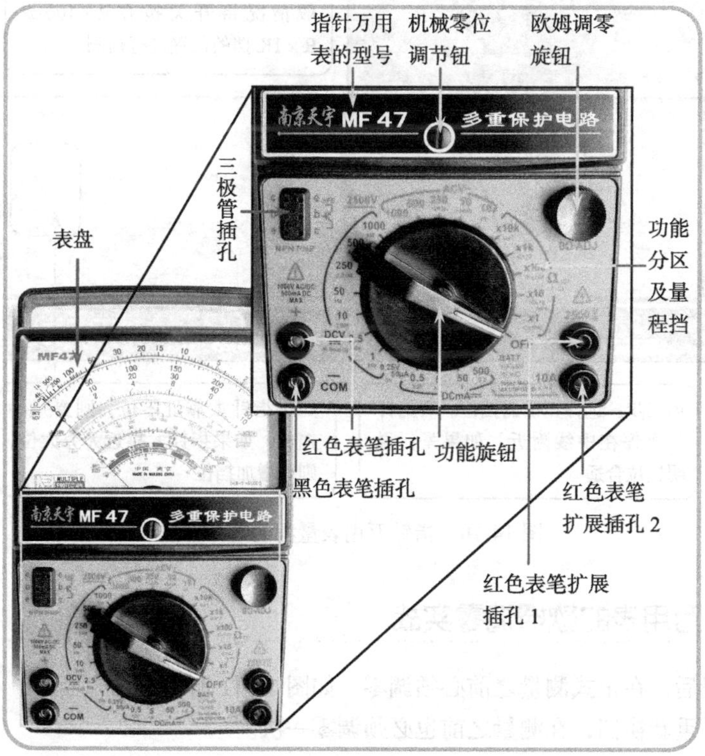

图 14-8　指针万用表的表体

如图 14-9 所示为指针万用表表盘，表盘由表头指针和刻度等组成。

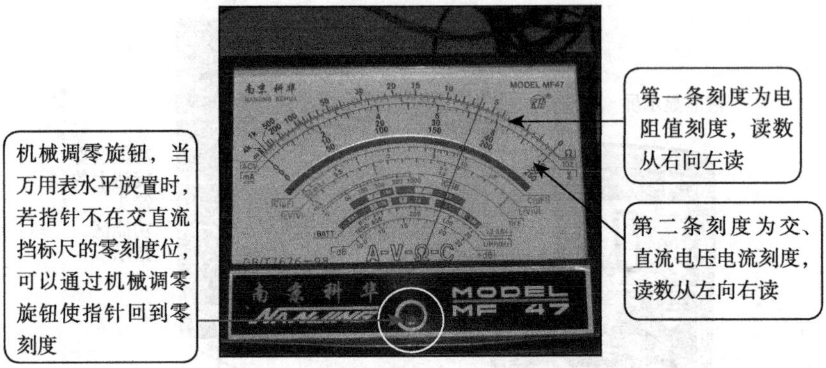

图 14-9 指针万用表表盘

14.2.2 指针万用表量程的选择方法

使用指针万用表测量时，第一步要选择合适的量程，这样才能测量得准确。指针万用表量程的选择方法如图 14-10 所示。

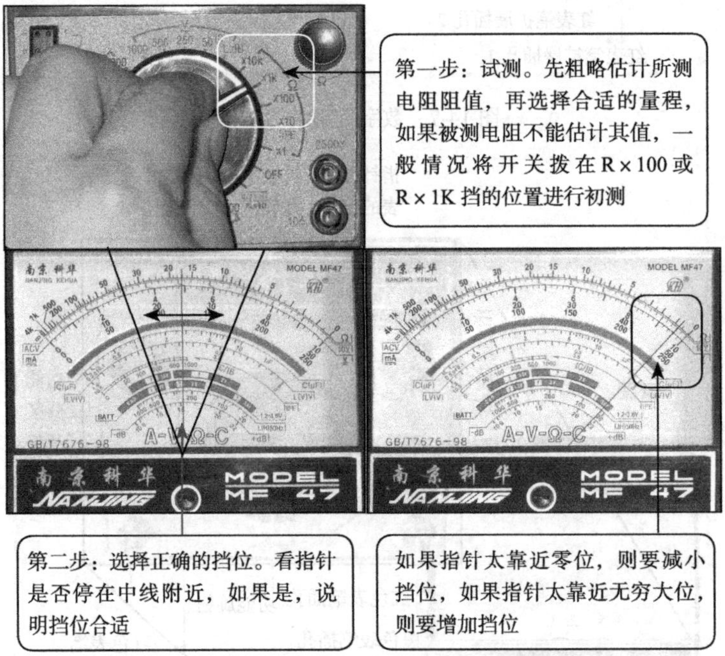

第一步：试测。先粗略估计所测电阻阻值，再选择合适的量程，如果被测电阻不能估计其值，一般情况将开关拨在R×100或R×1K挡的位置进行初测
第二步：选择正确的挡位。看指针是否停在中线附近，如果是，说明挡位合适
如果指针太靠近零位，则要减小挡位，如果指针太靠近无穷大位，则要增加挡位
MODEL MF47
第一条刻度为电阻值刻度，读数从右向左读
机械调零旋钮，当万用表水平放置时，若指针不在交直流挡标尺的零刻度位，可以通过机械调零旋钮使指针回到零刻度
第二条刻度为交、直流电压电流刻度，读数从左向右读
GB/T7676-98
A-V-Ω-C
MODEL MF 47

图 14-10 指针万用表量程的选择方法

14.2.3 指针万用表的欧姆调零实战

量程选准以后，在正式测量之前必须调零，如图 14-11 所示。

注意：如果重新换挡，在测量之前也必须调零一次。

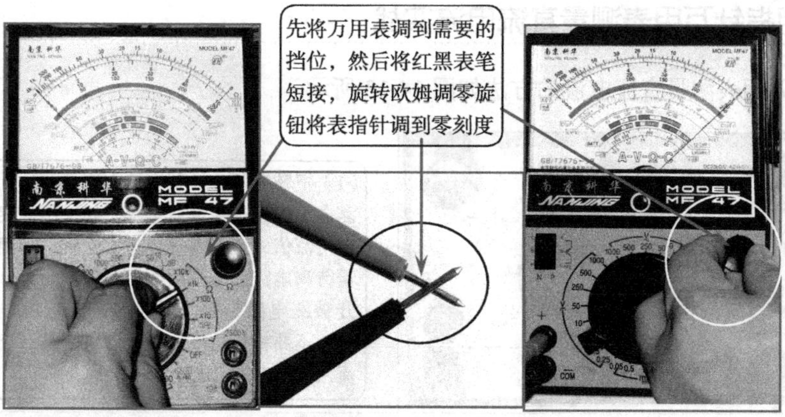

先将万用表调到需要的挡位，然后将红黑表笔短接，旋转欧姆调零旋钮将表指针调到零刻度
南京科华
MODEL MF 47
NANJING

图 14-11　指针万用表的欧姆调零

14.2.4　用指针万用表测量电阻实战

用指针式万用表测电阻的方法如图 14-12 所示。

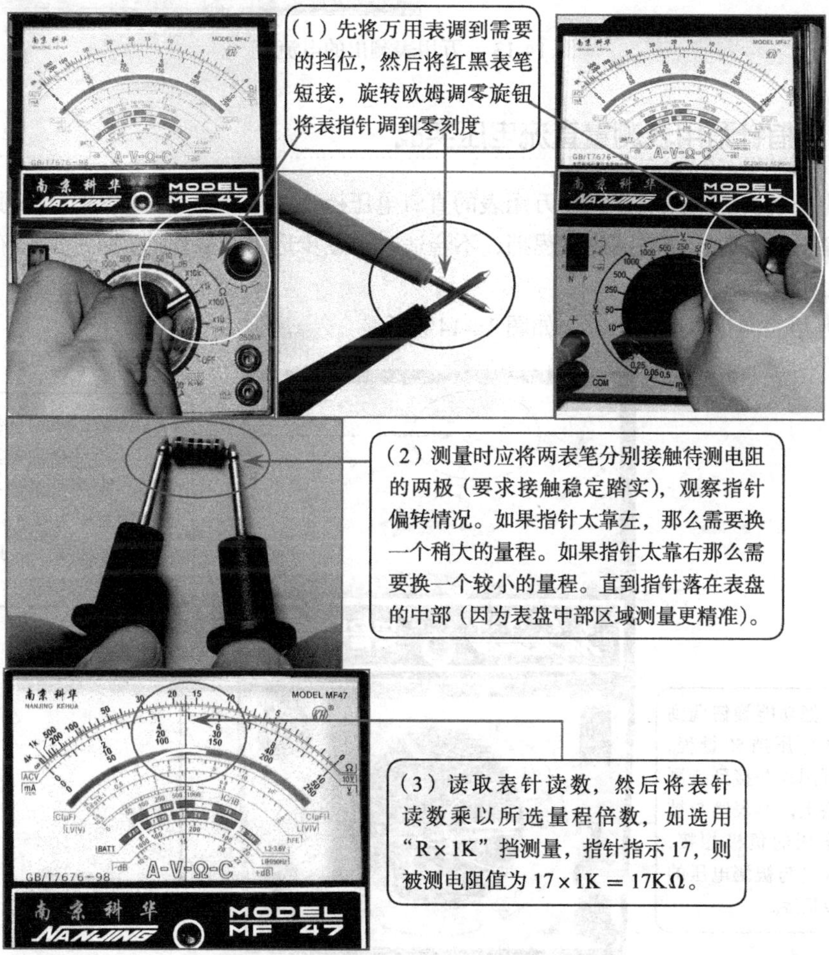

（1）先将万用表调到需要的挡位，然后将红黑表笔短接，旋转欧姆调零旋钮将表指针调到零刻度
（2）测量时应将两表笔分别接触待测电阻的两极（要求接触稳定踏实），观察指针偏转情况。如果指针太靠左，那么需要换一个稍大的量程。如果指针太靠右那么需要换一个较小的量程。直到指针落在表盘的中部（因为表盘中部区域测量更精准）。
（3）读取表针读数，然后将表针读数乘以所选量程倍数，如选用“R×1K”挡测量，指针指示 17，则被测电阻值为 17×1K＝17KΩ。
南京科华
MODEL MF47
MODEL MF 47
NANJING
GB/T7676-98
A-V-Ω-C

图 14-12　用指针式万用表测电阻的方法

14.2.5 用指针万用表测量直流电流实战

用指针万用表测量直流电流的方法如图 14-13 所示。

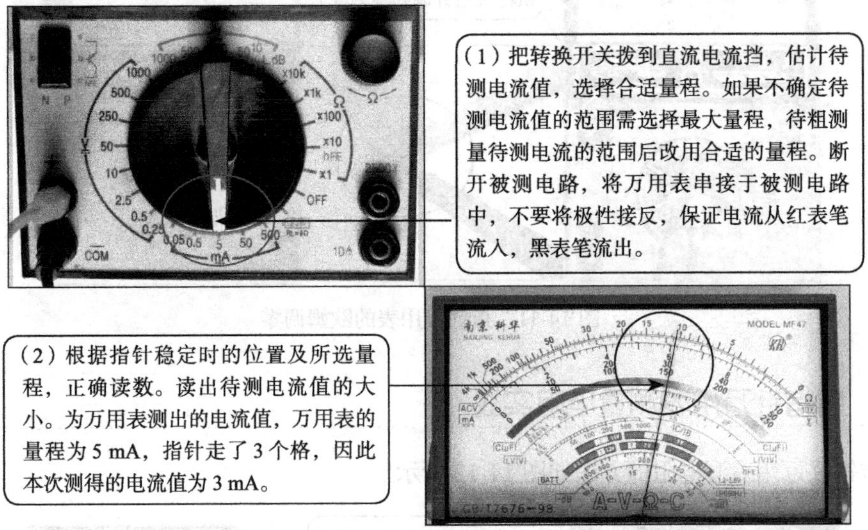

（1）把转换开关拨到直流电流挡，估计待测电流值，选择合适量程。如果不确定待测电流值的范围需选择最大量程，待粗测量待测电流的范围后改用合适的量程。断开被测电路，将万用表串接于被测电路中，不要将极性接反，保证电流从红表笔流入，黑表笔流出。
（2）根据指针稳定时的位置及所选量程，正确读数。读出待测电流值的大小。为万用表测出的电流值，万用表的量程为 5 mA，指针走了 3 个格，因此本次测得的电流值为 3 mA。

图 14-13 万用表测出的电流值

14.2.6 用指针万用表测量直流电压实战

测量电路的直流电压时，选择万用表的直流电压挡，并选择合适的量程。当被测电压数值范围不清楚时，可先选用较高的量程挡，不合适时再逐步选用低量程挡，使指针停在满刻度的 2/3 处附近为宜。

指针万用表测量直流电压方法如图 14-14 所示。

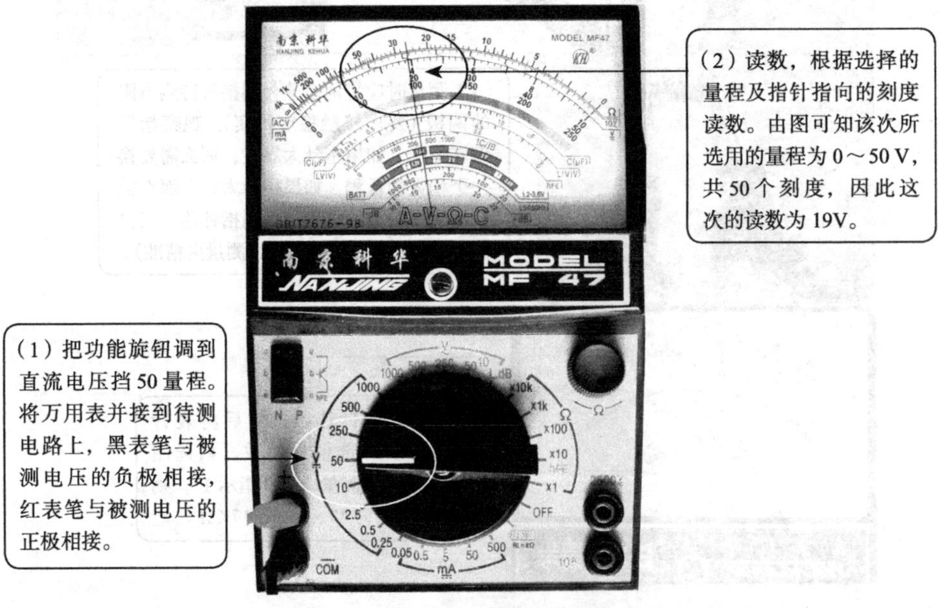

（2）读数，根据选择的量程及指针指向的刻度读数。由图可知该次所选用的量程为 0～50 V，共 50 个刻度，因此这次的读数为 19V。
（1）把功能旋钮调到直流电压挡 50 量程。将万用表并接到待测电路上，黑表笔与被测电压的负极相接，红表笔与被测电压的正极相接。

图 14-14 指针万用表测量直流电压

14.2.7　用数字万用表测量直流电压实战

用数字万用表测量直流电压的方法如图 14-15 所示。

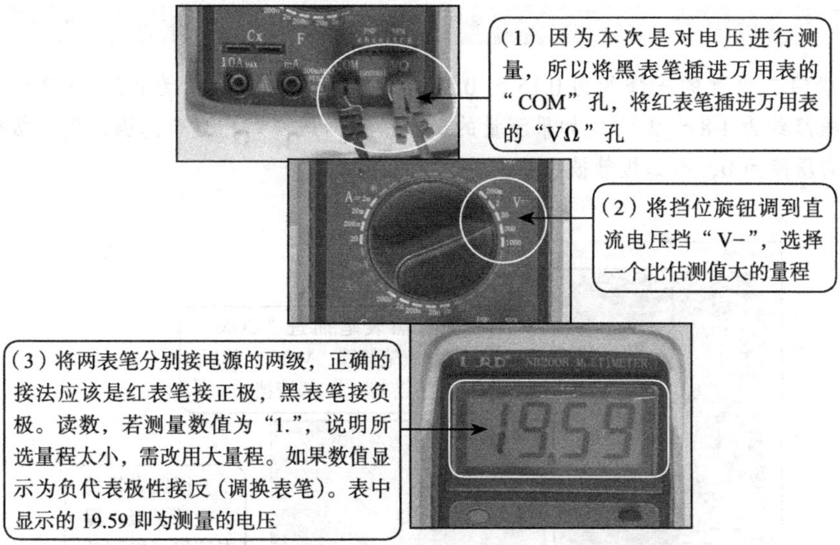

（1）因为本次是对电压进行测量，所以将黑表笔插进万用表的“COM”孔，将红表笔插进万用表的“VΩ”孔
（2）将挡位旋钮调到直流电压挡“V-”，选择一个比估测值大的量程
（3）将两表笔分别接电源的两级，正确的接法应该是红表笔接正极，黑表笔接负极。读数，若测量数值为“1.”，说明所选量程太小，需改用大量程。如果数值显示为负代表极性接反（调换表笔）。表中显示的 19.59 即为测量的电压

图 14-15　数字万用表测量直流电压的方法

14.2.8　用数字万用表测量直流电流实战

使用数字万用表测量直流电流的方法如图 14-16 所示。

提示

交流电流的测量方法与直流电流的测量方法基本相同，不过需将旋钮放到交流挡位。

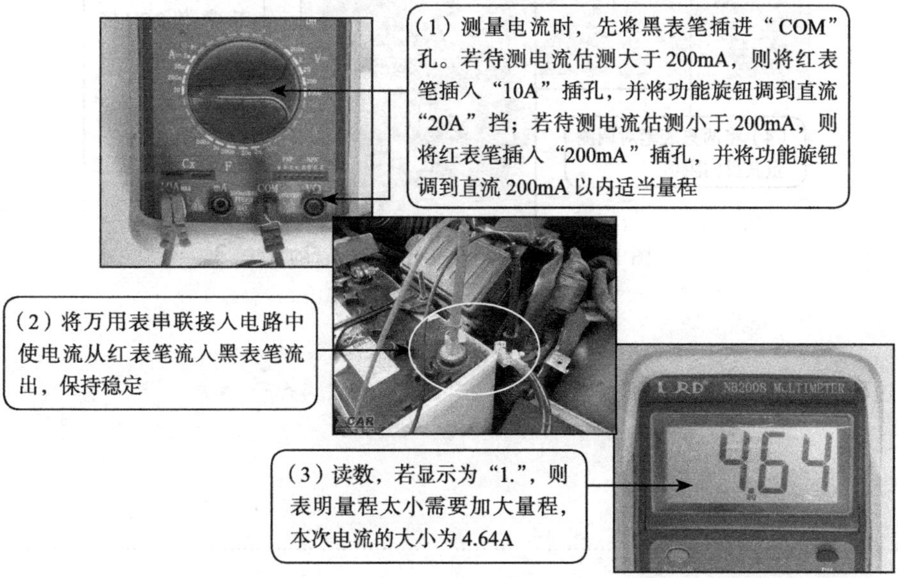

（1）测量电流时，先将黑表笔插进“COM”孔。若待测电流估测大于 200mA，则将红表笔插入“10A”插孔，并将功能旋钮调到直流“20A”挡；若待测电流估测小于 200mA，则将红表笔插入“200mA”插孔，并将功能旋钮调到直流 200mA 以内适当量程
（2）将万用表串联接入电路中使电流从红表笔流入黑表笔流出，保持稳定
（3）读数，若显示为“1.”，则表明量程太小需要加大量程，本次电流的大小为 4.64A

图 14-16　数字万用表测量直流电流

14.2.9 用数字万用表测量二极管实战

用数字万用表测量二极管的方法如图 14-17 所示。

提示

一般锗二极管的压降约为 0.15 ～ 0.3V，硅二极管的压降约为 0.5 ～ 0.7V，发光二极管的压降约为 1.8 ～ 2.3V。如果测量的二极管正向压降超出这个范围，则二极管损坏。如果反向压降为 0，则二极管被击穿。

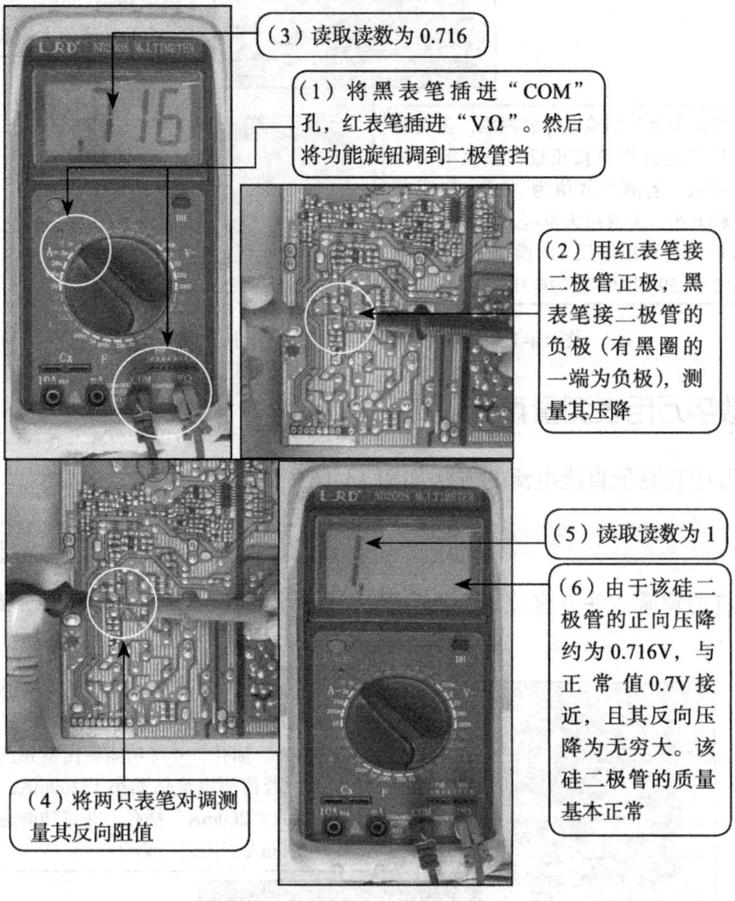

（3）读取读数为 0.716
（1）将黑表笔插进“COM”孔，红表笔插进“VΩ”。然后将功能旋钮调到二极管挡
（2）用红表笔接二极管正极，黑表笔接二极管的负极（有黑圈的一端为负极），测量其压降
（5）读取读数为 1
（6）由于该硅二极管的正向压降约为 0.716V，与正常值 0.7V 接近，且其反向压降为无穷大。该硅二极管的质量基本正常
（4）将两只表笔对调测量其反向阻值

图 14-17 数字万用表测量二极管的方法

14.3 主板检测卡使用方法

14.3.1 认识检测卡

检测卡是一种外接的检测设备，又叫“主板检测卡”“诊断卡”“Debug 卡”“POST 卡”等。

当你的电脑发生故障不能启动时，但凭简单的主板喇叭报警很难准确地了解故障出在哪个设备上，这时就需要使用检测卡来精准定位了。将它接在电脑主板上，开机后查看检测卡上数码管的代码，就能知道电脑出现了什么故障。

检测卡有很多种，高端的检测卡性能出色、功能强大，不但能显示错误代码，还有 Step by Step trace（步步跟踪）等功能，但是价格昂贵。对一般用户来说，只要能够显示错误代码就足够用了，这种检测卡的售价只有十几元～几十元，是市面上使用最广泛的检测卡，如图 14-18 所示。

有的检测卡上不仅有显示错误代码的数码管，还有显示电脑状态的 LED 灯，这些 LED 灯也对我们判断故障有很大的帮助，如图 14-19 所示。

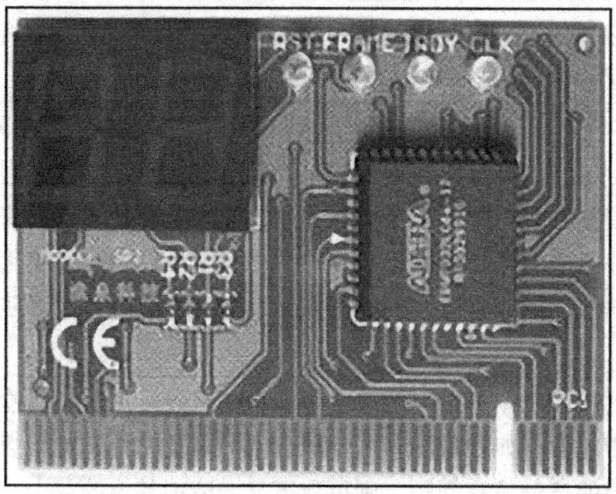

图 14-18　PCI 接口检测卡

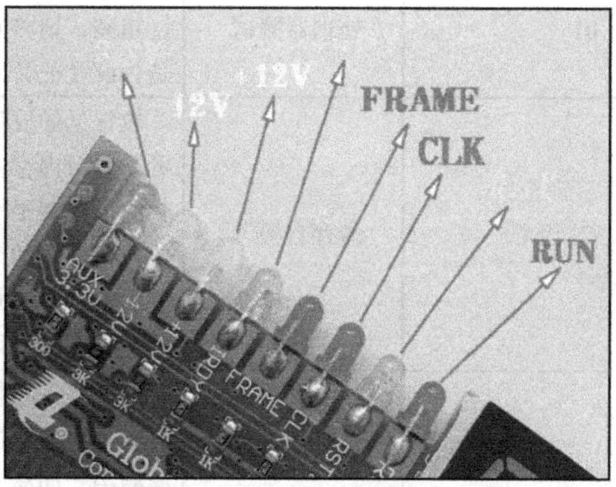

图 14-19　检测卡上的 LED 灯

3.3V、+12V、-12V 为电源灯，正常情况下应该全亮；

IRDY 为主设备灯，设备准备完毕才会亮；

FRAME 为帧周期灯，PCI 插槽有循环帧信号时会闪亮，平时为常亮；

CLK 为总线时钟灯，正常为常亮；

RST 为复位灯，正常为开机时闪亮一下，然后熄灭；

RUN 为运行灯，正常为不停闪动。

14.3.2　主板检测卡的原理

每个厂家的 BIOS 都有 POST CODE（检测代码），即开机自我侦测代码，当 BIOS 要进行某项测试时，首先将该 POST CODE 写入 80H 地址，如果测试顺利完成，再写入下一个 POST CODE。检测卡就是利用 80H 地址中的代码，编译后判断故障出现在哪里的。

比如当电脑启动过程中出现死机故障时，查看检测卡代码，发现 POST CODE 停留在内存检测的代码上，这就可以知道是 POST 检测物理内存时没有通过，判断为内存连接松动或内存故障。

14.3.3　主板检测卡错误代码的含义

市场上的检测卡有很多种，错误代码的含义也不尽相同，在使用检测卡对电脑进行诊断时，应该以说明书为主。

常见的错误代码和解决方法可以参照表 14-1。

表 14-1 主板检测卡常见错误代码

错误代码	代码含义	解决方法
00(FF)	主板没有正常自检	这种故障较麻烦，原因可能是主板或 CPU 没有正常工作。一般遇到这种情况，可首先将电脑上除 CPU 外的所有部件全部取下，并检查主板电压、倍频和外频设置是否正确，然后再对 CMOS 进行放电处理，再开机检测故障是否排除。如故障依旧，还可将 CPU 从主板上的插座上取下，仔细清理插座及其周围的灰尘，然后再将 CPU 安装好，并加以一定的压力，保证 CPU 与插座接触紧密，再将散热片安装妥当，然后开机测试。如果故障依旧，则建议调换 CPU 测试。另外，主板 BIOS 损坏也可造成这种现象，必要时可刷新主板 BIOS 后再试
01	处理器测试	说明 CPU 本身没有通过测试，这时应检查 CPU 相关设备。如对 CPU 进行过超频，请将 CPU 的频率还原至默认频率，并检查 CPU 电压、外频和倍频是否设置正确。如一切正常，但故障依旧，则可调换 CPU 再试
C1 至 C5	内存自检	较常见的故障现象，它一般表示系统中的内存存在故障。要解决这类故障，可首先对内存实行除尘、清洁等工作再进行测试。如问题依旧，可尝试用柔软的橡皮擦干净金手指部分，直到金手指重新出现金属光泽为止，然后清理掉内存槽里的杂物，并检查内存槽内的金属弹片是否有变形、断裂或氧化生锈现象。开机测试后如故障依旧，可调换内存再试。如有多条内存，可使用调换法查找故障所在
0D	视频通道测试	这也是一种较常见的故障现象，它一般表示显卡检测未通过。这时应检查显卡与主板的连接是否正常，如发现显卡松动等现象，应及时将其重新插入插槽中。如显卡与主板的接触没有问题，则可取下显卡清理其上的灰尘，并清洁显卡的金手指部分，再插到主板上测试。如故障依旧，则可调换显卡测试。 一般系统启动过 0D 后，就已将显示信号传输至显示器，此时显示器的指示灯变绿，然后 DEBUG 卡继续跳至 31，显示器开始显示自检信息，这时就可通过显示器上的相关信息断定电脑故障了
0D 至 0F	CMOS 寄存器读 / 写测试	检查 CMOS 芯片、电池及周围电路部分，可先调换 CMOS 电池，再用小棉球蘸无水酒精清洗 CMOS 的引脚及其电路部分，然后开机检查问题是否解决
12、13、2B、2C、2D、2E、2F、30、31、32、33、34、35、36、37、38、39、3A	测试显卡	该故障在 AMI BIOS 中较常见，可检查显卡的视频接口电路、主芯片、显存是否因灰尘过多而无法工作，必要时可调换显卡检查故障是否解决
1A、1B、20、21、22	存储器测试	同 Award BIOS 内存故障的解决方式。如在 BIOS 设置中设置为不提示出错，则当遇到非致命性故障时，诊断卡不会停下来显示故障代码，解决方式是在 BIOS 设置中设置为“提示所有错误之后再开机”，然后再依据 DEBUG 卡的错误代码检查故障

14.4 电烙铁的使用方法

电烙铁是通过熔解锡进行焊接的一种修理时必备的工具，主要用来焊接元器件间的引脚。

14.4.1　电烙铁的种类

电烙铁的种类较多，下面详细讲解。如图 14-20 所示为常用的电烙铁。

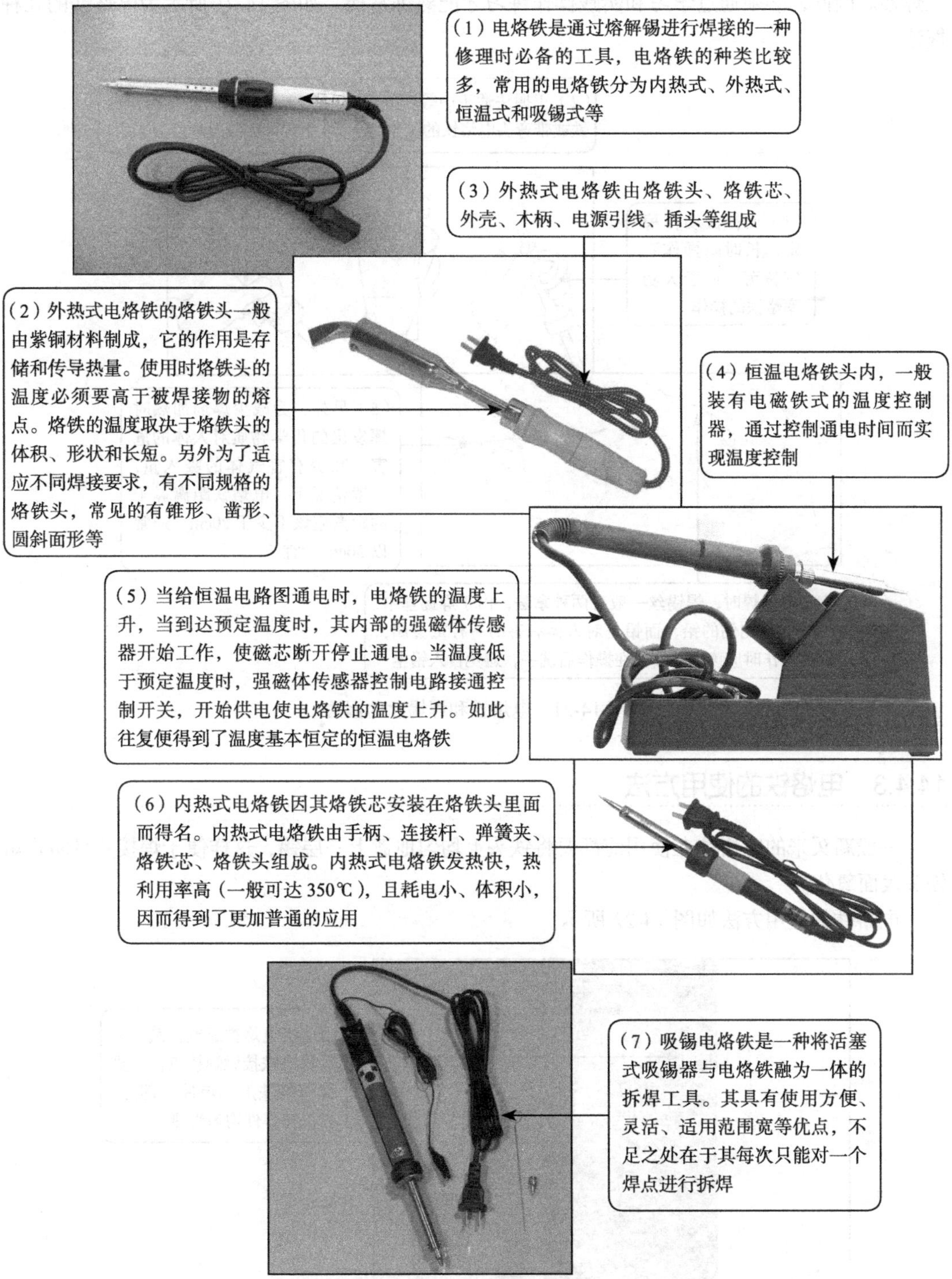

（1）电烙铁是通过熔解锡进行焊接的一种修理时必备的工具，电烙铁的种类比较多，常用的电烙铁分为内热式、外热式、恒温式和吸锡式等
（3）外热式电烙铁由烙铁头、烙铁芯、外壳、木柄、电源引线、插头等组成
（2）外热式电烙铁的烙铁头一般由紫铜材料制成，它的作用是存储和传导热量。使用时烙铁头的温度必须要高于被焊接物的熔点。烙铁的温度取决于烙铁头的体积、形状和长短。另外为了适应不同焊接要求，有不同规格的烙铁头，常见的有锥形、凿形、圆斜面形等
（4）恒温电烙铁头内，一般装有电磁铁式的温度控制器，通过控制通电时间而实现温度控制
（5）当给恒温电路图通电时，电烙铁的温度上升，当到达预定温度时，其内部的强磁体传感器开始工作，使磁芯断开停止通电。当温度低于预定温度时，强磁体传感器控制电路接通控制开关，开始供电使电烙铁的温度上升。如此往复便得到了温度基本恒定的恒温电烙铁
（6）内热式电烙铁因其烙铁芯安装在烙铁头里面而得名。内热式电烙铁由手柄、连接杆、弹簧夹、烙铁芯、烙铁头组成。内热式电烙铁发热快，热利用率高（一般可达 350℃），且耗电小、体积小，因而得到了更加普通的应用
（7）吸锡电烙铁是一种将活塞式吸锡器与电烙铁融为一体的拆焊工具。其具有使用方便、灵活、适用范围宽等优点，不足之处在于其每次只能对一个焊点进行拆焊

图 14-20　电烙铁

14.4.2 焊接操作的正确姿势

手工锡焊接技术是一项基本功，即使是在大规模生产的情况下，维护和维修也必须使用手工焊接。因此，必须通过学习和实践操作练习才能熟练掌握。如图 14-21 所示为电烙铁的几种握法。

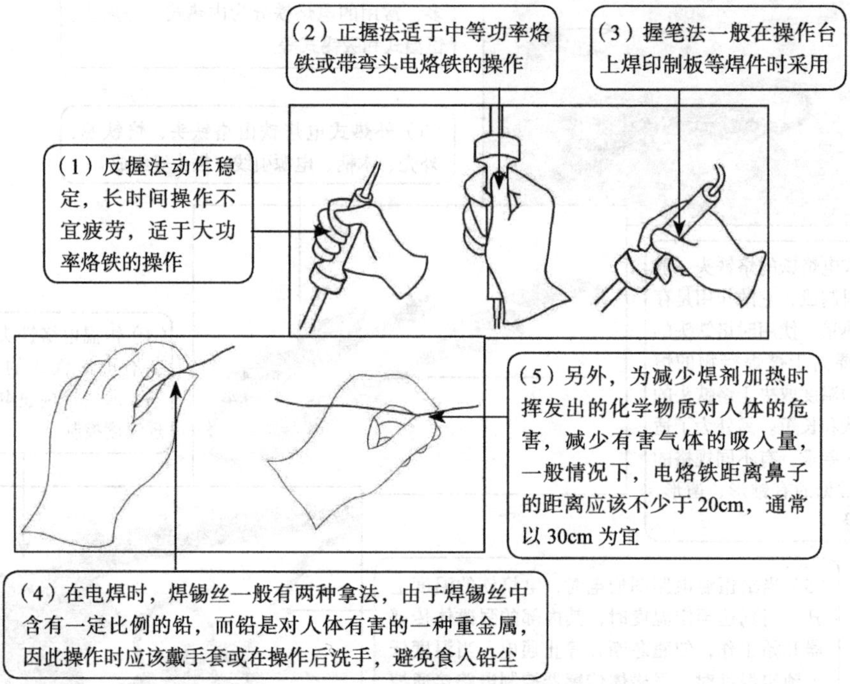
（2）正握法适于中等功率烙铁或带弯头电烙铁的操作
（3）握笔法一般在操作台上焊印制板等焊件时采用
（1）反握法动作稳定，长时间操作不宜疲劳，适于大功率烙铁的操作
（5）另外，为减少焊剂加热时挥发出的化学物质对人体的危害，减少有害气体的吸入量，一般情况下，电烙铁距离鼻子的距离应该不少于 20cm，通常以 30cm 为宜
（4）在电焊时，焊锡丝一般有两种拿法，由于焊锡丝中含有一定比例的铅，而铅是对人体有害的一种重金属，因此操作时应该戴手套或在操作后洗手，避免食入铅尘

图 14-21 电烙铁和焊锡丝的握法

14.4.3 电烙铁的使用方法

一般新买来的电烙铁在使用前都要将铁头上均匀地镀上一层锡，这样便于焊接并且防止烙铁头表面氧化。

电烙铁的使用方法如图 14-22 所示。

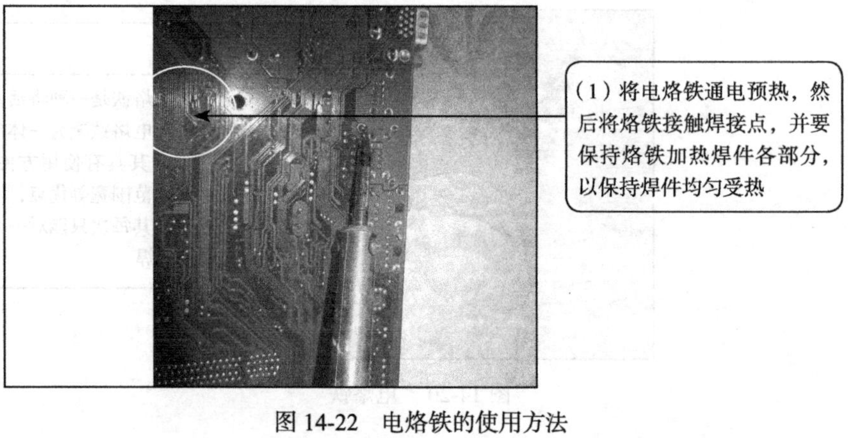
（1）将电烙铁通电预热，然后将烙铁接触焊接点，并要保持烙铁加热焊件各部分，以保持焊件均匀受热

图 14-22 电烙铁的使用方法

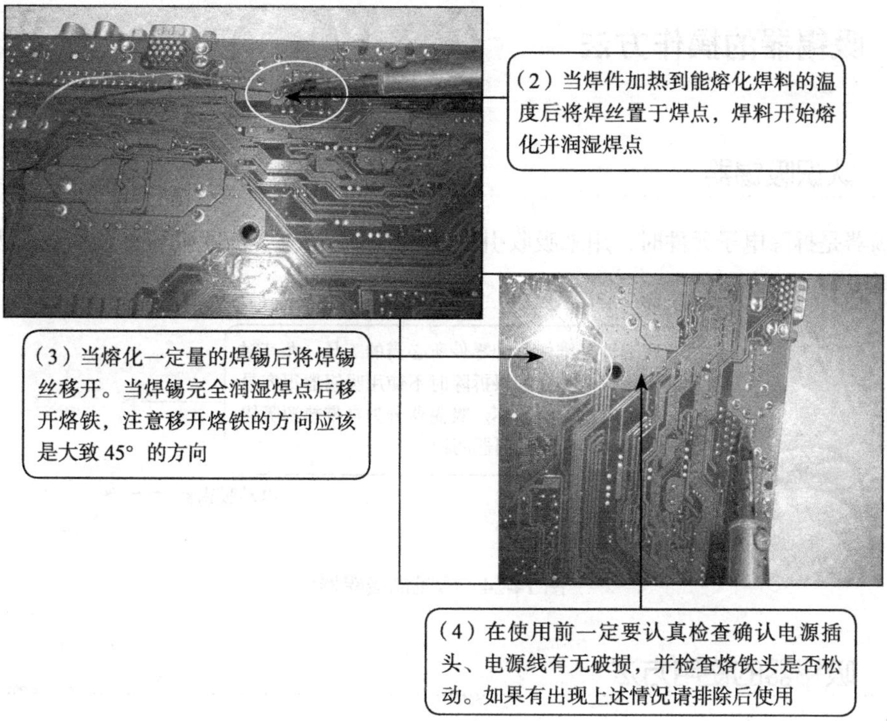

（2）当焊件加热到能熔化焊料的温度后将焊丝置于焊点，焊料开始熔化并润湿焊点
（3）当熔化一定量的焊锡后将焊锡丝移开。当焊锡完全润湿焊点后移开烙铁，注意移开烙铁的方向应该是大致 45° 的方向
（4）在使用前一定要认真检查确认电源插头、电源线有无破损，并检查烙铁头是否松动。如果有出现上述情况请排除后使用

图 14-22 （续）

14.4.4 焊料与助焊剂有何用处

电烙铁使用时的辅助材料和工具主要包括焊锡、助焊剂等，如图 14-23 所示。

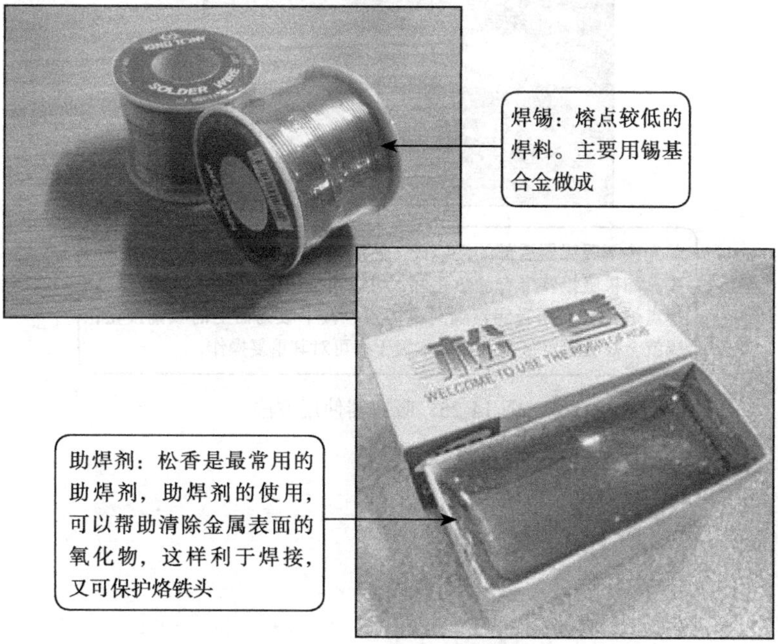

焊锡：熔点较低的焊料。主要用锡基合金做成
助焊剂：松香是最常用的助焊剂，助焊剂的使用，可以帮助清除金属表面的氧化物，这样利于焊接，又可保护烙铁头

图 14-23 电烙铁的辅助材料

14.5 吸锡器的操作方法

14.5.1 认识吸锡器

吸锡器是拆除电子元件时，用来吸收引脚焊锡的一种工具，有手动吸锡器和电动吸锡器两种，如图 14-24 所示。

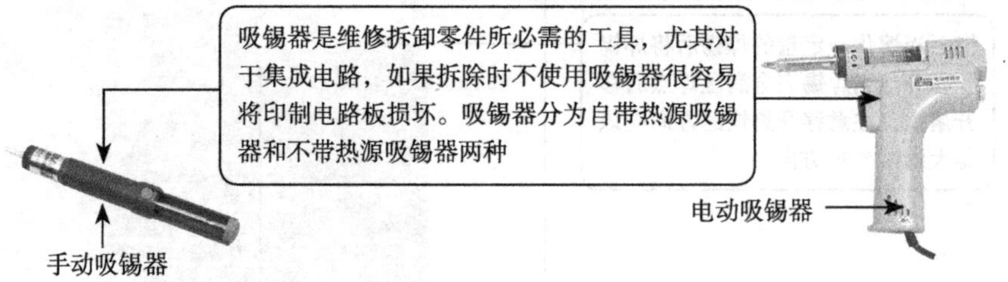

吸锡器是维修拆卸零件所必需的工具，尤其对于集成电路，如果拆除时不使用吸锡器很容易将印制电路板损坏。吸锡器分为自带热源吸锡器和不带热源吸锡器两种
手动吸锡器
电动吸锡器

图 14-24 常见的吸锡器

14.5.2 吸锡器的使用方法

吸锡器的使用方法如图 14-25 所示。

首先按下吸锡器后部的活塞杆，然后用电烙铁加热焊点并熔化焊锡。如果吸锡器带有加热元件，可以直接用吸锡器加热吸取。当焊点熔化后，用吸锡器嘴对准焊点，按下吸锡器上的吸锡按钮，锡就会被吸锡器吸走。如果未吸干净可对其重复操作。

图 14-25 吸锡器使用方法

第15章 硬件故障处理方法

电脑在运行过程中，经常会因为某些硬件故障或软件故障而死机或运行不稳定，严重影响工作效率。本章主要介绍电脑维修的基本方法，包括电脑维修流程、电脑维修方法（故障分类、故障处理顺序、故障排除方法、故障维修步骤）等。

15.1 了解电脑启动过程及硬件故障维修流程

15.1.1 电脑是这样启动的

电脑开机启动是指从给电脑加电到装载完操作系统的过程。为什么要了解电脑的启动过程呢？因为启动过程包含涉及电脑系统软、硬件的一系列操作。了解启动过程，有助于我们在电脑发生故障时分析、判断产生故障的环节。

下面我们来看看电脑的启动过程。

第 1 步：开机

当我们按下电源开关时，电源就开始向主板和其他设备供电，在开机瞬间电压还不太稳定，主板上的控制芯片组会向 CPU 发出并保持一个 Reset（重置）信号，让 CPU 内部自动恢复到初始状态。当芯片组检测到电源已经开始稳定供电了，它便会撤去 Reset 信号，CPU 马上从地址 FFFF0H 处开始执行指令，准备执行 BIOS 程序。

第 2 步：加电自检

系统 BIOS 开始进行加电自检（Power On Self Test，POST），POST 的主要任务是检测系统中一些关键设备是否存在和能否正常工作，比如内存和显卡等设备。由于 POST 是最早进行的检测过程，此时显卡还没有初始化，如果系统 BIOS 在进行 POST 的过程中发现了一些致命错误，比如没有找到内存或者内存有问题（此时只会检查 640KB 常规内存），那么系统 BIOS 就会直接控制喇叭发声来报告错误，通过声音的长短和次数反映错误的类型。在正常情况下，POST 过程进行得非常快，我们几乎无法感觉到它的存在，POST 结束之后就会调用其他代码来进行更完整的硬件检测。

第 3 步：检测显卡 BIOS

系统 BIOS 将查找显卡的 BIOS，并调用它的初始化代码，由显卡 BIOS 来初始化显卡，此时多数显卡都会在屏幕上显示出一些初始化信息，介绍生产厂商、图形芯片类型等内容，不过这个画面几乎是一闪而过的。系统 BIOS 接着会查找其他设备的 BIOS 程序，找到之后同样要调用这些 BIOS 内部的初始化代码来初始化相关的设备。

第 4 步：显示 BIOS 信息

查找完所有其他设备的 BIOS 之后，系统 BIOS 将显示出它自己的启动画面，其中包括系统 BIOS 的类型、序列号和版本号等内容。

第 5 步：检测 CPU、内存。

系统 BIOS 将检测和显示 CPU 的类型和工作频率，然后开始测试所有的内存，并同时在屏幕上显示内存测试进度。

第 6 步：检测标准设备

内存测试通过之后，系统 BIOS 将检测系统中安装的一些标准硬件设备，包括硬盘、光驱、串口、并口、软驱、键盘等。

第 7 步：检测即插即用设备

标准设备检测完毕后，系统 BIOS 将检测和配置系统中安装的即插即用设备，每找到一个设备之后，系统 BIOS 都会在屏幕上显示出设备的名称和型号等信息，同时为该设备分配中断、DMA 通道和 I/O 端口等资源。

第 8 步：显示标准设备的参数

所有硬件都已经检测配置完毕后，一般系统 BIOS 会重新清屏，并在屏幕上方显示系统中安装的各种标准硬件设备，以及它们使用的资源和一些相关的工作参数。

第 9 步：按指定启动顺序启动系统

系统 BIOS 将更新扩展系统配置数据（Extended System Configuration Data，ESCD）。ESCD 是系统 BIOS 用来与操作系统交换硬件配置信息的一种手段，这些数据被存放在 CMOS 之中。通常 ESCD 数据只在系统硬件配置发生改变后才会更新，所以不是每次启动机器时都更新。ESCD 更新完毕后，系统 BIOS 会根据用户指定的启动顺序从软盘、硬盘或光驱启动。

第 10 步：执行 Io.sys 和 Msdos.sys 系统文件

以从硬盘启动为例，系统 BIOS 将读取并执行硬盘上的主引导记录，主引导记录接着从分区表中找到第一个活动分区，然后读取并执行这个活动分区的分区引导记录，而分区引导记录将负责读取并执行 Io.sys 和 Msdos.sys 系统文件，这时显示屏上将出现 Windows 的启动画面。

第 11 步：执行其他系统文件

执行 Config.sys 文件，接着执行 Command.com 系统文件，然后执行 Autoexec.bat 系统文件。

第 12 步：读取 Windows 的初始化文件

系统将读取 Windows 的初始化文件“System.ini”和“Win.ini”，再读取注册表文件。

第 13 步：启动成功

启动结束，出现初始画面，运行操作系统。

15.1.2 电脑硬件故障维修流程

电脑硬件故障维修流程如图 15-1 所示。

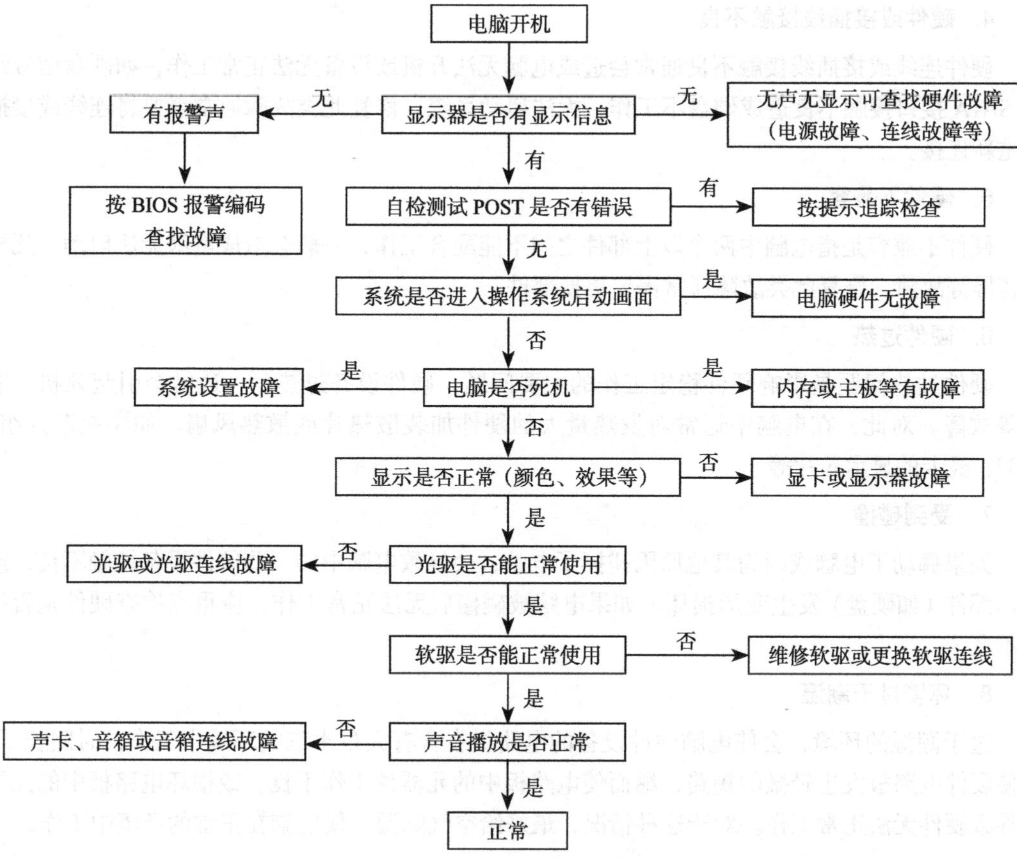

图 15-1 电脑维修流程图

15.2 导致硬件故障的主要原因

硬件故障一般是因电脑长时间在高温状态下工作引起的。另外，工作电压问题、灰尘问题、硬件质量问题等也是造成硬件故障的主要原因。

1. 硬件驱动程序安装不当

要想硬件稳定工作，并发挥其功能，驱动程序是非常重要的。如果驱动程序安装不当，会导致硬件无法工作，或者无法发挥应有的作用。在硬件发生问题时，首先应从软件入手，检查驱动程序是否正常。

2. 硬件安装不当

硬件安装不当是指硬件未能按照要求正确安装与调试，导致电脑无法正常启动。对于此类故障，只要按照正确要求重新安装调试即可。

3. 电源工作不良

电源工作不良是指电源供电电压不足、电源功率低或不供电，电源工作不良通常会造成无法开机、电脑不断重启等故障，修复此类故障需要更换电源。

4. 硬件或接插线接触不良

硬件连线或接插线接触不良通常会造成电脑无法开机或设备无法正常工作，如硬盘信号线与 SATA 接口接触不良造成硬盘不工作，无法启动系统。修复此类故障通常需要将连线或接插线重新连接。

5. 硬件不兼容

硬件不兼容是指电脑中两个以上部件之间不能配合工作，一般会造成电脑无法启动、死机或蓝屏等故障，修复此类故障通常需要更换部件。

6. 硬件过热

硬件过热问题是影响硬件稳定工作的主要问题，硬件设备过热后，通常会引起死机、重启等故障。对此，在电脑中通常对发热量大的硬件加装散热片或散热风扇。如主板芯片组、CPU、显卡的显示芯片等。

7. 受到碰撞

如果挪动了电脑或因为其他原因碰撞了电脑，会导致电脑中的一些硬件设备接触不良，或工作部件（如硬盘）发生变形损坏。如果电脑被碰撞后无法正常工作，应重点检查硬件是否接触不良。

8. 环境过于潮湿

过于潮湿的环境，会使电脑硬件设备的电路板在含有大量水汽的环境中工作，时间长了，会使硬件电路板发生轻微的短路，继而使电路板中的元器件工作不良，或损坏电路板中的元器件导致硬件无法正常工作。对于这种情况，最好给空气除湿，使电脑在正常的环境中工作。

9. 灰尘太多

灰尘对于电脑硬件是致命的，由于电脑硬件的电路板上的金属线纵横交错，而电流是通过这些金属线流动的，如果有灰尘覆盖在上面，就可能阻碍电流的流动。另外，灰尘沾满散热片和散热风扇，会使散热效果下降，导致硬件过热而工作不良。因此每隔一段时间，应该清理一下电脑硬件中的灰尘。

10. 部件、元器件质量问题

部件、元器件质量有问题或损坏，通常会造成电脑无法开机、无法启动或某个部件不工作等故障，如光驱损坏，修复此类故障通常需要更换故障部件。

11. 电磁波干扰

外部电磁波干扰通常会引起显示器、主板或调制解调器等部件无法正常工作。例如，变压器附近的电脑常会出现显示不正常或不能上网等故障。修复此类故障通常需要消除电磁波干扰。

15.3 电脑硬件故障维修常用的诊断方法

电脑故障是由软、硬件某部分不能正常工作而造成的，快速、准确地判断故障部位，找出故障原因是维修工作的关键步骤。要想准确地找出电脑故障的原因，则必须先弄清维修电脑的方法和思路。下面介绍一下诊断电脑故障的几种方法。

15.3.1　观察法

观察法是通过眼看设备外观、耳听机器运行声音、手摸感觉震动状态、鼻闻有无烧焦煳味的方法，检查比较明显的电脑故障。观察时一定要做到仔细和全面。

通常需要观察以下内容。

1）电源环境：供电是否稳定，使用的电源插座是否符合电脑要求，插座上有没有其他电器。

2）电磁干扰：电脑周围有没有大功率用电器、高压电线，是否离其他物体过近。

3）使用环境：电脑摆放场所的温度是否过高或过低，湿度是否过大，灰尘是否过多，摆放的桌子是否水平稳固。

4）在电脑通电时，元器件有无升温、异味、冒烟等。

5）在维修前应该先除尘。

15.3.2　拔插法

拔插法是最常用的维修方法之一，顾名思义就是将怀疑有故障的板卡拔下，再开机测试。如果故障解除了，那么拔下的板卡就是有故障的。如果没有解除，就再拔下其他板卡。如果怀疑有的板卡在插槽中接触不良，也可以用拔插法来检测。

15.3.3　硬件最小系统法

硬件最小系统法是检测硬件故障时所用的最主要的检测方法。具体操作是拔掉主板上的其他所有设备，只留主板、电源和 CPU（带散热器）。用螺丝刀短接 PWR SW（主板上的电源开关插针），使电脑启动，因为没有内存和显卡，所以只能启动到检查内存这一步，但只要这三个设备能够启动，就说明故障不是出在主板 CPU 和电源上。这里需要注意的是，现在一些新型电脑的 CPU 中集成了内存控制器，如果不插内存也是不能开机的，必须插上内存再测试。

检测完上面三个设备后，关闭电源。在主板上插上内存、显卡（连接到显示器）。再开机测试，如果显示器上出现检测显卡和内存的信息，就说明显卡和内存没有问题，否则故障就在这里，可以将显卡和内存一一测试。

15.3.4　软件最小系统法

软件最小系统法是指可以装载系统的最低的硬件要求，涉及电源、主板、CPU（带散热器）、内存、显卡（连接显示器）和硬盘。

在硬盘中最好装上纯净的 Windows 系统，不要使用 Ghost 版的系统，因为 Ghost 版的 Windows 本身就存在很多的问题。

如果这些设备开机测试，可以正常地进入 Windows 系统，就说明故障不是出现在这些设备上，否则就说明这些设备中有故障的。

最小系统法结合逐步添加法 / 去除法使用，才能够更好地检测故障出处。

15.3.5 逐步添加法 / 去除法

逐步添加法是在最小系统法的基础上逐一添加设备并开机测试。测试中，在哪一步出现了故障的现象，就能定位故障的设备。

逐步去除法与之相反，是在所有设备都连接的情况下，逐一拔掉设备，来判断故障的出处。

逐步添加法和逐步去除法要配合最小系统法使用，才能达到最好的效果。

15.3.6 程序测试法

程序测试法是使用测试软件对运行不稳定的电脑进行测试。比如使用 Super π 测试 CPU 的运算性能，使用 3D Mark 测试显卡的 3D 效果等，根据这些软件反复测试的结果，就可以轻松地判断电脑运行不稳定的原因了。

15.3.7 比较法

比较法是将可能有故障的设备与运行正常的设备进行比较，如比较其外观、配置、运行效果等，从而找到故障的原因。

15.3.8 替换法

替换法是用运行正常的设备替换掉疑似出现故障的设备，再进行测试。替换用的设备可以使用同型号或不同型号的。要遵循先简单后复杂的原则，首先替换数据线、电源线，然后替换疑似故障的设备，最后替换供电设备。

15.3.9 清洁法

在电脑运行过程中，灰尘会带来恶劣的影响。积累的灰尘能造成电路板腐蚀、设备间接触不良甚至线路短路。通过对主板、显卡、内存等部件除尘，可以解决大多数不知名故障。

即使不是灰尘导致的电脑故障，在维修之前也应该先清除灰尘再进行维修，以避免灰尘在维修过程中进入板卡插槽或阻碍焊接等事故。

15.3.10 升温法

有些电脑故障在正常温度范围内是不会出现的，但在温度升高到一定程度时就会出现死机等问题。升温法就是利用软件或运行大型程序，使 CPU 迅速升温来观察电脑的运行状况，判断故障设备的。

15.3.11 降温法

降温法与升温法相反，当电脑频繁出现故障时，给电脑降温，将电脑放在室外或用空调，对比低温条件下的电脑与正常使用时的不同，判断故障设备。

15.3.12 敲打法

敲打法与拔插法类似，主要是为了解决板卡与插槽之间的接触不良。需要注意的是，敲打时一定要轻。

15.4 电脑硬件故障处理方法

在维修电脑时，应先了解电脑故障的情况，然后根据故障现象判断故障原因，最后再根据故障原因进行维修。

15.4.1 了解电脑故障现象及产生情况

在维修前需要与用户沟通，了解故障发生前后的情况，进行初步的判断。如果能了解到故障发生前后电脑的运行情况和故障现象，将使维修效率及判断的准确性得到提高。向用户了解情况，应进行相关的分析判断，然后进一步与用户交流。这样可以初步判断故障部位，为快速维修好电脑打下基础。

15.4.2 判断故障发生的原因及部件

在与用户充分沟通后，首先确认用户所描述的故障现象是否存在。如果不存在，则最好让用户配合使故障重现；如果故障现象存在，则根据故障现象对故障做初步判断、定位，并确认是否还有其他故障。最后，找出产生故障的原因。

15.4.3 维修电脑排除故障

在维修过程中，应该注意下列几点。

1）维修时观察周围环境，包括电源环境、其他高功率电器（电 / 磁场）状况、机器的布局、网络硬件环境、温湿度、环境的洁净程度。放置电脑的台面是否稳固，周边设备是否存在变形、变色、异味等异常现象。

2）注意电脑的硬件环境，包括机箱内的清洁度、温湿度，部件上的跳接线设置、颜色、形状、气味等，部件或设备间的连接是否正确，有无错误（错接）、缺针、断针等现象。

3）注意电脑的软件环境，包括系统中加载了何种软件，它们与其他软（硬）件间是否有冲突或不匹配的地方。除标配软件及设置外，要观察设备、主板及系统等的驱动、补丁是否已安装、是否合适。

4）注意观察在加电过程中元器件温度是否正常，是否有异味，是否冒烟，观察系统时间是否正确等。

5）在拆装部件时要有记录部件原始安装状态的好习惯，且要认真观察部件上元器件的形状、颜色和原始的安装状态等情况。

6）在维修前，如果灰尘较多，或怀疑是灰尘引起的故障，应先除尘。

7）在进行维修判断的过程中，如可能影响到所存储的数据，一定要在做好备份工作后再进行维修。

8）随机性故障的处理思路。随机性故障是指随机性死机、随机性报错、随机性出现不稳定现象。对于这类故障的处理思路如下。

a．慎换硬件，一定要在对软件充分观察和调试后，在一定的分析基础上进行硬件更换。

b．以软件调整为主。调整的内容有：设置 BIOS 为出厂状态，查杀病毒，调整电源管理设置，调整系统运行环境，必要时做磁盘整理（包括磁盘碎片整理、无用文件的清理及介质检查）。

c．与无故障的机器进行比较、对比。

第16章

从开机启动过程快速判断故障原因

从按下电脑电源开关开始，到 Windows 出现在显示器上结束的过程叫作“启动”过程。80% 的电脑故障可以从启动的过程中看到端倪。本章介绍如何从开机启动过程快速判断电脑故障的原因。

16.1 放大镜透视电脑启动一瞬间

在按下电脑电源开关时，ATX 电源将外部的 220V 交流电转化为 3.3V/5V、12V 等电脑设备使用的电压，分配给主板、CPU、硬盘、光驱等设备。

电脑启动的一瞬间由开关触发开机信号，COMS 芯片前端电路被初始化，使用 5VSB 电源维持，并且检测 5VSB 是否正常，然后 MOS 控制器开始接通开关电源信号回路到 5VSB 中的 + 线上，进行 PWM 监控，初始化磁盘 5V 和 12V 电源，初始化内存电源，初始化处理器电源，并入 PCI 总线电源，当全部完成加电后，按照 COMS 规则，递交自检芯片控制，分别对所有板卡设备全部进行检测，如图 16-1 所示。

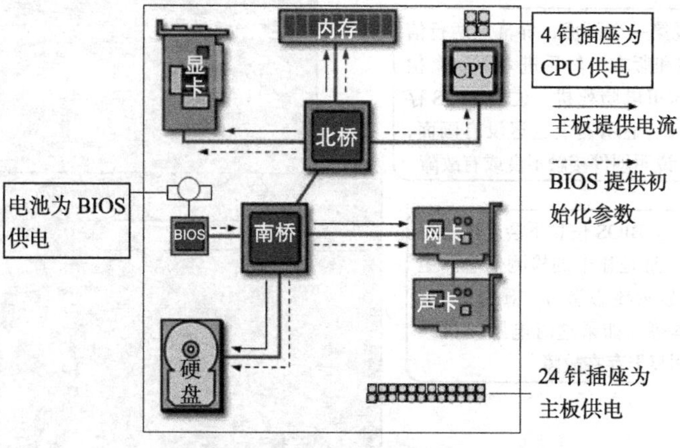

图 16-1　电脑启动一瞬间的供电示意图

可以看到 BIOS 在启动的过程中，起着很重要的作用。所有设备的初始化参数都记录在

BIOS 的 CMOS 芯片中。

16.2 慢动作详解开机检测

从按下电脑电源按钮开始，到进入 Windows 系统，其间显示器上会不停地跳出开机信息。如果掌握这个信息，就能轻松地判断出电脑这个复杂的组合体中的哪个部件出现了故障。但开机时信息出现和消失得太快，有时候根本没看清是什么就已经跳到下一个画面了。

这一节就让我们用慢动作来还原一次完整的开机过程，如图 16-2 所示。

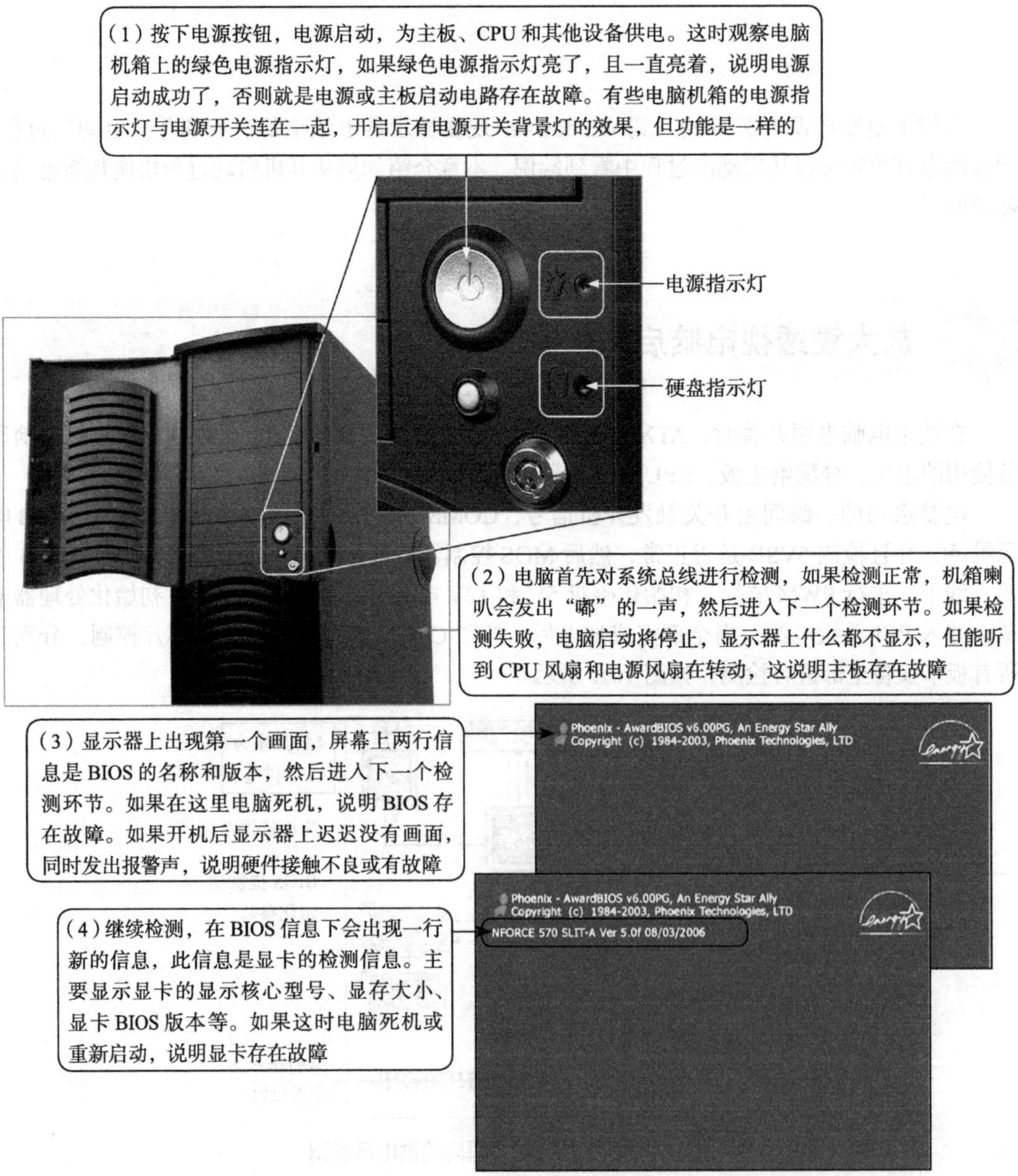
（1）按下电源按钮，电源启动，为主板、CPU 和其他设备供电。这时观察电脑机箱上的绿色电源指示灯，如果绿色电源指示灯亮了，且一直亮着，说明电源启动成功了，否则就是电源或主板启动电路存在故障。有些电脑机箱的电源指示灯与电源开关连在一起，开启后有电源开关背景灯的效果，但功能是一样的
电源指示灯
硬盘指示灯
（2）电脑首先对系统总线进行检测，如果检测正常，机箱喇叭会发出“嘟”的一声，然后进入下一个检测环节。如果检测失败，电脑启动将停止，显示器上什么都不显示，但能听到 CPU 风扇和电源风扇在转动，这说明主板存在故障
（3）显示器上出现第一个画面，屏幕上两行信息是 BIOS 的名称和版本，然后进入下一个检测环节。如果在这里电脑死机，说明 BIOS 存在故障。如果开机后显示器上迟迟没有画面，同时发出报警声，说明硬件接触不良或有故障
Phoenix - AwardBIOS v6.00PG, An Energy Star Ally
Copyright (c) 1984-2003, Phoenix Technologies, LTD
（4）继续检测，在 BIOS 信息下会出现一行新的信息，此信息是显卡的检测信息。主要显示显卡的显示核心型号、显存大小、显卡 BIOS 版本等。如果这时电脑死机或重新启动，说明显卡存在故障
Phoenix - AwardBIOS v6.00PG, An Energy Star Ally
Copyright (c) 1984-2003, Phoenix Technologies, LTD
NFORCE 570 SLIT-A Ver 5.0f 08/03/2006

图 16-2 慢动作详解开机检测

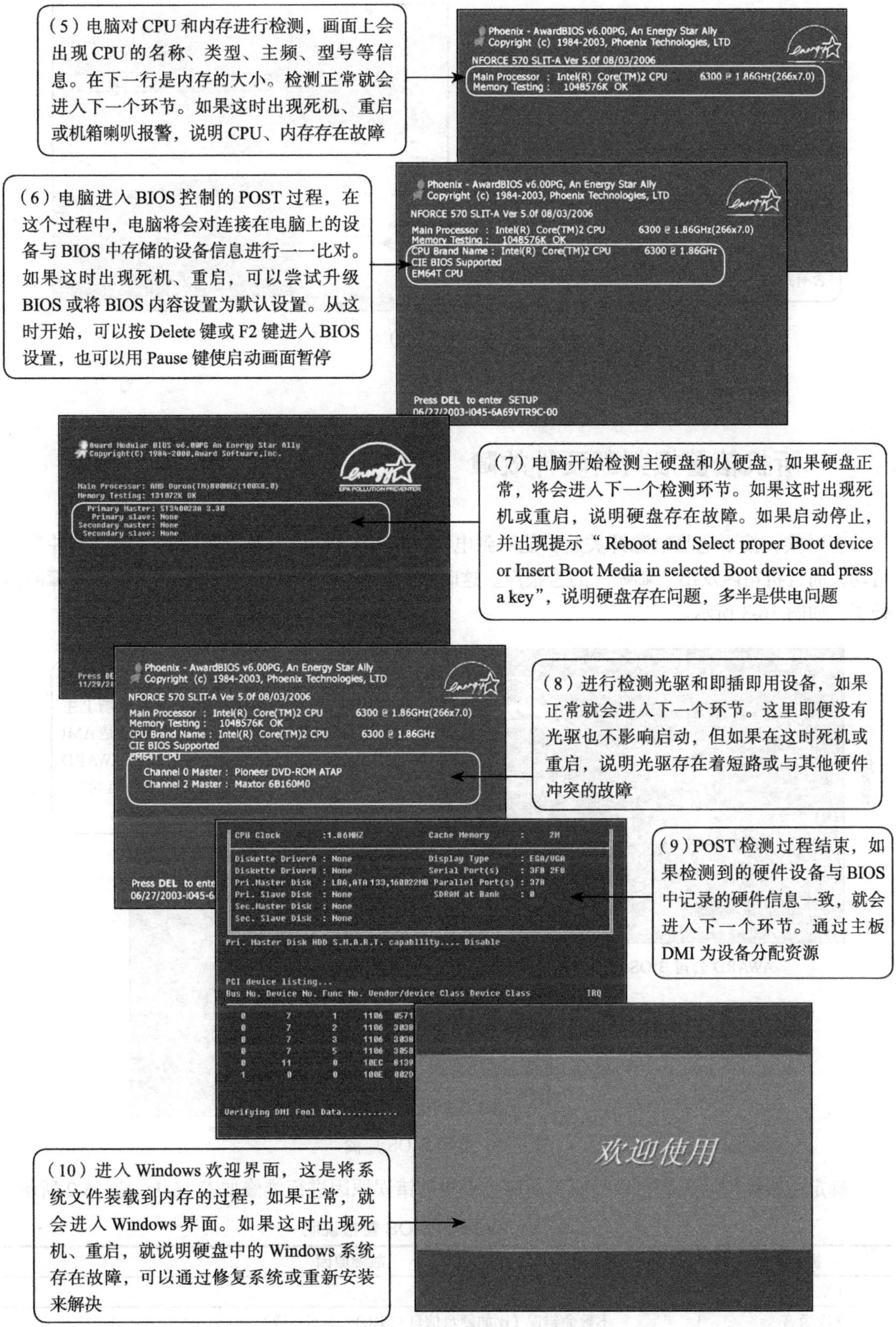
（5）电脑对 CPU 和内存进行检测，画面上会出现 CPU 的名称、类型、主频、型号等信息。在下一行是内存的大小。检测正常就会进入下一个环节。如果这时出现死机、重启或机箱喇叭报警，说明 CPU、内存存在故障
Phoenix - AwardBIOS v6.00PG, An Energy Star Ally
Copyright (c) 1984-2003, Phoenix Technologies, LTD
NFORCE 570 SLIT-A Ver 5.0f 08/03/2006
Main Processor : Intel(R) Core(TM)2 CPU 6300 @ 1.86GHz(266x7.0)
Memory Testing : 1048576K OK
（6）电脑进入 BIOS 控制的 POST 过程，在这个过程中，电脑将会对连接在电脑上的设备与 BIOS 中存储的设备信息进行一一比对。如果这时出现死机、重启，可以尝试升级 BIOS 或将 BIOS 内容设置为默认设置。从这时开始，可以按 Delete 键或 F2 键进入 BIOS 设置，也可以用 Pause 键使启动画面暂停
CPU Brand Name : Intel(R) Core(TM)2 CPU 6300 @ 1.86GHz
CIE BIOS Supported
EM64T CPU
Press DEL to enter SETUP
06/27/2003-i045-6A69VTR9C-00
（7）电脑开始检测主硬盘和从硬盘，如果硬盘正常，将会进入下一个检测环节。如果这时出现死机或重启，说明硬盘存在故障。如果启动停止，并出现提示“Reboot and Select proper Boot device or Insert Boot Media in selected Boot device and press a key”，说明硬盘存在问题，多半是供电问题
Primary Master: ST340023A 3.38
Primary slave: None
Secondary master: None
Secondary slave: None
（8）进行检测光驱和即插即用设备，如果正常就会进入下一个环节。这里即便没有光驱也不影响启动，但如果在这时死机或重启，说明光驱存在着短路或与其他硬件冲突的故障
Channel 0 Master : Pioneer DVD-ROM ATAP
Channel 2 Master : Maxtor 6B160M0
（9）POST 检测过程结束，如果检测到的硬件设备与 BIOS 中记录的硬件信息一致，就会进入下一个环节。通过主板 DMI 为设备分配资源
Pri. Master Disk HDD S.M.A.R.T. capability.... Disable
PCI device listing...
Verifying DMI Pool Data..........
欢迎使用
（10）进入 Windows 欢迎界面，这是将系统文件装载到内存的过程，如果正常，就会进入 Windows 界面。如果这时出现死机、重启，就说明硬盘中的 Windows 系统存在故障，可以通过修复系统或重新安装来解决

图 16-2（续）

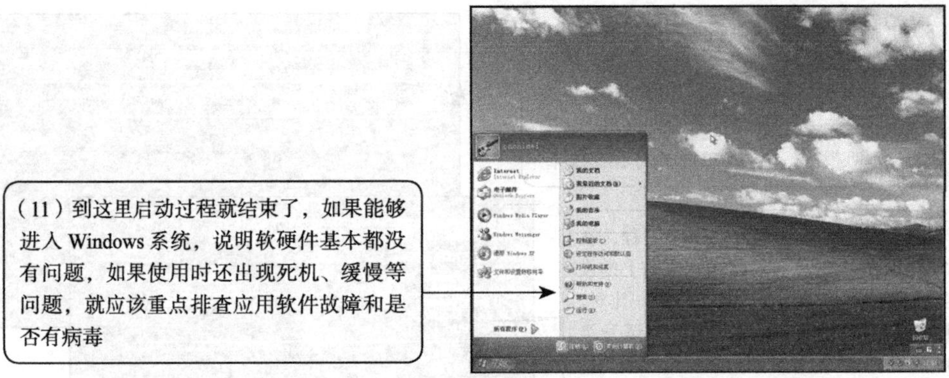

（11）到这里启动过程就结束了，如果能够进入 Windows 系统，说明软硬件基本都没有问题，如果使用时还出现死机、缓慢等问题，就应该重点排查应用软件故障和是否有病毒

图 16-2 （续）

16.3 听机箱警报判断硬件故障

有时候，按下电脑电源开关后，能听到电源风扇和 CPU 风扇都已经转动，但电脑并没有启动，而且机箱内发出“嘟嘟”的警报声。这时我们就需要根据警报声的长短来判断故障的出处了。如图 16-3 所示。

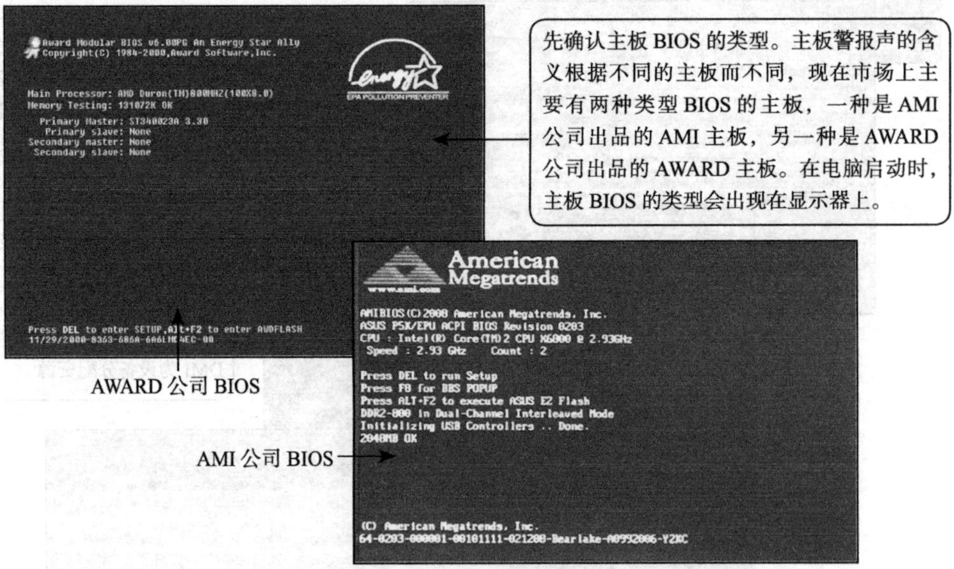

图 16-3 电脑 BIOS 厂商

确定主板类型后，就可以对照下面两个表中的错误原因进行维修如表 16-1、表 16-2 所示。

表 16-1 AWARD BIOS 警报说明

提示音	故障原因
1 次短音	正常
2 次短音	不致命错误（比如硬盘信息与 BIOS 中不一致）
3 次短音	键盘故障或链接不正确

（续）

提示音	故障原因
1 长音 1 短音	有设备连接不稳定（比如网卡松动、硬盘数据线松了等）
1 长音 2 短音	显卡发生错误，将显卡拔下重插，如果还出现错误提示就更换显卡
尖锐警报声	系统错误（可能是有的设备安装错误）

表 16-2　AMI BIOS 警报说明

提示音	故障原因
1 次短音	正常
2 次短音	内存安装错误，尝试将内存换到其他插槽
3 次短音	内存测试失败，检测内存是否可用
4 次短音	主板电池没电了
5 次短音	CPU 检测失败，尝试重新安装或换一个 CPU
6 次短音	键盘检测失败，检查键盘安装是否正确
7 次短音	CPU 中断错误，CPU 可能损坏了

出现异常提示音警报说明硬件有错误，这种错误大多是板卡安装时没有插紧，或数据线松动等连接错误造成的，重新拔插可以解决大部分问题。

第 17 章

按电脑组成查找故障原因

除了上一章介绍的快速判断电脑故障外，我们还必须掌握详细的检查方法。电脑中部件众多，任何一个部件出现故障，对电脑来说都会影响使用。那么怎样详细地查找故障部件呢？本章将介绍六套检查硬件故障的方法。

17.1 整体检查

当电脑出现故障时，如果一时不能快速判断故障原因，就应当按照套路出牌。遵循先软件后硬件，先整体后个体，先简单后复杂的原则。如图 17-1 所示。

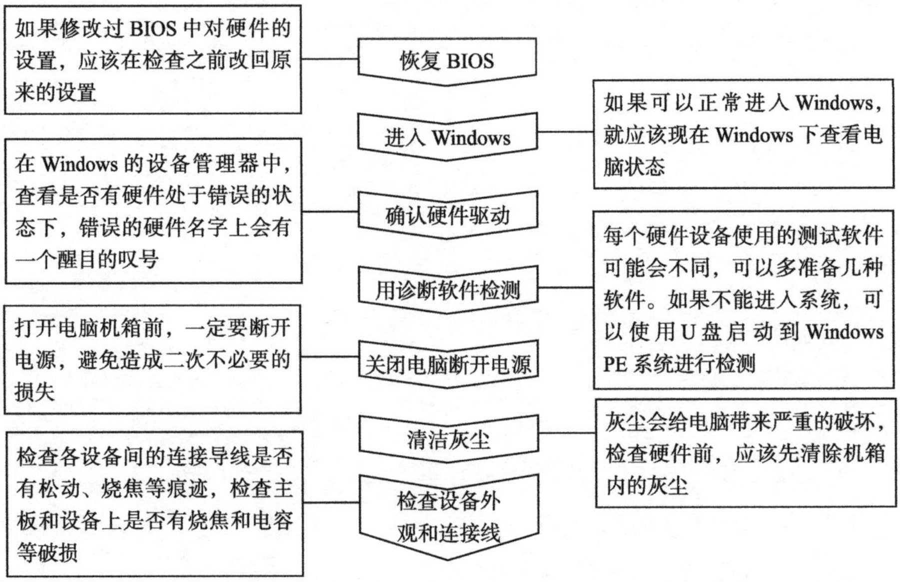

图 17-1　整体检查方法

17.2 检查 CPU 故障

17.2.1　CPU 故障的表现

CPU 出现故障的概率并不高，其中大部分还是因为散热问题引起的。我们先来看一下 CPU 故障的表现，如表 17-1 所示。

表 17-1　CPU 故障导致的电脑故障表象

电脑故障表现	CPU 可能导致故障的原因
电脑不能启动或启动过程中重启	CPU 损毁或安装不当
电脑运行中死机或“运算错误”	CPU 损毁或内部故障
不进行任何操作 CPU 温度也在 80℃以上，而且持续升高直至死机	CPU 内部故障或散热系统故障
运行特定程序时死机	主板有关 CPU 部分的补丁缺失
不能关闭电脑	CPU 内部故障

17.2.2　检查 CPU 故障的具体方法

如果不是内部故障损毁这样的严重问题，那我们应该怎么检测 CPU 呢？可以通过增加运算，使 CPU 处于全负荷状态下，来检测 CPU 的稳定性。

下面介绍“CPU 检测”方法，如图 17-2 所示。

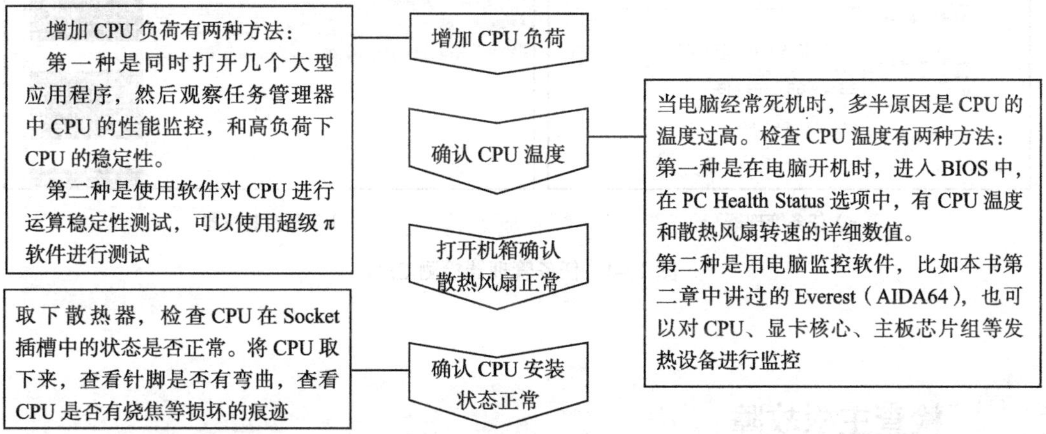

图 17-2　“CPU 检测”方法

使用任务管理器检测 CPU 的方法是：Windows 10 中按组合键“Ctrl+Alt+Delete”，打开询问页面，点选启动任务管理器选项。如图 17-3 所示。

在任务管理器窗口中，单击“性能”选项卡，就可以查看 CPU、内存等设备的运行情况。如果在没有打开大型应用程序时，CPU 使用率长期保持在很高的程度，而且电脑运行明显缓慢的话，就说明电脑被恶意代码或病毒攻击了，应该立即安装杀毒软件进行查杀。如图 17-4 所示。

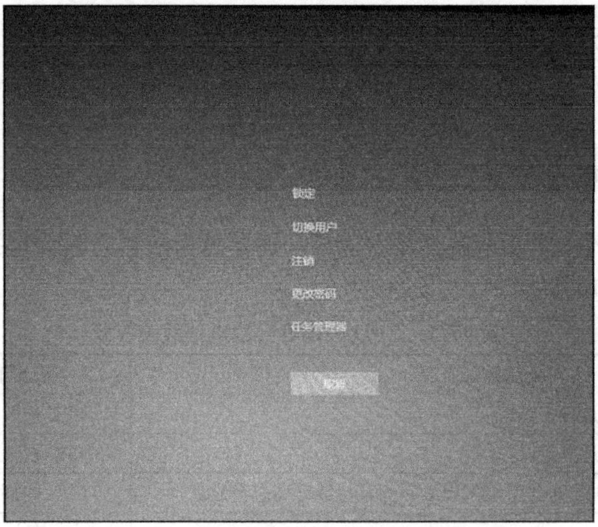

图 17-3 询问页面

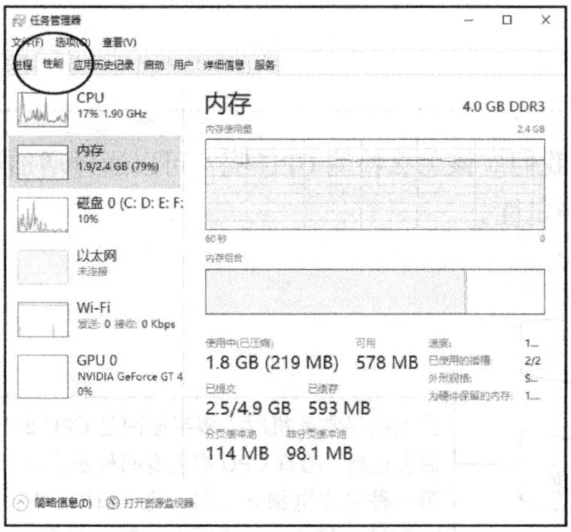

a）任务管理器

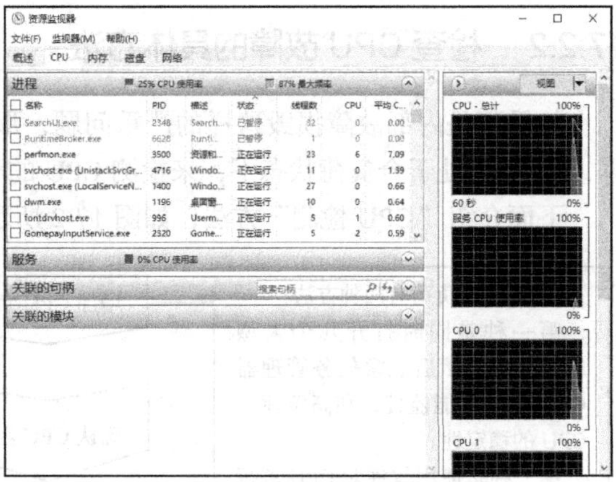

b）资源监视器

图 17-4 任务管理器检测 CPU

17.3 检查主板故障

电脑检测中最难的就是主板的检测，原因是：第一，主板是所有电脑设备的基础；第二，主板比其他设备大很多；第三，任何设备出现故障都可能造成主板的故障。

17.3.1 检查主板故障的具体方法

如果要检测主板故障，首先应该确认在 Windows 下的设置是否正常。通过以下的方法检测如果还检查不到故障，就必须使用另一台电脑进行代替检测。如图 17-5 所示。

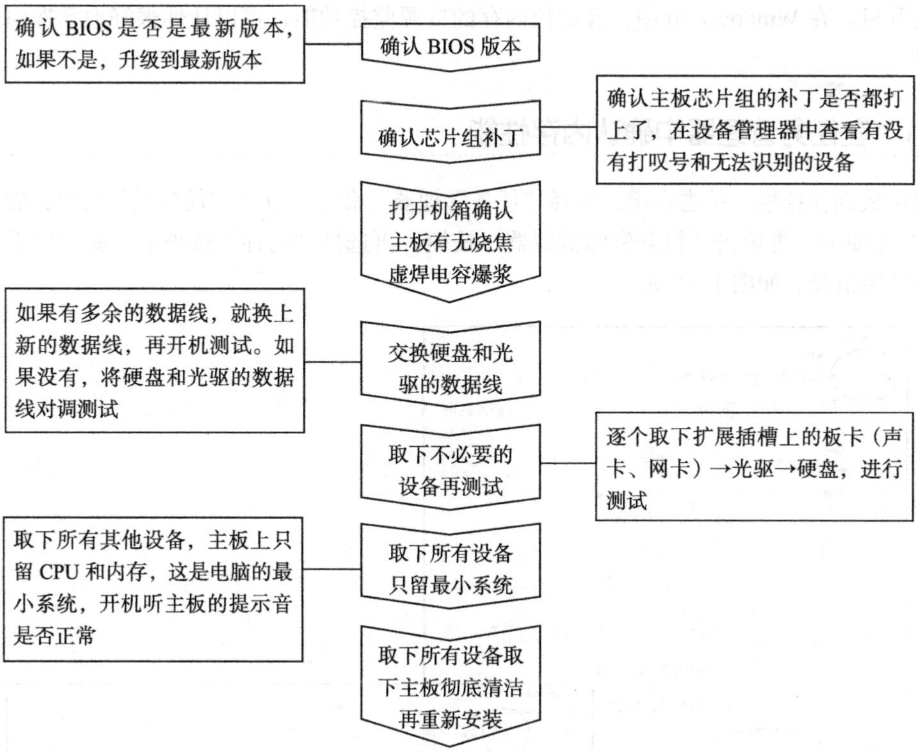

图 17-5　检查主板故障

17.3.2　主板自带检测卡的功能

有些主板上带有诊断工作状态的 LED 灯或 LED 数码管，当遇到故障时，查看说明书就可以通过数码管显示的数字判断故障设备。如图 17-6 所示。

图 17-6　带检测数码管的主板

17.4　检查内存故障

内存故障是电脑使用中常见的故障，如果内存出现问题，就会导致电脑运行缓慢、死机甚至无法开机。在 Windows 10 中，有监控内存的资源监控功能，可以让你很好地掌握内存的使用情况。

17.4.1 在任务管理器中确认内存性能

鼠标放到任务栏上单击右键，选择“任务管理器”命令，打开“任务栏”窗口，然后单击“性能”选项卡，再单击“打开资源监视器”按钮，再选择“内存”选项卡，就可以看到当前的内存使用情况。如图 17-7 所示。

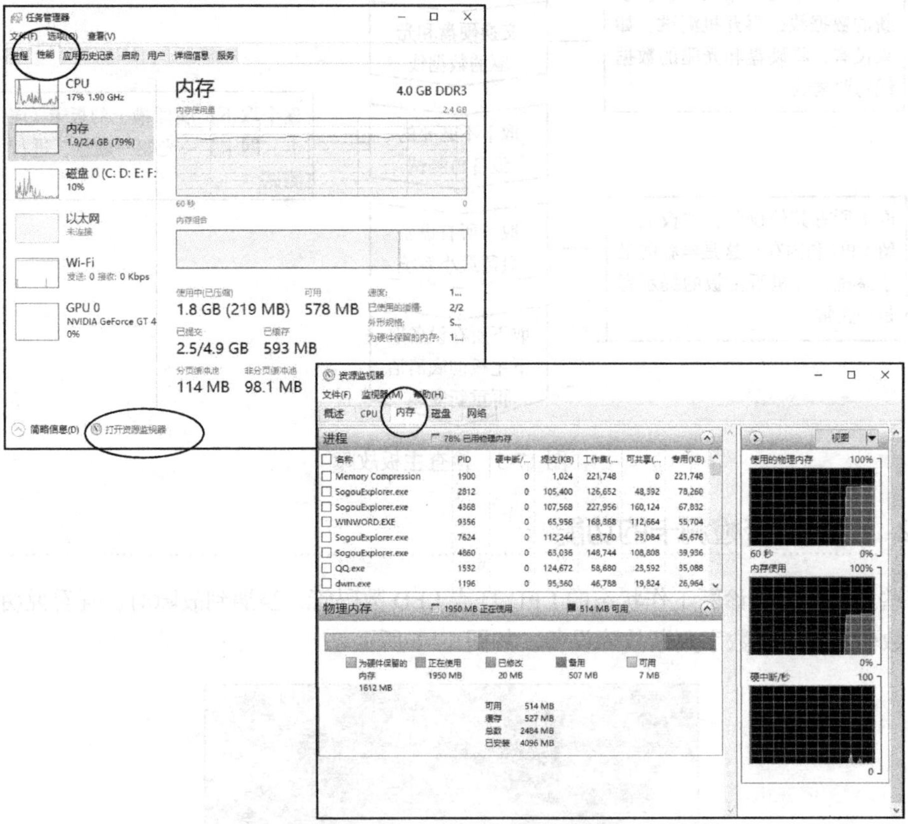

图 17-7 资源监视器中的内存监控

内存与其他设备一样，容易受到不稳定电压、过热、灰尘等方面的影响，但在内存故障中，绝大多数问题出现在内存与插槽的接触问题上。而且内存相对更容易检测，一般电脑都是 4 个内存插槽，两条内存插双通道。出现故障时，可以将内存取下，然后换一个插槽，先插上一条内存，开机测试一下，不行换另一条内存。这样可以确定内存本身是否可以使用。如表 17-2 所示。

表 17-2 内存故障表象和原因

内存故障的表象	导致故障的原因
系统发生致命错误	内存损毁或连接问题
电源灯和 CPU 散热器都正常，但显示器黑屏无图像	内存损毁
**.DLL 模块错误死机	内存损毁

17.4.2　检查内存故障的具体方法

下面介绍一种方法，来检测内存是否有故障。如图 17-8 所示。

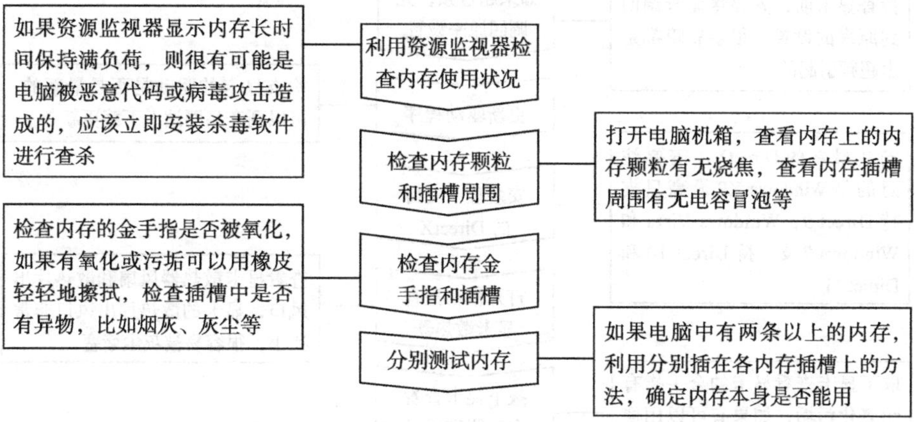
如果资源监视器显示内存长时间保持满负荷，则很有可能是电脑被恶意代码或病毒攻击造成的，应该立即安装杀毒软件进行查杀
利用资源监视器检查内存使用状况
检查内存颗粒和插槽周围
打开电脑机箱，查看内存上的内存颗粒有无烧焦，查看内存插槽周围有无电容冒泡等
检查内存的金手指是否被氧化，如果有氧化或污垢可以用橡皮轻轻地擦拭，检查插槽中是否有异物，比如烟灰、灰尘等
检查内存金手指和插槽
分别测试内存
如果电脑中有两条以上的内存，利用分别插在各内存插槽上的方法，确定内存本身是否能用

图 17-8　检查内存故障

17.5　检查显卡故障

显卡出现问题总是和显示联系在一起，比如显示画面模糊、显示器上有彩条等。要判断是显卡故障还是显示器故障，最好的方法就是替换法，用一台能正常显示的显示器替换现有显示器，或将现有显示器换到一台正常工作的电脑上。

17.5.1　区分显卡和显示器的故障

如果没有其他电脑，就必须根据故障现象来判断问题出处。那么什么现象是显卡问题，什么现象是显示器问题呢？如表 17-3 所示。

表 17-3　显示故障表象和原因

显示故障表象	故障原因
显示器上出现横或竖条	显示器故障
显示器自动关闭	显示器故障
显示器灯亮，但没有图像	不确定
显示器画面不完整	显示器故障
显示器画面颜色不正，有光斑、光线	显卡故障
播放视频或玩 3D 游戏时死机	主板不支持、显卡故障
开机显示器显示“No Signal”“Power Save Mode”或“无信号”	显卡故障

17.5.2　检查显卡故障的具体方法

如果显卡超过频，在检查故障时一定先将显卡调回到原来设置，超频不仅会导致系统不稳，还会降低显卡寿命。

如果怀疑显卡故障，应该首先检查 Windows 下的显卡设置和驱动，相对来说，驱动程序问题、连接问题、散热器等问题的概率远远高于显卡本身的故障。如图 17-9 所示。

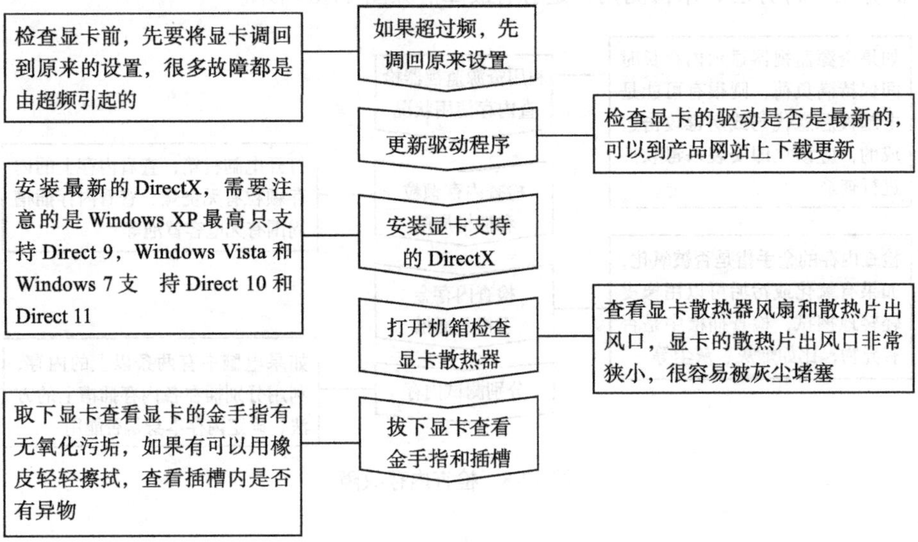

图 17-9 检查显卡故障

17.6 检查硬盘故障

硬盘是电脑中比较容易出现故障的设备。硬盘是电脑中使用频率比较高的设备，而且硬盘内部结构复杂、加工精密，易受外力震荡影响等，这些因素都是硬盘故障较多的原因。

17.6.1 硬盘故障分析

硬盘故障主要表现在几个方面：一是电动机马达和磁头工作异常；二是硬盘碟片物理损伤；三是主板供电等外界因素影响。

硬盘故障的现象是：出现死机、无法进入系统、无法读取数据、系统缓慢同时硬盘声音异常等。但这些表现还不能说明故障设备一定是硬盘，主板供电、设备冲突、系统病毒等很多方面的因素都有可能。如果用下文的检测方法检测后没发现问题，就有可能是其他方面的故障了。

要对硬盘进行维修就必须先将重要文件备份，以免造成重大损失。硬盘的修复和数据恢复内容，在本书第 41 章中有详细介绍。

17.6.2 检查硬盘故障的具体方法

检测硬盘是否出现故障，要用以下几种方法，如图 17-10 所示。

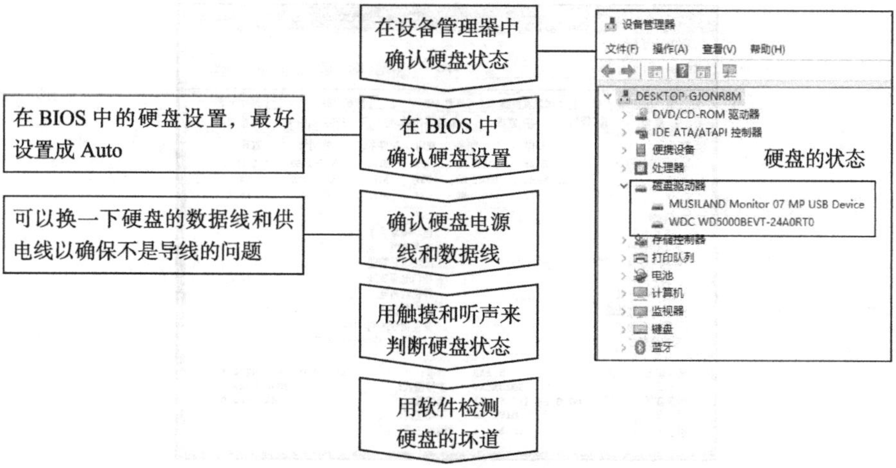

图 17-10　检查硬盘故障

17.6.3　耳听手触判断硬盘故障

电脑通电后，硬盘碟片开始旋转，应该发出“嗡嗡”的声音。如果没有“嗡嗡”的声音说明硬盘碟片没有旋转。如果发出“嗒嗒”的声音，或碟片旋转一下又停了，就说明马达工作正常，但不能读取碟片上的数据。

通电后硬盘发出尖锐的剐蹭声音，说明磁头刮到碟片了，应该立即停止使用，避免造成数据丢失。

如果硬盘通电后，没有碟片转动的声音，可以通过触摸硬盘表面，来感受马达的转动。如果完全感受不到马达运转的震动，或马达没有达到正常的转速，说明硬盘供电可能存在问题。应该检查硬盘电路板，查看供电电路、控制电路有无烧焦痕迹。

17.6.4　用检测软件检查硬盘坏道

如果怀疑硬盘出现坏道或引导区问题，可以使用硬盘制造商提供的诊断软件，对硬盘进行诊断。有些硬盘制造商提供的诊断软件本身有一些局限性，比如“希捷”提供的诊断软件不支持 NTFS 文件格式的检测，下面介绍一款免费的通用检测软件“HD Tune”。

在 HD Tune 中有硬盘的基准读写检测、硬盘的基本信息、硬盘的健康状况、硬盘监视器、错误扫描等功能。如图 17-11 ～图 17-15 所示。

在错误扫描中，可以全面扫描硬盘中是否存有坏道，扫描结果中绿色的是正常的磁道，红色的是硬盘坏道，这种盘片上的物理坏道是不能通过低级格式化来修复的。

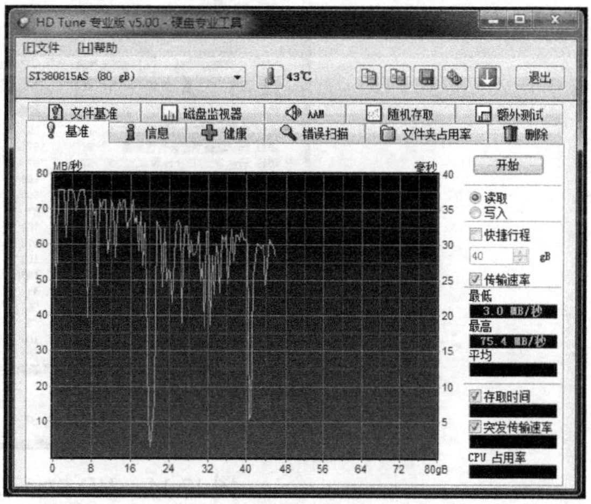

图 17-11　HD 检测工具的基准读写检测

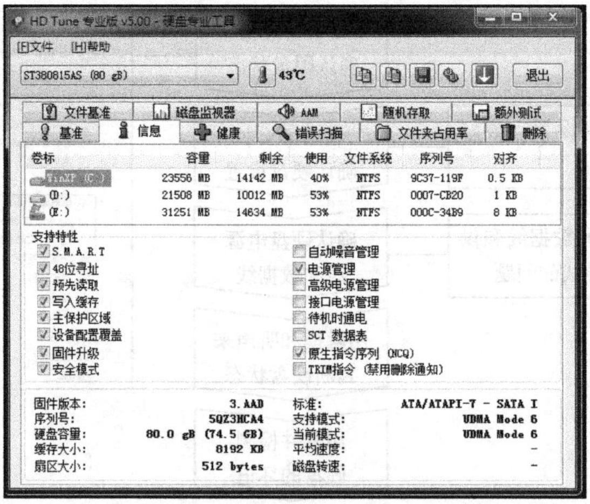

图 17-12 HD 检测工具的硬盘基本信息

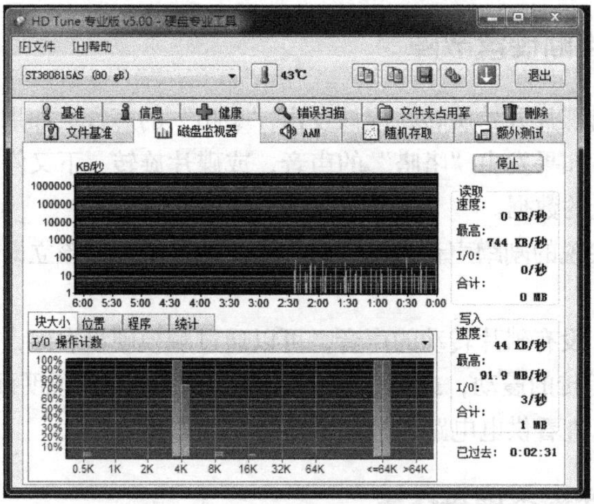

图 17-13 HD 检测工具的磁盘监视器

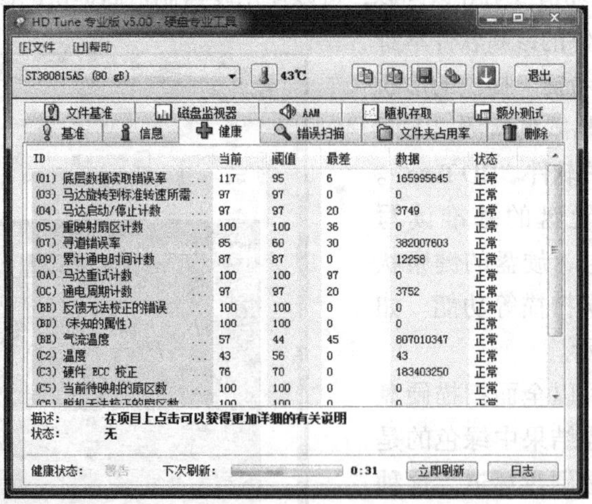

图 17-14 HD 检测工具的健康状况检测

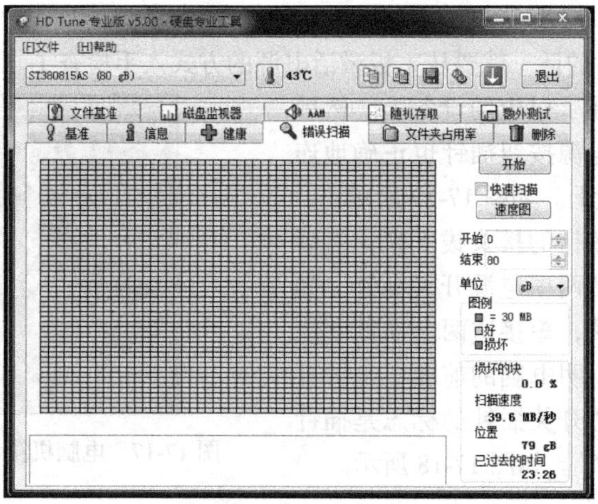

图 17-15　HD 检测工具的错误扫描

17.7 检查 ATX 电源故障

判断电源故障有时容易有时不容易。电脑电源只有两个状态：通电和不通电。当你按下电源开关时，看到机箱上的电源灯亮了，听到电脑“嘟”的一声，然后显示器上出现启动检测画面，就说明电源正常启动了。

17.7.1　检查电源故障的具体方法

如果你按下电源开关，电脑机箱上的电源指示灯不亮，电脑没有任何反应，第一反应就是电源出现故障了。如图 17-16 所示。

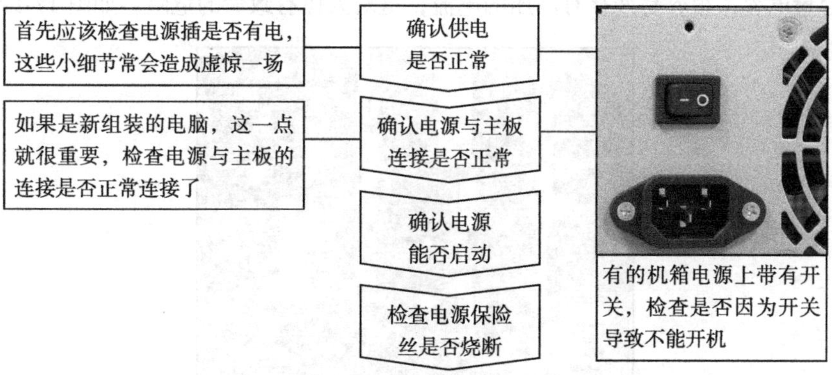

图 17-16　检查 ATX 电源故障

17.7.2　确认电源能否启动

确认电源能否启动，说起来容易，但做起来就很复杂了，这里我来详细介绍怎样激活电源。

如果确认供电正常的话，就要从主板激活电源的方式入手检查了。打开电脑机箱，查看电源上相应的插头都插在了对应的设备上。然后检查机箱前面板上的电源按钮插针也正确地连接到了主板的对应位置上。如图 17-17 所示。

可以将电源开关按钮的接头拔下来，然后用金属物连接主板上的两根电源开关插针。如果是电脑电源正常的话，短接这两个插针就能启动电脑电源，这也说明电脑的前面板电源开关坏了。主板上的电源开关插针的标志是插针旁边标有的“PWR SW”。如图 17-18 所示。

图 17-17 电脑机箱前面板上电源开关的接头

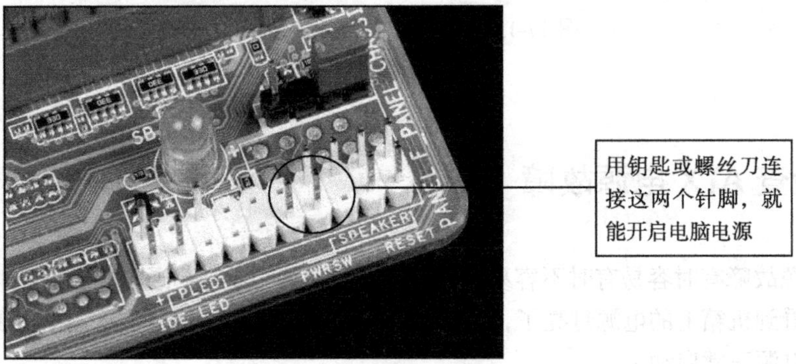

图 17-18 主板上的电源开关插针

17.7.3 检查电源熔丝是否烧断

检查电源保险丝对一般用户来说是很困难的，最好不要自己检查。因为在电源内部有高压线圈和大容量电容，很容易残存有高压的电流，这对人体有致命的危险。如图 17-19 所示。

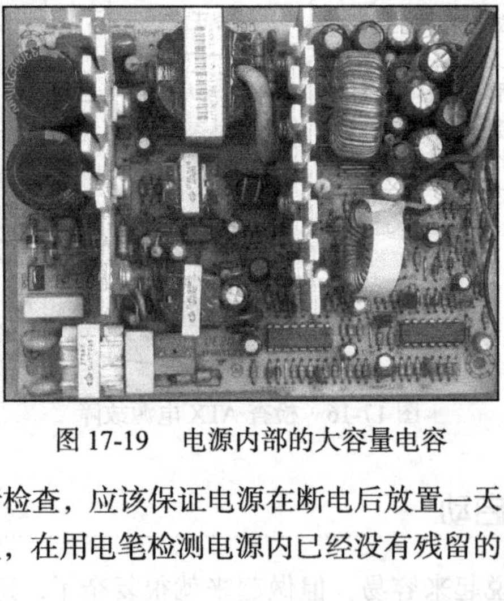

图 17-19 电源内部的大容量电容

如果非要打开电源进行检查，应该保证电源在断电后放置一天以上。打开电源后，先用空气泵等吹掉电源内部的灰尘，在用电笔检测电源内已经没有残留的电流后，再进行更换保险丝等操作。

第 18 章 诊断与修复电脑不开机 / 黑屏故障

18.1 快速诊断电脑无法开机故障

电脑无法开机故障可能是由电源问题、主板电源开关问题、主板开机电路问题等引起，我们需要逐一排查原因。

电脑无法开机故障的诊断排除方法如下：

1）检查电脑的外接电源（插线板等），确定没问题后，打开主机机箱，检查主板电源接口和机箱开关线连接是否正常。

2）如果正常，查看主机箱内有无多余的金属物或观察主板有无与机箱外壳接触，如果有问题，排除问题，因为这些问题都可能造成主板短路保护，不开机。

3）如果第（2）步中检查的部分正常，则拔掉主板电源开关线，用镊子将主板电源开关针短接，这样可以测试是否为开关线损坏。

4）如果短接开关针后电脑开机了，则是主机箱中的电源开关问题（开关线损坏或开关损坏）；如果短接开关针后电脑依然不开机，则可能是电源问题或主板电路问题。

5）简单测试电源，将主板上的电源接口拔下，用镊子将 ATX 电源中的主板电源接头的绿线孔和旁边的黑线孔（最好是隔一个线孔）连接，使 PS-ON 针脚接地（即启动 ATX 电源），然后观察电源的风扇是否转动。

6）如果 ATX 电源没有反应，则可能是 ATX 电源损坏；如果 ATX 电源风扇转动，则可能是主板电路问题。

7）将 ATX 电源插到主板电源接口中，然后用镊子插在主板电源插座的绿线孔和旁边的黑线孔，使 PS-ON 针脚接地，强行开机，看是否能开机。

8）如果能开机，则是主板开机电路故障，检查主板开机电路中损坏的元器件（一般是门电路或开机晶体管损坏或 I/O 损坏）；如果依然无法开机，则是由主板 CPU 供电问题、复位电路问题或时钟电路问题引起，接着检查这些电路的问题，排除故障。

18.2 快速诊断电脑黑屏不启动故障

电脑开机黑屏故障是很棘手的一类故障，因为显示屏中没有显示任何故障信息，如果主机也没有警报声提示（指示灯亮），则让维修人员难以入手。解决此类故障一般要采用最小系统法、交换法、拔插法等方法，综合应用这些方法来排除故障。具体操作时，可以从三个方面进行分析：主机供电问题、显示器问题、主机内部问题。

18.2.1 检查主机供电问题

电脑是通过有效供电才能正常使用的机器。这看起来十分简单，但是在主机不能启动的时候，首先要想到的就是主机供电是否正常。

1. 检查主机外部供电是否正常

在确认室内供电正常的情况下，检查连接电脑各种设备的插座、开关是否正常工作。

第一，检查线路是否正常连接在插座上。

通常情况下，用户习惯将主机电源线、显示器电源线、路由器电源线、音响电源线等插在一个插座上，这样就很容易因没有插好导致线路接触不良的情况。所以首先要检查的就是插座上的各种线路是否正常地插在插座上。

第二，检查插座是否完好。

在确认各种线路正常连接在插座上之后，如果问题还没有解决，就要确认插座本身是否出现了损坏。雷电、突然断电、电流过大等都可能造成插座的短路或者损坏，这时可以通过测电笔对插座进行简单的测试。如果是由于插座损坏引起的问题，就要更换新的插座。用于为电脑供电的插座，一定要质量优良并且功能完善的，因为突然断电或者电压不稳会对电脑造成很严重的伤害。

第三，确认电源开关是否打开。

有些电源会配置一个电源开关，如果开关没有打开，那么电脑主机就不能得到正常的供电，所以在检查电脑主机供电的时候，要确认主机电源的开关是打开的，如图 18-1 所示。

图 18-1 主机电源开关

2. 检查主机 ATX 电源问题

主机 ATX 电源发生故障时通常会出现两种情况：一是正常启动电脑之后，电源风扇完全不动；二是，电源风扇只转动一两下便停止下来。

电源风扇完全不动，说明电源没有输出电压，这种情况比较复杂，有可能是电源内部线路或者元器件损坏，也有可能是电源内部灰尘过多，造成了短路或者接触不良，还有可能是主板的开机电路存在故障，没有激发电源工作。

主机启动，而电源风扇只转动一两下便停止下来，可能是因为电源内部或者主板等其他设备短路、连接异常，使电源自我保护，而无法正常工作。

这两种故障情况，可以通过一个简单的诊断方法来辨别。首先将主板上的 ATX 电源接口拔下，然后用镊子或导线将 ATX 电源接口中的绿线孔和旁边的黑线孔（最好是隔一个线孔）连接，然后观察 ATX 电源的风扇是否转动。如果 ATX 电源没有反应，则可能是 ATX 电源内部损坏；如果 ATX 电源风扇转动，则说明 ATX 电源启动正常，可能是电脑主板中的电路问题引起的故障。

18.2.2　检查显示器问题

显示器问题引起的黑屏故障相对来说是比较好解决的，因为比较容易判断引起故障的原因。引起显示器黑屏故障的主要原因包括以下三种。

1. 显示器电源线或者信号线问题

确认显示器的开关打开的情况下，如果出现黑屏，通常有两种情况。一是显示器的开关指示灯不亮，这多半是因为显示器电源线没有插或者接触不良。二是显示器指示灯是亮的，而且有些显示器中会出现一些提示性文字（比如没有信号等），这多半是由于显示器连接主机的信号线没有插或者接触不良。

2. 电源线和信号线损坏

一般的显示器通常有两条外接线，一条是显示器的电源线，一条是和主机相连的信号线。这两条线会因为损耗或者使用不当损坏（比如信号线的针脚折断），排除上面的两种情况后，可以更换电源线和信号线来解决问题，如图 18-2 所示。

图 18-2　显示器电源线和信号线

3. 显示器内部故障

通常来说，显示器本身是不易损坏的。一般是确认并非供电或主机的问题之后，才考虑显示器本身损坏的问题。关于显示器的维修，本书后面将做详细讲解，这里不做赘述。

18.2.3　检查电脑主机问题

在排除上述原因之后，考虑主机故障引起黑屏原因，通常从以下几个方面入手。

1. 短路或接触不良

1）查看主机箱内有无多余的金属物或观察主板有无与机箱外壳接触，如果有问题，排除问题，因为这些问题都可能造成主板短路保护而不能开机。

2）内存与主板存在接触不良问题。这是比较常见的问题，处理起来也相对比较容易，只需要将内存拔下来，擦拭内存的金手指，然后正确安装好内存（注意，这须在关闭主机和电源开关的情况下进行）。

3）灰尘问题。因为长时间未对主机箱进行清理，会造成主机内积累大量灰尘，不仅会造成系统运行缓慢，还会对电路和各种设备的运行造成影响，从而产生电脑黑屏的现象。处理的方法就是清理主机箱内的灰尘。

4）显卡、CPU、硬盘等设备接触不良。由于灰尘、晃动或损耗等原因，这些设备在与主板的连接上，都会出现接触不良的现象。处理的方法通常是，去除灰尘、擦拭金手指、重新正确安装。

5）电源线连接问题。除了硬件与主板连接的接触不良会造成电脑黑屏，各种硬件与电源线的连接不良也会造成黑屏。处理的方法就是检查各种硬件与电源的连接是否正确、通畅。

总之，解决主机内部故障一般要采用最小系统法、交换法、拔插法等方法，并综合应用这些方法来排除故障。

首先使用最小系统法，将硬盘、软驱、光驱的数据线拔掉，然后开机测试。如果这时电脑显示器显示开机画面，说明问题在这几个设备中。然后逐一把以上几个设备接入电脑，当接入某一个设备时，故障重现，说明故障是由此设备造成的，这时就非常容易检查到故障原因了。

如果去掉硬盘、软驱、光驱设备后还没有解决问题，则故障可能在内存、显卡、CPU、主板这几个设备中。这时可以使用拔插法、交换法等方法分别检查内存、显卡、CPU 等设备。一般先清理设备的灰尘，清洁一下内存和显卡的金手指（使用橡皮擦拭金手指）等，也可以换个插槽，如果不行，最好再更换一个好的设备测试。

如果更换某一个设备后，故障消失，则是此设备的问题，再重点测试疑似有问题的设备。

如果不是内存、显卡、CPU 的故障，那问题就集中在主板上了。对于主板，我们先仔细检查有无芯片烧毁，CPU 周围的电容有无损坏，主板有无变形，有无与机箱接触等，再将 BIOS 放电，最后采用隔离法，将主板放置在机箱外，然后连接上内存、显卡、CPU 等测试。如果正常了，再将主板安装到机箱内测试，直到找到故障原因。

2. 硬件存在兼容性问题

在更换某些硬件之后，也可能出现电脑黑屏的现象，这主要是由于硬件之间的兼容存在问题，比如内存和主板的兼容问题，显卡和主板的兼容问题等。排除此类故障的方法是，使用原来的硬件，测试开机是否正常。如果正常，则可以确定是更换的新硬件兼容性问题导致了黑屏。

3. 主板跳线问题

主板跳线（见图 18-3）和主机的开关相连，当这些线出现问题的时候也可能引起黑屏等问题。首先要检查主板跳线的连接是否正确，重新插拔一次，确认接触状况良好。

或者拔掉主板上的 Reset 线及其他开关、指示灯线，然后再开机测试。因为有些质量不过关的机箱的 Reset 线在使用一段时间后由于高温等原因造成短路，使电脑一直处于热启状态（复位状态），无法启动（一直黑屏）。

4. 硬件损坏

硬件本身的损坏，比如主板、显卡、内存的损坏等。通常检查的方法是打开主机箱，查看有没有烧毁或焦煳味道。关于硬件方面的维修，本书后面将会有详细介绍。

图 18-3 主板跳线

18.3 动手实践：电脑无法开机典型故障维修实例

18.3.1 电脑开机时黑屏，无法启动

1. 故障现象

电脑开机，显示器没有显示，主机没有自检声音，无法启动。

2. 故障分析

根据故障现象分析，此故障应该是电脑硬件问题引起的，具体原因可能包括以下方面。

1）显示卡故障：例如长时间使用后灰尘较多等原因造成显示卡与插槽内接触不良。

2）内存故障：内存与主板插槽接触不好，安装内存用力过猛或方向错误，造成内存插槽内的簧片变形，致使内存插槽损坏。

3）CPU 故障：CPU 损坏，CPU 插座缺针或松动。

4）主板 BIOS 程序损坏：主板的 BIOS 负责主板的基本输入输出设备的硬件信息，管理电脑的引导启动过程。如果 BIOS 损坏，就会导致电脑无法启动。

5）主板上元件故障：如电容、电阻、电感线圈和芯片故障。

3. 故障查找与排除

1）断开电脑的电源，打开机箱侧盖板，将内存、显卡拔下来，检查金属脚有无氧化层，使用橡皮擦拭金属脚去除氧化层。

2）将内存、显卡重新插好，检查是否插到位。开机时显示器有显示，自检通过，故障排除。

18.3.2 电脑长时间不用后无法启动

1. 故障现象

一台长时间没有使用的电脑，开机时显示器无显示，机箱喇叭发出“嘀嘀”的警报声。

2. 故障分析

根据故障现象分析，由于开机无显示，首先是怀疑内存或显卡等硬件出现问题。

3. 故障查找与排除

1）将内存和显示卡重新插接后，开机测试，故障依旧存在。

2）将显卡和内存换到另一台正常使用的电脑上使用没有问题，说明显卡和内存正常。

3）询问电脑使用者得知最近两个月其没有使用过电脑，考虑到电脑闲置时间较长，使用万用表测量主板 CMOS 电池电压低于 3V，更换电池后再次开机，电脑正常启动。

CMOS 电池及万用表测量电池电压如图 18-4 所示。

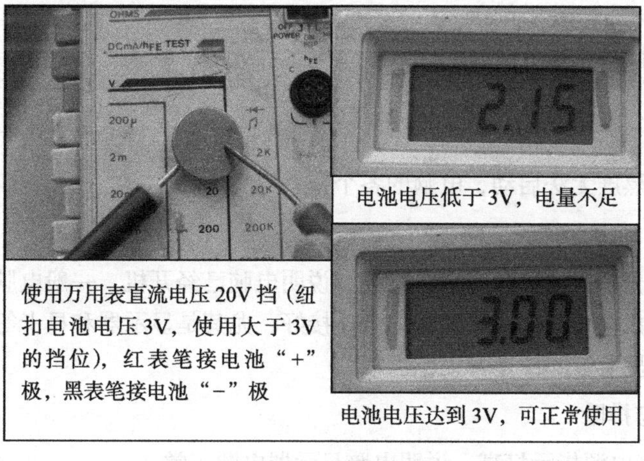

图 18-4　使用万用表 CMOS 检测电池

18.3.3 蓝屏重启后无法开机

1. 故障现象

在玩游戏时，电脑显示器突然蓝屏。重新启动电脑，显示器无显示。

2. 故障分析

根据故障现象分析，由于电脑蓝屏故障一般与内存、显卡等硬件设备有关系，另外，操作系统运行时也可能会出现软件运行错误导致蓝屏，但不会造成无法开机的故障，所以应重点检查硬件方面的故障。

3. 故障查找与排除

1）用替换法检测电脑主板、显示卡、内存等硬件，均正常。

2）在检测 CPU 时，仔细观察主板发现 CPU 插座附近有一根线悬空没有插好，查找这根线为温度监控线，负责测量 CPU 温度值，将线插回 CPU 插槽旁的 JTP 引脚上。在开机后电脑启动，自检通过，电脑恢复正常。主板测温探头如图 18-5 所示。

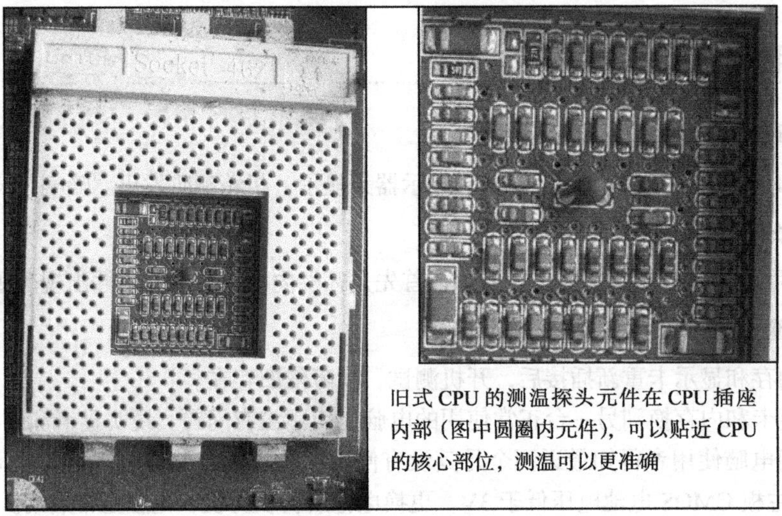
Socket 462
旧式 CPU 的测温探头元件在 CPU 插座内部（图中圆圈内元件），可以贴近 CPU 的核心部位，测温可以更准确

图 18-5 CPU 插座内的测温探头

18.3.4 开机时显示器无显示

1. 故障现象

电脑开机后，黑屏无法启动，电脑的各个指示灯亮。

2. 故障分析

根据故障现象分析，电脑各个指示灯亮，说明电脑已经开机，一般电脑开机无显示，须先检查各硬件设备的数据线及电源线是否均已连接好，尤其是显示器和显卡等，其次要检查电脑中的主板、内存、显卡等部件是否工作正常。

3. 故障查找与排除

1）观察显示器电源指示灯亮，说明电脑显示器电源正常。

2）检查显示器与电脑之间的连线，发现 VGA 线与显卡接口连接松动，接触不良。

3）将 VGA 线重新连接好后，开机测试，故障排除。

18.3.5　清洁电脑后无法开机

1. 故障现象

清洁电脑时，发现显卡散热器上的灰尘不容易清理，拆下显卡进行清理。清洁后开机，电脑无响应。

2. 故障分析

根据故障现象分析，应该是由于清洁电脑时，使某个硬件设备接触不良，或静电导致某个元件被击穿从而引发的故障。一般使用替换法检查故障。

3. 故障查找与排除

1）断开电源，打开机箱，用替换法检查内存、显卡、主板等部件。经检查主板损坏。据了解，用户清洁时很小心，只是安装显卡时，由于安装不进去，加大力度才安装进去。

2）怀疑用户安装显卡时，损坏了显卡接口。经观察，主板中有两个 PCI-E 插座，将显卡安装到另一个 PCI-E 接口，进行测试，电脑可以开机，且运行正常，故障排除。

18.3.6　主板走线断路导致无法开机启动

1. 故障现象

用户在拆卸 CPU 散热器时，不小心用螺丝刀划在了主板上。在装好电脑后，无法开机。

2. 故障分析

根据故障现象分析，可能是螺丝刀划到主板引起主板中的电路发生断路故障，但也可能是其他部件接触不良所致。可以重点检查主板问题。

3. 故障查找与排除

1）断开电源，拆下主板检查，发现被划到的地方铜线被划断。找来一根导电细铜丝，焊在主板断路的线路两端，测试没问题后，用专用绝缘胶粘好铜丝。

2）安装好主板，开机测试，电脑可以开机运行，故障排除。

18.3.7　清扫灰尘后电脑开机黑屏

1. 故障现象

用户在为主机清扫灰尘后，电脑开机黑屏。

2. 故障分析

此类故障一般是由于清洁过程中，导致某些硬件设备接触不良所致，重点检查硬件接触不良的故障。

3. 故障查找与排除

1）断开电源，打开机箱。

2）将内存、显卡等硬件拆下，用橡皮擦拭金手指后重新安装好并开机测试，启动正常，故障排除。

18.3.8 电脑开机时黑屏无显示，发出警报声

1. 故障现象

电脑开机后主机面板指示灯亮，主机风扇正常旋转，喇叭发出“嘟嘟”的警报声，显示器黑屏无显示。

2. 故障分析

根据故障现象分析，由于电脑指示灯亮，说明主机电源供电基本正常，电脑有警报声，说明 BIOS 故障诊断程序开始运行。判断故障的根源在于显示器、显示卡、内存、主板和电源等硬件。

3. 故障查找与排除

1）根据主板警报声，检查主板使用 AWARD BIOS，通过开机自检时“嘟嘟”的警报声来判断故障的大概部位。警报发出“嘟嘟”的连续短声说明机箱内有轻微短路现象。

2）断开电源，打开机箱，逐一拔去主机内的接口卡和其他设备电源线、信号线，通电试机，发现只保留连接主板电源线通电试机，仍听到“嘟嘟”的连续短声，判断故障原因可能有 3 种：一是主板与机箱短路，可取下主板通电检查；二是电源过载能力差，可更换电源试一试；三是主板有短路故障。

3）将电脑主板拆下，然后安装好硬件，开机进行测试，电脑可以正常启动，故障消失。怀疑主板上金属部分与机箱有接触的地方。

4）在安装主板的时候，用橡胶垫垫在固定点上，然后装好其他硬件，开机测试，运行正常，故障排除。

18.3.9 电脑按开关键无法启动

1. 故障现象

电脑以前冷启动不能开机，必须按一下“复位”键才能开机。现在按“复位”键也不能开机，只能见到绿灯和红灯长亮，显示器没有反应。

2. 故障分析

根据故障现象分析，由于开机时需要按复位键，判断电脑启动前没有复位信号。由于电脑启动需要 3 个缺一不可的条件：正确的电压、时钟、复位。电脑开机时的复位信号一般由 ATX 电源的第 8 脚提供，因此重点检查主板电源插座及 ATX 电源。

3. 故障查找与排除

1）断开电源，打开机箱。

2）拔下主板上的 ATX 电源插头，发现电源插座有针脚被烧黄，如图 18-6 所示。

3）处理插座内部的针脚和电源插头相应的金属插头后，将电源接头插好，开机故障排除。

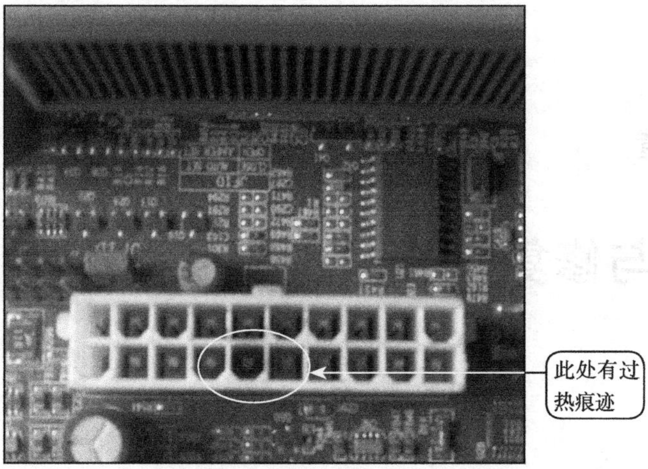

图 18-6　主板的电源插座处过热痕迹

18.3.10　主板变形导致无法开机启动

1. 故障现象

用户将电脑升级更换主板、CPU 后，将主板安装到机箱中，然后开机发现主板电源指示灯不亮，CPU 风扇不转，无法开机。

2. 故障分析

由于用户之前升级了主板和 CPU，怀疑是升级过程中，硬件未安装好或内存、显卡等接触不良所致。

3. 故障查找与排除

1）将内存、显卡等拆下，重新安装，然后开机，故障依旧存在。

2）将主板拆下，安装好各个硬件，用最小系统法检测电脑，发现电脑可以正常开机。怀疑是在安装的过程中，某个硬件没有安装到位。

3）重新安装主板、内存、显卡等设备，在固定主板时，发现如果螺丝拧得过紧会导致主板出现变形。看来问题是主板变形引起的。

4）松开螺丝调整主板，并在主板下面垫上绝缘垫，再安装好其他硬件，开机测试，电脑运行正常，故障排除。

第19章

诊断与修复 CPU 故障

CPU 在电脑配件中算是故障率最低的，也是最隐蔽的。CPU 发展的速度远远超过你的想象，新技术层出不穷。这也造成 CPU 故障更多，比如与内存不匹配等。硬件故障虽少，但几乎都是不能维修的。

超频也是导致 CPU 故障的原因之一，如果发现 CPU 超频后电脑工作不稳定，应立即改回原来 CPU 频率设置，以免造成更大的损伤。

19.1 CPU 故障分析

19.1.1 CPU 故障有哪些?

常见的 CPU 故障现象主要有以下几点：

- 系统死机
- 系统不稳定或频繁重启
- 开机时系统有报警，无法正常开机
- 开机时系统无报警，无法正常开机

CPU 故障原因有以下几点：

- 针脚折断或与主板插槽接触不良
- 散热不正常导致温度过高
- 超频、跳线、电压设置不正确导致无法正常工作
- 工作参数设置不正确导致无法正常工作
- CPU 被烧毁或按压导致的彻底损坏

19.1.2 CPU 故障应该怎样检查

首先要确定 CPU 是否在工作。能判断 CPU 是否在工作的方法有很多，比如开机时的警报或用主板检测卡。不过最直接有效的方法是，用手直接摸一下 CPU 和散热器，如果有温度就

在工作，否则就是没有工作。但用手摸时一定要注意的是，有时 CPU 会非常烫手，小心不要被烫伤。如图 19-1 所示。

手摸也有例外的时候，由于现在 CPU 一般都集成了内存控制器，如果内存不正常的话也会造成 CPU 不工作。所以检测 CPU 时应该注意替换一下内存。

如果 CPU 不能工作，则可以从下面两个方面进行进一步检查。第一查看 CPU 自身，将 CPU 拆下。观察 CPU 针脚（触点）有没有发黑、发绿、氧化、生锈、折断、弯曲等症状。第二是检测供电系统能不能正常供电。

如果 CPU 能工作，但不稳定或频繁死机、关机、重启，就要检查一下散热是不是正常了。方法是观察散热器风扇转速是否正常，查看散热器固定架是否松动，查看散热器和 CPU 之间的硅胶是否干燥。如图 19-2 所示。

图 19-1　CPU 和散热器

图 19-2　加固散热器

如果是超频使用的 CPU 应改回原来设置再进行检测。

19.2 参考流程图维修 CPU

CPU 是电脑中最重要的配件，是一台电脑的心脏。同时它也是集成度很高的配件，可靠性较高，正常使用时故障率并不高。但是通常安装或使用不当则可能带来很多意想不到的故障现象。当计算机无法检测 CPU 或不能开机时，请按照如图 19-3 所示的 CPU 故障检测流程图进行故障检修。

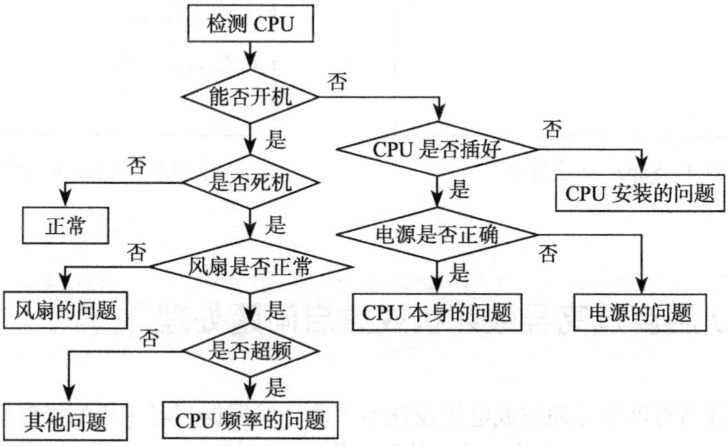

图 19-3　CPU 故障检测流程图

19.3　快速恢复 CPU 参数设置

在 BIOS 中最好不要改动 CPU 的参数设置，外频、倍频、电压等选项最好选为“Auto”。如果你改变了 CPU 的参数设置，又不幸地由此产生了问题，那么最简单的恢复方法就是执行“LOAD DEFAULT”命令，恢复默认设置。

恢复默认设置还可以解决很多由改变 BIOS 设置引发的问题，十分方便。

19.4　用软件测试 CPU 稳定性

CPU 的稳定性非常不好检测，有时你的电脑运行一天时间的“魔兽世界”都没有出现问题，但有时候运行 Photoshop 或 Word 就会出现死机溢出等问题。要测试 CPU 的稳定性非常难，下面我们介绍一款小软件——Super PI（超级 π），帮助你解决这个问题。

Super π 是一款计算圆周率的软件，但它更适合用来测试 CPU 的稳定性。Super π 是通过计算不同位数的圆周率来检测 CPU 的浮点运算能力的。如图 19-4 所示为 Super π 主界面。

单击“开始计算”菜单，弹出“设置”对话框，然后单击计算次数选择下面的下拉按钮，选择计算的位数，这里我们通常要选得大一点，这样有利于 CPU 长时间满负载运算。

经过半个小时到一个小时的时间计算不出错，基本就可以证明 CPU 的稳定性是可靠的了。如图 19-5 所示。

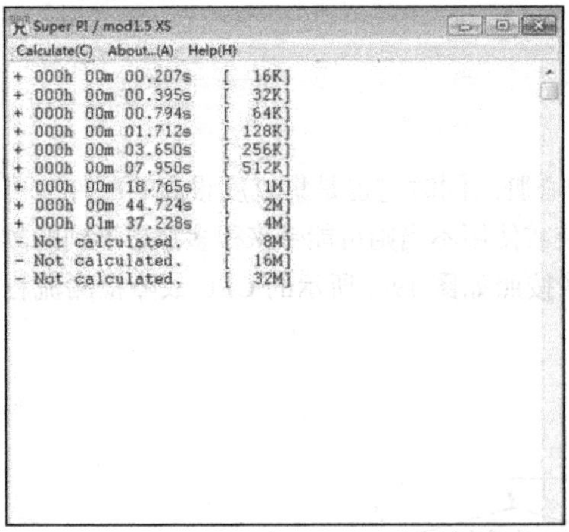

图 19-4　Super π 主界面

图 19-5　Super π 计算结果

19.5　CPU 温度过高导致死机或重启问题处理

CPU 温度过高有可能是超频或电压设置不正确，但根据笔者多年的维修经验，90% 的问题出在散热器上。这一节就教大家解决散热器工作不正常问题。

19.5.1　CPU 温度和散热器风扇转速监控

前面章节中讲过利用 Everest 查看 CPU 温度。在查看 CPU 温度的同时 Everest 还可以检测散热器风扇的转速以及 CPU 电压，这都是排查高温的重要信息。如图 19-6 所示。

还可以查看 BIOS 中的 CPU 参数，BIOS 通常比使用软件得到的结果更准确。如图 19-7 所示。

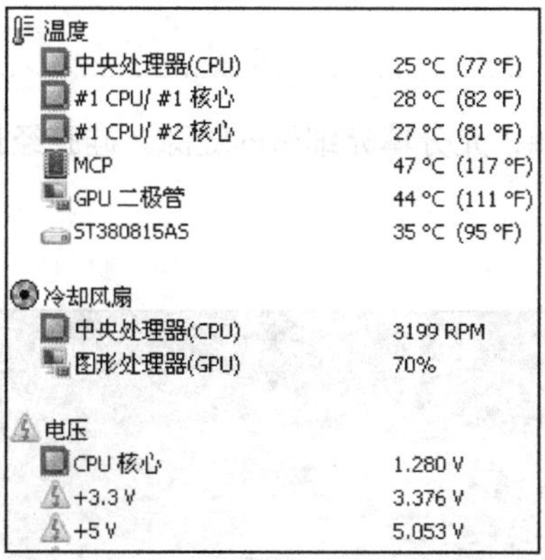

图 19-6　Everest 查看 CPU

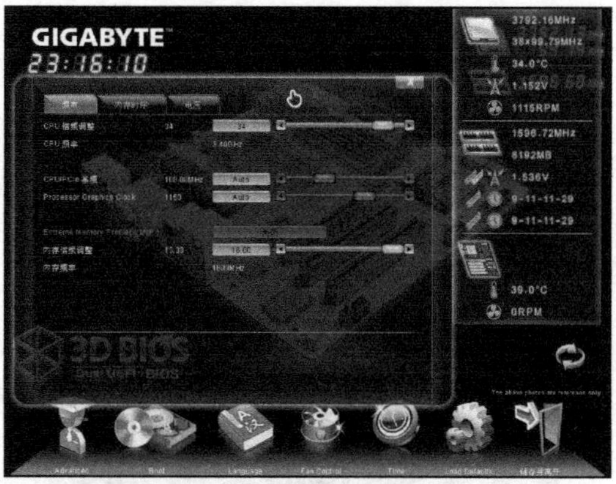

图 19-7　BIOS 中的 CPU 温度

那么 CPU 温度和散热器转速为多少算正常呢？这个因每个 CPU 的不同而不同，但大部分 CPU，温度超过 70℃就算是过高了。风扇一般在 3000 转以下就算是过低了。具体情况还需根据 CPU 的具体参数来查证。

19.5.2　散热器风扇转速低

有的散热器带有智能控制转速功能，可以根据 CPU 的负载情况智能调节散热器风扇的转速，这样一是可以减少耗电，二来可以降低电脑噪声。但是有时电脑判断并不准确，比如当 CPU 负载较高的时候散热器风扇的转速还处于低转速，这就会造成 CPU 温度迅速升高导致死机或重启。造成这个判断不准的原因有很多，比如传感器上有灰尘等。

解决智能控速方法是，直接在 BIOS 中关闭智能控制散热器风扇转速即可。具体设置方法可参照本书 BIOS 设置部分。如图 19-8 所示。

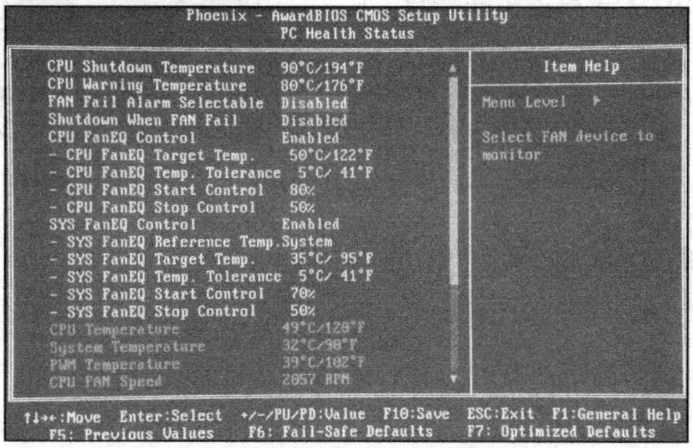

图 19-8　智能风扇设置

19.5.3 散热器接触不良

造成散热器接触不良的原因大致有两种，一是安装过程中散热器的卡扣没卡到位。只要按照正确的安装方法重新安装好即可。如图 19-9 所示。

二是散热器是劣质产品，底座的插栓产生松动，导致的散热器与 CPU 的接触不良。这种情况可以更换散热器底座的插栓，或者干脆换一个质量好的散热器。

19.5.4 硅胶干燥导致散热不良

涂抹硅胶的作用是让 CPU 表面与散热器完全接触，充分填充细微的缝隙。硅胶经长时间的高温烘烤后会变得干燥结块。如图 19-10 所示。

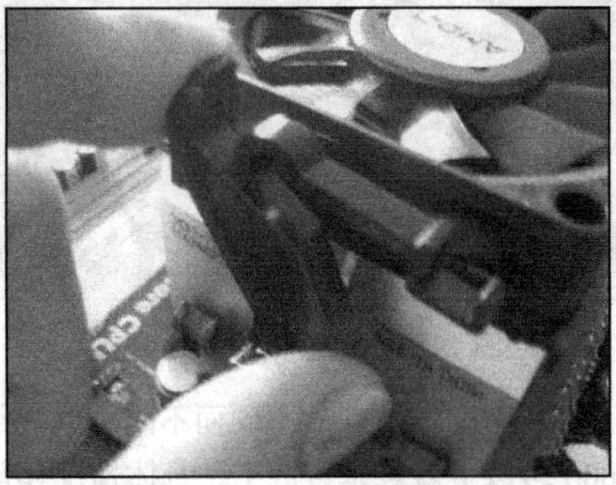

图 19-9 CPU 散热器卡扣

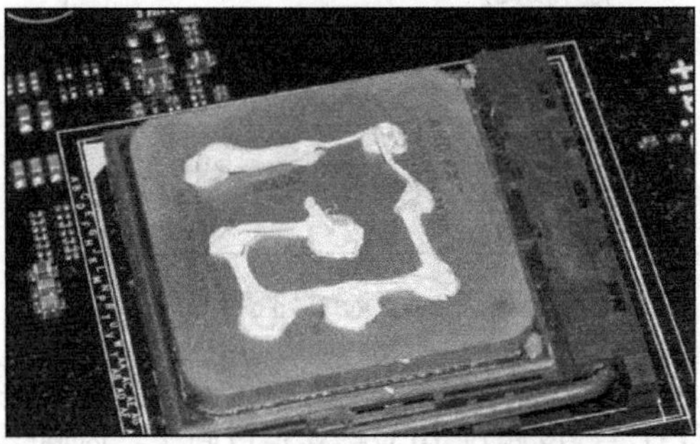

图 19-10 CPU 上的硅胶

将散热器拆下后用纸将 CPU 表面和散热器的接触面擦干净，在 CPU 表面重新涂抹硅胶后，将散热器按正确方法安装上即可。注意硅胶不要涂抹得太多，否则装上散热器后容易将硅胶挤出，万一粘到 CPU 插座上就会导致 CPU 故障。

19.5.5 CPU 插槽垫片

新装电脑时，有的主板插槽上会带有一个防灰尘的垫片，在实际维修时经常会发现有人在装完 CPU 后又把这个垫片盖在了 CPU 表面，这就导致散热器与 CPU 不接触而无法散热。所以在新装电脑时大家还是要注意一下这个问题。如图 19-11 所示。

图 19-11 CPU 盖

19.6 检查超频和开核导致的电脑不稳定

在之前的章节中我们讲过超频和开核，超频和开核都是让 CPU 处于超负荷状态的做法，这就很容易导致 CPU 工作异常，所以当超频或开核操作出现异常时应首先将 CPU 改回到原来的设置。

19.7 检查由供电不稳导致的 CPU 异常

由供电不稳引起的问题通常有两种情况，一是电脑运行不稳定，常出现死机、重启等症状。二是电脑根本无法启动。

发生第一种情况很可能是因为 CPU 电压设置出错，如果改动过 CPU 电压而出现问题，改回原来设置即可。如果没有做过改动，可以用 BIOS 恢复默认设置“LOAD DEFAULT”命令，或将 CMOS 放电在（第 20 章中有详细介绍）。如图 19-12 所示。

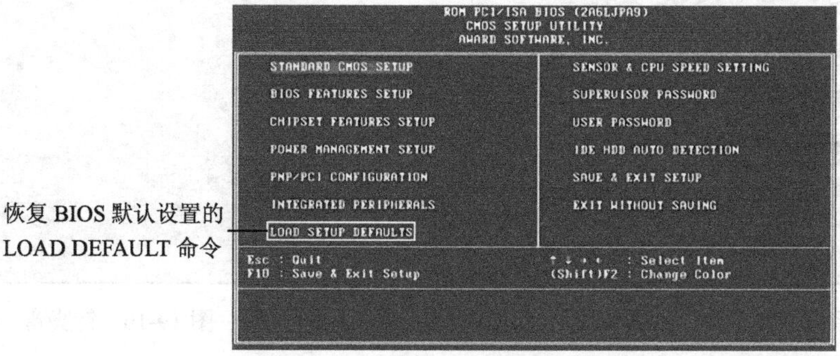

图 19-12　LOAD DEFAULT 恢复默认设置

如果是无法开机，很可能是主板供电电路出现了故障，检测方法可以参考第 20 章。

19.8 检查由安装不当导致的 CPU 异常

19.8.1　CPU 和插座切合不正确

在安装 CPU 时，一定要注意 CPU 与主板是否匹配。如图 19-13 所示。

如果把 CPU 放在插槽上，CPU 不能自由滑入插槽的话，千万不要用力按压。应检查 CPU 与插槽是否匹配，插槽或 CPU 针脚上是否有异物等。如图 19-14 所示。

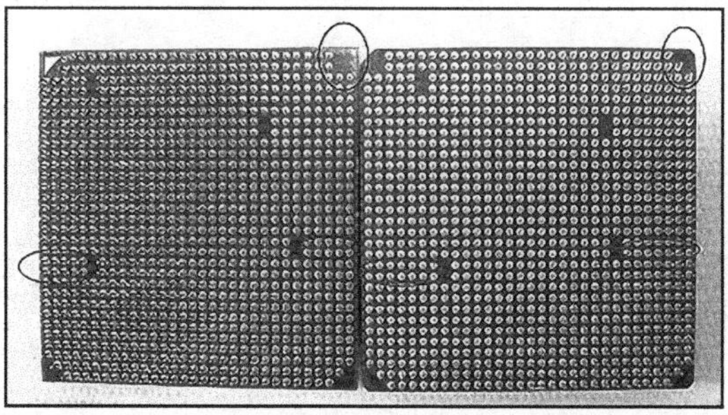

图 19-13　939 和 940 插座的对比

图 19-14　CPU 插槽

19.8.2 CPU 针脚损坏

CPU 针脚是焊在 CPU 基板上的，在很长时间不用后容易出现发黑、发绿、生锈、氧化等变化。用细毛刷或牙刷轻轻擦刷可以解决这些问题，如果还不能解决的话说明腐蚀得比较严重，只能更换 CPU 了。如图 19-15 所示。

如果针脚弯曲可以用小镊子轻轻掰正，但一定要注意不要掰断了针脚。如图 19-16 所示。

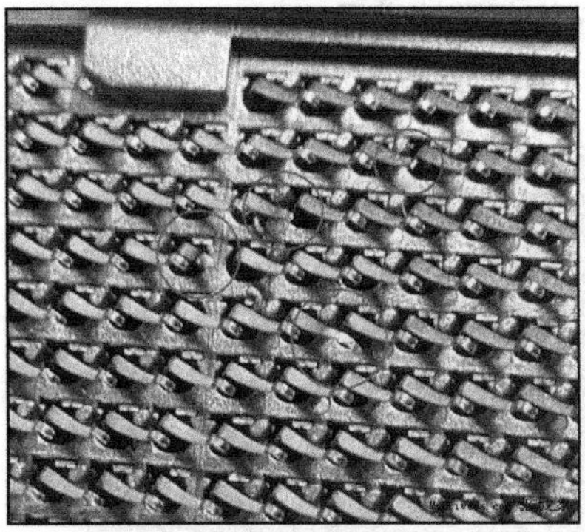

图 19-15 CPU 针脚氧化

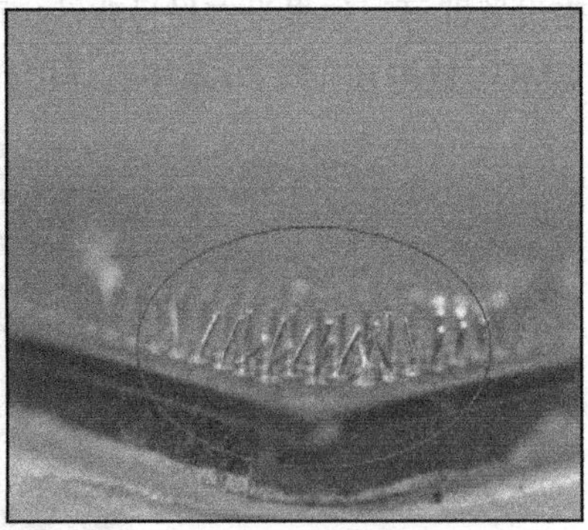

图 19-16 针脚弯

19.8.3 异物导致接触不良

异物（主要是灰尘、硅胶、机油等）进入了 CPU 插槽。

如果是灰尘较多，可以用风枪、吸尘器或“皮老虎”等吹出灰尘。如图 19-17 所示为“皮老虎”。

硅胶进入 CPU 插座，可以用针挑出插孔里的硅胶。

机油进入插座就必须更换主板上的插座了，不过主板更换 CPU 插座的话对焊接要求非常高，而且问题复发的概率也很高，不如直接更换主板。

图 19-17 “皮老虎”

19.9 动手实践：CPU 典型故障维修实例

在遇到电脑维修时，首先问清使用者电脑的故障现象、有过何种操作、电脑运行环境等信息，这对维修者判断电脑故障有很多帮助。

19.9.1 电脑开机后黑屏，无法启动

1. 故障现象

一台新装的 AMD 四核电脑，安装好后发现开机黑屏，无法启动。

2. 故障分析

导致无法开机的原因有以下几种：

1）CPU 没有安装好。

2）其他硬件没安装好。

3）CPU 损坏。

4）ATX 电源不供电。

5）显示器无法显示。

询问使用者得知，CPU 是新换的，其他硬件都没有更换。推断是由 CPU 故障导致的无法开机。

3. 故障查找与维修

断开电源，打开机箱。观察发现 CPU 与插座间有缝隙，推断为 CPU 安装问题。拆下 CPU 发现一根针脚弯曲，可能是安装时插在插座外导致的。用镊子小心掰直，重新安装后问题排除。

19.9.2 电脑清除灰尘后老是自动重启

1. 故障现象

一台 Intel 奔腾双核电脑，使用两年多了一直稳定，清理过一次灰尘，现在突然出现开机不久就自动重启的现象。

2. 故障分析

导致电脑自动重启的原因有以下几种：

1）CPU 接触不良。

2）CPU 过热，导致过热保护自动重启。

3）ATX 电源故障，导致供电不足。

4）主板供电电路故障，导致供电不良。

5）市电电压不稳，瞬时峰值过高，导致电脑损坏。

6）电磁干扰使电脑的电信号受损，导致电脑重启。

询问使用者后得知，电脑是清理了一次灰尘后出现这种情况的。判断故障为 CPU 接触不良或散热器接触不良导致。

3. 故障查找与维修

从先易后难的角度，首先排查散热器。

断开电源，打开机箱后发现散热器一端未卡住散热底座，散热器与 CPU 之间有缝隙。将散热器重现安装后进行测试，重启问题排除。

19.9.3 电脑自动关机

1. 故障现象

一台 AMD 双核电脑，最近电脑有时候自动关机，时间不确定，有时几分钟，有时几小时。关机后按一次电源开关无效，需要按两次电源开关才能再开机。

2. 故障分析

导致自动关机的原因有以下几种：

1）CPU 过热。

2）CPU 接触不良。

3）供电不良。

4）有部件损坏。

从故障现象分析，可能是有部件工作不正常导致的。

3. 故障查找与维修

1）用代替法从简到难，替换电源、内存、CPU 后问题没有解决。

2）怀疑是主板故障，替换主板后问题解决。

3）从外观上无法判断主板故障，推断有可能是 CPU 插槽虚焊造成的。

19.9.4 Intel 主板的睿频功能未打开

1. 故障现象

一台 Intel i5 四核电脑，用软件测试 CPU，发现 CPU 无法使用睿频加速功能。

2. 故障分析

Intel 新的 i7、i5CPU 带有睿频加速功能。有的主板不默认打开睿频。需要在 BIOS 中设置打开。

3. 故障查找与维修

打开电脑进入 BIOS，在“Advanced CPU Core Features”选项中找到“Intel Turbo Boost Tech”选项，设为“Enabled”。保存退出 BIOS，重启后睿频加速功能打开。

19.9.5 三核 CPU 只显示为双核

1. 故障现象

一台 AMD 三核速龙 II X3 450 电脑，用软件测试 CPU，发现在设备属性中显示为双核。

2. 故障分析

确定 CPU 为三核后，推断可能是 BIOS 不支持三核，或 BIOS 设置中屏蔽了三核。

3. 故障查找与维修

开机进入 BIOS，查看 ACC（Advanced Clock Calibration）选项，发现主板没有该项。判断主板不支持开核，所以可能是 BIOS 版本不适应 CPU，升级 BIOS 后问题排除。

19.9.6 AM3 CPU 搭配 DDR3 1333 内存只能运行 1066

1. 故障现象

一台 AMD 双核电脑，内存是 2GB 金士顿 DDR3 1333。用软件测试内存，实际内存频率仅有 1066。

2. 故障分析

使用 AM3 接口的 CPU 中，只有中高端 CPU 才能支持 DDR3 1333，低端 CPU 由于构架的限制，即便搭配 DDR3 1333 也只能在 1066 下运行。

3. 故障查找与维修

根据故障原因，可以考虑升级主板和 CPU 来支持高频率的内存。

19.9.7　电脑噪声非常大，而且经常死机

1. 故障现象

一台 Intel 酷睿 i3 双核电脑，最近电脑噪声非常大，而且经常死机。

2. 故障分析

造成电脑噪声大的原因有以下几种：

1）CPU 散热风扇转动不良。

2）机箱风扇转动不良。

3）硬盘出现坏道，磁头无法读取碟片数据。

4）电脑中病毒，导致 CPU 长期高负载运行，散热器长时间高转速散热。

5）系统故障导致散热器风扇长期高速转动。

3. 故障查找与维修

1）打开电脑机箱，查看机箱内风扇，发现 CPU 散热器风扇松动。

2）仔细查看 CPU 散热器，发现散热器底座的塑料卡子折了一个。

3）更换 CPU 散热器底座。

4）开机再试，故障没有再出现。

19.9.8　更换散热器后开机启动到一半就关机

1. 故障现象

一台 Intel i7 六核电脑。升级电脑时更换了散热器，然后开机提示风扇转速低，然后就自动关机了。

2. 故障分析

询问使用者得知，BIOS 设置未做过更改。推断可能是因为散热器安装不正确导致。

3. 故障查找与维修

1）断开电源，打开机箱。观察发现，散热器电源插在了机箱风扇电源接口上。

2）华硕主板上机箱散热风扇插座“CASE FAN”和 CPU 散热器插座“CPU FAN”在一起，容易插错。

3）将插头换到 CPU FAN 插针上，再开机测试，故障没有再出现。

19.9.9　CPU 超频后一玩游戏就死机

1. 故障现象

一台 AMD 四核电脑，可以正常开机，但一玩大型游戏就死机。

2. 故障分析

询问使用者得知，电脑为超频使用。有的CPU超频后可以正常使用，但当运行大型程序时，CPU的负载会非常高，用电也会大幅增加。不稳定或死机就表示CPU超频失败或超频过高。应立即改回原来设置。

3. 故障查找与维修

开机进入BIOS，直接选择“LOAD DEFAULT”恢复默认设置，开机测试后问题排除。判断是超频失败，有时超频失败了，但还是可以开机启动的，但在CPU高负载时就会出现不稳定死机的情况。

19.9.10 重启后不能开机

1. 故障现象

一台神舟双核电脑，最近出现问题，开机运行没有问题，一旦重启就不能开机了。

2. 故障分析

根据现象分析可能是主板供电系统问题，或是其他硬件有接触不良等问题。

3. 故障查找与维修

用替换法检查发现主板、显卡、内存都没有问题。检查CPU时，发现CPU的针脚上有氧化。用砂纸将CPU针脚的氧化部分擦掉，再装好电脑，开机测试，故障没有再出现。

19.9.11 电脑使用时，机箱内发出噪声，晚上声音非常大

1. 故障现象

一台组装的双核电脑，可以正常使用，但机箱内发出间断的振动噪声，机箱有时也会随着内部的振动发出噪声。

2. 故障分析

一般电脑的噪声都是由于风扇转动时振动引起的，首先打开机箱侧盖检查，发现噪声是CPU散热风扇处振动较大发出的，CPU散热风扇振动大有以下几种原因：

1）CPU的散热风扇使用时间较长，风扇电动机轴承的润滑油脂已经完全干涸，因此风扇电动机转动轴承处干磨振动大。

2）由于很久没有对电脑进行清理，风扇表面以及散热器缝隙聚集了太多的灰尘。风扇扇叶表面沾有灰尘后。扇叶转动不平衡造成振动，如图19-18所示。

图19-18 有很多灰尘的CPU风扇

3. 故障查找与维修

1）断开电源，打开机箱盖板。

2）把风扇和散热器拆下并分离。散热器直接用自来水清洗即可，先用小毛刷清理散热风扇灰尘。

3）打开散热风扇背面的塑料贴纸，用普通缝纫机油滴入机芯一二滴即可。也可以用玩具车的膏状润滑脂，注意用量不能过多。

4）在 CPU 和散热器的表面均匀地涂抹一层散热硅脂。

5）将 CPU 和散热器安装好。散热器风扇电源插头插好后开机，机箱内发出振动噪声明显减小。如果 CPU 使用时间较长也可以更换一个新的散热风扇以保证电脑的安全。

19.9.12　电脑主机内有“嗒嗒”的碰撞声

1. 故障现象

一台 AMD 四核电脑，在使用时听见机箱中发出“嗒嗒”的声音。

2. 故障分析

电脑中发出的声音基本都是风扇或硬盘发出的，在电脑使用时听到“嗒嗒”声，应该是内部转动的风扇与电源线碰撞发出的。

3. 故障查找与维修

1）断开电源，打开机箱盖板。

2）检查发现 CPU 风扇与机箱内一些散开的电线有接触，在 CPU 风扇转动时，风扇扇叶与线碰撞发出“嗒嗒”的声音。

3）使用专门的塑料扎头或胶带等将机箱内散乱的数据线、电源线捆扎好，避开从 CPU 散热器上方经过，故障排除。

19.9.13　电脑加装风扇后无法启动

1. 故障现象

一台四核游戏电脑，为了改善机箱内部的散热条件，加装了机箱风扇，但加装后，主机无法启动。

2. 故障分析

经了解加装的机箱风扇的电源插头接在了主板上，由于是在机箱内安装风扇引起的此故障，所以首先怀疑是碰到其他板卡而引起的接触不良，电脑硬件一般不会出现问题。

3. 故障查找与维修

1）断开电源，打开机箱盖板。

2）把内存、显卡等部件拆下重新插好，再开机检测，发现故障依旧。

3）取下机箱风扇观察，发现机箱风扇的电源接在主板 CPU 风扇的插座上，CPU 风扇的电源接在系统风扇的插座上。而机箱风扇的供电插头没有接用来测转速的那根脚。所以由于 BIOS 检测不出 CPU 风扇插座上机箱风扇的转速，便启动了 CPU 保护功能，切断了电源，这样就出现了主机一通电就断电的情况。

4）将 CPU 风扇接在主板上标有“CPU FAN”的插座上，把机箱风扇接在主板上标有“SYSTEM FAN”的插座上。再开机电脑正常启动，故障排除。

19.9.14　电脑运行大程序时死机

1. 故障现象

一台电脑，使用一年多以后开始出现不定时死机现象，一开始是运行大程序时容易死机，后来发展到开机后只要进行操作就会死机。

2. 故障分析

经了解，电脑在运行大程序时，或运行一段时间后死机，有一定的规律。判断由 CPU 散热不好而导致死机的概率较大。CPU 散热不佳时，通常会造成死机或自动停机。

3. 故障查找与维修

1）打开机箱盖板，发现 CPU 风扇灰尘较多，再开机检查发现 CPU 风扇转动不太正常，时快时慢。

2）断开电源后，卸下原来的风扇，清洁散热片及风扇上的灰尘，并向风扇轴承上加注机油，然后安装好风扇。

3）将 CPU 和散热风扇安装好后，开机运行，电脑正常，长时间使用电脑没有出现死机现象，故障排除。

19.9.15 电脑开机后不断重启

1. 故障现象

一台双核电脑经常出现开机运行一段时间后自动重新启动的现象，有时开机会连续重启。

2. 故障分析

电脑刚开机时运行正常，说明刚开机硬件运行都正常，但运行一段时间后出现重启的故障。一般这种问题都是由于硬件的工作环境改变引起的，多数是硬件温度过高引起，重点检查 CPU、显卡等发热量大的硬件。

3. 故障查找与维修

1）断开主机电源，打开机箱盖板。

2）启动电脑检查，发现 CPU 风扇转动正常，触摸 CPU 风扇散热片感觉温度正常。进入 CMOS 检查 CPU 温度参数，发现 CPU 温度过高，怀疑是 CPU 温度过高而引发故障。

3）关机断开电源后，拆下 CPU 散热器，检查 CPU 散热器和 CPU 接触部分，发现表面的导热硅脂已经干涸硬化，导致 CPU 的温度无法很好地传递到散热片上。

4）将 CPU 和散热片上干涸的导热硅脂清除掉，然后将新的导热硅脂均匀地涂抹到 CPU 芯片表面，安装好 CPU 散热器，连接好散热风扇电源。开机后检查，发现 CMOS 中 CPU 温度正常，运行了一段时间电脑使用正常，故障排除。

19.9.16 使用降温软件引起系统变慢

1. 故障现象

一台双核电脑，在安装了专门的 CPU 降温软件后，发现运行 Windows 系统的运行速度变得非常慢，查看 Windows 任务管理器，发现 CPU 的占有率一直在 90% 以上，但系统中并没有运行其他大的程序。

2. 故障分析

一般 CPU 降温软件中可以设置当温度高于多少度时就自动关机或对 CPU 进行强制节流的

功能。一旦用户的 CPU 温度高于设定值时，降温软件就会暂停系统中正在运行的线程，并向 CPU 发送大量空指令，这就使得用户感觉系统运行速度变慢。CPU 被大量的空指令占据，造成了 CPU 占用率高达 90%的现象。

3. 故障查找与维修

1）关闭 CPU 降温软件，发现系统运行速度明显加快，判断是降温软件降低 CPU 的运行效率。

2）考虑 CPU 运行时温度较高，想改善一下，检查 CPU 风扇及散热片，发现 CPU 散热器为铝散热片，面积也较小，影响散热效率。为 CPU 更换大面积的铜散热片后，开机测试。

3）经过长时间开机，CPU 的运行温度也保持在较低的温度。之后卸载 CPU 降温软件，故障排除。

19.9.17　使用电脑时经常发生系统崩溃、死机的问题

1. 故障现象

一台几年前的电脑，在运行时经常出现操作系统崩溃甚至黑屏死机的情况。

2. 故障分析

出现系统崩溃或死机的故障，一般是由于系统故障、硬件工作温度过高等引起的。但也有一些是硬件工作不稳定造成的。

3. 故障查找与维修

1）打开机箱，开机检查 CPU 风扇和显卡风扇，发现风扇转速正常，散热片没有附着很多灰尘。

2）开机在 CMOS 中检查 CPU 温度，温度显示正常。然后重装操作系统，发现故障依旧。

3）由于之前遇见过由于 CPU 核心电压低引起的死机的情况，怀疑是 CPU 问题引起的故障。接着在 CMOS 中将 CPU 核心电压从 1.75 V 调高到 1.8 V，保存设置退出。

4）然后开始测试，发现电脑运行正常，长时间测试未出现之前故障，看来是 CPU 核心电压低引起的故障。

19.9.18　CPU 超频导致开机黑屏

1. 故障现象

一台新装的双核电脑，将 CPU 的主频超频后，开机显示黑屏。

2. 故障分析

由于电脑故障是在超频之后引起的，故障原因应该与超频有关，怀疑是 CPU 超频不稳定引起的，重点检查 CPU 及超频设置方面的问题。

3. 故障查找与维修

1）关闭电源，打开机箱，然后开机触摸 CPU 散热器，发现 CPU 散热器温度非常高。应该是超频后，CPU 运行频率增加，温度上升，导致 CPU 温度异常主板自我保护所致。

2）找到 CPU 的外频与倍频跳线，将 CPU 频率恢复正常值后，启动电脑，系统恢复正常。

19.9.19 电脑自动关机或重启

1. 故障现象

新装的三核电脑有时运行得很正常，但有时会突然自动关机或重新启动。

2. 故障分析

电脑自动关机或重启系统的原因很多，如CPU温度过高、电源出现故障、主板的温度过高而启用自动防护功能或病毒等。一般首先检查CPU、主板的温度是否异常，然后检查电源电压问题。

3. 故障查找与维修

1）关闭电源，打开主机箱盖，然后开机检查CPU散热片温度，发现散热片温度并不高，风扇转动也正常。

2）正在检查的时候电脑突然自动重启，怀疑CPU温度有问题。关闭电源，拆开CPU散热风扇，发现散热片和CPU接触的地方未涂抹硅胶，导致CPU温度无法及时传递给散热片。

3）在CPU上面涂上硅胶，然后安装好CPU散热片，开机测试，很长时间未发生重启问题，故障排除。

19.9.20 CPU的温度过高导致死机

1. 故障现象

一台处理器为AMD的旧电脑，经常会死机，但查看BIOS里监测温度为60℃。

2. 故障分析

通常引起电脑死机的原因有系统问题、感染病毒、CPU温度过高、硬件兼容性差等方面原因。在检查时，先检查软件方面的原因，然后检查硬件方面的原因。

3. 故障查找与维修

1）升级杀毒软件，对电脑进行杀毒，未发现病毒。接着检查系统，也未发现明显问题。

2）下面开始检查硬件，首先断开电源，打开机箱盖板。开机检查CPU风扇及散热片，发现CPU散热片温度较高，怀疑是CPU风扇老化，风力下降所致。

3）更换一个高性能CPU散热器风扇，然后重新开机，电脑长时间运行，未发生死机故障，故障排除。

19.9.21 电脑由待机进入正常模式时死机

1. 故障现象

一台酷睿双核电脑，运行基本正常，但当电脑从待机状态启动到正常状态时就会死机。

2. 故障分析

一般从待机进入正常状态时死机，都是因为CPU散热风扇的停转引起的。当系统进入待机状态以后，会自动降低CPU的频率及风扇转速，甚至停止风扇的运转。这种问题通常在CMOS中设置风扇在待机状态下不停转即可。

3. 故障查找与维修

1）在开机时按 Del 键进入 CMOS 程序。

2）选择 Power Management 选项，按 Enter 键进入。

3）将 Fan Off When Suspend 选项设置为 Disable，然后按 F10 键保存退出。之后进行测试，故障排除。

19.9.22 清洁 CPU 风扇后导致死机

1. 故障现象

一台 AMD 四核电脑，最近玩游戏时经常死机。

2. 故障分析

经了解，电脑原来使用正常，最近一次给 CPU 的散热器进行除尘、清洗后，在 CPU 表面和散热器底部都抹上了一层导热硅脂。之后电脑系统变得很不稳定，经常死机、重启，在 BIOS 中检查发现 CPU 的温度高达 65℃，有时更高。怀疑是 CPU 温度过高引起的，重点检查这方面问题。

3. 故障查找与维修

1）断开电源，打开机箱盖板。

2）检查 CPU 风扇和散热片，风扇运转正常，散热片也很干净。接着将散热器拆下，发现 CPU 表面涂抹的硅胶太厚。

3）用小刀等工具将 CPU 和散热器上的残留硅脂轻轻刮干净，然后再均匀地抹上一层薄薄的硅脂，重新将散热器安装好。

4）再重新启动电脑，在 BIOS 中检查发现 CPU 的温度为 40℃，故障排除。

19.9.23 Intel 原装风扇造成 CPU 温度过高

1. 故障现象

新装的酷睿 i5 双核电脑，使用过程中经常死机，特别是玩游戏时。

2. 故障分析

新装电脑死机问题，可能是感染病毒，或硬件不兼容，或由 CPU 温度过高引起。重点检查这些方面的问题。

3. 故障查找与维修

1）检查 CPU 温度，用鲁大师检测软件检测，发现 CPU 温度达到 70℃，温度过高，怀疑是由 CPU 温度不正常引起的故障。

2）断开电源，打开机箱盖板。将散热器拆下，发现 CPU 上面有一层黑色胶质物质。原来，在 Intel 原装风扇的散热片底部有一层薄薄的黑色胶质物体。有许多装机人员认为这层胶可以起到硅胶的作用，所以在安装风扇的时候并没有在 CPU 表面涂上硅胶，而是将风扇直接安装在 CPU 上。

3）刮掉 CPU 表面黑色胶质物体，抹上一层薄薄的硅胶。

4）再重新启动电脑，用鲁大师检测 CPU 的温度在 45℃以下，长时间运行电脑没发现死机，故障排除。

19.9.24 CPU 超频后速度反而变慢

1. 故障现象

一台双核电脑。在主板 CMOS 中将它的外频从 100MHz 调到 133MHz。保存后重启电脑，自检通过，顺利进入 Windows 系统，运行正常。但时间不长就发现电脑反应极慢，重启也不管用。

2. 故障分析

由于故障是在超频之后出现的，怀疑与超频有关。根据经验，超频之后速度变慢的情况，一般与 BIOS 设置有关。在有的主板 BIOS 中有专门的超频设定选项（如 Spread Spectrum（频展），默认值为 Enabled），如果要为 CPU 超频，就必须禁用该项，否则就会因 CPU 的时钟速度的短暂突发导致 CPU 运行出现问题，导致超频的处理器锁死，从而使电脑运行速度特别慢。

3. 故障查找与维修

1）重点检查 BIOS 设置，重新启动系统开机按 Del 键进入 BIOS 菜单中。

2）找到“Spread Spectrum”项，并将其设置成 Disabled，然后按 F10 键保存退出，进行测试，电脑运行正常，故障排除。

19.9.25 超频引起开机不正常

1. 故障现象

一台电脑超频后，发现每次开机总是要反复按几次 Power 键才能点亮电脑，有时还在检测硬盘时就停止了，需要重启一次才可解决问题。

2. 故障分析

超频后 CPU 功率升高，如果电源功率不足，通常会造成电脑重启，或无法开机的问题。

3. 故障查找与维修

1）检查市电电压，未发现明显的问题。

2）怀疑电源老化、功率不足，用一块大功率的电源测试，发现电脑开机和运行正常，没有出现上述问题，看来是电源问题引起的。更换电源后，测试电脑，故障排除。

19.9.26 CPU 超频造成电脑无法开机

1. 故障现象

一台处理器为 AMD 的电脑，将 CPU 超频后，电脑开机无法启动。后来想再将 CPU 频率恢复成原来的频率，结果连 CMOS 都进不去。

2. 故障分析

根据故障现象分析，此故障肯定是超频引起的。一般电脑超频失败后，会导致无法启动，需要将 CPU 频率恢复，并且将 CMOS 设置清除才可以恢复正常。

3. 故障查找与维修

1）断开电源，打开机箱，然后找到主板的CMOS跳线，将跳线插到放电的一边，等三十秒后，再插回原位。

2）开机测试，电脑可以开机，并正常启动，故障排除。

19.9.27 CPU针脚接触不良导致无法开机

1. 故障现象

一台处理器为AMD的电脑，突然无法开机，平时一直使用正常。

2. 故障分析

根据故障现象分析，此类故障可能是显卡问题、内存问题、CPU问题等硬件问题引起的。重点检查硬件是否有被烧毁或接触不良的情况。

3. 故障查找与维修

1）断开电源，检查电脑未发现被烧坏的元件。

2）用替换法检查内存、显卡等部件，故障均未消失。

3）由于发现电脑工作的环境湿度较大，对一些发热量大的部件容易造成结露情况。拆下散热风扇检查CPU，发现CPU上有水分结露。拆下CPU进一步检查，发现CPU针脚有发黑发绿的情况。如图19-19所示。

4）这些情况说明针脚被氧化，导致接触不良。用一个干净的小牙刷清洁CPU，轻轻地擦拭CPU的针脚，将氧化物及锈迹去掉。

5）将CPU和风扇重新安装到主板上，再开机后故障消失，测试电脑，运行正常。

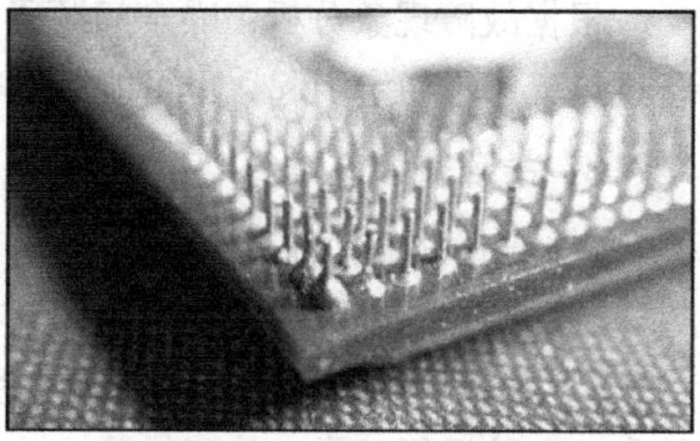

图19-19 被氧化的CPU针脚

19.9.28 电脑主机噪声很大

1. 故障现象

一台双核，使用一年后，现在主机噪声特别大。

2. 故障分析

电脑的噪声主要是由风扇发出的，电脑中的风扇主要包括CPU风扇，显卡风扇和电源风扇。风扇在长时间使用后，扇叶上会吸附很多灰尘。同时，风扇的轴承发干会使噪声增大。对于电脑的噪声应重点检查电脑内部的风扇。

3. 故障查找与维修

1）断开电源，然后打开机箱，将CPU风扇取下，将扇叶上的灰尘清除干净，避免在安装过程中再有灰尘进入轴承内；将风扇正面的不干胶商标撕下，就会露出风扇的轴承，如果风扇的轴承外部有卡销或盖子，也应将其取下。然后在风扇的轴承上滴几滴优质润滑油，再将风扇重新固定在散热片上，并安装到CPU上，如图19-20所示。

2）再将显卡拆下，清理显卡风扇的灰尘。

3）将风扇装好，启动电脑，电脑噪音改善很多。

图 19-20 CPU 风扇

19.9.29 CPU 风扇工作不正常导致死机

1. 故障现象

一台使用了两年多的双核电脑，最近发现电脑噪声变大，还经常出现不定时死机现象。

2. 故障分析

根据故障现象分析，噪声问题通常与散热风扇有关，死机通常是系统问题，或是由硬件设备过热工作不稳定引起，也可能是兼容性问题所致。

3. 故障查找与维修

1）断开电源，打开机箱。

2）检查 CPU 风扇，发现风扇上有很多灰尘，清理风扇及散热片的灰尘。

3）开机测试，发现风扇转速不稳，时快时慢，更换风力更大的风扇后，进行测试，噪声消失，电脑运行正常，故障排除。

19.9.30 BIOS 检测的 CPU 风扇转速为零

1. 故障现象

新组装了一台双核电脑，使用正常。但进入 BIOS 后，发现所检测到的 CPU 风扇转速为 0r/min（转 / 分），而风扇实际运转良好。

2. 故障分析

根据故障现象分析，此类故障通常是由于 BIOS 监测不到 CPU 的运转信息而误报。产生误报的原因通常是由于 CPU 风扇电源线没有插到主板的 CPU 风扇专用插口（CPUFAN 插口）所致。

3. 故障查找与维修

1）关闭电源，打开机箱检查 CPU 风扇的电源线，发现 CPU 风扇电源线插在了其他风扇接口。

2）将 CPU 风扇的电源线插到 CPU 专用的电源插座上，然后开机进入 BIOS 检查，BIOS 可以检测到风扇的转速，故障排除。

19.9.31 CPU风扇加油后烧毁

1. 故障现象

一台组装的电脑，主机内的噪声比较大，为CPU风扇加了一些机油。开始使用正常，但过了一周后，该机出现蓝屏或反复重启的故障。

2. 故障分析

根据故障现象分析，电脑出现蓝屏和重启的故障一般是由于内存、显卡、CPU等硬件出现过热或不兼容的问题所致，应重点检查这些部件。

3. 故障查找与维修

1）断开电源，打开机箱盖板。

2）检查发现CPU风扇已经停转，用手拨动扇叶，发现阻力很大，根本无法转动，靠CPU散热片无法及时为CPU散热。怀疑是添加的机油油质较稠，导致电动机无法运转以致烧毁。

3）更换新的散热风扇后，开机测试，故障排除。

19.9.32 启动时出现“CPU FAN Error Press F1 to Resume”错误提示

1. 故障现象

一台新装的双核电脑，启动时提示“CPU FAN Error Press F1 to Resume”(处理器风扇错误，请按F1键重启)，但按F1键启动电脑后运行正常。

2. 故障分析

根据故障现象分析，错误提示应该是电脑自检时发现错误提示的，根据提示，应该与CPU风扇有关。

主板BIOS中“HardWare Monitor”的值为“N/A”，说明BIOS没有监测到CPU风扇转速，而实际CPU风扇正常运转，说明该问题可能是由CPU电源接口插错位置造成的。

3. 故障查找与维修

1）检查BIOS中有关风扇的选项，发现BIOS中“HardWare Monitor”的值为“N/A”，说明BIOS没有监测到CPU风扇转速，因此提示出错。

2）分析是CPU风扇电源线没有插到主板CPU风扇专用插座中所致。

3）断开电源，打开机箱，检查CPU风扇电源线，发现电源线没有插在“CPU FAN”插座。

4）将CPU风扇电源线重新插回“CPU_FAN”插座，然后开机检测，故障排除。

19.9.33 散热器扣具导致主板变形

1. 故障现象

在一次清理电脑灰尘时，发现LGA1150散热器的扣具太紧了，导致主板变形。

2. 故障分析

主板长时间变形，很可能让主板上的印刷电路出现断裂，甚至还可能造成主板上芯片出现虚焊，所以必须进行改变。

3. 故障查找与维修

加装一个 LGA1150 散热器背板（如图 19-21 所示）。并对散热器进行适当改造，把散热器背板安装在主板的后面，让主板不再变形，隐患消除。

19.9.34 CPU 超频后电脑无法启动

1. 故障现象

一台新装四核电脑，将 CPU 外频超频后，按下主机开关电脑无法启动，主机电源指示灯不亮。

2. 故障分析

根据故障现象分析，一般电脑超频不正常后，会引起的硬件假死的故障。对此类故障通常可以将电脑主板 CMOS 放电，恢复主板初始设置接口排除故障。

3. 故障查找与维修

1）断开电源，打开机箱盖板。

2）将 CMOS 跳线拔下，插到另一组插针上 30 秒后，再插回原先的位置，如图 19-22 所示。

3）开机测试，电脑可以开机启动，故障排除。

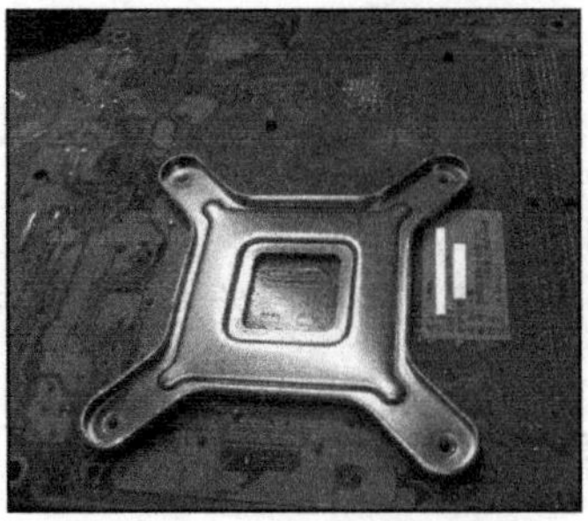

图 19-21 CPU 背板

图 19-22 CMOS 跳线

19.9.35 CPU 插针弯曲造成电脑无法启动

1. 故障现象

在为电脑除尘的过程中，不小心把 CPU 掉到了地上，导致最外边的一根插针弯曲，将

CPU 安装回主板后，再启动电脑没有反应。

2. 故障分析

根据故障现象分析，应该是维护电脑时，将 CPU 插针弄弯所致。

3. 故障查找与维修

1）断开电源，打开机箱盖。

2）将 CPU 拆下，发现有个针脚被压弯了，用一个比较细小的空心管，把弯曲的插针套上并稍微用力进行扶正。

3）将 CPU 安装好，开机测试，故障排除。

19.9.36　超频导致电脑死机

1. 故障现象

网上买了 Core i5 2500 处理器和华硕 P8P67 主板的套装产品，不过这款处理器的“体质”似乎并不太好，超频状态下总会死机，有时候即便是不超频也会死机。

2. 故障分析

网上购买的 Core i5 2500 处理器应该是 ES 版工程样品处理器，这种 ES 版处理器是厂家生产试验试运行的工程样品，所以在正常工作时稳定性方面不会太好，在超频情况下使用会更加不稳定。

3. 故障查找与维修

1）将散热器更换为性能更好的，处理器最好是在默认频率下使用。

2）如果死机问题依旧的话，则建议查看主板的说明书，关闭睿频功能。

19.9.37　CPU 针脚氧化导致死机

1. 故障现象

一台使用几年的电脑，最近经常出现死机的现象。用替换法检测主板、内存等硬件正常。

2. 故障分析

根据故障现象分析，电脑死机除了系统和软件问题外，就是 CPU、内存、显卡等硬件问题引起的。应用替换法查找问题硬件。

在对主机内部仔细排查之后，发现 CPU 上的许多针脚都没有了金属光泽，估计可能是被氧化了，因此也就导致了死机。

3. 故障查找与维修

1）为电脑查毒，未发现病毒，重装系统，排除系统方面问题，但电脑依旧死机。

2）用替换法分别检查内存、显卡、CPU，发现是 CPU 的问题导致死机。

3）仔细检查 CPU，CPU 风扇和散热片基本正常，在观察 CPU 针脚时，发现 CPU 针脚没有了金属光泽，估计是被氧化了。

4）用细棉签蘸取少量无水酒精进行轻轻擦拭 CPU 针脚，如图 19-23 所示。

5）等待酒精挥发完后，安装好 CPU 测试，故障排除。

图 19-23 CPU 针脚

19.9.38 主板 CPU 插座损坏导致无法开机

1. 故障现象

一台双核电脑，对电脑进行清洁后，开机无法启动。

2. 故障分析

根据故障现象分析，估计故障是由于清洁电脑时，导致内存、显卡或 CPU 等硬件接触不良所致。

3. 故障查找与维修

1）断开电源，打开机箱面板。

2）用替换法检查内存，显卡未发现问题。在检查 CPU 时，发现 CPU 插座中有个针脚变形了，估计是清洁主板时，触碰所致。

3）用镊子仔细调整针脚，然后安装好 CPU，开机测试，故障排除。

将电脑主板拆下来送至专业维修点更换 CPU 插座来解决这个问题。

第20章 诊断与修复主板故障

主板构成复杂，电路、电子器件和插口多，同时很多主板还集成了显卡、声卡和网卡芯片，所以比较容易出现问题。但只要掌握正确的方法，就能够快速判断出主板出现的问题，并排除故障。

20.1 检测主板故障

20.1.1 通过 BIOS 报警声和诊断卡判断主板故障

如果主板有 BIOS 警报声，通常说明主板工作正常。此外，主板上的诊断码如果有显示，并可以正常走码，也说明主板在正常工作。反之，如果没有 BIOS 警报声或者诊断卡不显示、不走码，则说明主板可能出现了问题，如图 20-1 所示。

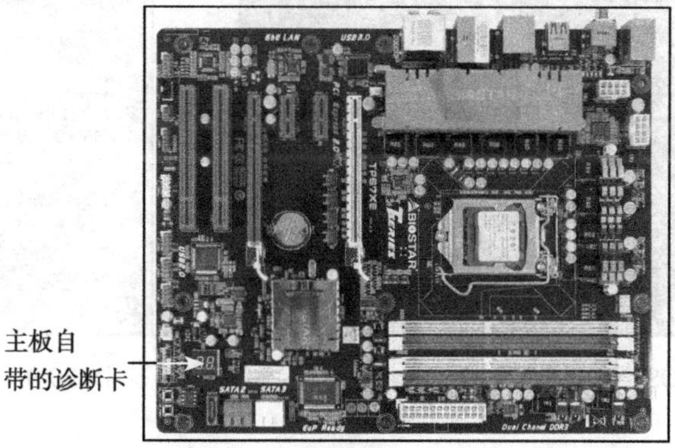

图 20-1 自带诊断卡的主板

20.1.2 通过电源工作状态判断主板故障

如果按下电脑电源开关后，电脑无法启动。这时可以通过检查 ATX 电源的工作状态来判断故障。可以用手放在机箱后面ATX电源附近（一般ATX电源都带有一个散热风扇），如果电源散热风扇转动，说明ATX电源工作正常，主板的开机电路部分工作正常，故障则很有可能是主板的供电部分或时钟部分等有故障引起的无法启动；如果ATX电源散热风扇没有转动，则可能是由电源问题或主板问题引起的，可以先排除ATX电源问题，然后再检查主板问题。排除电源问题的方法是：打开机箱，拔下主板ATX电源接口连线，然后用镊子或导线连接ATX电源接口中的绿线和任意一根黑线，如果电源风扇转动，说明电源工作正常，如图20-2所示。

图20-2　ATX电源接口

20.1.3　通过POST自检来判断主板故障

启动电脑之后，系统将执行一个自我检查的例行程序。这是BIOS功能的一部分，通常称为上电自检（Power On Self Test，POST）。完整的POST自检包括对显卡、CPU、主板、内存、键盘等硬件的测试。如图20-3所示。

系统启动自检过程中，会将相关的硬件状况反映出来。通过自检信息判断电脑硬件故障也是常采用的一种方法。有时候，主板的局部硬件损坏就会在POST自检中显示出来。

20.1.4　排除CMOS电池带来的故障

因为CMOS设定错误或者CMOS电池静电问题，常常导致一些系统故障。通过对CMOS电池放电的方法，可以排除这些故障。如图20-4所示为主板CMOS电池。

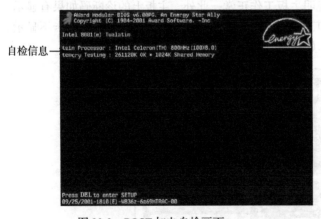

图20-3　POST加电自检画面

图20-4　主板CMOS电池

20.1.5　检测主板是否存在物理损坏

因为主板构成复杂，电路、电子器件和插口多，同时很多主板还集成了显卡、声卡和网卡芯片等，一旦出现撞击、雷电或者异物的情况，很容易导致主板的损坏或者烧毁。如图20-5所示。

a）主板电路和电容被烧坏、损坏　　b）被烧坏的主板芯片

图 20-5　主板中损坏的元器件

在检查主板有没有物理损害的时候，首先要检查电路板、芯片等是否有烧焦或者划痕，电容等电子器件是否有开焊或者爆浆的现象。对于集成度很高、布满各种器件的主板来说，检查起来确实麻烦，但这却是最有效的方法之一。

20.1.6　检测主板接触不良的问题

检测主板是否有接触不良的问题，首先检查主板上是否存在异物或者布满灰尘，这些因素常常可能导致主板接触不良、短路等问题。

接着从主板和各种硬件的连接做起。查看主板与其他硬件的接口、连接线是否有损坏的状况。如果没有，可以用万用表在不插电的情况下对主板的电压进行测试，确定主板是否存在问题。如图 20-6 所示。

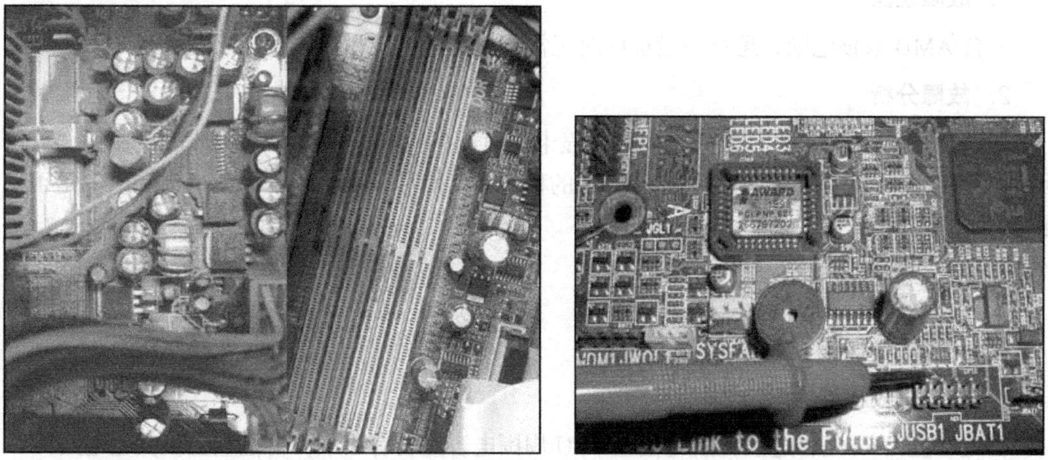

a）主板布满灰尘　　b）万用表测主板电压

图 20-6　检测主板接触不良问题

20.2 动手实践：主板典型故障维修实例

20.2.1 CPU 供电电路故障导致黑屏

1. 故障现象

一台 Intel 酷睿 i5 四核电脑，开机后显示器黑屏无信号，机箱上的电源灯可以亮。

2. 故障分析

先用替换法排除了 CPU、内存、显卡、电源的问题，确定是主板故障造成的。分析问题在开机时出现，开机过程需要供电、时钟信号和复位信号，所以推断故障主要出在以下几方面。

1）供电电路故障。

2）时钟电路故障。

3）复位电路故障。

3. 故障查找与维修

这个故障应该先检查供电电路的问题，再检查其他方面的问题。

1）用万用表测量主板的 3.3V、5V、12V 电压对地阻值，发现对地阻值正常。

2）测量 CPU 供电电路，发现主供电电压为 0V，说明 CPU 供电电路有问题。

3）检查 CPU 供电电路中的元件，电容没有爆浆、破裂。再检查对地电阻，发现一个场效应管的对地阻值偏低。

4）将此场效应管拆下测量，发现这个场效应管损坏了，更换同型号的场效应管。

5）开机测试后，电脑工作正常，故障排除。

20.2.2 主板供电电路问题导致经常死机

1. 故障现象

一台 AMD 双核电脑，运行一般程序时正常，但一运行游戏程序就会死机。

2. 故障分析

用替换法检测，排除了 CPU、内存、显卡、电源的问题，确定是主板故障造成的。分析问题在 CPU 高负载时出现，首先检查 CPU 的稳定性，然后检查主板的滤波电容和供电是否正常。分析故障原因有以下几点。

1）CPU 过热。

2）主板滤波电容损坏。

3）主板供电不良。

3. 故障查找与维修

首先检查 CPU 是否过热，然后检查 CPU 周围电容是否有爆浆，再检查主板供电电路。

1）检查 CPU 是否超频，发现没有超频。

2）检查 CPU 温度，发现温度正常。

3）检查主板上 CPU 供电电路上的元件，没有发现异常。

4）用手触摸主板上的主要芯片，发现 CPU 供电电路上一个电源管理芯片很烫。测量这个芯片的输出电压，发现电压不正常。更换该芯片。

5）更换芯片后，开机测试，问题得到解决。

20.2.3 打开电脑后，电源灯一闪即灭，无法开机

1. 故障现象

一台 AMD 四核电脑，按下电源开关后，电源指示灯闪亮一下就熄灭，电脑也无法进入 Windows 系统。

2. 故障分析

电源指示灯可以亮起，说明有开机信号，不能启动可能是因为供电电路、时钟电路、复位电路故障引起的。故障原因主要有以下几方面。

1）供电电路上的场效应管损坏。

2）供电电路上的电容损坏。

3）供电电路上的电源管理芯片损坏。

3. 故障查找与维修

当怀疑电路元件故障时，应该先检查场效应管和电容，然后在检查电源管理芯片。

1）检测 CPU 供电电路上的场效应管，发现一个场效应管的 G 极对地电阻偏低，将场效应管拆下再测量，发现元件损坏。

2）更换同型号的场效应管，开机测试，能够正常进入系统，问题解决。

20.2.4 电脑开机时，提示没有找到键盘

1. 故障现象

一台 Intel 酷睿 i7 4660 电脑，开机到一半时就过不去了，提示没有找到键盘，反复开机重试也不能启动。

2. 故障分析

用替换法测试键盘是好的，那么故障出现在主板的 I/O 接口或键盘电路上。主要故障如下。

1）键盘接口电路中的电阻损坏。

2）键盘接口电路中的电感损坏。

3）键盘接口电路中的电容损坏。

4）键盘接口电路中的其他元件损坏。

5）键盘接口损坏。

3. 故障查找与维修

这个故障应该先检查 I/O 接口是否虚焊，再检查键盘接口电路是否断路。

1）仔细观察 I/O 接口的焊脚是否虚焊，发现并没有虚焊的迹象。

2）用万用表测量供电电路的对地阻值，发现电路阻值非常大（正常为300Ω左右）。逐个测量结果，发现一个电感为断路。

3）更换同型号电感后，再开机测试，发现问题解决了。

20.2.5 按下电源开关后，电脑没有任何反应

1. 故障现象

一台联想双核电脑，正常使用时突然断电，恢复后再打开电脑，按下电源开关后，电脑没有任何反应。

2. 故障分析

断电后无法再开启电脑，应该从供电问题和连接线路入手分析。故障原因如下。

1）电源线烧毁。

2）电源开关损坏。

3）ATX 电源故障。

4）开机电路故障。

5）供电电路故障。

3. 故障查找与维修

这个故障应该先检查电脑的连接是否损坏，然后在检查电源开关和ATX 电源等。

1）检查电脑的连接线路，包括电源插座、电脑的电源线，发现都没有问题。

2）检查电脑的电源开关，结果开关正常。

3）检查 ATX 电源，结果正常。

4）检查开机电路，发现开机电路上的一个三极管断路。

5）更换同型号的三极管，再开机测试，问题解决。

20.2.6 电脑开机后，主板报警，显示器无显示

1. 故障现象

一台奔腾双核电脑，突然无法开机了。显示器无显示，并且主板有“嘀嘀”的警报声。

2. 故障分析

根据主板的警报声，可以判断是内存问题。根据故障现象分析，故障原因如下。

1）内存接触不良。

2）内存损坏。

3）内存插槽损坏。

4）内存供电电路故障。

3. 故障查找与维修

内存出现接触不良的情况是很常见的，所以应该先检查内存的接触问题。

1）用替换法检查内存，发现内存是好的。

2）将内存重新拔插，发现故障依然存在。

3）将内存插在其他插槽中，发现问题解决了。由此判断是内存插槽存在问题。

4）检查后发现，内存插槽内的金属出片变形了，用小镊子将出片掰回原形。

5）将内存重新插在故障插槽上，开机测试，问题解决。

20.2.7　电脑启动时，反复重启，无法进入系统

1. 故障现象

一台 AMD 羿龙四核电脑，开机后不断自动重启，无法进入系统。有时开机几次后就能进入系统。

2. 故障分析

观察电脑开机后，到检测硬件时就会重启，分析应该是硬件故障导致的。故障原因如下。

1）CPU 损坏。

2）内存接触不良。

3）内存损坏。

4）显卡接触不良。

5）显卡损坏。

6）主板供电电路故障。

3. 故障查找与维修

该故障应该先检查故障率高的内存，然后再检查显卡和主板。

1）用替换法检查 CPU、内存、显卡，发现都没有问题。

2）检查主板的供电电路，发现 12V 电源的电路对地电阻非常大，检查后发现，电源插座的 12V 针脚虚焊了。

3）将电源插座针脚加焊，再开机测试，故障解决。

20.2.8　开机后，电源灯一闪即灭，无法开机

1. 故障现象

一台宏基双核台式电脑，开机时按下电源开关，电源指示灯闪亮一下就灭了，显示器无显示。

2. 故障分析

开机时电源指示灯可以亮起，说明开机电路可以工作。电脑无法启动，应该着重检查供电电路、时钟电路、复位电路是否存在故障。故障原因如下。

1）供电电路故障。

2）时钟电路故障。

3）复位电路故障。

3. 故障查找与维修

如果怀疑供电、时钟、复位电路，应该先检查供电电路，再检查时钟和复位电路。

1）检查供电电路上的电容，发现没有外观出现破裂的。

2）用万用表检测各供电电路的对地电阻，发现南桥芯片的对地电阻偏小。

3）强行打开电源，用手摸南桥芯片，发现芯片非常烫手。

4）更换南桥芯片，再开机测试，问题解决。

20.2.9 电脑开机时，按下电源开关后，等几分钟才能启动

1. 故障现象

一台 Intel 四核电脑，按下电源开关后，能听见风扇转动，但电脑没有启动，过几分钟电脑才能启动，启动后使用正常。

2. 故障分析

该故障主要是由供电电路故障或电源故障等造成的故障原因如下。

1）ATX 电源故障。

2）电源开关故障。

3）主板供电电路故障。

3. 故障查找与维修

该故障多数时候是由于供电电路上的电容故障引起的，但应该先从简单的入手。

1）检查 ATX 电源，强制开机，发现电源工作正常。

2）检查电脑上的电源开关，用镊子直接短接主板上的开机针脚，发现故障依然存在。

3）检查各条供电电路，发现 CPU 供电电路的对地阻值偏小。

4）进一步检查 CPU 供电电路，发现两个滤波电容短路。

5）更换同型号的电容后，再开机测试，故障解决。

20.2.10 开机后显示器无显示，但电源指示灯亮

1. 故障现象

一台 AMD A10 四核电脑，开机时按下电源开关，电源指示灯亮起，但显示器没有显示，也无法进入系统。

2. 故障分析

电源灯能亮，说明有开机信号，不能启动故障可能是内存、CPU、显卡和供电电路故障造成的，故障原因如下。

1）CPU 故障。

2）内存故障。

3）显卡故障。

4）供电电路故障。

3. 故障查找与维修

首先应该检查 CPU、内存、显卡的接触，然后再检查供电电路。

1）用替换法检查 CPU、内存、显卡，发现都没有问题。

2）检查各条供电电路，发现内存供电电压为 0V。

3）进一步检查内存供电电路，发现有一个场效应管断路了。

4）更换同型号的场效应管，再开机测试，故障解决。

20.2.11　开机后电脑没有任何反应

1. 故障现象

一台华硕双核电脑，突然无法开机，按下电源开关后，电脑没有任何反应。

2. 故障分析

造成不能开机的原因有很多，必须逐一分析：

1）ATX 电源损坏。

2）电源开关损坏。

3）开机电路故障。

4）供电电路故障。

5）时钟电路故障。

6）复位电路故障。

3. 故障查找与维修

不能开机应该先从电源和开关入手。

1）用替换法检查电源，发现电源正常。

2）直接短接主板上的开关针脚，故障依然存在，说明故障不在开关。

3）用检查卡检测，发现没有复位信号。

4）进一步检查复位电路，发现南桥芯片的工作电压偏低。

5）检查提供电压的稳压芯片，发现稳压芯片输出的电压不正常。

6）更换同型号芯片，再开机检测，故障解决。

20.2.12　开机几秒后自动关机

1. 故障现象

一台 AMD 双核电脑，开机后几秒后就会自动关机，无法启动，反复开关后还是无法启动。

2. 故障分析

开机时电源有供电，说明故障出现在主板上的可能性很大。主板上的开机电路和 CPU 供电电路出现短路或元件损坏都可能会造成开机失败。

3. 故障查找与维修

先用替换法测试电源，发现电源可以使用。再检查主板故障。

1）测量开机电路，发现开机电路有短路。

2）进一步检测开机电路上的元件和设备，发现 I/O 芯片的工作不稳定。

3）更换 I/O 芯片。

4）开机测试，故障解决了，判断是 I/O 芯片损坏导致的故障。

20.2.13　键盘和鼠标不能同时使用

1. 故障现象

一台方正双核电脑，以前使用正常，有一天突然发现，键盘和鼠标不能使用了，但是只插键盘或只插鼠标时，可以单独使用。

2. 故障分析

键盘和鼠标不能使用，可能是由键盘电路（鼠标电路）断路，或者是由I/O芯片故障造成的。

3. 故障查找与维修

主要检查输入输出接口电路。

1）用万用表分别测量键盘和鼠标电路的接口电压，发现键盘接口电压只有不到3V，正常的接口电压应该是5V。

2）显然键盘电路上有元件出现了故障，进一步检测键盘电路元件，发现一个电容损坏了。

3）更换电路上的电容，再连接键盘鼠标测试，发现问题解决了。

20.2.14 电脑有时能开机，有时无法开机

1. 故障现象

一台联想双核电脑，使用一段时间后发现有时开机时无法启动，但电源指示灯是亮的，而有时可以正常启动。

2. 故障分析

有时能开机，有时无法开机。很有可能是主板上有元件虚焊，或是有时钟频率偏移。

3. 故障查找与维修

应该着重检查开机电路和时钟电路。

1）用万用表测量开机电路，没有发现异常。

2）测量复位信号和时钟信号，发现时钟信号不正常。

3）检测时钟电路，发现时钟芯片两端的电压有时不到3V，正常应该为3.3V。

4）进一步测量时钟电路，发现一个电感时好时坏。

5）重新焊接电感引脚。

6）重新开机测试，故障解决。

20.2.15 电脑启动进入桌面后经常死机

1. 故障现象

一台Intel酷睿i3 3220电脑，启动后进入桌面时经常死机，开始以为是系统损坏，重装了Windows后，故障依然存在。

2. 故障分析

根据现象分析，元件损坏或硬件不兼容，都有可能造成死机。检测时可以先从简单的入手，查看有无明显损坏，再用替换法替换CPU、内存、主板和其他板卡。

3. 故障查找与维修

1）打开电脑机箱，发现灰尘很多，将灰尘清理干净。

2）查看主板上的元件，发现有一个电容上有裂口，怀疑是电容损坏造成的故障。

3）更换裂口的电容。

4）开机测试，发现故障没有再出现。

20.2.16 必须重插显卡才能开机

1. 故障现象

一台宏基四核电脑，经常无法开机，只要打开机箱，将显卡重新拔插一下就可以启动了。但是这次无论怎么重插显卡，也不能开机了。

2. 故障分析

必须重新拔插显卡才能开机，说明显卡有问题，或是主板上与显卡连接的部分有问题。

3. 故障查找与维修

1）用替换法测试显卡，发现显卡并无故障。

2）用橡皮反复擦拭显卡的金手指，测试发现问题没有解决。

3）拔下显卡，仔细查看主板上的显卡插槽，发现有一根金属弹簧没有弹起。

4）用小镊子将变形的显卡插槽弹簧掰回原状。

5）开机测试，发现可以正常开机了。

20.2.17 主板电池没电，导致无法开机

1. 故障现象

一台 Intel 赛扬双核电脑，一段时间没有开电脑，现在再开机，显示器没有信号，机箱有“嘟嘟”的警报声。

2. 故障分析

因为是开机时警报，所以判断是开机电路、复位信号或时钟信号的问题。

3. 故障查找与维修

1）用万用表测量复位信号和时钟信号，没有发现问题。

2）测量开机电路和 BIOS 电路，发现 BIOS 电路供电不够。

3）测量主板电池，发现电池电压不足 2V，这是电池没电的表现。

4 更换主板电池，开机测试，可以正常启动。

提示

有些主板的设计缺陷，导致主板电池没电时就不能启动，大部分主板都没有这个问题。

20.2.18 电脑夏天玩游戏时经常死机

1. 故障现象

一台组装的 AMD 四核电脑，夏天时玩游戏时经常死机。

2. 故障分析

夏天玩游戏死机，分析应该是 CPU 或主板、显卡过热，导致的死机。

3. 故障查找与维修

开机进入 BIOS 页面，查看电脑温度。发现 CPU 温度正常，而主板的温度超过 70℃，正常应该在 50℃以下。打开电脑机箱，发现主板的北桥芯片上灰尘很多。清理掉灰尘后再开机测试，故障没有再出现。

20.2.19 电脑开机后屏幕出现错误提示字符

1. 故障现象

一台使用了两年的电脑，启动时屏幕出现下列错误提示字符，如图 20-7 所示。

Please enter Setup to recover BIOS setting（请确认更改 BIOS 设置）

Press F1 to Run SETUP（按 F1 键运行 BIOS 设置）

Press F2 to load default values and continue（按 F2 键加载原始的 BIOS 设置）

2. 故障分析

根据故障现象分析，此故障应该是电脑的 BIOS 设置出现问题所致，应从电脑主板 BIOS 设置入手解决问题。

3. 故障查找与维修

1）重启电脑，并按 F1 键，进入 BIOS 设置程序，查看 BIOS 中硬件检测各项都正常，BIOS 设置程序中硬件识别和设置都正确。

2）检查 BIOS 设置程序中软驱选项为打开状态，而这台电脑并没有安装软驱，启动顺序选项也更改了，判断 BIOS 设置已经自动更改为默认值了，如图 20-8 所示。

3）按 F10 确认保存退出，电脑正常启动进入系统。关机后再开机，电脑使用正常，问题解决。

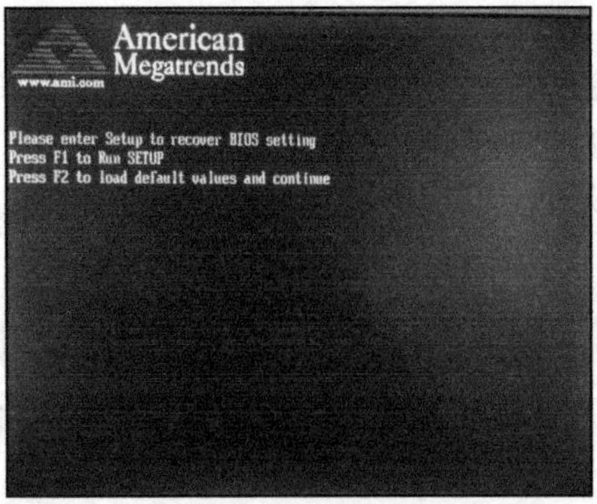

图 20-7 屏幕提示信息

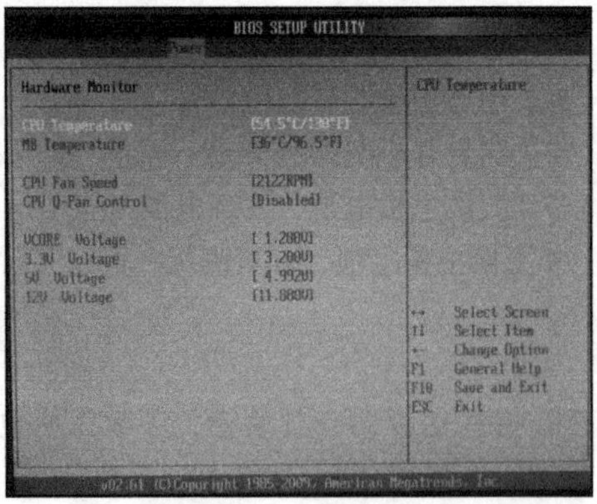

图 20-8 BIOS 硬件检测

20.2.20 电脑开机后机箱喇叭警报声长鸣

1. 故障现象

一台双核电脑开机后，机箱喇叭发出“嘀”的长鸣警报声。但电脑还可以正常启动使用。

2. 故障分析

根据故障现象分析，一般电脑启动时，会自检硬件设备，当发现某个硬件设备有问题时，会发出警报声，如果有问题的硬件设备关系到电脑的正常运行，则会停止启动。由于电脑还可以正常启动和使用，估计问题不会影响电脑的正常运行，估计是某个设备的 BIOS 设置有问题。

3. 故障查找与维修

1）进入 BIOS 设置查看硬件设备的参数，发现有一行红字中提示发现系统监控出现错误。提示为 CPU 风扇转速为 0 转。

2）进入“PC Health Status”CPU 健康状况的设置页面查看，发现“CPU Fan Speed”选项的参数为 0，说明 BIOS 没有检测到 CPU 风扇的转速。

3）由于电脑可以正常使用，说明 CPU 风扇应该正常转动，估计是 CPU 风扇的电源线没有插在主板的“CPU FAN”插座引起的，如图 20-9 所示。

4）关闭电脑电源，打开机箱，检查 CPU 风扇，发现 CPU 风扇电源线插在了“SYSTEM FAN”插座。将 CPU 风扇电源线调整插座后，开机检测，BIOS 中可以检测到风扇的转速，故障排除，如图 20-10 所示。

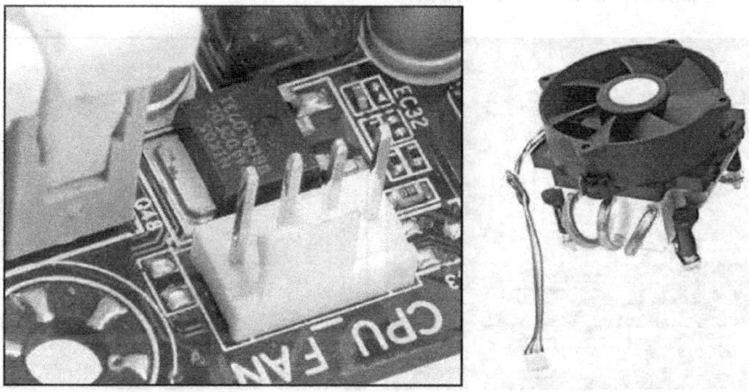

图 20-9 主板上标记“CPU FAN”插座及 CPU 散热风扇 4 芯电源插头

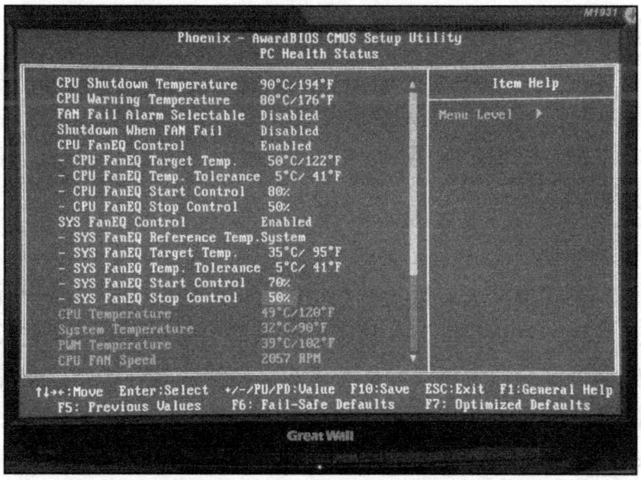

图 20-10 CPU 风扇转速监控选项

20.2.21 电脑在运行过程中出现频繁重启或死机

1. 故障现象

电脑在运行过程中频繁重启或死机，有时在开机进入 BIOS 设置时也会重启或死机。

2. 故障分析

电脑出现这种故障现象的原因一般是主板或 CPU 等部分的散热不好。出现这种情况首先要检查主板及 CPU 等部分的散热情况。

3. 故障查找与维修

1）打开机箱侧盖板，查看电脑机箱内 CPU、主板、显示卡的散热风扇的转动情况，未发现风扇无法转动的情况，只是风扇上有不少灰尘。

2）用手轻轻触摸 CPU 散热片，发现散热片温度很高，说明散热情况不好。

3）关机并断开电源后，拆下 CPU 散热器，将 CPU 散热风扇拆下后，将散热片用小毛刷将内部灰尘扫净。将 CPU 散热器恢复好，如图 20-11 所示。

4）同时在机箱中增加一个机箱散热风扇，并将散热风扇的电源线插在主板 SYSTEM FAN 插座上。

5）开机测试，电脑运行正常，故障排除。

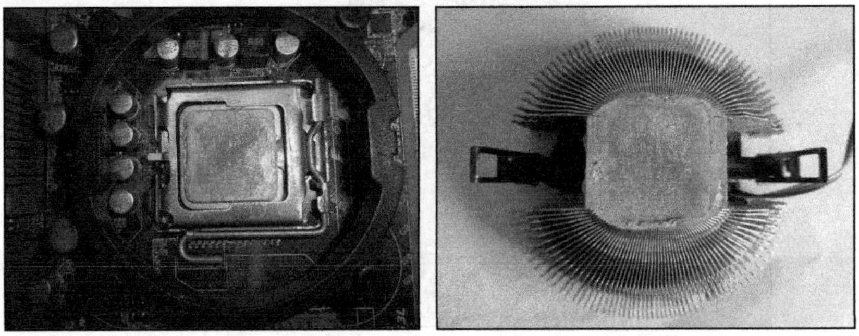

图 20-11 CPU 和散热器

20.2.22 电脑正常使用中突然关机

1. 故障现象

一台组装的双核电脑，在正常使用过程中，有时会突然关机，主机上各指示灯均不亮，重新启动后电脑使用正常。

2. 故障分析

据了解，电脑用户是在移动了主机箱后发生的故障。根据故障现象分析，由于电脑是在正常使用的时候时出现故障，重新开机后电脑又可以正常工作，所以判断主板和其他插卡损坏的可能性不大，这种问题大多是由主板及元件有虚焊、碰线、接触不良，或者主板和机箱之间有异物造成短路等原因引起。

3. 故障查找与维修

1）电脑正常使用时用手按压机箱的不同地方，当按到机箱上方时，电脑又出现了故障现象——电源风扇停止工作。判断故障是主机电源保护动作，电源停止工作。

2）检查电脑机箱为一个杂牌立式机箱，铁皮很薄用手轻轻一按压，机箱就会出现明显的变形。这样的机箱在长时间的使用后，整个机箱就会出现比较明显的变形。

3）打开机箱侧盖，将主板拆下后，仔细观察主板的外观，发现主板上有两根平行布线的印刷线路间隙狭小，有一根线可能受到过磕碰，出现一个细小的毛刺与另一根线近似接触，怀疑故障由此引起。将毛刺除去。

4）重新插好各板卡，并拧紧各紧固螺钉，盖上机箱侧板，开机后电脑正常工作。按压机箱各部分故障没有再次出现。说明故障点已经排除。

20.2.23　主板北桥芯片的温度过高导致工作不稳定

1. 故障现象

一台电脑，在使用过程中有时运行大程序会死机或蓝屏，查杀病毒，未发现病毒。

2. 故障分析

根据故障现象分析，一般造成死机或蓝屏故障的原因通常是系统问题，或硬件过热，或硬件兼容性差引起的。

3. 故障查找与维修

1）检查操作系统方面问题，重新安装系统后故障依旧，看来故障原因与系统无关。

2）检查硬件方面的原因，在电脑开机运行的时候，用手触摸 CPU 散热片，显卡散热片，北桥芯片散热片等发热量大的部件，发现北桥芯片的散热片面积较小，温度很高。其他部件温度在正常范围。

3）怀疑北桥芯片过热引起死机蓝屏故障，接下来给北桥芯片加装散热风扇，然后进行测试，运行正常，故障排除。

20.2.24　电脑修改时间后无法保存

1. 故障现象

一台组装的电脑，每次在 Windows 中设置完时间以后，重新开机时系统时间又恢复初始值。

2. 故障分析

根据故障现象分析，此故障可能是主板 CMOS 电池没电或损坏，或是 CMOS 跳线设置错误引起。重点检查这方面问题。

3. 故障查找与维修

1）检查主板 CMOS 电路中的跳线和 CMOS 电池。发现跳线帽一直插在清除数据的跳线上。如图 20-12 所示 JCC 蓝色跳线帽，1-2 短接为清除数据 (CLEAR CMOS)，2-3 短接为正常工作 (NORMAL)，跳线帽在 1-2 短接。由于跳线帽插在清除数据的跳线上，导致关机后，电脑无法保存 CMOS 设置。

2）将跳线帽改为 2-3 短接。开机设置系统时间，重新开机后系统时间没有恢复初始值，故障排除。

20.2.25 主板 CMOS 设置不能保存

1. 故障现象

一台家用电脑，在每次设置完 CMOS 并保存退出以后，重新启动电脑再次进入 CMOS，发现又恢复成了设置前的状态，原来的 CMOS 设置不能保存。

2. 故障分析

根据故障现象分析，此故障一般是由于主板电池损坏或电压不足造成，更换新的电池即可解决。

3. 故障查找与维修

1）断电后打开机箱侧板，检查 CMOS 电池，测量电池电压正常。

2）检查 CMOS 电池座，发现内部接触电池的两个簧片被压倒，不能与电池正常接触，使用镊子将簧片恢复好。开机设置完 CMOS 保存退出后，重新启动计算机再次进入 CMOS，CMOS 设置可以正常保存。主板 CMOS 电池座如图 20-13 所示。

图 20-12 主板 CMOS 跳线

图 20-13 主板 CMOS 电池座

20.2.26 主板 CMOS 电池寿命很短，需要经常换电池

1. 故障现象

一台电脑启动时出现“ CMOS battery failed”的提示，系统时间每次修改后重启计算机恢复初始值。更换电池后故障排除。使用一段时间，故障又会出现。

2. 故障分析

根据故障现象分析，此故障更换 CMOS 电池后可以排除，但是电池使用时间较短，原因可能是电池质量问题，或 CMOS 电路元件有损坏、放电的地方。

3. 故障查找与维修

1）断开电源，打开机箱，拆下电池，然后用万用表测量电池电压很低，电池为正牌电池，更换电池使用一段时间后故障再次出现，排除电池问题。

2）检查 CMOS 跳线设置正常。

3）检查 CMOS 电池座没有发现问题。

4）检查 CMOS 电路元件，发现一个电容外观异常，使用万用表测量，电容已经损坏，更换同规格的电容后，故障排除。

20.2.27 主板与显卡驱动程序不兼容，电脑无法关机

1. 故障现象

一台双核电脑，在重新安装操作系统后，操作系统一切都正常。但当安装完驱动程序之后，电脑关机不正常，单击“关闭计算机”按钮后，关机画面迟迟不消失，然后计算机自行重新启动。

2. 故障分析

根据故障现象分析，关机后计算机自行重新启动，即不能顺利关机。因为装机的过程顺利，运行基本正常，所以基本可以排除硬件问题，估计与硬件的驱动程序有关。

3. 故障查找与维修

1）重启电脑进入 CMOS 程序，将主板 CMOS 恢复为出厂设置后，重新安装操作系统。然后逐个安装硬件驱动程序，并测试能否正常关机。

2）发现在安装显卡驱动程序后，出现关机故障。怀疑显卡驱动与主板不兼容。接着从网上下载最新的驱动程序，然后重新安装并测试，关机正常，故障排除。

20.2.28 主板与声卡不兼容导致系统不稳定

1. 故障现象

一台电脑声卡安装好后，系统不能正常启动，有时启动后系统工作很不稳定，有时还有其他硬件设备不能显示。

2. 故障分析

根据故障现象分析，此故障可能是系统的设备太多，造成声卡的中断或地址与其他设备冲突。

3. 故障查找与维修

首先打开“控制面板→系统→设备管理器”命令，查看有“！”的设备，然后手动修改其冲突的地址或中断号，使其占用空闲不用的中断就可以。

20.2.29 更新 BIOS 后电脑无法正常工作

1. 故障现象

一台双核电脑下载最新的 BIOS 进行刷新后，只要单击鼠标，主机的喇叭就会发出“嘟嘟”声，无法正常使用。

2. 故障分析

通常在主板不认新的硬件设备或主板有一些小BUG时，到网上下载该主板最新的BIOS程序，刷新BIOS解决问题。从出现的故障现象分析，应该是刷新BIOS后，BIOS程序和主板不能很好地匹配所致。对于这样的情况，一般将BIOS刷回原先的版本，或重新下载更新的BIOS软件刷新来解决。

3. 故障查找与维修

从网上下载另一个版本的BIOS软件，然后重新刷新BIOS后，测试，电脑使用正常，故障排除。

20.2.30 添加刻录机后电脑无法启动

1. 故障现象

一台电脑升级后，安装新的IDE接口的刻录机后，电脑在开机自检时就不动了，重新启动，发现大多是在自检画面死机。

2. 故障分析

由于添加了刻录机，怀疑故障是由于刻录机引起的，接下来使用替换法查找硬件问题。

3. 故障查找与维修

1）将刻录机拆下，然后重启电脑，故障消失。说明故障是刻录机引起的，可能是刻录机与主板不兼容。

2）由于一般很少出现光驱与主板不兼容的情况，仔细检查光驱接口及数据线，发现连接刻录机的数据线有损坏的地方。更换新的数据线后，重新安装刻录机，开机测试，电脑运行正常，故障排除。

20.2.31 CMOS电池装反造成电脑不能开机

1. 故障现象

一台电脑时间无法保存，更换CMOS电池后，电脑无法开机。

2. 故障分析

由于是在更换CMOS电池后出现的故障，怀疑是更换电池时，触碰硬件导致内存、显卡等硬件接触不良引起的，也有可能是CMOS电池有问题。

3. 故障查找与维修

1）断开电源，打开机箱，然后将内存和显卡拆下，重新安装后，开机测试，故障依旧。

2）检查CMOS电池，发现CMOS电池安装反了，将电池重新安装好后，开机测试，电脑开机运行正常，故障排除。

20.2.32 主板USB接口与移动设备不兼容

1. 故障现象

一台电脑无法正常使用USB设备，当接入USB移动硬盘、优盘时，移动硬盘和优盘等无法使用，但这些设备在其他电脑上能够正常使用。

2. 故障分析

根据故障现象分析，可能是电脑的 USB 接口的供电电流较小，而移动硬盘等设备的耗电量大，造成移动设备不能正常使用所致。应重点检查主板的 USB 接口电路问题。

3. 故障查找与维修

1）断开电源，打开机箱，拆下主板检查 USB 接口电路中的元件，发现 USB 接口附近有两个电容开路损坏。

2）用同型号的电容，更换后，安装好主板，开机测试，USB 设备可以正常被识别，并打开使用，故障排除。

20.2.33　主板键盘接口松动导致无法启动

1. 故障现象

一台电脑开机自检时，出现提示”Keyboard Interface Error”错误提示，无法正常启动系统。

2. 故障分析

根据故障现象分析，此故障应该是键盘问题引起的，可能是键盘损坏或主板键盘接口有问题引起。

3. 故障查找与维修

1）用替换法检查键盘和主板键盘接口，发现键盘正常，主板接口有问题，再更换一个新的键盘，故障依旧。

2）断开电源，打开机箱，拆下主板，仔细查看主板键盘接口，发现键盘接口比较松动，电路上焊脚有开焊的地方。

3）用电烙铁重新焊接好键盘接口后，将主板重新安装好，然后重新开机测试，故障排除。

20.2.34　使用吸尘器维护电脑，造成主板损坏

1. 故障现象

电脑长时间使用时，内部积了很多灰尘，维护电脑时，使用吸尘器清洁电脑后，电脑黑屏无法开机。

2. 故障分析

根据故障现象分析，应该是清洁电脑时，使某个硬件设备接触不良了，或由于静电导致某个元件被击穿导致故障。一般使用替换法检查故障。

3. 故障查找与维修

1）断开电源，拆开机箱，用替换法检查内存、显卡、主板等部件，经检查发现主板损坏。可能是吸尘器工作时产生的高压静电导致主板元件被击穿。

2）更换主板后，装好电脑开机测试，电脑开机运行正常，故障排除。

20.2.35 主板无法刷新 BIOS

1. 故障现象

用户准备刷新 BIOS 文件，但程序在升级 BIOS 过程中卡住了，无法刷新 BIOS，重启电脑依旧可以进入系统。

2. 故障分析

根据故障现象分析，此类故障可能是由于主板的 BIOS 防刷功能导致无法刷新 BIOS 。在有些主板中，厂商为了防止因用户随意刷新 BIOS 而造成电脑故障，会在 BIOS 中默认开启 BIOS 写保护功能，因此要想刷入新 BIOS，就必须先关闭该项功能。

3. 故障查找与维修

1）开机按 Del 键，进入主板 BIOS，然后查看“ Frequency/Voltage Control”选项中的“BIOS Write Protect”选项，发现此选项设置为“Enabled”。

2）将“BIOS Write Protect”选项设置为“Disabled”，按 F10 键保存退出。

3）重新刷新 BIOS 程序，刷新成功，故障排除。

20.2.36 设置 BIOS 引起电脑经常死机重启

1. 故障现象

一台双核电脑，用户在设置 BIOS 后，电脑运行一段时间后，突然黑屏死机，然后重启电脑，过一会又死机重启。

2. 故障分析

根据故障现象分析，此故障有点像硬件设备过热引起的。由于用户是在设置 BIOS 后引起的，也可能是 BIOS 设置的问题所致。

3. 故障查找与维修

1）开机进入 BIOS 检查 CPU 的温度，发现 CPU 的温度高达 83℃。CPU 过热引起死机。

2）断开电源，打开机箱检查 CPU 风扇，未发现风扇有问题。

3）重启电脑，进入 BIOS 设置程序，将 BIOS 恢复成出厂默认设置，然后启动测试，电脑运行正常，故障排除。估计是用户在 BIOS 中设置了 CPU 工作电压等参数，导致 CPU 功率增大，发热量增加。

20.2.37 有 SATA3 接口的硬盘速度不快

1. 故障现象

西部数据 1TB 容量 SATA3 接口硬盘，型号是西数 WD10EADX。装在主机内，与 785G 主板连接上，发现速度并没有提高。

2. 故障分析

需要明确的是，SATA3 硬盘只是理论接口速度上达到了 6Gbps。但是由于硬盘内部是机械构造，所以相比 SATA2 硬盘的提速幅度并不明显。此外，想体验 SATA3 硬盘的“高速度”，还需要主板和主板驱动方面进行配合才行。

3. 故障查找与维修

AMD 平台的主板必须采用 SB850 南桥芯片，才可以支持最新的 SATA3 硬盘标准。至于驱动程序，则应该安装主板厂商和硬盘厂商提供的官方驱动才行。

20.2.38　主板光纤接口发生损坏

1. 故障现象

用户的一台电脑，主板的光纤接口无法实现音频输出。

2. 故障分析

根据故障现象分析，怀疑主板的光纤接口损坏或接触不良导致的故障。

3. 故障查找与维修

1）将光纤连线重新连接，故障依旧，经过替换法测试，怀疑主板光纤接口损坏。

2）断开电源，打开机箱，查看主板，发现主板上有标注为 JSPDIF 的插针接口，此接口连接一个光纤接口，连接安装好后，音箱可以正常使用，故障排除，如图 20-14 所示。

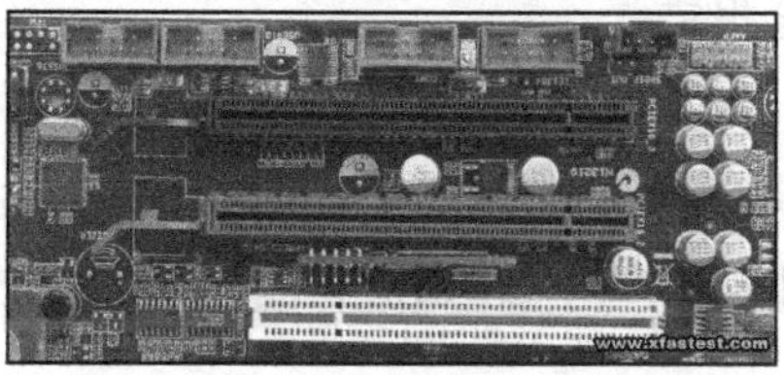

a）主板上的 JSPDIF 插针也可扩展出光纤接口

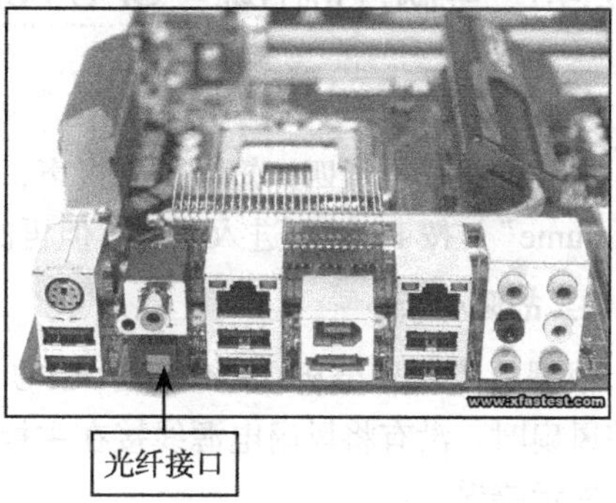

b）主板光纤接口

图 20-14　主板光纤接口和 JSPDIF 接口

20.2.39　机箱前置音频失效

1. 故障现象

一台刚装的四核电脑，运行基本正常，但是主机箱前置音频接口没有信号输出。

2. 故障分析

根据故障现象分析，由于电脑是新装的，此故障可能是安装电脑时，一些线路没连接好引起的。

3. 故障查找与维修

1）断开电源，打开机箱，检查机箱前置音频接口连接线。

2）将前置连接线拔下，重新插好，开机测试，前置接口可以正常使用，故障排除。一般机箱前置音频线可以按照如下规律接线，如图 20-15 所示。

插针 1 连接 MIC-IN/MIC（麦克风输入）;
插针 2 连接 GROUND/GND（接地）;
插针 3 连接 MIC POWER/MIC VCC/MIC BIAS（麦克风电压）;
插针 5 连接 R-OUT（右声道前置音频输出）;
插针 6 连接 R-RET（右声道后置音频输出）;
插针 9 连接 L-OUT（左声道前置音频输出）;
插针 10 连接 L-RET（左声道后置音频输出）。

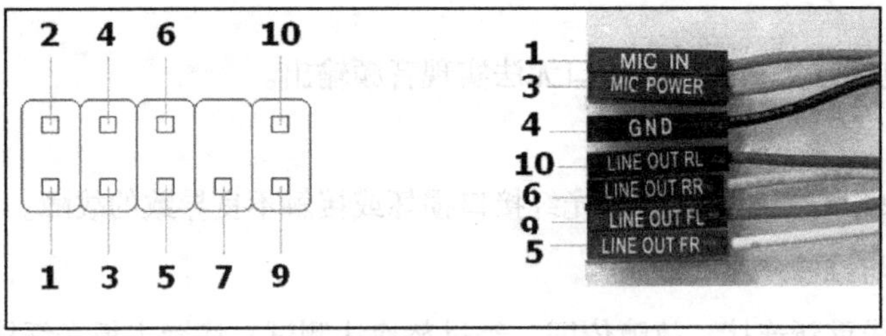

图 20-15 音频连线示意图

20.2.40 电脑开机出现“CPU Fan Error，Press F1 to Resume”错误提示

1. 故障现象

电脑开机发出了四声短响的警报声，然后就在自检画面上显示“CPU Fan Error，Press F1 to Resume”。按 F1 键可进入系统，但再次开机还是会报错。

2. 故障分析

根据故障现象分析，电脑提示 CPU 转速错误。经了解用户更换了 CPU 风扇，怀疑用户安装风扇时，没有将风扇电源线接在主板 CPU FAN 插座上，主板 BIOS 检测不到 CPU 风扇转速，提示错误。

3. 故障查找与维修

1）进入 BIOS，在“Power”的“HardWare Monitor”一项中发现“CPU FAN Speed”的值为 N/A。而在下面的“Chassis FAN Speed”反而显示“2500RPM”。

2）断开电源，打开机箱，检查主板 CPU 风扇电源线安装位置，果然接错了。将 CPU 风扇电源线连接到主板 CPU FAN 插座，然后装好电脑，开机测试，故障排除。

20.2.41 显示器连接主板上的 HDMI 接口没有显示

1. 故障现象

用户一块七彩虹主板，带有 HDMI+VGA+DVI 三种接口，但连接带 HDMI 接口的液晶显示器时，却没有任何显示。

2. 故障分析

根据故障现象分析，此故障可能是显示器有问题，或主板 HDMI 接口有问题，或 HDMI 设置有问题。

3. 故障查找与维修

1）用替换法检查显示器，显示器正常。

2）断开电源，打开机箱，检查主板 HDMI 接口，发现主板有个 JDVI_HDMI 跳线。此跳线如果默认在 1 ～ 2 针脚上时，为自动识别 HDMI 类型的显示器或电视机；当跳线在 2 ～ 3 针脚上时，则为强制检测 HDMI/DVI 设备。怀疑此处跳线有问题。

3）将主板上 JDVI_HDMI 跳线设置为 2 ～ 3 针脚，然后装好电脑，开机测试，显示器显示正常，故障排除。

20.2.42　通过主板 HDMI 接口连接液晶电视时无显示

1. 故障现象

一台新装的双核电脑，将电脑主机通过 HDMI 接口连接到液晶电视，将电视机模式设置为电脑后，液晶电视无显示，但电脑之前连接显示器运行正常。

2. 故障分析

根据故障现象分析，此故障可能是主板 HDMI 接口有问题，也可能是液晶电视模式设置有问题。重点检查这些方面的问题。

3. 故障查找与维修

首先检查电视模式设置，发现液晶电视机中有一个电脑模式，两个 HDMI 模式。将液晶电视机的模式设置为 HDMI 模式后，电视可以显示电脑中的图像了，故障排除。

20.2.43　主板复位开关虚接导致频繁冷启动

1. 故障现象

一台电脑在正常运行时经常出现死机现象，但有时重新开机和按下 Reset 键复位启动正常，死机时屏幕无显示。有时轻振机箱，又能重新启动。

2. 故障分析

根据故障现象首先怀疑是主板某个元件接触不良造成的。

3. 故障查找与维修

1）断开电源，打开机箱，仔细检查主板后，未发现异常。在最小化安装后，把所有的插头都重新清理一遍，结果故障依旧。随即更换电源，开机仍出现死机现象。

2）仔细观察发现正常时轻碰机箱有时也会出现重新启动的现象，而死机时轻碰机箱有时也会出现重新启动的现象，由此推断可能与复位电路有关。仔细检查复位电路，最终发现复位开关虚接，由此引发上述故障现象。

3）关闭电脑，拔下电源插头，打开主机机箱。使用电烙铁重新将复位开关焊好或者直接更换复位开关。接通电源，重新启动，系统正常启动，故障排除。

第21章 诊断与修复内存故障

由于内存问题而引起的故障，可以表现为黑屏、死机、系统运行缓慢等。判断是否为内存问题引起的系统故障，可以从BIOS报警声、POST自检和诊断卡故障码判断。

21.1 内存故障现象分析

当内存出现问题时，故障现象是很明显的。我们来分析一下故障现象和原因。

1）无法开机，按下电源按钮后电脑无法启动，还发出“嘟嘟”的警报声。这是因为内存条与插槽之间接触不良、内存金手指氧化、插槽上尘土过多或有异物等原因造成的。

2）开机后无法进入系统、经常死机。这是因为CMOS中内存的设置不正确引起的，CMOS中的工作参数设置对电脑设备非常重要，一旦设置了错误的参数就会出现电脑不能正常工作的现象。

3）内存容量减少、启动Windows时反复重启、出现“注册表损坏”或“非法错误”等问题。这是因为内存与主板不兼容造成的。

4）无法开机，无提示音。这可能是内存损坏造成的。

21.2 内存故障判断流程

内存是电脑中重要的设备，作用是为CPU提供工作空间，就像我们做饭的时候，炒菜是在炒锅上进行的，但肉、菜、辅料都是放在灶台上的，灶台就是内存，如果不事先将需要的食材放在灶台上，等做饭的时候再去冰箱里拿，势必会延误炒菜的时间。

内存一旦出现故障，就会造成电脑死机、无法启动等。怎样检测内存是否出现故障呢？我们可以由简入繁，按照以下流程判断。

第一步：打开电脑，看能否正常开机。

第二步：如果不能开机，首先检查连接问题，因为大部分内存问题都是内存条没插好或金手指有氧化造成的。重新插拔、更换其他插槽。如果是多条内存，应该一条一条进行试验。

第三步：如果重新插拔也不能解决问题，可以用替换法，将内存插在别的电脑上测试。检测内存本身是否能用。如果能用就是兼容性问题，不能用就是内存本身的问题。

第四步：如果能开机，查看内存容量是否与实际一致。如果不一致，查看系统和主板支持的内存最大值，如果不是系统和主板造成的内存比实际容量小，就可以初步判断是内存不兼容造成的。

如果能开机且容量正常，但使用时频繁死机，应该检查内存是否过热。用手触摸内存表面，感觉温度。内存过热有两方面原因，一是电压过高，检查内存是否超频。二是内存本身质量问题，虚焊、氧化、破损等都有可能造成内存短路和过热。

21.3 内存故障诊断

21.3.1 通过 BIOS 警报声诊断内存故障

根据 BIOS 的警报声诊断系统故障是比较常用的方法。一般来说，了解了 BIOS 的警报声含义，就能大致判断出系统故障的范围。对于 AWARD、AMI 和 Phoenix 这三种常见的 BIOS 来讲，BIOS 会根据不同故障部位发出不同的警报声，通过这些不同的警报声，可以对一些基本故障进行判断。下面列举不同 BIOS 内存问题的警报声含义。

1）AWARD 的 BIOS 设定为如下所示。

长声不断响：内存条未插紧。

1 长 1 短：内存或主板错误。

2）AMI 的 BIOS 设定为如下所示。

1 短：内存刷新故障。

2 短：内存 ECC 校验错误。

1 长 3 短：内存错误。

3）Phoenix 的 BIOS 设定为如下所示。

4 短 3 短 1 短 ：内存错误。

21.3.2 通过自检信息诊断内存故障

在自检过程中，出现“Memory Test Fail”提示，说明内存可能存在接触不良或损坏的问题。

21.3.3 通过诊断卡故障码诊断内存故障

利用诊断卡故障码也可以确定是否因为内存问题引起系统故障。一般情况下，C 开头或者 D 开头的故障代码都代表内存出现了问题。中文诊断卡可以直接显示出现的故障原因。但需要注意的是，诊断卡只是给出一个处理故障的方向，最终确定具体故障原因还需要其他方法去实现。如图 21-1 所示。

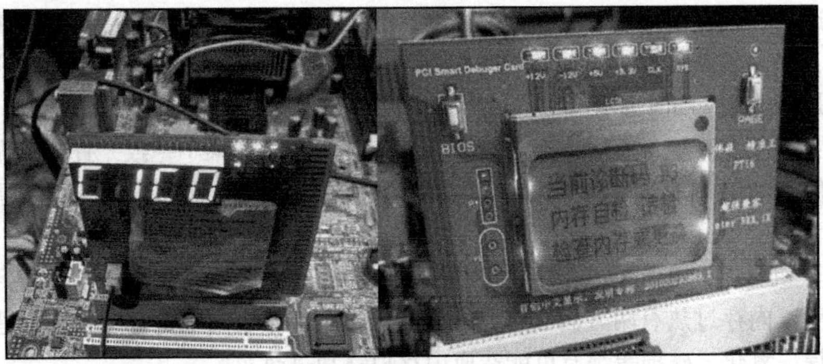

图 21-1 诊断卡内存故障码

21.3.4 通过内存外观诊断内存故障

检查内存故障，首先是用观察法，检查内存是否存在物理损坏。

观察内存上是否有焦黑、发绿等现象，内存表面器件是否有缺损或者异物，内存的金手指是否有缺损或者氧化现象。如果有这些故障现象，则说明内存有问题，可以用替换法进一步检测确认故障问题。如图 21-2 所示。

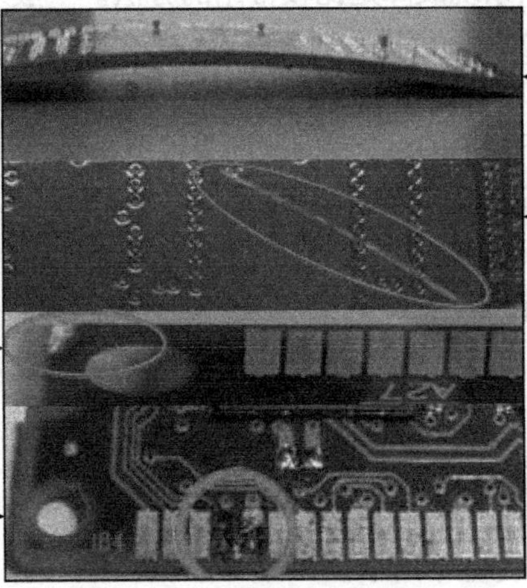

图 21-2 内存的物理损坏

21.3.5 通过内存金手指和插槽诊断内存故障

内存的金手指被氧化，或者是内存插槽内有异物、破损，通常都会引起内存接触不良的问题，如图 21-3、图 21-4 所示。

内存与主板接触不良常常会导致系统的黑屏现象。处理这类问题比较简单，只要在排除内存物理损害的情况下，对内存的金手指和内存插槽进行清洁即可。

处理内存金手指被氧化的方法如下。

1）橡皮。用橡皮轻轻擦拭金手指表面，不仅可以去除粉尘，还可以清除金手指被氧化的现象。

2）铅笔。铅笔里面的碳成分具有导电性，擦过金手指后具有更好的导电接触。

图 21-3　内存金手指被氧化

图 21-4　内存插槽可能存在损害或异物

3）酒精。用小棉球蘸无水酒精擦拭金手指，清理完之后要等内存干燥后再进行安装。

4）砂纸。砂纸可以去除氧化层，但是注意擦拭时要注意力度，否则会将金手指损坏。

对于内存插槽则主要采用毛刷，或者用风扇等工具进行灰尘的清理。注意不要用热吹风机，这有可能会对系统的物理元件造成损坏。

21.3.6　通过替换法诊断内存兼容性问题

内存出现的兼容问题，主要发生在更换硬件或者添加硬件之后。

所以检测此类问题常常用替换法换回原来的硬件，或者将新添加的硬件去除。如果系统故障解决，则说明是更换的新硬件或者添加的新硬件与原系统不兼容。

第一种常见的情况是主板与内存的不兼容。多发生在高频率的内存用于某些不支持此频率内存的旧主板上。所以在添加或者更换内存条的时候，一定要事先清楚主板所支持的内存参数。

主板与内存不兼容常常会出现系统自动进入安全模式的状况。

第二种情况是内存之间的不兼容。由于采用了几种不同芯片的内存，各内存条速度不同产生一个时间差，从而导致系统经常死机的现象发生。对此可以尝试在 BIOS 设置内，降低内存速度予以解决。如图 21-5 所示。

图 21-5　内存不兼容问题

21.3.7　通过恢复 BIOS 参数设置诊断内存故障

由于更改了 BIOS 的设置而使内存工作不正常，也会导致黑屏和死机等系统故障。进入 BIOS 设置之后，查看 BIOS 中的内存参数设置，采用 CPU 中介绍的恢复Ｂ Ｉ Ｏ Ｓ的方法恢复内存参数设置，可以帮助解决非硬件故障引起的内存问题。图 21-6 所示。

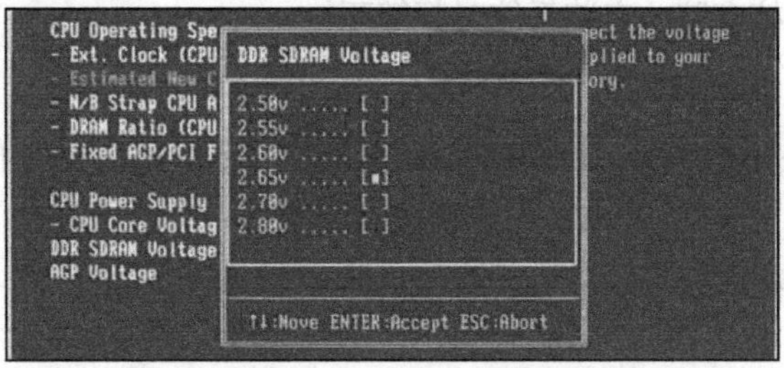

图 21-6　内存 BIOS 设置

21.4 动手实践：内存典型故障维修实例

21.4.1 DDR3 1333MHz 内存显示只有 1066MHz

1. 故障现象

一台 Intel i3 双核电脑，内存是 2GB 金士顿 DDR3 1333MHz。进入系统，用软件查看内存频率，1333MHz 的内存系统内显示只有 1066MHz。

2. 故障分析

以前的内存频率是主板决定的，而 Intel i3 CPU 与之前的不同点是，CPU 内集成了内存控制器，内存频率由 CPU 决定。Intel i3 所支持的内存频率只有 800 和 1066MHz。

3. 故障查找与维修

CPU 本身限制了内存的频率，如果不超频是不能调整为 1333MHz 的。但超频就会带来不稳定，所以推荐就在 1066MHz 下使用。

21.4.2 插 4GB 内存，自检只有 3GB

1. 故障现象

一台联想双核电脑，升级电脑内存时，将内存从 2GB 升级为 4GB，但开机自检时显示内存只有 3GB。

2. 故障分析

一些老的主板比如 Intel 的 X38、X48、P35、P45 等，最大只支持 3GB 内存，另外 Windows 的 32 位系统也最多支持 3.6GB 内存。

3. 故障查找与维修

如果内存本身没有问题，更换主板和操作系统就能支持更大的内存容量了。

1）用替换法，检测发现内存没有问题。

2）用户暂时不希望换主板，所以只能把 4GB 内存当作 3GB 使用。

21.4.3 双核电脑无法安装操作系统，频繁出现死机

1. 故障现象

新装一台 AMD 四核电脑，安装系统时频繁死机。

2. 故障分析

由于电脑无法安装操作系统，且频繁死机，因此应该是硬件方面的原因引起的。造成此故障的原因如下所示。

1）内存接触不良或不兼容。

2）显卡接触不良。

3）CPU 没装好。

4）主板故障。

5）ATX 电源问题。

3. 故障查找与维修

此类故障一般首先用替换法进行检查。

1）用替换法分别检测内存、显卡、主板、CPU 等部件。发现更换内存后，电脑故障消失，看来是内存有问题。

2）仔细查看原先的内存，发现 PCB 上有一处断裂，已经导致 PCB 上的金属导线断路。

3）更换内存后，故障排除。

21.4.4 电脑无法正常启动，显示器黑屏，并发出不断的警报

1. 故障现象

一台宏基双核电脑，以前使用一直很正常，今天突然开机后无法正常启动，显示器黑屏，并发出不断长响的警报。

2. 故障分析

由于电脑发出不断长响的警报声，根据警报声推断电脑故障是由内存问题引起的。

3. 故障查找与维修

此类故障应重点检查内存方面的原因。

1）关闭电源，然后打开机箱。

2）打开机箱后，发现机箱中灰尘很多。

3）清理机箱中的灰尘，并将内存金手指上的灰尘清理干净。

4）开机测试，发现电脑可以启动，故障排除。

5）判断这是由灰尘导致内存接触不良引起的故障。

21.4.5 清洁电脑后，开机出现错误提示，无法正常启动

1. 故障现象

一台神舟电脑，对电脑内部的灰尘进行清洁后，发现电脑开机无法启动，出现“Error: Unable to Control lA20 Line”的错误提示。

2. 故障分析

提示是 A20 地址线无法使用，根据故障现象分析，此故障应该是硬件有问题引起的，内存不能读取。可能是清洁电脑时导致的某个硬件接触不良。造成此故障的原因主要如下所示。

1）内存接触不良。

2）内存损坏。

3. 故障查找与维修

此类故障应首先检查硬件连接方面的原因。

1）关闭电脑电源，然后打开机箱检查电脑中内存等硬件设备，发现内存没有完全安装进内存插槽。

2）将内存重新安装好，开机检测，故障排除。

21.4.6 更换了一条4GB的内存后，自检时只显示2G B的容量

1. 故障现象

一台Intel赛扬双核电脑，原先的内存为2GB，使用一直正常，但将内存更换为4GB的内存后，自检时只能检测到2GB的容量。

2. 故障分析

此故障应该是内存或主板兼容性问题引起的。造成此故障的原因主要如下所示。

1）内存不兼容。

2）主板问题。

3）主板BIOS问题。

3. 故障查找与维修

如果是主板支持内存，一般可通过升级BIOS和修改注册表中的键值来修复。

1）用替换法检测内存，发现4GB的内存正常，在另一台电脑中可以显示1GB的容量。

2）检查主板，发现此型号的主板支持的最大内存为2GB，是主板不支持引起的容量问题。

3）升级主板的BIOS程序，升级后进行测试，发现内存显示正常，故障排除。

21.4.7 增加一条内存后，无法开机

1. 故障现象

一台Intel酷睿i3双核电脑，在对其进行升级后，向电脑中增加了一条威刚2GB内存。但安装好增加的内存后，发现电脑无法开机，显示器没有显示，电源指示灯亮。

2. 故障分析

根据故障现象分析，因为在添加内存前电脑工作正常，所以推断故障可能是升级内存引起的。造成此故障的原因主要如下所示。

1）内存与主板不兼容。

2）两条内存不兼容。

3）内存接触不良。

4）内存损坏。

5）其他部件接触不良。

3. 故障查找与维修

对于此故障应首先检查内存方面的原因。

1）打开机箱将增加的内存取下，然后开机检查，发现电脑又可以正常开机。

2）再装上增加的内存，并卸下原先的内存，然后开机测试，发现同样可以开机。看来是两条内存不兼容引起的故障。

3）仔细检查增加的内存，发现与原内存不是一个品牌的，更换一根与原内存同品牌、同规格的内存后，开机测试，故障排除。

21.4.8　新装电脑运行较大的游戏时死机

1. 故障现象

新组装 AMD 八核电脑，启动时没有问题，但时间长了或是运行较大的游戏时会死机。

2. 故障分析

由于电脑是新装的，排除软件方面的原因。造成此故障的原因主要如下所示。

1）CPU 过热。

2）硬件间不兼容。

3）ATX 电源有问题。

3. 故障查找与维修

此类故障应首先检查 CPU 过热方面的原因，然后检查其他方面的原因。

1）打开机箱，然后开机启动电脑运行大型游戏，并当死机时用手触摸 CPU 散热片，发现散热片温度很低。

2）用替换法检查内存、显卡、CPU、主板等部件，发现原先电脑中的硬件都是正常的，但在测试内存时，发现内存的芯片温度较高。

3）查看发现，因为八核 CPU 发热大，所以配了一台大功率散热器，但是散热器安装时，没有将出风口对着上下，而是对着左右。这就导致了散热器吹出的热风全都吹在了内存上，使得内存迅速升温而导致死机。

4）将散热器取下重新安装，将出风口对着上下。

5）开机再试，问题解决了。

21.4.9　电脑最近频繁出现死机

1. 故障现象

一台 AMD 双核电脑，使用了一年多，以前工作很正常，最近频繁出现死机现象，无法正常使用。重新安装系统后也没有改善。

2. 故障分析

由于电脑重新安装了系统，因此可以排除病毒和系统等软件方面的原因。造成此故障的主要原因如下。

1）CPU 过热。

2）内存氧化。

3）ATX 电源有问题。

4）主板有问题。

3. 故障查找与维修

此类故障一般首先检查 CPU 过热的原因，然后检查硬件兼容方面的原因。

1）打开机箱检查 CPU 风扇，发现 CPU 风扇有很多灰尘，但运行正常。

2）用手触摸 CPU 散热器，感觉温度不高。

3）清理电脑中的灰尘，然后开机测试，故障依旧。

4）怀疑灰尘导致电脑部件接触不良，清洁内存、显卡等设备，清洁后安装好。

5）开机测试，故障消失。推断是灰尘导致内存、显卡等接触不良，从而造成死机。

21.4.10 电脑经过优化后，频繁出现“非法操作”错误提示

1. 故障现象

一台组装电脑，主板为微星主板，最近对 BIOS 进行优化后，发现电脑频繁出现“非法操作”提示。

2. 故障分析

此故障应该是优化 BIOS 后，电脑操作系统或硬件运行不正常引起的。由于电脑在 BIOS 优化前使用正常，可以认为电脑操作系统等软件方面没有问题。造成此故障的原因主要如下几方面。

1）电脑超频。

2）内存问题。

3）系统问题。

4）感染病毒。

5）主板问题。

3. 故障查找与维修

此类故障应首先检查 BIOS 方面的原因，然后检查其他方面的原因。

1）检查 BIOS 设置中的内存设置，一般内存设置不当也会引起系统问题。

2）开机时按 DEL 键进入 BIOS 程序，然后选择 Advanced Chipset Features（芯片组特性设置），并检查内存的设置项，发现 CAS Latency Control（内存读写延迟时间）选项被设置为 2。一般电脑设置为 2.5 或 3 比较合适。

3）更改设置为 2.5，保存退出，然后重启电脑进行测试，发现故障消失，看来是优化 BIOS 设置时，导致内存设置不当引起的故障。

21.4.11 双核电脑经常出现蓝屏死机，无法正常使用

1. 故障现象

一台双核电脑，最近电脑使用一段时间后经常出现蓝屏或死机的现象，导致电脑无法正常使用。

2. 故障分析

经观察电脑出现蓝屏时，屏幕出错信息为“Vxd、Vmm(01) 文件出错”。根据蓝屏时的出错提示可知是内存中某种虚拟文件出错。此类故障有可能是内存接触不良，或内存金手指氧化，或内存插槽变形等问题引起的。

3. 故障查找与维修

1）断开电脑电源，打开机箱，然后将内存条从主板中取出，用橡皮仔细擦拭内存条的金手指，并仔细检查内存上的小元器件，发现没有太大的问题，重新插入主板后开机测试，故障依旧。

2）用替换法检测内存，发现用一条正常的内存条插入到故障电脑中，同样出现死机的问题，看来不是内存条的问题。

3）仔细检查主板上的内存插槽，发现插内存条的插槽有点变形，看来问题出现在这里了。于是将内存条插入另外一条插槽中，重新开机测试，未再出现蓝屏或死机的问题，故障排除。

21.4.12　电脑安装了 8GB 内存，但只显示 4GB 的容量

1. 故障现象

一台双核电脑，安装了两条 4GB DDR4 内存，但是开机显示内存显示 4GB，偶尔显示 4GB。

2. 故障分析

根据故障现象分析，由于电脑中安装了 2 条内存，但有时显示 1 条内存的容量，说明故障是由内存引起的，可能是内存不兼容，或内存接触不良，或内存损坏，或内存插槽有问题。

3. 故障查找与维修

1）断开电脑电源，打开机箱检查，发现两条内存品牌不同，做工设计也有很大差异，一问机主原来是刚升级增加了一条内存。

2）测试两条内存，先把内存条单独插到主板上测试，都显示为 4GB，且运行正常，但是一起插上仍然显示 4GB，调换了内存的插槽也没用。很明显，是内存兼容问题引起的。

3）将后升级的内存拿到市场更换了一条和第一条内存相同的内存条，然后测试，故障排除。

21.4.13　双核电脑安装系统时频繁死机

1. 故障现象

一台双核电脑安装系统时，频繁死机，始终无法正常安装 Windows 操作系统。

2. 故障分析

据了解，用户之前刚给电脑进行了除尘，之后发生了系统崩溃，然后就无法装系统了。根据故障现象判断，故障应该是由电脑中的硬件接触不良或损坏引起的。

3. 故障查找与维修

1）断开电源，打开机箱，然后仔细观察主机中的硬件，发现其内存上有一处不是很明显的硬划伤，伤及了部分 PCB 上的电路，看来问题也出在这里。

2）用替换法检测内存，发现安装上其他内存后，故障消失，看来原内存已经被彻底损坏。更换新的内存后测试，可以正常安装操作系统，故障排除。

21.4.14　双核电脑突然无法正常开机，显示器黑屏

1. 故障现象

一台双核电脑突然无法正常开机，显示器黑屏，主机内发出“嘀嘀”的响声。

2. 故障分析

根据故障现象分析，此类故障最容易出现在使用半年或一年以上的电脑。当天气潮湿或天

气温度变化较大时，就会出现昨天电脑工作还好好的，可第二天早晨开机时即发现无法开机的情况。因此对于此类故障，重点检查内存等硬件设备。

3. 故障查找与维修

1）断开电源，打开机箱，然后检查内存。将内存拆下，然后再重新安装好内存，进行测试，电脑可以正常开机了，看来是内存接触不良引起的。

2）将内存重新拆下，观察内存金手指，发现有个地方有些氧化，用橡皮擦拭内存的金手指，擦到发亮，然后重新安装好内存，开机测试，电脑运行正常，故障排除。

21.4.15 电脑开机报警，无法启动

1. 故障现象

用户的一台电脑按下电源开关后，出现长时间的警报，根本无法正常进入操作系统。

2. 故障分析

根据用户描述的现象，判断故障可能是内存条出现了问题，重点检查内存方面的问题。

3. 故障查找与维修

1）断开电脑电源，打开机箱，然后取下内存条后换了一个插槽重新插入，开机后随着一声清脆的“嘀”声，问题解决。

2）看来是内存接触不良引起的故障。将内存拆下，检查内存金手指，发现内存金手指上有几处明显的锈斑，于是用橡皮将这些锈斑仔细擦拭干净，并将内存的插槽进行了仔细的清洁，完成后将内存重新插入到插槽中，开机测试，运行正常，故障排除。

21.4.16 对双核电脑进行“大扫除”后，电脑无法开机了

1. 故障现象

一台双核电脑，用户对机箱进行“大扫除”后，电脑便再也无法正常启动了。

2. 故障分析

由于用户对电脑进行了清洁，可能是在清洁过程中，导致硬件接触不良或损坏，重点检查内存，显卡等硬件设备。

3. 故障查找与维修

1）断开电源，打开机箱，仔细检查主机中的硬件设备，发现内存的电路板中有一处烧黑的地方。拆下内存进行检查，发现内存的金手指烧毁了，估计是用户清洁内存后，没有将内存完全插入插槽中所致。

2）更换新的内存后，开机测试，电脑可以正常开机启动，故障排除。

第22章 诊断与修复硬盘故障

硬盘是一个容易出现故障的设备，但大多数硬盘故障都可以通过使用专用软件或系统自带程序进行维修，这种可以通过软件修复的故障我们称为软故障。

硬盘自身芯片或元件的损坏事实上是很难维修的，简单的芯片损坏或端口故障可以通过更换来解决，这种由硬盘硬件损坏带来的故障，我们称为硬故障。

当硬盘出现故障时，如何保住硬盘中的数据比如何维修硬盘更为重要。本章中的数据恢复部分就是讲解这个问题。

22.1 硬盘故障分析

硬盘故障主要有以下几个方面。

1）硬盘坏道：由于使用不当或非法关机而造成坏道，导致系统文件损坏丢失、电脑无法启动。

2）硬盘供电故障：由供电电路故障导致的硬盘不通电、盘片不转、磁头不寻道等故障。主要出现在插座接线柱、滤波电容、二极管、三极管、场效应管、电感、保险电阻等地方。

3）分区表丢失：这多数是因为病毒破坏造成的，分区表损坏丢失会导致系统无法启动。

4）接口电路故障：硬盘的接口是硬盘与主板之间的数据通道，接口电路故障会导致无法识别硬盘、参数错误、乱码等错误。接口电路故障主要是接口芯片或晶振损坏、接口插针断或虚焊脏污、接口排阻损坏等。

5）磁头芯片损坏：磁头芯片是磁头组件上容易出现故障的部分，主要用于放大磁头信号、磁头逻辑分配、处理电磁线圈电动机反馈信号等。磁头芯片出现问题会导致磁头不能正确寻道、数据不能写入、无法识别硬盘、发出异响等故障。

6）电动机驱动芯片：电动机驱动芯片是用于主轴电动机和电磁线圈电动机上的控制部件，由于硬盘转速高、发热量大，所以很容易出现损坏。

7）其他部件损坏：其他容易损坏的部件包括主轴电动机、磁头、电磁线圈电动机、定位卡子等。

22.2 硬盘故障检测

22.2.1 SMART 自动诊断

SMART 是硬盘智能预先诊断故障功能，现在的硬盘都支持这个功能。可以在主板的BIOS 中设置打开和关闭这个功能。如图 22-1 所示。

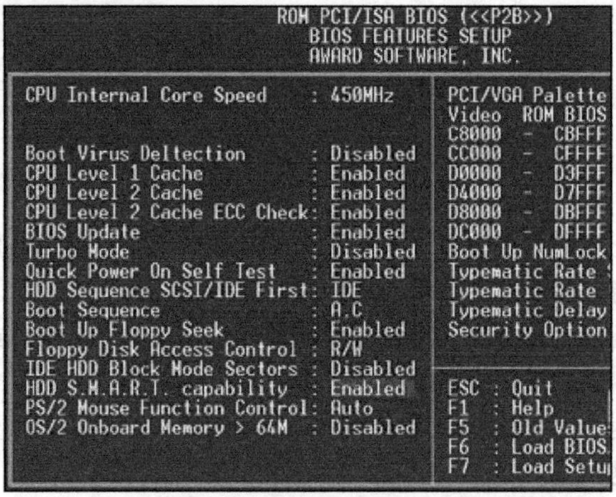

图 22-1 HDD SMART 功能

在 BIOS 中 Advanced BIOS Feature → HDD S.M.A.R.T Capability 选项，Enabled 为打开功能，Disabled 为关闭功能。一般主板的 SMART 功能默认是关闭的，所以想要使用这个功能需要手动打开。如图 22-2 所示。

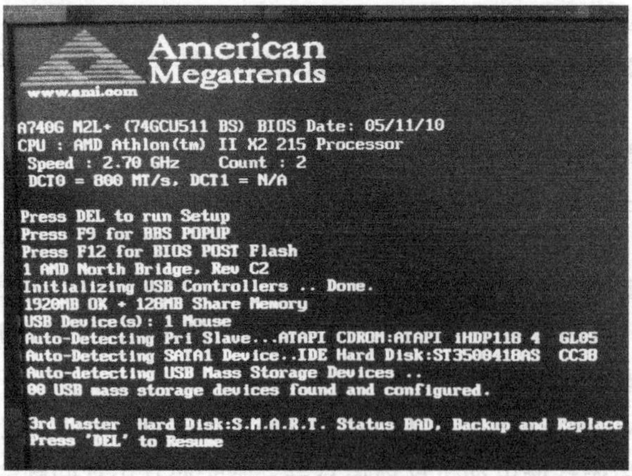

图 22-2 SMART 报警信息

SMART 功能是在开机自检时能够自动检测硬盘的故障，如果检测出硬盘存在隐患，会提示用户备份数据。如图 22-3 所示。

图 22-3 SMART 提示硬盘错误

22.2.2　启动初期的硬盘检测

电脑启动过程中，BIOS 的检测程序会检测硬盘是否可用，这个过程可以分为两个部分判断。

启动初期自检程序要检测硬盘的存在，如果这时出现“A disk read error occurred Press Ctrl+Alt+Del to restart”“device error”“error HDD Bad Press Any Key to restart”等，说明系统没有发现硬盘或发现硬盘不可用。这种情况通常是由于硬盘的物理损伤或连接不当造成的。如图 22-4 所示。

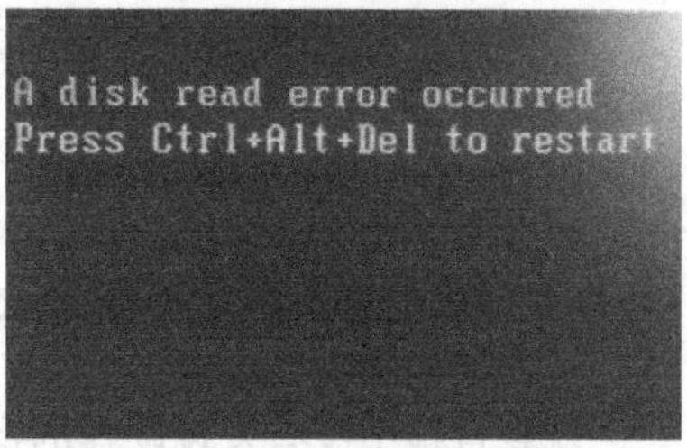

图 22-4　没有找到硬盘

22.2.3　启动中期的硬盘检测

自检中期会检测所有硬件设备，比如 CPU、内存、显卡、硬盘等，这时如果出现蓝屏，并提示硬盘不正常，说明已经找到硬盘，但硬盘的逻辑区或初始化出现了故障，这通常是由于硬盘的逻辑坏道、非正常关机等原因造成的，一般可以通过软维修来恢复。如图 22-5 所示。

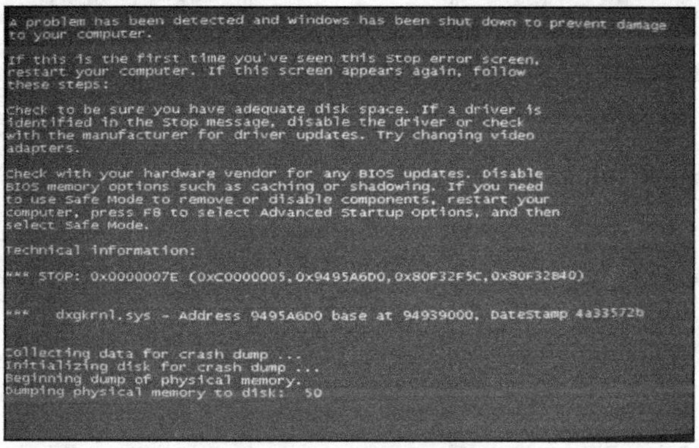

图 22-5　蓝屏

22.2.4　主板对硬盘的检测

主板 POST 程序对硬盘的检测包含几个方面，如果在自检阶段出现错误，可以从这几个方面来推测硬盘故障的原因。

1）硬盘驱动器复位。

2）硬盘控制器内部测试。

3）硬盘驱动器准备。

4）硬盘驱动器再定位。

自检阶段出现的错误多数都是在这几个检测过程中出现的异常，可以根据提示信息来判断故障原因。

22.2.5　Windows 对硬盘的检测

如果电脑接两块硬盘，有时会出现这样的现象，在开机自检时可以检测到两块硬盘，但到

Windows 中却这能看到一块硬盘。这是因为 Windows 自身对硬盘的要求比较高，即便自检程序检测到硬盘，Windows 也可能不识别这块硬盘。

如果发生这种情况，可以打开 DOS，很多 Windows 的安装光盘中都带有 DOS 工具，在 DOS 中查看所有的硬盘，DOS 的识别度比 Windows 要高，所以通常是可以检测到硬盘的，然后使用 DOS 中的硬盘修复工具（下面会介绍）对硬盘进行修复。

22.2.6 检测硬盘的工具软件

就算自检中没有发现硬盘的错误，也不能保证硬盘就没有问题，因为自检程序对硬盘的检测是很有限的，想要完全测试硬盘的好坏，还得通过专门的软件来进行。

1. Windows 自带检测工具

在 Windows 中自带有硬盘检测工具，启动的方法是在想要扫描的分区上（比如 E：）点击鼠标右键→点击属性选项→在属性选项中点击上面的工具标签→点击开始检测→会出现询问对话，可以将自动修复系统错误和尝试恢复扇区多选框都选中→开始扫描。如图 22-6 至图 22-8 所示。

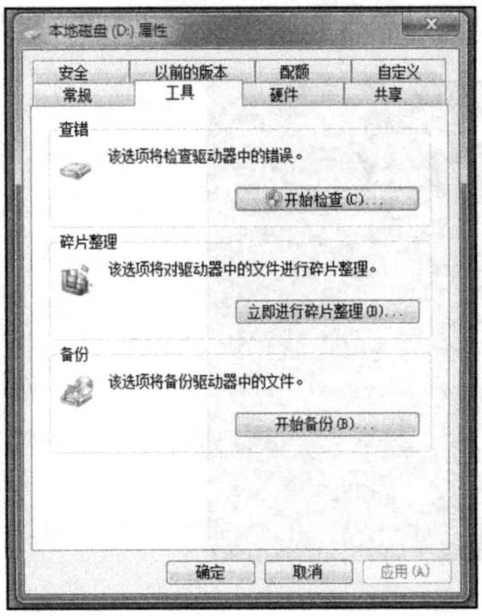

图 22-6 Windows 自带硬盘检测工具

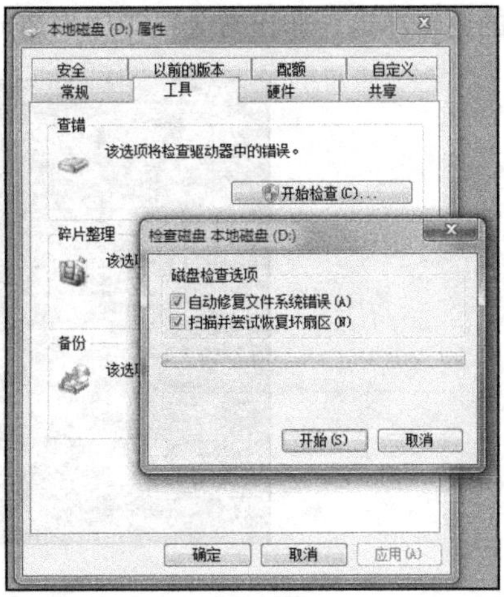

图 22-7 选中多选框可以扫描并修复硬盘错误

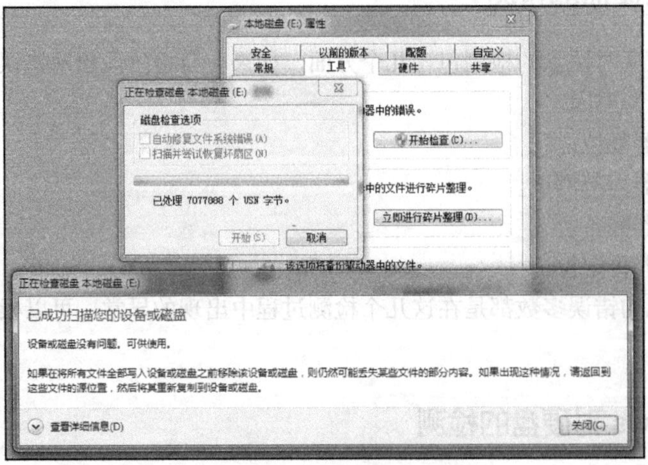

图 22-8 扫描结果

使用 Windows 自带检测工具简单方便，需要注意的是，不能对当前正在使用中的硬盘进行扫描，比如当前正在打开一个 E 盘中的文件，检测工具就会提示无法扫描正在使用中的硬盘，我们可以将打开的文件关闭，或重启电脑后不进行任何操作，直接使用检测工具进行检测。

2. HD Tune Pro

HD Tune Pro 是一款专门检测硬盘的软件，主要功能有硬盘传输速率检测，健康状态检测，温度检测及磁盘表面扫描等，另外还能检测出硬盘的固件版本、序列号、容量、缓存大小以及当前的 Ultra DMA 模式，HD Tune Pro 还能对移动硬盘进行检测，功能全面使用方便，用户可以在网上下载这款免费的软件。如图 22-9、图 22-10 所示。

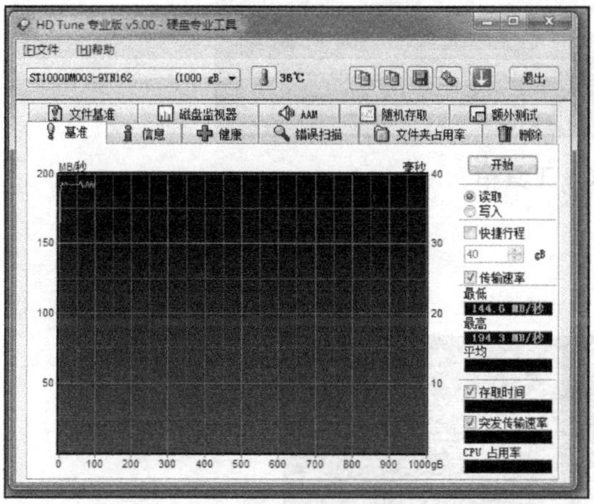

图 22-9　HD Tune Pro 硬盘基准测试

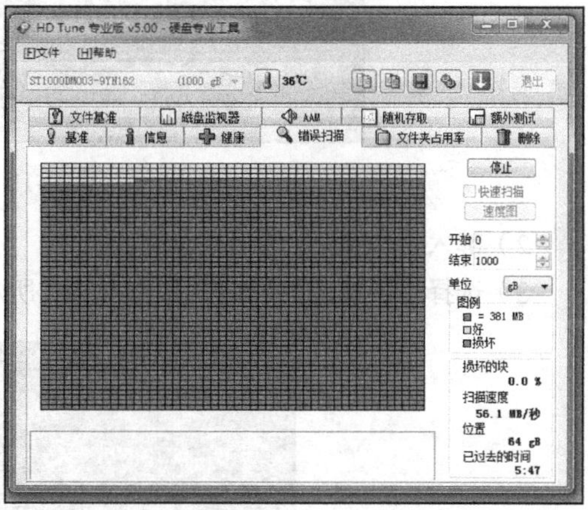

图 22-10　HD Tune Pro 硬盘错误扫描

22.3 硬盘软故障维修

当硬盘出现坏道与坏的扇区时，可以通过软件进行软维修，这里的重点是如何在不破坏数据的情况下恢复硬盘的坏道和扇区。

22.3.1 HDDREG 软件

硬盘坏道除了物理损伤外，还有可能是逻辑性或扇区磁性减弱造成的，这时可以使用 HDDREG 在不破坏数据的情况下对坏道进行处理，最大程度挽救用户的数据。

HDDREG 是一款 DOS 下的软件，它可以通过反向磁化对扇区进行修复。HDDREG 需要主板 BIOS 检测能够识别硬盘，即开机自检时必须能看到硬盘才能进行修复。

因为 HDDREG 是 DOS 下的一款软件，所以要使用它需要一张带有 DOS 系统的启动盘，比如常见的 Ghost 安装光盘。HDDREG 的使用方法是：

1）用带有 DOS 的启动盘启动，选择 DOS 工具箱。(很多 Windows 安装光盘中都带有 DOS 工具箱)，如图 22-11 所示。

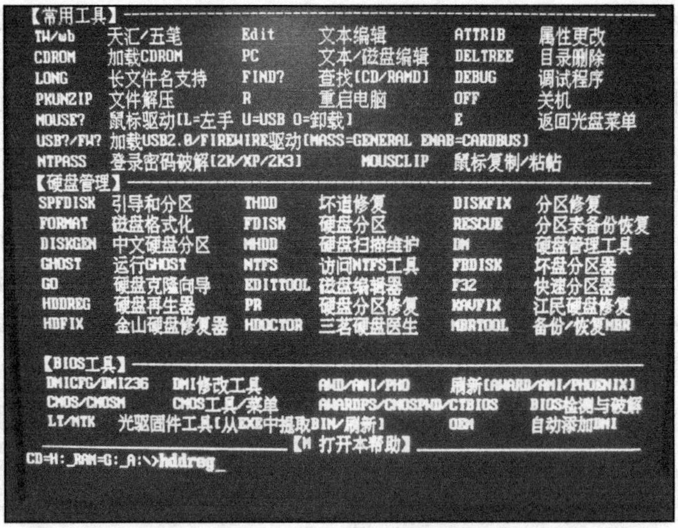

图 22-11 DOS 工具箱

2）键入 HDDREG 然后按回车键。

3）选择需要修复的硬盘。如图 22-12 所示。

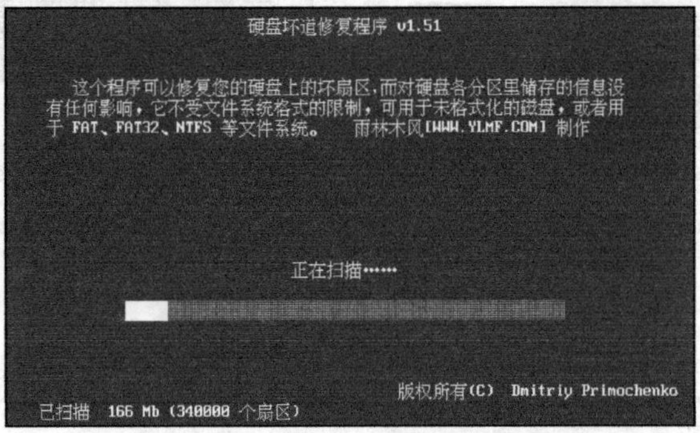

图 22-12 HDDREG 正在修复受损的硬盘

4）等待扫描修复结束。修复过程中可以按“Ctrl+Break”键终止当前的修复进程。如图 22-13 所示。

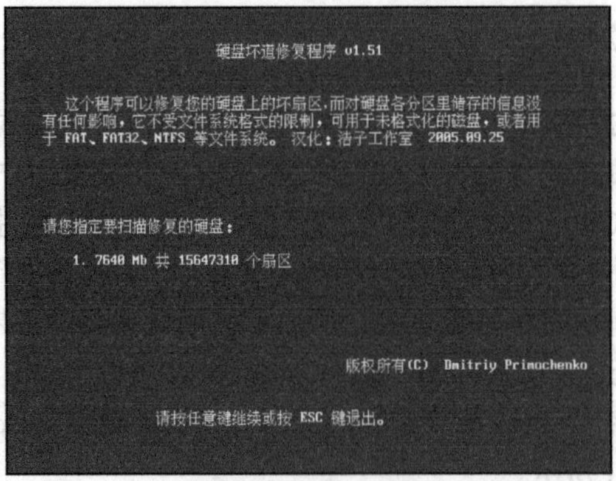

图 22-13 修复完成

22.3.2　MHDD 软件

MHDD 是俄罗斯出品的一款软件，同样是在 DOS 下工作。它能检测 IDE、SATA、SCSI 等硬盘。MHDD 对硬盘的操作完全符合 ATA/ATAP 规范，可以进行硬盘信息检测、SMART 操作、坏道检测、解密、清楚数据、屏蔽坏道、改变容量等操作。与 HDDREG 不同的是，MHDD 不需要主板 BIOS 自检识别到硬盘，就可以对硬盘进行修复。

MHDD 工作在 DOS 环境，内置了目前大部分主板南桥芯片驱动和 Adaptec SCSI 卡驱动程序，即使硬盘坏到主板 BIOS 都无法识别，在 BIOS 中显示为 NONE（无），依靠它自身的驱动也能检测到硬盘，这个功能对检测中毒的硬盘非常实用。MHDD 还提供了对 PC3000ISA 扩展卡的支持（俄罗斯著名的硬盘修理工具）。

使用 MHDD 时，必须将硬盘（IDE）跳线设置为主硬盘，因为 MHDD 屏蔽了从硬盘（Slave）的检测。MHDD 的使用方法如下所示。

1）用带有 DOS 的启动盘启动，选择 DOS 工具箱。

2）键入“MHDD”，然后按回车键。如图 22-14 所示。

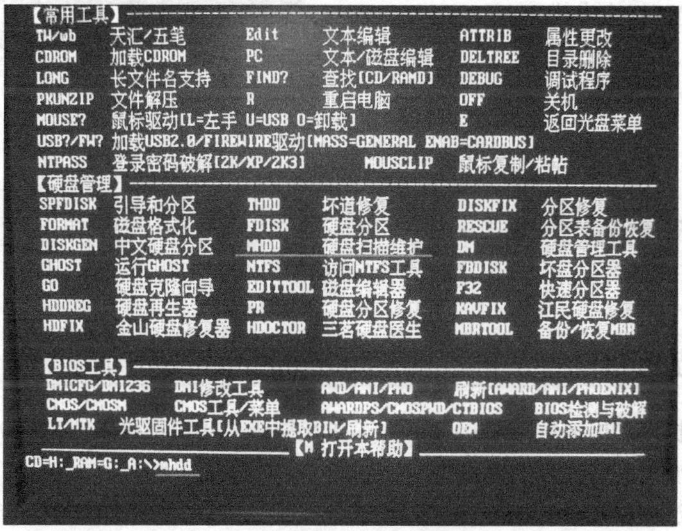

图 22-14　DOS 工具箱

3）在 MHDD> 中键入 Port 命令，可以列出本机当前的 IDE、SATA、SCSI 硬盘。如果 PC3000 卡上连接了待检测硬盘，则也可以显示出来。如图 22-15 所示。

4）SCAN 命令是对硬盘进行扫描并修复，SCAN 有很多参数可供选择。

- ❑ Start LBA：设定开始扫描的 LBA 值。
- ❑ End LBA：设定结束扫描的 LBA 值。
- ❑ Remap:On/Off：是否修复扇区，On 为修复。
- ❑ Timeout（Sec）：设定超时。
- ❑ Spin Down after scan：扫描结束后关闭硬盘马达。这是扫描结束后关闭硬

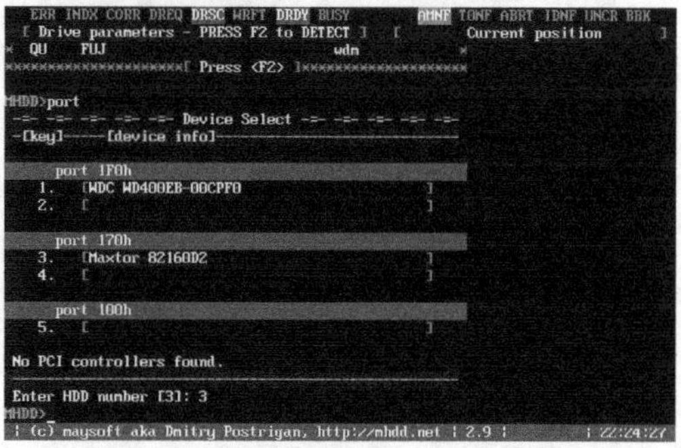

图 22-15　MHDD 检测出的本机硬盘

盘的设置，你可以在开启扫描后离开电脑，扫描结束自动关闭硬盘。

- ❑ Loop test/repair：循环修复。主要用于修复顽固坏道。
- ❑ Erase Delays：删除等待。这是设置修复时的等待时间，如果这里设置成 On，修复的效果会比 Remap 更为理想，但是会造成数据的损坏，所以一般情况下不更改这项数值。

5）选择默认设置，开始扫描整个硬盘。如图 22-16 所示。

6）扫描过程中可以按 Esc 键终止扫描。扫描过程中可以使用上下左右箭头控制扫描的进程，(↑) 快进 2%；(↓) 后退 2%；(←) 后退 1%；(→) 快进 1%。

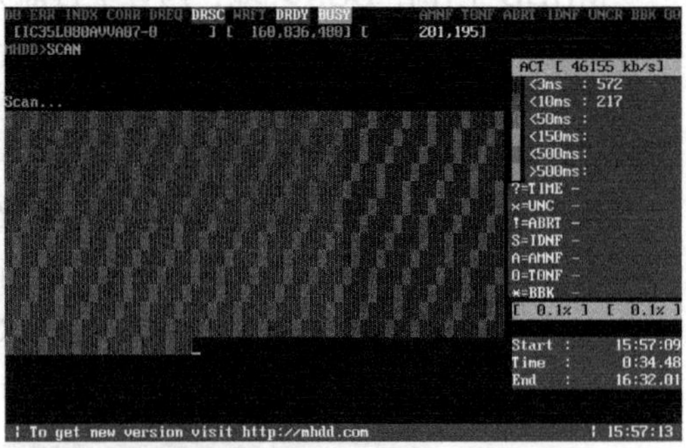

图 22-16 MHDD 扫描修复硬盘

7）检测结构对应的错误信息如下所示。

- ❑ AMNF：地址标记出错。
- ❑ T0NF0：磁道没找到。
- ❑ ABRT：指令被禁止。
- ❑ IDNF：扇区标志出错。
- ❑ UNC：校验 ECC 错误。
- ❑ BBK：坏块标记错误。

22.4 硬盘硬故障维修

22.4.1 接口故障维修

硬盘上有数据线和电源线两个接口，为了防止插错，接口都是不能混插的，所以将数据线和电源线插反或插混的情况是不会发生的。如图 22-17 所示。

如果出现无法找到硬盘等情况，可以先试着重新拔插数据线和电源线，或者直接更换数据线和电源线，然后再开机检测。如图 22-18 所示。

图 22-17 硬盘的数据线和电源线

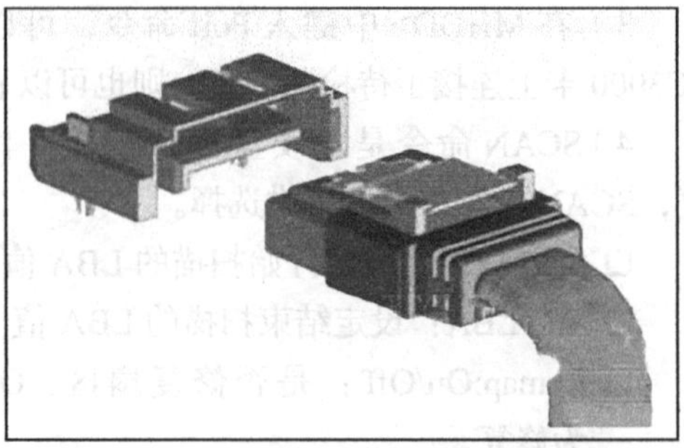

图 22-18 硬盘接口带有防插错结构

如果不是线缆的问题，就要着重检查是否为接口的问题。测量接口的针脚时按照图 22-19 和图 22-20 所示来进行测量。

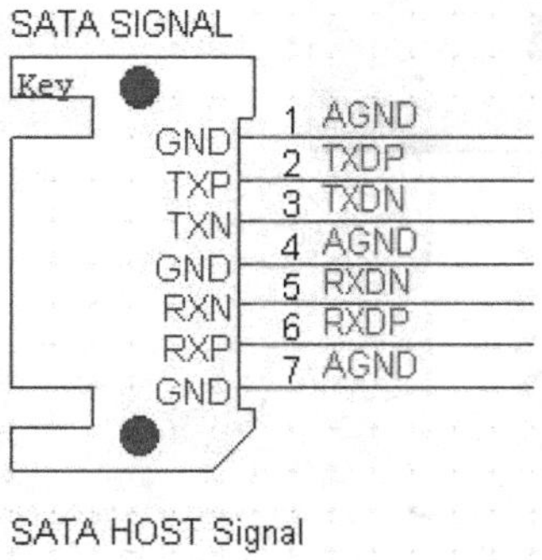

图 22-19 SATA 接口的数据线排列

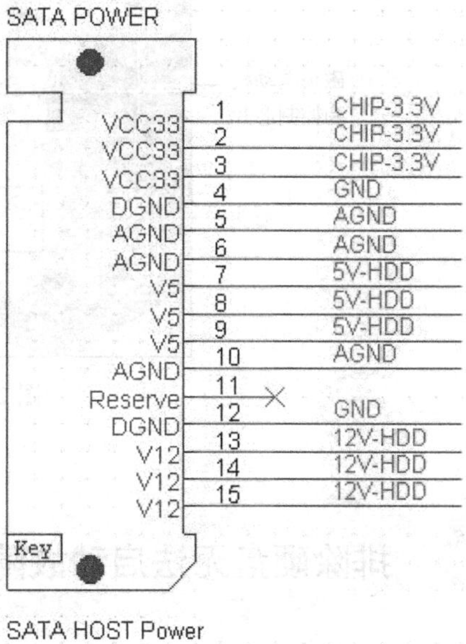

图 22-20 SATA 接口的电源线排列

22.4.2 元器件维修

排除线缆和接口问题后，就要对硬盘本身的元器件进行检测了，首先拆下硬盘背面的电路板，查看有没有烧坏的元件，比如电路板烧焦、烧黑、元器件破损断裂、芯片烧焦发黑发白等。如果发现问题元件，直接更换同型号即可。

如果外观上无法判断故障出处，就要使用万用表对硬盘电路板进行一一测量。如图 22-21 所示。

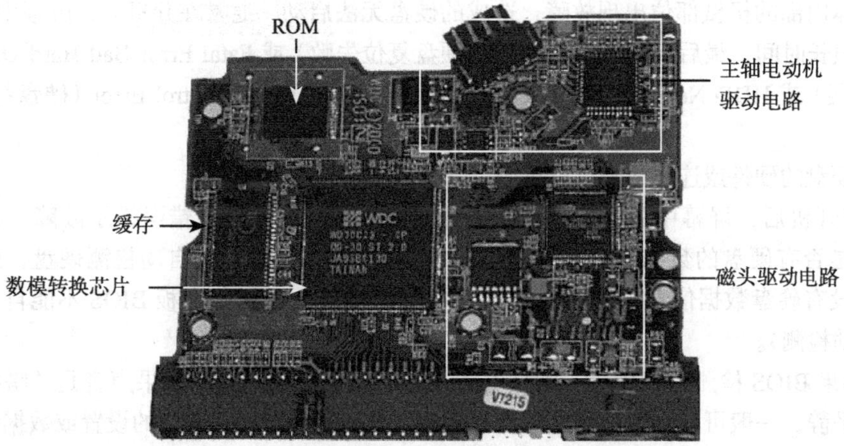

图 22-21 硬盘的电路板

对硬盘碟片和磁头的检测非常困难，因为硬盘内存是封闭结构，一旦打开就不容易还原，而且磁头碟片之间非常精密，稍有操作不当就会造成无法挽回的损失。所以检测硬盘内部时必须慎重而为。如图 22-22 所示。

图 22-22 硬盘内部

22.5 排除硬盘无法启动故障的方法

硬盘无法启动故障是指开机后无法从硬盘启动的故障。引起硬盘无法启动故障的原因非常多，硬盘无法启动故障一般是由 CMOS 设置错误、硬盘数据线等连接松动、硬盘控制电路板、主板上硬盘接口电路或者是盘体内部的机械部位、硬盘的引导区损坏、硬盘坏道导致电脑系统文件损坏或丢失、硬盘分区表丢失、硬盘的感染病毒、硬盘被逻辑锁锁住等引起。

硬盘无法启动故障又分为连接或硬盘硬件故障造成的无法启动故障、引导区故障造成的无法启动故障和坏道或系统文件丢失造成的无法启动故障等几种情况。

22.5.1 排除连接或硬盘硬件故障造成的无法启动故障

由于 CMOS 设置错误、硬盘数据线等连接松动、硬盘控制电路板、主板上硬盘接口电路或者是盘体内部的机械部位出现故障，造成的硬盘无法启动，通常在开机后，屏幕中的 WAIT 提示停留很长时间，最后出现 Reset Failed（硬盘复位失败）或 Fatal Error Bad Hard Disk（硬盘致命性错误）或 HDD Not Detected（没有检测到硬盘）或 HDD Control Error（硬盘控制错误）等提示。

对于硬盘的硬件或连接故障可以按照以下方法进行检修：

1）若开机后，屏幕中的 WAIT 提示停留很长时间，最后出现错误提示故障。首先检查 CMOS 中是否有硬盘的数据信息，由于现在的主板 BIOS 都是开机自动检测硬盘，所以如果 CMOS 中没有硬盘数据信息，则是主板 BIOS 没有检测到硬盘（如主板 BIOS 不能自动检测硬盘，请手动检测）。

2）如果 BIOS 检测不到硬盘，则接着听一下硬盘发出的声音，如果声音是“嗒嗒”然后就恢复了平静，一般可以判断硬盘大概没有问题，故障原因可能在硬盘的设置或数据线连接或主板的 IDE 接口上。接着检查电脑中是否接了双硬盘，硬盘的跳线是否正确，检查硬盘数据排线是否断线或有接触不良现象，最好换一根好的数据线试试。如果数据排线无故障，检查硬盘数据线接口和主板硬盘接口是否有断针现象或接触不良现象，如有断针现象，请接通断针。如没有将硬盘换一个 IDE 接口或在主板上接一个正常的硬盘来检测主板的 IDE 接口是否正常。

3）如果硬盘发出的声音是“嗒嗒”，然后又连续几次发出“咔嗒、咔嗒”的声响，则一般是硬盘的电路板出了故障，重点检修硬盘电路板中的磁头控制芯片。

4）如果硬盘发出“嗒嗒”或“吱吱”之类的周期性噪声，则表明硬盘的机械控制部分或传动臂有问题，或者盘片有严重损伤，这时可以将硬盘拆下来，接在其他的电脑上进一步判断，在其他电脑中通过 BIOS 中检测一下硬盘，如果检测不到，那就可以断定是硬盘问题，需要检修硬盘的盘体（注意，拆开硬盘检修盘体需要在超净间环境中操作）。

5）如果听不到硬盘发出的声音，用手触摸硬盘的电动机位置，看硬盘的电动机是否转动，如果不转，则硬盘没有加电。接着检查硬盘的电源线是否连接好，电源线是否有电，如果电源线正常则是硬盘的供电电路出现故障，进而检测硬盘电路板中的供电电路元器件故障，如图 22-23 所示为硬盘供电电路。

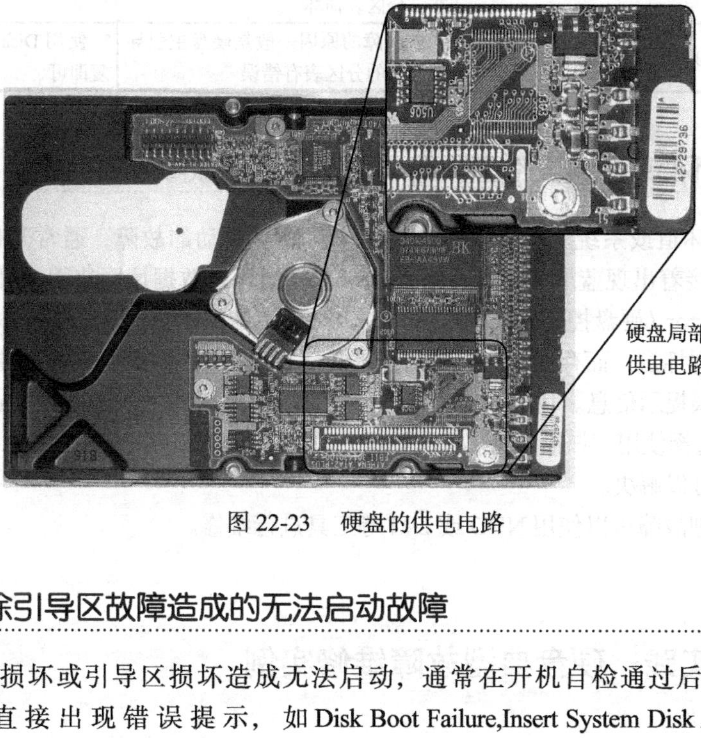

图 22-23　硬盘的供电电路

22.5.2　排除引导区故障造成的无法启动故障

由于硬盘损坏或引导区损坏造成无法启动，通常在开机自检通过后，没有引导启动操作系统，直接出现错误提示，如 Disk Boot Failure,Insert System Disk And Press Enter 或 Invalid System Disk 或 Error Loading Operating System 或 Non — System Disk Or Disk Erro，Replaceand Strike Any Key When Ready 或 Invalid Drive Specification 或 Missing Operating System 等。

对于引导区故障造成的硬盘无法启动可以根据故障提示进行检修，如表 22-1 所示。

表 22-1　引导区故障

故障提示信息	故障分析	诊断排除方法
屏幕显示 C：Drive Failure Run Setup Utility，Press（F1）To Resume 提示信息	该故障是因为硬盘的类型设置参数与格式化时所用的参数不符，但从软盘引导硬盘可用	备份硬盘的数据，重新设置硬盘参数，如不行，重新格式化硬盘，再安装操作系统
屏幕显示：Device Error。然后又显示：Non–System Disk Or Disk Error，Replaceand Strike Any Key When Ready。提示硬盘不能启动，用软盘启动后，在系统盘符下输入 C:，按回车键，屏幕显示：Invalid Drive Specification。系统不认硬盘	该故障的原因一般是 CMOS 中的硬盘设置参数丢失或硬盘类型设置错误等造成的	重新设置硬盘参数，并检测主板的 CMOS 电池是否有电

（续）

故障提示信息	故障分析	诊断排除方法
屏幕显示：Error Loading Operating System 或 Missing Operating System 提示信息	硬盘引导系统时，读取硬盘0面0道1扇区中的主引导程序失败。一般原因为0面0道磁道格式和扇区ID逻辑或物理损坏，找不到指定的扇区或分区表的标识55AA被改动，系统认为分区表不正确	使用NDD进行修复
屏幕显示：Invalid Drive Specification 提示信息	该故障是由于操作系统找不见分区或逻辑驱动器，由于分区或逻辑驱动器在分区表里的相应表项不存在，分区表损坏	使用Disk Genius 等软件恢复分区表即可
屏幕显示：Invalid Partition Table 提示信息	该故障的原因一般是硬盘主引导记录中的分区表有错误	使用Disk Genius 等软件修复即可

22.5.3 排除坏道或系统文件丢失造成的无法启动故障

硬盘因物理坏道或系统文件丢失等造成无法从硬盘启动的故障，通常开机自检通过后，开始启动系统，接着出现蓝屏、死机、提示某个文件损坏或数据读写错误或开机检测时提示 HDD Controller Error（硬盘控制器故障）或 DISK 0 TRACK BAD（0磁道损坏）等故障现象。

由于硬盘出现坏道，而存放在坏道处的系统文件在启动系统时无法调用，造成启动时出现蓝屏或死机或错误提示信息。坏道的处理方法为：对于逻辑坏道，可以使用 Scandisk 磁盘扫描工具进行修复（选择使用“扫描磁盘表面”扫描），如果不行可以用 FORMAT 命令格式化硬盘，一般逻辑故障都可以解决。

对于硬盘物理故障可以使用 NDD 或 DM 等工具进行维修。

22.6 动手实践：硬盘典型故障维修实例

22.6.1 电脑无法启动，提示“Hard disk not present”错误

1. 故障现象

一台 Intel 酷睿 i3 双核电脑，突然无法开机了，提示“Hard disk not present”错误。

2. 故障分析

根据故障提示分析，此故障可能是电脑没有检测到硬盘引起的。硬盘损坏、硬盘供电故障、数据线接触不良都有可能造成系统找不到硬盘。

3. 故障查找与维修

首先检查硬盘连接方面的原因，然后检查其他方面的原因。

1）打开机箱检查硬盘数据线和电源线，发现数据线和电源线连接正常。

2）开机时按 Del 键进入电脑的 BIOS 程序，然后进入 Standard CMOS Features 选项检查硬

盘参数，发现BIOS没有检测到硬盘参数。

3）打开电脑电源，仔细听硬盘的声音，发现硬盘有电动机转动的声音，说明供电正常。

4）关闭电脑电源，用替换法检查硬盘的数据线，发现更换数据线后，故障消失。

5）仔细检查原先的数据线，发现数据线上有一个排线处有裂口，应该是数据线在此处有断线造成的系统无法找到硬盘。

22.6.2 电脑无法启动，提示没有找到硬盘

1. 故障现象

一台宏基双核电脑，电脑使用时突然停电了，来电以后再打开电脑，就出现提示“没有找到硬盘”。

2. 故障分析

根据提示“没有找到硬盘”来判断，故障可能是电脑没有检测到硬盘引起的。找不到硬盘可能是由硬盘损坏、硬盘数据线接触不良、硬盘中系统文件损坏造成的。

3. 故障查找与维修

1）检查硬盘数据线的连接，没有发现松动和断线。

2）打开电脑按Del键进入电脑的BIOS程序，然后进入Standard CMOS Features选项检查硬盘参数。发现BIOS可以检测到硬盘参数，说明硬盘正常，怀疑硬盘中的系统文件损坏。

3）重新安装操作系统，安装好后进行测试，电脑运行正常，故障排除。判断为突然断电导致系统文件丢失引起的故障。

22.6.3 升级电脑后无法启动

1. 故障现象

一台旧电脑，因为硬盘容量不够用，所以加了一块硬盘，两块硬盘都是SATA接口。安装了两块硬盘以后，再开机电脑就无法启动了。

2. 故障分析

根据现象判断，此故障可能是由于电脑启动时，被引导到后加的硬盘，而后加的硬盘中没有系统文件，所以造成无法启动的故障。

3. 故障查找与维修

1）拆开电脑机箱检查，发现新加的硬盘接在了SATA0接口，原硬盘接在了SATA2接口。由于启动时先从SATA0接口引导，所以导致故障。

2）将两个硬盘的数据线调换，原硬盘接SATA0接口，新加的硬盘接SATA2接口。

3）重启电脑，系统可以正常启动，故障排除。

22.6.4 内置锂电池的移动硬盘连接电脑后无法正常使用

1. 故障现象

新款的OTG移动硬盘，内置锂电池。移动硬盘接入电脑时，电脑可以识别移动硬盘，但

向移动硬盘复制文件时，总是出现提示“无法复制”。同时硬盘发出“咔咔”的响声。

2. 故障分析

根据故障提示分析，此故障可能是由移动硬盘的供电问题、接口电路或盘体损坏造成的。

3. 故障查找与维修

先易后难，先检查供电方面的原因，然后检查其他方面的原因。首先检查移动硬盘的供电，发现移动硬盘的锂电池供电不足。试着为移动硬盘充电，然后将移动硬盘连接到电脑上进行测试，发现移动硬盘使用正常，故障排除。

提示：移动硬盘因为驱动马达、磁头等设备的需要，要求供电比较苛刻，紧靠USB接口供电是不能满足移动硬盘的需求的，必须另接专门的供电接口，才能正常使用。

22.6.5 硬盘发出“吱、吱”声，电脑无法启动

1. 故障现象

故障电脑的硬盘是希捷1TB 7200转单碟硬盘。开机时发现，电脑无法启动，提示“没有找到硬盘”。听到硬盘发出“吱吱”的声响。

2. 故障分析

根据故障现象分析，无法启动电脑应该是硬盘故障造成的。硬盘盘体损坏、盘片损坏、磁头损坏都有可能造成启动时发出“吱吱”的响声。

3. 故障查找与维修

遵循先易后难的原则，先检查固件方面的原因，然后检查其他方面的原因。

1）用PC3000检查硬盘，接着用相同型号的固件，重新刷新硬盘的固件。

2）刷新后测试硬盘，发现硬盘故障依旧。

3）如果硬盘中有重要的数据文件，可以在超净环境中开盘检查硬盘的磁头和盘片，如果磁头损坏，更换磁头即可。如果盘片损坏，可以考虑从未损坏的盘片中恢复需要的数据。

4）更换磁头后，硬盘可以使用了。因此判断是磁头问题导致的硬盘故障。

22.6.6 电脑无法正常启动，提示“Hard disk drive failure”

1. 故障现象

一台AMD双核电脑，今天突然无法进入系统了，自检时出现“Hard disk drive failure”（硬盘装载失败）的错误提示。

2. 故障原因

根据提示“硬盘装载失败”来判断，故障可能是由硬盘电路板或固件损坏引起的。

3. 故障查找与维修

此类故障应首先检查硬盘连接方面的原因，然后检查固件方面的原因。

1）打开机箱检查硬盘的数据线连接，发现连接完好。

2）开机时按Del键进入电脑的BIOS程序，然后进入Standard CMOS Features选项检查硬盘参数，发现BIOS可以检测到硬盘参数。

3）怀疑硬盘的固件损坏，接着用 PC3000 检测硬盘，然后用相同型号的固件，重新刷新硬盘的固件。刷新后测试硬盘，故障消失。看来是硬盘固件损坏引起的故障，刷新固件后故障排除。

22.6.7 电脑无法启动，提示 I/O 接口错误

1. 故障现象

一台 Intel 奔腾双核电脑，电脑开机时无法进入系统，提示“Disk I/O error, Replace the disk and then press any key”硬盘接口错误。

2. 故障分析

根据故障提示分析，此故障可能是由硬盘接口方面的问题引起的。硬盘损坏、硬盘接口电路损坏、数据线接触不良等都可能造成这个错误。

3. 故障查找与维修

此类故障首先检查接口方面的原因，然后检查其他方面的原因。

1）重新拔插硬盘数据线和电源线。

2）进入 BIOS 程序的 Standard CMOS Features 选项中检查硬盘，发现 BIOS 检测不到硬盘参数。

3）开机用手触摸硬盘的主轴电动机，发现电动机在转动，说明硬盘的供电正常。

4）怀疑硬盘的接口电路损坏，用万用表测量控制电路板。检测硬盘的主控芯片，发现控制接口的主控芯片不正常。

5）更换同型号的主控芯片后，开机测试，可以正常启动了。

22.6.8 电脑无法启动，提示没有找到硬盘

1. 故障现象

一台方正电脑，开机无法启动，提示“HDD controller failure, Press F1 to resume”没有找到硬盘。

2. 故障分析

启动时找不到硬盘，可能是硬盘损坏、供电不足、数据线接触不良造成的。

3. 故障查找与维修

要先判断是连接还是硬盘损坏。

1）检查硬盘的数据线连接，没有发现松动。

2）开机时按 Del 键进入电脑的 BIOS 程序然后进入 Standard CMOS Features 选项检查硬盘参数，发现 BIOS 没有检测到硬盘参数。

3）用替换法，测试数据线和硬盘供电线，都没有问题，这应该是硬盘本身的故障。

4）将硬盘打开，用万用表测量控制电路，发现控制电路断路。

5）用同型号硬盘电路板更换掉故障电路板，开机测试，电脑可以正常启动了。判断是由硬盘的电路板有损坏造成的。

22.6.9 电脑无法启动，提示找不到分区表

1. 故障现象

一台故障电脑，开机后无法进入系统，提示“Invalid partition table”分区表无效。

2. 故障分析

分区表无效，可能是由硬盘损害、非法关机、病毒破坏造成的。

3. 故障查找与维修

1）将硬盘换到另一台电脑中，运行 NDD 磁盘工具软件。接着在软件界面中选择故障硬盘的 C 盘，并单击“诊断”按钮。

2）用软件开始检测硬盘，随后出现检测到错误是否要修复的对话框，此时单击“修复”按钮，对硬盘进行修复。

3）修复后将硬盘重新安装到原来的电脑中，开机测试，电脑启动正常。

4）进入系统后用杀毒软件查杀病毒，结果发现几个病毒。判断是病毒引起的分区表损坏，清除病毒后故障排除。

22.6.10 电脑无法启动，提示操作系统丢失

1. 故障现象

一台 AMD 双核电脑，开机后无法进入系统，提示“ Missing operating system”操作系统丢失。

2. 故障分析

根据提示分析，系统丢失可能是由于硬盘引导文件丢失、硬盘扇区损坏、分区标识丢失或病毒破坏造成的。

3. 故障查找与维修

1）用启动盘检测硬盘分区。

2）磁盘工具软件开始检测硬盘，随后软件出现检测到错误是否修复的对话框，此时单击“修复”按钮进行修复。

3）修复后再次开机测试，发现可以正常使用了。

4）进入系统后用杀毒软件扫描，没有发现病毒。

22.6.11 电脑开机后显示：“Invalid partition table”错误提示，无法启动

1. 故障现象

电脑开机后显示“Invalid partition table”错误提示，无法启动。

2. 故障分析

根据故障现象分析，引起此类故障的原因一般由于硬盘主引导记录中的分区表有错误，系统规定只能有一个分区为自举分区，若分区表中含有多个自举标志时，主引导程序会给出“Invalid partion table”的错误提示。

3. 故障查找与维修

由于怀疑硬盘的分区表有问题，因此运行 DiskGenius 分区表修复软件，然后使用分区表修复功能修复硬盘，之后重启电脑测试，电脑正常启动，故障排除。

22.6.12　电脑无法正常启动，出现“Boot From ATAPI CD-ROM：Disk Boot Failure，Insert System Disk And Press Enter”的错误提示

1. 故障现象

一台双核电脑，开机后无法正常启动，出现“Boot From ATAPI CD-ROM：Disk Boot Failure，Insert System Disk And Press Enter”的错误提示。

2. 故障分析

根据故障现象分析，此故障提示为从光驱启动失败分析，故障原因可能是电脑没有从硬盘启动，而是从光驱启动时出现错误引起的。对于此类故障一般检查光驱中有没有光盘、BIOS 中启动顺序设置是否正确、硬盘连接是否正常、硬盘是否损坏等。

3. 故障查找与维修

1）打开电脑进入 BIOS 程序，检查硬盘选项，发现 BIOS 中可以检测到硬盘参数，说明硬盘连接正常。

2）进入 BIOS 程序中的“Advanced BIOS Features”选项，检查其中的“First Boot Device”“Second Boot Device”“Third Boot Device”三个选项。发现三个选项的设置分别为“CD-ROM（光驱）”“FLOPPY（软驱）”“LAN（网络）”，而没有“HDD-0（硬盘）”，看来启动顺序设置错误，没有设置从硬盘启动。

3）将“First Boot Device”选项设为“HDD-0”，设好后，保存退出，然后重新启动电脑，启动成功，故障排除。

22.6.13　将电脑硬盘升级后，电脑无法正常启动

1. 故障现象

一台双核电脑对其硬盘进行升级后，向电脑中增加了一块新的硬盘。但将第二块硬盘安装到电脑后，发现电脑无法正常启动。

2. 故障分析

根据故障提示分析，此故障可能是由硬盘没有连接好，或硬盘数据线有问题，或电脑升级导致一些硬件接触不良，或 BIOS 设置有问题引起的。首先检查是否可以开机，然后检查硬盘是否接触不良。

3. 故障查找与维修

1）开机检查，发现电脑可以开机，并有 BIOS 自检画面，但是启动时，提示无法找到系统。

2）重启电脑进入 BIOS 查看硬盘信息，发现电脑中可以检测到两块硬盘，说明硬盘连接正常。

3）仔细观察，发现后增加的硬盘被连接到 SATA0 接口上，原先的硬盘连接在了 SATA1

接口，由于电脑默认从 SATA0 接口启动系统，而后加的硬盘没有安装操作系统，所以电脑开机后无法启动系统。

4）关闭电脑电源，将两块硬盘数据线对调，然后开机启动，电脑正常启动 windows 系统，故障排除。

22.6.14 电脑无法启动，出现“HDD controller failure Press F1 to Resume”错误提示

1. 故障现象

一台双核电脑开机自检时，出现“HDD controller failure Press F1 to Resume”错误提示，无法启动电脑。

2. 故障分析

根据故障提示分析，此故障可能是因为硬盘数据线或电源线损坏、硬盘数据线接触不良、硬盘电源线接触不良、硬盘接口损坏、硬盘固件损坏、硬盘主控电路有问题、硬盘供电电路有问题等。

3. 故障查找与维修

1）在开机时按 Del 键进入电脑的 BIOS 程序，然后进入“Standard CMOS Features”选项检查硬盘选项，发现 BIOS 中没有检测到硬盘参数。

2）关闭电脑电源，然后打开机箱检查硬盘数据线和电源线，发现数据线和电源线连接正常。

3）打开电脑的电源，仔细听硬盘的声音，发现硬盘有电动机转动的声音，说明供电正常。

4）关闭电脑的供电，然后用替换法检查硬盘的数据线，发现数据线、主板硬盘接口等均正常。

5）将硬盘接到另一台电脑中测试，发现出现同样的故障，看来是硬盘的主控电路有问题。用一块同型号硬盘的电路板更换故障硬盘的电路板后，开机测试，故障消失。看来是硬盘的电路问题引起的故障。

22.6.15 电脑无法正常启动，出现“Disk I/O error，Replace the disk,and then press any key”错误提示

1. 故障现象

一台双核电脑启动时，发现电脑无法启动，出现“Disk I/O error，Replace the disk,and then press any key”错误提示。

2. 故障分析

根据故障提示分析，此故障可能是由硬盘接触不良、硬盘接口损坏、主板 SATA 接口损坏、硬盘接口电路损坏、硬盘固件损坏等原因引起的。

3. 故障查找与维修

1）进入 BIOS 程序的“Standard CMOS Setup”选项中检查硬盘，发现 BIOS 中检测不到硬盘参数。

2）关闭电源，打开机箱检查硬盘的连接，硬盘的数据线和电源线连接正常。再用手触摸硬盘的主轴电动机，发现电动机在转动，说明硬盘的供电正常。

3）怀疑硬盘的接口电路损坏，接着检测硬盘的主控芯片，发现控制接口的主控芯片不正常，更换同型号的主控芯片后，开机测试，故障排除。

22.6.16 电脑无法正常启动，出现“Missing Operating System”错误提示

1. 故障现象

一台双核电脑突然无法启动系统，开机自检后出现“Missing Operating System”错误提示。

2. 故障分析

根据故障提示分析，此故障可能是由于硬盘引导扇区损坏，或主引导程序丢失，或分区表结束标识“55AA”丢失，或感染病毒导致系统读取硬盘0面0道1扇区中的主引导程序失败。

3. 故障查找与维修

1）将故障硬盘连接到另一台电脑中，并进入BIOS进行检查，发现BIOS中检查到的硬盘参数正常。

2）启动电脑运行NDD磁盘工具软件，然后在软件界面选择故障硬盘的C盘，单击“诊断”按钮。

3）磁盘软件开始检测磁盘，随后软件出现“检测到错误是否修复”的对话框，然后单击“修复”按钮。之后硬盘检测完毕，接着将硬盘重新安装到原来的电脑中，开机测试，电脑正常启动，故障排除。

22.6.17 电脑无法正常启动，出现“Invalid partition table”错误提示

1. 故障现象

一台双核电脑无法正常启动，在电脑自检完成后，出现“Invalid partition table”错误提示。

2. 故障分析

根据故障提示信息分析，此故障是由于感染病毒，或非法关机，或硬盘损坏导致硬盘的分区表损坏引起的。

3. 故障查找与维修

1）将故障硬盘接到另一台电脑中，然后运行NDD磁盘工具软件。接着在软件界面选择故障硬盘的C盘，并单击“诊断”按钮。

2）软件开始检测磁盘，随后出现检测到错误是否修复的提示对话框，单击“修复”按钮，对硬盘进行修复。

3）修复后将硬盘重新安装到原来的电脑中，开机测试，电脑启动正常，接着用杀毒软件查杀病毒，结果发现几个病毒，看来是病毒引起的分区表损坏，随后清除病毒，故障排除。

第 23 章

诊断与修复显卡故障

显卡是电脑中比较不容易出现问题的设备，由于采用的是固态器件、封闭式电感等设计，所以显卡本身出现故障的概率非常小，尤其是不带散热器的低功耗显卡。

显卡问题主要集中在散热器、接口连接、管脚（金手指）氧化、驱动程序等方面。这一章详细讲解显卡的故障和维修方法。

23.1 区分显卡故障还是显示器故障

显卡和显示器是电脑的主要显示设备。当电脑出现无法显示的问题时，首先要区分的就是，问题出在显卡还是显示器上。

显卡和显示器出现故障，都有可能造成开机黑屏，但两者还是有很多的不同。如果有条件的话，最好的方法就是替换法，用另一台显示器来替换现有的，这也是最稳妥的方法。如果只有一台显示器，那么可以从以下细节来加以判断。

1）看显示器的电源指示灯，如果电源指示灯不亮，说明显示器根本没有通电。检查供电插座是否有电。

2）看显示器的提示信息，有的显示器在没有信号时会有“无信号”等提示信息。如果有提示信息，说明至少显示器是正常的。检查主机内设备。

3）听主机机箱警报，如果开机黑屏，且主机机箱有“嘟嘟”的警报声，说明问题出在电脑主机中。

4）看主机运行情况，如果开机黑屏，但主机的几个指示灯都正常闪烁，并保持稳定，说明故障不在主机。可以换一台显示器试试。

5）开机黑屏，等待一会之后，可以按一下键盘上的 Numlock 键，观察 Numlock 灯是否能亮，如果可以亮起，说明电脑主机工作正常。问题出在显示器上。

23.2 显卡故障现象分析

从故障现象分析原因，可以把显卡故障分为两类，一是无法工作，二是工作异常。

无法工作的情况包括：无法黑屏、报警、使用中死机等。这是因为显卡与插槽接触不良、灰尘、异物、管脚氧化、显卡元件受损等原因造成的。

工作异常的情况包括：显示器图像模糊、显示文字看不清、显示器颜色不正常或偏色、显示器上出现雪花斑点和横竖条纹等。这通常是因为显卡的驱动程序没有装好，或显卡与其他设备不兼容、显卡元件受损等。

23.3 显卡常见故障原因分析

23.3.1 驱动程序不兼容

显卡的驱动程序对显卡来说至关重要，如果没有驱动程序或驱动程序不匹配的话，显卡无法发挥它应有的作用。因此必须正确安装显卡的驱动程序。

23.3.2 接触不良

接触不良是最常见的故障，通常只要将板卡拔下来重新插好，然后用力左右晃动几下，确保板卡的管脚与插槽的簧片充分接触即可。

接触不良还有可能是由插槽内的簧片出现弯曲变形造成的，这时就要用小镊子轻轻地将变形的簧片掰正回到原来的形状，注意不要把簧片掰断了。如果有两个显卡插槽，可以将显卡换到另一个插槽使用，如图 23-1 所示。

23.3.3 管脚氧化

如果使用时间长或使用环境潮湿，显卡的管脚（金手指）处出现氧化是很常见的。由于整个显卡 PCB 都是由多层覆膜保护的，所以不用担心板卡和元件的氧化，可是与插槽接触的管脚处却必须保持金属的暴露，这就是显卡内存金手指处容易氧化的原因。

氧化会导致电脑出现死机、无法开机或工作异常。对比可以把显卡拔下来，用橡皮反复擦氧化处，直至氧化物全部擦掉为止，如图 23-2 所示。

图 23-1 有两个显卡插槽的主板

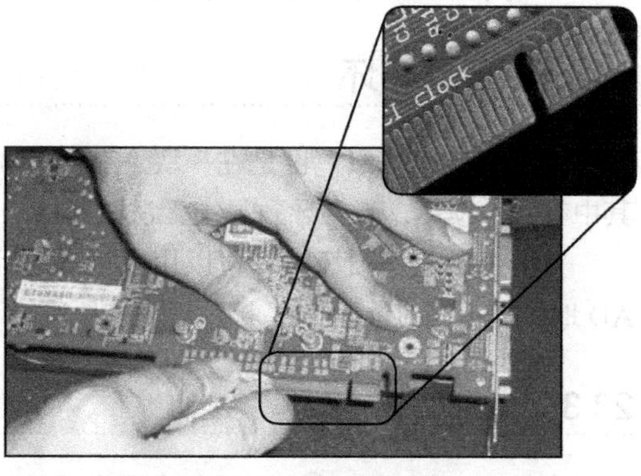

图 23-2 用橡皮清理氧化层

23.3.4 灰尘和异物

有人曾说过“灰尘是电脑最大的敌人”，如果显卡上的灰尘太多，就会使元件断路，轻则造成电脑死机，重则导致无法开机。如图 23-3 所示为显卡上的灰尘。

用户要养成良好的使用习惯，应该每隔一段时间就对电脑内部进行清理，时间根据环境不同而异。

清理灰尘时要注意，必须断开电脑电源，轻手轻脚以避免划坏设备元件，可以使用吹风机、皮老虎、毛刷等工具，清理完毕应该按照原样安装设备。

异物是指头发、硅胶、铁丝等杂物，它们落在显卡插槽中，会导致显卡接触不良。

灰尘和异物虽然危害大，但容易清理，只要注意养成良好的使用习惯就不会造成大的损坏。

23.3.5 散热器工作异常

散热器工作异常主要有两个方面，一是散热器风扇噪声大，二是散热片上灰尘太多影响散热。

1）风扇噪声大时，可以将风扇卸下，拆下风扇的轴承上盖，再往轴承上点一两滴机油，注意不要用食用油，然后用手拨动扇叶转几圈，使机油融入轴承内，再安装好即可。如图 23-4 所示。

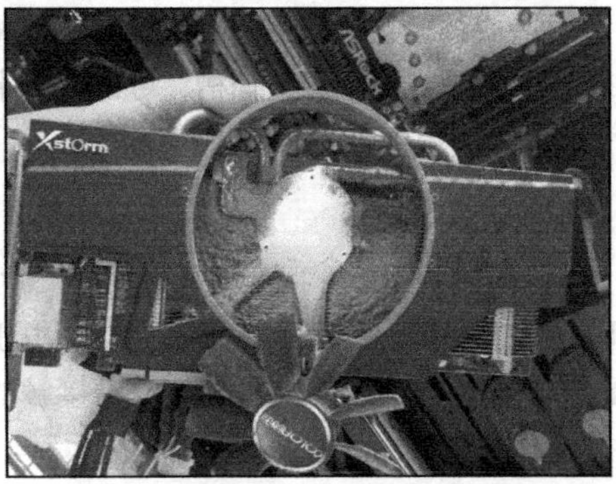

图 23-3 显卡上的灰尘

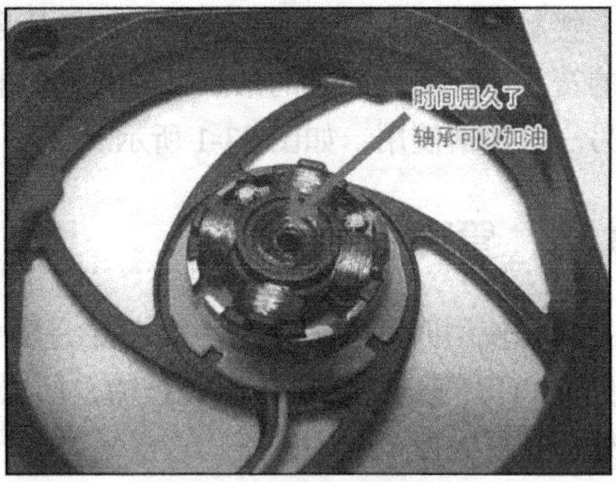

图 23-4 给风扇加机油

2）散热器上灰尘太多也会影响散热，只要用皮老虎和毛刷将灰尘清理掉即可。

23.3.6 元件损坏

显卡与主板相似，也是在一块 PCB 上集成 GPU、显存、电阻、电容、电感等元件。如果其中有元件损坏，就会导致显卡无法工作。

显卡上的元件损坏时，可以用万用表对元件进行测量，主要是测电路输出电压对地阻值、AD 地址数据线对地阻值、芯片两端电压等，与主板的检测方法一样。

23.3.7 GPU 虚焊

有的显卡使用得时间长了，或者劣质的显卡长时间高温工作，都有可能出现 GPU 虚焊的情况。如果已经用替换法确定显卡出现了故障，那么就可以对 GPU 进行加焊。

GPU 的引脚小而密，使用电烙铁加焊非常困难，因此可以使用热风枪。方法是在显卡背面 GPU 的引脚上涂抹一层助焊剂防止加焊时氧化，然后用热风枪在引脚上面来回吹，使虚焊的引脚处的焊锡融化。这里必须注意的是，加焊时一定要控制好温度，温度过高容易损坏其他元件。要用用热风枪来回吹，温度高了马上移开热风枪，温度低了在移回热风枪加热。

23.4 显卡故障诊断

如果显卡出现问题，将可能出现黑屏、花屏、显示模糊等系统故障。判断是否因为显卡问题导致了系统故障有以下四种方法。

23.4.1 通过 BIOS 警报声判断

启动电脑之后，系统警报声异常，可以推断大致是什么方面的问题。

三种不同的 BIOS 警报声代表显卡有问题，如下所示。

1）Award BIOS 1 长 2 短的警报声表示显卡或显示器错误；不断的短警报声响，表示电源、显示器或显卡未连接。

2）AMI BIOS 8 短警报声表示显存错误；1 长 8 短警报声，表示显卡测试错误。

3）Phoenix BIOS 3 短 4 短 2 短警报声，表示显示错误。

23.4.2 通过自检信息判断

如果电脑在自检过程中，长时间停留在显卡自检处，不能正常通过自检，说明可能是显卡出现了问题。这时重点检查显卡是否有接触不良故障或损坏等问题。如图 23-5 所示为电脑自检画面。

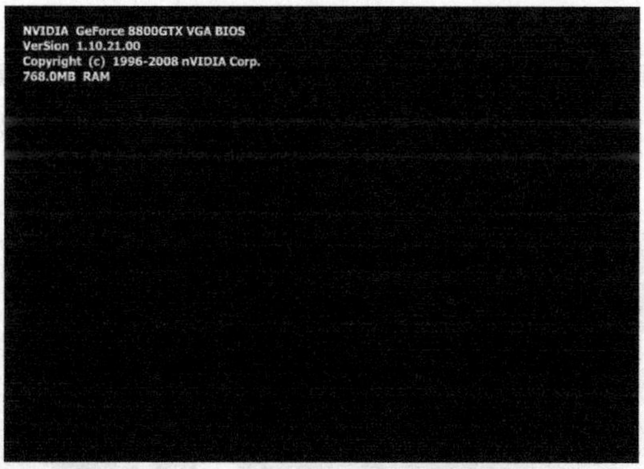

图 23-5　NVIDIA 显卡自检画面

23.4.3 通过显示状况判断

根据显示器出现的显示状况进行显卡问题的判断。

显示器出现花屏、显示模糊或者黑屏的现象，是比较常见的系统故障。

花屏、显示模糊或者黑屏现象是通过显示器表现出来的，但是导致这些故障的原因却通常不是显示器本身的问题。所以在通过显示状况判断系统故障的时候，要注意区分是显示器问题导致的故障还是由于显卡问题导致的故障。如图 23-6 所示。

导致显示器花屏、显示模糊的主要原因有显卡接触不良、显卡散热不好而导致的显卡温度过高。

还有可能是显卡驱动问题、显卡和主板不兼容、分辨率设置错误等问题。如图 23-7 所示。

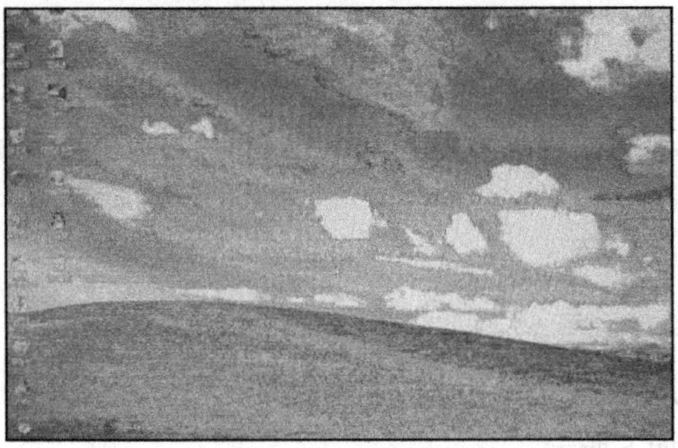

图 23-6 显示器花屏故障

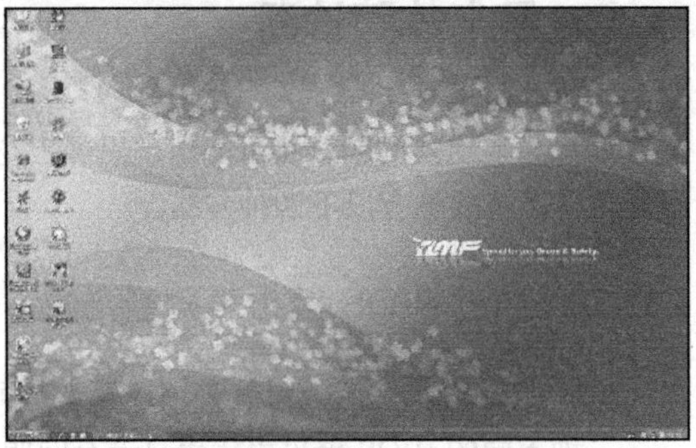

图 23-7 显示器显示模糊

23.4.4 通过主板诊断卡故障码判断

当启动电脑出现黑屏的时候，可以用诊断卡先进行诊断。如果诊断卡代码为 0B、26、31 表示显卡可能存在问题。这时重点检查显卡是否与主板接触不良，或显卡是否损坏等问题。

23.4.5 通过检查显卡的外观判断

检测显卡问题导致的系统故障，首先还是从物理硬件开始排查。打开主机箱，仔细观察显卡电路板是否有划痕，电容等器件是否有损坏或者烧焦现象，显卡的金手指是否有脱落的现象。如图 23-8 所示。

如果显卡不能够得到很好的散热，也会导致系统产生一系列故障。所以一定要仔细检查显卡的散热器是否存在问题。如果散热器内淤积了大量灰尘，要及时进行清理。如图 23-9 所示。

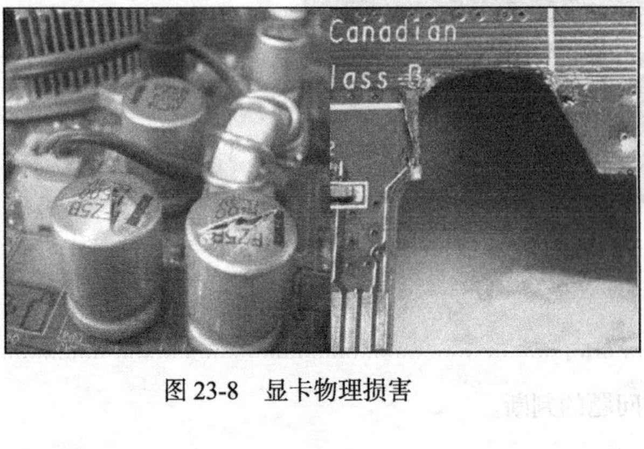

图 23-8 显卡物理损害

图 23-9 淤积大量灰尘的显卡散热器

23.4.6　通过检测显卡安装问题判断

独立显卡要与主板、电源、显示器还有自身的散热器相连，连接线和接口比较多。一旦某一个环节出现了问题，那么都可能导致黑屏、花屏等问题。如图 23-10 所示。

在排查显卡连接问题的时候，主要从以下几个方面进行检查。

1）检查显卡金手指是否有异物或者被氧化。如果有，用橡皮擦拭金手指进行清洁。

2）检查显卡的电源、输出接口和线路是否有损坏或接触不良的状况。

3）检查显卡的散热器是否安装正确，有没有松动或者压损显卡元件的现象。

23.4.7　通过检测显卡驱动来判断

驱动程序是硬件的“灵魂”，如果显卡的驱动程序出现问题，则可能导致不同程度的系统故障。判断是否因为显卡驱动程序问题引起的系统故障，可以进入“设备管理器”查看。通常有黄色问号提示，说明驱动存在问题。这类问题其实处理起来比较简单，只要安装或者更新显卡驱动程序即可。如图 23-11 所示。

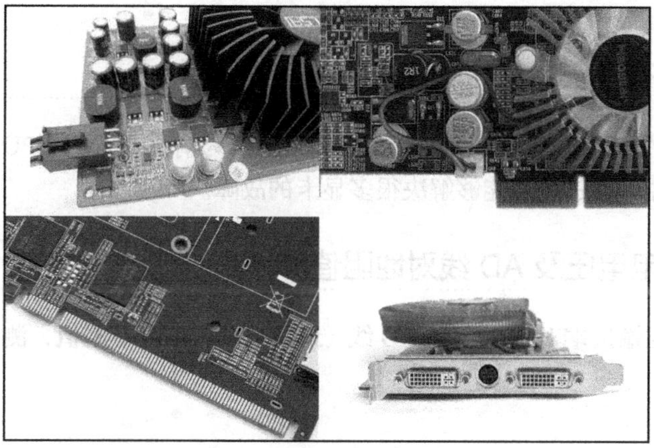

图 23-10　显卡线路和接口

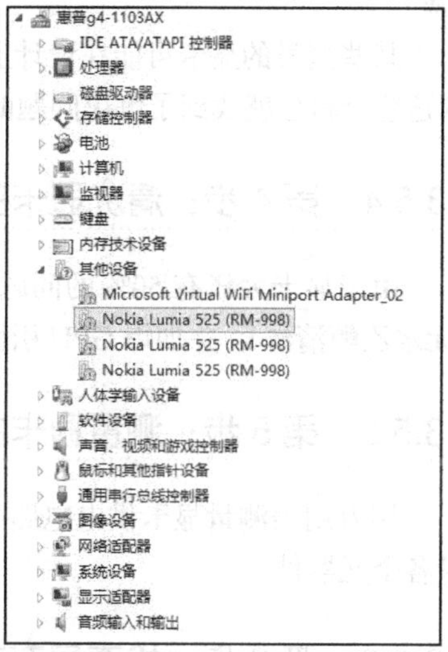

图 23-11　显卡驱动异常

23.5　显卡故障检测维修步骤

当显卡出现故障后，一般可以按照下面的步骤进行检修。

23.5.1　第 1 步：擦金手指

当显卡出现问题后，第一步就是用橡皮擦显卡的金手指。这样可以清洁由于金手指氧化导致的显卡与主板接触不良问题。在维修显卡的过程中，有很多“疑难杂症”都可以通过清洁金手指而化解。图 23-12 所示为显卡金手指。

图 23-12 显卡金手指

23.5.2 第 2 步：检查显卡表面

仔细检查显卡表面，看显卡上有没有损坏的元器件。如果有，以此为线索进一步检修，通常可以快速查到显卡故障的原因，从而迅速排除故障。

23.5.3 第 3 步：查显卡的资料

某些型号的显卡可能在设计上有缺陷，存在一些通病，有的甚至被厂家召回了，如果能查到这些资料也就找到了解决问题的捷径。

23.5.4 第 4 步：清洗显卡的 GPU

由于显卡大概有 50% 的问题都出在 GPU（显示芯片）上，因此个人认为清洗显卡的 GPU（无水乙醇清洗），并加焊 GPU 引脚（或者做 BGA）能够解决很多显卡的故障。

23.5.5 第 5 步：测量显卡的供电电压及 AD 线对地阻值

用万用表测量显卡供电电路的电压输出端对地阻值和 AD 线（地址数据线）对地阻值，测量各个元器件。

23.5.6 第 6 步：检查显存芯片

如果遇到显卡花屏或死机等故障，可以用 MAST 等测试软件测试显卡的显存芯片。如果显存有问题，更换显存芯片。图 23-13 所示为显卡显存芯片。

图 23-13 显卡显存芯片

23.5.7　第 7 步：刷新显卡 BIOS 芯片

显卡 BIOS 芯片主要用于存放显示芯片与驱动程序之间的控制程序，另外还存有显卡的型号、规格、生产厂家及出厂时间等信息。当它内部的程序损坏后，会造成显卡无法工作（黑屏）等故障。对于 BIOS 程序损坏的故障，可以通过重新刷新 BIOS 程序来排除故障。

23.6　动手实践：显卡典型故障维修实例

23.6.1　无法开机，警报声一长两短

1. 故障现象

一台 Intel 酷睿 i3 双核电脑，经过灰尘清理后，无法启动了，显示器没有信号，机箱有一长两短的警报声。

2. 故障分析

根据一长两短的警报声判断，是显卡连接故障造成的无法开机。

3. 故障查找与维修

打开机箱，查看显卡连接，发现显卡没有完全插到显卡插槽中，一部分金手指露在外面。重新拔插显卡，开机再试，电脑能够正常启动。

23.6.2　无法开机，显示器没有信号，没有警报声

1. 故障现象

一台 AMD 速龙双核电脑，一段时间没人使用，便无法启动了，显示器没有信号，机箱也没有警报声，但电源指示灯能亮。

2. 故障分析

根据现象推断，是硬件故障导致的不能开机。可能的故障如下：

1）CPU 故障。

2）内存故障。

3）显卡故障。

4）主板故障。

5）电源故障。

3. 故障查找与维修

用替换法逐个检测硬件。

1）替换 CPU，发现 CPU 正常。

2）替换内存，发现内存正常。

3）替换显卡，发现显卡不能正常工作。

4）进一步查看显卡，发现显卡的金手指有细微氧化。

5）用橡皮轻轻擦掉显卡金手指上的氧化物，再装好电脑，开机测试，电脑可以启动了。

6）结论是，显卡金手指氧化造成显卡接触不良，进而电脑不能启动。

23.6.3 必须重新拔插显卡，电脑才能启动

1. 故障现象

一台 Intel i5 双核电脑，以前不能启动时，将显卡拔下来重新插上就能启动，今天无论怎么重插，显卡也不能启动。

2. 故障分析

根据故障现象分析，应该是显卡或显卡与主板连接部分存在问题导致的电脑不能启动。

3. 故障查找与维修

1）用替换法检测显卡，发现显卡在别的电脑上没有问题。

2）仔细检查主板上的显卡插槽，发现插槽内的弹簧有一处变形。

3）用小镊子将变形的弹簧掰回原状。

4）开机测试，发现电脑可以正常启动了。

23.6.4 显卡无明显故障损坏

1. 故障现象

一台华硕电脑，使用一年多，一直很正常，今天突然无法启动，显示器没有信号，机箱没有报警。

2. 故障分析

电脑无法启动，机箱没有报警，可能是因为硬件存在问题，CPU、内存、显卡、主板、电源存在问题都有可能造成电脑无法启动。

3. 故障查找与维修

1）用替换法测试 CPU、内存、显卡，发现显卡不能工作。

2）仔细检查显卡，没有发现明显问题。

3）更换显卡，开机测试，电脑能够正常启动。

4）结论是，显卡损坏导致电脑不能正常启动。

23.6.5 显存老化导致死机

1. 故障现象

一台神舟双核电脑，使用一段时间后，出现频繁死机，用户以为是系统问题，重装系统后故障依然存在。

2. 故障分析

重装系统后故障依然存在，说明是硬件问题导致电脑死机，应该用替换法逐个检查 CPU、内存、主板、显卡、电源等设备。

3. 故障查找与维修

用替换法检测发现显卡存在问题，进一步测试显卡，发现显存性能降低。更换显存后，重新测试，电脑可以正常启动。

23.6.6　玩游戏时死机

1. 故障现象

一台 AMD A10 双核电脑，最近用于玩游戏时经常死机，用户怀疑是系统问题，重装系统后故障依然存在。

2. 故障分析

用电脑玩游戏时死机，排除了系统问题，那么多半是因为硬件设备过热。

3. 故障查找与维修

1）开机后进入 BIOS 设置页面。

2）查看电脑温度，发现 CPU 和主板的温度都不高。

3）打开机箱查看，发现显卡风扇转动很慢，用手触摸显卡芯片和散热片，发现温度很高。

4）更换显卡故障风扇。

5）再开机测试，发现电脑没有再发生重启。

6）结论是，显卡上的散热器风扇故障致使显卡温度过高，而导致电脑死机。

23.6.7　显卡不兼容导致死机

1. 故障现象

一台老电脑，显卡是耕昇 GT520。将显卡升级为耕昇 GTX650 后，电脑无法启动了，显示器没有信号，机箱没有报警。

2. 故障分析

因为是更换显卡导致的电脑无法启动，所以应该着重检查显卡的好坏。

3. 故障查找与维修

用替换法测试，将显卡换到另一台电脑上发现可以正常启动，将原有显卡装在故障电脑上，发现电脑也可以正常启动。这说明电脑和显卡都没有问题，因此显卡和电脑之间存在不兼容，更换了同型号的另一块显卡后，再开机测试，发现电脑可以正常启动了。结论是，第一块显卡与电脑之间不兼容引起了故障。

23.6.8　显卡不兼容导致无法安装驱动

1. 故障现象

一台 AMD 速龙双核电脑，它的显卡用于玩游戏时很卡，升级成为新的镭风 HD6750 后，新显卡的驱动总是安装不上，用户以为是系统问题，重装了系统后，依然无法安装显卡驱动。查看设备管理器，显卡上有一个黄色叹号。

2. 故障分析

无法安装驱动，但不影响开机，说明系统可以检测到显卡，但无法识别显卡。造成这种情况的原因可能是显卡上有损坏的元件、资源冲突或设备间不兼容。

3. 故障查找与维修

1）查看设备管理器，显卡上没有资源冲突。

2）先用替换法检测显卡，将显卡放在别的电脑上，检测到该显卡可以使用。

3）将其他显卡装在故障电脑上，电脑可以使用，驱动也可以安装。

4）更换同型号的其他显卡，开机测试，电脑可以正常使用，驱动也可以安装了。

5）结论是，显卡与主板之间不兼容，造成驱动无法安装。

23.6.9 玩 3D 游戏花屏

1. 故障现象

一台 AMD 羿龙 II 四核电脑，使用了一年多，现在用它玩 3D 游戏时经常花屏，运行其他程序时正常。

2. 故障分析

运行 3D 程序花屏，这主要是因为显卡的驱动程序损坏。

3. 故障查找与维修

完全卸载现有显卡驱动后，重新安装最新的驱动程序，打开 3D 游戏测试，没有再出现花屏现象。

23.6.10 集成显卡的显存太小导致游戏出错

1. 故障现象

一台联想电脑，显卡是主板集成的，用它玩游戏时总是跳出显存太少的错误。

2. 故障分析

提示显存少，可能是因为显卡的显存损坏使得显存不足，但这个显卡是主板集成的，显存是由内存的一部分来充当的。

3. 故障查找与维修

查看显存的大小，发现只有 16MB，一般游戏都需要超过 16MB 的显存。重启电脑，按 F2 键进入 BIOS 设置页面，将主板集成显卡的显存从 16MB 调整为 512MB。保存后重启电脑，测试发现没有再出现显存小的提示。

23.6.11 显卡金手指被氧化导致电脑黑屏

1. 故障现象

一台双核电脑，开机时显示黑屏，重新启动后故障依旧。

2. 故障分析

根据故障现象分析，黑屏故障一般与电脑的内存、显卡、主板、显示器等硬件故障都有关系，应使用替换法排查硬件故障。

3. 故障查找与维修

1）检查显示器与显卡的连接线，未发现异常，且显示器电源指示灯闪烁，说明显示器有供电。

2）用替换法检测内存、显卡等硬件，发现更换显卡后，电脑可以开机。看来故障是由显卡问题引起的。

3）仔细检查显卡，发现显卡金手指已失去光泽并呈暗褐色，很明显是金手指被氧化导致的故障。用橡皮将显卡金手指擦拭干净，然后重新插好，启动电脑，故障排除。

23.6.12　电脑无法启动，显示器黑屏

1. 故障现象

一台电脑开机后无法启动，显示器黑屏。

2. 故障分析

一般引起电脑开机黑屏的原因都是硬件方面的问题，重点检查显卡、内存等硬件。

3. 故障查找与维修

1）用主板诊断卡进行诊断，诊断显示 0d 代码，此代码为显卡检测不过的故障代码。

2）拆下显卡，检查显卡金手指，未发现异常。清洁显卡金手指后，安装显卡进行测试，故障依旧。

3）仔细观察显卡插槽，发现用螺丝将显卡固定后，尾部有些翘起来，与 PCI-E 插槽有些接触不好。接着将显卡的固定板弄弯一些，然后固定显卡，之后进行测试，开机正常，故障排除。

23.6.13　用电脑玩游戏时突然黑屏

1. 故障现象

一台双核电脑用于玩游戏时突然黑屏，重新开机同样黑屏，无法启动。

2. 故障分析

根据故障现象分析，由于在使用电脑的时候突然黑屏，此类故障有可能是显示器问题，或是因为电脑中的内存、显卡、CPU、主板出现问题。其中 CPU 过热问题发生的概率较大。

3. 故障查找与维修

1）检查显示器问题，将显示器接到笔记本电脑中，可以正常显示。

2）检查主板、内存等部件，用主板诊断卡诊断，发现故障代码为 0d，即显卡故障。

3）将显卡拆下来，检查显卡，发现显卡上有个电容爆裂，如图 23-14 所示。用同型号的电容替换损坏的电容后，安装好显卡进行测试，此时可以正常显示。因此估计是用电脑玩游戏时，电脑发热量太大导致元器件损坏，给显卡更换更大的散热风扇，然后安装好，再玩游戏，未发生故障，故障排除。

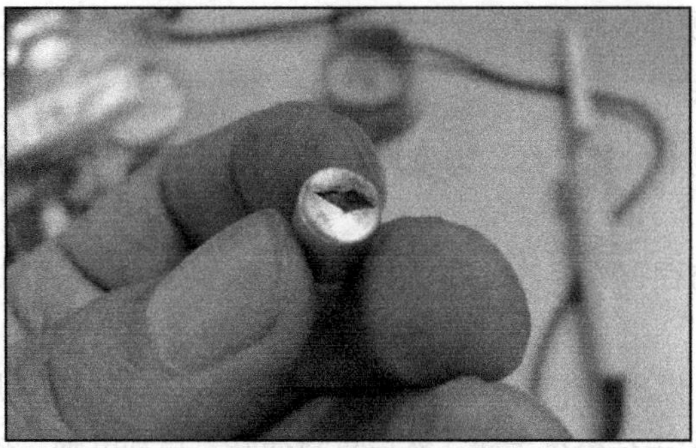

图 23-14 损坏的电容

23.6.14 电脑每次都在第一次开机时黑屏，之后再开机正常

1. 故障现象

一台双核电脑，最近开机总不正常，经常在第一次开机时全黑无反应，切断电源后再开机则成功。

2. 故障分析

根据故障现象分析，此类故障可能是由内存、显卡接触不良，或 BIOS 设置问题引起的。重点检查这方面问题。经了解，该台机器前几天曾被打开机箱清除灰尘。因此怀疑是清洁后，某元件松动导致了接触不良或短路。

3. 故障查找与维修

1）开机仔细观察，发现面板的指示灯不是马上亮的，而是过了 5 秒钟后才亮，电源灯、硬盘灯和光驱面板灯都正常，只是好像系统没有信号送到显示器，而且系统无警报声。由于第二次开机能正常使用，所以排除了黑屏是内存没插好的原因。

2）一般系统开机黑屏是内存和显卡故障两大原因造成的，主板损坏的可能性较小，所以判断可能是因为显卡接触不良。于是，重新插拔显卡后，重新开机测试，一切正常，故障排除。

23.6.15 刷新显卡 BIOS 后，PS 无法使用

1. 故障现象

一台新装的双核电脑，用户在升级并刷新显卡的 BIOS 后，开机运行基本正常，就是使用 PS 软件时，总是提示出错，无法正常使用。

2. 故障分析

根据故障现象分析，由于用户对显卡进行 BIOS 刷新，而 PS 软件对显卡的要求也比较高，因此怀疑故障与刷新 BIOS 有关。另外，显卡的驱动程序 BUG 也会引起出错。重点检查这两个方面。

3. 故障查找与维修

1）在网上下载最新的显卡驱动程序，安装后进行测试，故障依旧。

2）怀疑与刷新显卡 BIOS 有关，用软件将显卡 BIOS 恢复到之前的版本，然后进行测试，PS 可以正常使用了，其他应用也正常，故障排除。

23.6.16　电脑无法启动，并发出“一长三短”的响声

1. 故障现象

一台电脑突然不能启动，并发出“一长三短”的响声。

2. 故障分析

根据故障现象分析，由于电脑发出“一长三短”的响声，对照 BIOS 信息查找响声的含义，发现是显卡有问题。显卡的一般故障通常是因为接触不良或损坏，重点检查这些方面。

3. 故障查找与维修

1）检查显卡接触不良的问题，打开机箱，拆下显卡，然后用橡皮擦拭显卡的金手指。

2）重新安装好显卡，开机测试，可以正常开机，故障排除。

第24章 诊断与修复液晶显示器故障

显示器是电脑重要的组成部分，大部分的人机交流都是通过显示器来完成的。目前主流的显示器是液晶显示器，电脑设备中显示器的故障率并不算高，但一旦出现严重故障，也是电脑设备中最难维修的。

特别需要注意的是，在显示器内的高压板是具有数千伏电压的，绝对不能带电操作，而且关闭电源后还要放置一段时间，让高压板充分放电后才能操作。

24.1 液晶显示器故障分析

24.1.1 液晶显示器故障现象

液晶显示器常见故障现象主要有：

1）液晶显示器无法开机。

2）液晶显示器画面暗。

3）液晶显示器花屏。

4）液晶显示器有多个坏点。

5）液晶显示器偏色。

24.1.2 液晶显示器故障原因

造成液晶显示器故障的原因主要有：

1）电源线接触不良。

2）液晶显示器电源电路有问题。

3）背光灯损坏。

4）高压板电路有故障。

5）控制电路有问题。

6）信号线接触不良。

7）显示电路有故障。

24.1.3 液晶显示器故障处理流程图

液晶显示器故障维修流程图如图 24-1 所示。

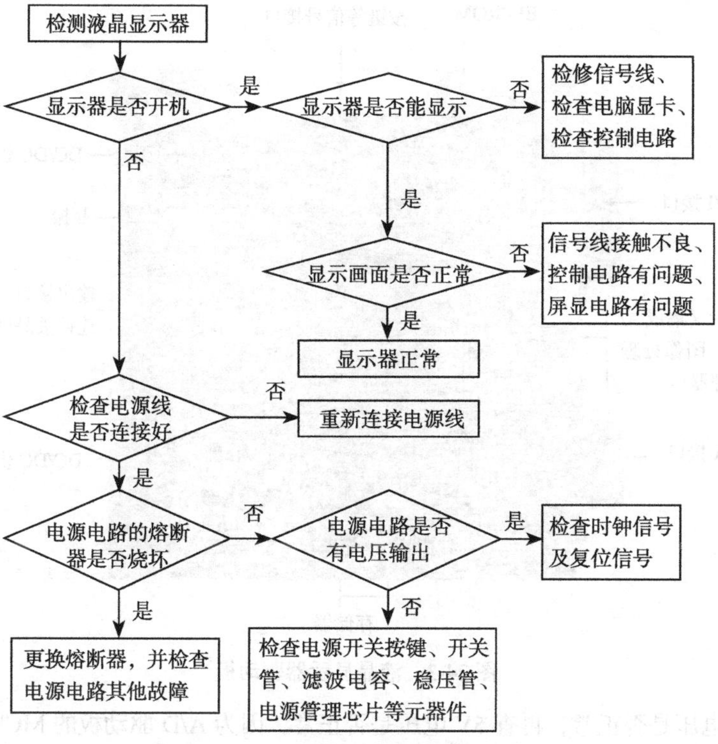

图 24-1　液晶显示器故障维修流程图

24.2 液晶显示器故障诊断与维修

24.2.1 显示器无法开机故障诊断维修

显示器按下开关后无任何反应，这基本上可以判断为电源和驱动板两处出现故障。

电源故障：电源故障维修相对比较简单，液晶显示器的供电有两种形式：一是外接电源适配器；二是显示器内置变压电路。容易损坏的一般是一些小元件，像保险管、整流桥、滤波电容、电源开关管、电源管理 IC、整流输出二极管等。用万用表沿着电路逐个测量，找到故障元件更换就能够解决了。如图 24-2 所示。

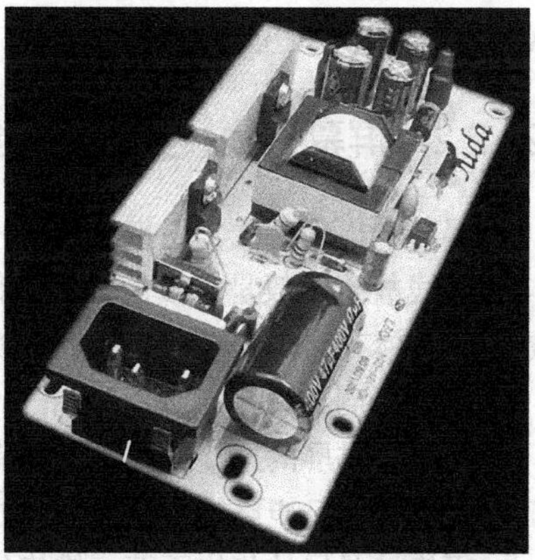

图 24-2　液晶显示器内置电源变压器

驱动板故障：驱动板保险熔断或者是稳压芯片出现故障，也会导致显示器无法开机。内置电源输出两组电源，一组是 5V，供信号处理用。另外一组是 12V，给高压电源板供电用，如果开关电源部分电路出现了故障则会有可能导致两组电源均没输出，如图 24-3 所示。

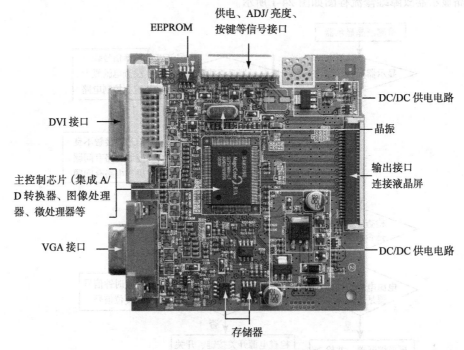

图 24-3 液晶显示器驱动板

先查 12V 电压是否正常，再查 5V 电压是否正常，因为 A/D 驱动板的 MCU 芯片的工作电压是 5V，所以查找开不了机的故障时，先用万用表测量 5V 电压，如果没有 5V 电压或者 5V 电压变得很低，那么一种可能是电源电路输入级出现了问题，也就是说 12V 转换到 5V 的电源部分出了问题，这种故障很常见。

另一种可能就是 5V 的负载加重了，把 5V 电压拉得很低，这是因为信号处理电路出了问题，有部分电路损坏，引起负载加重，把 5V 电压拉得很低，逐一排查，替换掉出现故障的元件后，5V 能恢复正常。

如果 5V 电压恢复正常后还不能正常开机的，这种情况也有多种原因，一方面是 MCU 的程序被冲掉可能会导致不开机，还有就是 MCU 本身损坏，比如说 MCU 的 I/O 口损坏，使 MCU 扫描不了按键等，更换 MCU 芯片或更换通用芯片可以解决这个问题。

24.2.2 屏幕亮线、亮带、暗线故障诊断维修

屏幕上出现亮线、亮带、暗线，一般是液晶屏的故障，如图 24-4 所示。

亮线故障一般是连接液晶屏本体的排线出了问题或者某行和列的驱动 IC 损坏。暗线一般是屏的本体有漏电，或者柔性板连线开路造成的。

故障检测维修

检查液晶屏的连接排线，是否有松动、虚焊、灰尘、异物等情况，如果确认排线连接没有问题，那么就只能更换液晶屏了。如图 24-5 所示。

更换液晶屏的价格不菲，维修的成本太高，不如更换新的显示器。

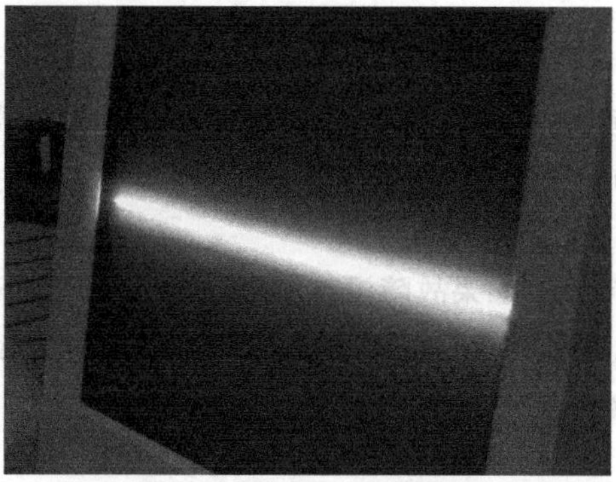

图 24-4 屏幕上出现的亮带

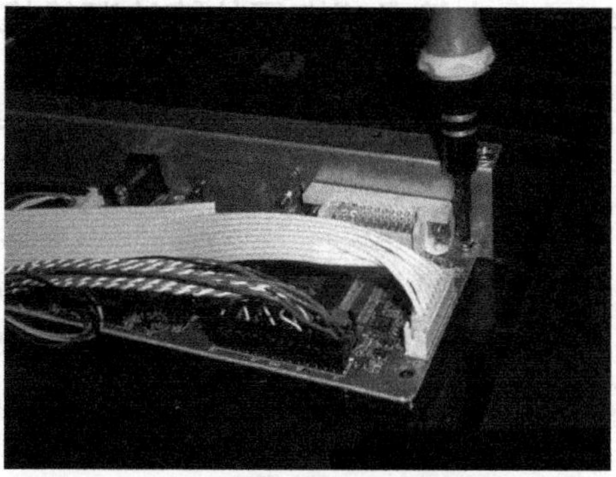

图 24-5 液晶屏的连接排线

24.2.3 显示屏闪一下就不亮了故障诊断维修

显示器闪一下就不亮了，电源指示灯还是绿的。这种情况一般是高压异常导致的保护电路启动造成的。

故障检测维修

现在液晶显示器的高压板都是对称设计，有双灯四灯等，两边同时坏的情况很少见，如果其中一路的电源管、升压管、变压器、灯管出现短路或空载，造成了电源管理芯片负载不平衡开启自动保护的话，可以用一个好的灯管逐个接在两边的电路上，测试出故障的电路，然后测量该电路上的故障元件，更换掉故障元件即可恢复使用。这里需要注意的是，高压板上带有极高的高压电，操作时千万注意安全，如图 24-6 所示。

图 24-6 液晶显示器双灯高压板

24.2.4 花屏或者白屏故障诊断维修

显示器开机后，出现花屏或全白，这一般是液晶屏的驱动电压出了问题。

故障检测维修

检查屏背板供电电路，驱动板 5V 转 3.3V 的稳压块是否有供电输出。若不行更换驱动板和驱屏线再测试。

24.2.5 偏色故障诊断维修

显示器出现偏色，有几种可能：驱动板损坏、驱动程序损坏、屏幕控制芯片损坏、背光灯管老化。

故障检测维修

驱动板和驱动程序损坏的情况并不多见，即便是有损坏出现偏色的情况也很少见，可能直接造成无法开机。屏幕控制芯片损坏或灯管老化的情况比较多，更换灯管、屏幕排线和屏幕控制芯片观察效果，如果还不能解决偏色，再更换驱动板。如图 24-7 所示。

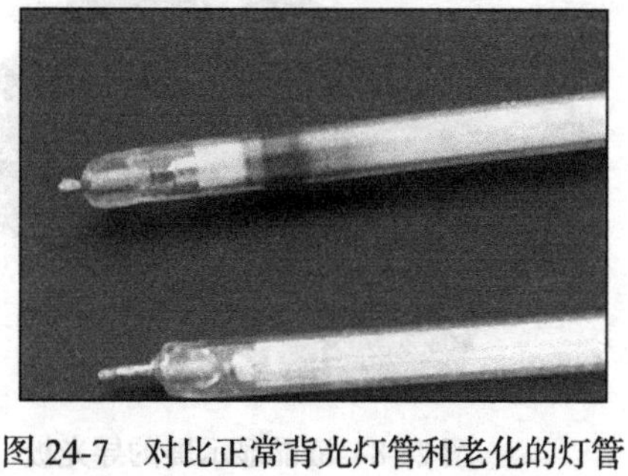

图 24-7 对比正常背光灯管和老化的灯管

24.2.6 字符虚或拖尾故障诊断维修

显示器上的字符图像发虚，移动图像有白色拖尾。这种情况可能是由 VGA 或 DVI 信号线上的 RGB 三色线的地线接触不良，或是 LCD 屏的导光板错位造成的。

故障检测维修

首先更换正常的信号线，测试观察是否解决问题。如果故障没有解决，尝试微调一下液晶屏的对比度电位器。如果问题还没有解决，可以查看液晶屏的导光板，看看是否有导光板脱落、错位的现象，将其调整回原位即可。如图 24-8 所示。

24.2.7 液晶屏亮度低故障诊断维修

液晶显示器的亮度低，这可能是背光灯管和导光板老化造成的。

故障测试维修

更换背光灯管和导光板即可。

24.2.8 LCD 屏幕上有亮点和暗点故障诊断维修

液晶显示屏上出现一个或多个亮点或暗点，这有可能是液晶屏的像素开关管电极虚连或导光板内、偏光板内有灰尘造成的。

故障测试维修

如果屏幕出现亮点，用手指轻轻压一压亮点处，如果是像素开关管电极虚连，压一压有可能解决这个亮点。处理暗点则需要打开液晶屏，查看导光板和偏光板内是否有异物，清理掉异物后，就能消除暗点。

24.2.9 LCD 屏幕上有污点故障诊断维修

液晶显示器屏幕上有污点或灰尘颗粒。液晶显示屏表面有时会有一层保护膜，如果贴保护膜的时候不小心，就会导致灰尘和异物进入显示屏。

故障测试维修

将显示屏表面的保护膜取下，用棉签和清水轻轻擦去污点和灰尘，用吹风机吹干屏幕表面，再按原样安装好即可。如图 24-9 所示。

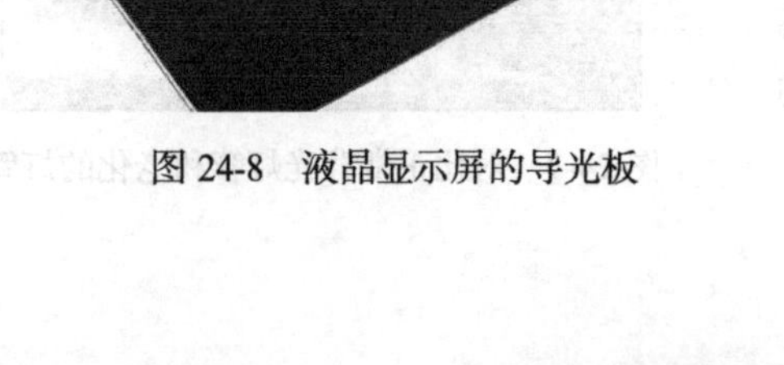

图 24-8 液晶显示屏的导光板

图 24-9 液晶显示器的保护膜

24.3 动手实践：液晶显示器典型故障维修实例

24.3.1　开机后显示器颜色偏红

1. 故障现象

故障电脑的显示器是 AOC e2343F。电脑刚组装不久，今天打开电脑发现显示器上显示的不论是图片还是文字，都有些发红。

2. 故障分析

查看了显示器是 VGA（D-Sub）接口，VGA 接口线有专用的颜色通道，如果显示器颜色偏向一个颜色，很有可能是数据线与电脑主板的接口、数据线与显示器的接口、数据线本身的颜色通道线有接触不良或断路。

3. 故障查找与维修

关闭电脑，将显示器数据线两端重新拔插，开机测试，发现显示器颜色正常了。判断是因为接口处松动导致接触不良造成的显示器颜色偏差。

24.3.2　显示器图像有轻微的闪烁

1. 故障现象

故障电脑的显示器是老款的联想纯平显示器。重装系统后发现显示器的图像有轻微的闪烁，看久了眼睛十分难受。

2. 故障分析

老式显示器存在着刷新率的问题，如果刷新率低了就会出现闪烁、抖动等情况，让人看着很不舒服。故障显示器的现象非常像刷新率低造成的图像抖动。

3. 故障查找与维修

打开控制面板→显示→显示属性→设置→高级→适配器，查看适配器的选项中的刷新率，发现刷新率只有 60Hz，这对非液晶显示器来说是不够的，将刷新率调整到 85Hz，再看显示器的图像，发现图像已经恢复正常了。现在老式显示器已经很少了，只有维修时偶尔还能看到，液晶显示器的刷新率是固定的，所以不会出现类似问题。

24.3.3　显示器不亮

1. 故障现象

故障电脑的显示器是三星 S22B。电脑打开后，显示器一直没有信号，电源灯也不亮。但主机能听到启动时风扇的转动声和开机时的“嘟”声。

2. 故障分析

主机启动的迹象明显，显示器没有信号，电源灯也不亮，这多半是显示器没有通电造成的。

3. 故障查找与维修

先用替换法查看电脑主机，确定主机正常。

1）取下显示器电源，将显示器放平，打开后盖。

2）检查显示器供电电路板，查看保险丝、输入电感、开关管等。

3）发现电源电路板上有一个 300V 电容爆浆了，更换同型号电容。

4）接上电源线，开机测试，开机后电源指示灯亮起。

5）将显示器连接到电脑上，开机测试，发现显示器可以正常显示了。

24.3.4 显示器亮一下就不亮了

1. 故障现象

故障电脑显示器是 KTC W5008S。电脑开机时显示器亮一下就不亮了，电源指示灯还是亮的，电脑启动也正常。

2. 故障分析

显示器电源灯亮，说明显示器有供电。亮一下就不亮，一般是高压板或灯管故障造成的。判断高压板故障有一个简单的方法，就是从侧面斜着看显示器屏幕上是否有图像，观察发现，显示器上有图像，只是由于没有背景光，所以从正面看不到图像。

3. 故障查找与维修

1）关闭电源，打开显示器，查看显示器的背光灯和高压板。

2）接通电源后，打开显示器，发现一边的背光灯管不亮。

3）仔细观察背光灯管，发现灯管两端都发黑。

4）更换了不亮的背光灯管，开机测试，显示器显示正常了。

24.3.5 屏幕上有一条黑线

1. 故障现象

故障电脑的显示器是万利达 C1903V。最近电脑开机后，屏幕上出现一条黑线，有时拍拍还能好，但现在怎么拍也不行了。

2. 故障分析

显示器屏幕上出现暗线有可能是液晶屏的排线连接处接触不良，或者是液晶屏本身有断电、漏电。

3. 故障查找与维修

1）关闭电源，打开显示器，将液晶屏的连接线重新拔插。开机测试，故障还在。

2）排除了排线接触不良，故障应该是液晶屏本身的故障。

3）液晶屏本身是很难维修的，只能更换。

24.3.6 显示器的上部出现五彩色块

1. 故障现象

故障电脑的显示器是现代 E192。最近电脑显示器的上半部分会出现很多五彩的色块，无法正常显示图像。

2. 故障分析

出现五彩色块多半是因为显示器磁化造成的，只要将显示器消磁就能解决。

3. 故障查找与维修

按显示器上的菜单按钮，调出显示器菜单。选择消磁选项，显示器“嘣”一声，图像振动一下后恢复正常，五彩色块消失。

24.3.7 显示器图像扭曲

1. 故障现象

故障电脑的显示器是 AOC17in 纯平显示器。最近发现显示器的图像有 S 型的扭曲，而且扭曲程度越来越高。

2. 故障分析

出现图像扭曲有可能是画面形状失真、供电不稳、主控芯片故障等原因造成的。

3. 故障查找与维修

1）纯平显示器出现图像失真是很常见的，所以试着调整图像形状，但没有解决问题。

2）关闭电源打开显示器检测供电电路，发现主电压只有 60V，这明显比正常电压低。

3）检测供电电路上的元件，发现一个电容有漏液的情况。

4）更换破损的电容，开机再试，发现原有的图像扭曲没有再出现。

24.3.8 显示器亮度很高，在菜单中也无法调低

1. 故障现象

故障电脑的显示器是优派 VG2439。显示器以前一直使用正常，最近突然亮度变得很亮，通过显示器的菜单调节也无法将亮度调低。

2. 故障分析

根据故障现象分析，可能是显示器的信号放大电路出现故障造成的。

3. 故障查找与维修

1）关闭电源打开显示器。

2）检查信号放大电路，发现放大电路上有一个电容破裂。

3）更换破损的电容，开机再试，亮度可以调节了。

24.3.9 电脑开机时显示器黑屏

1. 故障现象

电脑开机后，显示器没有显示，主机指示灯亮，好像有启动时硬盘发出的声音。

2. 故障分析

造成此类故障的原因可能是：

1）显示器问题。如显示器电源没电、显示器设置为全黑状态等。

2）如果电脑同时具有主板集成显示核心和独立显示卡，显示器连接的不是使用中的显示接口。

3）显示器信号电缆及接口有问题，如断线、虚接等故障。

4）显示卡损坏。

5）独立显示卡没有插到位。

6）主板显示接口插槽问题。如内部金属脚有氧化层、断裂等问题。

3. 故障查找与维修

1）检查显示器的电源，电源指示灯亮亮，说明显示器的电源被打开。

2）调整显示器的亮度和对比度，发现显示器的亮度被设成了最小，虽然实际并无故障，但从表面看来也是黑屏。

3）将显示器的亮度调高，电脑显示正常，运行也正常，故障排除。

24.3.10 电脑在使用中突然黑屏

1. 故障现象

电脑本来使用正常，近来却出现问题：运行中突然黑屏，而机箱上的指示灯还亮着，电脑也好像仍在正常运行。

2. 故障分析

此类故障一般是由于电脑 CPU 超频或显卡超频，或显示器数据线问题所致。经了解，由于用户没有对显卡及 CPU 进行超频，所以可能是显卡接口与显示器的数据线接触不良导致的问题。

3. 故障查找与维修

1）拔下显示器的数据线，查看数据线接头，发现数据线接头中有针脚弯曲问题。

2）用小镊子将它掰直，然后将它插在显卡接口上，开机测试，故障排除。

24.3.11 显示器不定时黑屏

1. 故障现象

一台双核电脑，使用一年多，但最近在使用过程中，经常会发生显示器突然黑屏的现象，必须关闭电脑并重新开机才能正常运行。而且出现这种情况没有规律，不定时出现。

2. 故障分析

引起此类问题可能的原因很多，而显示器和显卡故障是最容易引发此类问题的。

3. 故障查找与维修

1）将显示器连接到其他电脑上进行测试，发现显示器可以正常显示，估计是显卡的问题所致。

2）打开机箱，检查显卡，发现由于机箱的原因，显卡在插入插槽时不能与机箱完全吻合，当拧上固定螺丝后会导致显卡的一端微微翘起，这样在使用过程中就容易出现不稳定现象，导致不定时的黑屏或花屏。

3）调节显卡固定螺丝的松紧，让显卡完全插入主板显卡插槽；然后开机测试，故障消失。

24.3.12　看电影时显示器突然黑屏

1. 故障现象

一台三核电脑，平时使用正常。但在看电影的时候，电影才播放了二三十分钟显示器就突然黑屏了，而此时电脑仍在正常运行，音箱也能播放声音，然后再动动鼠标或键盘，过一会儿显示器又能正常显示。

2. 故障分析

根据故障现象分析，这种现象不一定是硬件设备的问题，是在电影播放二三十分钟左右出现黑屏的，所以还可能是由显示器的电源管理造成的。因为在 Windows 的默认状态下，如果没有进行任何操作，20 分钟之后显示器就会自动关闭，因为显示器会黑屏，而移动鼠标或键盘时，又会将显示器从待机状态唤醒，这样就又恢复正常了。

3. 故障查找与维修

1）进入控制面板，然后单击“电源选项”，然后单击“选择关闭显示器时间”选项按钮，打开“编辑计划设置”窗口，如图 24-10 所示。

2）在“关闭监视器”下拉列表中，可以将关闭时间设置得更长一些，如一小时或更多，甚至选择“从不”，这样再看电影时就可以延长关闭时间或再也不会关闭监视器。更改设置后，点击“保存修改”按钮保存退出。

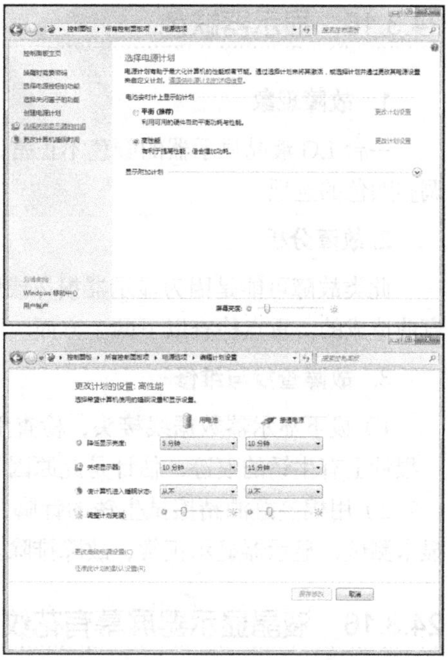

图 24-10　“电源选项属性”窗口

24.3.13　显示器屏幕上有乱码，图片模糊

1. 故障现象

一台电脑显示器最近总出问题，显示器屏幕上有字符乱码，图片模糊看不清楚。

2. 故障分析

出现这样的问题可能有多方面的原因，如病毒发作、电源功率不足、显卡出现问题等。

3. 故障查找与维修

1）使用杀毒软件查杀病毒，未发现病毒。

2）用替换法检查显卡，发现显卡有问题，引起乱码故障。

3）更换显卡后，测试电脑，故障消失，使用正常。

24.3.14　显示器屏幕上有两根细黑线

1. 故障现象

一台三星液晶显示器，最近使用时发现屏幕上有两根很细的黑线。

2. 故障分析

根据故障现象分析，这种情况一般是由于显示器的液晶屏有损坏引起的。

3. 故障查找与维修

1）打开液晶屏外壳，检查液晶屏面板的排线，未发现明显损坏的情况。

2）怀疑液晶面板有问题，更换液晶面板后，开机测试，故障排除。

24.3.15 显示器缺色

1. 故障现象

一台 LG 液晶显示器的颜色不正常，好像缺少一种颜色，而在显示器的屏幕菜单中并没有调整颜色的选项。

2. 故障分析

此类故障可能是因为显示器损坏或质量有问题，也有可能是显示器接头因插拔而造成针脚弯曲造成的。重点检查以下两个方面。

3. 故障查找与维修

1）拔下显示器数据线接头，检查里面的针是否有弯曲现象，发现显示器数据接口中，有一根针上有生锈的痕迹，估计是此原因导致接触不良。

2）用棉签蘸酒精擦拭生锈的针脚，直到针脚变得有金属光泽，然后将显示器安装到主机显卡测试，显示器显示正常，故障排除。

24.3.16 液晶显示器屏幕有花纹

1. 故障现象

新买的一台液晶显示器，像设置普通 CRT 显示器一样把它设置为 1024×768 分辨率，85Hz 的刷新频率，但突然发现屏幕上有细小的花纹从左侧向右侧移动，开始以为是有干扰，可把音箱、手机等物全部移开，甚至重装显示器驱动程序都不能解决。

2. 故障分析

这种情况可能是分辨率与刷新频率设置不当造成的。大多数 4∶3 液晶显示器的最佳显示模式为 1024×768 和 75Hz，如果刷新频率过高就可能造成显示器出现问题。

3. 故障查找与维修

1）此时可试着降低刷新频率，如设为 75Hz 试试。

2）最好查看显示器说明书，查看显示器所推荐的最佳显示模式数值，并按照说明书上推荐的显示模式使用，如图 24-11 所示。

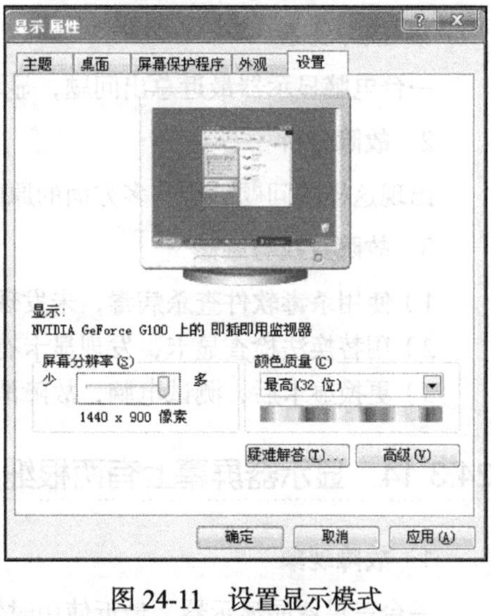

图 24-11 设置显示模式

24.3.17　液晶显示器屏幕出现黑斑

1. 故障现象

一台 19 寸的液晶显示器，但在显示器的屏幕上有一块拇指大小的黑斑。

2. 故障分析

此类故障通常是显示器屏幕由于外力按压造成的。在外力的压迫下，液晶面板中的偏振片就会变形，而这个偏振片性质就像铝箔一样，一旦被按凹进去后不会自己弹起来，这样造成了液晶面板在反光时存在差异，就会变得灰暗像黑斑。

3. 故障查找与维修

打开液晶显示器外壳，更换同型号的液晶面板，然后开机测试，故障排除。

24.3.18　使用 LCD 玩游戏时效果差

1. 故障现象

一台液晶显示器，在玩一些大型游戏时，画面显示效果比较差，出现了明显的拖尾现象。

2. 故障分析

此类故障通常是由液晶显示器的特性造成的。由于液晶显示器的响应时间较长，所以在运行一些大型 3D 游戏时就会出现比较明显的拖尾现象。

3. 故障查找与维修

直接更换响应时间短的液晶显示器后，故障排除。

24.3.19　更换大的液晶显示器后，显示器黑屏

1. 故障现象

电脑使用 AMD X3 8450 的 CPU，映泰 790GX-128M 主板，19 英寸液晶显示器，最近更换为 24 英寸的液晶显示器，使用中显示器屏幕一下子突然全部变成黑色，没有任何显示。

2. 故障分析

此类故障一般是是由于显卡问题引起的，通常与显卡分辨率的设置有关。经查资料了解这批映泰主板应该是 2009 年 1 月之前生产的，790GX-128M 主板使用 DVI 或 HDMI 线连接显示器，分辨率设置到 1920×1200 时，会出现显示器黑屏现象。

3. 故障查找与维修

将显示器的连接线更换成 VGA 接口的数据线，然后将分辨率设置为 1920×1200，之后进行测试，显示器显示正常，故障排除。

24.3.20　带音箱的液晶显示器不发声

1. 故障现象

一台新装电脑，显卡为 ATI 的 Radeon HD6570，可以支持 HDMI 接口的影音“一线牵”

功能，液晶显示器为三星带音箱功能的液晶显示器。但当使用HDMI线缆连接显示器（带内置音箱）的时候没有声音。

2. 故障分析

根据故障现象分析，此故障可能是显示器内置音箱被设置为静音，或电脑声卡问题、显卡问题造成的。

3. 故障查找与维修

首先调节显示器音箱的音量，进入显示器的OSD菜单中，把音量选项调高，然后进行测试，故障排除，如图24-12所示。

图24-12 显示器背面的AUDIO OUT接口

24.3.21 电脑桌面超出显示器显示边框

1. 故障现象

一台22英寸三星液晶显示器，将分辨率调整为1680×1050最佳分辨率后，Windows系统的桌面会超出显示器边框。

2. 故障分析

此类故障应该是显示器设置问题，或是因使用了VGA接口连接显示器而引起的。

3. 故障查找与维修

首先检查液晶显示器的设置，进入液晶显示器的OSD菜单进行调节，在菜单选项中找到“自动调整”，调节桌面宽度，调制之后，显示器显示正常，故障排除。

24.3.22 显示器黑屏指示灯一直闪烁

1. 故障现象

一台AOC液晶显示器，电脑开机后屏幕黑屏，前面板指示灯一直闪烁。

2. 故障分析

此类故障一般是因为主机的显示信号没有正常的传输到显示器造成的，可以检查电脑是否已经正常开机，确认显示器和电脑是否连接良好。也可能是显示器电路出现问题造成的。

3. 故障查找与维修

1）检查电脑，发现电脑主机指示灯亮，好像有启动的声音。

2）怀疑显示器和电脑连接的信号线可能连接不良，将信号线缆两端端口拔下来重新连接，然后开机测试，显示器显示正常，故障排除。

24.3.23 显示器亮度高无法调节

1. 故障现象

一台宏基液晶显示器，最近显示白色刺眼，调节没有作用。

2. 故障分析

此类故障可能是液晶显示器的内部程序出现问题，或按键面板出现问题，或主控制面板有问题引起的。

3. 故障查找与维修

1）将显示器内部程序恢复出厂设置，进入 OSD 程序，选择恢复出厂设置项，将显示器程序恢复为出厂值。

2）测试显示器，故障依旧。接着打开显示器外壳，更换了同型号的主控电路板，然后测试，故障排除。

24.3.24　锁定屏幕刷新率

1. 故障现象

一台新装的双核电脑，安装 Windows 7 系统后，玩游戏时开启“垂直同步”失效，游戏画面在移动中会出现水波纹等失真现象。查看显示属性时发现刷新率只有 59Hz。选择 60Hz 后，进入游戏问题依旧，如图 24-13 所示。

2. 故障分析

出现这个问题，主要是因为刷新率没有锁定在 60Hz 造成的，进入显示器的设置画面进行设置即可。

3. 故障查找与维修

1）打开 NVIDIA 控制面板（本电脑使用的是 Nvidia 显示芯片的显卡），选择“显示器”→“更改分辨率”→“添加分辨率”→“创建自定义分辨率”命令。

2）将“显示模式”下的刷新率修改为 60Hz。并单击下方的“计时”，在“标准”的下拉选项中选择“手动”。

3）将“刷新率”后面的 59.000 更改为 60.000。其他的选项则不用作任何更改。

4）单击下方的“测试”按钮，在测试通过后，单击“确定”按钮保存设置，然后退出，如图 24-14 所示。

5）测试显示器，故障排除。

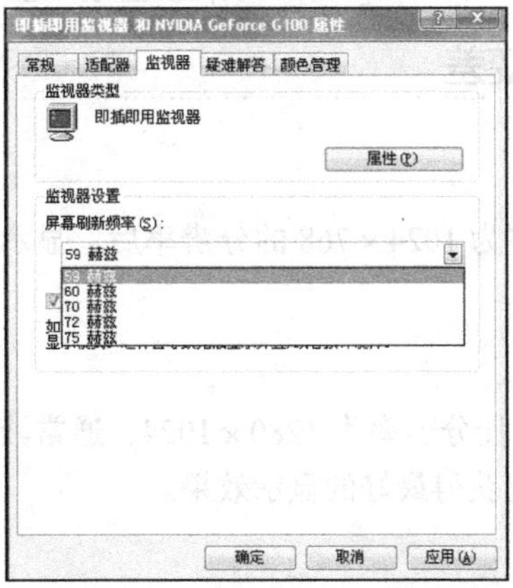

图 24-13　显示器设置对话框

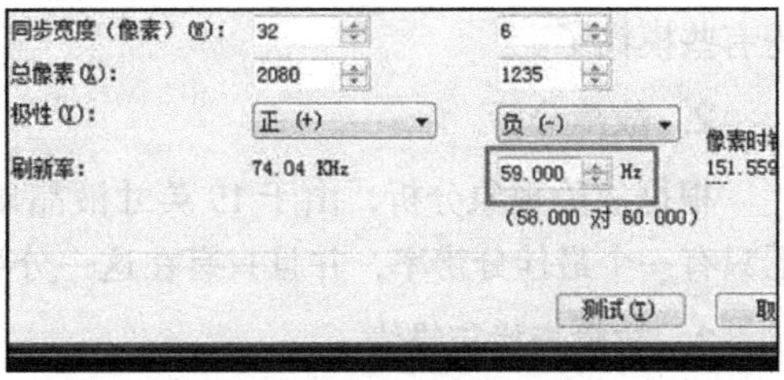

图 24-14　NVIDIA 控制面板

24.3.25 三星显示器总显示“Store Mode”

1. 故障现象

一台三星 S22A330BW 液晶显示器，在工作时总是不定时提示“ Store Mode”，设置的亮度等参数也不能保存，在调节显示器功能菜单键时屏幕还会黑屏闪烁。

2. 故障分析

根据故障现象分析，此故障应该是显示器进入商场模式所导致的，退出商场模式即可。

3. 故障查找与维修

按显示器的亮度按键进入调节亮度（Brightness）的画面后，按住 MENU 键 5 秒钟以上，看到电源指示灯闪一下，显示器即可退出商场模式（Store Mode)，然后开机测试，故障排除。

24.3.26 三星显示器一半亮一半暗

1. 故障现象

一台三星 T220 液晶显示器，使用时发现屏幕一半比较亮，另一半却比较暗。

2. 故障分析

根据故障现象分析，由于此液晶显示器支持 MagicColor 功能。当 MagicColor 功能调至“演示”选项时，屏幕会分为左右两半以显示不同的状态，右半部是应用 MagicColor 前的状态，左半部是应用 MagicColor 后的状态。应用 MagicColor 功能后屏幕会变得较亮，所以屏幕会出现一半亮一半暗的情况。

3. 故障查找与维修

首先进入显示器的 OSD 菜单，然后将 MagicColor 功能调至“完全”选项，之后退出 OSD 菜单，显示器恢复正常显示效果，故障排除，如图 24-15 所示。

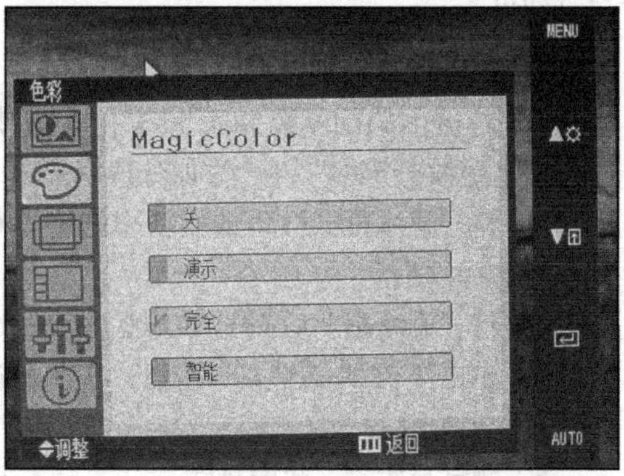

图 24-15 MagicColor 功能设置为“完全”选项

24.3.27 调整分辨率后液晶显示器显示效果变差

1. 故障现象

一台宏基的 19 英寸的液晶显示器，将显示器调整为 1024 × 768 的分辨率后，显示效果变得有些模糊了。

2. 故障分析

根据故障现象分析，由于 19 英寸液晶显示器的最佳分辨率为 1280 × 1024，通常液晶显示器只有一个最佳分辨率，并且只有在这一分辨率下才能获得最好的显示效果。

3. 故障查找与维修

在 Windows 系统中，在桌面单击右键，选择“屏幕分辨率”命令，然后在“屏幕分辨率”

窗口中将“分辨率”项设置为 1280×1024，再单击“确定”按钮退出，显示器的显示效果恢复正常，故障排除，如图 24-16 所示。

图 24-16　屏幕分辨率设置窗口

24.3.28　无法将显示器分辨率设置为最佳分辨率

1. 故障现象

一台 AOC 203VW+ 液晶显示器，用户在设置屏幕分辨率时，发现在显示设置中没有 1680×1050 这个分辨率选项。

2. 故障分析

此类故障应该是显卡不支持这么高的分辨率引起的。经了解用户使用的电脑显卡为主板集成显卡，显卡型号比较老。

3. 故障查找与维修

1）经检查发现用户主机中还安装有一个独立显卡，用户在连接的时候，将显示器连接在了集成显卡上。将显示器连接到独立显卡，测试后发现显示器显示不正常。

2）安装显卡的驱动程序，然后设置显示器的分辨率为 1680×1050，设置成功，故障排除。

24.3.29　显示器在使用时总自动断电

1. 故障现象

一台三星液晶显示器总是自动断电，然后几秒钟后又自动开启，Windows 系统的屏保选项当中，并未设置显示器关闭。

2. 故障分析

根据故障现象分析，此类故障可能是显示器的电源线未连接好，或由显示器的电源电路板有问题引起。

3. 故障查找与维修

首先检查液晶显示器的电源线连接问题，将显示器电源线拔下重新插好，故障依旧。在连接显示器的电源线时，发现在插电源线的瞬间，发出“吱吱”声，怀疑电源线有问题，更换电源线后，重新测试，故障排除。

24.3.30 劣质 VGA 线引起液晶拖影

1. 故障现象

一台戴尔液晶显示器，最近出现了隐隐约约的拖影，有时整个屏幕的字体都会突然出现抖动。

2. 故障分析

经了解，电脑是在升级显示器以后出现的问题，怀疑是显示器信号线出现问题，重点检查显示器和显示器信号线。

3. 故障查找与维修

电脑升级时没有更换旧的显示器 VGA 线。首先从 VGA 线开始检查，更换显示器原配一根 VGA 线后，显示器拖影现象消失，故障排除。

第 25 章

诊断与修复 ATX 电源故障

电源是电脑设备中故障率比较高的，电源故障也相对容易检查，只要用替换法借助另一台电脑就可以轻松判断电源是否可用。

电源维修存在很大的安全问题，因为电脑电源内置的大容量电容可以储存很多电量，放电时电压高达几百伏，而且断电后还会继续储存一段时间，一旦接触到电源内的元件，很可能引发电容放电而导致触电的危险。

25.1 认识 ATX 电源

25.1.1 ATX 电源如何为电脑供电

当 ATX 电源工作后，可以为电脑提供 +5V、+3.3V、+12V、+5VSB、−5V 和 −12V 等电压。

那么，ATX 电源是如何为电脑供电的呢？在为 ATX 电源接入市电后，ATX 电源的第 16 引脚（24 针电源插头）输出一个 3V ～ 5V 的高电平信号。当用户按下电脑的电源开关后，电源开关给电脑主板发出一个触发信号。接着开机电路中的南桥芯片或 I/O 芯片将触发信号进行处理后，最终发出控制信号，然后控制电路将 ATX 电源的第 16 引脚（24 针电源插头）的高电位拉低，以触发 ATX 电源主电源电路开始工作，使 ATX 电源各引脚输出相应工作电压，为电脑提供工作电压。

ATX 电源为电脑中的设备提供了各种不同的供电接口，为各种设备供电，如图 25-1 所示为电源的各种接口。

另外，ATX 电源的各种供电输出接口都是采用多种彩色的电线来表示不同的输出电压。如图 25-2 所示为电源的输出接口。

25.1.2 ATX 电源各个颜色的电源线的含义

目前主流电源的输出接口一般采用黄、红、橙、紫、蓝、白、灰、绿、黑等 9 种颜色的电源线。电源线不同的颜色分别代表着什么？它们与电压间的对应关系如何？下面进行详细讲解。

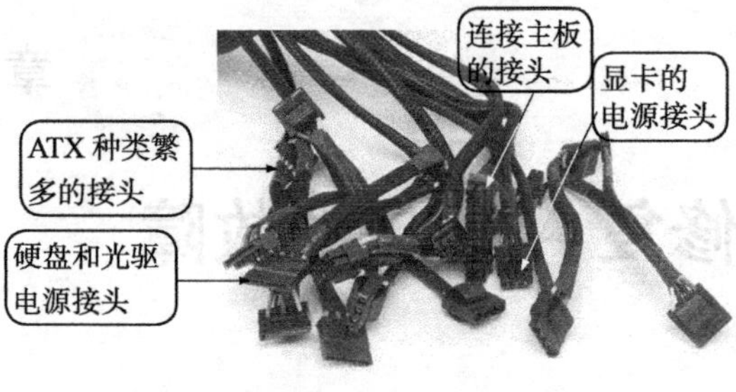

图 25-1 电源的各种接口

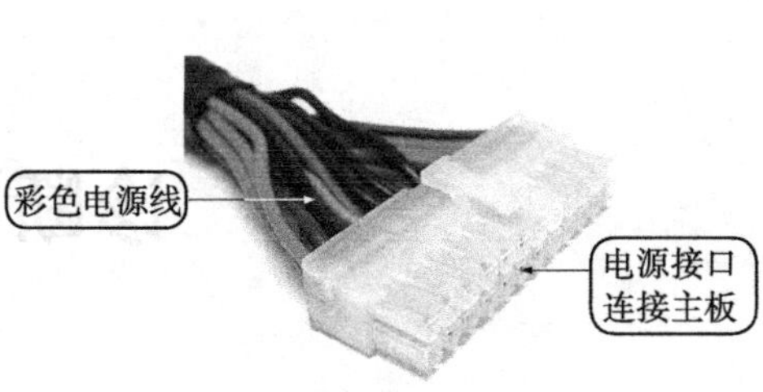

图 25-2 电源的输出接口

1. 黄色电源线

黄色电源线在电源中应该是数量较多的一种，黄色电源线输出 +12V 的电压，随着加入了 CPU 和 PCI-E 显卡供电成分，+12V 的作用在电源里举足轻重。

+12V 供电为电脑中的硬盘、光驱、软驱的主轴电动机和寻道电动机提供电源，并作为串口设备等电路逻辑信号电平。

+12V 供电电压出现问题时，通常会造成下面的故障：

1）当 +12V 供电的电压输出不正常时，常会造成硬盘、光驱、软驱的读盘性能不稳定。

2）当 +12V 电压偏低时，通常会造成光驱挑盘故障；硬盘的逻辑坏道增加，经常出现坏道，系统容易死机，无法正常使用硬盘；造成 PCI-E 显卡无法正常工作；造成 CPU 无法正常工作，导致死机故障。

2. 红色电源线

红色电源线输出 +5V 电压，红色电源线的数量与黄色电源线相当。+5V 供电电压主要为 CPU、PCI、AGP、ISA 等集成电路提供工作电压，是电脑中主要的工作电源。由于 +5V 供电，主要为 CPU 等主要设备供电，因此它的供电稳定性直接关系着电脑系统的稳定性。

3. 橙色电源线

橙色电源线输出 +3.3V 电压，+3.3V 电压是 ATX 电源专门设置的电压，主要为内存提供电源。在最新的 24 针电源接口中，着重加强了 +3.3V 供电电压。该电压要求严格，输出稳定，纹波系数要小，输出电流要在 20A 以上。

如果 +3.3V 供电电压出现问题，将会直接引起内存供电电路故障，导致内存工作不稳定，出现死机或无法启动的故障。

4. 紫色电源线

紫色电源线的输出电压为 +5V，紫色电源线输出的电压为 +5VSB 待机电源，即 ATX 电源通过电源主板接口的第 9 针向主板提供电压为 +5V，电流为 720mA 的供电电源，这个供电电压主要为网络唤醒、开机电路及 USB 接口电路使用。

如果紫色供电出现问题，将会出现无法开机的故障。

5. 蓝色电源线

蓝色电源线输出 −12V 供电电压。−12V 供电电压主要为串口提供逻辑判断电平，需要电流不大，一般在 1A 以下，即使电压偏差过大，也不会造成电脑故障。目前的主板设计上也几乎已经不使用这个输出，而通过对＋ 12VDC 的转换获得需要的电流。

6. 白色电源线

白色电源线输出 −5V 供电电压，目前主流的 ATX 电源中一般取消了白色电源线。白色电源线输出的 −5V 供电电压主要为逻辑电路提供判断的电平，需要电流很小，一般不会影响系统正常工作。

7. 绿色电源线

绿色电源线为电源开关端，通过此电源线的电平来控制 ATX 电源的开启。当该端口的信号电平大于 1.8V 时，主电源为关；如果信号电平低于 1.8V 时，主电源为开。使用万用表测该脚的输出信号电平，一般为 4V 左右，因为该电源线输出的电压为信号电平。

8. 灰色电源线

灰色电源线为电源信号线（POWER-GOOD)，一般情况下，灰色电源线的输出电压如果在 2V 以上，那么这个电源就可以正常使用；如果灰色电源线的输出电压在 1V 以下，那么电源将不能保证系统的正常工作，必须被更换。这也是判断电源寿命及是否合格的主要手段之一。

9. 黑色电源线

黑色电源线为地线，其他颜色的电源线需要和黑色线配合为电脑供电。在 ATX 电源的各种输出接口中都会有黑色地线，在 ATX 主板电源接口中共有 8 根黑色线。

25.2 电源故障分析

25.2.1 排除电源按钮故障

有时候电脑开机不正常并不是电源的问题，而是电脑机箱上的电源按钮由于老化，出现粘连、断路、按下后不能弹起等问题造成的。

机箱上的电源按钮如果出现粘连，就会出现不能开机、按钮功能混乱等现象。电源按钮如果出现线路断路情况，就会在按下开关后，电脑没有任何反应。电源按钮出现按下开关不能弹起问题，就会出现按电源开关后电脑能开机，但几秒钟又会关机的故障。

排查机箱按钮的方法很简单，只要打开机箱，在主板的开机跳线上，用螺丝刀或钥匙直接触碰开机的跳线插针，观察电脑反应就可以知道机箱上的开关是否正常了。如图 25-3 所示。

图 25-3 触碰主板跳线 Power+ 和 Power-

25.2.2 电源强制启动

如果按下电源按钮无法开机，用主板上的跳线也不能打开的话，还有一种强制电源启动的方法。

将一根金属线（曲别针也可以）掰成U形，将电脑电源断开，然后把主板上的电源插头拔下来，将金属线插在电源插头的绿色和黑色插孔上，然后将电源线接上电脑，如果电源没有问题，这样就可以看到电源的风扇转动了。如图25-4所示。

使用这个方法需要注意以下两点：

一是必须找对电源的开关线，一般是绿色线代表电源开关信号线，黑色线代表地线，只要将这两条线连接起来，电源就能启动。电源插头上只有一条绿色线，却有好几条黑色线，其中任意黑色和绿色线连接都可以。

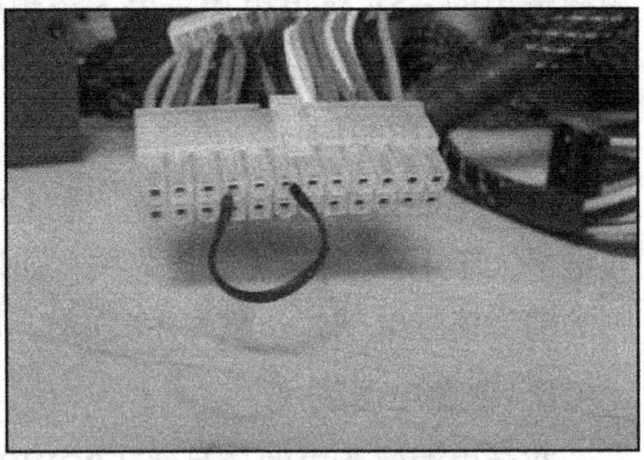

图25-4　强制电源启动

二是注意操作的顺序，最好是先将电源断开，再连接绿色线与黑色线，然后再接通电源。其实电源输出的电压只有5V，最高的也只有12V，是符合人体承受安全电压的，但为了避免电源漏电、电容放电等因素带来的潜在危险，最好还是不要带电操作。

25.2.3　电源检测软件

OCCT是一款电源检测软件，可以从网上下载。通过输出的测试结果曲线可以直观地了解被测试电源的品质好坏，以及监控电脑上其他设备的用电情况，这个软件的缺点是必须在电脑正常的时候才能使用。如图25-5所示。

如何在没有专业软件的情况下测试电源的稳定性呢？我们可以给电脑增加负荷，比如同时打开几个大型游戏、图文处理软件、视频等或同时多插一些用电的外设，如U盘、USB台灯风扇等，给电脑增加负荷，这时如果出现死机、重启、黑屏等现象，说明电源在满负荷时不稳定。

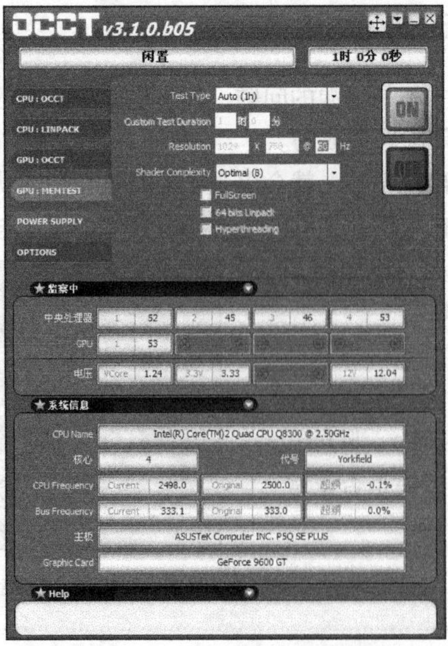

图25-5　OCCT电源检测软件

25.3 电源故障诊断与维修

25.3.1 电源风扇故障诊断维修

风扇灰尘过多

灰尘过多会导致电源散热效率低下，造成死机、重启等不良影响。可以用皮老虎、风枪配合毛刷进行清理。

风扇轴承磨损

风扇轴承磨损会使风扇的噪声增大，严重的还会影响风扇转速。可以在风扇轴承中加点机油，或更换风扇。

风扇损坏

风扇完全不转的情况并不多，更换风扇时需要注意不要接触到电源内的电容，以免被电容放电伤害。还有就是电源风扇的接口也不像 CPU 散热器那样通用，需要找同型号的风扇才能接上。

25.3.2 电源输出接口故障诊断维修

电源输出接口故障率并不高，主要是与主板或设备的接触不良，只要重新拔插一下就可以解决了。如果电源做工差、偷工减料的话，有时还会出现电源接口簧片生锈的情况，不建议继续使用，因为生锈部分可能会慢慢腐蚀其他设备，最好及时更换品质好的电源。如图 25-6 所示。

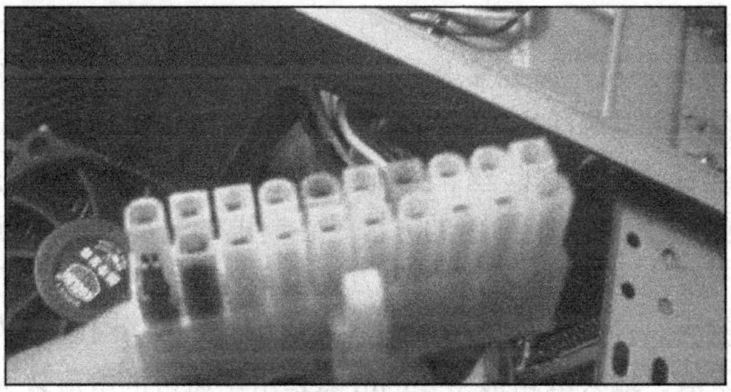

图 25-6 电源接口生锈

25.3.3 电压输出不稳定故障诊断维修

如果保险丝是完好的，可是在有负载情况下，各级直流电压无输出。这种情况主要是由以下原因造成的：电源中出现开路、短路现象，过压、过流保护电路出现故障，振荡电路没有工作，电源负载过重，高频整流滤波电路中整流二极管被击穿，滤波电容漏电等。这时，首先用万用表测量系统板 +5V 电源的对地电阻，若大于 0.8Ω，则说明电路板无短路现象；然后将电脑中不必要的硬件暂时拆除，如硬盘、光盘驱动器等，只留下主板、电源、蜂鸣器，然后再测量各输出端的直流电压，如果这时输出为零，则可以肯定是电源的控制电路出了故障。

25.3.4 电源无直流电压输出故障诊断维修

电源无直流电压输出故障是指电脑在保险丝完好且有负载的情况下，各级直流电压无输出的故障。电源无直流电压输出故障一般是由于电源中出现开路、短路现象，或过压、过流保护电路出现故障，或振荡电路没有工作，或电源负载过重，或高频整流滤波电路中整流二极管被击穿，或滤波电容漏电等引起。

当电源出现无直流电压输出故障时，可以按照下面的解决方法进行检修。

1）用万用表测量主板 +5V 电源的对地阻值，如果大于 0.8Ω，则说明电源电路板无短路现象。

2）将电脑中不必要的硬件暂时拆除，如硬盘、光盘驱动器等，只留下主板、电源、蜂鸣器，然后再测量各输出端的直流电压，如果这时输出为零，则可以肯定是电源的控制电路出了故障。

3）拆开电源，检测控制端损坏的元器件。首先检查电源内的保险管是否烧断，如果烧断，则故障部位可能在变压器。

4）更换保险管并进行加电实验。若接通交流电源后，保险管又烧黑，则证明交流输入电路有短路情况。

5）在整流桥交流输入端的两头加保险管，并直接接到交流电源上，然后接通电源，如果稳压电源风机旋转正常，而且测试各直流输出电压正常，则说明故障部位在交流滤波电路中。

25.3.5 ATX 电源的通病及维修技巧

ATX 电源中的故障一般都是接电后没反应，80% 的故障都是无 +5V 待机电压，只要将待机电源的开关管的基极到 +310V 之间的启动电阻换掉就可修复，此电阻的阻值一般在 500 ~ 600kΩ 左右，也可以换更大些。

如果有待机电压但不开机，原因多是 +12V、+5V、+3.3V 电源电路的整流管被击穿，在一些低档的电源中也存在主电源滤波电容鼓起、漏电的故障。

ATX 电源的输入电路主要由保险丝、交流抗干扰电路、限流电阻、过压保护电路等组成。判断 ATX 电源输入电路的好坏，最简单的方法是在断电的情况下，用万用表测试电源的输入端，正常情况下，由于整流滤波电路的影响，万用表呈现充电的状态，阻值由一个比较小的数值慢慢变化到接近无穷大。注意有些电源的输入端之间接了一个 100K 的电阻，此时，测得的最大阻值为该电阻的阻值。输入电路最主要的故障是由于通过的电流较大，而将相关的保护元件烧毁，此时，电源呈现断路状态，用万用表测电源输入端的阻值为零。

25.4 动手实践：ATX 电源典型故障维修实例

25.4.1 电脑升级配置后频繁重启

1. 故障现象

一台双核电脑，显卡是集成显卡，因玩游戏速度较慢所以加了一块影驰 GT630 显卡，但是加完显卡后电脑频繁重启。

2. 故障分析

因为电脑是增加显卡后出现的重启现象，所以判断问题出在显卡或主板显卡接口上，也不能排除电源供电不足。

3. 故障查找与维修

1）关闭电脑，打开机箱，重新拔插显卡。开机测试故障还在。

2）用替换法将显卡换到另一台电脑上，发现显卡是好的。

3）查看电源，发现电源功率低。

4）更换了大功率电源，再开机测试，重启的问题没有再出现。（这里需要说明的是，名牌电源的输出稳定，而杂牌电源的输出不稳定，就算额定功率够电脑使用，也不能保证稳定输出。）

25.4.2 电脑增加一块硬盘后死机

1. 故障现象

一台四核电脑，为了多存数据增加了一块同型号硬盘，但是增加硬盘后电脑开机马上死机，重启后依旧启动后马上死机。

2. 故障分析

因为是增加硬盘后出现的死机状况，所以重点怀疑是硬盘引起的电脑故障。

3. 故障查找与维修

想用替换法测试硬盘的好坏，但是打开电脑机箱后，发现两块硬盘的供电是用电源上的一带二接口供电，这样很容易引起局部电流过大，导致电压偏低，造成死机。将两块硬盘供电分开，再开机测试，电脑可以正常启动了。

25.4.3 电脑有时会自动开机

1. 故障现象

一台双核电脑有时会自动开机，有时使用系统关机也关不了。

2. 故障分析

自动开机是 BIOS 中设置的功能，查看是否是 BIOS 打开了这个功能。另外，导致无法关机的原因除了系统受损外也有可能是电源开关机电压不足。

3. 故障查找与维修

查看 BIOS 的自动开机功能，发现定时开机功能并没有打开。那么就可以确定是电源的开机电压异常导致的自动开机和无法关机。用万用表测量电源的 +5V SB 开机电压，发现电压只有 4V，正常应该是 5V。这基本可以判断是电源故障导致的电脑自动开机。更换了新的电源后故障解除。

25.4.4 U 盘插入电脑后无法使用

1. 故障现象

一台双核电脑在插入 U 盘后，能检测到盘符，但打不开 U 盘，点击属性查看，U 盘的容量是 0MB。U 盘在其他电脑上都可以使用。

2. 故障分析

这有可能是主板 USB 接口电路故障或电源输出电压不够造成的。

3. 故障查找与维修

先检测简单的故障，用替换法将其他电脑的电源接上，发现 U 盘可以使用了，这说明是电源提供的电压不够造成的，更换了新电源后故障解决了。

25.4.5 电脑在冬天要按好几次才能开机

1. 故障现象

一台双核电脑，冬天的时候开机需要按好几次复位按钮才能启动。

2. 故障分析

该故障是一般电源功率不足引起的。在温度低的时候 CPU 散热器风扇、显卡散热器风扇等设备的润滑油会凝固，在开机时需要很大的瞬时电压才能带动，在启动几次后润滑油融化，启动就不需要高电压了，因此就可以正常启动了。此故障可以考虑更换大功率电源及更换散热风扇。

3. 故障查找与维修

更换功率更大的电源就解决了这个问题。需要提醒用户的是，电脑除了不能在高温环境下工作外，也不能放在温度过低的环境里。

25.4.6 电脑经常自动重启

1. 故障现象

一台双核电脑经常处在满负荷工作的状态，最近经常自动重启。

2. 故障分析

电脑长期处于满负荷运行是非常伤 CPU 和电源的，如果环境温度高或散热器不太好还有可能直接烧毁 CPU。

3. 故障查找与维修

1）开机时进入 BIOS 查看 CPU 温度，发现 CPU 温度不算很高。

2）用替换法检测 CPU，发现 CPU 是好的。

3）用替换法检测电源，发现更换电源后重启的问题没有出现。

4）电源放置一段时间，放掉高压电。

5）打开电源外壳，查看电源内部。发现一个电容顶部有凝结颗粒。说明电容已经漏液了。

6）更换同型号电容，重新安装好，开机测试，发现重启的问题都没有再出现。

25.4.7 电脑死机后电源键和复位键都失效

1. 故障现象

一台使用时间比较长的双核电脑，最近电压有些不稳，电脑开机一会儿就会死机，再按复位或电源按钮也没有反应。

2. 故障分析

复位和电源按钮没有反应，有可能是机箱按钮或主板上的开机复位电路故障，也不能排除电源故障造成死机和不能开机。

3. 故障查找与维修

用万用表测了市电电压，发现电压时高时低，有时到 240V。电源放电后，打开电源外壳查看，发现电源整流电路老化很严重，更换新电源后，故障解决。

25.4.8 电脑频繁死机

1. 故障现象

一台组装了一年多的双核电脑最近频繁死机。

2. 故障分析

死机是电脑最常见的故障，故障原因也很多，可以用替换法一一检测。

3. 故障查找与维修

用替换法测试每一个设备，发现在替换电源后，故障消失了，说明电源存在故障。将主板上的不必要设备拔掉，再测试，发现死机频率明显降低。可以断定是电源输出功率不够和输出电压不稳造成的，更换新电源后故障解决。

25.4.9 电脑功率不足导致无法开机

1. 故障现象

一台三核电脑，开机时经常出现在自检时死机的情况，有时候也能正常启动，而且一旦正常启动之后就没有任何问题。

2. 故障分析

根据故障现象分析，由于电脑有时也能正常启动，推断主板、内存、CPU 等硬件设备应该是正常的。怀疑是电源引起的故障，造成此故障的原因可能是电源提供的启动脉冲的宽度不足以满足主板的要求，启动各种设备（如主板、硬盘等）时所需瞬时电流非常大，引起电源过流保护等。

3. 故障查找与维修

首先检查 ATX 电源方面的原因，用功率大一些的电源替换检查，发现更换大功率电源后，故障一次也没出现，看来是电源功率不足引起的故障。更换电源后，故障排除。

25.4.10 电脑无法开机、指示灯不亮

1. 故障现象

一台双核电脑，无法开机，指示灯不亮。

2. 故障分析

根据故障现象分析，此类故障一般与电脑的内存、CPU、主板、显卡、电源等硬件设备有

关，可能是电脑硬件损坏，也可能是接触不良或不兼容等原因造成。

3. 故障查找与维修

1）打开机箱检查电脑硬件，发现主板指示灯为亮，说明没有供电，一方面可能是主板待机电路有问题，另一方面可能是 ATX 电源损坏。

2）拆下主板 ATX 电源插头，然后用镊子插入电源插头的绿色线和黑色线插口，强制启动电源，发现电源未启动，如图 25-7 所示。

3）看来是电源有问题了，接着更换电源，然后开机测试，电脑开机正常，故障排除。

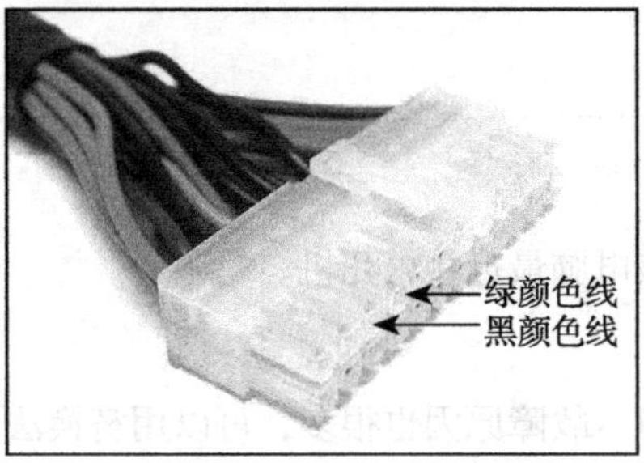

图 25-7　ATX 电源插头

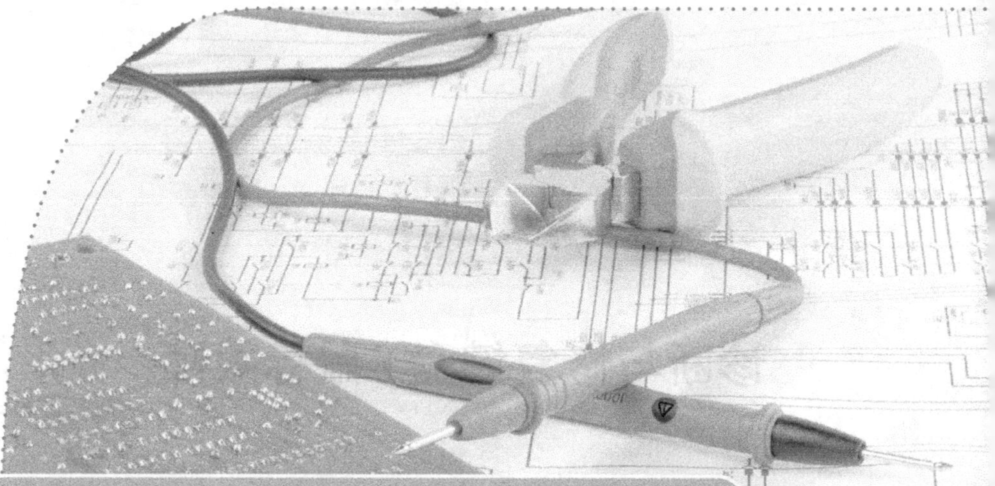

第四篇

电脑周边设备故障维修

电脑的周边设备有很多，在工作学习中常用的周边设备包括键盘 / 鼠标、音箱、U 盘、打印机、复印机、扫描仪、投影仪等。这些设备出现故障的概率也比较大，一旦出现故障就会影响工作和学习，所以掌握这些设备的维修维护，也是非常重要的。

如何检测电脑周边设备的故障，本篇将重点进行讲解。

第 26 章

诊断与修复键盘 / 鼠标故障

电脑设备中，除了前面讲的主要设备之外，还有很多小型设备和外部设备，比如键盘 / 鼠标、耳机 / 麦克风、U 盘等，这些小设备的故障率也很高，不过有些设备本身价格不贵，是修理还是更换，用户可以酌情处理。下面讲解一些容易出问题的设备的常见故障处理。

26.1 键盘故障诊断维修

26.1.1 清洁键盘灰尘

许多键盘用久了以后，会变得非常脏，而且键盘内会积满各种灰尘、杂物、瓜子皮、螺丝、方便面渣等。

清洁键盘可以让键盘焕然一新，还能延长键盘的使用寿命。

清洁键盘的一般方法是如下。

1）拍打键盘：关掉电脑取下键盘。在桌子上放一张报纸，把键盘翻转朝下，拍打并摇晃。你会发现键盘中有许多异物被拍打出来。

2）吹掉杂物：使用吹风机对准键盘按键上的缝隙吹，以吹掉附着在其中的杂物。

3）反复拍打和吹风：重复上面两个操作，直至键盘内藏匿的杂物全部清除为止。

4）擦洗表面：用湿抹布来擦洗键盘表面，尤其是常用的按键表面。如果用水无法擦净键帽上的污渍，可以尝试用洗涤灵或牙膏来擦拭。

5）消毒：键盘擦洗干净后，不妨再蘸上酒精、消毒液等进行消毒处理，最后用干布将键盘表面擦干即可。此外，如果用酒精对电脑进行呵护，在杀毒灭菌的同时，很有可能腐蚀键盘表面的防护层，使其敏感度降低。所以不要让酒精沾到键盘的电路板上。

彻底清洗：如果以上清洁方法还不能满足你对键盘的要求，可以给你的键盘来一次彻底的大清洗。将每个按键的帽拆下来。普通键盘的键帽部分是可拆卸的，可以用小螺丝刀把它们撬下来，按照从键盘区的边角部分向中间部分的顺序逐个进行，空格键和回车键等较大的按键帽较难回到原位，所以尽量不要拆。如图 26-1 所示。

为了避免遗忘这些按键帽的位置，可以用相机将键盘布局拍下来或对照其他的键盘键位进行安装。拆下按键帽后，可以将其浸泡在洗涤剂或消毒溶液中，并用绒布或消毒纸巾仔细擦洗键盘底座。

键盘灰尘去除胶，即一种类似胶泥的胶状物，也可以轻松地清理键盘表面的污垢和缝隙的灰尘，只不过需要另外购买。如图 26-2 所示。

图 26-1 拆卸下键帽的键盘

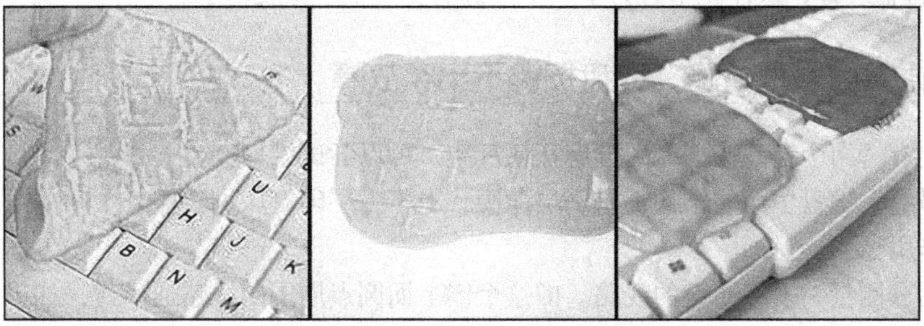

图 26-2 键盘灰尘去除胶

26.1.2 更换键盘垫

键盘使用久了以后，会出现按键绵软不回弹，按键输入反应慢，甚至有的按键很难按出字的情况。只要更换新的键盘橡胶垫，就能让键盘完好如新了。如图 26-3 所示。

1）关闭电脑，取下键盘。

2）将键盘面朝下，拧下背面的螺丝。

3）将键盘盖轻轻取下，注意不要让键盘帽跳得到处是。

4）将老旧的键盘垫取下来，更换新买的垫。

5）重新安装键盘，拧好螺丝。键盘就会恢复原有的弹性和手感了。

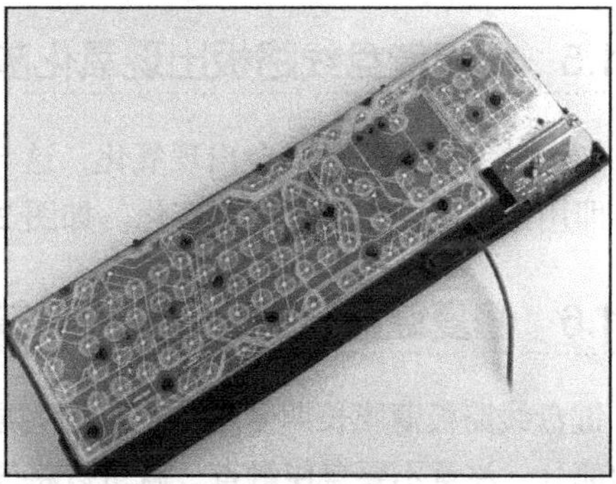

图 26-3 更换键盘橡胶垫

26.1.3 修复键盘按键不回弹故障

有的键盘个别按键按下去之后，不会自动弹起，这是因为键盘上的橡胶垫老化或者断裂了。上面讲过了更换橡胶垫的方法，这里我们讲一讲不更换整个橡胶垫，只更换一两个按键的方法。如图 26-4 所示。

1）如上所述打开键盘。

2）将问题键的橡胶垫用剪刀剪下来。

3）将废旧键盘上的弹性好的橡胶垫剪下来。

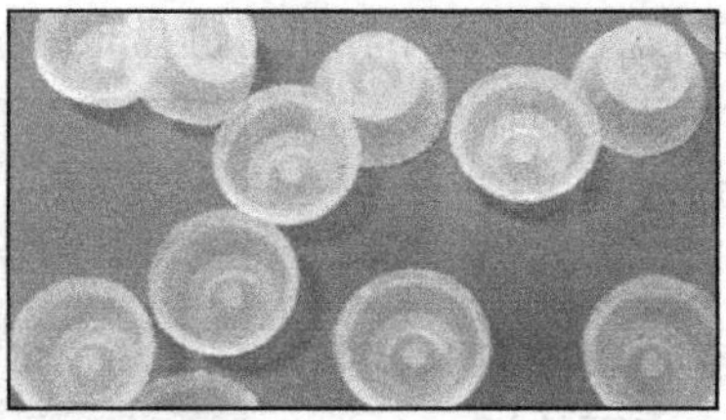

图 26-4 利用废旧键盘上的橡胶垫

4）将弹性好的橡胶垫换到维修的键盘上，用双面胶固定住。

5）将键盘装好，这样就不必为了一个按键而更换整个橡胶垫了。

26.1.4 修复线路板断路，键盘按键不出字故障

键盘上有一两个键，按下之后没有任何反应。可以尝试维修。

打开键盘，键盘里面的结构都是三层薄膜，上下二层印有印刷线路，中间一层打有圆孔起到隔离的作用。

用万用表测量一下不通键的线路。即这个键下面圆点周围的线路通不通，如果那条线路不通（断路），可以用取一根细铜丝（电线里的铜丝就行），在下层的薄膜中用缝衣针在断了线路前后面各戳个小孔把细铜丝从它的背面穿入（即从没有线路的面穿入），在穿入的两个头子把它弯曲成 U 型或 O 型，使细铜丝有较多的面积与线路接触，然后用粘胶纸将它粘牢，让细铜丝与线路接触良好，最后用万用表量一下线路通不通，如果通了，装回即可。

26.1.5 修复键盘线路板出现氧化故障

键盘的线路板有时候会出现氧化，这与板卡管脚的氧化情况是一样的，可以使用同样的方法，即用橡皮擦的方法来去除氧化。如图 26-5 所示。

26.1.6 修复键盘线路板薄膜变形故障

键盘线路板薄膜长期受压时，可能会导致薄膜变形粘在一起，只要用绝缘胶布贴住粘在一起的部分，注意不要盖住触点，就可以将薄膜分开了。如图 26-6 所示。

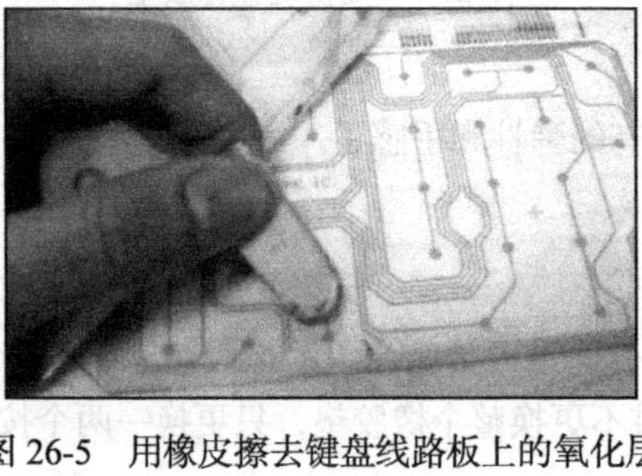

图 26-5 用橡皮擦去键盘线路板上的氧化层

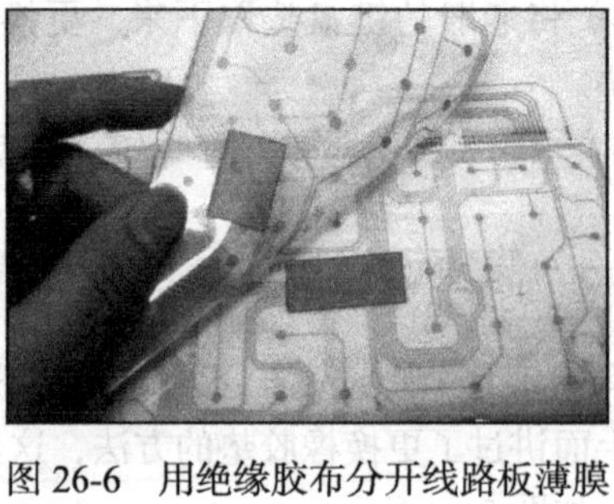

图 26-6 用绝缘胶布分开线路板薄膜

26.1.7 无线键盘故障

无线键盘的故障主要是由供电的电池盒接触不良或无线发射端 / 接收端损坏引起的。电池

盒接触不良很容易修复，如果是发射端 / 接收端损坏，就必须更换。如图 26-7 所示。

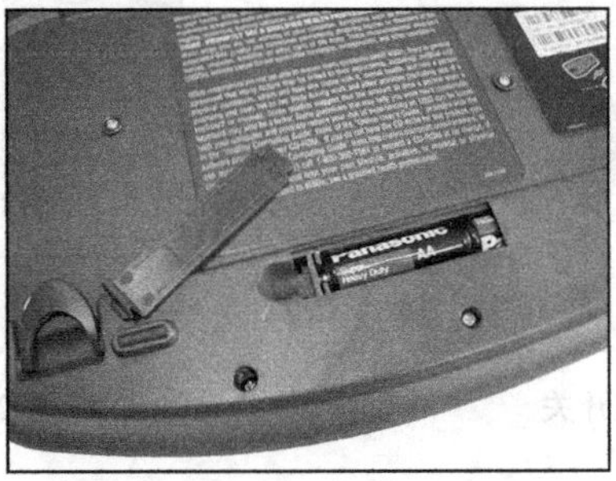

图 26-7　无线键盘的电池盒

26.2　鼠标故障诊断维修

鼠标的故障现象很少，基本是左键右键不能使用、不能移动、鼠标指针不受控制、一插入电脑就死机等。

26.2.1　修复鼠标左键右键不管用故障

不用判断也不用测试，直接更换一个或两个微动开关就可以了。

1）打开鼠标外壳。如图 26-8 所示。

2）检查左键、右键、中键微动开关是否有损坏。如图 26-9 所示。

图 26-8　打开鼠标外壳

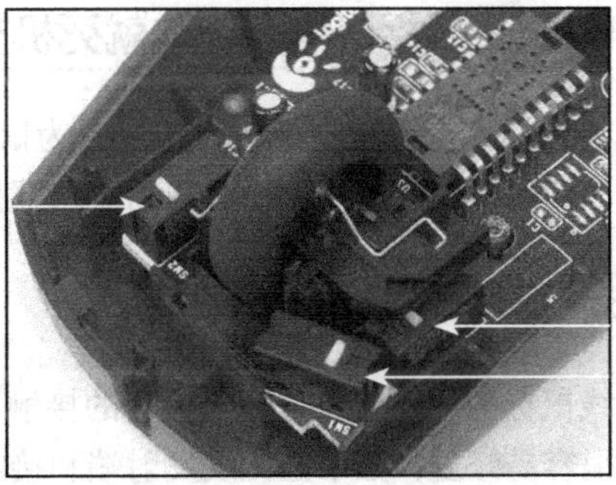

图 26-9　鼠标中的微动开关

3）准备好新买的微动开关。如图 26-10 所示。

4）卸下有故障的开关，更换新的开关，然后将鼠标安装好即可。如图 26-11 所示。

26.2.2　修复鼠标不能移动故障

鼠标不能移动有两种可能：一是鼠标的芯片损坏，这个概率较低；二是 LED 灯或折射透镜损坏。

如果是芯片损坏，就没有维修的价值了。如果是 LED 灯或折射透镜损坏，也很容易发现，更换也很简单。如图 26-12 所示。

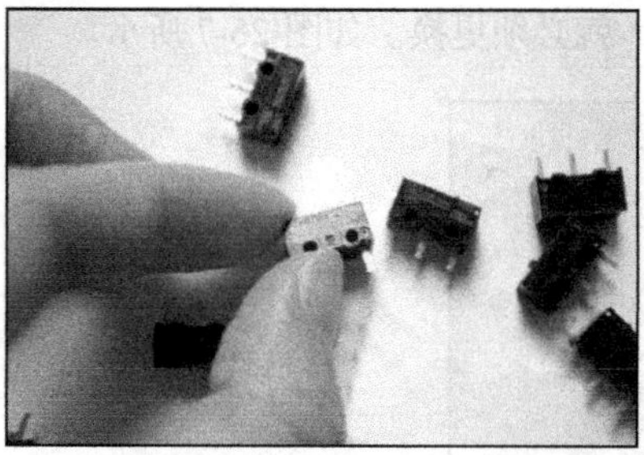

图 26-10 鼠标微动开关

图 26-11 安装微动开关

26.2.3 修复鼠标指针不受控制故障

鼠标指针不受控制，也可以通过更换折射透镜来维修。如图 26-13 所示。

图 26-12 鼠标的 LED 灯管和折射透镜

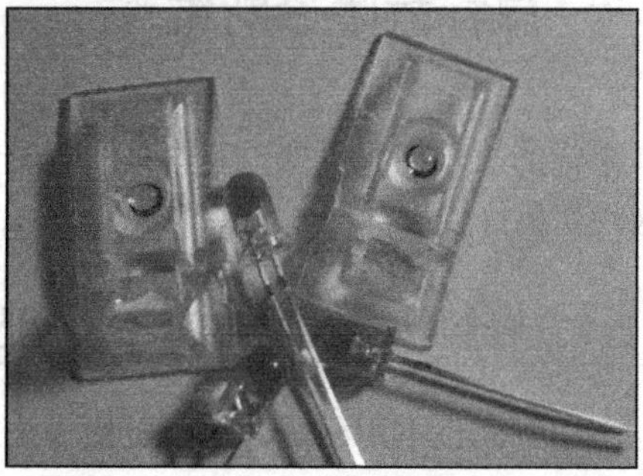

图 26-13 鼠标的 LED 灯和折射透镜

26.2.4 修复鼠标一插入电脑就死机故障

鼠标一插入电脑就会死机，这是因为鼠标内或鼠标的 USB 接口处有短路的现象。只要按照电路，使用万用表逐段测量，找到短路部分，更换元件即可修好。如图 26-14 所示。

26.2.5 修复无线鼠标故障

无线鼠标的故障主要是由电池盒的接触不良和无线发射端和接收端损坏造成的。电池盒接触不良很容易修复，如果是无线发射端和接收端损坏，就必须更换。如图 26-15 所示。

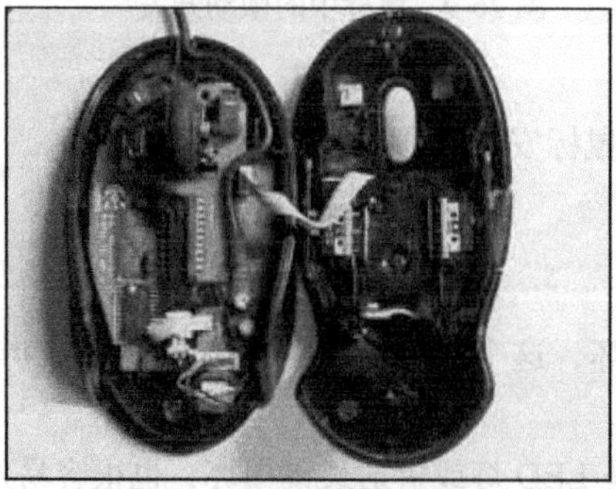

图 26-14 鼠标内部

图 26-15 无线鼠标的内部结构

26.3 动手实践：键盘 / 鼠标典型故障维修实例

26.3.1 鼠标右键失灵左键可用

1. 故障现象

一个罗技鼠标，使用了很长时间，最近突然右键不好用了，左键还可以点击。

2. 故障分析

鼠标右键失灵，可能是右键按键损坏、右键电路故障。

3. 故障查找与维修

将鼠标插到另一台电脑上，右键依然不能用，说明是鼠标本身的故障。

打开鼠标外壳，查看右键和右键电路。发现右键微动开关的针脚有虚焊。

加焊右键微动开关的针脚。

接上电脑测试，发现鼠标右键能够使用了。

26.3.2 鼠标指针飘忽闪动

1. 故障现象

一个双飞燕鼠标，使用一段时间后，鼠标指针在满屏幕乱闪，根本无法使用。

2. 故障分析

鼠标指针飘忽闪动，一般是鼠标主板电路故障或光路屏蔽不好，收到外来光源影响造成的。

3. 故障查找与维修

1）将鼠标插在另一台电脑上测试，发现故障依然存在。这可以确定是鼠标本身的故障。

2）打开鼠标查看光路，发现光路基本正常，这可以确定是主板电路的故障了。

3）更换主板电路性价比不高，还不如直接更换鼠标。

26.3.3 开机提示“Keyboard error Press F1 to Resume”

1. 故障现象

一个雷柏 V5 键盘，电脑清理一次灰尘后重新接好，但开机出现“Keyboard error Press F1 to Resume”提示，按 F1 键电脑还是无法启动。

2. 故障分析

出现键盘错误按 F1 键重启的提示，一般是因为键盘接触不良或键盘损坏造成的。

3. 故障查找与维修

拔下键盘 PS/2 插头，发现插头上有一个插针弯曲了。用小镊子将弯曲的针脚掰正，重新连接电脑，开机测试，没有再出现键盘错误的提示。

26.3.4 键盘上的回车键按下后不弹起

1. 故障现象

一个双飞燕键盘，使用了两年多，今天回车键按下去后不能弹起了。

2. 故障分析

按键不回弹一般是按键帽卡住或弹簧失去弹性造成的。

3. 故障查找与维修

撬起回车键的键盘帽，发现下面的弹簧变形了，用钳子将弹簧稍微拉伸一些，再装好键盘帽，回车键可以自动回弹了。

26.3.5 USB鼠标指针无法横向移动

1. 故障现象

一个USB光电鼠标，无论怎么移动，鼠标指针只能竖着移动，而不能横向移动，换一个鼠标后正常。

2. 故障分析

根据故障现象分析，鼠标只在一个方向上移动，说明其上下移动的光电二极管坏了，或者是反射光没射到该光电二极管上。

3. 故障查找与维修

首先拆开鼠标检查鼠标的电路，未发现异常，接着更换发光二极管，然后进行测试，鼠标工作正常，故障排除。

26.3.6 电脑鼠标的指针不动

1. 故障现象

一个双飞燕鼠标，移动鼠标时，显示屏上的指针不能移动，重新启动后情况一样。

2. 故障分析

根据故障现象分析，Windows系统不能识别鼠标移动的信号，可能是系统软件的原因所致，也可能是鼠标本身的原因所致。

3. 故障查找与维修

1）用杀毒软件查杀病毒，未发现异常。

2）将鼠标接口重新连接，故障依旧。

3）使用替换法将鼠标连接到其他电脑进行测试，鼠标依然无法使用，说明是鼠标本身有问题。

4）拆开鼠标外壳检测，测量鼠标线路，发现鼠标线缆有一根不同。说明鼠标线缆有断线的情况。

5）仔细检查鼠标线缆，发现线缆靠近鼠标的地方好像有断裂的痕迹，仔细检查确定断裂的位置。之后将靠近鼠标的一端信号线剪掉一小截，重新将线焊好，故障排除。

26.3.7 光电鼠标无法使用

1. 故障现象

一台组装的双核电脑，重装系统后发现光电鼠标不能使用。

2. 故障分析

根据故障现象分析，此故障可能是电脑的 USB 接口有问题或被关闭，也可能是鼠标接触不良，或鼠标线缆有问题，或鼠标损坏等原因引起。可以先检查电脑的 USB 接口，是否为鼠标接触不良问题等。

3. 故障查找与维修

1）将鼠标连接到电脑其他 USB 接口，故障依旧。

2）用其他光电鼠标连接到电脑进行测试，发现鼠标依旧无法使用。

3）怀疑电脑的 USB 接口有问题，由于电脑中的 USB 接口全部无法使用，首先检查 BIOS 中的 USB 接口设置项。重启电脑并按 Del 键进入 BIOS 设置程序，接着进入“integrated peripherals”选项，再将“On hip USB”选项设置为“V1.1+V2.0”，如图 26-16 所示。

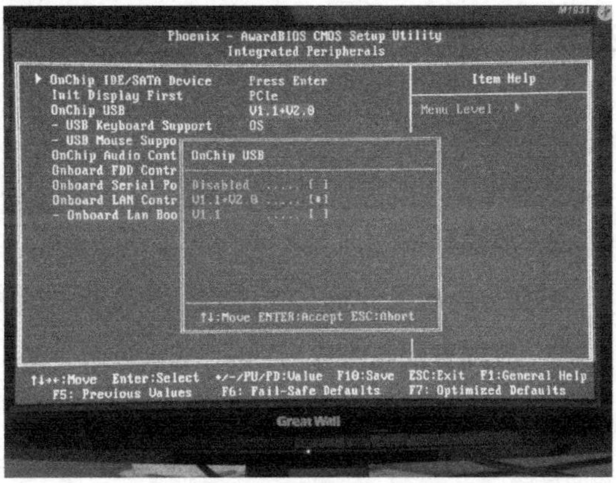

图 26-16 BIOS 设置界面

4）启动电脑测试鼠标，发现系统开始安装 USB 鼠标驱动程序，接着鼠标可以正常使用，故障排除。

26.3.8 光电鼠标工作不正常

1. 故障现象

一台电脑操作系统是 Windows 10，开机后发现光电鼠标无法使用，但拔下鼠标重新插入即可正常使用。

2. 故障分析

根据故障现象分析，此类故障可能是鼠标接口有问题，或系统接口兼容性差，或鼠标驱动程序有问题引起的。

3. 故障查找与维修

1）反复拔插鼠标，观察鼠标的反应。发现有时候插入鼠标后，鼠标也无法使用。

2）怀疑电脑 USB 接口有问题，接着更换另一个 USB 接口进行测试，鼠标使用正常。重启电脑后再测试，鼠标使用正常，故障排除。

26.3.9 键盘的个别字符键不太灵敏

1. 故障现象

电脑键盘在使用的时候个别字符的键不太灵敏，有时用力敲这几个键，键入的字符正常，轻敲则无反应。

2. 故障分析

根据故障现象分析，可以排除键盘接口及电缆问题，一般按键同时失灵问题是按键接触不良造成的，与键盘的电路无关。而接触不良一般是由于该按键与电路板之间连线产生虚焊或脱焊，造成该键电路断开所致。

3. 故障查找与维修

1）将键盘拆开，将键盘主体取出，在背面找到故障按键开关电路的两个焊点。

2）用万用表检测两个焊点的阻值，正常情况下没按键时，万用表（置于欧姆挡）应指示无穷大，当按键时，万用表应指示为零。

3）经测量发现当按键时，测量的阻值为无穷大，说明有开焊的情况，接着重新焊接连线。然后接好键盘进行测试，键盘可以正常输入，故障排除。

26.3.10 插入 U 盘后键盘无法使用

1. 故障现象

一台电脑平时键盘可以正常使用，但插入 U 盘后，按什么键都没有反应，鼠标使用正常。

2. 故障分析

根据故障现象分析，很可能是键盘插头接触不良所致。

3. 故障查找与维修

1）怀疑键盘接触不良，检查电脑机箱背面的键盘接口，发现插头松动了。

2）重新插好键盘后，测试键盘，可以正常输入，故障排除。

26.3.11 键盘使用两年后，空格键变得不灵活了

1. 故障现象

键盘在使用两年后，空格键按下比较费劲，且弹起比较缓慢。

2. 故障分析

一般按键按下时有困难，说明有阻碍物，或键盘按键的弹性橡胶垫老化。可以清洁按键或更换橡胶垫来解决问题。

3. 故障查找与维修

1）卸下键盘，取出按键，发现键柱上堆积了很多污垢。轻轻刮掉污垢，将按键装回原位，感觉轻松多了，但弹起还是不利索，怀疑弹性橡胶垫老化。

2）将平时不常用的“Scroll Lock”键的胶垫与之交换，装好键盘，空格键好用了，故障排除。

26.3.12 关机后键盘“Num Lock”灯仍发亮

1. 故障现象

用户反映笔记本电脑关机后，键盘“Num Lock”灯仍发亮，不能关闭。

2. 故障分析

根据故障现象分析，此类故障可能是键盘有问题，或电脑 BIOS 设置问题。

3. 故障查找与维修

1）用替换法检查键盘，发现键盘安装到其他电脑中，可以正常使用，且关机后“Num Lock”灯不亮。

2）同样将其他键盘连接到故障电脑中，发现关机后，“Num Lock”灯仍发亮。怀疑是电脑设置问题。

3）启动电脑，并按下 F2 键进入 BIOS 设置界面，将菜单“POWER”的“Keyboard Power On”设为“Disabled”，然后按 F10 键保存配置退出。关机进行测试，“Num Lock”灯不亮了，故障排除。

26.3.13 新组装的电脑键盘无法插进键盘接口

1. 故障现象

一台新组装的电脑，在连接键盘时，发现键盘无法插入 PS/2 键盘接口。

2. 故障分析

根据故障现象分析，故障是由于组装电脑的时候，主板没固定好，或机箱有些变形导致键盘接口被挡住，或键盘接口被压变形所致。

3. 故障查找与维修

1）检查键盘的 PS/2 接口，未发现变形的问题。

2）检查机箱后面的键盘接口，发现键盘接口被挡住了。接下来打开机箱，拆下主板，调整机箱变形的问题后，装好主板，键盘接口可以全部漏出来。然后安装键盘，可以顺利插入，故障排除。

第 27 章

诊断与修复音箱 /U 盘故障

电脑音箱、U 盘等设备也是电脑用户经常用到的外部设备，这些外设的使用率较高，发生故障的概率也较高，本章将重点介绍电脑音箱和 U 盘的故障诊断方法和维修案例。

27.1 音箱故障诊断维修

音箱是电脑的重要设备，由于价格便宜，所以很多人不会尝试维修音箱，若出现“小毛病”就将就着用，到了不能用的时候就直接换新的，其实音箱的故障很多都是很容易维修的，下面我们介绍几种常见故障的维修。

27.1.1 调整音量时出现“噼里啪啦”的声音

音箱最容易产生的故障就是，使用时间长了以后，在调节音量时会“噼里啪啦”不停地响，声音时有时无。很多人应对的方法是使用 Windows 的调节音量功能来控制音量，这其实只是没办法的办法。

故障现象分析

出现这种情况便可以判断有两种可能。一是调节音量的相位器出了问题。大多数音箱都是利用电位器来改变信号的强弱（数字调音电位器除外），从而对音量和重低音进行调节的。而电位器则是通过一个活动触点来改变在炭阻片上的位置，从而改变电阻值的大小，这与我们物理课上学过的可调电阻其实是一样的。随着使用时间的增长，电位器内会有灰尘或杂质落入，电位器的触点也可能会氧化生锈，造成接触不实，这时在调整音量时就会有“噼里啪啦”的噪声出现。如图 27-1 所示。

图 27-1　音箱的音量调节器

二是电位器的质量不好。在使用时，左右声道的簧片本来是分离的，但现在却因为错位，造成在使用的时候时通时断，这就产生的“噼里啪啦”的噪声。修理这个也很简单，我们只要用尖嘴镊子轻轻拨正，再按原位装回就可以了。

故障测试维修

维修这个故障的方法很简单，只要更换一个调节器就可以了，调节器价格很便宜。如果不想更换，也可以把电位器后面的四个压接片打开，露出电位器的活动触点。然后，用无水酒精清洗炭阻片，再在炭阻片滴一滴油，最后把电位器按原来位置装好就可以解决噪声问题。

27.1.2　两个音箱的声音一个大一个小

两个音箱的声音一个大一个小，用手掰一下音量调节旋钮就会让声音正常，但一放手还是一大一小。

这与上一个故障是一个原因，在调节器上左右两个簧片是分离的，一个声音小的原因是一边的簧片出现了变形、错位，与上面的方法一样，用镊子将簧片拨正，清理调节器上的灰尘和氧化层，就可以恢复正常了。

27.2　耳机故障诊断维修

27.2.1　更换耳机线

耳机无论是耳塞式的还是扣耳式的，原理都与音箱相同。更换耳机线的操作并不复杂。

1）用螺丝刀或其他工具慢慢撬开耳机边缘。如图 27-2 所示。

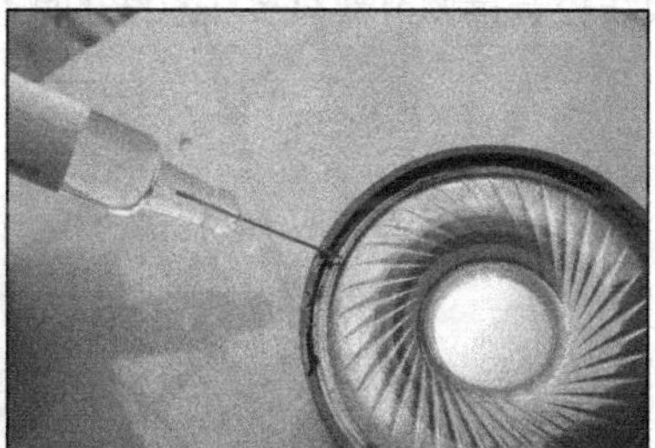

图 27-2　用螺丝刀撬开耳机边缘

2）撬开耳机后，可以看到耳机的喇叭上焊着两根导线，这两根线就是耳机线信号线和接地线。更换耳机线只要将这两根线用电烙铁焊下来，再将新耳机线焊在这两个焊点上，就完成了耳机线的更换。如图 27-3 所示。

3）塞耳式耳机的原理与结构也与扣耳式一样。如图 27-4 所示。

图 27-3　耳机喇叭上的信号线

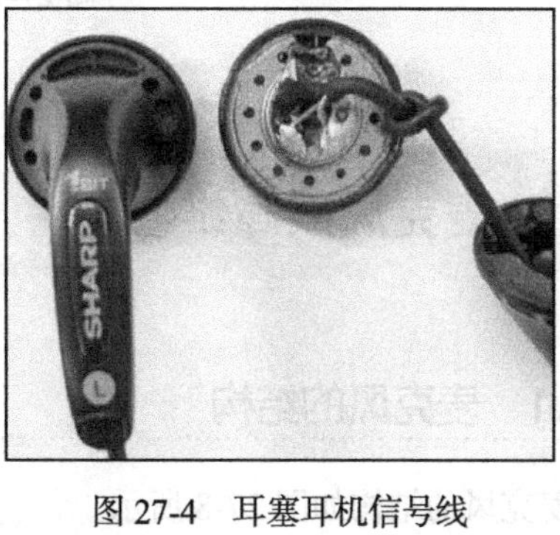

图 27-4　耳塞耳机信号线

27.2.2 更换耳机插头

更换完耳机线，也许还需要更换插头，因为信号线很难检测断点的位置，如果无法检测断点，只能直接更换整条耳机线。

耳机插头的更换也很简单，需要注意的是信号线的颜色必须与耳机喇叭的颜色保持一致。如图 27-5 所示。

还有一种耳机，耳机上带有麦克风，这种耳机更换插头时，插头上有三根信号线，其中有耳机的信号线、麦克风信号线、接电线。只要保持与原有信号线的颜色一致，就不会接错线头了。如图 27-6 所示。

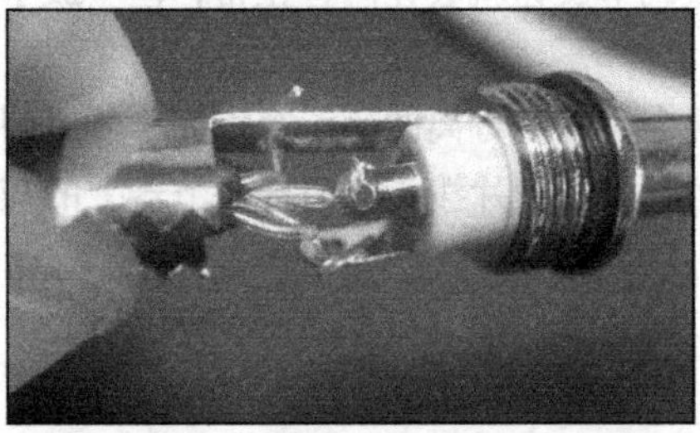

图 27-5 耳机插头的两根线

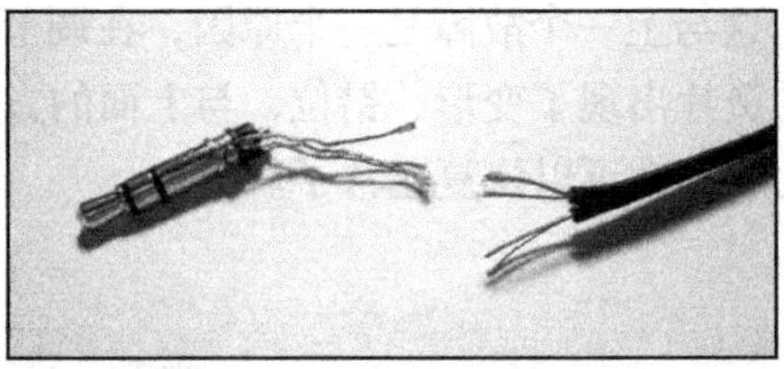

图 27-6 三项耳机插头更换

27.2.3 耳机线控音量调节器

耳机线控的音量调节器原理与音响的音量调节器相同，都是用可调电阻来调节音量，要更换线控音量调节器只要注意线的颜色不要接错就可以了。如图 27-7 所示。

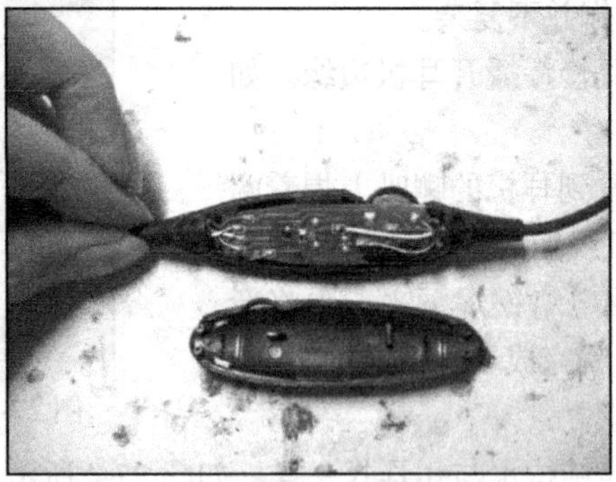

图 27-7 耳机线控音量调节器

27.3 麦克风故障维修

27.3.1 麦克风的结构

麦克风的结构如图 27-8 所示。

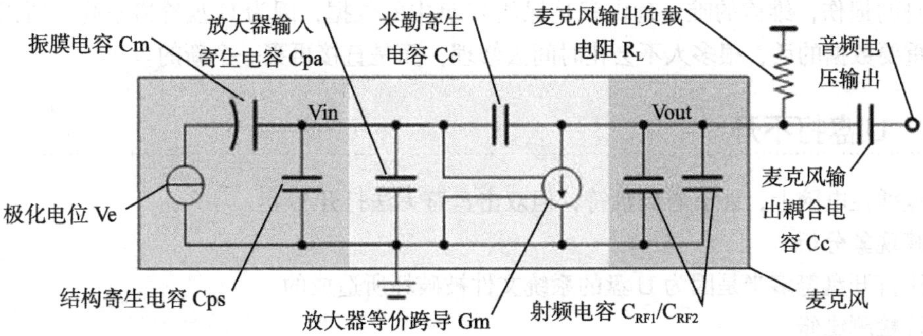

图 27-8　麦克风电路图

麦克风的结构主要分为两部分：一是接收声音的振膜线圈等元件；二是将信号滤波放大、转换然后输出的电路。

27.3.2　麦克风的工作原理

麦克风的工作原理是，声音的音波通过振膜、线圈、磁铁转为电信号，信号输出给放大电路，经过放大电路的滤波、放大后，输出给电脑等接收设备。如图 27-9 所示。

27.3.3　更换麦克风线路板

麦克风内部容易出现故障的是放大电路，打开麦克风外壳就能看到放大电路。用万用表检测放大电路上的元件，更换故障元件，或直接更换放大电路的电路板。如图 27-10 所示。

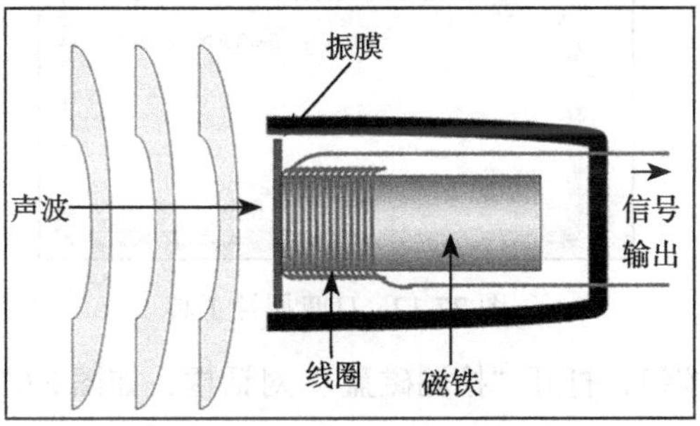

图 27-9　麦克风的工作原理

图 27-10　麦克风内的放大电路

27.4　U 盘故障诊断维修

U 盘作为电脑小配件，给我们带来了越来越多的方便。从最初的 8MB 到现在的 16GB，从最初的 USB1.0 接口到现在的 USB3.0 接口，U 盘的发展速度甚至比 CPU 还快。

但 U 盘给我们带来方便的同时，也带来了不少的烦恼，因为 U 盘的故障还是很多的。U 盘的故障可以分为软件故障和硬件故障，软件故障中大部分其实是电脑的设置问题，还有一部分是因为操作不当导致的 U 盘系统文件损坏，这相对来说都是容易解决的。硬件故障指的是

U 盘自身的损伤，维修的唯一理由就是保住 U 盘中的数据，因为 U 盘价格不高，所以如果没有什么重要数据的话，很多人不会花时间去修理，而是直接再买一个新的。

27.4.1 U 盘打不开

U 盘插在电脑上，能够看到盘符，但双击盘符无法打开 U 盘。

故障现象分析

无法打开盘符多半是因为 U 盘的系统文件被破坏所造成的。

故障检测维修

修复 U 盘的系统文件就能解决上面的问题。方法如下。

1）将 U 盘插在电脑上。然后在“我的电脑”或“计算机”窗口中 U 盘的图标上，右键单击 U 盘的盘符，在打开的菜单中选择“属性”菜单。如图 27-11 所示。

2）在“属性”对话框中，单击“工具”选项卡。如图 27-12 所示。

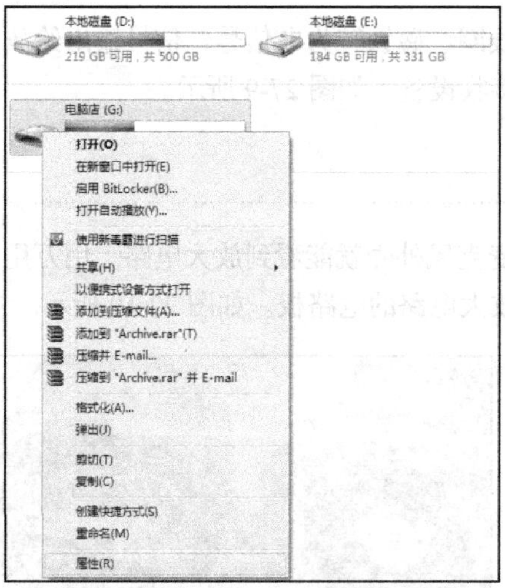

图 27-11 U 盘属性

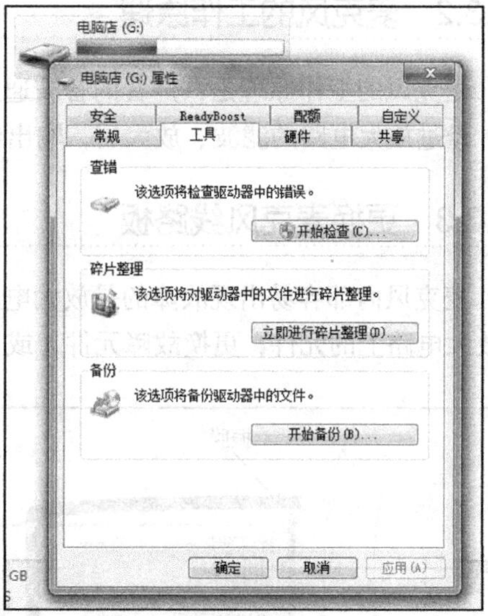

图 27-12 U 盘属性工具

3）在“工具”选项卡中单击“开始检测”按钮，打开“检测磁盘 ”对话框，如图 27-13 所示。

4）在“检测磁盘”对话框中，勾选“自动修复文件系统错误”复选框。然后单击“开始”按钮，如图 27-14 所示。

5）开始自动检查程序很快就能恢复 U 盘的文件系统错误。完成检测后，单击“完成”按钮即可。

27.4.2 用 U 盘安心去打印

拿着 U 盘去打印服务店打印是件很平常的事，但打印服务的电脑因为经常被很多客户使用，所以很容易感染病毒，一旦你的 U 盘在有病毒的电脑上使用，自身就很容易传染病毒。

有的 U 盘带有写保护功能，只要将开关打开，任何病毒都无法对 U 盘造成伤害。如图 27-15 所示。

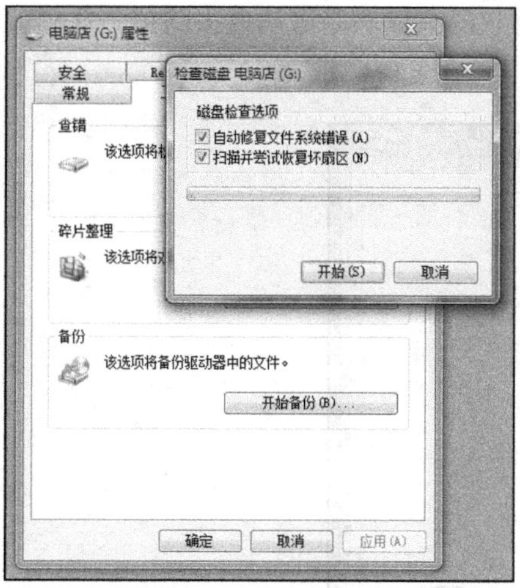

图 27-13　检查磁盘

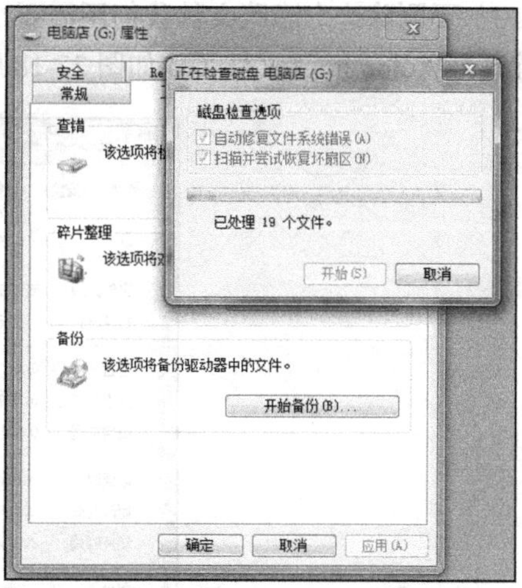

图 27-14　检查磁盘文件系统错误

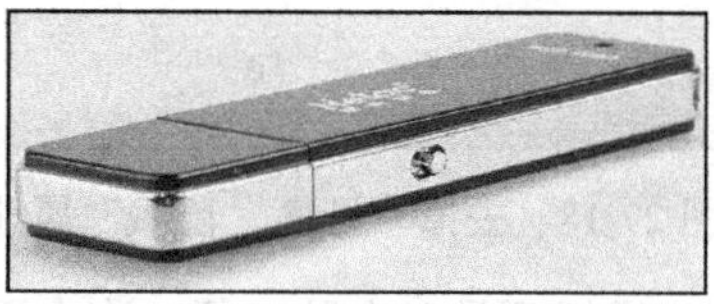

图 27-15　带有写保护功能的 U 盘

27.4.3　U 盘中病毒自动运行

上面的提到 U 盘会被病毒感染，如果右键点击 U 盘盘符，发现有自动运行的功能，就很有可能是被病毒感染了。

1）打开 U 盘（不要用自动运行），然后查看是否有隐藏文件。如图 27-16 所示。

2）发现 U 盘下的 Autorun.inf 文件。Autorun.inf 文件就是自动运行文件，这里记录着想要被自动运行的文件的路径，有可能是病毒，也有可能是一些广告类的恶意程序。如图 27-17 所示。

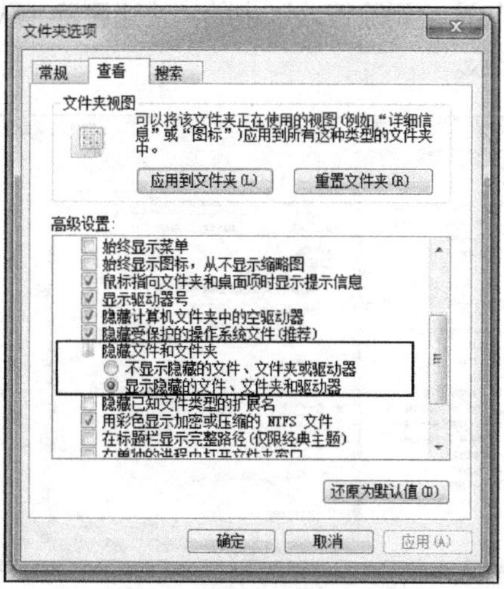

图 27-16　显示隐藏文件

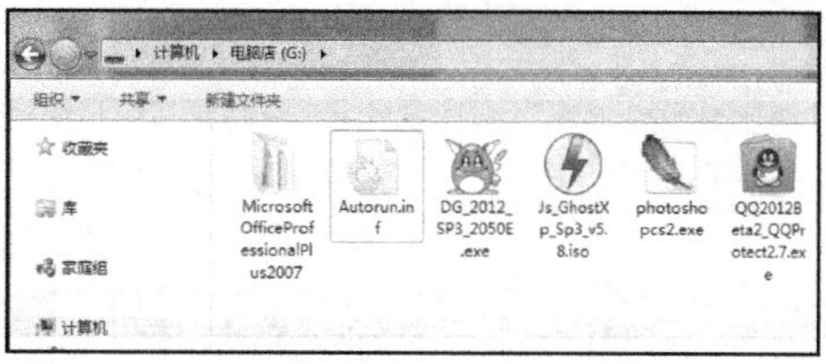

图 27-17　Autorun.inf 文件

3）要删除这个隐藏文件我们还需要在属性中将它的只读和隐藏属性去除掉，这样就可以删除这个 Autorun.inf 文件了。如图 27-18 所示。

图 27-18　去掉“只读”“隐藏”属性

4）删除 Autorun.inf 文件后，最好还是对电脑进行一次全面的病毒检查。

27.4.4　省去安全删除 U 盘步骤

什么是安全删除呢？就是你在使用完 U 盘的时候，必须先要在右下角的“USB 设备管理器”中，点击“安全删除 USB 设备”选项，然后再拔出 U 盘，否则就可能会造成数据丢失、文件损坏等严重的后果。

那么我们如何才能省去这个安全删除的步骤呢？其实方法很简单：

1）打开“开始→控制面板→系统和安全→系统→设备管理器”。

2）找到“设备管理器”中的 U 盘，右键单击，选择“属性”选项。如图 27-19 所示。

3）打开“属性”选项，单击“策略”选项卡，勾选“删除策略”中的“快速删除（默认）”单选按钮，再单击“确定”按钮即可，如图 27-20 所示。

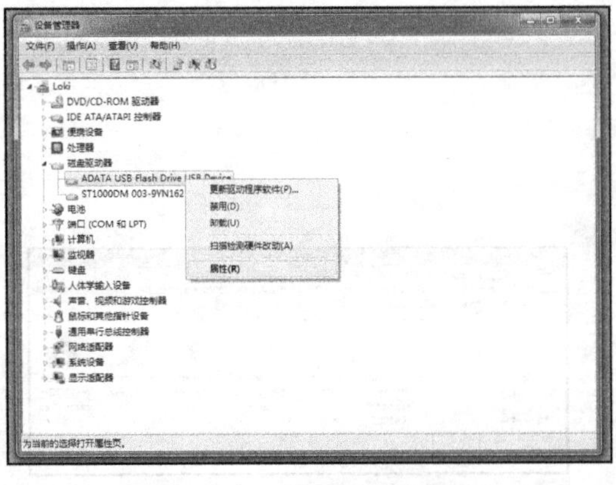

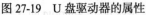

图 27-19　U 盘驱动器的属性

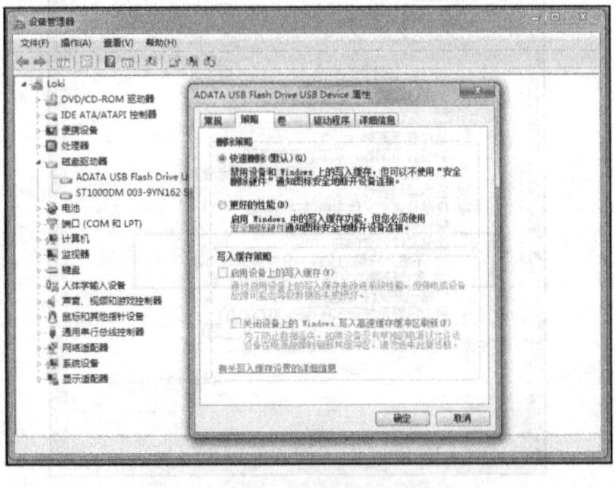

图 27-20　选择快速删除

4）快速删除选项可以禁用设备和 Windows 中的写入缓存，这样就不用安全删除 USB 设备，也不会造成数据丢失了。

27.4.5　电脑不识别 U 盘

U 盘插到电脑上，无法找到盘符。

我们运行 diskmgmt.msc 磁盘管理命令查看磁盘。磁盘管理中我们可以看到 U 盘，但是在 Windows 中却无法识别 U 盘。这可能是磁盘分配驱动文件的问题。如图 27-21 所示。

我们到系统目录 C:\WINDOWS\system32\drivers 中查找一个“sptd.sys”的文件。将这个文件删除，然后重启电脑，问题解决了。

Sptd.sys 文件并不是 Windows 的系统文件，它是 SCSI 的一个驱动程序，如果您正在使用 Daemon Tools 或是 Alcohol 120% 程序的话，删除 Sptd.sys 可能会造成错误。只要重装 Daemon Tools 或是 Alcohol 120% 程序就可以了。

27.4.6　U 盘修复软件

如果 U 盘出了问题，又不想进行各种设置，可以从网上下载 U 盘修复软件。U 盘修复软件下载操作简单，而且大多是免费的。不过修复的过程中有可能会造成数据丢失，所以在使用前要做好备份。如图 27-22 所示。

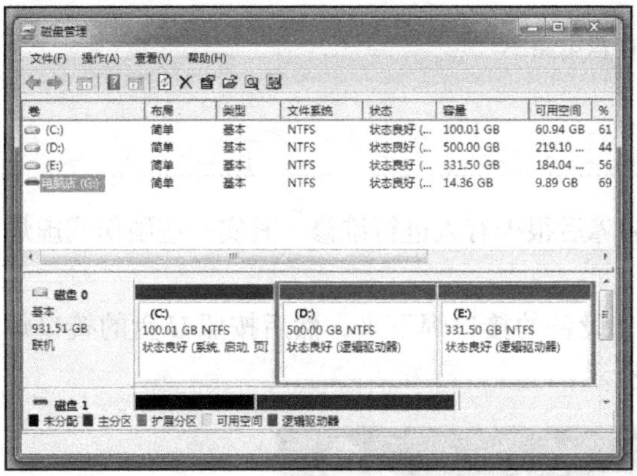

图 27-21　磁盘管理命令

图 27-22　USBBoot U 盘修复软件

27.4.7　U 盘内部结构

上面介绍了不少 U 盘软件设置上的故障修复，有时候造成 U 盘不能正常使用的也可能是硬件的问题。

U 盘中主要有 USB 接口、电路板、控制芯片、闪存芯片、晶振、写保护开关（有的没有）几部分组成。如图 27-23 所示。

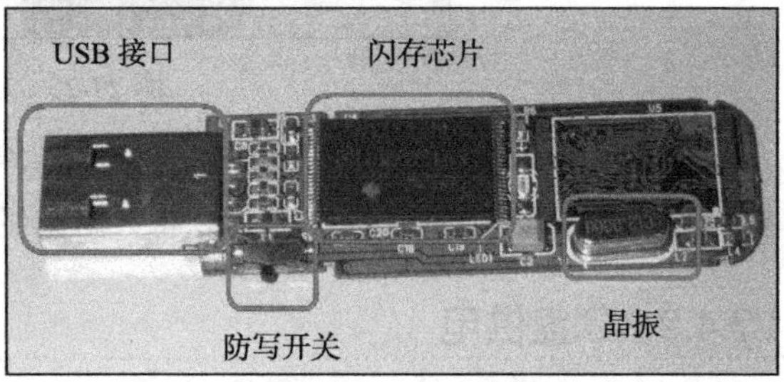

图 27-23　U 盘内部结构

U 盘中的电路也很简单，主要的元

器件有电阻、电容、晶振。看清电路可以帮你查找故障元件。如图 27-24 所示。

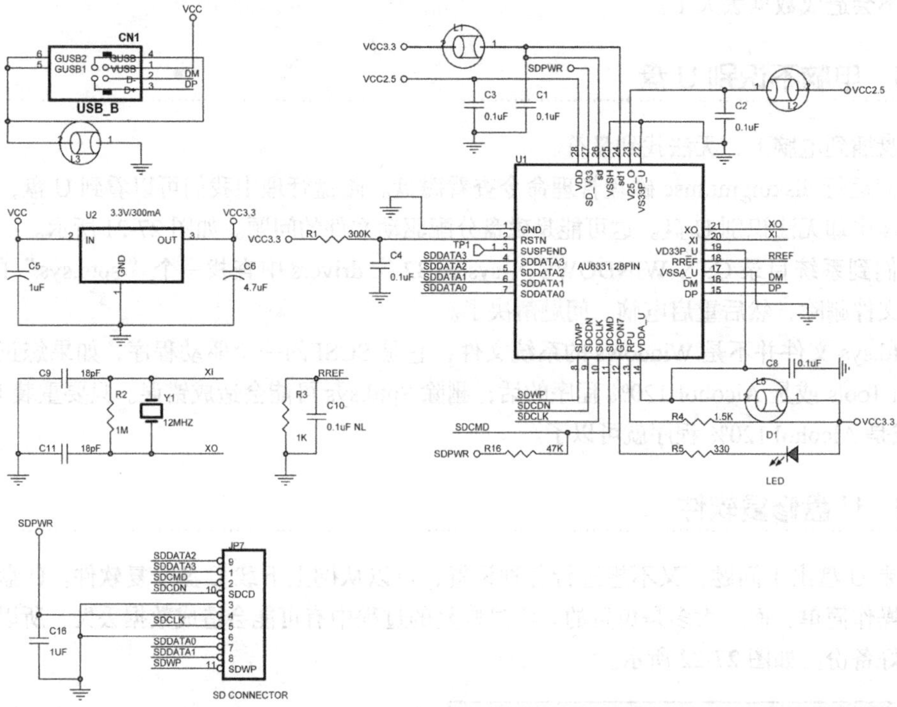

图 27-24 U 盘电路图

27.4.8 U 盘更换 USB 接口

U 盘作为物美价廉的移动存储设备，出现故障后很少有人进行维修，其实一些硬伤或虚焊等故障还是很容易维修的。

比如 USB 接口脱落，可以将其他废旧 USB 设备的接口焊下来，然后按照 U 盘的接口焊点，将完好的 USB 接口焊上即可。如图 27-25 所示。

图 27-25 U 盘内部

另外，如果 U 盘损坏了，其实存在闪存芯片中的数据是不会丢失的，只要将闪存芯片更换到同型号的 U 盘电路板上，是可以将数据保存下来的。

27.4.9 U 盘供电

U 盘是通过 USB 接口提供供电的，有时 U 盘插到电脑时没有任何反应，可能是 USB 接口供电的异常导致的，如果不能替换其他 USB 接口的话，也可以用万用表测量一下电脑 USB 端口的供电电压是否正常。正常的 VCC 电压应该是 5V，GND 接地是 0V，中间 -D、+D 则是数据传输线。如图 27-26 所示。

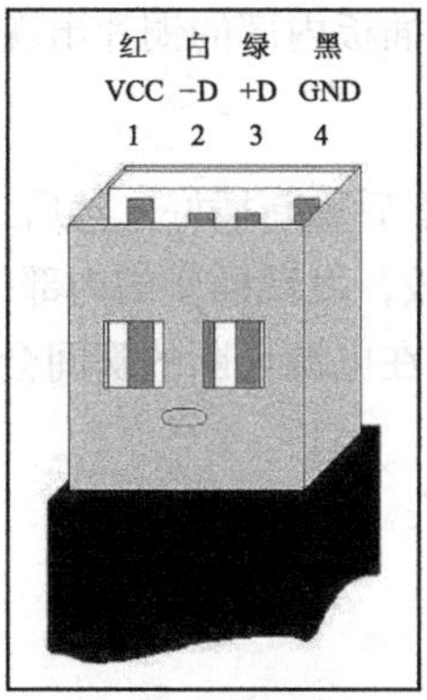

图 27-26　USB 接口

27.4.10　U 盘的晶振

U 盘进行存储时也需要时钟电路进行配合，如果 U 盘上的晶振损坏的话，U 盘也是无法使用的。

晶振损坏是 U 盘的常见故障，维修也很简单，只要更换同型号的晶振就可以解决。如图 27-27 所示。

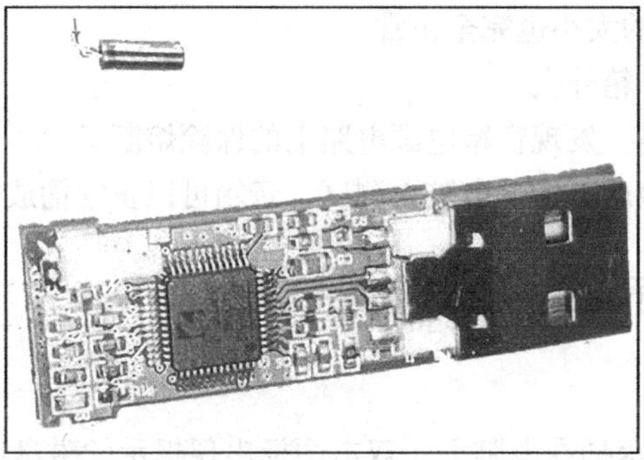

图 27-27　U 盘的晶振

27.5　动手实践：音箱 /U 盘典型故障维修实例

27.5.1　电脑音箱能播放声音，但会不定时出现“噼里啪啦”噪声

1. 故障现象

一台电脑的音箱是漫步者 R101，播放歌曲时，声音基本正常，但是会不定时出现“噼里

啪啦”的噪声。

2. 故障分析

此类故障一般在小音箱及山寨音箱中出现的概率较高。造成此类故障的原因一般是音频线接头接触不良、工作电压不稳、电源插板内部的铜片出现松动、音箱内部电路问题等。

3. 故障查找与维修

1）检查音箱的音频线接口，拔下后重新插好，然后进行测试，故障依旧。

2）检查插音箱电源线的电源插板，发现插座的内部的磷铜片出现松动，动一动电源插头，音箱的电源就时而接触时而断开。而在电源通断的瞬间会有电流通断的干扰信号窜入音箱的放大电路，产生噪声。

3）更换好电源插板后，故障消失。

27.5.2 音箱熔丝熔断

1. 故障现象

故障电脑的音箱是漫步者 R201V。在播放音乐时，音箱没有声音，用音量旋钮调整也没有声音发出。

2. 故障分析

根据故障现象分析，这多半是由音箱供电系统或开关故障造成的。

3. 故障查找与维修

1）用替换法测试电脑和声卡，将一个好的耳机插在电脑上，播放音乐测试，发现可以听到声音，用系统控制音量的大小也完全正常。

2）断开电源，打开音箱外壳。

3）查看音箱供电线路，发现音箱电源电路上的保险熔断了。

4）更换音箱电源保险后，接上电脑再测试，音箱可以正常播放音乐了。

27.5.3 打开 U 盘提示“磁盘还没有格式化”

1. 故障现象

一个金士顿 DT101U 盘插在电脑上，双击图标出现提示“磁盘还没有格式化”。但已经进行了格式化的操作。换到别的电脑上还是出现这个提示。

2. 故障分析

该故障一般是 U 盘固件损坏造成的。

3. 故障查找与维修

从 U 盘官方网站下载固件修复工具，对 U 盘进行修复后，可以正常使用了。

27.5.4 电脑无法识别 U 盘

1. 故障现象

一个金邦 GL2 U 盘插在电脑上，系统无法识别设备。换到其他电脑上依然是无法识别。

2. 故障分析

在不同电脑上都无法识别设备，说明是 U 盘本身存在问题。能够检测到有设备接入电脑，说明有供电提供到 U 盘。那么剩下的就是 U 盘本身损坏或数据接口线 +Data 和 -Data 不通了。

3. 故障查找与维修

打开 U 盘外壳，用万用表测试四条接口线，发现供电线正常，+Data 线没有信号。顺着故障线路检查，发现电路上一个电阻断路。更换同型号电阻后，再插上电脑测试，U 盘可以使用了。

27.5.5　无法识别摄像头

1. 故障现象

电脑接上摄像头后，根本检测不到设备。

2. 故障分析

摄像头检测不到或打开后没有图像，一般是驱动程序安装不正确造成的。有的 Ghost 版 Windows 系统为了减少系统容量，删除了摄像头驱动等很多必要的程序，所以接上通用摄像头后是无法识别设备的。

3. 故障查找与维修

下载最新的摄像头驱动，安装在电脑上，再打开摄像头测试，发现摄像头可以使用了。

27.5.6　摄像头画面是倒立的

1. 故障现象

故障电脑是宏基笔记本。用笔记本自带的摄像头进行摄像拍照时，画面是倒立的。

2. 故障分析

摄像头图像倒立，一般是因为驱动程序安装不正确造成的。

3. 故障查找与维修

到电脑官方网站下载最新的驱动程序，重新安装驱动后，故障解除。

27.5.7　U 盘插到电脑上没有任何反应

1. 故障现象

用户将 U 盘插到电脑上后，电脑没有检测到 U 盘，找不到可移动磁盘。

2. 故障分析

根据故障现象分析，U 盘插到电脑后没有反应，可能是 U 盘损坏，或电脑的 USB 接口有问题所致。

3. 故障查找与维修

1）检查电脑的 USB 接口，未发现异常。

2）将 U 盘插到其他电脑测试，故障依旧。

3）怀疑 U 盘损坏，拆开 U 盘检查 U 盘的电路。测量 USB 接口附近的元器件，发现一个保险电感断路。更换保险电感后，将 U 盘插入电脑测试，电脑可以正常识别 U 盘，故障排除。

27.5.8 U 盘插入电脑，提示“无法识别的设备”

1. 故障现象

一块 U 盘插入电脑后，提示“无法识别的设备”。

2. 故障分析

根据故障现象分析，此故障一般与 U 盘的通信电路有关。

3. 故障查找与维修

1）用替换法检测 U 盘故障，发现其他 U 盘连接到电脑后，可以正常被识别。

2）拆开 U 盘检测，测量 USB 接口附近的元器件，发现有个电阻损坏，这个电阻好像是数据线的上拉电阻。

3）用同型号的电阻更换后，将 U 盘接入电脑测试，U 盘可以正常使用了，故障排除。

27.5.9 U 盘插入电脑，提示“磁盘还没有格式化”

1. 故障现象

一块 U 盘，可以正常被识别，打开时提示“磁盘还没有格式化”，但系统又无法格式化，或提示“请插入磁盘”。打开 U 盘里面都是乱码，容量与本身不相符。

2. 故障分析

根据故障现象分析，此故障可能是 U 盘的固件出现了问题。

3. 故障查找与维修

1）用替换法检测 U 盘，发现 U 盘本身有问题。

2）在网上下载了 U 盘修复工具，在电脑安装修复工具后，打开用修复功能修复后，进行测试，U 盘可以正常使用，故障排除。

第28章

打印机故障快速处理

打印机是电脑最重要的外部设备，也是故障比较多发的设备。打印机的种类繁多，每种机型的故障原因和故障现象也不尽相同。这一章我们不仅讲解如何维修各种打印机，还会为您介绍时下最流行的 DIY 喷墨打印机墨盒。

28.1 认识几种常用的打印机

打印机的种类很多，不同打印机的用途、工作原理、结构都有很大的不同。按照打印机的不同用途，我们可以把打印机分成办公打印机、商用打印机、专业打印机、家用打印机、便携打印机、网络打印机几个类别。下面我们按照用途和工作原理分类来认识一下打印机。

28.1.1 办公打印机

办公用打印机主要是针式打印机，如图 28-1 所示。因为针式打印机具有打印清晰、速度快、耗材便宜的特点，使它成为办公室、事务所中打印报表、发票的首选机种。另外办公用打印机还应该具有：宽幅打印、多份复制、高速跳行、维护方便等特点。

28.1.2 商用打印机

商用打印机是用于商用印刷的高质量打印机，且主要是高分辨率的激光打印机。如图 28-2 所示。

图 28-1 OKI 针式办公打印机

图 28-2 惠普激光打印机

28.1.3 专用打印机

专用打印机是指专门用于打印固定规格文字图像的打印机，比如存折打印机、支票打印机、条形码打印机、票据打印机、热敏打印机等。如图 28-3 所示。

28.1.4 家用打印机

家用打印机是指与家用电脑配套使用的个人打印机，根据个人需要种类也有所不同，目前主流的家用打印机是低档的彩色喷墨打印机。如图 28-4 所示。

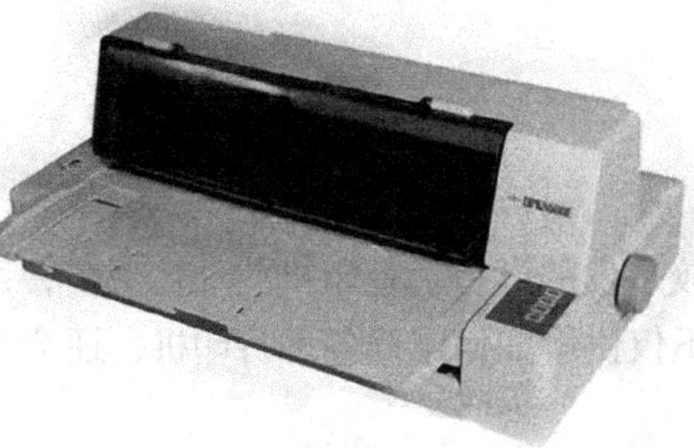

图 28-3 富士通票据打印机

图 28-4 爱普生喷墨打印机

28.1.5 便携式打印机

便携式打印机是为了配合笔记本电脑、数码相机等设备使用的，具有体积小、重量轻、可用电池供电、便于携带等特点。如图 28-5 所示。

28.1.6 网络打印机

网络打印机是指通过内置网卡，独立于网络上的打印机。只要将网线插在打印机上，不需要配合电脑，就可以打印网络上传的文件。由于用于网络，需要为多人提供服务，所以网络打印机必须具有打印速度快、自动切换仿真模式和网络协议、便于网络管理等特点。如图 28-6 所示。

图 28-5 索尼便携式照片打印机

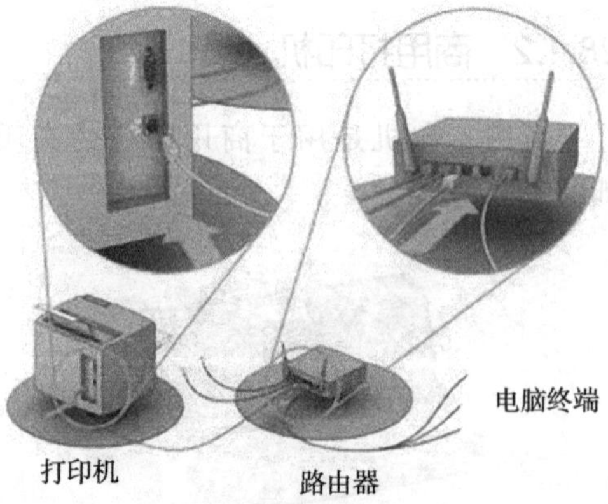

图 28-6 网络打印机

28.2 打印机是如何工作的

按照打印机的工作原理可以将打印机分为两类：击打式打印机和非击打式打印机。

28.2.1 击打式打印机

击打式打印机是通过打印头机械击打实现打印的，如图 28-7 所示。击打式打印机主要有两种：一是针式打印机，这是现在比较流行的打印形式；二是字模式打印机，这种打印机在打印机甚至电脑出现以前曾经兴盛一时，但打印内容仅局限于文字和少量特殊图形，所以目前基本上已经退出历史舞台了。

击打式打印机的优点是使用方便、耗材便宜、对纸张无要求、使用寿命长，这使得针式打印机（击打式打印机的代表）目前仍是打印机市场上的主力。

击打式打印机的缺点是打印时噪声大、打印速度慢、打印质量相对较低。

28.2.2 非击打式打印机

非击打式打印机是相对于击打式打印机而言的，除了针式打印机以外，现在几乎所有流行的打印机都属于非击打式打印机。非击打式打印机又可以细分为激光打印、喷墨打印、热敏打印、离子打印等几类。如图 28-8 所示。

图 28-7 击打式打印机

图 28-8 非击打式打印机

非击打式打印机的优点是打印噪声小、打印速度快、打印质量高。

非击打式打印机的缺点是耗材较贵、对纸张要求高、打印头容易出故障、使用寿命短等。

28.3 打印机故障快速处理

打印机的故障一般是由连接线、驱动程序、墨盒或硒鼓安装不当、内部零件损坏等引起的，下面详细介绍打印机故障的快速处理方法。

28.3.1 检查电脑端和连线

打印机不能正常工作，首先检查容易检查的方面，电脑端程序和连接线比打印机本身更容易检查。

1）重新拔插电脑与打印机的连接线，更换其他打印机连线查看故障是否解决。

2）使用杀毒软件检查电脑是否中毒，卸载重装打印机驱动程序。

3）使用打印机的自检功能进行测试。

28.3.2 打印机自检功能

打印机的自检功能能够帮助你快速排除打印机自身的故障，但各种品牌型号的打印机的自检方式都不一样，需要按照说明书进行操作。下面介绍一些 HP 惠普打印机常见型号的自检方法：

1）HP Deskjet 可提式打印机：关闭打印机。按下 FONT 按钮时，再按下 POWER 按钮。Busy 灯打开时，放开两个按钮打印自我测试。

2）HP Deskjet 310 和 320：关闭打印机。按下 FONT 按钮时，再按下 POWER 按钮打开打印机。Busy 灯开始闪烁时，放开 FONT 和 POWER 按钮，即开始打印自我测试。

3）HP Deskjet 340：关闭打印机。按下 PAPER FEED 按钮然后再按 POWER 按钮直到 POWER 灯打开。仍然按下 PAPER FEED 按钮时，松开 POWER 按钮。当 POWER 灯开始闪烁时，松开 PAPER FEED 按钮。

4）HP Deskjet 350：关闭打印机。按下 PAPER FEED 按钮。按下 PAPER FEED 按钮时，打开打印机。当 POWER 灯打开时，放开 PAPER FEED 按钮，将打印自我测试。

5）HP Deskjet 450：打开打印机。按住 RESUME 按钮直到 POWER 灯闪烁。松开 RESUME 按钮。

6）HP Deskjet 1000c：打开打印机。按下 POWER 按钮时，按四次 RESUME 按钮。放开 POWER 按钮将打印自我测试。

7）HP Deskjet 1120c：关闭打印机。打开打印机。按住 RESUME 按钮。Resume 灯开始闪烁时放开 RESUME 按钮，然后将打印自我测试。

8）HP Deskjet 1220c：关闭打印机。打开打印机。按住 RESUME 按钮。Resume 灯开始闪烁时放开 RESUME 按钮，然后将打印自我测试。

9）HP 2000c：打开打印机。按下 POWER 按钮五秒钟。放开 POWER 按钮时将打印一份自我测试的副本和一份诊断副本。

10）HP 2500c：打开打印机。按下 MENU 按钮直到 Self Test Menu 出现。按下 ITEM 按钮直到 Print Diagnostic Page 出现。按下 SELECT 按钮打印诊断页。

11）HP 2200、2230、2250、2280 喷墨打印机：打开打印机。重复按 MENU 按钮直到出现 Information Menu。重复按 ITEM 按钮直到出现 Print Demo。按 RESUME 按钮打印该页。

12）HP 2600 喷墨：打开打印机。重复按 MENU 按钮直到出现 Information Menu。重复按 ITEM 按钮直到出现 Print Menu Map。按 SELECT 按钮打印 Menu Map。

13）HP cp1160 彩色喷墨打印机：打开打印机。按下 POWER 按钮。按下 POWER 按钮时，按一下并松开 RESUME 按钮。松开 POWER 按钮打印 demo 页。

14）HP cp1700 彩色喷墨打印机：打开打印机。按下 RESUME 按钮三秒。松开 RESUME 按钮打印 demo 页。

15）HP Deskjet 3538/3558 打印机：打开打印机电源开关。按住“电源开关”按钮不放，同时掀起打印机顶盖三次，然后将“电源开关”按钮松开。

16）HP Deskjet 3658/3668 打印机：打开打印机电源开关。按住“电源开关”按钮不放，同时掀起打印机顶盖（只需掀起几厘米）三次，然后将“电源开关”按钮松开。

17）HP Deskjet 3748 打印机：打开打印机电源开关。按住“电源开关”按钮不放，同时掀起打印机顶盖三次，然后将“电源开关”按钮松开。

18）HP Deskjet 3848 打印机：打开打印机电源开关。按住“电源开关”按钮不放，同时掀起打印机顶盖（只需掀起几厘米）三次，然后将“电源开关”按钮松开。

19）HP Deskjet 3820/5168/5550/5652/6122 打印机：打开打印机电源开关。按住“恢复(进纸)”按钮，直至打印机开始打印(大约 5 秒钟)。松开“恢复”按钮。

20）HP Deskjet 5748/6548/6848 打印机：打开打印机电源开关。按住“恢复(进纸)”按钮，直至打印机开始打印(大约 5 秒钟)。松开“恢复”按钮。

21）HP Photosmart 130 打印机：确保打印机上没有插存储卡，在纸盒中放入打印纸，按住打印机面板上的“打印”按钮不放，直到开始打印测试页，松开按钮。

22）HP Photosmart 148 打印机：确保打印机上没有插存储卡，在纸盒中放入打印纸，然后在打印机面板上按左 / 右箭头按钮，选择打印机菜单中的“打印测试页”，再按“OK”按钮开始打印测试页。

23）HP Photosmart 325 打印机：确保打印机上没有插存储卡，在纸盒中放入打印纸，然后在打印机面板上按左 / 右箭头按钮，选择打印机菜单中的“工具”选项，然后按“OK”按钮。在打印机面板上按左 / 右箭头按钮，选择“打印测试页”，然后按“OK”按钮开始打印测试页。

24）HP Photosmart 245、375 、385、475 打印机：确保打印机上没有插存储卡，在纸盒中放入打印纸。然后按打印机面板上的“菜单”按钮，并在打印机面板上按上 / 下箭头按钮，选择打印机菜单中的“工具”选项，然后按“OK”按钮。再在打印机面板上按上 / 下箭头按钮，选择“打印测试页”，然后按“OK”按钮开始打印测试页。

25）HP Photosmart 7150、7155 打印机：在纸盒中放入打印纸，按住“电源”按钮不放，同时按四次“继续（进纸)”按钮，开始打印测试页。

26）HP Photosmart 7268、7458 打印机：在纸盒中放入打印纸，按住“电源”按钮不放，同时按四次“保存”按钮，开始打印测试页。

27）HP Photosmart 7660 打印机：确保打印机上没有插存储卡，在纸盒中放入打印纸。在打印机面板上按菜单的左 / 右箭头按钮，选择“Print a test page”（打印测试页）选项，然后按“OK”按钮开始打印测试页。

28）HP Photosmart 7550、7760、7960、8158 、8458 打印机：确保打印机上没有插存储卡，并在纸盒中放入打印纸。按打印机面板上的“菜单”按钮，在打印机面板上按上 / 下箭头按钮，选择打印机菜单中的“工具”选项，然后按“OK”按钮。再在打印机面板上按上 / 下箭头按钮，选择“打印测试页”选项，然后按“OK”按钮开始打印测试页。

28.3.3　根据显示信息判断故障

打印机上或多或少都会有几个指示灯，一般代表电源、墨、纸。如图 28-9 所示。

通过指示灯的状态可以了解简单的打印机问题，比如缺纸时纸张灯闪动，缺墨时水滴灯闪动等。

还有的打印机带有液晶显示屏，这样能够提供更丰富的信息。如果显示的信息不是中文，可以参照表 28-1。

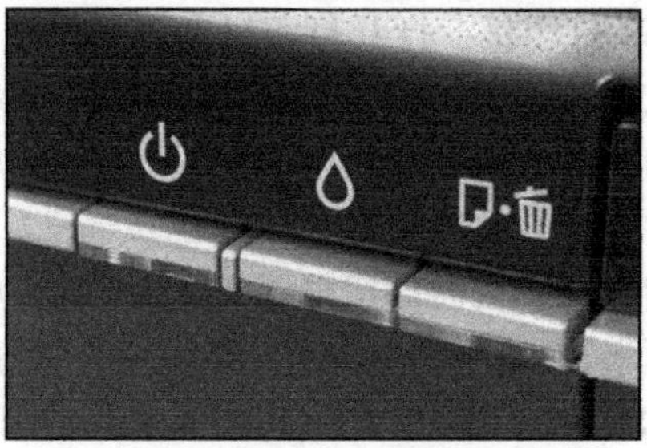

图 28-9 打印机指示灯

表 28-1 液晶显示打印机的英文信息

显示信息	原　因	解决方法
Card Jam	一张纸被卡在打印机内	清除堵塞
Card out/not fed	卡槽中纸用尽或打印机不能正常进纸	放入纸后按 pause/resume 键继续打印；如果是因为打印机不能进纸，可以进行以下检查： 1. 看纸的厚度是否在 0.01" ～ 0.06" 的正常范围内 2. 若纸的厚度不在此正常范围内，调节卡片分离挡板 3. 可能是进纸轮脏了，清洁进纸轮。看纸是否有粘连现象，若有必要先把纸分离出来
clearing Jam	表示错误或堵塞已被清除	
feeding card	表示进纸正常	
head-down failed	打印头无法降低	按下 pause/resume 键重试，若仍不行请求技术支持
head-up-failed	打印头无法上抬	按下 pause/resume 键重试，若仍不行请求技术支持
low Ribbon/clean	色带快用完了，且打印机需要清洁了	用完色带后更换新的，清洁打印机
Mag encoding	表示正在编写磁条	
Mag-down failed	表示写磁头无法降低	按下 pause/resume 键重试
Mag-up failed	表示写磁头无法上升	按下 pause/resume 键重试，若仍不行，看打印机是否的确配有写磁头，或检查一下是否有什么东西卡住了写磁头，它应位于打印机出卡端最后一个进卡轮的正下方
Mag verify error	磁条写入不正确	按下 pause/resume 键重新编写
Mag verifying	表示正在校验磁条数据	
printer cover open	打印机顶盖没关好	看一下是否有东西卡住顶盖，并重新关好它
Printer ready	表示打印机可以打印了	
Printing	表示打印机正在打印	
Printing yellow	表示正在打印黄色色块	
printing magenta	表示正在打印洋红色块	
Printing cyan	表示正在打印墨绿色色块	
Printing black	表示正在打印黑色色块	
Printing overlay	表示正在打印覆膜	
Printing Resin	表示使用树脂色带打印	
Ribboncalibratefailed	通过打印驱动程序对色带传感器的校准失败了	请确认色带已经去掉，打印机顶盖已关好了，并重试

（续）

显示信息	原　因	解决方法
Ribbon error/out	色带用完或发生色带错误	若是色带用完，安装新色带后按 pause/resumc 键继续打印，若是发生了错误，做以下检查： 1. 是否按打印驱动程序中选定的色带类型安装了正确的色带 2. 色带是否安装正确 3. 色带是否发生了断裂 4 . 若安装的色带类型正确，但其只是不停地空走色带，请重新校准色带传感器（仅限于 4250 型）
Ribbon Jam/out	色带发生了堵塞，或粘在了卡片表面，或用完了	若是色带用完，安装新色带；若是发生了堵塞请清除堵塞，并参见以下的预防办法： 1. 若是色带粘在卡片表面，检查您的卡片，看其是否是光洁 PVC 表面，非 PVC 的卡片容易粘住色带 2. 如果输入一张过厚的卡片，或打印机同时输进了两张卡片，这两种情况都可能导致色带断裂 3. 如果色带看来是被切断的，打开打印机顶盖同时按下 on/cancel 键、pause/resuem 键；或者将打印驱动程序中的图像位移水平值设为 0，若该值设置为过大的正数值，可能会引起色带断裂
Sensor calibrate	表示色带传感器正在校准	
Smart Card error	无法对 IC 卡编码	按下 pause/resume 键继续编码
Smart card good	表示对 IC 卡的编码成功完成	
Smart-up encoding	表示正对 IC 卡编码	
Smart-up failed	表示 IC 卡无法被送到 IC 卡读写器下	按下 pause/resume 键重试，若还不行，检查打印机是否已安装了 IC 卡读写器，或是否发生了进卡故障或卡片堵塞。若打印机装有 IC 卡读写器，它应该被置于打印机出卡端最后一个进卡轮左边的金属托架上
Wrong ribbon	安装的色带类型错误	检查是否安装了打印驱动程序设置中选定的色带类型
Cancel=abort resume=continue	在打印机通电状态下按下 pause/resume 键或在打印过程中按下 on/cancel 键都会显示此信息	按下 pause/resume 键使其回到 ready 状态或继续打印。按下 on/cancel 键中止当前打印作业并彻底清除打印机的内存
cancel=abort resume=reprint	当发生错误后按下 on/cancel 键都会显示此信息	错误清除按下 pause/resume 键继续打印当前作业；按下 on/cancel 键中止当前打印作业并彻底清除打印机的内存
RAM memory bad ewice required	打印机的 2MB 内存损坏或安装不正确	断开打印机的电源，移去打印后盖，检查内存条安装是否正确。如果正确，但仍出现此信息，请更换内存条或寻求技术支持
EEmEmory Error! Resume=Clear mem	永久内存发生问题	移去色带并按下 Pause/resume 键重新校准打印机的内存块。关掉打印机电源后再接通以重新启动打印机
EEmEmory error Resume=retest	电路板永久内存损坏	寻求技术支持
Preparing card count=xxxxxxxx	当命令打印机统计卡片张数时显示此信息	
Press on to	当打印机处于 ready 状态	按 on/cancel 键使其回到 ready 状态

第 29 章

诊断与修复激光打印机故障

激光打印机相对其他两种打印机有着打印成本低、速度快的优点，是很多打印店的必备打印设备。激光打印机的市场占有率颇高，故障主要出在进纸、定影等机械部件处，维修相对容易。

29.1 激光打印机结构

激光打印机内部的主要功能组件为进纸系统组件、硒鼓组件、定影出纸组件。如图 29-1 所示为激光打印机结构示意图。

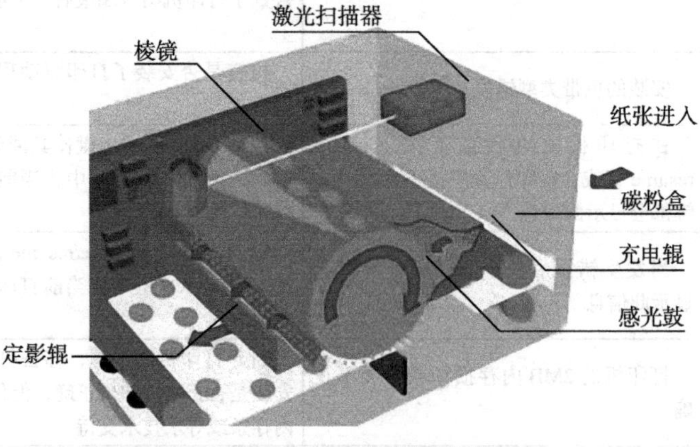

图 29-1　激光打印机结构

进纸系统组件中包括进纸轮、阻尼片、分页器、进纸传感器。

硒鼓组件是激光打印机的主要成像部件，包括硒鼓、激光扫描器、棱镜、充电辊、碳粉盒等组件。

定影出纸组件是成像的最后步骤，包括定影辊、热敏电阻、恒温器等组件。

29.2 激光打印机是如何打印的

29.2.1 激光打印机成像原理

激光打印机的成像原理是，激光扫描装置将来自电脑的图像通过棱镜照射在硒鼓上，硒鼓被照射的部分带上正电荷，经过显影辊时带正电荷的部分将碳粉吸附在硒鼓上，再经过转印辊将碳粉印在纸张上，最后通过定影辊将碳粉定影成图像，显示在打印纸上。

29.2.2 激光扫描装置工作原理

激光扫描装置是激光打印机中最重要的成像设备，我们以黑白激光打印机为例，介绍打印机成像过程，如图 29-2 所示。

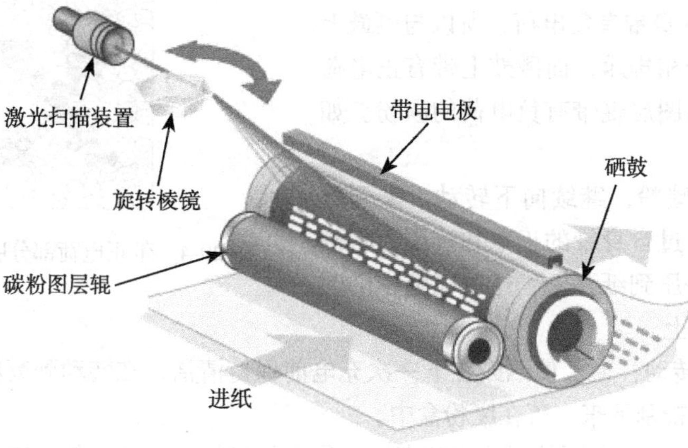

图 29-2　激光扫描装置工作原理

电脑将图像传送给激光扫描装置，图像分为有颜色的黑色部分，和无颜色的白色部分，黑色部分照射激光，白色部分不照射激光。激光扫描装置将光照射到旋转棱镜上，棱镜通过旋转，将激光折射到硒鼓上形成一条线，这条线上既有照射像（有颜色部分），又有不照射像（无颜色部分）。完成这一条线的照射后，激光扫描装置将进行下一条线的照射，硒鼓向下转动一格，棱镜回到原位，开始进行下一条线的照射。

29.2.3 硒鼓组件工作原理

上一节介绍了激光扫描装置将图像照射到硒鼓上，那么硒鼓如何将图像打印在纸张上呢？如图 29-3 所示。

这一系列的过程如下：

1）充电辊将自身所带的负电荷传导给硒鼓，这样硒鼓表面就带上了负电荷。

2）硒鼓向下转动，经过激光扫描装置照射，这时硒鼓的光照导电特性使得被激光照射的部分成为导体，与硒鼓中间的接地线导通，负电荷流失，所以被照射的部分变成正电荷。

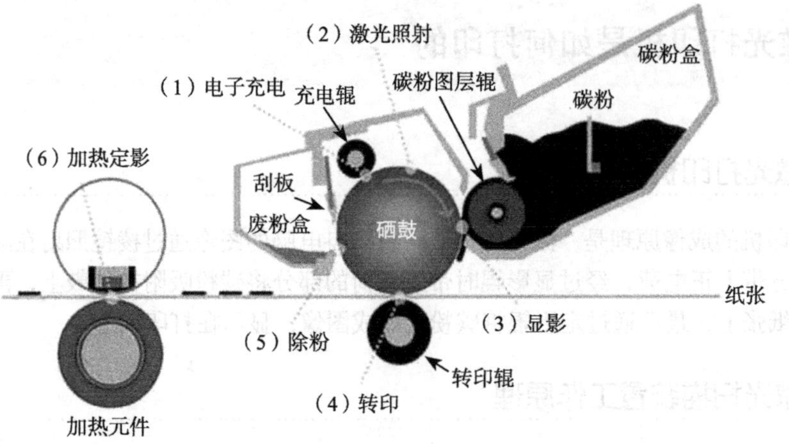

图 29-3 激光打印机的硒鼓和定影成像原理

3）硒鼓继续向下转动至碳粉图层辊（显影磁鼓），碳粉图层辊本身带有负电荷，所以与硒鼓上带有负电荷的部分相排斥，而硒鼓上带有正电荷的部分将吸附碳粉图层辊带有负电荷的碳粉。如图 29-4 所示。

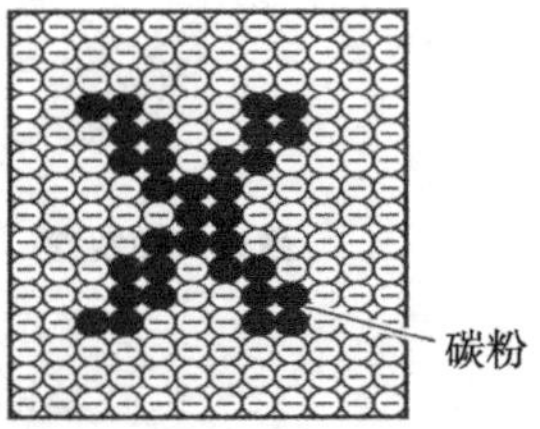

图 29-4 带正电荷部分吸附带负电荷的碳粉

4）硒鼓吸附碳粉，继续向下转动，来到纸张表面，转印辊通过自身带的正电和挤压力将硒鼓上的碳粉吸附挤压到纸张上，这时电脑中的图像就转移到了纸张上。

5）硒鼓继续转动，为了使硒鼓在下一次充电前保持清洁，在转动到废粉盒的时候，刮板将硒鼓上残留的碳粉刮下来，落在废粉盒中。

6）纸张上的碳粉现在还处于粉末状态，必须再经过加热元件加热定影才能真正成为图像或文字溶印在纸张上。

29.2.4 彩色激光打印机

理解了黑白激光打印机，彩色激光打印机也就很容易理解了，其示意图如图 29-5 所示。

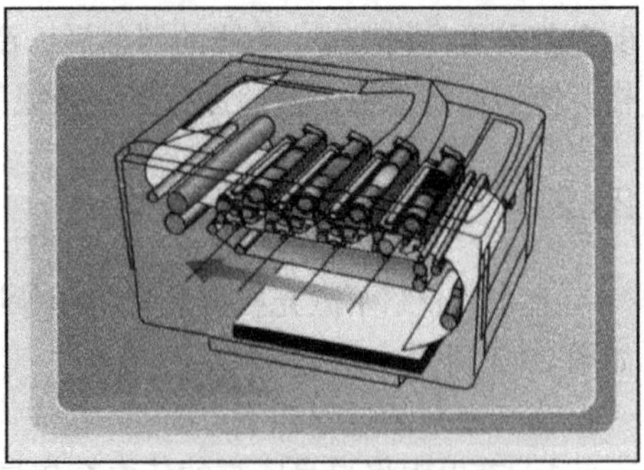

图 29-5 彩色激光打印机示意图

彩色激光打印机中，有黑色、黄色、红色、蓝色四个硒鼓。黑色硒鼓与黑白激光打印机中的用法一样，在打印文字类文件时非常有用。剩下的黄、红、蓝色硒鼓与黑色硒鼓的原理相同，只不过在扫描图片的时候，会将对应的颜色作为激光照射成像。比如红色硒鼓中只照射图像中的红色部分，其他所有颜色都视为无颜色不照射。

我们知道，所有颜色都是由红、黄、蓝三原色通过不同的搭配形成的。这样通过红、黄、蓝三色硒鼓的叠加转印、定影成像，就能打印出不同颜色的彩色图片了。

29.3 激光打印机的拆卸

维修激光打印机的时候，需要将打印机的外壳或内部设备拆卸下来进行测试，激光打印机的拆卸很容易，只要注意有些部件不仅有螺丝固定，还有塑料卡扣加固，在拆卸时不要强行用力损坏了这些卡扣。

1）打开打印机上盖，拧下后板上的螺丝，就可以将上盖和后板一同卸下，如图29-6所示。

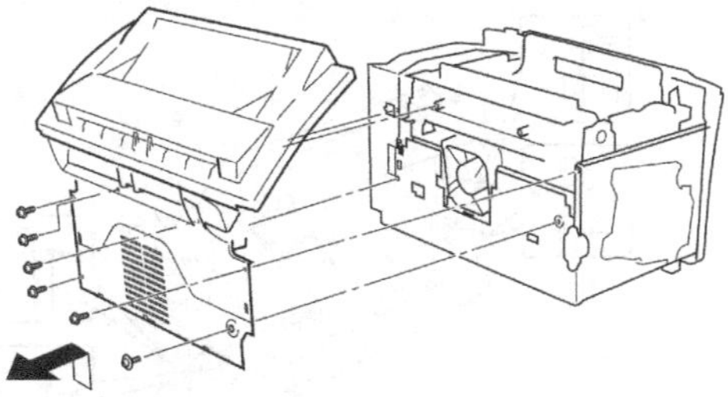

图29-6　拆卸打印机的上盖

2）卸下上盖后，将两端侧盖上的螺丝拧下，注意这里还有塑料卡扣。将两端的侧盖卸下，如图29-7所示。

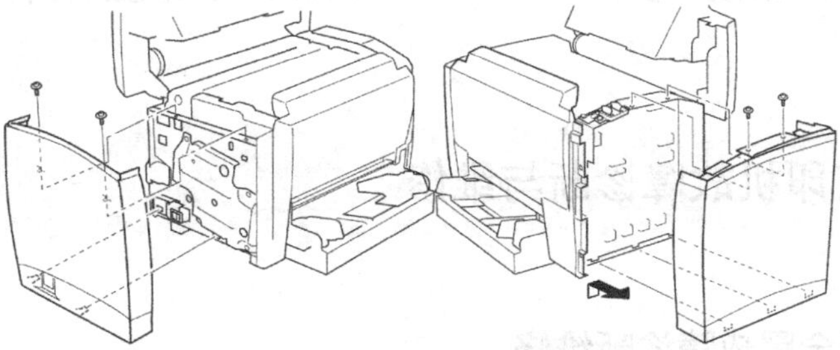

图29-7　拆卸打印机的侧盖

3）卸下侧盖后，能看到打印机的线路板和定影单元等设备的电源线。这里不要轻易拆卸电路板，先根据线路找到故障部件的连接线再进行维修。打印机中的线缆多数都是可以插拔的，多数情况下不必拆卸线路板，如图29-8所示。

4）将硒鼓两端的线缆拔出，一侧有弹簧卡扣，将螺丝拧下，弹簧卡扣就能取下。取下弹簧卡扣后，可以将硒鼓组件整体取出进行维修，如图29-9所示。

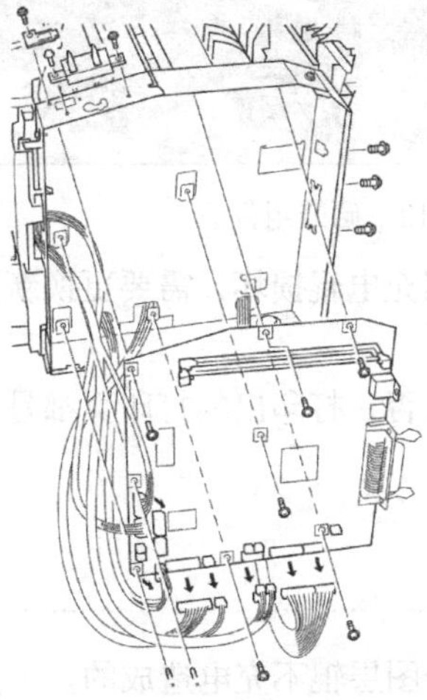

图29-8　拆卸打印机的线路板

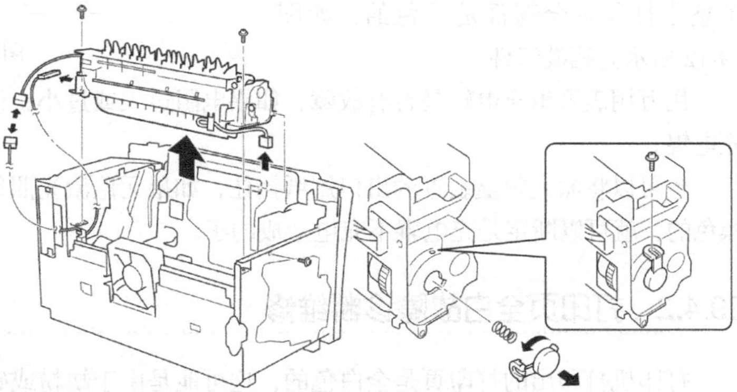

图29-9　拆卸硒鼓组件

5）定影组件也是故障多发设备，拆卸的时候要注意两端都有卡扣，如图29-10所示。

6）除了硒鼓组件和定影组件，还有打印机后部的电源板、高压板、冷却风扇等元件，这些元件不带卡扣，拧下螺丝就可以轻松拆卸，如图 29-11 所示。

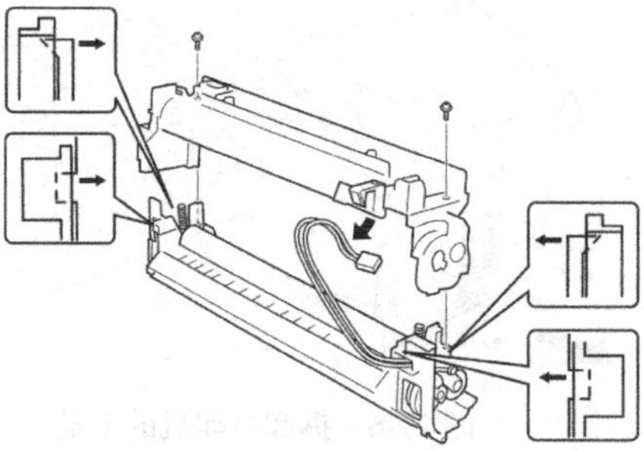

图 29-10 拆卸定影组件

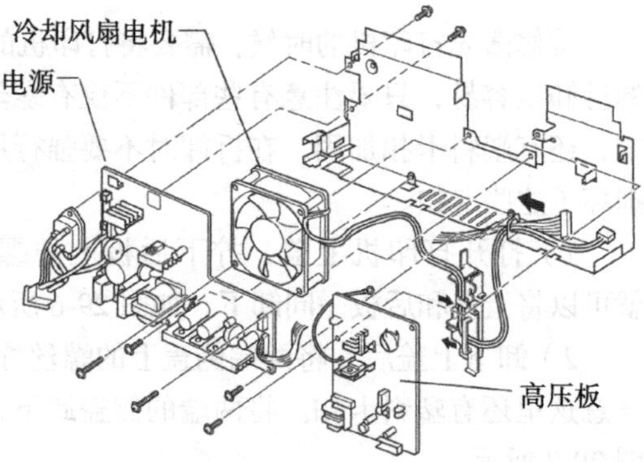

图 29-11 拆卸电源板、高压板、冷却风扇等

29.4 激光打印机故障诊断与维修

29.4.1 打印页全黑故障诊断维修

打印机打出的打印页是全黑色的，这可能是充电辊故障使得硒鼓不充电造成的。

从原理上看，如果硒鼓没有充电，硒鼓本身带有正电荷，经过激光照射，无论是否照射到，硒鼓全部图像区都带有正电荷，这样碳粉图层辊的负电荷碳粉就会全部吸附到硒鼓上，这就造成了整张打印页全部都是黑色的，如图 29-12 所示为硒鼓组件。

图 29-12 硒鼓组件

用万用表测量充电辊是否有故障，如果电阻过大或过小，说明充电辊损坏，需要更换新的充电辊。

也可以将激光扫描装置的出口用纸挡住，如果无论激光照射与否，打印出的打印页都是全黑色的，就可以断定是充电辊不充电造成的了。

29.4.2 打印页全白故障诊断维修

打印机打印出的打印页是全白色的，这可能是由于缺粉或碳粉图层辊不充电造成的。

从原理上看，如果碳粉图层辊不充电，无论硒鼓是否带电，碳粉都无法吸附在硒鼓上。所以打印出的打印页将是全白色的，如图 29-13 所示为查看粉盒是否缺粉。

首先查看粉盒是否缺粉，如果没有装碳粉，打印出的打印页也会是全白的。然后检查碳粉图层辊是否能正常充电，如果不能，更换碳粉图层辊即可解决。

29.4.3　打印页有浅像故障诊断维修

打印出的打印页有一层浅浅的图像，这有两种原因：一是缺粉；二是激光扫描装置（如图 29-14 所示）故障，导致的照射硒鼓不正常。

更换碳粉，如果没有解决图像浅的问题，检查激光扫描装置是否存在故障，需要注意很多激光都是通过棱镜照射到硒鼓上的，应该着重检查透镜是否脏污了。

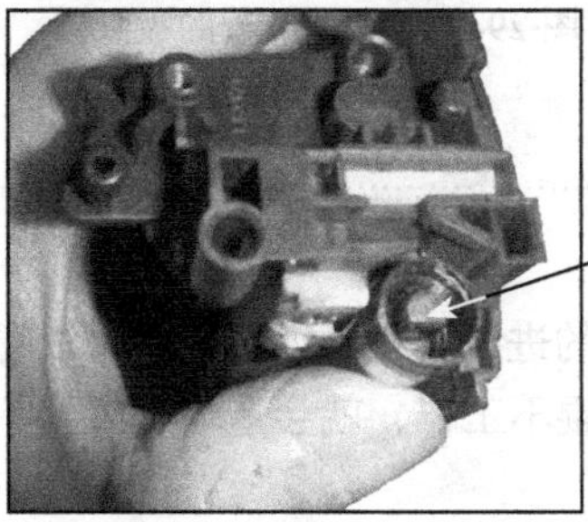

图 29-13　查看是否缺粉

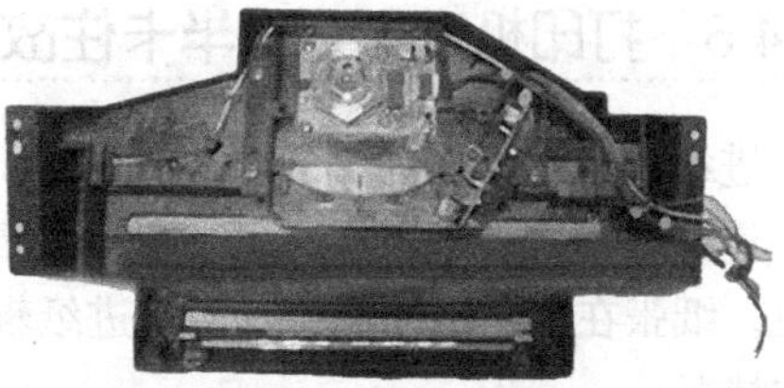

图 29-14　激光打印机的激光扫描装置

29.4.4　打印页掉色故障诊断维修

打印出的打印页用手一摸就会掉色，这是由定影组件工作不正常引起的。

从原理上看，如果加热定影的步骤出了问题，就会使碳粉无法溶印在纸上，造成掉色的情况。如图 29-15 所示为定影组件结构示意图。

查看定影组件中的加热灯管是否可用，测量定影组件中的电路是否断路。如图 29-16 所示为定影加热组件结构示意图。

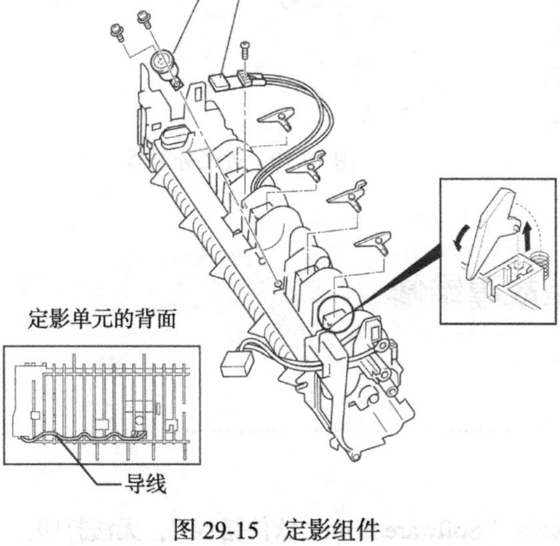

图 29-15　定影组件

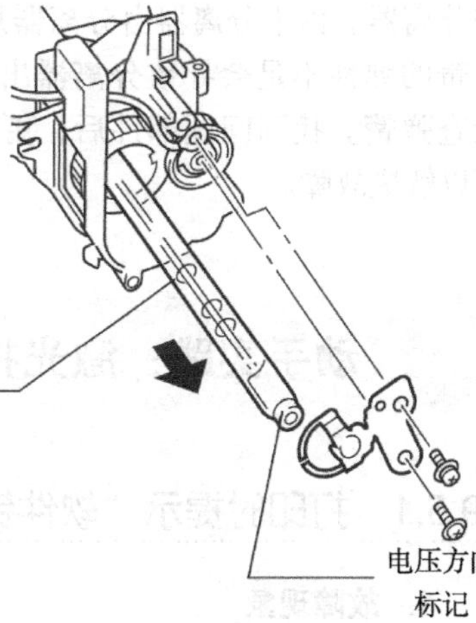

图 29-16　定影加热组件

29.4.5 打印机不进纸故障诊断维修

打印机不进纸可能是吸纸辊工作不正常导致的，如图 29-17 所示。

在进纸口内有吸纸辊，是负责将纸吸入打印机的，如果吸纸辊不工作，就会造成不进纸。如果看到吸纸辊能够工作，但卷不住纸，可能是由于吸纸辊老化，表面的横纹磨平了造成的。

更换吸纸辊或将表面用砂纸打磨粗糙可以解决这个问题。

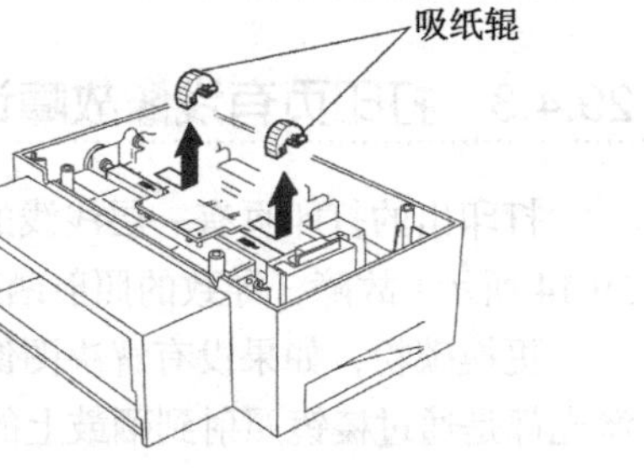

图 29-17 进纸部分的吸纸辊

29.4.6 打印机进纸到一半卡住故障诊断维修

进纸到一半就卡住了，这是进纸辊不工作造成的。

进纸故障大多是出在这里，在吸纸辊的下面有两个对转的进纸辊，吸纸辊只是将纸卷入打印机，纸张在打印中的运行其实是进纸辊推动的，如果进纸辊不工作，就会造成进纸到一半卡住的情况。

检查进纸辊和电路能否工作，如果不能，更换新的设备即可解决。

29.4.7 打印机一次进多张纸故障诊断维修

打印机一次吸进两张或好几张纸，这有可能是因为纸张带有静电无法分离，也可能是由进纸部分的分离器故障造成的。如图 29-18 所示为进纸分离器结构示意图。

如果是静电问题导致的故障，则将纸抖一抖，或放在导电物体（比如暖气片等金属物）上，就能将静电释放。

如果是分离器问题导致的故障，则重点检查分离器。由于分离器由分离器片和弹簧组成，弹簧的弹性不足会导致分离器出现问题，重点检查弹簧。找到问题部件后，更换问题部件就可以解决故障。

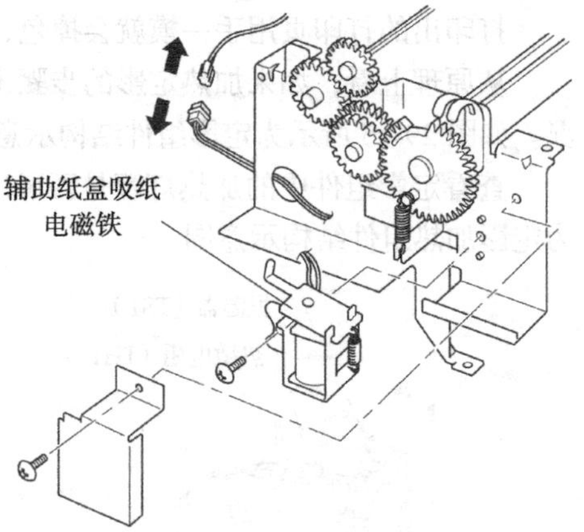

图 29-18 进纸分离器

29.5 动手实践：激光打印机典型故障维修

29.5.1 打印时提示“软件错误”

1. 故障现象

用一台联想激光打印机打印时，电脑弹出提示“Software Error（软件错误）”，无法打印。

2. 故障分析

造成这种错误的原因可能有打印机驱动程序损坏、打印机控制电路故障、打印机主板或 MCU 控制电路故障等。概率比较大的是驱动程序损坏。

3. 故障查找与维修

先从驱动程序开始排除，从打印机官方网站下载最新的驱动程序，卸载原有驱动程序后，重新安装最新的驱动程序。打印测试页，发现打印机没有再报错。

29.5.2　打印出的页面空白

1. 故障现象

用一台 HP 激光打印机进行打印操作时，打印出的纸张是空白的。

2. 故障分析

打印纸上没有墨粉，可能是没装墨粉或是由感光鼓问题、扫描组件问题、磁辊问题造成的。

3. 故障查找与维修

1）检查墨粉盒，发现墨粉是满的。

2）检查硒鼓上的感光鼓，能看到感光鼓上有潜影，说明感光和扫描组件都正常。

3）检查磁辊，发现磁辊上没有墨粉。

4）用万用表测量磁辊上的直流偏置电压，发现电压值为 0。

5）检查磁辊供电电路，发现电路接口有虚焊，重新加焊后再打印测试页，看到打印出的图像正常了。

29.5.3　激光打印机打印出的图像有明显的重影

1. 故障现象

一台 HP P1606 激光打印机，打印出的图像明显重影。

2. 故障分析

重影可能是纸张和墨粉质量问题、转印辊故障等引起的。

3. 故障查找与维修

1）更换原装墨粉和优质打印纸，测试发现故障依然存在。

2）打开打印机，查看转印辊，发现转印辊上沾有不少墨粉。

3）清除转印辊上的墨粉后，发现转印辊表面磨损比较严重。

4）更换新的转印辊后再测试，发现重影的现象没有再出现。

29.5.4　激光打印机打印出的图像上有黑条

1. 故障现象

一台激光打印机打印出的图像上有黑条。

2. 故障分析

图像上出现黑条，可能是扫描系统污染、硒鼓污染、走纸系统污染、转印辊污染、定影加热元件污染等问题造成的。

3. 故障查找与维修

1）打印测试页，在打印中途关闭打印机。

2）打开打印机外壳，查看硒鼓。看到硒鼓上有潜影，而且没有黑条，说明扫描系统、硒鼓部分没有问题。

3）查看转印辊，发现转印辊上没有污染。

4）查看定影系统，发现定影膜上有破裂，加热辊上沾有墨粉。

5）清洁加热辊，更换定影膜，再打印测试页，看到打印出的图像上没有再出现黑条。判断是因为定影膜破裂导致图像上有黑条。

29.5.5 激光打印机打印出的图像上有空白

1. 故障现象

一台三星激光打印机，打印出的图像上有一个竖条的空白。

2. 故障分析

图像上出现空白或黑条，都有可能是扫描系统、硒鼓组件、感光鼓、磁辊、转印辊等设备上有污染或破损造成的。

3. 故障查找与维修

1）打印测试页，在中途关闭打印机，查看硒鼓上的潜影，发现硒鼓上的潜影上有一条空白，说明问题出在硒鼓组件或扫描系统上。

2）检查硒鼓，没有发现破损和污染。

3）检查扫描系统，发现激光发生器上有一小块墨粉。

4）清理掉激光发生器上的墨粉后，打印测试页，图像上没有再出现空白竖条。

29.5.6 激光打印机开机后无任何反应

1. 故障现象

一台 HP 激光打印机开机后电源灯不亮，打印机没有动作。

2. 故障分析

根据故障现象分析，此类故障应该是打印机的电源电路有问题，或电源线接触不良所致。重点检查电源电路板的保险丝、滤波电容、开关管等元器件。

3. 故障查找与维修

1）检查打印机的电源线，未发现异常。

2）检查电源电路板中的保险丝，保险丝被烧断，接着检查其他元件，发现 450V 滤波电容有漏液情况，更换电源的滤波电容，然后开机测试，故障消失。

29.5.7　激光打印机出现卡纸问题

1. 故障现象

一台 HP 激光打印机，无论打印大张或小张纸，在输出纸部分均卡纸。上纸盒搓纸正常，只搓一张纸，而下纸盒则搓多张纸。

2. 故障分析

根据故障现象分析，此故障可能是由于输纸部件夹纸辊架上的弹簧变形而失去弹性，致使夹纸辊的夹纸力不够，纸与输纸辊之间不能产生摩擦，纸虽能顺利通过夹纸辊，但不能继续前进所致。

3. 故障查找与维修

1）观察打印机的卡纸情况，发现单张纸顺利通过输纸部件的两个夹纸辊，但纸不再前进，而下纸盒在输纸部件的前夹纸辊处有多张纸被卡住，并停在该处，说明输纸部件的夹纸辊与输纸辊之间有空隙，纸得不到夹纸辊与输纸辊之间的摩擦力作用，而导致纸张停止不前。

2）用手触摸夹纸辊架，发现夹纸辊架已松动变形，将夹纸辊架卸下，更换一个新弹簧后进行打印测试，不再出现卡纸问题，故障排除。

29.5.8　激光打印机打印时出现黑色条纹或模糊的墨粉

1. 故障现象

一台联想激光打印机在打印时出现黑色条纹，有时在纸的纵向出现模糊的墨粉。

2. 故障分析

根据故障现象分析，此类故障可能是由于定影辊的清洁衬垫被污染或损坏引起的。一般当打印机纸样出现黑色条纹或在纸的纵向出现模糊的墨粉时，大多都是这个原因引起的。

3. 故障查找与维修

清除清洁衬垫表面的墨粉或更换清洁的衬垫，然后打印测试，效果恢复正常，排除故障。

第 30 章

诊断与修复喷墨打印机故障

喷墨打印机是在针式打印机的基础上发展而来的，它以结构简单、操作方便、噪声低、色彩鲜艳、价格低廉的优势，受到广大用户的青睐，平时遇到维修的大部分也都是这类打印机，本章就以这种家用喷墨打印机为例，介绍喷墨打印机的结构、原理和故障维修。

喷墨打印机优势明显，同时缺点也相当突出。因为打印头是与墨盒连为一体的，所以墨盒的造价相当高，作为耗材的墨盒容量不大，所以频繁更换墨盒使得喷墨打印机的打印成本相对其他两种打印机来说是比较高的。但是现在 DIY 连供墨盒的出现，已经明显地缓解了这个问题，本章后面也将介绍连供墨盒的制作方法。

30.1 喷墨打印机结构和原理

30.1.1 墨盒

喷墨打印机的墨盒有两种，一种是墨盒与打印头合为一体的，另一种是墨盒与打印头分体的。如图 30-1 所示。

作为打印机耗材，墨盒的成本直接影响打印的成本。这种打印头与墨盒一体的设计，成本相对较高。如图 30-2 所示。

图 30-1　分体式喷墨打印机墨盒

图 30-2　打印头与墨盒一体

30.1.2 喷墨打印机的分体式打印头结构

在喷墨打印机中，最重要的部分就是墨盒与打印头了，这是整个打印机的核心部件。一般喷墨打印机的打印头上都有 48 个以上的喷嘴，喷嘴喷出的墨滴形成了图像中的像素，彩色图像上的色彩都是由几种颜色的墨水（每个品牌打印机的色彩搭配也不同）组合而成的。如图 30-3 所示。

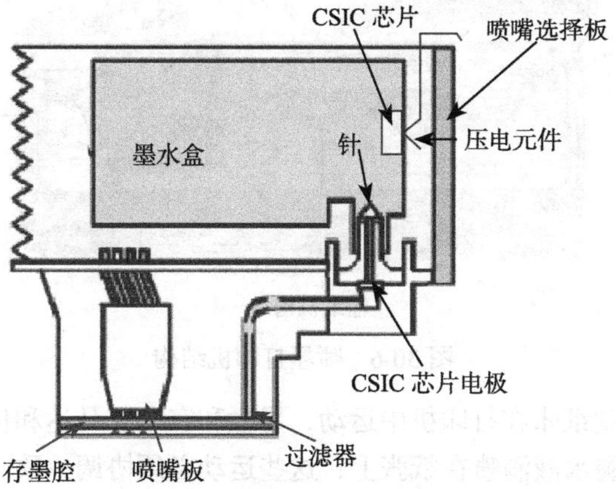

图 30-3 喷墨打印机的打印头组件

墨盒中的墨水通过打印头上的针和过滤器流到存墨腔中，而 CSIC 芯片、喷嘴选择板和压电元件负责控制喷嘴选择及喷墨。

30.1.3 喷墨技术的原理

喷墨式打印机的主要技术成分都集中在打印头的喷墨技术上，目前喷墨打印机的喷墨技术主要分为压电式和气泡式两种。

压电式喷墨是将许多小的压电陶瓷放置到喷墨打印机的打印头喷嘴处，利用它在电压作用下压电陶瓷发生形变的原理，把电压加到它的上面，是墨水液滴从喷嘴喷出。若干个喷嘴喷墨就会在纸张上形成图案。如图 30-4 所示。

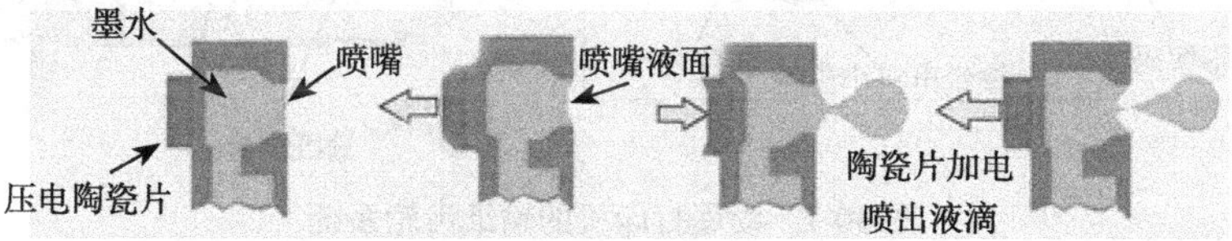

图 30-4 压电式喷墨打印机喷墨原理

气泡式喷墨是在喷墨嘴的加热装置加电，产生气泡，通过气泡将墨水液滴推出喷墨嘴，若干个喷墨嘴喷墨就会在纸张上形成图案。如图 30-5 所示。

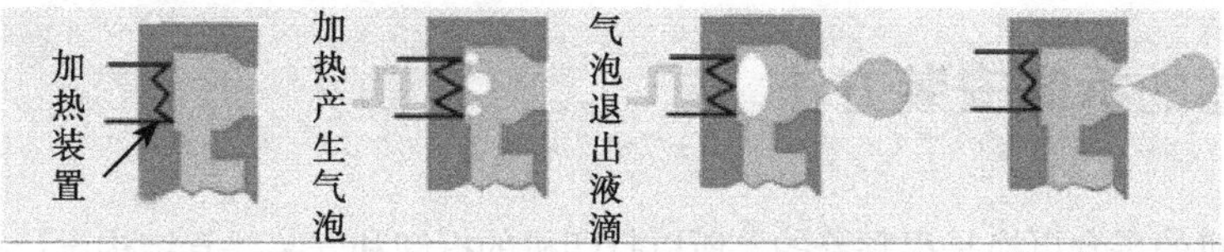

图 30-5 气泡式喷墨打印机喷墨原理

30.1.4 喷墨打印机的结构和原理

喷墨打印机相对激光打印机来说结构相当简单。从外观上看，有打印机主机、进纸板、出纸板、电源适配器等。这里我们着重介绍一下喷墨打印机的内部结构。如图 30-6 所示。

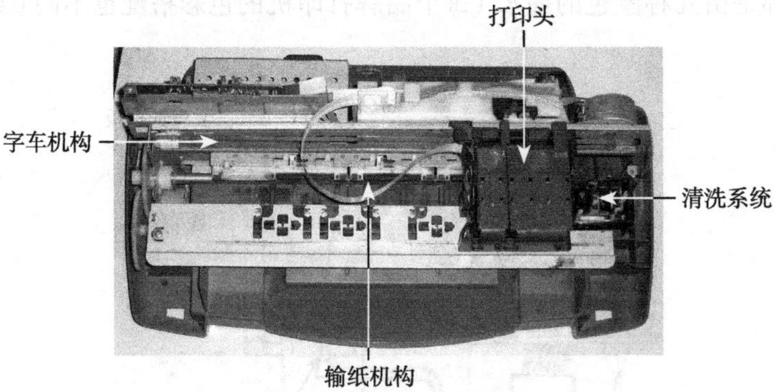

图 30-6 喷墨打印机结构

进纸辊和出纸辊控制纸张在打印机中运动，墨盒和字车在马达和传动皮带的带动下来回移动，墨盒上的喷墨嘴将墨水液滴喷在纸张上，这些运动必须协调一致。打印机的所有运动都是由电路板上的芯片控制的。

30.1.5 打印机的传动结构

喷墨打印机中有带动字车来回运动的驱动系统和带动纸张运动、制动的输纸传动系统。

字车马达与传动皮带结构简单，不容出现故障。如图 30-7 所示。

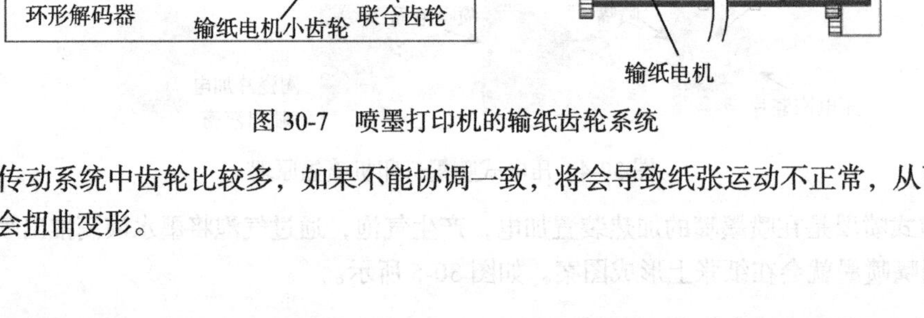

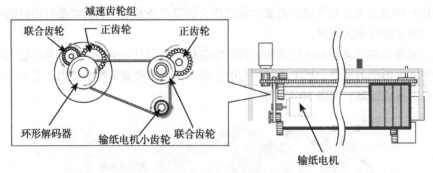

图 30-7 喷墨打印机的输纸齿轮系统

输纸传动系统中齿轮比较多，如果不能协调一致，将会导致纸张运动不正常，从而打印出的图像也会扭曲变形。

30.2 墨盒的拆卸安装方法

喷墨打印机的墨盒更换是很频繁的，所以打印机的拆卸和安装墨盒结构设计得也十分简单。

1）在开机状态下打开打印机上盖，字车会带着墨盒移动到导轨中间，方便用户更换墨盒。如图 30-8 所示。

2）用手压下字车上的墨盒盖，使卡扣分离。如图 30-9 所示。

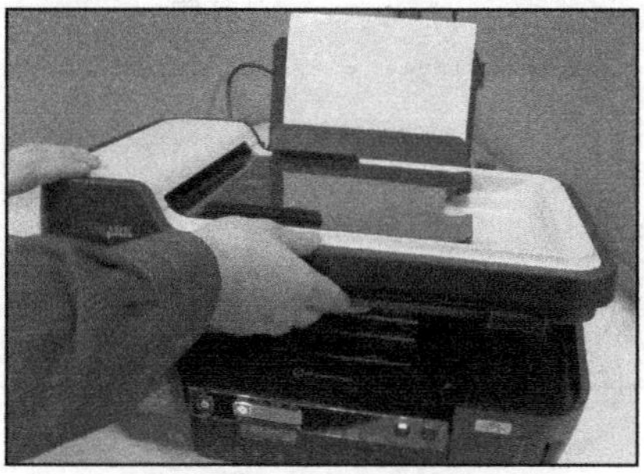

图 30-8　拆卸安装墨盒（1）

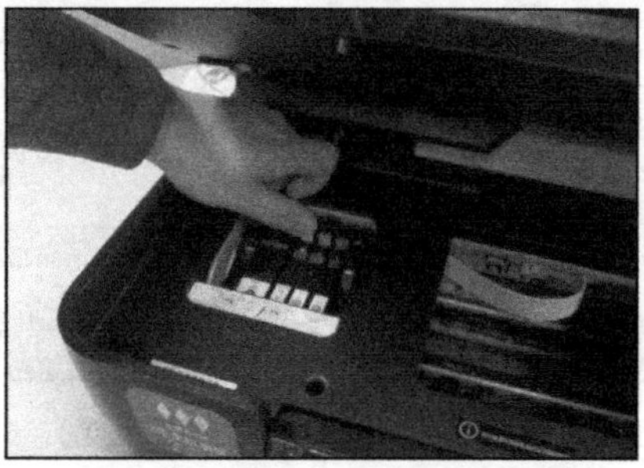

图 30-9　拆卸安装墨盒（2）

3）放开手，墨盒盖会自动弹起，露出墨盒。如图 30-10 所示。

4）用手捏住墨盒两侧，稍微向前推一点，墨盒就能顺利取下了。如图 30-11 所示。

图 30-10　拆卸安装墨盒（3）

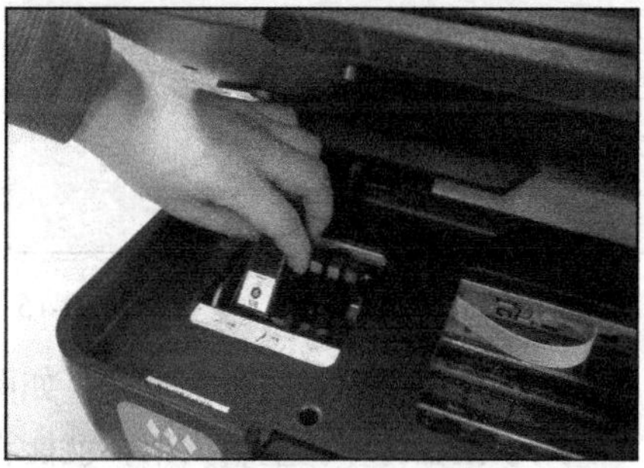

图 30-11　拆卸安装墨盒（4）

5）将新墨盒按照原墨盒的方式装在字车上，用手向前一推，听到“咔”一声，卡扣扣住墨盒，再将字车的墨盒上盖盖好，盖上打印机上盖，就完成了更换墨盒的操作。如图 30-12 所示。

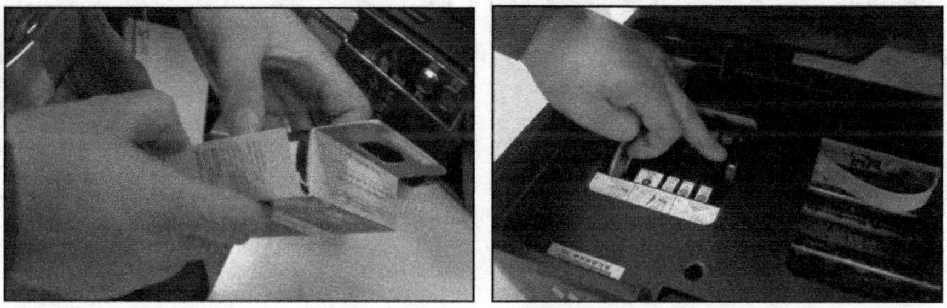

图 30-12　拆卸安装墨盒（5）

30.3 喷墨打印机拆卸技巧

喷墨打印机的结构非常简单，拆卸也比较容易。喷墨打印机的拆卸方法如下：

1）将打印机机盖上的挂钩撬起，取下机盖。如图 30-13 所示。

2）撬起托纸板上的挂钩，取下托纸板。如图 30-14 所示。

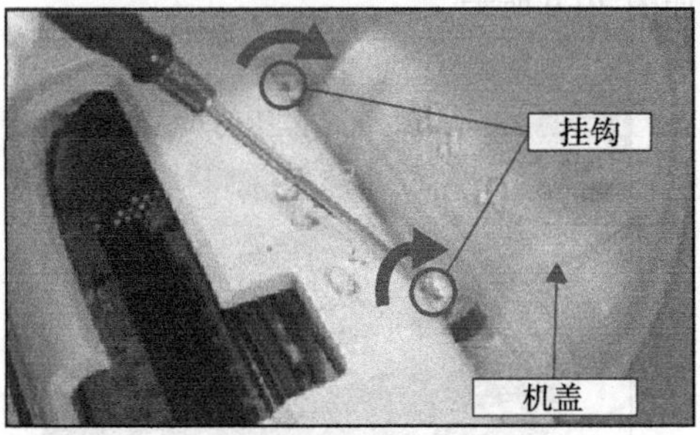

图 30-13 喷墨打印机拆卸（1）

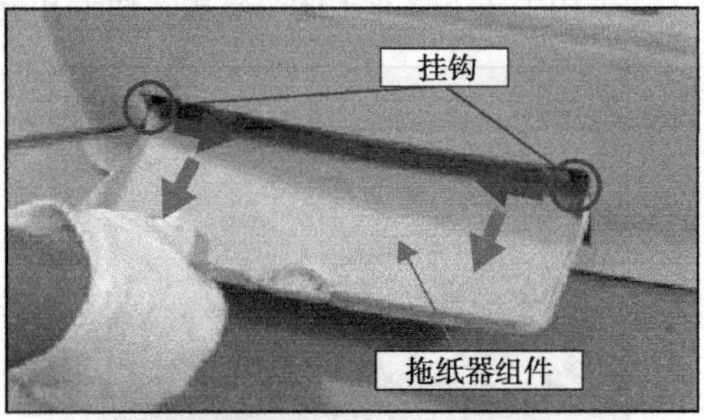

图 30-14 喷墨打印机拆卸（2）

3）将外壳上的螺丝拧下，注意还有挂钩，都摘掉之后，取下打印机外壳。如图 30-15 所示。

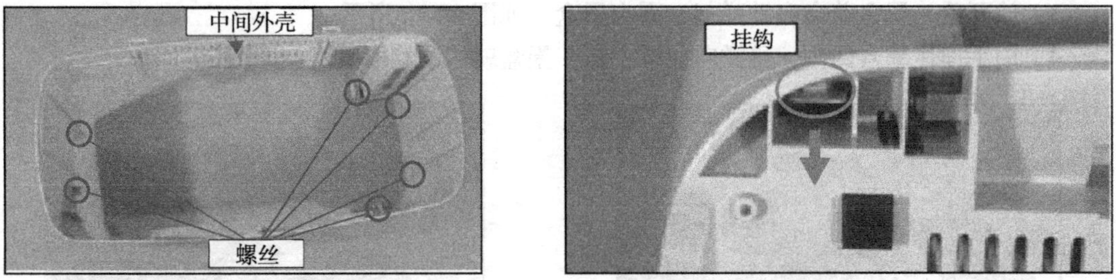

图 30-15 喷墨打印机拆卸（3）

4）将电路板上的电缆插头拔下。如图 30-16 所示。

5）用手握住打印机金属支架，就能将打印机支架从底座上拆卸下来。如图 30-17 所示。

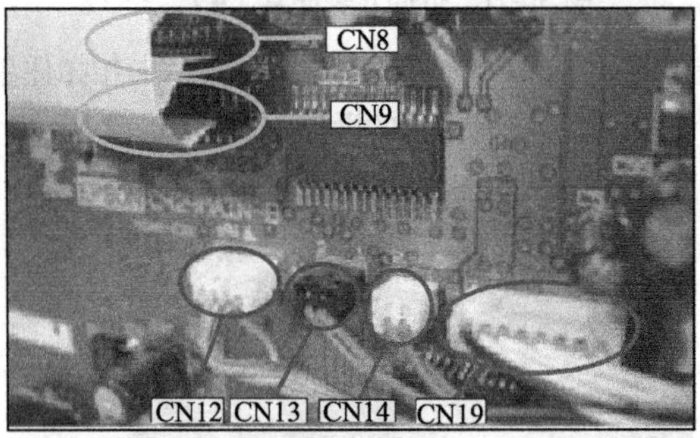

图 30-16 喷墨打印机拆卸（4）

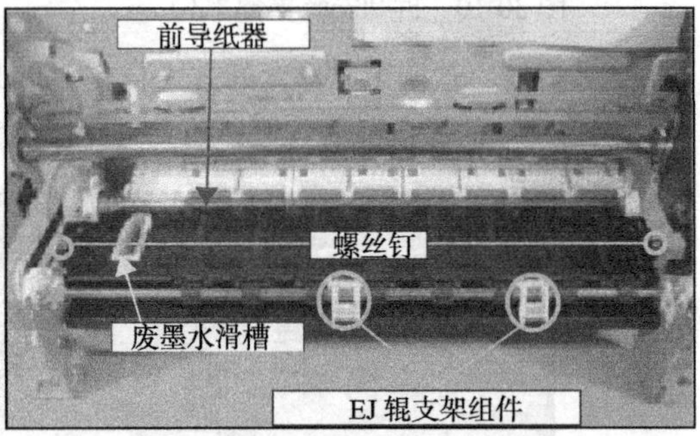

图 30-17 喷墨打印机拆卸（5）

30.4 喷墨打印机故障诊断维修

30.4.1 进纸不正常故障诊断维修

打印机进纸的时候，一次进两张或多张纸。这有可能是打印纸本身黏在一起造成的，有的纸张上带有静电，或因为潮湿黏在一起，只要将纸分开用热风吹一吹，就可以正常使用。

如果打印机不能进纸就需要查看进纸辊和齿轮传动系统是否工作正常。如图 30-18 所示。

图 30-18　打印机支架背面的进纸齿轮组

查看进纸辊是否因为使用时间长，表面摩擦力减小了，如果是，更换新的部件即可。

30.4.2　打印机卡纸故障诊断维修

打印机卡纸，这与上面的不进纸有相似的地方，先关闭查找卡纸的位置，然后轻轻将纸拉出。再检查进纸辊和出纸辊是否正常。

30.4.3　打印页上有漏墨故障诊断维修

打印出的打印页上有成块的墨迹，这通常是因为使用了劣质墨盒或加墨时操作不当造成的。这也是喷墨打印机最常见的故障。

只要使用高质量的墨盒，按照正确方法加墨即可。

30.5　DIY 喷墨打印机连供墨盒

30.5.1　连供是什么

连供即喷墨打印机的连续供墨系统，它是近年在喷墨打印机领域才出现的新的供墨方式。连续供墨系统采用外置墨水瓶，用导管与打印机的墨盒相连，这样墨水瓶就源源不断地向墨盒提供墨水。如图 30-19 所示。

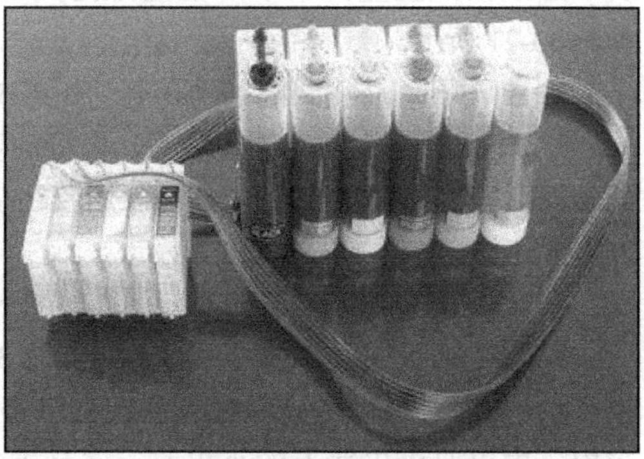

图 30-19　喷墨打印连供墨盒

连续供墨系统的特点是便宜，价格比原装墨水便宜很多，一般一色的容量 100ml，比原装墨盒墨水至少多 5 倍。其供墨量大，而且可以反复加墨。连供的出现无疑是为喷墨打印机降低成本提供了一条近路。

30.5.2 DIY连供需要哪些设备

自己动手制作连供墨盒，需要哪些材料？如图30-20所示。

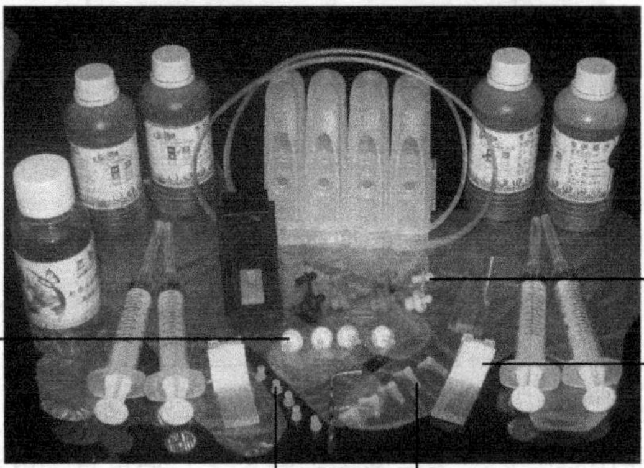

图30-20 制作连供墨盒的材料

制作连供必须要用连供墨盒、软管、双头皮塞、软管插头、原装墨盒、墨水，还有一些帮助我们制作和使用的工具，注射针筒、吸墨器、打孔工具、软管支架、盖帽等。

30.5.3 开始制作连供墨盒

连供系统分为外墨盒、导管、内墨盒，其中外墨盒与导管的连接很简单，只要按照相应插口安装就行了。

内墨盒的连接是DIY成功与否的关键，准备好制作材料。

1）将墨水耗尽的墨盒作为连供的内墨盒，这里最好使用原装墨盒，以免造成打印机不识别等意外情况。黑色墨盒内只有一个空间，全部装黑色墨水，所以只要将孔打在中心就行。彩色墨盒中有三个空间，用来装三种颜色的墨水，所以必须按照墨盒内格子的位置打孔。如图30-21所示。

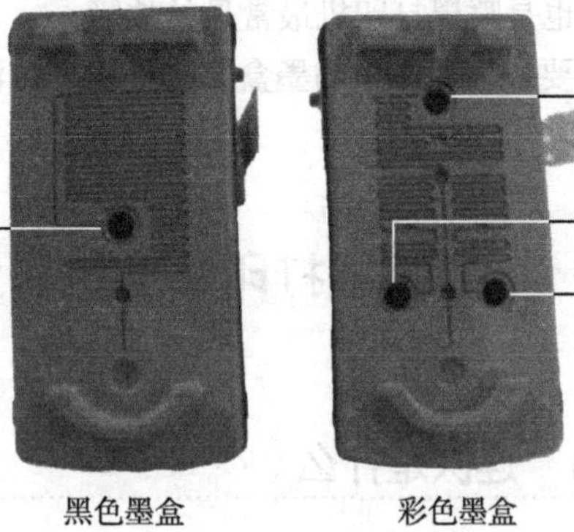

图30-21 佳能40、41墨盒装连供的开孔位置

2）打好孔，将密封嘴插到孔上。如图30-22所示。

3）将软管一头插上软管插嘴，再将插嘴插到墨盒的密封嘴内，如果发现密封不好（孔打的不规则容易出现漏气现象），可以用胶在接口处再粘一层，起到密封作用。软管的另一头与外墨盒底部相连。如图30-23所示。

4）连接好墨盒与软管后，就可以将墨水灌注到外墨盒中了。如图30-24所示。

5）灌好墨水后将双头皮塞盖上。如图30-25所示。

6）外墨盒与内墨盒和导管现在都已经连接好了，还需要将外墨盒中的墨水导入内墨盒当中。拔出双头皮塞上的小皮塞，这是进气孔。用吸墨器和针筒对着内墨盒的喷嘴吸，将外墨盒中的墨水通过导管吸到内墨盒中，直到内墨盒充满墨水。这样连供墨盒就制作好了。如图 30-26 所示。

上面介绍的彩色墨盒是三合一型的墨盒，单体彩色墨盒制作的原理与三合一墨盒是一样的，制作时相对简单，需要注意连接墨盒的加墨孔，不要搭错了颜色。如图 30-27 所示。

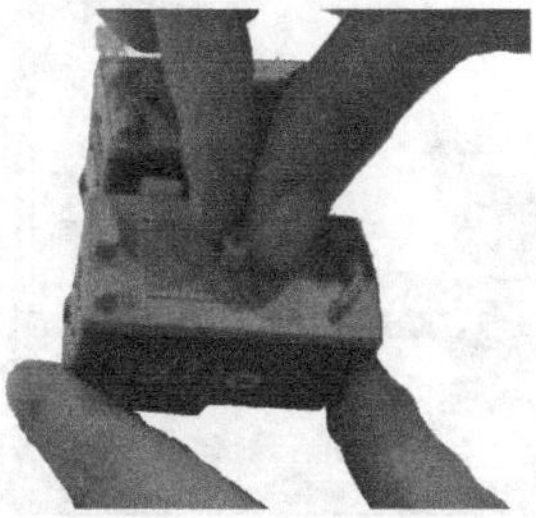

图 30-22　安装密封嘴

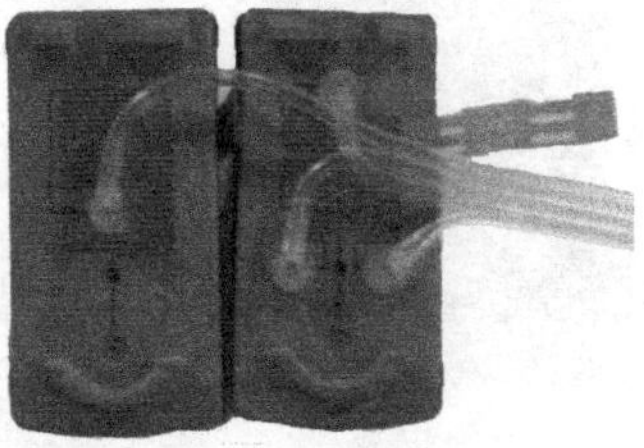

图 30-23　连接软管

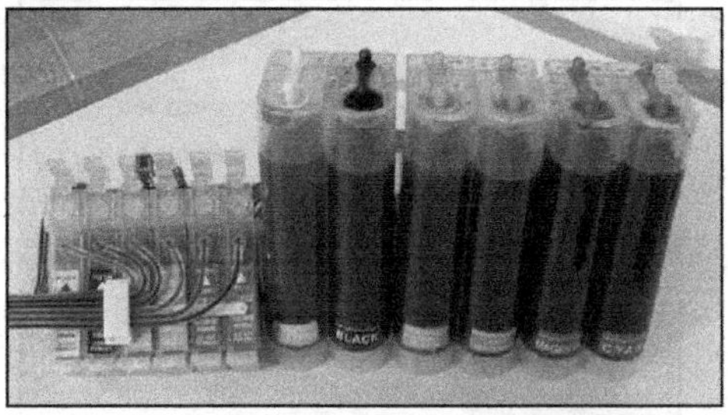

图 30-24　将墨水灌入外墨盒

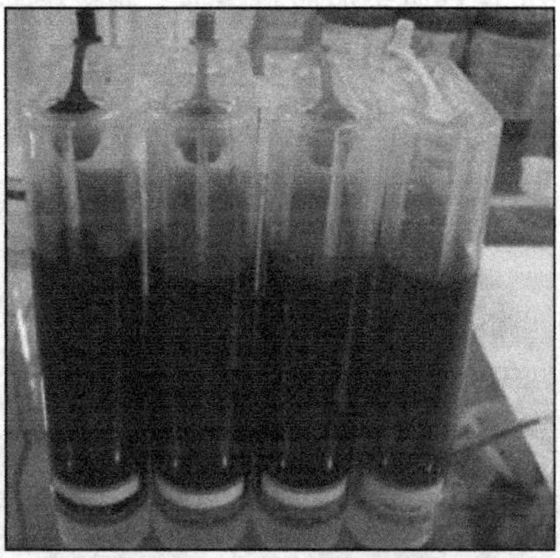

图 30-25　盖上双头皮塞

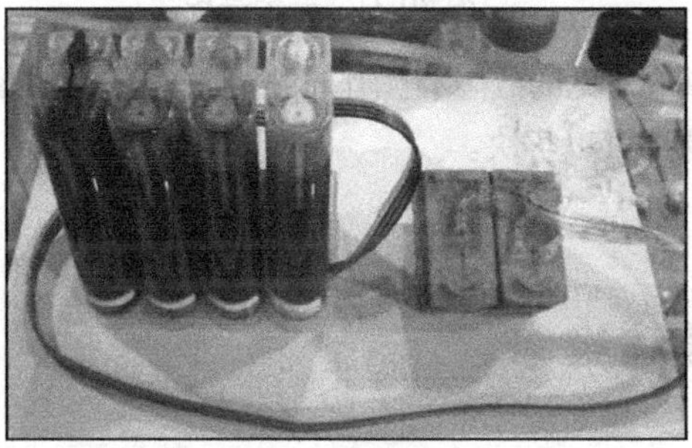

图 30-26　连接好的软管与墨盒

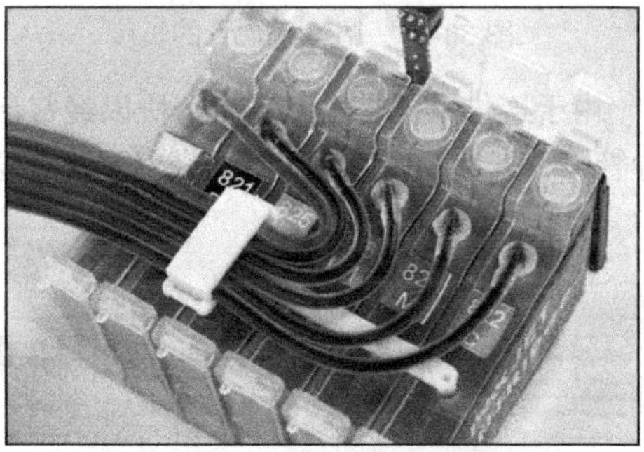

图 30-27　单体彩色墨盒连接软管

30.5.4　连供的正确安装

在安装连供墨盒时，一定要关闭打印机的电源，否则带电安装墨盒容易造成墨盒烧毁。

1）仔细观察连供墨盒，墨盒中有大小两个格子，这是为了利用内墨盒的虹吸效果和外墨盒的进气孔设计的。使用时应稍微倾斜墨盒，让进气孔一边的墨水低于主墨水格子中的墨水。如图 30-28 所示。

2）安装连供墨盒时，必须将外墨盒与打印机放在同一个水平面上（同一个高度），否则就会因为两边压力不同造成漏墨，然后将内墨盒安装到打印机上。如图 30-29 所示。

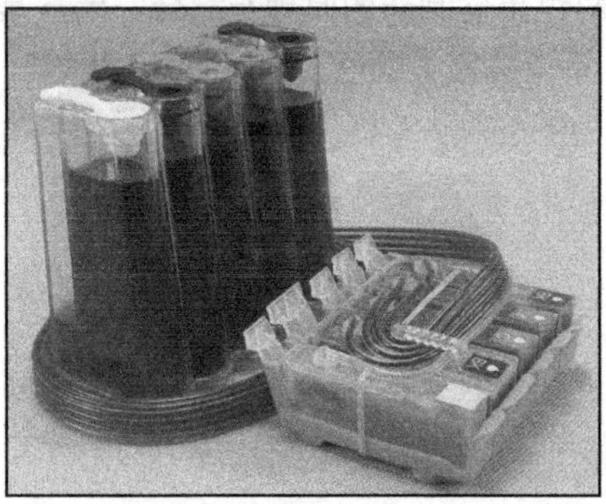

图 30-28 让进气格中的墨水流入主格子

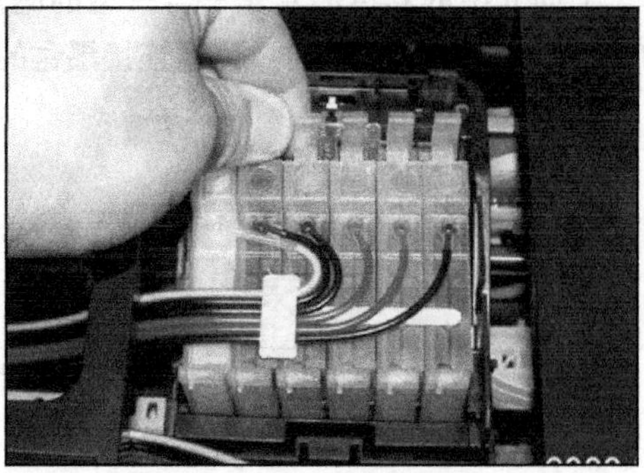

图 30-29 安装连供墨盒

3）用软管支架架起软管，调整软管的长度，使得打印机字车来回移动不受软管牵扯。如图 30-30 所示。

4）安装完毕，打开打印机测试连供墨盒。如图 30-31 所示。

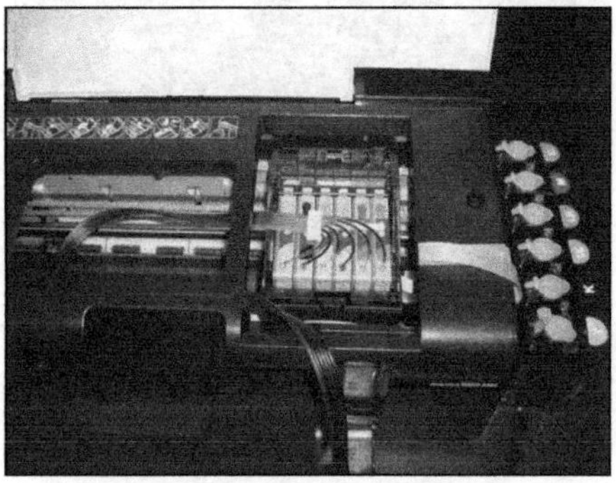

图 30-30 调整好软管的长度

图 30-31 安装完毕

由于连供系统是手工制作，所以经常出现故障，常见的故障有操作不当导致的漏墨、漏气（导管中有气泡）等，仔细检查密封元件，这些问题都可以解决。

30.6 动手实践：喷墨打印机典型故障维修

30.6.1 喷墨打印机不能打印，且发出“嗒嗒”的声音

1. 故障现象

一台佳能喷墨打印机，打印时发出“嗒嗒”的声音，不能打印，打印头也不复位。一段时间后，打印机提示打印头被卡住。

2. 故障分析

打印头不复位，这可能是字车传送齿轮卡住或打印头堵塞等问题造成的。

3. 故障查找与维修

1）打开打印机上盖，查看字车传动齿轮，没有发现异常。

2）检查打印头的喷墨嘴，发现喷墨嘴上有干固的墨迹。

3）将墨盒取下，用专门清洗打印头的清洁液清洗喷墨嘴。

4）装好墨盒，打印测试页，打印机可以正常打印了。

30.6.2　喷墨打印机一次打印进多张纸

1. 故障现象

一台 Epson 喷墨打印机，在打印的时候，一次进入多张纸。

2. 故障分析

一次进多张纸的情况，可能是打印纸不符合要求或进纸轮损坏等问题造成的。

3. 故障查找与维修

检查打印纸，发现打印纸有受潮粘连的情况。将纸张分开晾干，在放入打印机测试，发现一次卷几张纸的情况没有再出现。

30.6.3　喷墨打印机执行打印命令时，打印机不能打印

1. 故障现象

一台 HP 喷墨打印机，在执行打印命令后，打印机没有任何动静，但打印指示灯却是亮的。

2. 故障分析

不能打印的情况很复杂，打印机主板故障、数据线接触不良、打印文档过大、打印机内存不足、字车卡住、打印头卡住等问题都可能造成不能打印。

3. 故障查找与维修

1）打印测试页，发现测试页也无法打印。

2）检查打印机数据线连接，也没有发现异常。

3）用万用表测量主板供电电压，发现供电正常。

4）测量字车电动机，发现字车电动机的对地阻值为 0。判断是字车电动机断路。

5）更换字车电动机，再进行打印测试，看到打印机可以正常打印了。

30.6.4　喷墨打印机换完墨盒，还是显示缺墨

1. 故障现象

一台佳能喷墨打印机，更换了新的打印机墨盒，但是打印机还是显示缺墨，无法打印。

2. 故障分析

这种情况一般是墨盒没有安装好或是在关机时强行更换墨盒所致。

3. 故障查找与维修

掀开打印机上盖，等字车带着墨盒移动到中间，取下墨盒重新安装。盖上上盖，等字车复

位。查看发现打印机缺墨的灯灭了，打印测试页，也可以正常打印了。

30.6.5 喷墨打印机用连供墨盒打印，图像偏淡

1. 故障现象

一台佳能喷墨打印机，购买打印机时同时安装了连供墨盒，打印时发现打印出的图像颜色很浅。

2. 故障分析

打印图像颜色浅，一般是由缺墨、打印头堵塞等问题造成的，这个打印机因为加装了连供，所以重点检查连供墨盒供墨情况。

3. 故障查找与维修

检查连供发现，输墨管中有一些气泡，用手轻轻弹输墨管，将气泡弹出，再打印测试页，发现图像的颜色正常了。

30.6.6 喷墨打印机更换墨盒后打印出很多断线

1. 故障现象

一台喷墨打印机墨盒耗尽后，没有及时更换墨盒，过了一段时间将新墨盒装上打印机之后，打印出的依旧是白纸。运行清洁程序后，打印稿上满是断线，甚至连字都看不清楚。

2. 故障分析

根据故障现象分析，此故障应该是由于喷头被堵塞引起的。经分析由于在之前打印机的墨水就已经被耗尽，没有及时更换墨盒，而打印机的喷头就直接暴露在空气中，这样打印机放置较长的时间后，喷头中残余的墨水就会蒸发，墨水中的颜料颗粒就直接造成了喷头堵塞。而这样的堵塞，很难用打印机自带的清洁程序来彻底疏通喷头。

3. 故障查找与维修

1）进行了几次强力清洗，效果稍好了一些，但没有恢复正常。

2）拆下喷墨头，然后用超声波清洁仪进行清洁 2 小时后，重新安装喷墨头，并进行测试，打印效果恢复，故障排除。

30.6.7 喷墨打印机通电后打印机指示灯不亮，无法打印

1. 故障现象

一台 Epson 喷墨打印机通电后打印机指示灯不亮，无法打开。

2. 故障分析

根据故障现象分析，此打印机应该是电源电路有问题，或电源线有问题引起的。应重点检查电源电路板的问题。

3. 故障查找与维修

1）检查打印机的电源线，未发现接触不良等问题。

2）拆开打印机外壳，检查打印机电源电路板的保险丝，发现保险丝被烧断，接着更换保险丝。

3）用万用表测量电容，开关管等元器件均正常，然后接通电源测试，打印机指示灯亮，可以正常打印，故障排除。

30.6.8　喷墨打印机连续打印时丢失内容

1. 故障现象

一台新买的喷墨打印机，在连续打印时文件前面的页面能够正常打印，但后面的页面会丢失内容或者文字出现黑块甚至全黑或全白，而分页打印时正常。

2. 故障分析

根据故障现象分析，此故障应该是由于该文件的页面描述信息量相对比较复杂，造成了打印机内存的不足，导致此故障。

3. 故障查找与维修

1）试着将打印机的分辨率降低一个档次实施打印，发现可以正常打印。说明问题是打印机内存小引起的。

2）检查打印机的参数，看是否可以增加打印机的内存，检查后发现无法增加打印机的内存。

30.6.9　喷墨打印机只打印半个字符

1. 故障现象

一台 BJ330 喷墨打印机，但在自检打印时，只打印出半个字符。

2. 故障分析

根据故障现象分析，此故障说明喷头只有一半在工作，通常由喷墨印字头的一半喷嘴被堵塞，或控制喷墨的电路有故障，或喷墨印字头的驱动电路发生故障，或由字车电缆故障引起。

3. 故障查找与维修

1）检查喷墨印字头的喷嘴堵塞问题，执行清洁功能清洁打印头，然后进行测试，发现故障得到改善，怀疑打印头堵塞。

2）拆下打印头，然后用超声波清洗打印头，之后安装好打印头进行测试，故障排除。

第31章 诊断与修复针式打印机故障

针式打印机只有单色打印（蓝色或黑色），是通过打印头中的24根针（老式打印机是12针）击打色带或复写纸，从而形成字体和图案。与激光和喷墨不同的是，针式打印机可以根据需求来选择多联纸张，一般常用的多联纸有2联、3联、4联纸，其中也有使用6联的打印机纸。多联纸一次性打印只有针式打印机能够快速完成。喷墨打印机、激光打印机无法实现多联纸打印。

针式打印机能够快速完成各项单据的复写打印，所以对于医院、银行、邮局、彩票、保险、餐饮等行业的用户来说，针式打印机是他们的必备产品。

针式打印机中又分为通用打印机、存折打印机、行式打印机等，本章我们以最常见的通用针式打印机为例，介绍针式打印机的结构、工作原理和常见故障的维修方法。

31.1 针式打印机组成

针式打印机的结构与前面介绍的激光和喷墨打印机的结构相似，除了外壳、进纸板、出纸板外，也都是由进出纸系统、控制电路、打印头组成的。如图31-1所示。

图31-1 针式打印机

进纸辊和出纸辊负责纸张在打印机中的运动，打印头通过打印针击打色带，在纸张上留下墨点，一个墨点也就是图像的一个像素。色带会根据打印头的移动而转动，这样就不会出现打印针反复击打同一个点将色带打穿的情况了。

31.2 针式打印机工作原理

31.2.1 打印头上的打印针

首先让我们看看放大镜下的打印头，打印针排列在打印头上，分为 12 针和 24 针。老式打印机都是 12 针设计，现在基本上都是 24 针的打印头了。在打印头上有长针和短针，这主要是因为打印头的结构设计需要，如果针的长度一样，那么驱动针的电磁铁也就必须在一个平面上，这就容易因为密度过大而导致相互影响，所以长针和短针搭配让驱动磁铁可以分为上下两层，这样的设计更合理地运用了打印头内的空间。如图 31-2 所示。

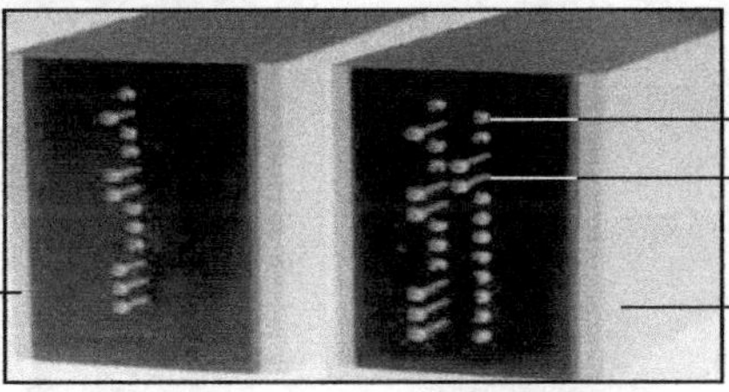

图 31-2　打印头和打印针

31.2.2 打印头的工作原理

打印机中最核心的部件就是打印头，激光、喷墨、针式打印机的不同性能也都是因为打印头的原理而决定的。针式打印机的打印头的工作原理有点像刺绣，用针一个像素点一个像素点地刺，那么像素点连起来，就成了一副图案或文字。如图 31-3 所示。

打印头中，驱动打印针的是电磁铁，电路控制着电磁铁的充电放电，当这个像素需要被点的时候，电磁铁的线圈充电，铁芯吸引衔铁，打印针就会向前击打。击打之后，线圈放电，铁芯放开衔铁，在复位弹簧的作用下，打印针就会恢复原位。这样一次击打就完成了。如图 31-4 所示。

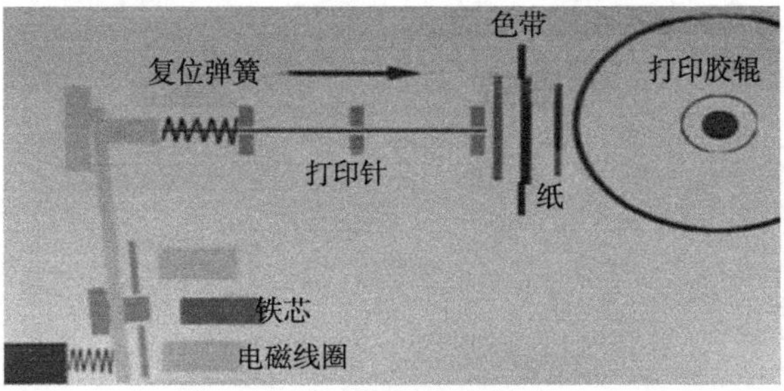

图 31-3　打印头工作原理

图 31-4　打印头

31.2.3 色带的结构

色带是针式打印机重要的组成部分，色带有蓝色、黑色、红色等各种不同颜色。打印机的打印针通过击打色带，使得色带上的颜色留在打印纸上。

色带通过与打印头同步的驱动电动机和齿轮带动，在打印头击打的同时，色带也在不停转动，这样就可以将墨盒中的墨水印留在打印纸上了。如图 31-5 所示。

31.2.4 进纸系统结构

进纸系统的结构与喷墨打印机类似，都是通过传感器、进纸辊、压紧辊、出纸辊来控制纸张在打印机中的运动。如图 31-6 所示。

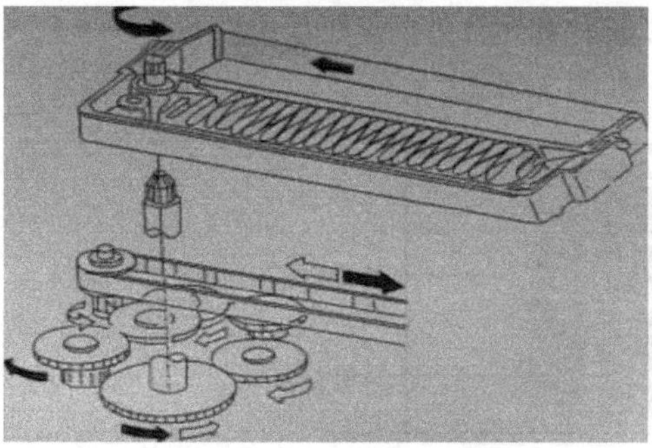

图 31-5 色带运转结构

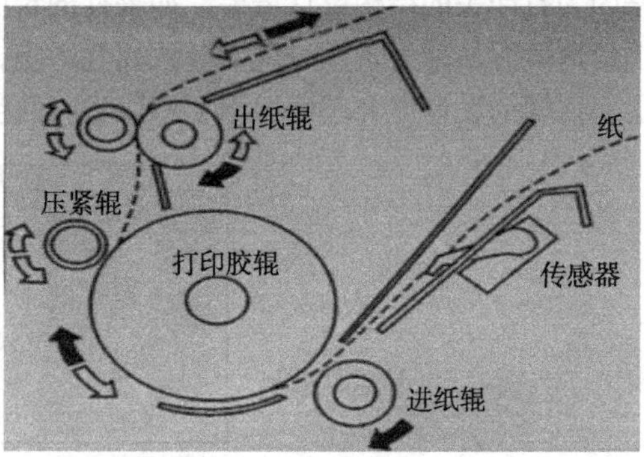

图 31-6 针式打印机进纸系统

与其他打印机不同，有的针式打印机是专打票据的，票据使用的是带孔的打孔纸，所以这种打印机的进纸辊也略有不同，是带有突出点的齿轮。其原理与普通进纸辊相同。如图 31-7 所示。

图 31-7 票据打印机进纸辊

31.3 针式打印机故障维修

31.3.1 更换打印针

针式打印机的传动和进出纸系统，与之前讲过的喷墨和激光打印机相同，这里不做重复说明。

针式打印机的打印针是比较脆弱的，容易产生变形或断裂。检查和更换打印针是维修针式打印机必须掌握的。

1）将打印头取下，打印头的背面是用螺丝固定的后盖，拧下螺丝将后盖打开。如图 31-8 所示。

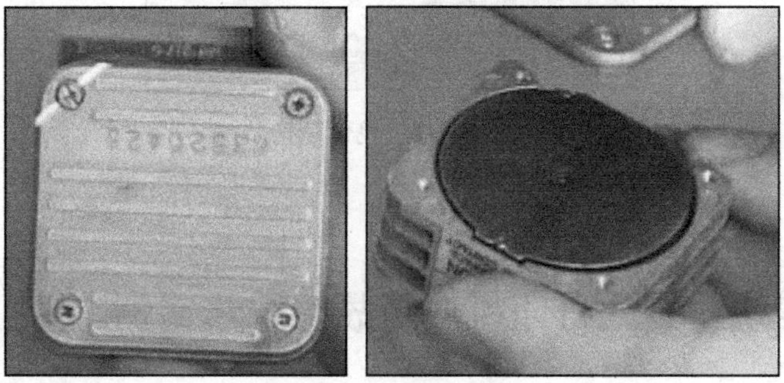

图 31-8　拆卸打印头

2）用镊子轻轻取下盖板、金属垫圈、毛毡圈。如图 31-9 所示。

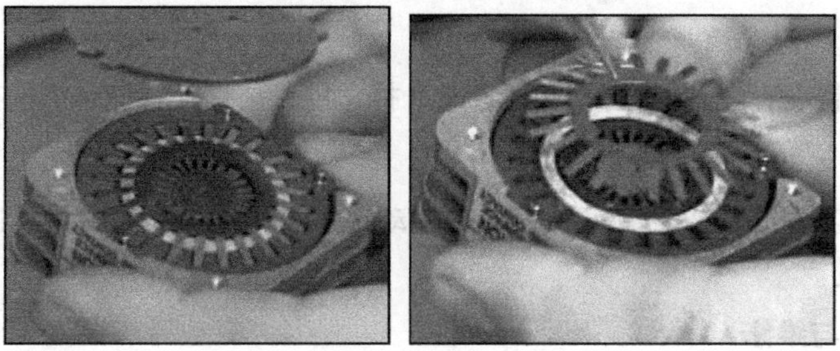

图 31-9　拆卸打印头

3）取下上面覆盖的零件后，就可以看到打印针和定位底座，检查和更换打印针。如图 31-10 所示。

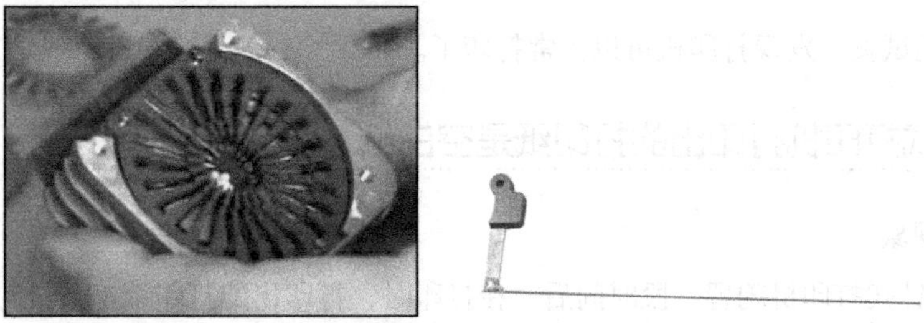

图 31-10　更换打印针

31.3.2　更换色带

色带的结构非常简单，有墨盒、吸墨海绵、固定齿轮和色带组成。更换色带的时候，用螺丝刀拧下螺丝，打开色带盒盖，将旧的色带取出，新的色带装上，盖上色带盒盖，来回扯动色带，使它和齿轮咬合紧密，与吸墨海绵充分接触即可。如图 31-11 所示。

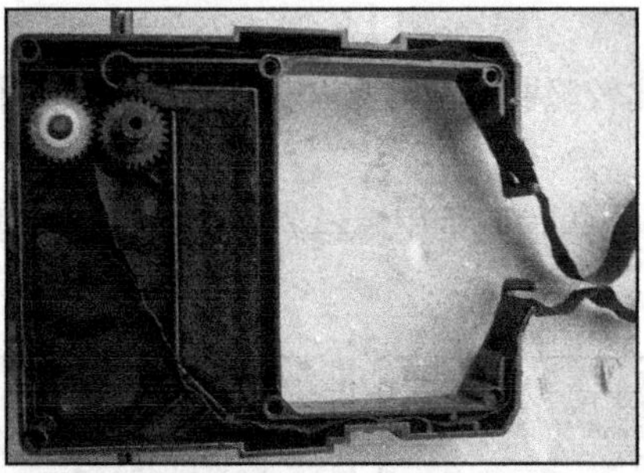

图 31-11 色带结构

31.4 动手实践：针式打印机典型故障维修实例

31.4.1 针式打印机打印时总是提示“打印机没有准备好”

1. 故障现象

一台 Epson 针式打印机，执行打印任务时，打印机总是提示“打印机没有准备好”。

2. 故障分析

总是提示“打印机没有准备好”，可能是驱动程序损坏、接口和数据线连接不好、电脑中病毒等问题引起的。

3. 故障查找与维修

1）重新拔插打印机的数据线，测试后还是提示没有准备好。

2）用杀毒软件对电脑进行查毒，没有发现病毒。

3）从打印机的官方网站下载最新的驱动程序，卸载原有的驱动，安装新的新下载的驱动程序。

4）打印测试页，发现打印机可以正常打印了。

31.4.2 针式打印机打印出的打印纸是空白纸

1. 故障现象

一台松下针式打印机闲置一段时间后，在打印时，打印出的打印纸是空白的。

2. 故障分析

打印出的图像是空白，这可能是由于色带油墨干固、色带断裂、打印头故障等原因造成的。

3. 故障查找与维修

1）先检查打印头故障，打印测试页时观察打印头的移动，听打印针是否撞击色带，没有发现异常。

2）将色带拆卸下两个，检查色带和油墨盒。发现色带盒中的油墨干固了。

3）更换新的色带盒后，打印测试页，看到打印机可以正常使用了。

31.4.3　针式打印机打印出的字符缺少一部分

1. 故障现象

一台映美针式打印机打印出的字符，缺少一部分。

2. 故障分析

打印出的字符缺少，可能是因为打印针损坏、打印头数据线破损、控制电路中有短路等问题造成的。

3. 故障查找与维修

打开打印机外壳，查看打印头数据线，发现有一条线的外皮破损，导致打印头可能带电。更换了破损的电线后，打印机故障消失。

31.4.4　针式打印机打印出的文字颜色浅

1. 故障现象

一台映美针式打印机打印出的文档，字迹很浅。

2. 故障分析

打印字迹浅可能是色带缺墨、油墨干固、打印头与打印辊之间的距离过大等原因造成的。

3. 故障查找与维修

1）检查打印机色带和墨盒，没有发现缺墨和异常。

2）检查打印头与打印辊的距离，发现稍微有些远，调整调节推杆的位置，让打印头离打印辊近一些。

3）打印测试页，看到打印出的字迹已经正常了。

31.4.5　针式打印机打印表格时没有横线

1. 故障现象

一台 Epson 针式打印机在打印表格时，一些横线处没有墨迹。

2. 故障分析

打印出的文字图像缺少一部分，可能是由于打印头有污垢、打印针有断针等问题造成的。

3. 故障查找与维修

1）打开打印机外壳，查看打印头，并没有发现异常。

2）用断针测试软件测试，发现打印头上有断针。

3）拆卸下打印头，将断针换下，换上新的打印针。

4）打印表格测试，看到表格中的横线已经正常了。

31.4.6 针式打印机打印的字迹一边清晰另一边不清晰

1. 故障现象

一台针式打印机在打印时，发现打印出的纸张上，字迹一边清晰另一边不清晰。

2. 故障分析

根据故障现象分析，此类故障一般是由于打印头导轨与打印辊不平行，导致两者距离有远有近所致。可通过调节打印头导轨与打印辊的间距使其平行来解决。

3. 故障查找与维修

1）分别拧松打印头导轨两边的调节片（逆时针转动调节片使间隙减小，顺时针使间隙增大)。把打印头导轨与打印辊调节平行，然后打印测试，发现有所改善。

2）再进行调节，然后打印测试，在调节 3 次后，打印效果基本正常，故障排除。

第 32 章

诊断与修复复印机与扫描仪故障

复印机与扫描仪和打印机一样，都是电脑重要的外部设备。复印机和扫描仪也有很多种，最常见的是平板式的复印机扫描仪，其他还有台式复印机、工程复印机、胶片扫描仪、滚筒式扫描仪和立体扫描仪等。

复印机的扫描图像原理与扫描仪是一样的，打印原理又与打印机的原理是一样的，所以复印机可以看作是打印机与扫描仪的结合体。前面介绍了打印机，这章我们重点介绍扫描仪的成像原理和故障维修。

我们日常生活中见到最多的就是复印扫描一体机和平板扫描仪，平板扫描仪结构相对简单，更容易让人理解，本章我们就以平板扫描仪为例，讲解扫描仪的结构、工作原理和常见故障的维修方法。

32.1 扫描仪的结构

32.1.1 扫描仪的外部结构

扫描仪从表面上看，主要有扫描仪机身、上盖、玻璃板、控制面板、接口几部分。如图 32-1 所示。

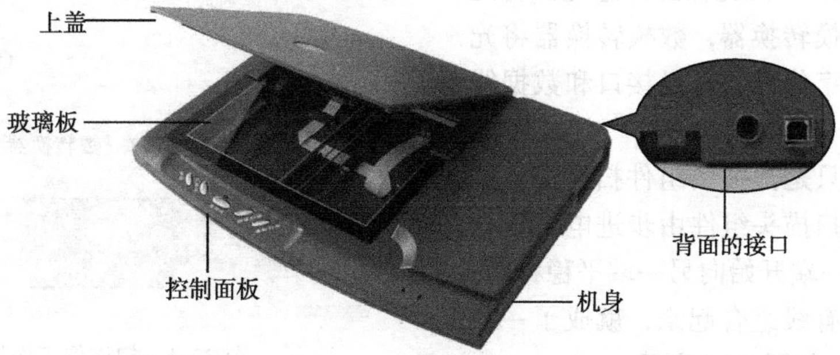

图 32-1　扫描仪外部结构

将扫描仪用数据线与电脑连接起来，电脑上安装扫描仪的驱动和控制程序，扫描作业时，将图片或文件面朝下，平放在玻璃板上，盖上上盖，按下“开始”按钮，图片就会传送到电脑上了。

32.1.2 扫描仪的内部结构

扫描仪内部主要的设备有扫描头组件，为了配合扫描，还有步进电动机、传动皮带、传动滑杆（导轨）、控制电路板等设备。如图 32-2 所示。

扫描头组件上由灯管、反射镜、透镜、CCD 感应器、AD 数模转换器组成。如图 32-3 所示。

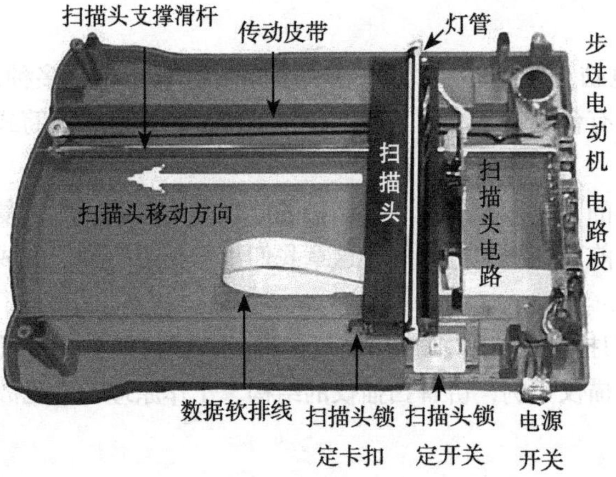

图 32-2 扫描仪内部结构

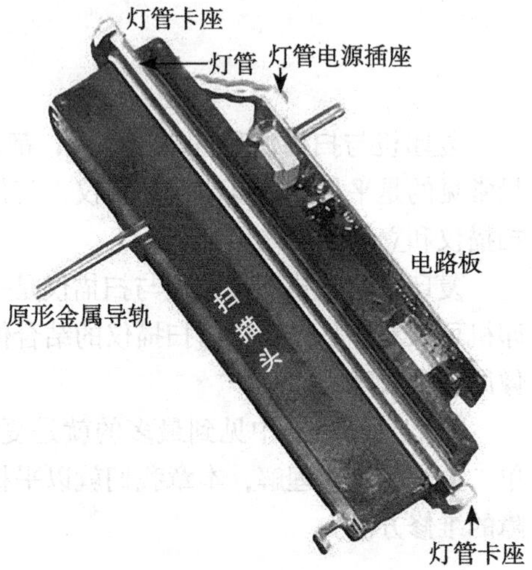

图 32-3 扫描头组件

32.2 扫描仪是如何工作的

扫描仪中扫描头组件上有发光源（一般是灯管），灯光照射在被扫描的图像上，图像上的光通过反射镜反射到透镜上，再通过透镜照射在 CCD 感光器上。感光器将光信号发送给数模转换器，数模转换器将光信号转换为数字信号，通过接口和数据线传送到电脑上。

以上过程只是扫描头组件扫描的一条线上的图像，扫描头组件由步进电动机带动，从图像的一端开始向另一端平稳移动，期间经过的所有线组合起来，就成了一张完整的图片了。如图 32-4 所示。

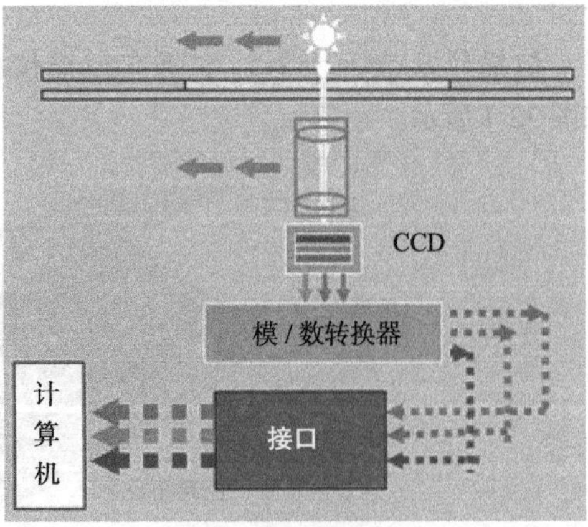

图 32-4 扫描仪工作原理

32.3 扫描仪不工作故障诊断维修

32.3.1　检查驱动程序

打开扫描仪后，电源灯显示正常，说明扫描仪本身已经通电。无法工作多半是因为电脑上的驱动程序损坏或驱动程序与扫描仪的型号不匹配造成的。

检查扫描仪驱动程序是否与扫描仪型号相同，如果驱动程序不匹配或驱动程序已经损坏，可以上网下载最新的驱动程序，重新安装后，故障就可以解决了。如图 32-5 所示。

32.3.2　检查电源适配器

扫描仪无法开机，打开电源后电源指示灯不亮。扫描仪本身无法通电，应该先检查扫描仪的适配器，看适配器是否有电。

适配器烧毁或保险熔断是很常见的故障，只要更换同型号，或输出功率、电压、电流相同的通用适配器，就可以解决问题了。如图 32-6 所示。

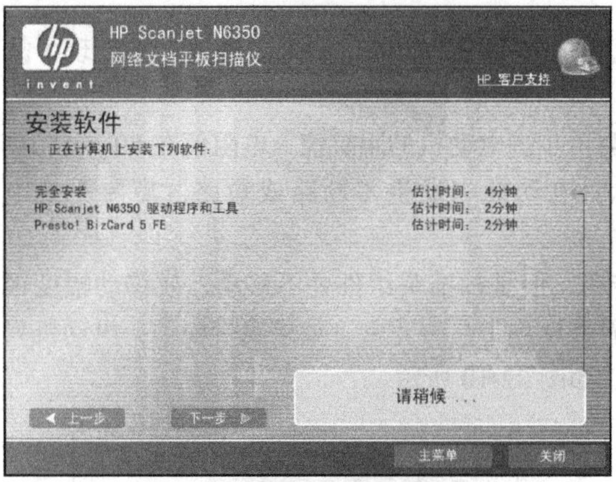

图 32-5　安装扫描仪驱动

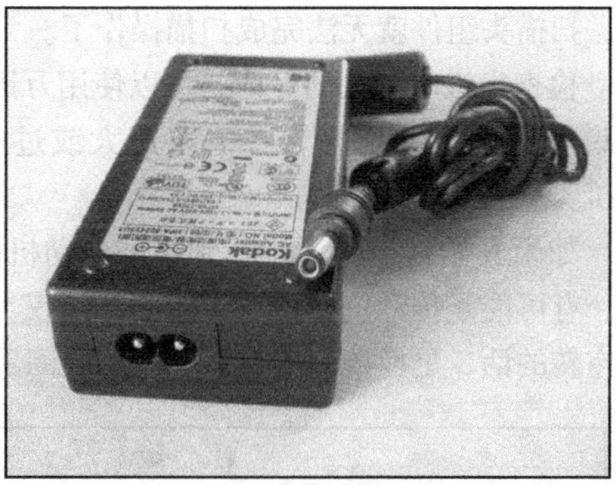

图 32-6　扫描仪适配器

32.3.3　检查扫描仪电源电路

打开扫描仪的供电电路，通电之后用万用表测量供电电路上的电压，如果没有电压，说明是电源适配器不供电，更换适配器。如果有电压但电压不足额定（家用扫描仪额定电压一般是 16V），说明供电电路上有过载的情况，只要按照电路逐个检测电路上的元件，找到短路或烧焦的元件，更换新的元件即可。如图 32-7 所示。

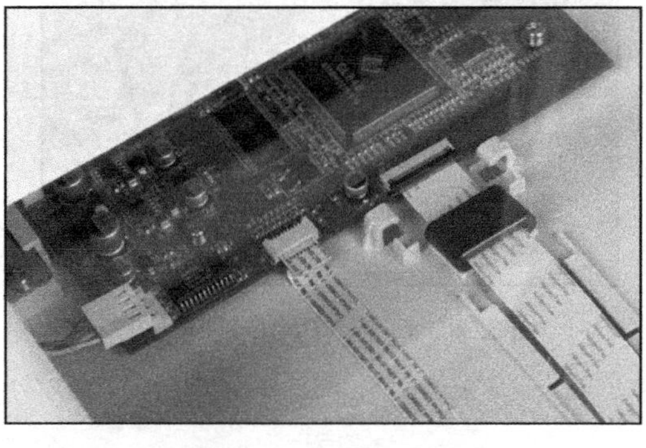

图 32-7　扫描仪供电电路

32.4 扫描头移动故障诊断维修

32.4.1 润滑导轨

扫描仪使用时间久了以后，会出现扫描头组件移动时不平稳，或卡住无法移动的情况。这是因为扫描头组件与导轨之间灰尘、杂质过多，阻碍了扫描头组件的移动。

打开扫描仪外壳，在导轨上点一点机油，再将扫描头组件来回推动几下，使机油融入导轨与组件的缝隙中。如图 32-8 所示。

如果移动后有杂质残留出来，可以清理掉杂质后，反复上述操作，直至不再有杂质残留为止。

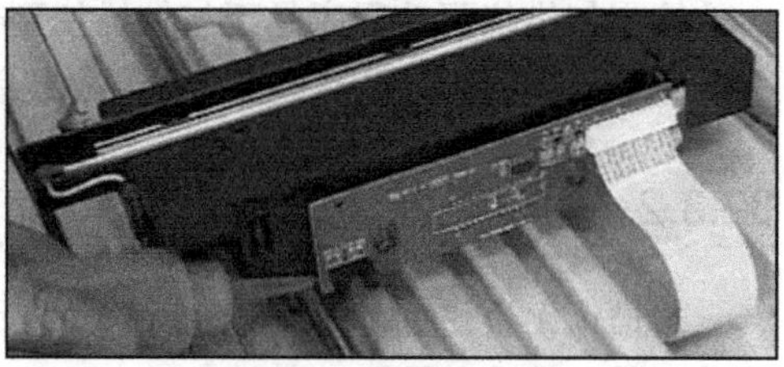

图 32-8 在导轨上点上机油

32.4.2 检查步进电动机

打印机中的步进电动机如图 32-9 所示。

扫描仪中扫描头组件的移动是通过步进电动机的带动完成的，如果步进电动机出现了故障，扫描头组件就无法完成扫描操作了。

检查步进电动机的好坏，可以使用万用表测量步进电动机的阻抗值，电阻值在 80～150Ω 时说明步进电动机正常。电阻过大或过小说明电动机中发生了断路或短路，需要更换电动机。

如果开始扫描时，能听到步进电动机的转动，但是扫描头组件并不移动，或移动幅度很小，有可能是传动皮带松了，打开扫描仪，查看传动皮带是否正常，如果皮带松了，电动机只是空转的话，更换传动皮带就可以解决问题了。如图 32-10 所示。

图 32-9 扫描仪中的步进电动机

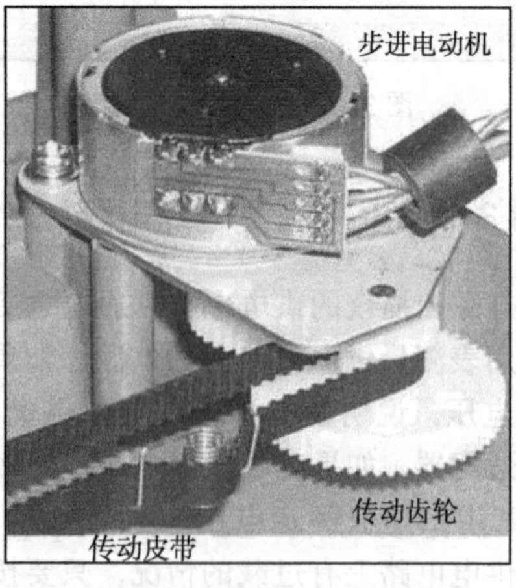

图 32-10 扫描仪中的传动皮带

32.5 扫描成像故障诊断维修

如果扫描的结果，图像发暗不清晰，或者完全是黑色的，很有可能是扫描头上的灯管发生了故障。

可以不放图片，不盖上盖，查看扫描时扫描头上的灯管是否发光正常。如果不正常就需要更换灯管了。如图 32-11 所示。

更换扫描头上的灯管时须用螺丝刀将灯管两端的灯座撬起，灯管是插在灯座上的。如图 32-12 所示。

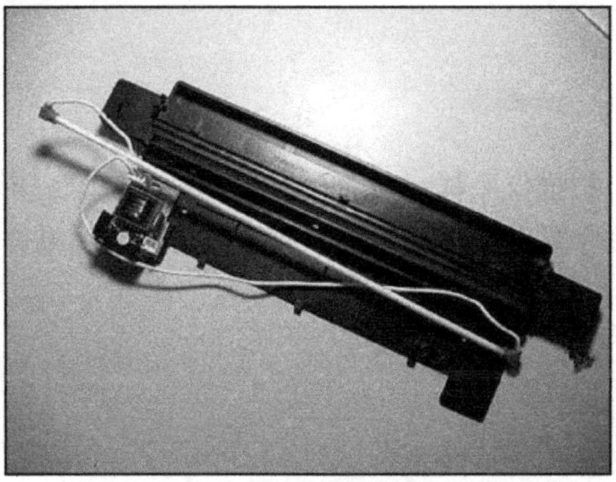

图 32-11　扫描头灯管

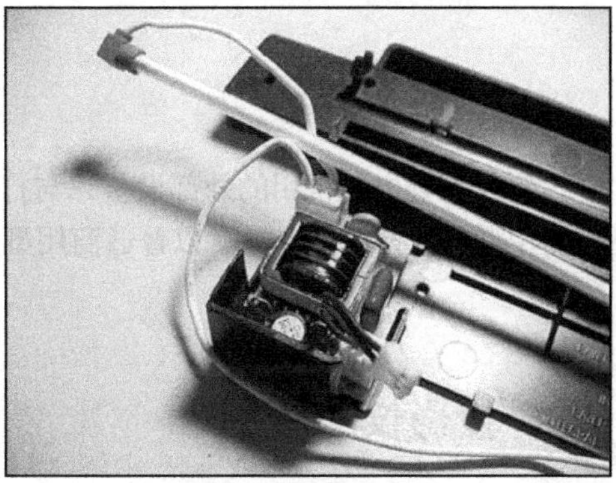

图 32-12　更换灯管

有的灯管是焊在导线上的，这个需要使用电烙铁将导线焊下来，再换上新的灯管。

第 33 章

投影仪故障诊断与维修

投影仪也是电脑常用的外部设备，与打印机、扫描仪一样。投影仪有很多种，有家庭影院型、商用型、便携型等。本章以普通商用型为例，介绍投影仪的结构、原理和常见故障维修。

33.1 投影仪的结构

投影仪可以通过不同的接口，连接电脑、DVD、游戏机、DV 等设备，将视频、图像投影到屏幕上。如图 33-1 所示。

投影仪的主要由控制电路、灯泡、风扇、镜头、电池（有的没有）、各种接口组成。如图 33-2 所示。

图 33-1　投影仪

图 33-2　投影仪内部结构

33.2 投影仪的工作原理

随着科技的发展，投影仪的工作原理也从 CRT 投影发展到了 LCD 投影和 DLP 投影的阶段。

33.2.1　CRT 投影原理

CRT 投影原理是使用阴极射线管作为成像器件，它主要由三个 CRT 管组成。CRT 投影机把输入的信号源分解到 R（红）、G（绿）、B（蓝）三个 CRT 管的荧光屏上，并在高压作用下将发光信号放大、会聚在大屏幕上显示出彩色图像。

利用 CRT 原理的投影仪具有图像色彩丰富，还原性好，具有丰富的几何失真调整能力的优点。缺点是安装复杂，不适合移动使用，而且亮度不高。

33.2.2　LCD 投影原理

LCD 液晶投影仪，是利用液晶板或液晶光阀作为成像器件的。投影仪利用液晶的光电效应，即液晶分子的排列在电场作用下发生变化，影响其液晶单元的透光率或反射率，从而影响它的光学性质，产生具有不同灰度层次及颜色的图像。如图 33-3 所示。

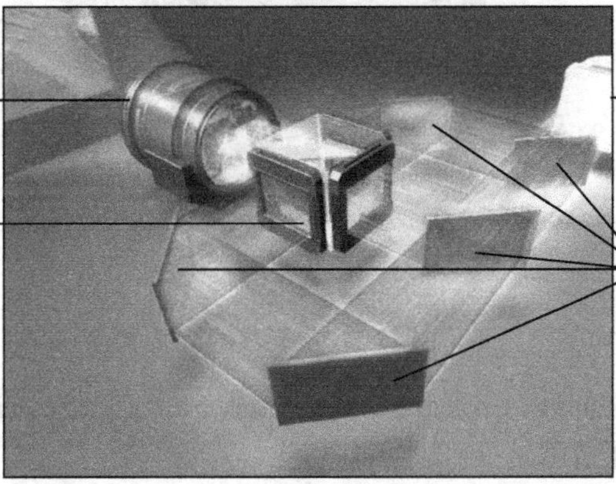

图 33-3　LCD 投影原理

LCD 投影仪色彩还原较好、分辨率高、体积小、重量轻，携带起来也非常方便，是目前投影仪市场上的主流产品。

33.2.3　DLP 投影原理

DLP 投影原理是使用数字光处理器作为成像器件的。一个 DLP 电脑板由模数解码器、内存芯片、一个影像处理器及几个数字信号处理器（DSP）组成，所有文字图像就是经过这块板产生一个数字信号，经过处理，数字信号转到 DLP 系统的心脏 DMD。而光束通过一高速旋转的三色透镜后，被投射在 DMD 上，然后通过光学透镜投射在大屏幕上完成图像投影。如图 33-4 所示。

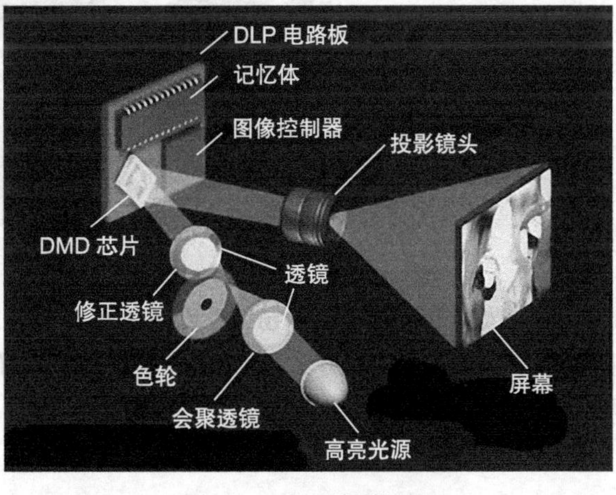

图 33-4　DLP 投影原理

33.3 投影仪检测维修

投影仪本身故障并不多，主要集中在灯泡与换气系统上。

33.3.1 更换风扇

在投影仪内部，换气散热系统非常重要，因为投影仪的灯泡功率都很高，一般都在几百瓦以上，而且投影仪内的空间很小，这样就很容易因为灯泡发热而导致投影仪内部的设备损坏。如图 33-5 所示。

图 33-5 投影仪的换气系统

投影仪使用一段时间后，出现开机后噪声增大、出气孔排出的热气减少的情况，就说明投影仪的换气系统出现了故障。

打开投影仪，检查投影仪内是否灰尘过多，因为投影仪有过滤器所以不会像电脑一样积攒灰尘，但如果灰尘密封不严的话，还是很容易造成灰尘过多的。如图 33-6 所示。

图 33-6 投影仪中的风扇

检查风扇是否有转动不畅、扇面灰尘多等现象。如果风扇转动正常，但噪声大，可以向风扇轴承中点一点机油，方法与 CPU 风扇加机油一样。如果出现风扇不转或转动不正常的情况，就需要更换新的风扇。

33.3.2　更换灯泡

投影仪的灯泡作为一种消耗品，经常会更换。一般的灯泡的使用寿命在 3000 小时左右，有的使用了节能技术的投影仪，灯泡的使用寿命可以达到 5000 小时。

更换投影仪的灯泡是非常简单的，投影仪预留出灯泡的更换盖，只要打开灯泡盖，将灯泡上的螺丝拧下，就能拔出灯泡了。如图 33-7 所示。

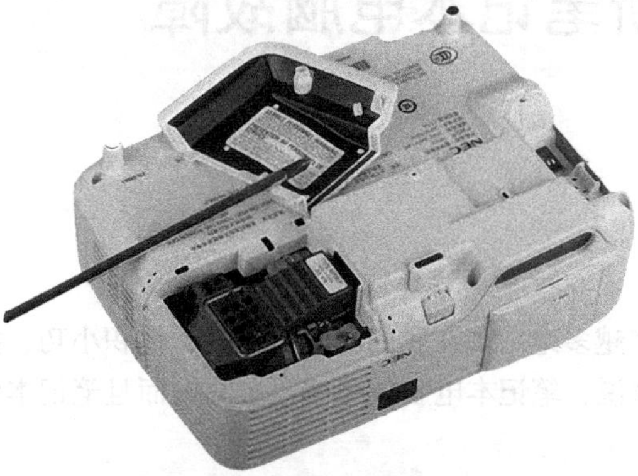

图 33-7　投影仪的灯泡盖

投影仪的灯泡（在购买的时候）是带灯座的，所以只要将整个灯座插在原来灯座的位置，就完成了灯泡的更换。如图 33-8 所示。

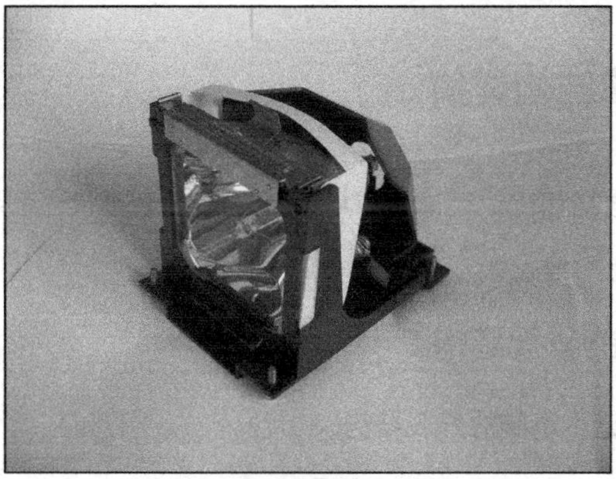

图 33-8　投影仪的灯泡

第34章 快速诊断笔记本电脑故障

笔记本电脑现在越来越多地出现在我们的生活当中，体积小巧、携带方便是它与生俱来的优势。但相对台式电脑来说，笔记本电脑故障率要更高，而且笔记本电脑的维修比台式电脑更加困难。

近年来笔记本电脑业竞争激烈，直接导致了制作用料缩水，尤其是杂牌电脑质量更是没有保证，各种问题频出。

本章介绍笔记本电脑常见故障和维修方法。

34.1 笔记本电脑结构详解

笔记本电脑与台式电脑相比，无论是布局设计还是板卡形状，都显得十分紧凑，要学会笔记本电脑的维修就必须先认清笔记本电脑的结构。

34.1.1 笔记本电脑的外观结构

如图34-1所示为笔记本电脑的外观结构。

图34-1 笔记本电脑外观

笔记本电脑从外观上可以分为显示器、笔记本机身、键盘和触摸式鼠标几个部分。笔记本机身四周分布着USB接口、音频接口、电源接口等各种接口和光驱。

34.1.2　笔记本电脑的组成

如图 34-2 所示为笔记本电脑的组成图。

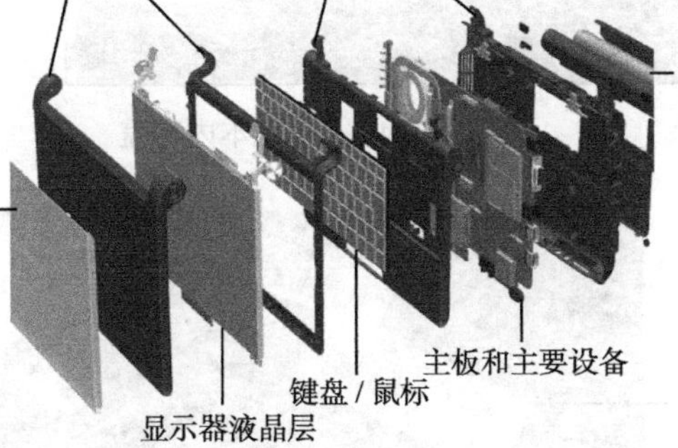

图 34-2　笔记本电脑的组成

笔记本电脑的组成主要是由电池、机身外壳、主板和主要设备、键盘 / 鼠标、显示器外壳、显示器液晶层、外壳覆膜几部分组成。

34.1.3　笔记本电脑的内部结构

如图 34-3 所示为笔记本电脑内部结构图。

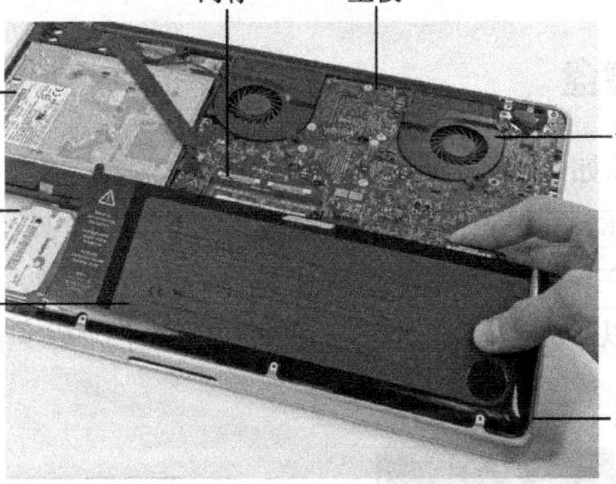

图 34-3　笔记本内部结构

笔记本电脑机身内，分布着主板、散热器、硬盘、光驱、内存、电池、扩展卡接口等设备。

34.1.4　安装笔记本电脑的内存

笔记本电脑的内存安装位置如图 34-4 所示。

笔记本电脑的内存虽然也是安装在主板上，但与硬盘光驱不同的是，在笔记本电脑背部一般都会流出一个专为安装内存使用的内存盖，只要拧下内存盖的螺丝，就可以看到里面的内存插槽了。如图 34-5 所示。

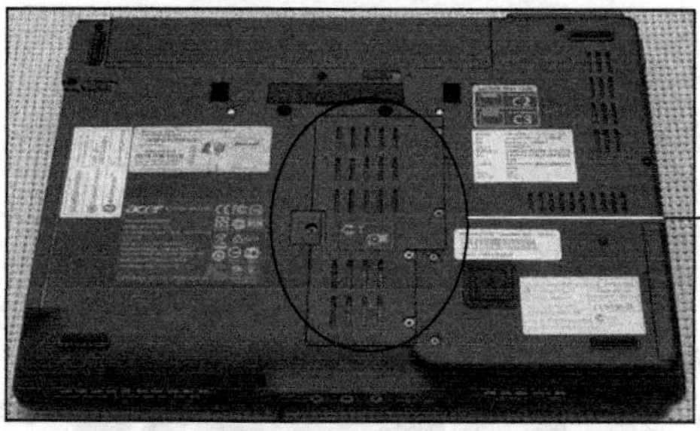

图 34-4 笔记本内存盖

图 34-5 笔记本电脑的内存和内存插槽

笔记本电脑的内存与台式机电脑的内存不同，内存的布局更为紧凑，外形比台式机的内存短而高。内存插槽一般是两个，也有低配置的笔记本是一个内存插槽。内存插槽可以稍微上扬一定的角度，方便内存条的插拔。

34.1.5 笔记本电脑的键盘

笔记本电脑的键盘 / 鼠标如图 34-6 所示。

笔记本电脑的键盘 / 鼠标与台式机的键盘 / 鼠标有很大的不同，它基本上可以看作是笔记本电脑的一部分，直接安装在笔记本电脑机身上，由于结构的限制，笔记本电脑的键盘 / 鼠标几乎无法做成防水结构，所以千万不要将水散在笔记本键盘上，以免造成断路，烧毁笔记本电脑。如图 34-7 所示。

图 34-6 笔记本电脑键盘和鼠标

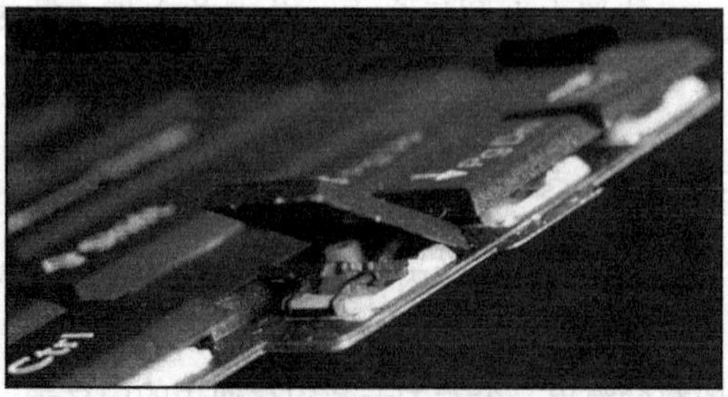

图 34-7 笔记本键盘帽

更换笔记本键盘时必须打开笔记本电脑机身，从背部打开卸下主板后，就可以更换键盘了。

34.1.6 笔记本电脑的散热器

笔记本电脑的散热器如图34-8所示。

笔记本电脑的散热器是一个非常重要的设备，并且故障率也是比较高的。笔记本散热器是由散热片、金属导管、风扇和出风口组成。如图34-9所示。

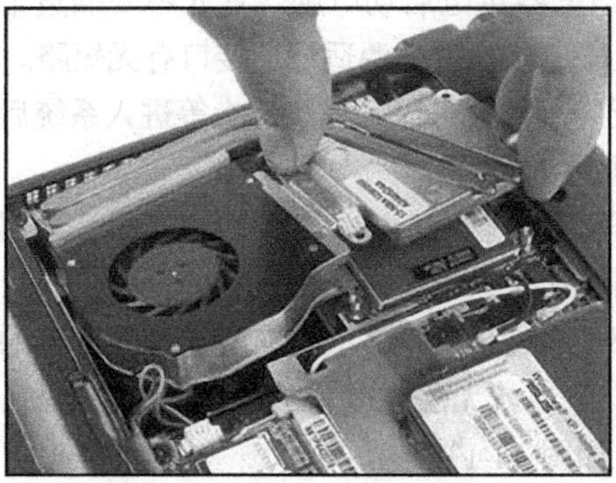

图34-8 笔记本电脑散热器

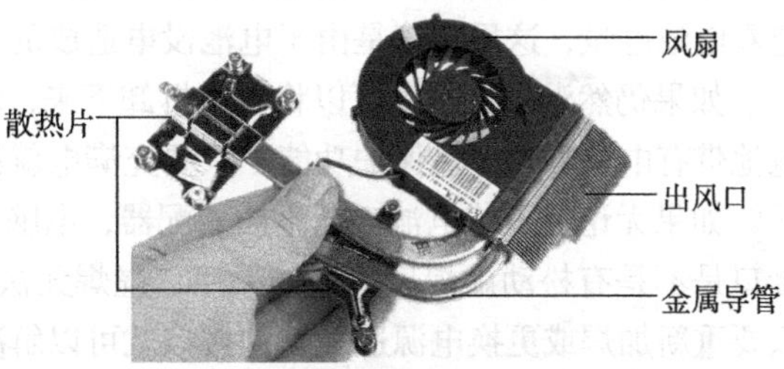

图34-9 笔记本电脑散热器的组成

笔记本散热器的故障主要来自出风口堵塞，使用时间长了或者使用环境灰尘比较多的时候，散热器出风口很容易被堵塞起来，造成笔记本无法散热而导致的死机、重启故障。要清理出风口的灰尘可以使用吸尘器斜对着出风口慢慢吸出灰尘，注意不要直接用吸尘器对着出风口吸，因为力度太大可能会造成风扇的损坏。

34.1.7 笔记本电脑的接口

笔记本电脑的接口如图34-10所示。

由于笔记本电脑的空间有限，所以几乎所有的接口都排列在笔记本机身的四周，值得一提的是，大部分笔记本电脑都会带一个VGA接口，当液晶显示器一旦出现故障时，可以通过VGA接口来外接显示器使用。如图34-11所示。

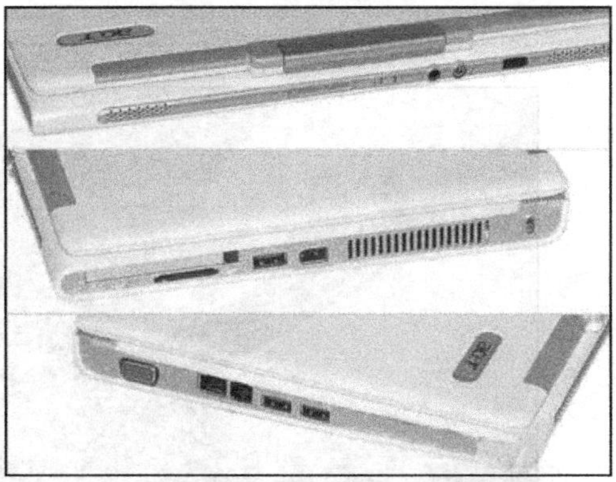

图34-10 笔记本电脑侧面的各种接口

图34-11 笔记本电脑中的接口板卡

34.2 笔记本电脑故障诊断

34.2.1 开机无反应故障诊断

笔记本电脑开机没有任何反应，多半是电源故障引起的。笔记本有两种供电方式：一是电池供电；二是电源适配器供电。

开机没有任何反应时，应该分别尝试使用电池或适配器供电启动电脑。首先不要插适配器，使用电池供电，开机看是否有反应，如果可以开机，应该检查电源适配器接口有无短路。

用电池开机无反应，插上适配器再开机看是否有反应。如果可以开机，那么等进入系统后查看电池电量，这里应该是由于电池没电造成的。如图 34-12 所示。

如果仍然没有反应，可以将电池拆卸下来，然后开机看是否有反应。如果可以开机，说明电池带有电量低时开机保护功能。只要充满电就没有问题了。

如果无论装不装电池、插不插适配器，电脑开机都没有任何反应。应该查看电源适配器的接口是不是有松动虚焊现象。如果接口虚焊无法接通，电池就无法充电，最后造成无法开机，只要重新加焊或更换电源适配器的接口就可以解决了。如图 34-13 所示。

图 34-12 查看笔记本电池电量

图 34-13 笔记本电脑的电源适配器接口

34.2.2 显示屏不亮故障诊断

笔记本电脑开机时，可以听到 CPU 散热风扇转动，但显示屏上没有图像。这种现象有可能是液晶显示器故障，也可能是板卡内存等设备接触不良造成的无法开机。

检查液晶显示屏是否可用，可以用笔记本电脑机身上的 VGA 接口，连接一台台式机的显示器，看能否正常启动，如果能启动就说明笔记本的显示器有故障，打开机身更换显示屏即可。如图 34-14 所示。

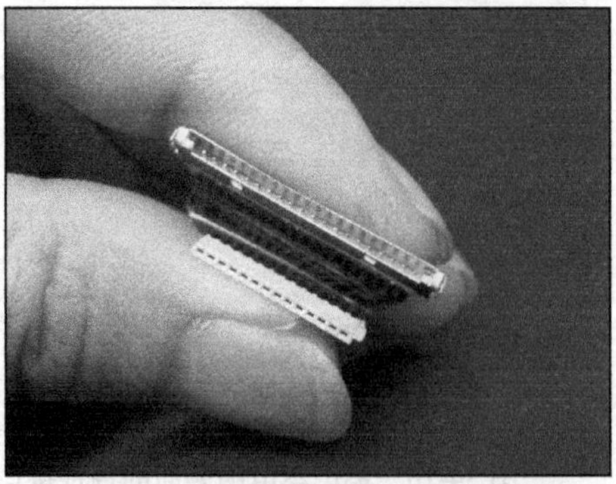

图 34-14 笔记本电脑的液晶屏接口

更换液晶屏时，需要注意笔记本电脑的液晶

屏接口是排线型的，与台式电脑中的设备接口完全不同，拔插的时候要小心，不要损坏了插头和接口。

34.2.3　修复笔记本电脑频繁死机故障

笔记本电脑频繁死机，多半是由于散热器无法正常散热造成的。笔记本电脑的散热器出风口非常细密，很容易被灰尘堵塞，一旦出风口被堵塞，散热器就会无法散热。

频繁死机时，可以查看 BIOS 中显示的 CPU 温度，如果温度很高，就可以肯定散热器出风口被堵塞了。清理散热器出风口，除了上文讲过的用吸尘器吸之外，还可以使用细针穿上棉线，抻进出风口的散热片中，逐个清理。

34.2.4　提高散热能力

笔记本电脑本身发热量不小，尤其是高配置的笔记本电脑，在夏天时凭借本身的散热能力根本无法正常使用。这就需要给笔记本电脑增加一些附加的散热底座或外置散热器。如图 34-15 所示。

图 34-15　笔记本电脑散热底座

笔记本电脑散热底座是一个笔记本的支架，可以通过 USB 接口供电驱动底座上带的散热风扇，通常有 2 ～ 4 个散热风扇。可以有效地为笔记本散热降温。如图 34-16 所示。

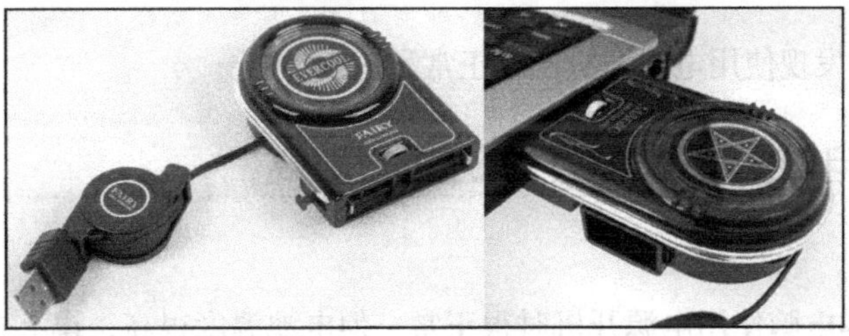

图 34-16　笔记本电脑外置散热器

外置散热器是直接插在笔记本散热器出风口处，通过 USB 接口供电，驱动风扇提高出风口出风能力的设备。

34.3　动手实践：笔记本电脑典型故障维修

34.3.1　新笔记本电脑的电池使用时间很短

1. 故障现象

用户使用神舟笔记本电脑，新买了一块电池，使用后发现电池不到 20 分钟就没电了。

2. 故障分析

由于电池是新的，可以排除电池老化等原因，应该重点检查电池的连接、电池监测错误和充电过程。

3. 故障查找与排除

1）将电池重新安装，以排除接触不良的影响。开机测试，发现故障依旧。

2）检查电池的充电过程，看充电的程度和时间，没有发现异常，电池应该可以充满。

3）检查电池电量测量是否有错误。开机进入 BIOS 设置，选择“Start Battery Calibration”选项，对电池进行校正。

4）重新开机测试，发现电池可以持续使用两个小时了。

34.3.2 笔记本电脑的电池接触不良导致无法开机

1. 故障现象

一台华硕笔记本电脑，在一段时间未使用后，发现使用电池已经无法开机了，而使用电源供电还是可以正常使用。

2. 故障分析

使用电源正常，电池无法开机，说明问题集中在电池、笔记本的电池连接和电源管理模块等处。

3. 故障查找与排除

1）将电池取下重新安装，测试发现还是不能开机。

2）将电池取下，观察电池盒上的接口，发现接口上的弹簧片有一个变形了，用镊子将变形的弹簧掰回原形。

3）开机测试，发现使用电池开机已经正常了。

34.3.3 笔记本电脑使用电池时，电池温度很高

1. 故障现象

一台 HP 笔记本电脑使用电源开机时很正常，但电池温度很高，摸上去烫手。使用电池带动时，电量消耗很快。

2. 故障分析

电池充电时升温快，一般是由电池本身有短路、充电器电压不匹配、充电电路中有短路等原因造成的。

3. 故障查找与排除

检查笔记本电池，发现是原装电池，没有什么异常。再检查笔记本适配器，发现适配器是后来配的，电压与原装的也不同。更换了原厂适配器后，电池升温快的问题没有再出现。

34.3.4 笔记本电脑显示器突然不亮了

1. 故障现象

一台神舟优雅笔记本电脑使用了半年多，一直很正常，今天使用时突然显示器不亮了，能

听到主机中风扇还在转，电源灯、硬盘灯还能亮。

2. 故障分析

笔记本电脑的显示器不亮，有可能是液晶显示屏本身损坏、显示器连接线路故障或误操作导致的显示器关机。

3. 故障查找与排除

先检查显示器是不是关机了，按笔记本电脑上的“Fn+F7”组合键，果然显示器又亮起来了。说明是使用时不慎按到了关闭显示器的组合键。

34.3.5　笔记本电脑加了内存后经常死机

1. 故障现象

一台联想笔记本电脑，内存是 4GB DDR4，为了玩游戏，给电脑加了一条 4GB 的三星 DDR4 内存。可是装完新内存后，笔记本经常死机。

2. 故障分析

因为是增加内存后出现的死机，所以故障多半出现在内存没有插好、内存与笔记本不兼容等情况上。

3. 故障查找与排除

拆下原有内存，只留新内存，开机测试，发现依然容易死机。拆下新内存，换上原有内存，故障消失了。这说明新内存与笔记本设备不兼容，更换了一条内存后没有再出现死机现象。

34.3.6　笔记本电脑的触摸板不能使用了

1. 故障现象

一台 DELL 笔记本电脑的触摸板一直不好用，今天不能用了。

2. 故障分析

笔记本触摸板不好用，一般是因为触摸板上有油污灰尘等，而完全不能用则可能是由触摸板连线接触不良或触摸板损坏造成的。

3. 故障查找与排除

用棉签蘸清水，清洁触摸板表面，清理后依然无法使用。打开电脑外壳，检查触摸板连接线，发现连线的排线插头松动，与插槽接触不良。重新拔插连接线插头，开机测试，发现触摸板可以使用了，而且以前的不灵敏问题也解决了。

34.3.7　笔记本电脑开机后显示器无显示

1. 故障现象

一台三星笔记本电脑使用一年一直正常，今天开机后显示器无显示，屏幕微微抖动。主机开机后正常，有开机时的“嘟”声，指示灯闪动也正常。

2. 故障分析

笔记本显示器没有信号，一般是显卡故障、显示器故障或连接故障造成的。

3. 故障查找与排除

打开电脑外壳，检查显示器与笔记本主板上的连接线，发现显示器的连接排线与主板的插槽处松脱了。将排线重新拔插，开机测试，发现笔记本显示器能够正常显示了。

34.3.8 笔记本电脑掉在地上，造成无法启动

1. 故障现象

一台 ThinkPad 笔记本电脑。一次意外，笔记本电脑掉在地上摔了一下后，开机无法进入系统了。

2. 故障分析

笔记本摔过后，可能造成了硬件损坏、硬件间接触不良、电池接触不良等状况。

3. 故障查找与排除

1）先检查电池，重新安装电池，开机测试，依然无法进入系统。

2）打开电脑外壳，检查笔记本内部的连接处，没有发现异常。

3）再开机测试，还是不能进入系统。仔细听，发现笔记本内有“咯咯”的硬盘转动声音。

4）用替换法换一块硬盘再开机测试，电脑可以进入系统了。推断是硬盘摔坏了，造成的电脑无法启动。

34.3.9 双显卡切换笔记本电脑刻录光盘失败

1. 故障现象

一台联想 ideapad Y470 双显卡切换笔记本，在使用 Nero 刻录软件刻录光盘时，全部失败。但用 Windows 7 自带的刻录软件进行刻录时，刻录成功。

2. 故障分析

根据故障现象分析，一般光盘刻录失败的原因，一方面是光盘质量差，另一方面是刻录机供电不足。前一个原因可以排除，因为同一批的光盘，在其他电脑上刻录没问题。而笔记本使用交流电源后，现象依旧。最后怀疑可能是双显卡切换的问题。

3. 故障查找与排除

1）经检查发现此笔记本电脑在系统启动后，自动默认进入节省电量模式（集成显卡），在这种模式下主要通过设置外置光驱、CPU 运行模式、屏幕亮度等来省电。

2）怀疑是由于供电原因引起的刻录失败，接着在任务栏上的电池图标单击右键，选择高性能模式，然后刻录 DVD，刻录成功，故障排除。

34.3.10 修复笔记本电脑大小写切换键

1. 故障现象

一台笔记本在使用时，按下 Caps Lock 键后键盘处于大写状态，但再次按下该键却无法关

闭大写。

2. 故障分析

根据故障现象分析，此类故障可能是笔记本键盘按键有问题，或系统设置问题所致。

3. 故障查找与排除

1）在 Windows 7 系统中，键盘的 Caps Lock 开关是可以设置的，首先检查此项设置。

2）在“控制面板”中，单击“区域和语言”选项图标，接着在打开的“区域和语言”对话框中，单击“键盘和语言”选项卡，再单击“更改键盘”按钮，如图 34-17 所示。

3）在“文本服务和输入语言”对话框中，单击“高级键设置”选项卡，然后单击勾选“按 CAPS LOCK 键”复选框，如图 34-18。之后进行测试，大小写开关正常，故障排除。

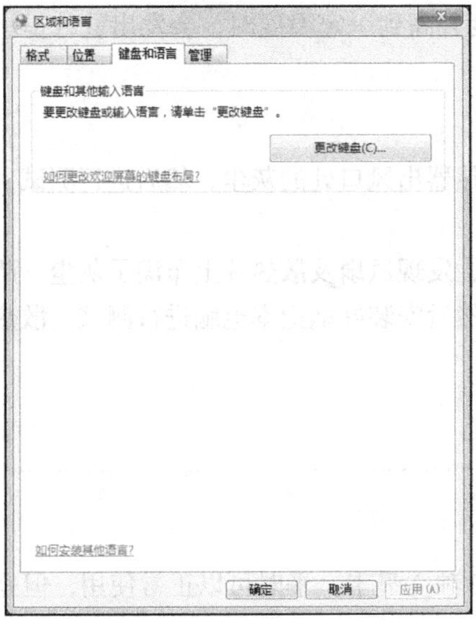

图 34-17 “区域和语言”对话框

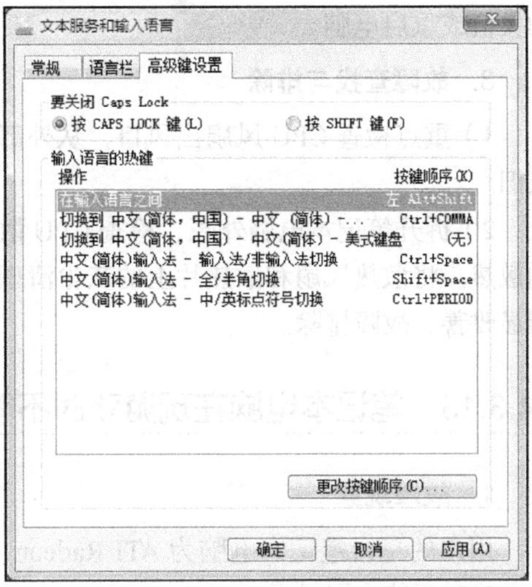

图 34-18 “文本服务和输入语言”对话框

34.3.11 笔记本电脑无法睡眠故障

1. 故障现象

一台 DELL 笔记本电脑从睡眠状态被唤醒后，无法正常启动，一直黑屏。

2. 故障分析

经了解，用户之前安装的 Windows XP 系统睡眠功能可以正常使用，估计是系统中的睡眠文件被损坏，或在 BIOS 中屏蔽了睡眠功能。

3. 故障查找与排除

1）检查与睡眠有关的系统文件是否损坏。依次打开“开始→控制面板→系统→设备管理器”命令，在打开的“设备管理器”中单击“系统设置”前的小三角，展开此项。

2）经过查找，未发现“ Microsoft ACPI-Compliant System”选项，说明电脑在 BIOS 中未打开休眠的功能。

3）重启电脑，按 F2 键进入 BIOS，然后在“Power Management”选项中将“wake suport”

选项设置为“enabled”，然后按 F10 键保存退出。

4）进行测试，唤醒故障排除。

34.3.12 散热风扇故障导致笔记本电脑自动关机

1. 故障现象

一台联想笔记本电脑，使用中屏幕突然出现“FAN error”的错误提示，随后自动关机，反复试了几次均是如此。

2. 故障分析

根据故障现象分析，此故障应该是散热风扇的问题引起的。当 CPU 风扇转速或散热器散热能力下降，笔记本电脑的 BIOS 检测到 CPU 温度升高到一定温度时，会发出警告提示并自动关机或重启电脑。

3. 故障查找与排除

1）重点检查 CPU 风扇出风口，从外部清理散热器出风口处的灰尘，然后进行测试，故障依旧。

2）拆开笔记本电脑外壳，检查 CPU 散热风扇，发现风扇及散热片上布满了灰尘，严重影响散热。将散热风扇和散热片上的灰尘清理干净，然后安装好笔记本电脑进行测试，散热效果明显改善，故障排除。

34.3.13 笔记本电脑在玩游戏时不能全屏

1. 故障现象

用户的一台笔记本电脑为 ATI Radeon HD 2400 独立显卡，平时可以正常使用，但是玩一些游戏时不能全屏显示。

2. 故障分析

1）根据故障现象分析，此类故障一般是由于显卡驱动程序问题引起的。可以通过使用 ATI CATALYST(R) Control Center（ATI 催化剂控制中心）进行调节。

3. 故障查找与排除

1）在 ATI 官网下载 ATI CATALYST(R) Control Center 软件，然后安装此软件。

2）安装好后，在桌面空白处单击鼠标右键，然后在右键菜单中选择 ATICATALYST(R) Control Center 命令。在窗口左侧的“图形设置”中双击“笔记本面板属性→属性”，在右侧的“缩放选项”选区中选择“全屏幕”，再单击“确定”按钮。

3）进入游戏进行测试，可以全屏显示，故障排除。

34.3.14 笔记本电脑不能使用 USB 2.0 接口

1. 故障现象

一台神舟笔记本电脑，插入 U 盘后，系统提示“如果您将此 USB 设备连到 USB 2.0 端口，可以提高其性能”的提示。进入主板 BIOS，找不到开启 USB 2.0 的选项，下载并安装了最新的主板驱动程序，问题依旧。

2. 故障分析

根据故障现象分析，此故障应该是主板 USB 驱动程序或 BIOS 设置问题造成的，一般恢复 BIOS 设置为出厂设置即可。

3. 故障查找与排除

1）启动电脑，并按 F2 键进入主板 BIOS 设置界面。选择 BOOT 选项下的 Load Optimal Defaults（载入最佳缺省值）选项，然后在弹出的对话框中单击 OK 按钮。

2）按 F10 键保存退出，重启电脑进行测试，问题解决，故障排除。

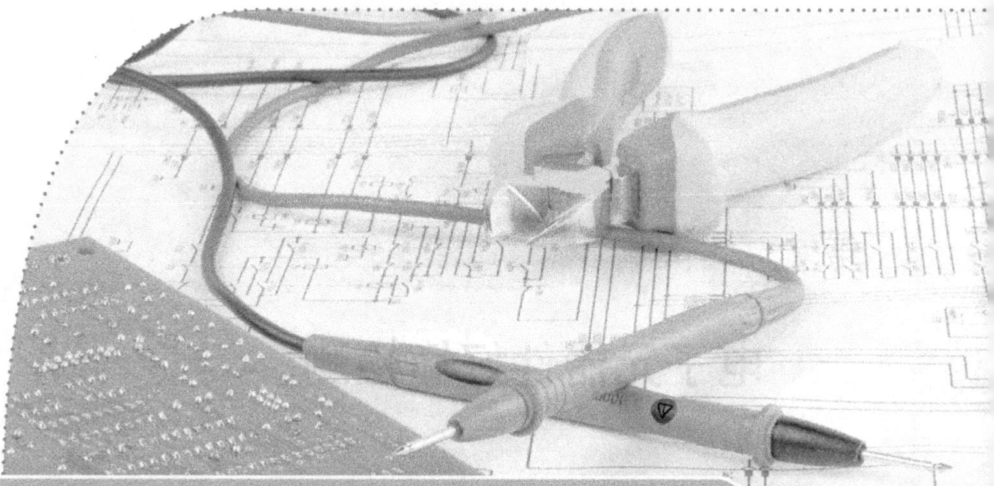

第五篇

电脑芯片级故障维修

芯片级维修是一种需要专业技术的高级别维修，比如，我们生活中用的电脑主板上面的各种工作电路、硬盘的控制电路、笔记本电脑电源电路板里面的芯片的更换，还包括一些 I/O 芯片、声卡芯片、开机芯片、电容、和电阻等一些电子元件的维修和更换。

这个涉及的都是特别实用的技术，而且技术含量很高。本篇将介绍一些电脑芯片级维修的专业知识。

第 35 章

电子元器件好坏检测

电脑硬件的电路板，都是由不同功能和特性的电子元器件组成的。掌握常见电子元器件好坏的检修方法是学习电脑硬件维修技术的必修课。硬件电路板中的常见电子元器件主要包括电阻器、电容器、电感器、二极管、三极管、场效应管以及稳压器等。

35.1 电阻器好坏检测

电阻器简称电阻，是对电流流动具有一定阻抗作用的电子元器件，其在各种供电电路和信号电路中都有十分广泛的应用。

35.1.1 电阻器的基本知识

电阻器通常使用大写英文字母“R”表示，热敏电阻通常使用大写英文字母“RM”或“JT”等表示。保险电阻通常使用大写英文字母“RX”“RF”“FB”“F”“FS”“XD”或“FUSE”等表示，排阻通常用大写英文字母“RN”“RP”或“ZR”表示。

描述电阻器阻值大小的基本单位为欧姆，用 Ω 表示。此外还有千欧（kΩ）和兆欧（MΩ）两种单位，它们之间的换算关系为：1kΩ=1000Ω，1MΩ=1000kΩ。

电阻器的种类很多，如下所示。

1）根据电阻器的材料可分为线绕电阻器、膜式电阻器以及碳质电阻器等。

2）根据电阻器的用途可分为高压电阻器、精密电阻器、高频电阻器、熔断电阻器、大功率电阻器以及热敏电阻器等。

3）根据电阻器的特性和作用可以分为固定电阻和可变电阻两大类。固定电阻器是阻值固定不变的电阻器，主要包括碳膜电阻器、碳质电阻器、金属电阻器以及线绕电阻器等。可变电阻是阻值在一定范围内连续可调的电阻器，又被称为电位器。

4）根据电阻器的外观形状可分为圆柱形电阻器、纽扣电阻器和贴片电阻器等。

电脑电路板上应用最多的电阻器为贴片电阻器。如图 35-1 所示为电阻器的电路图形符号，图 35-2 所示为电脑电路板上的常见电阻器。

（1）国际电阻器符号　　（2）国内电阻器符号　　（3）保险电阻器符号

图 35-1　电阻器的电路图形符号

图 35-2　电路板上的常见电阻器

35.1.2　电阻器在电路中的应用

电阻器在各种供电电路和信号电路中，主要起到保险、信号上拉与下拉、限压、限流以及分压、分流等作用。除此之外，电阻器还可以与其他电子元器件如电容器、电感器等构成各种功能电路，完成阻抗匹配、转换、滤波、延迟、振荡等功能。

在电脑电路中应用的电阻器，比较具有代表性的包括保护隔离电路中用于分压作用的电阻器，以及主板供电电路中用于检测作用的电阻器。

如图 35-3 所示，图 35-3a 中的电阻器 PR304 和电阻器 PR314 在电路中起到分压作用，经过这两个电阻器的分压作用后，场效应管 PQ302 导通。

图 35-3b 充电控制芯片 ISL6251 的第 21 引脚和第 22 引脚连接在电阻器 PR324 两端，从而实现充电控制芯片对可充电电池的充电电流检测。

35.1.3　判断电阻器好坏的方法

电阻器好坏的检测方法可以分为两种：一是在路检测，即不需要把电阻器从电路板上拆焊下来，直接进行检测。在路检测电阻器的好处是省时省力，但也比较容易出现较大的误差。

二是开路检测，即将电阻器从电路板上拆焊下来后进行检测，开路检测比较费时费力，但是检测结果比较精准。

在电脑的检修过程中，电阻器通常使用万用表进行检测。

日常使用的万用表都有专用的电阻挡进行电子元器件阻值的测量，电阻器的检测，通常就是检测其自身阻值是否正常，从而判断其好坏。在路检测电阻器时，最好使用数字万用表进行检测，当检测出的阻值等于或稍小于被测电阻器的标称阻值，则说明被测电阻器基本正常。

使用数字万用表检测电阻器的基本方法如下。

1）选用数字万用表的电阻挡，根据被测电阻器的阻值大小选择合适的量程，如果不知道电阻器的阻值，应从最大量程处开始逐渐向小量程进行切换，直到能够精确地测出被测电阻器的阻值为止。

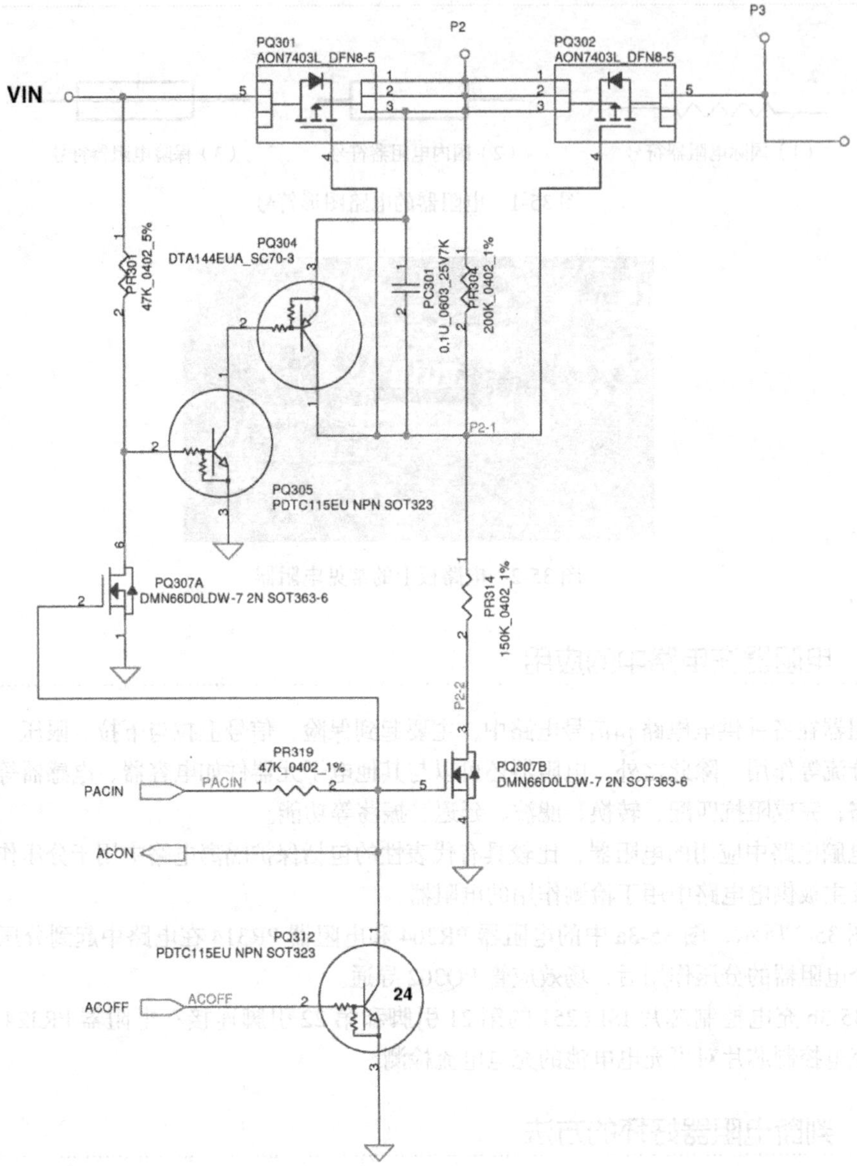

a）起到分压作用的电阻器

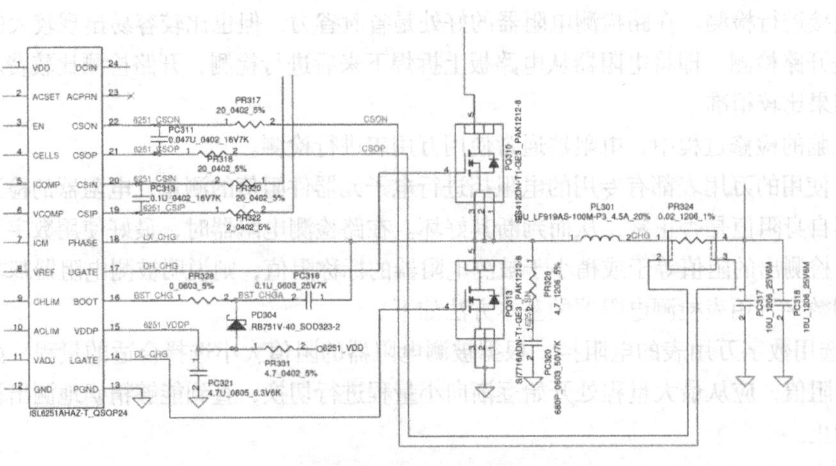

b）用于检测作用的电阻器

图 35-3　电阻器在电路中的应用

2）在数字万用表调试好之后，将数字万用表的红色表笔和黑色表笔分别接被测电阻器的两端。通常情况下，为了保证测试结果的准确性，需交换表笔后再测试一次。

3）如果数字万用表的显示屏显示的数值等于或稍小于被测电阻器的标称阻值，则说明被测电阻器基本正常。

4）如果数字万用表的显示屏显示的数值远远小于或大于被测电阻器的标称阻值或为 0 时，则说明被测电阻器已经损坏，或存在开焊、虚焊等问题，需对其进行加焊或更换处理。如图 35-4 所示为电阻器检测的实物图。

图 35-4　电阻器检测的实物图

35.1.4　贴片电阻检测实例

贴片电阻器在检测时主要分为两种方法：一是在路检测；二是开路检测。这一点和柱形电阻器很像。实际操作时一般都是采用在路检测，只有在在路检测无法判断其好坏时才采用开路检测。

贴片电阻器的在路测量方法如下：

1）在路检测贴片电阻器时首先要将电阻器所在电路板的供电电源断开，对贴片电阻器进行观察，如果有明显烧焦、虚焊等情况，就基本可以锁定故障了。接着根据贴片电阻的标称电阻读出电阻器的阻值。如图 35-5 所示。本次测量的贴片电阻标称为 473，即它的阻值为 47kΩ。

2）清理待测电阻器各引脚的灰土，如果有锈渍也可以拿细砂纸打磨一下，否则会影响到检测结果。如果问题不大，拿纸巾轻轻擦拭即可，如图 35-6 所示。擦拭时不可太过用力，以免将器件损坏。

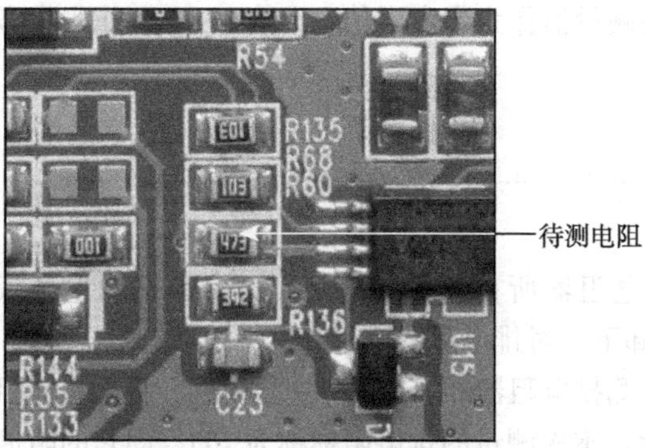

图 35-5　待测贴片电阻

图 35-6　清洁待测贴片电阻

3）清洁完毕后就可以开始测量了，根据贴片电阻器的标称阻值调节万用表的量程。此次被测贴片电阻器标称阻值为 47 kΩ，根据需要将量程选择为 200K。并将黑表笔插进 COM 孔，红表笔插进 VΩ 孔。如图 35-7 所示。

4）将万用表的红、黑表笔分别搭在贴片电阻器的两脚的焊点上，观察万用表显示的数值，记录测量值为 46.5，如图 35-8 所示。

5）将红、黑表笔互换位置，再次测量，记录第 2 次测量的值为 47.1。如图 35-9 所示。

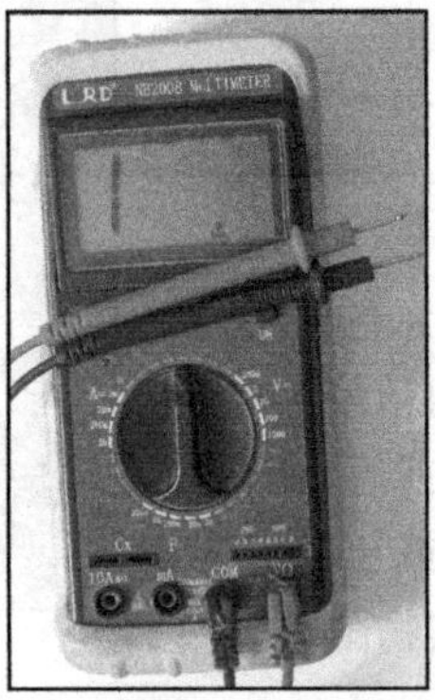

图 35-7 本次测量所使用的量程

图 35-8 第一次测量

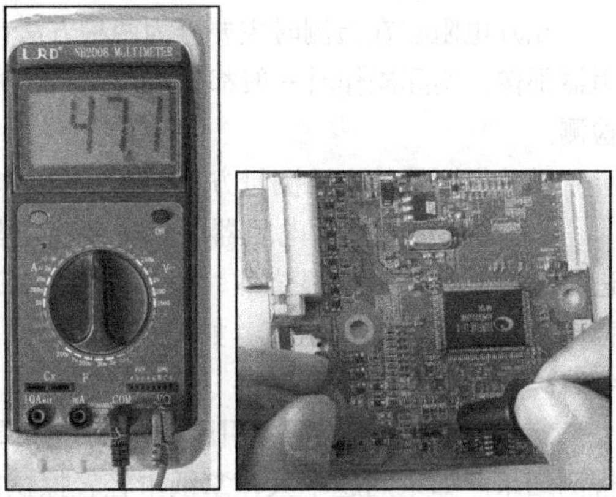

图 35-9 第二次测量

6）从两次测量中，取测量值较大的一次的测量值作为参考阻值，即取 47.1kΩ 作为参考阻值。

35.1.5 贴片排电阻器检测实例

贴片排电阻器的在路测量方法如下。

1）在路检测贴片排电阻器时首先要将排电阻器所在的供电电源断开，如果测量主板 CMOS 电路中的排电阻器，还应把 CMOS 电池卸下。对排电阻器进行观察，如果有明显烧焦、虚焊等情况。基本可以锁定故障存在了。如果待测排电阻器外观上没有明显问题，根据排电阻的标称电阻读出电阻器的阻值。如图 35-10 所示。本次测量的排电阻标称为 103，即它的阻值为 10kΩ。也就是说它的四个电阻器的阻值都是 10 kΩ。

2）清理待测电阻器各引脚的灰土，如果有锈渍也可以拿细砂纸打磨一下，否则会影响到检测结果。如果问题不大，拿纸巾轻轻擦拭即可。如图 35-11 所示清理电阻器引脚灰尘。清理时不可太过用力以免将器件损坏。

3）清洁完毕后就可以开始测量了，根据排电阻器的标称阻值调节万用表的量程。此次被测排电阻器标称阻值为 10 kΩ，根据需要将量程选择为 20K。并将黑表笔插进 COM 孔，红表笔插进 VΩ 孔。如图 35-12 所示。

图 35-10　排电阻的标称阻值读取

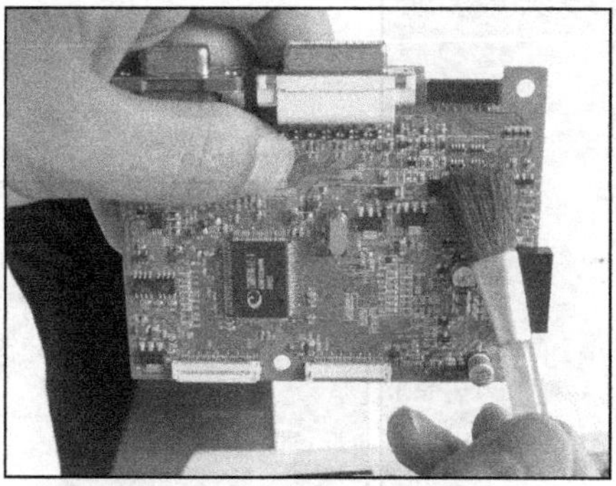

图 35-11　清洁待测贴片排电阻

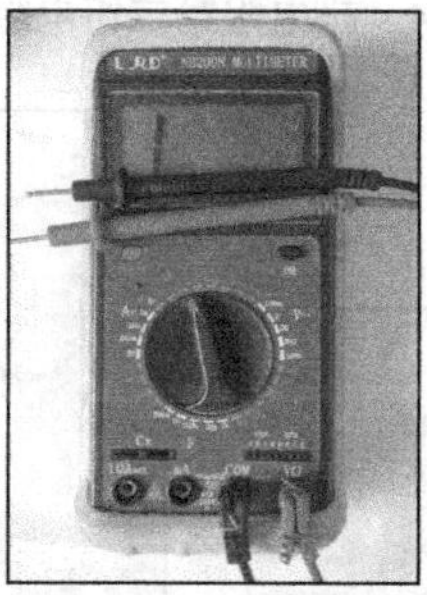

图 35-12　本次测量所使用的量程

4）将万用表的红、黑表笔分别搭在排电阻器第一组（从左侧记为第一然后顺次下去）对称的焊点上观察万用表显示的数值，记录测量值 9.94，接下来将红、黑表笔互换位置，再次测量，记录第 2 次测量的值 9.95，取较大值作为参考。如图 35-13 所示。

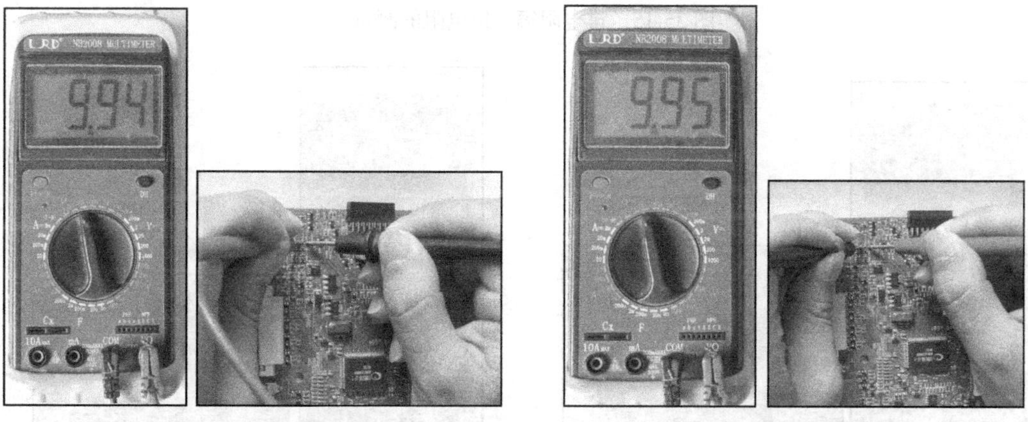

a）第一组顺向电阻测量　　b）第一组顺向电阻测量

图 35-13　排电阻第一组电阻的测量

5）用上述方法对排电阻的第二组对称的引脚进行测量，如图 35-14 所示。

6）用上述方法对排电阻的第三组对称的引脚进行测量，如图 35-15 所示。

7）用上述方法对排电阻的第四组对称的引脚进行测量，如图 35-16 所示。

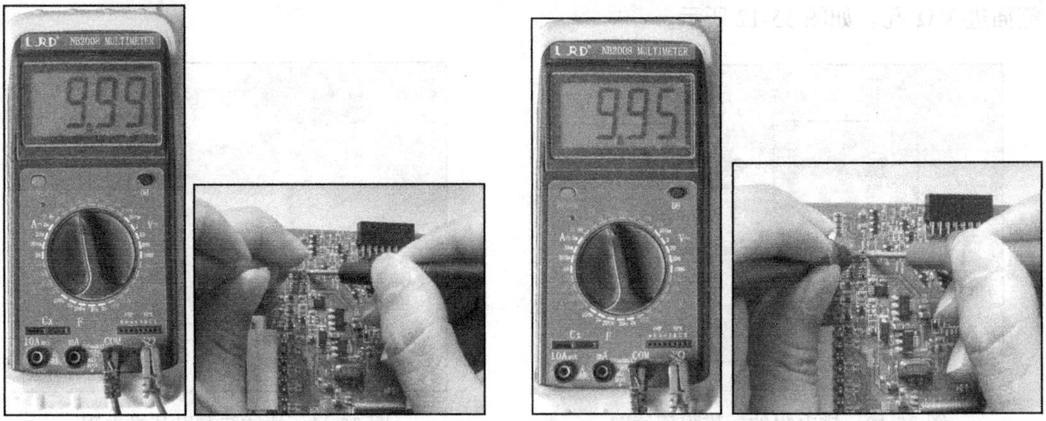

a）第二组顺向电阻测量　　b）第二组逆向电阻测量

图 35-14　排电阻第二组电阻的测量

a）第三组顺向电阻测量　　b）第三组逆向电阻测量

图 35-15　排电阻第三组电阻的测量

a）第四组顺向电阻测量　　b）第四组逆向电阻测量

图 35-16　排电阻第四组电阻的测量

这四次测量的阻值分别为 9.95K、9.99K、9.95K、9.99K 与标称阻值 10K 相比基本正常，因此该排电阻可以正常使用。

35.2 电容器好坏检测

电容器通常简称为电容，是主板供电电路和信号电路中经常采用的一种电子元器件。

35.2.1　电容器的基本知识

电容器是由两片接近的导体中间用绝缘材料隔开而构成的电子元器件，其具有储存电荷的能力。电容器的基本单位用法拉（F）表示，其他常用的电容器单位还有毫法（mF）、微法（μF）、纳法（nF）以及皮法（pF）。

这些单位之间的换算关系是：1 法拉（F）$=10^3$ 毫法（mF）$=10^6$ 微法 (μF)$=10^9$ 纳法 (nF)$=10^{12}$ 皮法（pF）。

电容器的种类很多，分类方法也有很多种，如下所示。

1）按照结构主要分为：固定电容器和可变电容器。

2）按照电解质主要分为：有机介质电容器、无机介质电容器、电解电容器以及空气介质电容器等。

3）按照用途主要分为：旁路电容、滤波电容、调谐电容以及耦合电容等。

4）按照制造材料主要分为：瓷介电容、涤纶电容、电解电容以及钽电容等。

电容器在电路中，通常使用英文大写字母“C”表示，贴片电容通常使用英文大写字母“C”“MC”或“BC”等表示，排容用英文大写字母“CP”或“CN”表示，电解电容用英文大写字母“C”“EC”“CE”或“TC”等表示。

如图 35-17 所示为电容器的图形符号，图 35-18 所示为电脑电路板上的常见电容器。

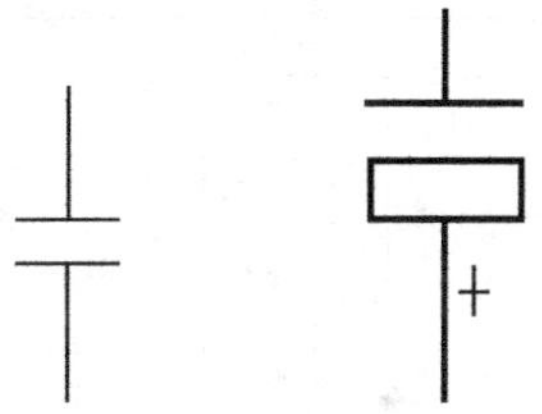

a）普通无极性电容　b）有极性电容

图 35-17　电容器的图形符号

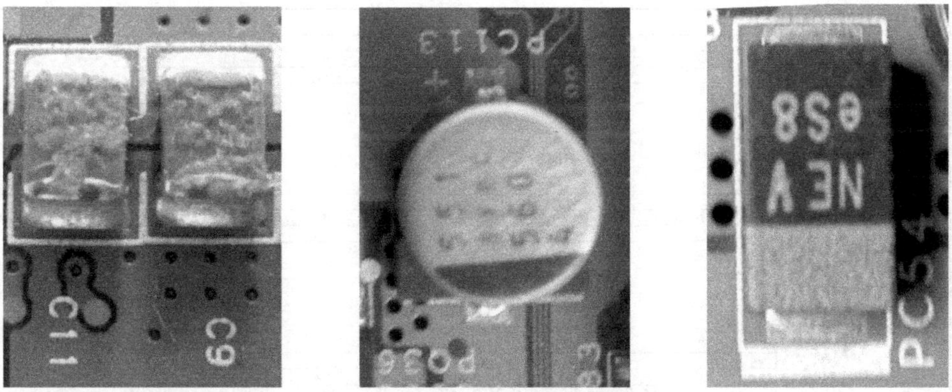

a)　b)　c)

图 35-18　电脑电路板上的常见电容器

35.2.2 电容器在电路中的应用

电容器具有隔直流、通交流，通高频、阻低频的特性，被广泛应用于耦合、旁路、滤波以及调谐等电路中。

在电脑电路中应用的电容器，比较具有代表性的包括主板供电电路中用于滤波作用的电容器，以及各种电路中应用的耦合电容。如图 35-19a 所示，为电池充电电路部分截图，其中电容器 PC317、PC323 以及 PC318 在电路中起到滤波作用。

如图 35-19b 所示，为应用于 SATA 总线上的耦合电容。

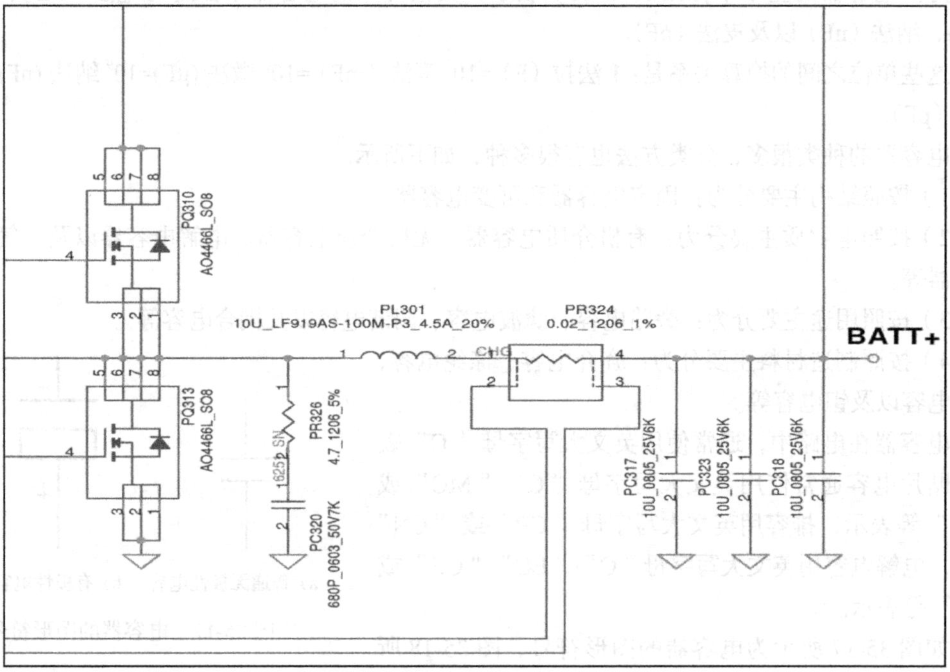

a）滤波电容

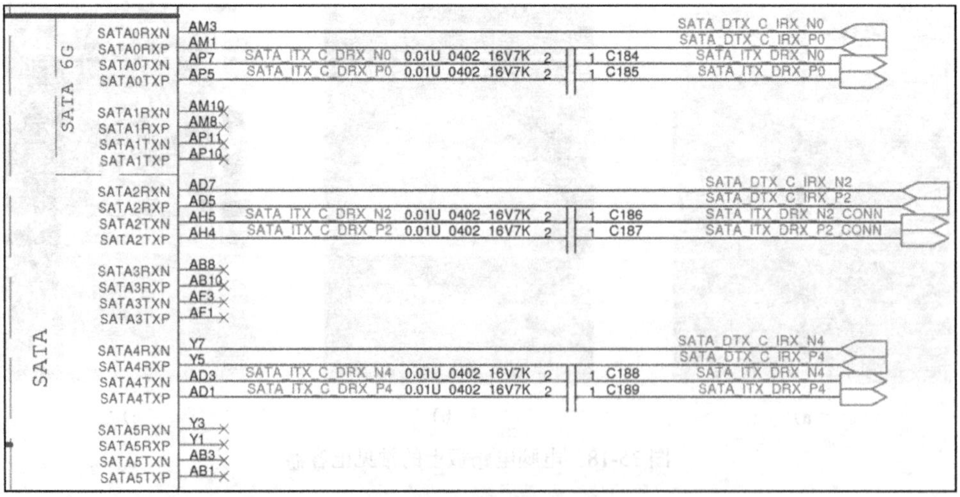

b）耦合电容

图 35-19 电容器在电路中的应用

35.2.3　判断电容器好坏的方法

在电脑的检修过程中，可使用数字万用表判别电容器好坏，其具体方法如下。

1）将数字万用表的量程选择开关扭转至二极管挡，然后用数字万用表的红色表笔和黑色表笔分别接被测电容器的两端，然后调换红色表笔和黑色表笔再测试一次，数字万用表显示的数值应从负数迅速跳变至无穷大。

2）如果数字万用表显示的数值达到某一数值后不再变化或跳变的速度很慢，则说明被测电容器漏电。如果数字万用表显示的数值一直为 0，则说明被测电容器已经短路。

3）想要更准确地检测电容器的好坏，或检测其电容量，则需要将被测电容器从电路板上拆焊后，使用数字万用表的电容挡或其他专用工具进行检测。如图 35-20 所示，为电容器检测实物图。当检测主板上较小的电子元器件或芯片引脚时，须在万用表的表笔上焊接或用绝缘套，装上尖锐的大头针或专用探针，方便测量。

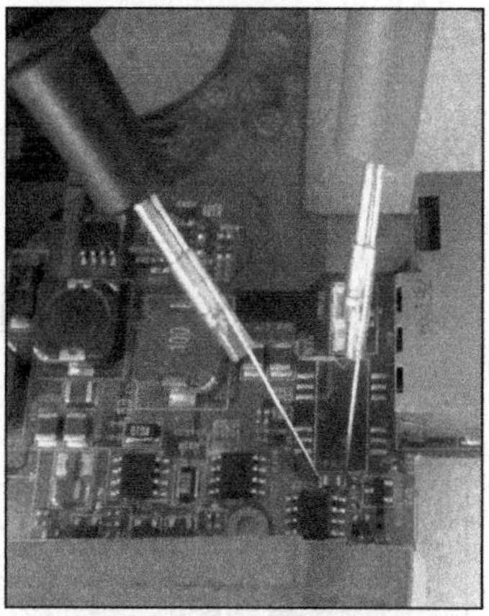

图 35-20　电容器检测实物图

35.2.4　贴片电容器好坏检测实例

用数字万用表检测贴片电容器的方法如下。

数字万用表一般都有专门用来测量电容的插孔，遗憾的是像贴片电容并没有一对可以插进去的合适引脚。因此只能使用万用表的欧姆挡对其进行粗略的测量。即便如此，测量的结果仍具有一定的说服力。

1）观察电容器有无明显的物理损坏，如果有说明电容器已发生损坏，如果没有还需要进一步进行测量。

2）用毛刷将待测贴片电容器的两极擦拭干净，如图 35-21 所示，避免残留在两极的污垢影响测量结果。

3）为了更精确地进行测量，用镊子对其进行放电，如图 35-22 所示。

图 35-21　用毛刷擦拭贴片电容器的两极

图 35-22　用镊子对贴片电容放电

4）选择数字万用表的二极管挡，并将红表笔插在万用表的 VΩ 孔，黑表笔插在万用 COM 孔，如图 35-23 所示。

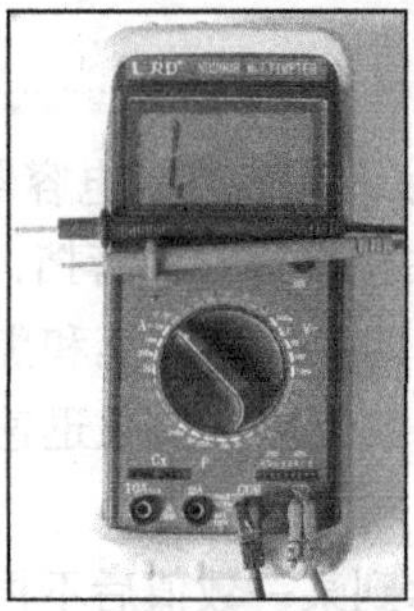

图 35-23 万用表的二极管挡

5）将红黑表笔分别接在贴片电容器的两极并观察表盘读数变化，如图 35-24 所示。

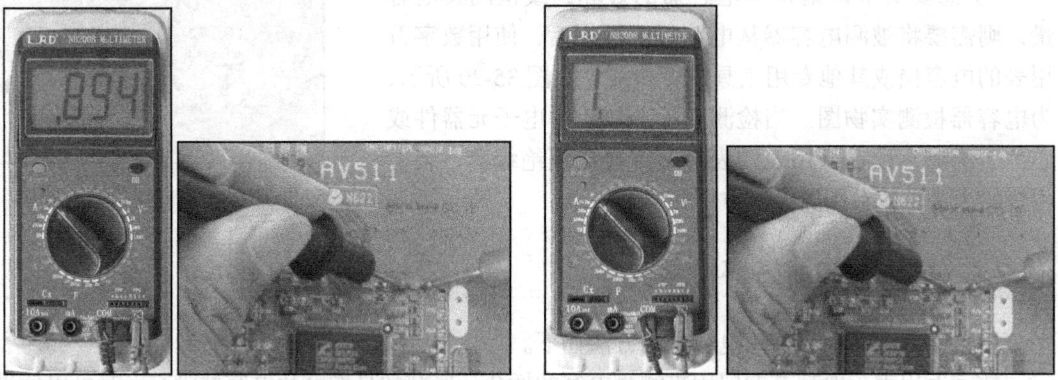

a）表盘先有一个闪动的阻值　　b）静止后读数为 1

图 35-24 贴片电容的检测

6）交换两表笔再测一次，注意观察表盘读数变化，如图 35-25 所示。

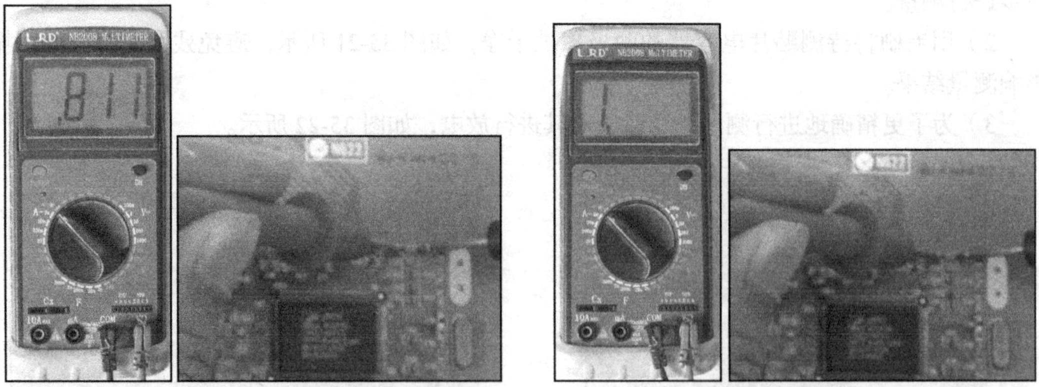

a）表盘先有一个闪动的阻值　　b）静止后读数为 1

图 35-25 贴片电容的检测

两次测量数字表均先有一个闪动的数值，而后变为 1. 即阻值为无穷大，所以该电容器基本正常。如果用上述方法检测，万用表始终显示一个固定的阻值，说明电容器存在漏电现象；如果万用表始终显示“000”，说明电容器内部发生短路；如果始终显示“1.”（不存在闪动数值，直接为 1.），说明电容器内部极间已发生断路。

35.3 电感器好坏检测

电感器是能够把电能转化为磁能，而储存起来的电子元器件，在主板电路板的供电电路和信号电路中都有十分广泛的应用。

35.3.1　电感器的基本知识

电感器的结构类似于变压器，但是其只有一个绕组。电感器是根据电磁感应原理制作而成的，其对直流电压具有良好的阻抗特性。

图 35-26　电感器的图形符号

电感器的种类和分类方法也有很多种，如按其结构的不同可分为线绕式电感器和非线绕式电感器，按用途可分为振荡电感器、校正电感器、阻流电感器、滤波电感器、隔离电感器等，按工作频率可分为高频电感器、中频电感器和低频电感器。

电感器通常使用大写英文字母“L”表示，其基本单位是亨利（H），常用的单位还有毫亨（mH）和微亨（μH），它们之间的换算关系是 1H=1000mH，1mH=1000μH。如图 35-26 所示为电感器的图形符号，图 35-27 所示为电脑电路板上的常见电感器。

图 35-27　电脑电路板上常见的电感器

35.3.2　电感器在电路中的应用

电感器与电容器的特性是相反的，它阻交流、通直流。当直流通过电感器时，其压降非常小。当交流通过电感器时，电感器两端将会产生自感电动势，自感电动势的方向与外加电压的方向相反，从而阻碍交流的通过。

电感器在电路中可起到滤波、隔离、储能、振荡、延迟和陷波等作用。电感器被广泛应用于电脑电路板的供电电路中，用于储能、滤波作用。如图 35-28a 所示为主板供电电路的截图，其中的电感器 PL402 在电路中起到储能和滤波的作用。电感器在电脑电路中的另一种应用是，能够有效地消除外接设备在热插拔时瞬间产生的干扰信号，如图 35-28b 所示为 USB 电路中应用的抗干扰功能的电感器。

35.3.3　判断电感器好坏的方法

检测电感器通常使用数字万用表的二极管挡进行检测，其具体方法如下：

1）将数字万用表的量程选择开关扭转至二极管挡位，使用数字万用表的红色表笔和黑色表笔分别连接到电感器的两个引脚。

2）如果测得的数值很小，说明被测电感器基本正常。

3）如果检测出的数值很大或为无穷大，则说明被测电感器已经损坏，需及时更换。如图 35-29 所示为电感器检测实物图。

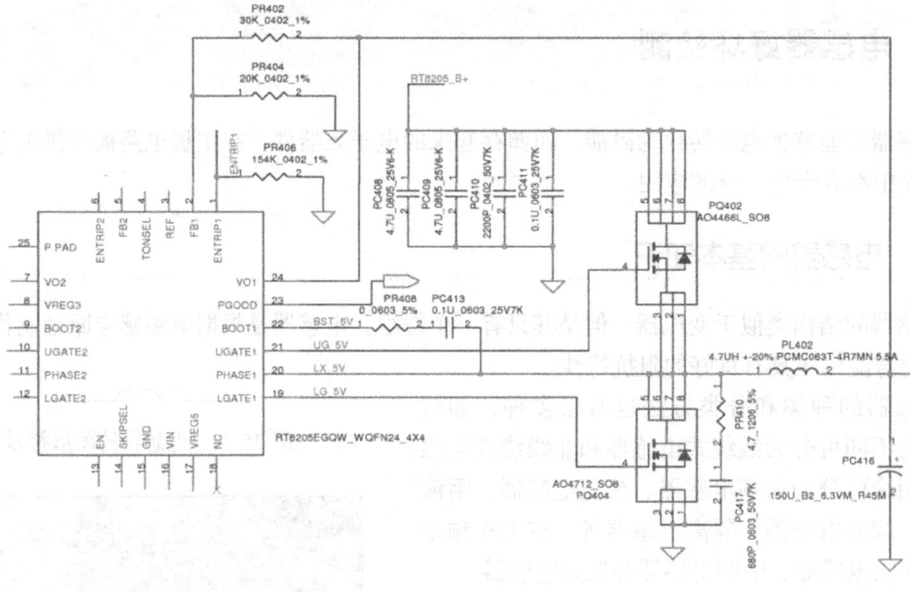

a）储能、滤波功能

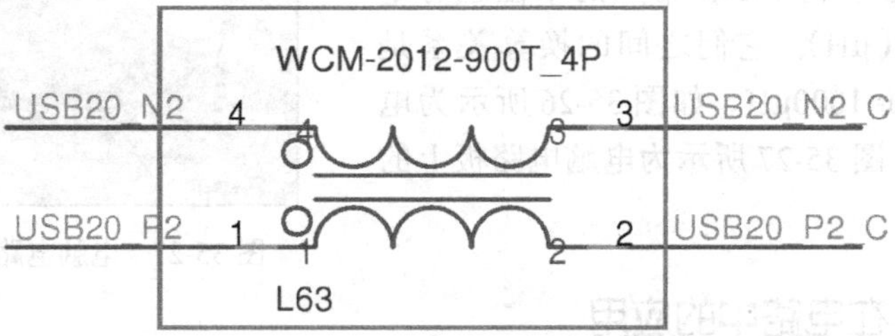

b）抗干扰功能

图 35-28 电感器在电路中的应用

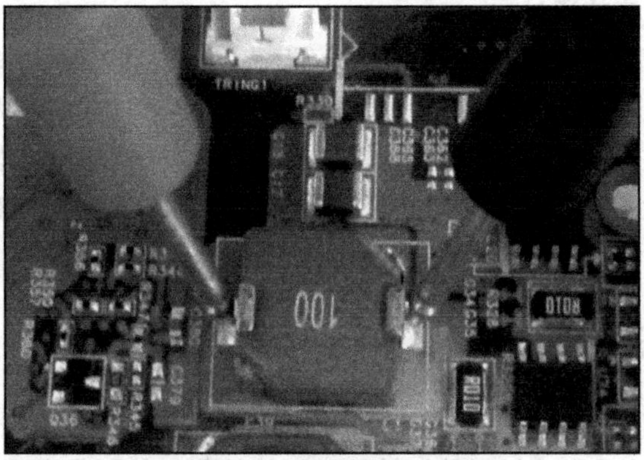

图 35-29 电感器检测实物图

35.3.4 电感器好坏检测实例

用数字万用表检测电路板中磁棒电感器的方法如下（磁环检测方法相同）:

1）断开电路板的电源，对待测磁棒电感器进行观察，看待测电感器是否发生损坏，有无烧焦、虚焊、线圈变形等情况。如果有，说明电感器已发生损坏。如图 35-30 所示，为一个待测磁棒电感器。

2）如果待测磁棒电感器外观没有明显损坏，用电烙铁将待测磁环电感器从电路板上焊下，并清洁磁环电感器两端的引脚，去除两端引脚上存留的污物，确保测量时的准确性。磁棒电感器的拆焊方法如图 35-31 所示。

图 35-30　待测磁棒电感器

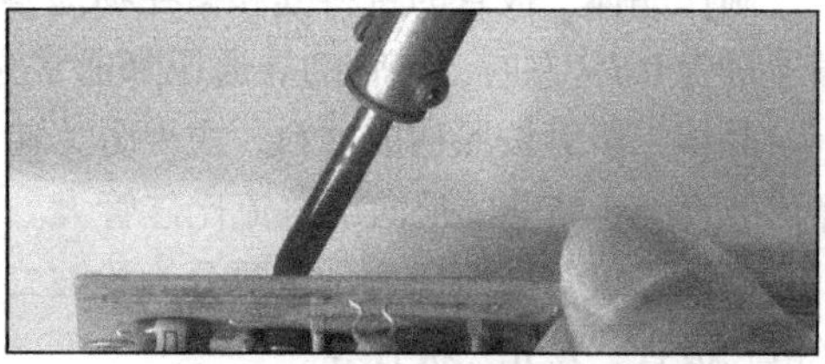

图 35-31　磁棒电感器的拆焊方法

3）将数字万用表旋至欧姆挡的“200”挡，如图 35-32 所示。

4）将万用表的红、黑表笔分别搭在待测磁棒电感器两端的引脚上，检测两引脚间的阻值。如图 35-33 所示。

由于测得磁棒电感器的阻值非常接近于 00.0，因此可以判断该电感器没有断路故障。

然后选择万用表的“200M”挡，检测电感器的线圈引线与铁心之间、线圈与线圈之间的阻值，如图 35-34 所示，正常情况下线圈引线与铁心之间、线圈引线与线圈引线之间的阻值均为无穷大，即测量时数字万用表的表盘应始终显示为“1.”。

经检测该磁棒电感器的绝缘性良好，不存在漏电现象。

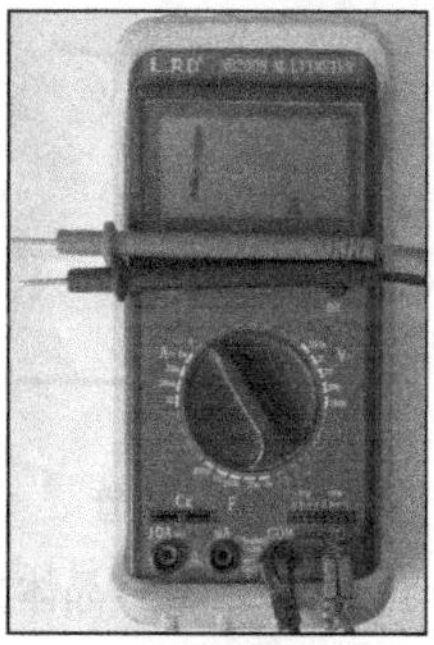

图 35-32　万用表挡位的选择

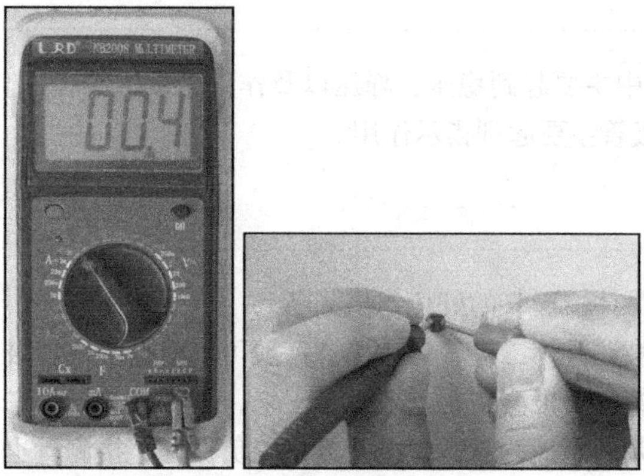

图 35-33　测量磁棒电感器

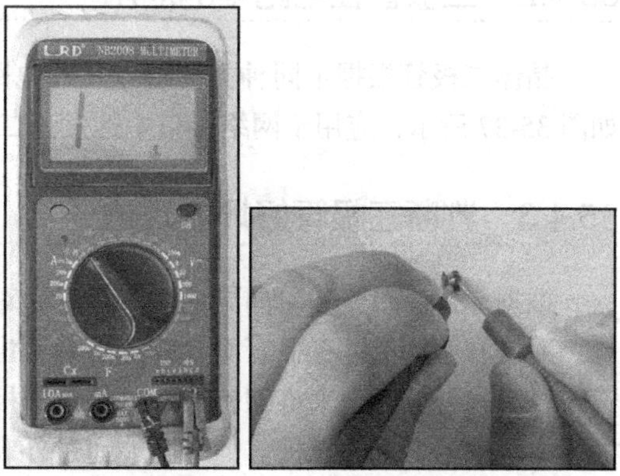

图 35-34　磁棒电感器绝缘性检测

35.4 晶体二极管好坏检测

晶体二极管是利用半导体材料硅或锗制成的一种电子元器件，其在电脑中有十分广泛的应用，晶体二极管通常简称为二极管。

35.4.1 二极管的基本知识

晶体二极管由P型半导体和N型半导体构成，P型半导体和N型半导体相交界面形成PN结。

晶体二极管的结构特点使其在正向电压的作用下导通电阻极小，而在反向电压的作用下导通电阻极大或无穷大，这也是晶体二极管最重要的特性：单向导电性。

制作晶体二极管的材料硅和锗在物理参数上有所不同，而比较明显的区别是硅管的导通压降通常为0.7V左右，锗管的导通压降通常为0.3V左右。

晶体二极管按照构成材料，主要分为锗管和硅管两大类。两者之间的区别是，锗管正向压降比硅管小，锗管的反向漏电流比硅管大。

晶体二极管按照用途，主要分为检波二极管、整流二极管、开关二极管、稳压二极管以及光电二极管、发光二极管等。

晶体二极管通常使用英文大写字母“D”表示，其常用图形符号如图35-35所示。电脑上常见的晶体二极管如图35-36所示。

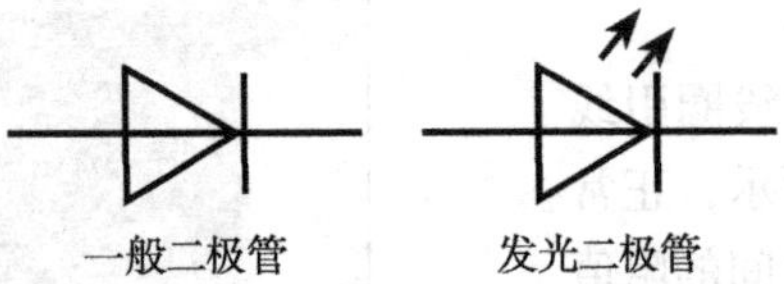

图35-35 晶体二极管的图形符号

图35-36 电脑上常见的晶体二极管

35.4.2 二极管在电路中的应用

晶体二极管根据不同种类的特点，在电路中主要起到稳压、降压以及作为指示灯等作用。如图35-37所示，应用于网络接口中的发光二极管主要起到指示作用。

35.4.3 判断二极管好坏的方法

根据晶体二极管的单向导电性，很容易对晶体二极管的好坏作出判断。

通常在检测晶体二极管时，首先要判别出被测晶体二极管的正极。一般可以根据晶体二极管外壳上的符号标记来辨别，如一些晶体二极管的负极会使用色环表示出来，还有一些晶体二极管使用字母P标注正极。如果不能通过外观判断出被测晶体二极管的正、负极，直接测量也是可以的。

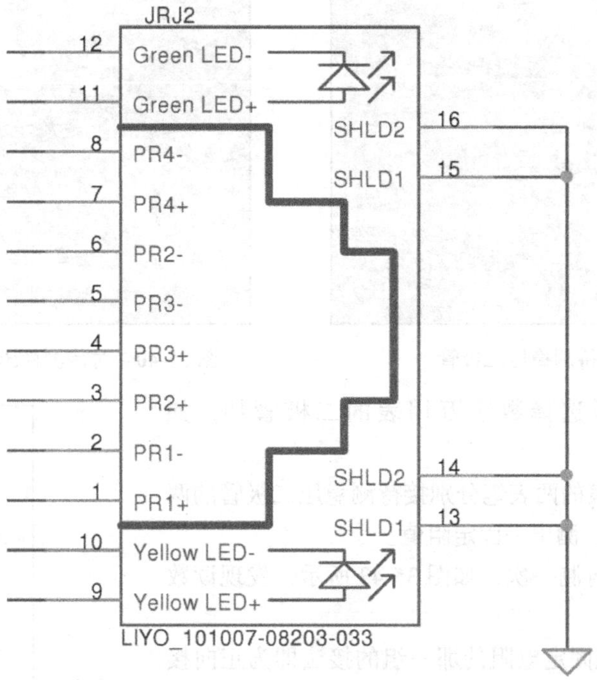

图 35-37　晶体二极管在电路中的应用

使用数字万用表检测晶体二极管的具体方法如下：

1）将数字万用表的量程选择开关扭转至二极管挡，把数字万用表的红色表笔接被测晶体二极管的正极，黑色表笔接被测晶体二极管的负极。

2）如果被测晶体二极管正向导通，数字万用表显示的是被测晶体二极管的正向导通压降，其单位为 mV。

3）性能良好的硅管正向导通压降应在 400mV ～ 800mV 之间，性能良好的锗管正向导通压降应在 200mV ～ 300mV 之间。如图 35-38 所示为晶体二极管的检测实物图。

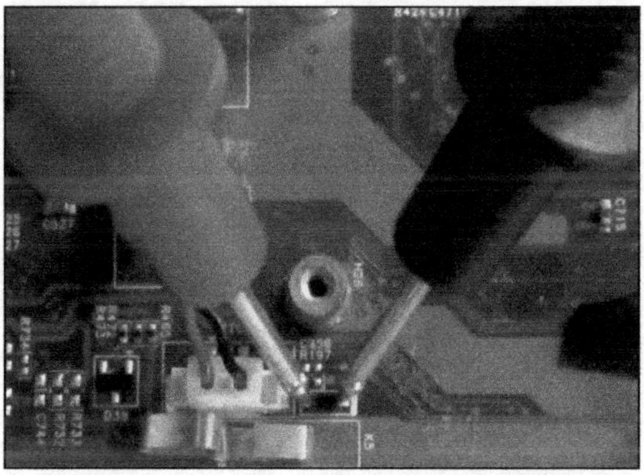

图 35-38　晶体二极管的检测实物图

35.4.4　二极管好坏检测实例

1）将待测稳压二极管的电源断开，对待测稳压二极管进行观察，看待测稳压二极管是否损坏，有无烧焦、虚焊等情况。如果有，稳压二极管已损坏。本次待测的稳压二极管如图 35-39 所示，外形完好没有明显的物理损坏。

2）为使测量的结果更加准确，用一个小毛刷清洁稳压二极管的两端，去除两端引脚下的污物，如图 35-40 所示。避免因油污的隔离作用使表笔与引脚间的接触不实而影响测量结果。

图 35-39 待测稳压二极管

图 35-40 对待测稳压二极管进行清洁

3）清洁完毕后选择数字万用表的二极管挡，如图 35-41 所示。

4）将数字万用表的两表笔分别接待测稳压二极管的两极，如图 35-42 所示。测出一固定阻值。

5）交换两表笔再测一次，如图 35-43 所示，发现读数为无穷大。

两次检测中出现固定电阻的那一组的接法即为正向接法（红表笔所接的为万用表的正极），经检测待测稳压二极管正向电阻为一固定电阻值，反向电阻为无穷大。因此该稳压二极管的功能基本正常。

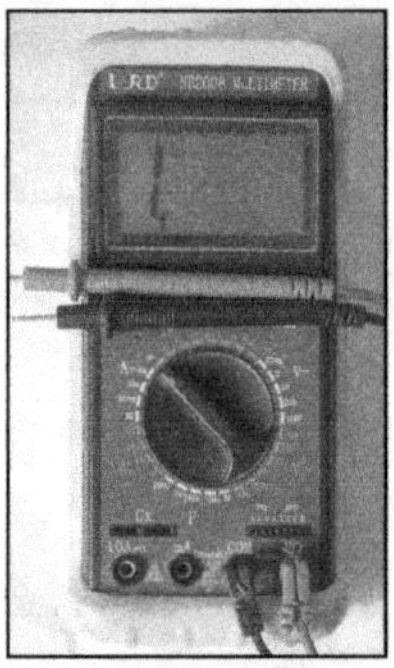

图 35-41 数字万用表的选择

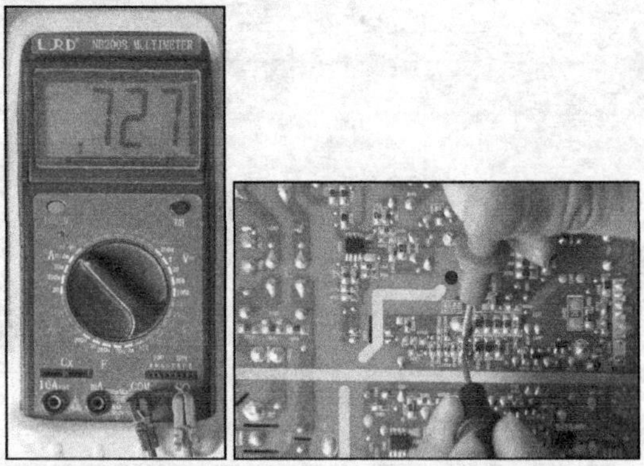

图 35-42 稳压二极管正向电阻的检测（1）

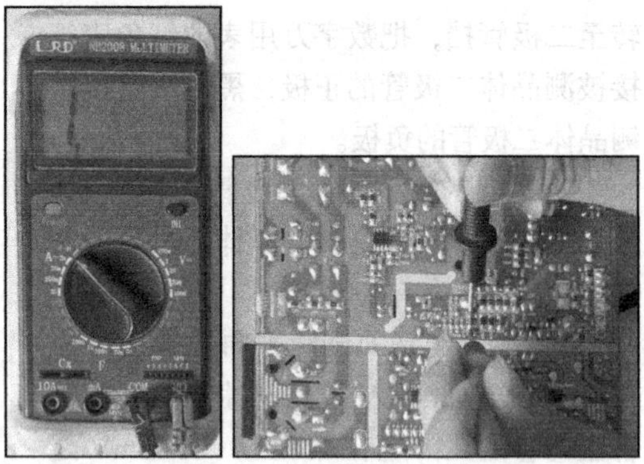

图 35-43 稳压二极管正向电阻的检测（2）

如果待测稳压二极管的正向阻值和反向阻值均为无穷大，则二极管很可能有断路故障；如果测得稳压二极管正向阻值和反向阻值都接近于 0，则二极管已被击穿短路；如果测得稳压二极管正向阻值和反向阻值相差不大，则说明二极管已经失去了单向导电性或单向导电性不良。

35.5 晶体三极管好坏检测

晶体三极管是电脑电路板上广泛采用的一种电子元器件类型，常简称为三极管。

35.5.1　三极管的基本知识

晶体三极管是使用硅或锗材料制成两个能相互影响的 PN 结，组成一个 PNP 或 NPN 结构。中间的 N 区或 P 区叫基区，两边的区域叫发射区和集电区，这三部分各有一条电极引线，分别称为基极（B）、发射极（E）以及集电极（C）。

晶体三极管是具有放大能力的特殊器件。

晶体三极管按照制造材料，可以分为硅三极管和锗三极管。

晶体三极管按照导电类型，可以分为 PNP 型和 NPN 型。

晶体三极管按照工作频率，可分为低频三极管和高频三极管。

晶体三极管按照外形封装，可以分为金属封装三极管、玻璃封装三极管、陶瓷封装三极管以及塑料封装三极管等。

晶体三极管按照功耗大小，可以分为小功率三极管和大功率三极管。

晶体三极管在电路中常使用字母“Q”表示。而 NPN 型晶体三极管和 PNP 型晶体三极管的图形符号是有所区别的，如图 35-44 所示为晶体三极管的图形符号。如图 35-45 所示为电脑上常见的晶体三极管。

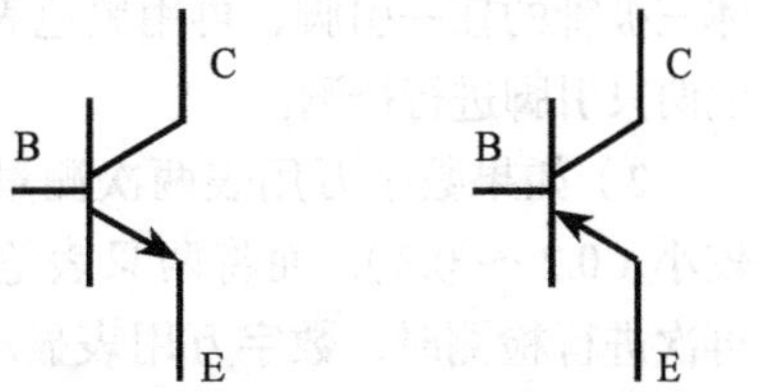

图 35-44　晶体三极管的图形符号

图 35-45　电脑上常见的晶体三极管

35.5.2　三极管在电路中的应用

晶体三极管是能够起到放大、振荡以及开关等作用的半导体电子器件，因此常用在放大、谐振、调制以及开关等电路中。晶体三极管的逻辑开关功能是一种十分广泛的应用，电脑上大部分的晶体三极管都是用于逻辑开关功能的，如图 35-46 所示，PQ316 为电脑电路中用于逻辑开关功能的晶体三极管。

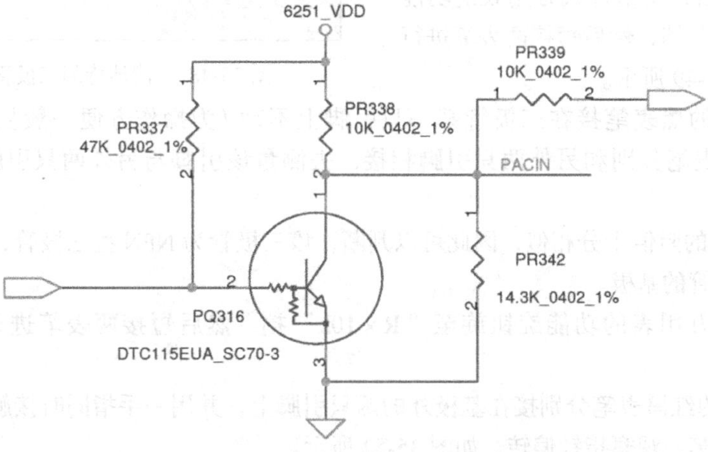

图 35-46　用于逻辑开关功能的晶体三极管

35.5.3 判断三极管好坏的方法

检测晶体三极管主要采用数字万用表的二极管挡，其具体方法如下：

1）将数字万用表的量程选择开关扭转至二极管挡，使用数字万用表的红色表笔接被测晶体三极管的任一引脚，再用黑色表笔分别接其他两只引脚进行检测。

2）如果数字万用表两次测量出的数值都较小（0.2 ～ 0.8），而将两只表笔调换位置后再次进行检测时，数字万用表显示溢出符号 1 或 OL，说明红色表笔所接的引脚是 NPN 型晶体三极管的基极。

3）如果数字万用表两次测量的数值一个很大、一个很小，那么说明红色表笔所接的引脚不是被测晶体三极管的基极。需要更换一个引脚重新进行检测。如图 35-47 所示为晶体三极管检测实物图。

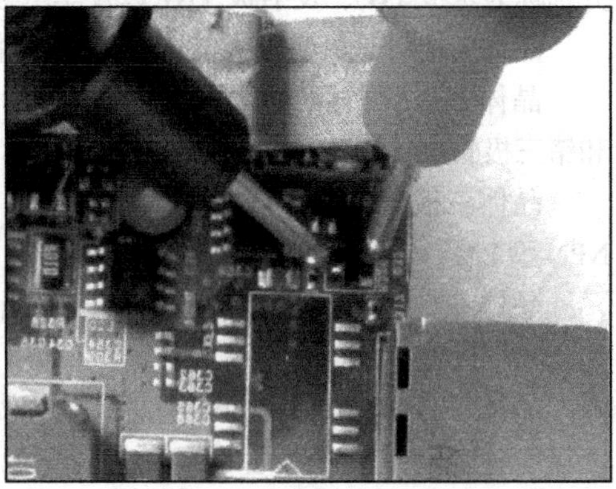

图 35-47　晶体三极管检测实物图

35.5.4 三极管好坏检测实例

直插式三极管通常被应用在电源供电电路板中，为了测量准确，一般采用开路测量。

1）将待测三极管所在电路板的电源断开，对三极管进行观察，看待测三极管有无烧焦、虚焊等明显的物理损坏。如果有，则三极管已发生损坏。

2）如果待测三极管外观没有明显的物理损坏，接着用电烙铁将待测三极管从电路板上焊下。用小刻刀清洁三极管的引脚，去除引脚上的污物，如图 35-48 所示。避免因污物的隔离作用而影响测量的准确性。

3）清洁完成后，将指针式万用表的功能旋钮旋至“R×1k”挡，然后短接两表笔进行调零校正，如图 35-49 所示。

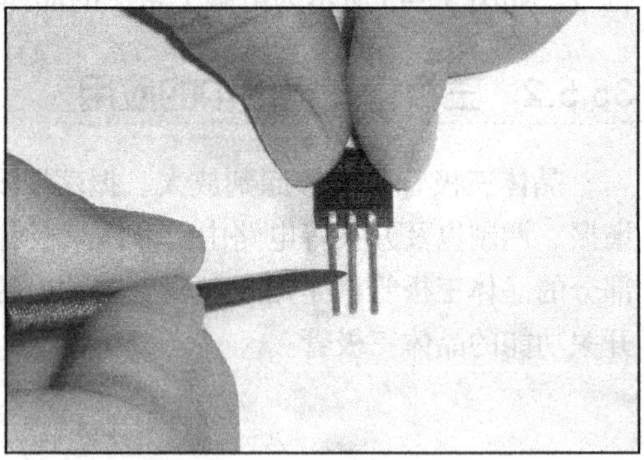

图 35-48　清洁待测三极管的引脚

4）将万用表的黑表笔接在三极管某一只引脚上不动（为操作方便一般从引脚的一侧开始），然后用红表笔分别和另外两只引脚相接，去测量该引脚与另外两只引脚间的阻值，如图 35-50 所示。

由于两次测量的阻值十分相似，因此可以判断，该三极管为 NPN 型三极管，且黑表笔所接的引脚为该三极管的基极。

5）将指针式万用表的功能旋钮旋至“R×10k”挡，然后短接两表笔进行调零校正，如图 35-51 所示。

6）将万用表的红黑表笔分别接在基极外的两只引脚上，并用一手指同时接触三极管的基极与万用表的黑表笔，观察指针偏转，如图 35-52 所示。

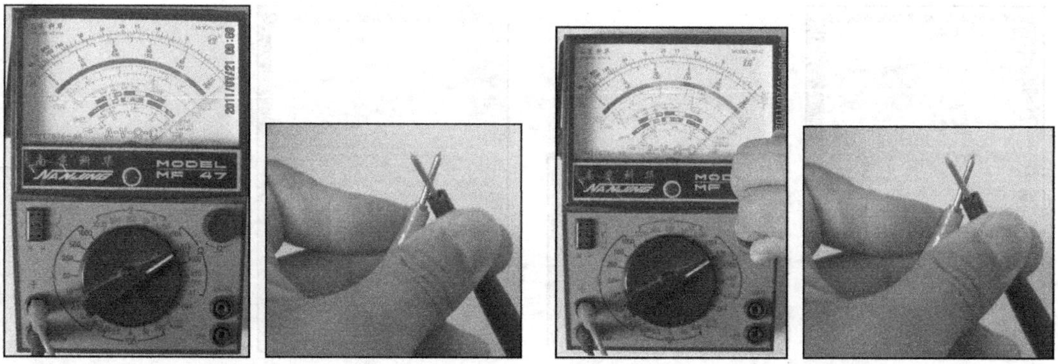

a）短接两表笔　　b）进行调零校正

图 35-49　指针万用表的调零校正

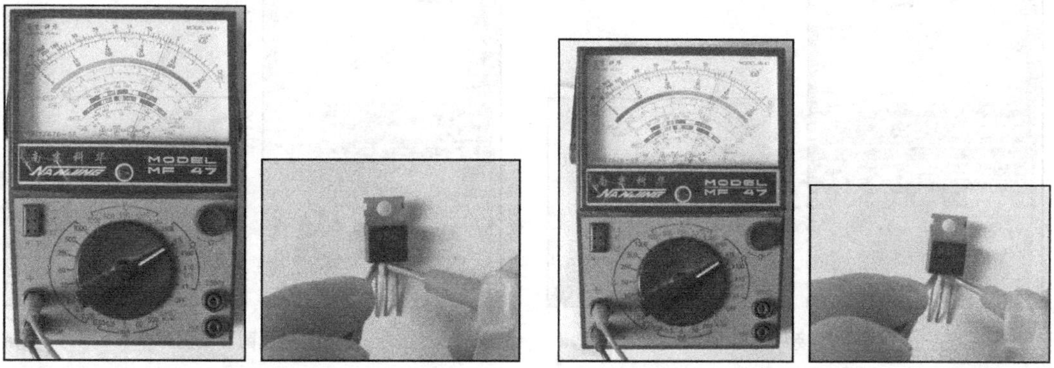

a）第一次测量　　b）第二次测量

图 35-50　三极管类型的判断

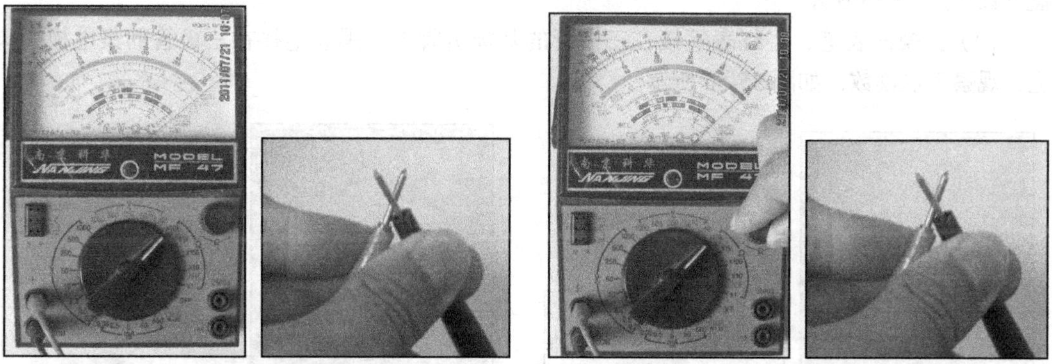

a）短接两表笔　　b）进行调零校正

图 35-51　指针万用表的调零校正

7）交换红、黑表笔所接的引脚，用同样的方法再测一次，如图 35-53 所示。

在两次测量中，指针偏转量较大的那次，黑表笔所接的是三极管的集电极，红表笔所接的是三极管的发射极。

8）识别出三极管的发射极和集电极后，将指针式万用表的功能旋钮旋至“R×1k”挡，然后短接两表笔进行调零校正，如图 35-54 所示。

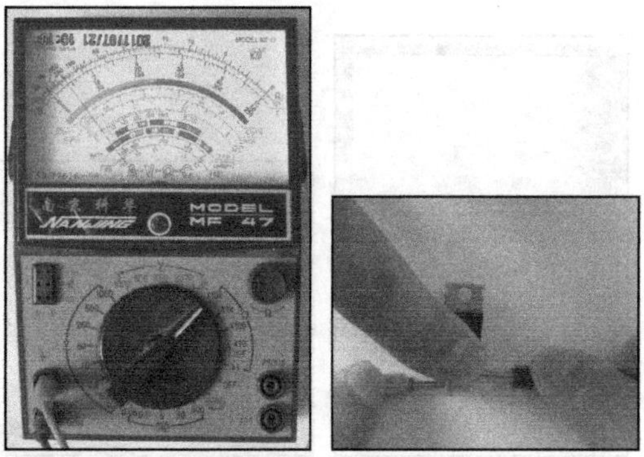

图 35-52 三极管极性测试

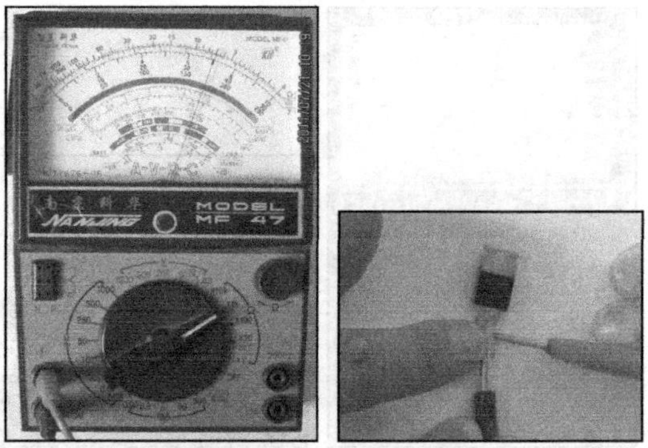

图 35-53 三极管极性测试

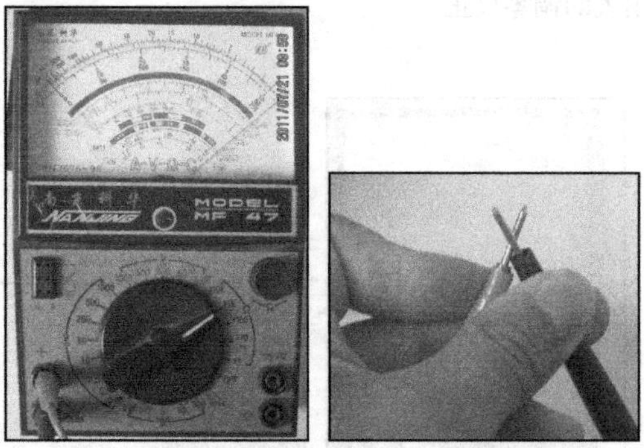

a）短接两表笔

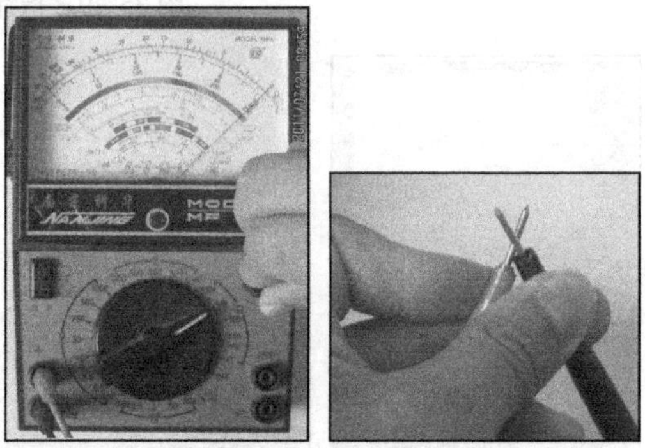

b）进行调零校正

图 35-54 指针万用表的调零校正

9）将万用表的黑表笔接在三极管的基极上，红表笔接在三极管的集电极引脚上，观察表盘读数如图 35-55 所示。

10）交换两表笔，将红表笔接在三极管的基极引脚上，黑表笔接在三极管的集电极引脚上，观察表盘读数，如图 35-56 所示。

图 35-55 基极到集电极间阻值的检测

图 35-56 集电极到基极间阻值的检测

由于三极管基极到集电极间为一较小的固定阻值，且集电极到基极间的阻值无穷大，所以三极管的集电结功能正常。

11）将万用表的黑表笔接在三极管的基极上，红表笔接在三极管的发射极引脚上，观察表盘读数，如图 35-57 所示。

12）交换两表笔，将红表笔接在三极管的基极引脚上，黑表笔接在三极管的发射极引脚上，观察表盘读数，如图 35-58 所示。

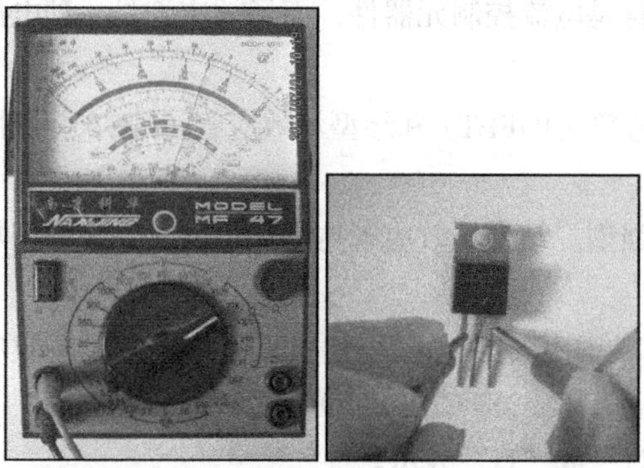

图 35-57　基极到发射极间阻值的检测

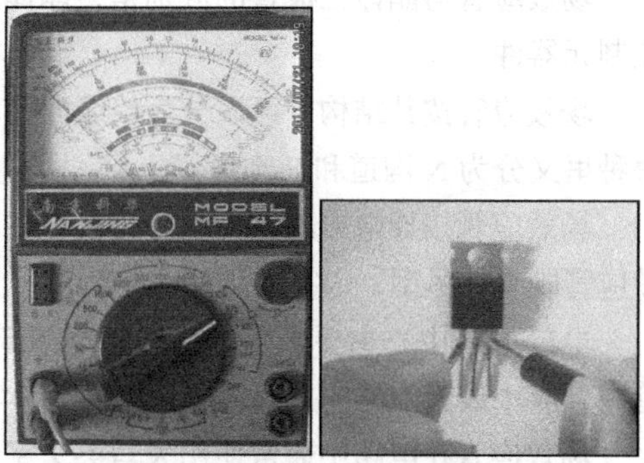

图 35-58　发射极到基极间阻值的检测

由于三极管基极到发射极间为一较小的固定阻值，且发射极到基极间的阻值为无穷大，所以三极管的发射结功能正常。

13）将万用表的黑表笔接在三极管的集电极上，红表笔接在三极管的发射极引脚上，观察表盘读数，如图 35-59 所示。

14）交换两表笔，将红表笔接在三极管的集电极引脚上，黑表笔接在三极管的发射极引脚上，观察表盘读数。如图 35-60 所示。

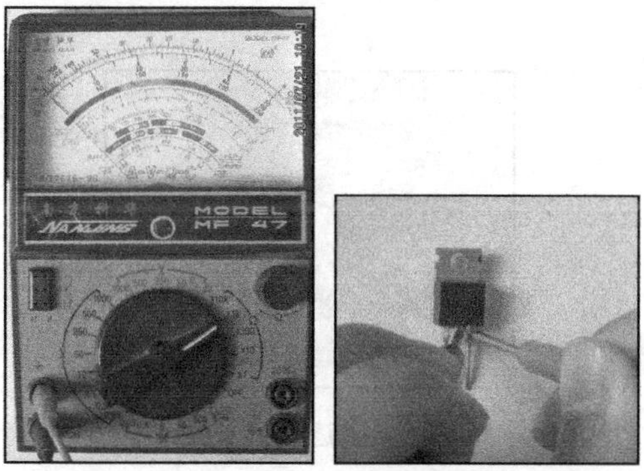

图 35-59　集电极到发射极间阻值的检测

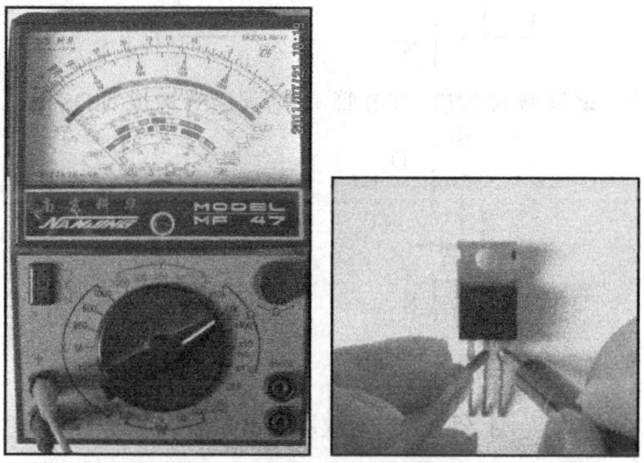

图 35-60　发射极到集电极间阻值的检测

由于三极管集电极到发射极间的阻值为无穷大，且发射极到集电极间的阻值为无穷大，所以三极管集电极到发射极间的绝缘性良好。

经上述检测得出结论，该三极管的功能正常。

35.6　场效应管好坏检测

场效应晶体管简称场效应管，是一种常用电子元器件，被广泛应用于电脑的供电电路及保护隔离电路中。

35.6.1 场效应管的基本知识

场效应管利用多数载流子导电，所以也称为单极型晶体管。

场效应管与晶体三极管的区别是，晶体三极管是电流控制元器件，而场效应管是一种电压控制元器件。

场效应管按其结构，可以分为绝缘栅型场效应管（JGFET）和结型场效应管（JFET）两种，每种里又分为 N 沟道和 P 沟道。

场效应管按导电方式，可以分为耗尽型与增强型。结型场效应管均为耗尽型，绝缘栅型场效应管既有耗尽型，也有增强型。

电脑电路中，主要采用的是增强型 N 沟道和 P 沟道绝缘栅型场效应管，绝缘栅型场效应管中，应用最为广泛的是金属氧化物半导体场效应管（MOSFET），简称 MOS 管。

场效应管在电路中通常使用大写英文字母“Q”或“U”表示。

场效应管也有三个电极，分别是栅极（G）、漏极（D）以及源极（S），漏极（D）常与场效应管的散热片相连接。如图 35-61 所示为场效应管的图形符号。

电脑上主板上应用的场效应管，有很大一部分都是采用的八个引脚的封装形式，而其内部也基本上都集成了保护二极管，防止静电击穿。如图 35-62 所示为电脑上常见的场效应管。

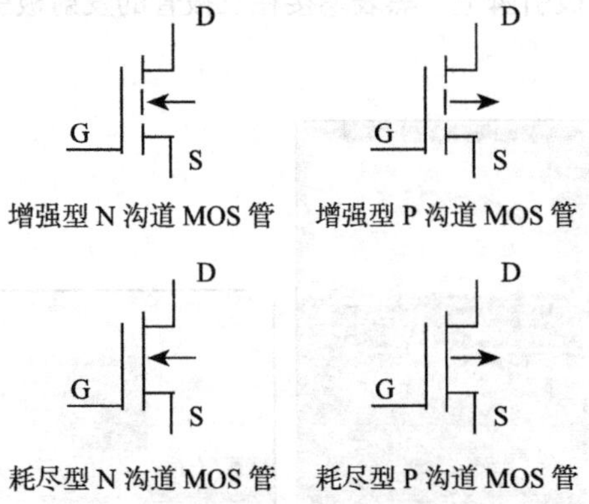

图 35-61 场效应管的图形符号

图 35-62 电脑上常见的场效应管

35.6.2 场效应管在电路中的应用

场效应管属于电压控制型半导体器件，具有输入阻抗高、噪声小、功耗低、易于集成、没有二次击穿以及安全工作区域宽等特点，常用于开关及阻抗变换电路中。如图 35-63a 所示为保护隔离电路简图，当电路中的场效应管 PQ303 在控制信号的控制下导通后，系统采用可充电电池供电。

如图 35-63b 所示为主板供电电路简图，图中的场效应管 PQ702 和场效应管 PQ703 在电源控制芯片的控制下导通和截止，从而将系统总供电转换为该供电转换电路所需输出的供电。

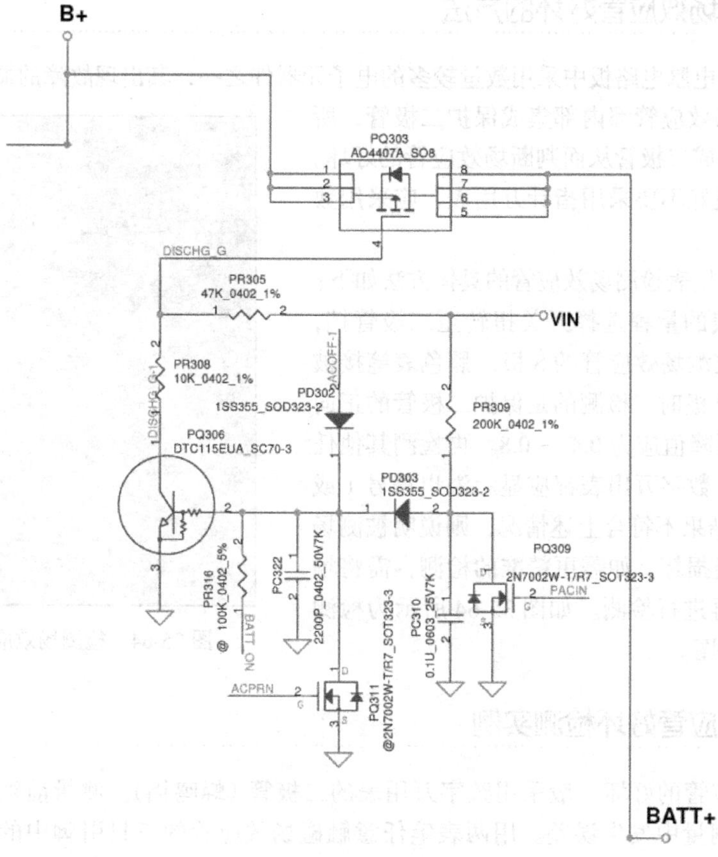

a）

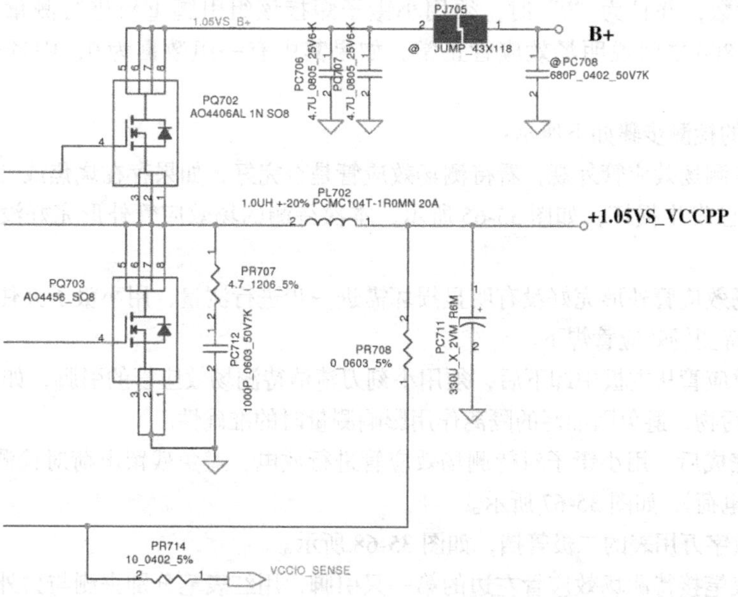

b）

图 35-63　场效应管在电路中的应用

35.6.3 判断场效应管好坏的方法

场效应管是电脑电路板中采用数量较多的电子元器件之一，其出现故障的概率也较大。由于目前采用的场效应管都内部集成保护二极管，所以可通过检测集成二极管从而判断场效应管的好坏。检测场效应管最好不要采用指针万用表，应采用数字万用表。

使用数字万用表检测场效应管的具体方法如下：

数字万用表的量程选择开关扭转至二极管挡，将红色表笔接被测场效应管的 S 极，黑色表笔接被测场效应管的 D 极时，检测的是保护二极管的正向压降，其正向压降值应为 0.4 ～ 0.8。再检测其他任意两个引脚时，数字万用表都应显示溢出符号 1 或 OL。如果检测结果不符合上述情况，则说明被测场效应管可能已经损坏。如需更精准的检测，需将场效应管拆焊后再进行检测。如图 35-64 所示为检测场效应管的实物图。

图 35-64 检测场效应管的实物图

35.6.4 场效应管好坏检测实例

测量场效应管的好坏一般采用数字万用表的二极管（蜂鸣挡）。测量前须将三只引脚短接放电，避免测量中发生误差。用两表笔任意触碰场效应管的三只引脚中的两只，好的场效应管测量结果应只有一次有读数，并且在 400 ～ 800 之间。如果在最终测量结果中测得只有一次有读数，并且为“0”时，须用小镊子短接该组引脚重新进行测量。如果重测后阻值在 400 ～ 800 之间说明场效应管正常。如果其中有一组数据为 0，则场效应管已经被击穿。

场效应管的检测步骤如下所示：

1）观察待测场效应管外观，看待测场效应管是否完好，如果存在烧焦或针脚断裂等情况说明场效应管已发生损坏，如图 35-65 所示，本次待测的场效应管外形完好没有明显的物理损坏。

2）待测场效应管外形完好没有明显损坏需进一步进行测量，用小镊子夹住待测场效应管用热风焊台将待测场效应管焊下。

3）将场效应管从主板中卸下后，须用小刻刀清洁待测场效应管的引脚，如图 35-66 所示。去除引脚上的污物，避免因油污的隔离作用影响测量时的准确性。

4）清洁完成后，用小镊子对待测场效应管进行放电，避免残留电荷对检测的影响（场效应管极易存储电荷），如图 35-67 所示。

5）选择数字万用表的二极管挡，如图 35-68 所示。

6）将黑表笔接待测场效应管左边的第一只引脚，用红表笔分别去测与另外两只引脚间的阻值，如图 35-69 所示。两次检测均为无穷大。

7）将黑表笔接中间的引脚，用红表笔分别去测与另外两只引脚间的阻值，如图 35-70 所示。

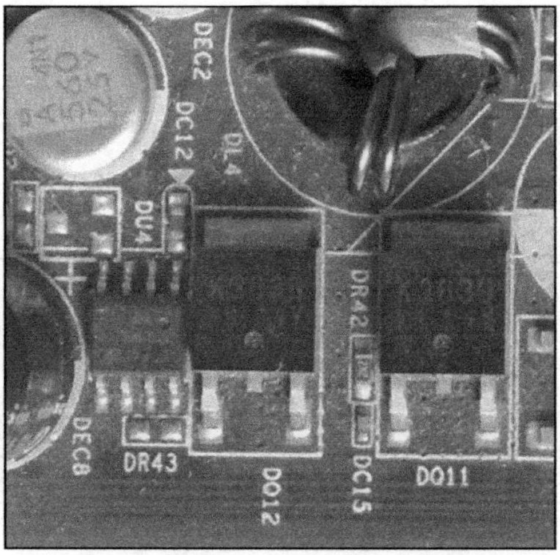

图 35-65　待测场效应管外形

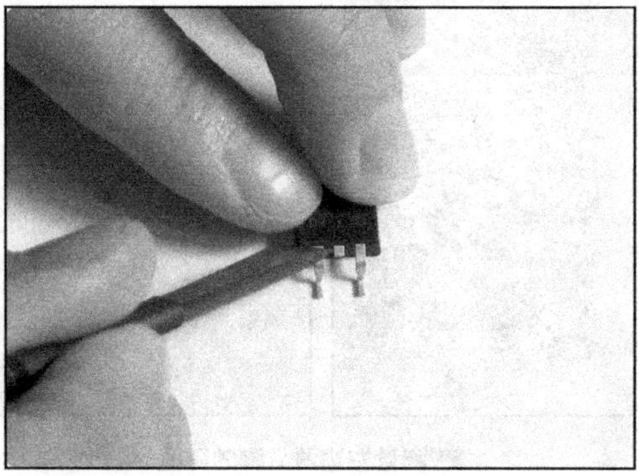

图 35-66　清洁场效应管的引脚

图 35-67　对待测场效应管放电

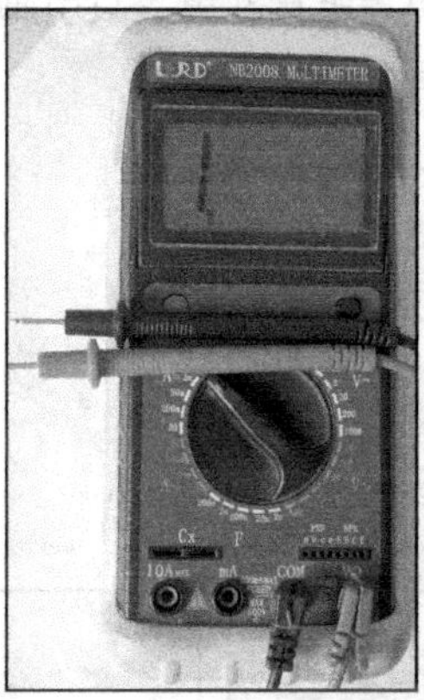

图 35-68　选择万用表挡位

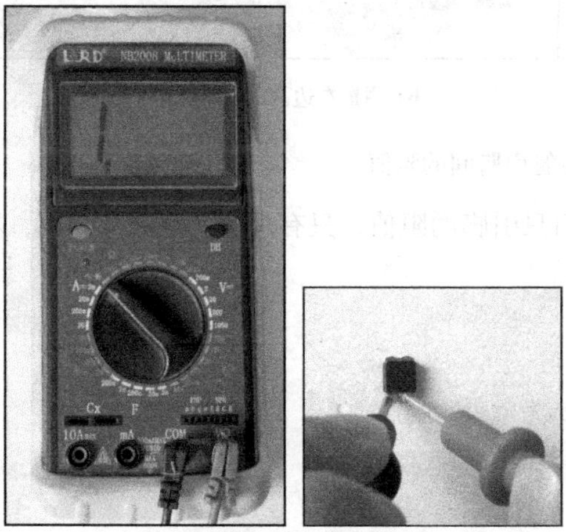

a）测量左边两只脚的阻值

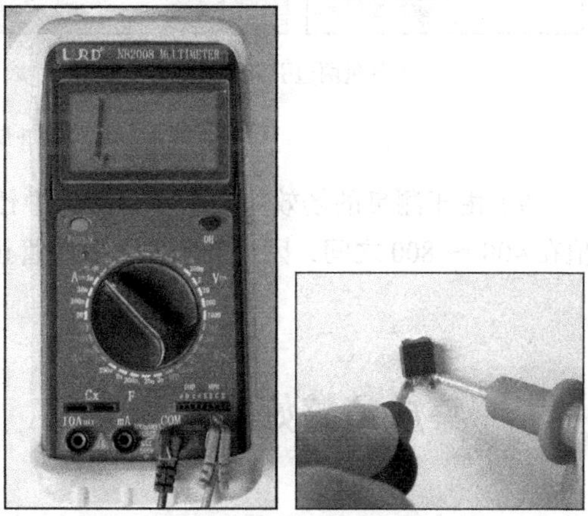

b）测量右边两只脚的阻值

图 35-69　测量场效应管引脚间的阻值

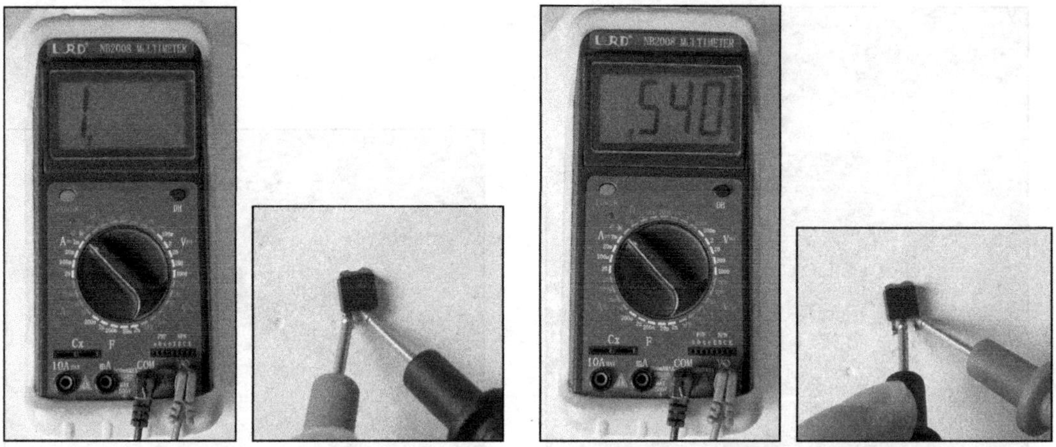

a）测量左边两只脚的阻值　　b）测量右边两只脚的阻值

图 35-70　测量场效应管引脚间的阻值

8）将黑表笔接在第三只引脚上，用红表笔分别去测另外两只引脚与该引脚间的阻值，如图 35-71 所示。

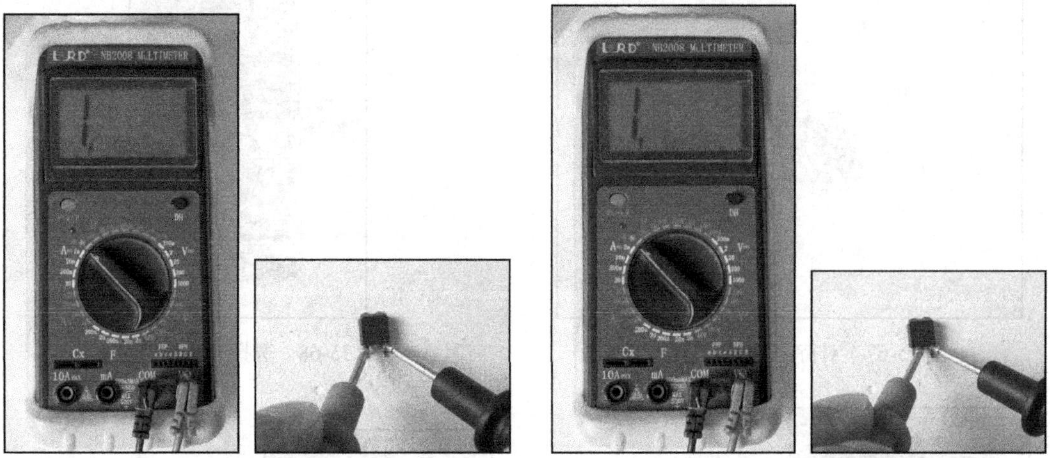

a）测量两边引脚间的阻值　　b）测量右边两只引脚的阻值

图 35-71　测量场效应管引脚间的阻值

9）由于测量的场效应管的三只引脚中任意两只引脚的阻值，只有一次有读数（540），阻值在 400 ～ 800 之间，因此判断此场效应管正常。

35.7 集成电路好坏检测

35.7.1 认识集成电路

将一个单元电路的主要或全部元件都集成在一个介质基片上，使其成为具备一定功能的完整电路，然后封装在一个管壳内，这样的电路称为集成电路。其中所有元件在结构上已组成一个整体，这样，整个电路的体积大大缩小，且引出线和焊接点的数目也大为减少，从而使电子元件向微小型化、低功耗和高可靠性方面迈进了一大步。电路中常见的集成电路，如图 35-72 所示。

图 35-72　电路中常见的集成电路

35.7.2 集成电路的引脚分布

在集成电路的检测、维修、替换过程中，经常需要对某些引脚进行检测。而对引脚进行检测，首先要做的就是对引脚进行正确地识别。必须结合电路图才能找到实物集成电路上相对应的引脚。无论哪种封装形式的集成电路，引脚排列都会有一定的排列规律，可以依靠这些规律迅速判断出。

1. 单列直插式集成电路引脚的分布规律

常见的单列直插式集成电路，在引脚 1 那端都会有一个特殊的标志。可能是一个小圆凹坑、一个小圆孔、一个小半圆缺、一个小缺脚、一个小色点等。引脚 1 通常是起始端，可以沿着引脚排列的位置依次对应引脚 2，3，4……，如图 35-73 所示。

2. 双列直插式集成电路的引脚分布规律

一般情况下的双列直插式集成电路，在引脚 1 那端都会有一个特殊的标志，而标记的上方往往是最后一个引脚。可以顺着引脚排列的位置，依次对应引脚 2，3，4……至最后一个引脚，如图 35-74 所示。

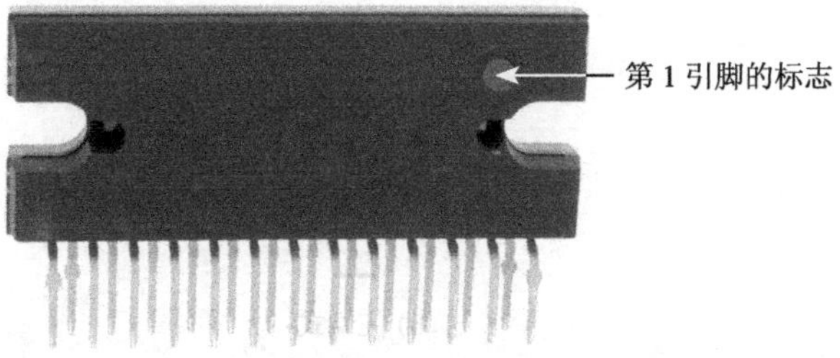

图 35-73　单列直插式集成电路引脚的分布规律

图 35-74　双列直插式集成电路的引脚分布规律

3. 扁平矩形集成电路的引脚分布规律

多数情况下扁平矩形集成电路在引脚 1 的上方都会有一个特殊的标志，而标记的左面往往是最后一个引脚。可以顺着引脚排列的位置，依次对应找出引脚 2，3，4……至最后一个引脚，如图 35-75 所示。这个标记有可能是一个小圆凹坑，也可能一个小色点等。

图 35-75 扁平矩形集成电路的引脚分布规律

35.7.3 集成稳压器

集成稳压器又叫集成稳压电路，是一种将不稳定直流电压转换成稳定的直流电压的集成电路。与用分立元件组成的稳压电源相比，集成稳压器具有稳压精度高、工作稳定可靠、外围电路简单、体积小、重量轻等显著优点。集成稳压器一般分为多端式（稳压器的外引线数目超过三个）和三端式（稳压器的外引线数目为三个）两类。如图 35-76 所示为电路中常见的集成稳压器。

图 35-76 集成稳压器

在电路图中集成稳压器常用字母“Q”表示，电路图形符号如图 35-77 所示，其中图 a 为多端式，图 b 为三端式。

图 35-77 稳压器的电路图形符号

35.7.4　集成运算放大器

集成运算放大器（Integrated Operational Amplifier）简称集成运放，是由多级直接耦合放大电路组成的高增益（对元器件、电路、设备或系统，其电流、电压或功率增加的程度）模拟集成电路。集成运算放大器通常结合反馈网络共同组成某种功能模块，可以进行信号放大、信号运算、信号的处理（滤波、调制）以及波形的产生和变换等功能。如图 35-78 所示为电路中常见的集成运算放大器。

在电路中，集成运算放大器常用字母“U”表示，常用的电路图形符号如图 35-79 所示。

图 35-78　电路中常见的集成运算放大器

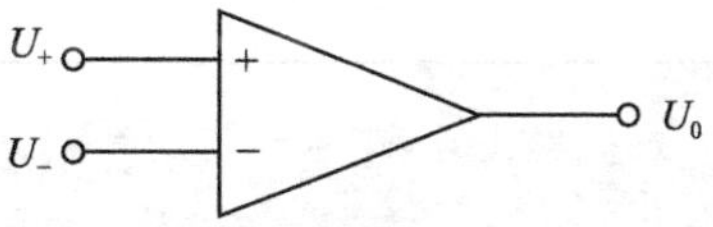

图 35-79　集成运算放大器的电路图形符号

35.7.5　判断集成稳压器好坏的方法

集成稳压器主要通过测量引脚间的电阻值和稳压值来判断好坏。

选用数字万用表得二极管挡。用万用表分别去测集成稳压器 GND 引脚（中间引脚）与其他两个引脚间的阻值，正常情况下，应该有一较小的阻值。如果阻值为零说明集成稳压器发生断路故障，如果阻值为无穷大说明集成稳压器发生开路故障。

将万用表功能旋钮调到直流电压挡的“10”或“50”挡（根据集成稳压器的输出电压大小）。

将集成稳压器的电压输入端与接地端之间加上一个直流电压（不得高于集成电路的额定电压，以免烧毁）。

将万用表的红表笔接集成稳压器的输出端，黑表笔接地，测量集成稳压器输出的稳压值。

如果测得输出的稳压值正常，证明该集成稳压器基本正常；如果测得的输出稳压值不正常，那么该集成稳压器已损坏。

35.7.6　判断集成运算放大器好坏的方法

首先将万用表的功能旋钮调到直流电压挡的“10”挡。

测量集成运算放大器的输出端与负电源端之间的电压值，在静态时电压值会相对较高。

用金属镊子依次点触集成运算放大器的两个输入端，给其施加干扰信号。

如果万用表的读数有较大的变动，说明该集成运算放大器是完好的；如果万用表读数没变化，说明该集成运算放大器已经损坏了。

35.7.7 判断数字集成电路好坏的方法

通常通过测量数字集成电路引脚的对地阻值来判定数字集成电路的好坏。

选用数字万用表的二极管挡。

分别测量集成电路各引脚对地的正、反向电阻值，并测出已知正常的数字集成电路的各引脚对地间的正、反向电阻，与之进行比较。

如果测量的电阻值与正品的各电阻值基本保持一致，则该数字集成电路正常；否则，说明数字集成电路已损坏。

35.7.8 集成稳压器好坏检测实例

用对地电压法检测集成稳压管的好坏方法如下：

1）检查待测集成稳压器的外观，看待测集成稳压器是否有烧焦或针脚断裂等明显的物理损坏。如果有，该集成稳压器就不能正常使用了，如图 35-80 所示，本次检测的双向晶闸管外形完好，需要进一步进行检测是否正常。

2）清洁待测集成稳压管的引脚，避免因油污的隔离作用影响测量的准确性，如图 35-81 所示。

图 35-80 观察待测集成稳压管

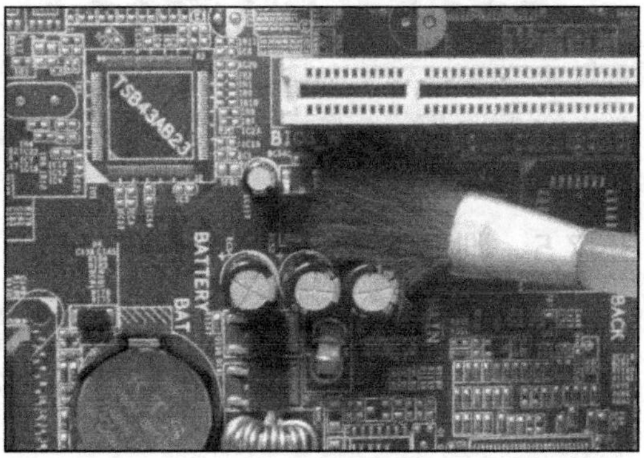

图 35-81 清洁待测集成稳压管的引脚

3）将待测集成稳压管电路板接上正常的工作电压。

4）将数字万用表旋至电压挡的量程 20，如图 35-82 所示。

5）先给电路板通电，将数字万用表的红表笔接集成稳压器电压输出端引脚，黑表笔接地，如图 35-83 所示，记录其读数。

6）如果输出端电压正常，则稳压器正常。如果输出端电压不正常，接着测量输入端电压。接着将数字万用表的红表笔接住集成稳压器的输入端，黑表笔接地，如图 35-84 所示，记录其读数。

7）如果输入端电压正常，输出端电压不正常，则稳压器或稳压器周边的元器件可能有问题。接着检查稳压器周边的元器件，如果周边元器件正常，则稳压器有问题，更换稳压器。

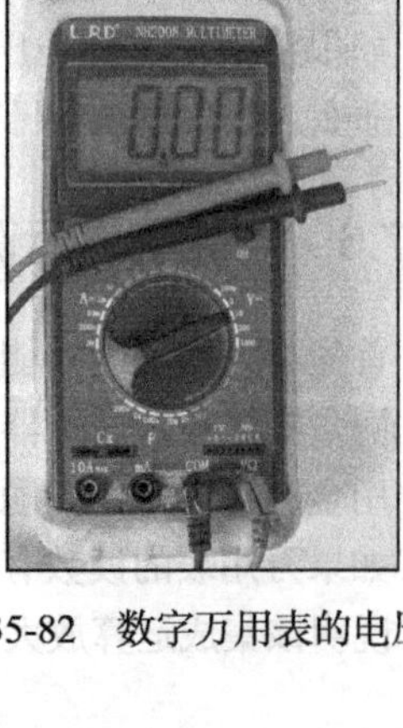

图 35-82 数字万用表的电压挡

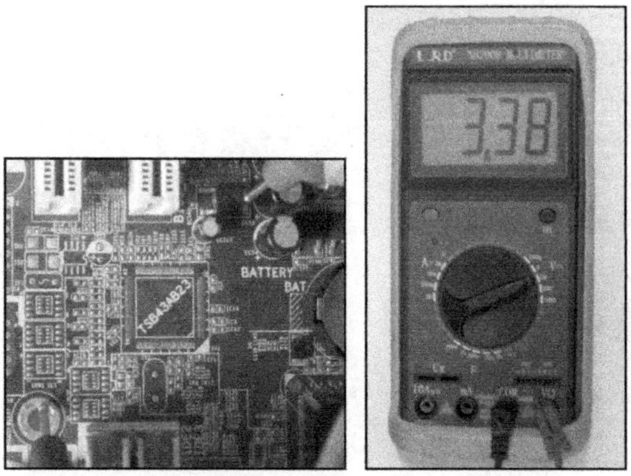

图 35-83　集成稳压器输出端的对地电压

图 35-84　集成稳压管输入端的对地电压

35.7.9　数字集成电路好坏检测实例

通常采用开路检测数字集成电路对地电阻的方法检测数字集成电路是否正常。

1）观察待测数字集成电路的物理形态，看待测数字集成电路是否有烧焦或针脚断裂等明显的物理损坏。如果有，说明数字集成电路已发生损坏，如图 35-85 所示，本次检测的数字集成电路外形完好，需进一步进行测量。

2）用热风焊台将待测数字集成电路取下，接着清洁数字集成电路的引脚，去除引脚上的污物，避免因油污的隔离作用影响检测结果，如图 35-86 所示。

3）清洁完成后，将数字万用表的功能旋钮旋至二极管挡，如图 35-87 所示。

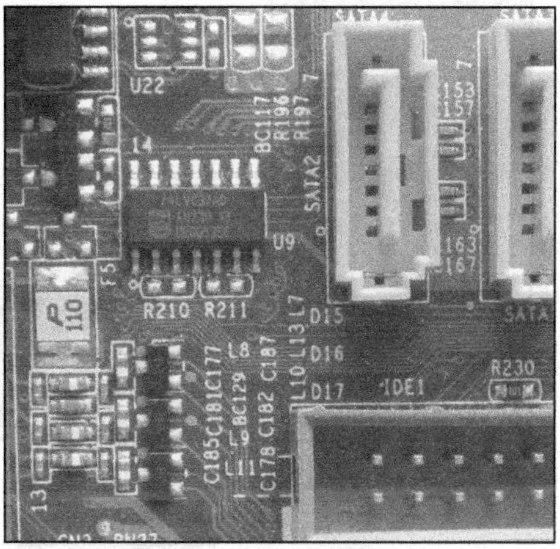

图 35-85　观察待测集成电路

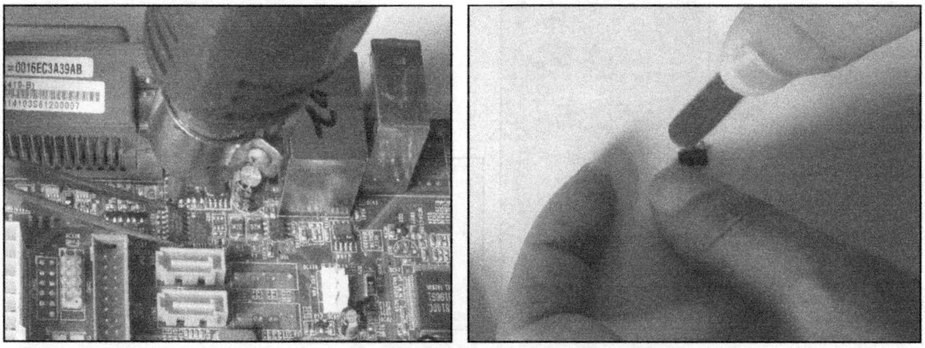

图 35-86　焊下并清洁待测集成电路引脚

4）将数字万用表的黑表笔接数字集成电路的地端，红表笔分别与其他引脚相接去检测其他引脚与地端的正向电阻，如图 35-88 所示。

图 35-87 数字万用表的二极管挡

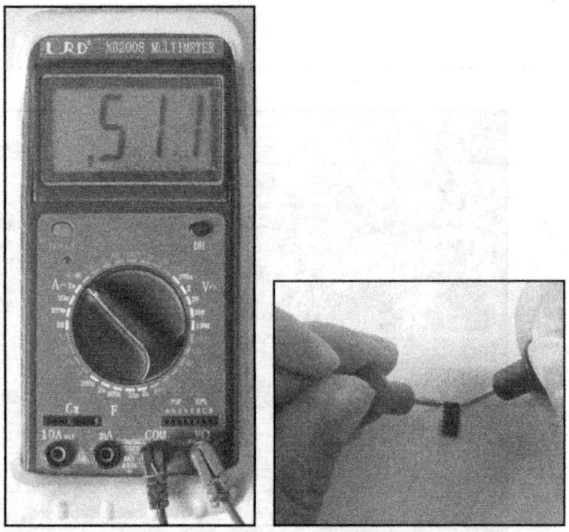

a）第一次测量

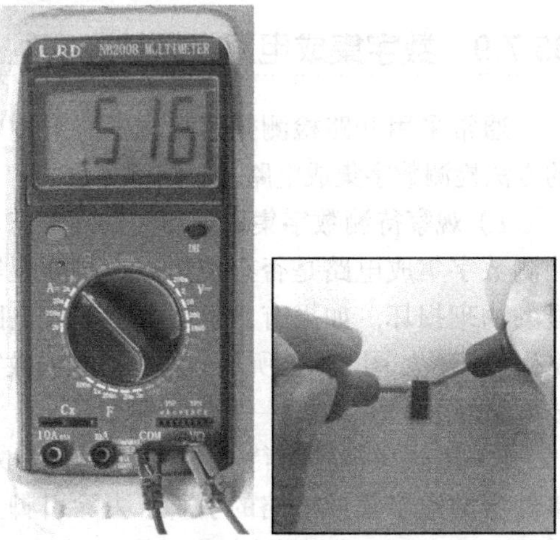

b）第二次测量

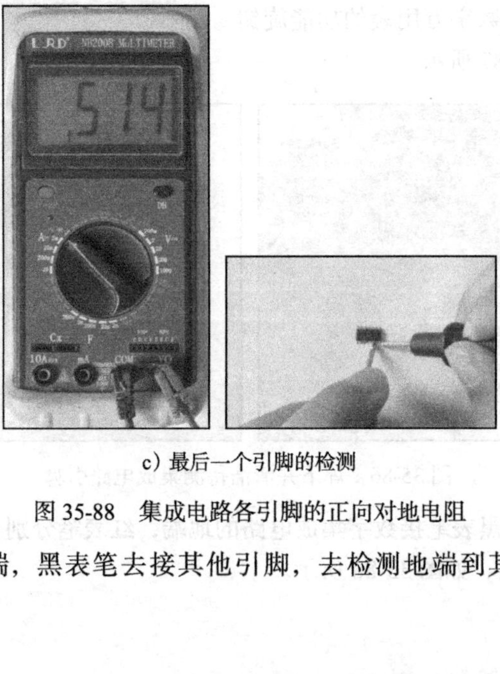

c）最后一个引脚的检测

图 35-88 集成电路各引脚的正向对地电阻

5）将红表笔接地端，黑表笔去接其他引脚，去检测地端到其他引脚间的反向电阻，如图 35-89 所示。

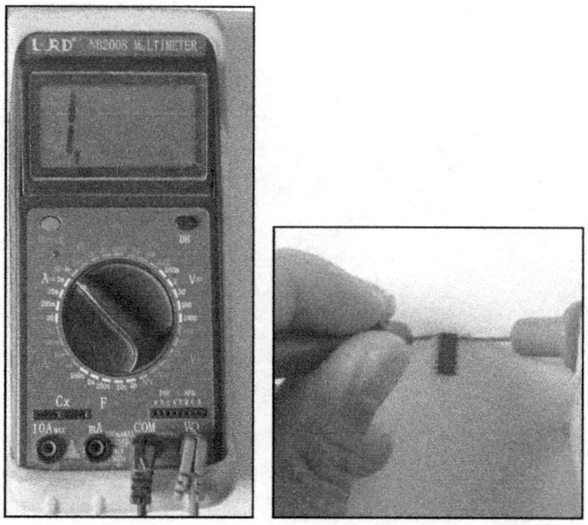

a）第一次检测

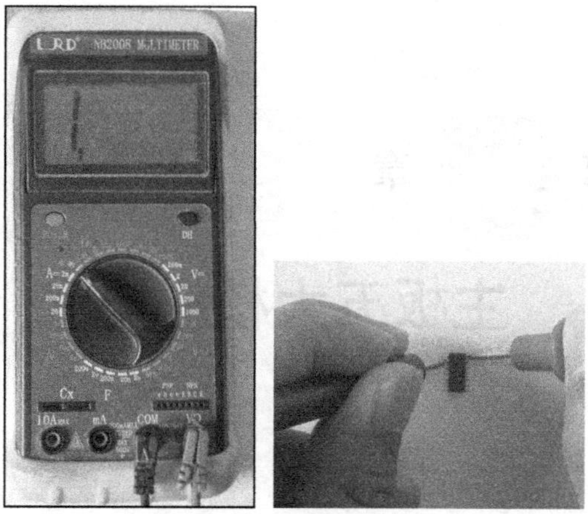

b）第二次检测

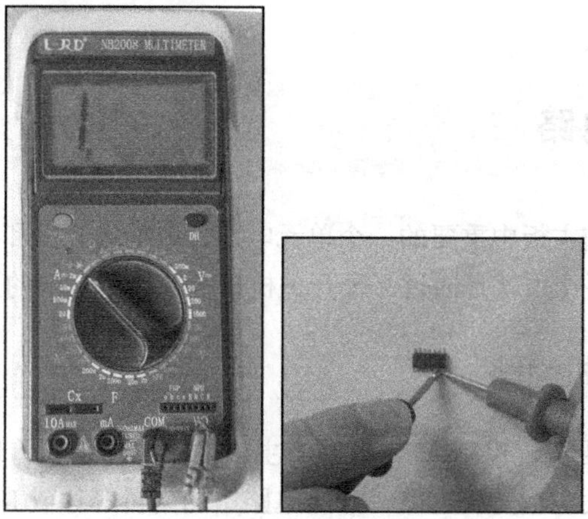

c）最后一个引脚的检测

图 35-89　数字集成电路各引脚对地反向电阻

由于测得地端到其他引脚间的正向阻值为一固定值，反向阻值为无穷大，因此该数字集成电路功能正常。

第36章 主板五大核心电路

36.1 主板开机电路

主板开机电路是电脑主板中重要的一个单元电路，电脑的开机和关机动作都是由这个单元电路来完成的。它的主要作用就是通过一个开关机按键来控制电脑的开启和关闭。

36.1.1 认识主板开机电路

主板的开机电路主要负责控制 ATX 电源给主板输出工作电压，使主板开始工作。主板开机电路通过电源开关触发主板开机电路，开机电路中的南桥芯片或 I/O 芯片对电源开关发出的触发信号进行处理后，最终发出控制信号，将 ATX 电源的第 16 针脚的高电平拉低，以触发 ATX 电源电路开始工作，输出相应的工作电压，为主板等设备提供工作电压。

随着电脑主板不断地更新和发展，主板内部电路结构也越来越复杂，主板开机电路的控制方式也越来越多样化。有的通过南桥芯片来直接控制，有的通过南桥芯片及 I/O 芯片来控制，还有的是由南桥芯片和逻辑门电路搭配来控制的。不管控制方式是怎样实现的，其电路的功能和基本原理有很多相同点。

36.1.2 主板开机电路如何实现开机控制

一般来说主板开机电路主要是通过电源开关（PW-ON）触发主板开机电路，电路中的南桥芯片或者是 I/O 芯片对触发信号进行处理，然后再发出最终控制信号，来控制开机控制三极管或门电路将 ATX 电源的第 16 针（24 针电源插头）或者第 14 针（20 针电源插头）的高电位拉低，以触发 ATX 电源主电源电路开始工作，通过 ATX 电源各针脚输出相应的电压，为主板供电。如图 36-1 所示为电脑开机电路 / 待机控制电路。

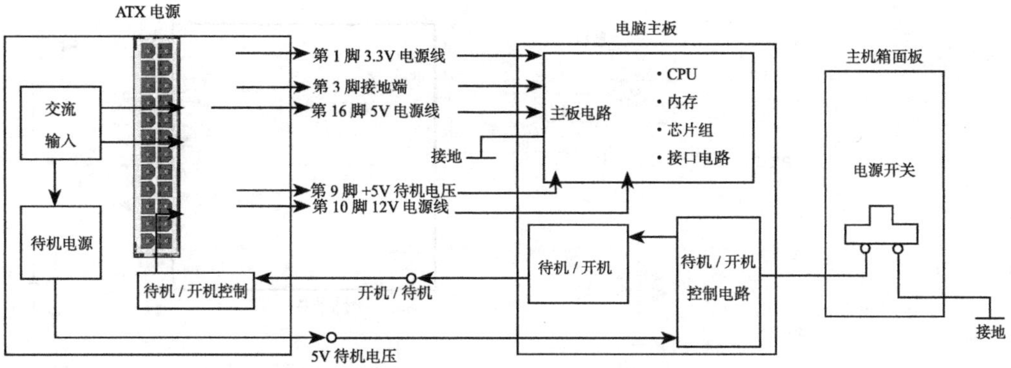

图 36-1　电脑开机电路 / 待机控制电路

36.1.3　由南桥和 I/O 芯片组成的开机电路的工作原理

如图 36-2 所示为由南桥和 I/O 芯片组成的主板开机电路结构图，该类开机电路结构在当前主板中应用是比较多的。

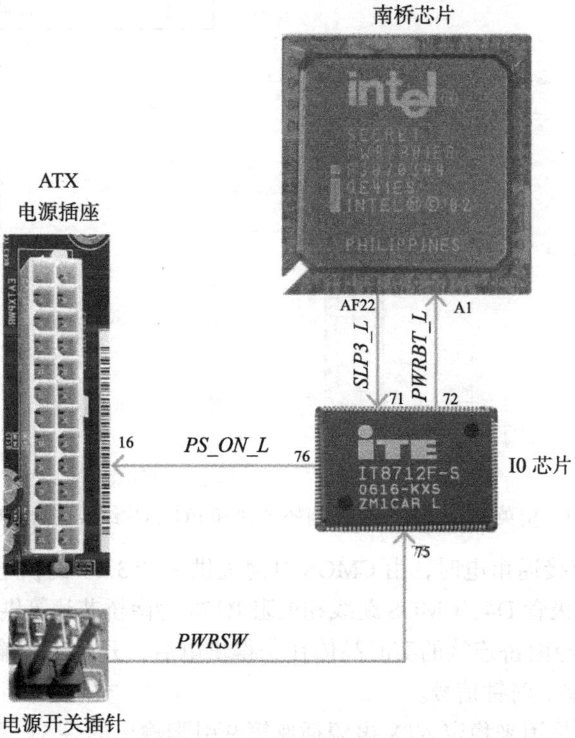

图 36-2　由南桥和 I/O 芯片组成的开机电路

下面我就以精英 P965T-A 开机电路（南桥 +IO）为例来介绍，该开机电路图如图 36-3 所示，该主板开机电路是一款典型的南桥芯片和 I/O 芯片组成的开机电路图，这种开机电路在目前的主板中应用比较广泛。从图中我们可以看出，该电路主要有南桥芯片、I/O 芯片、ATX 电源、三端稳压二极管、CMOS 电池、CMOS 跳线、三端稳压器 U31 和实时晶振等元器件组成。其中 I/O 芯片内部集成有开机触发模块。

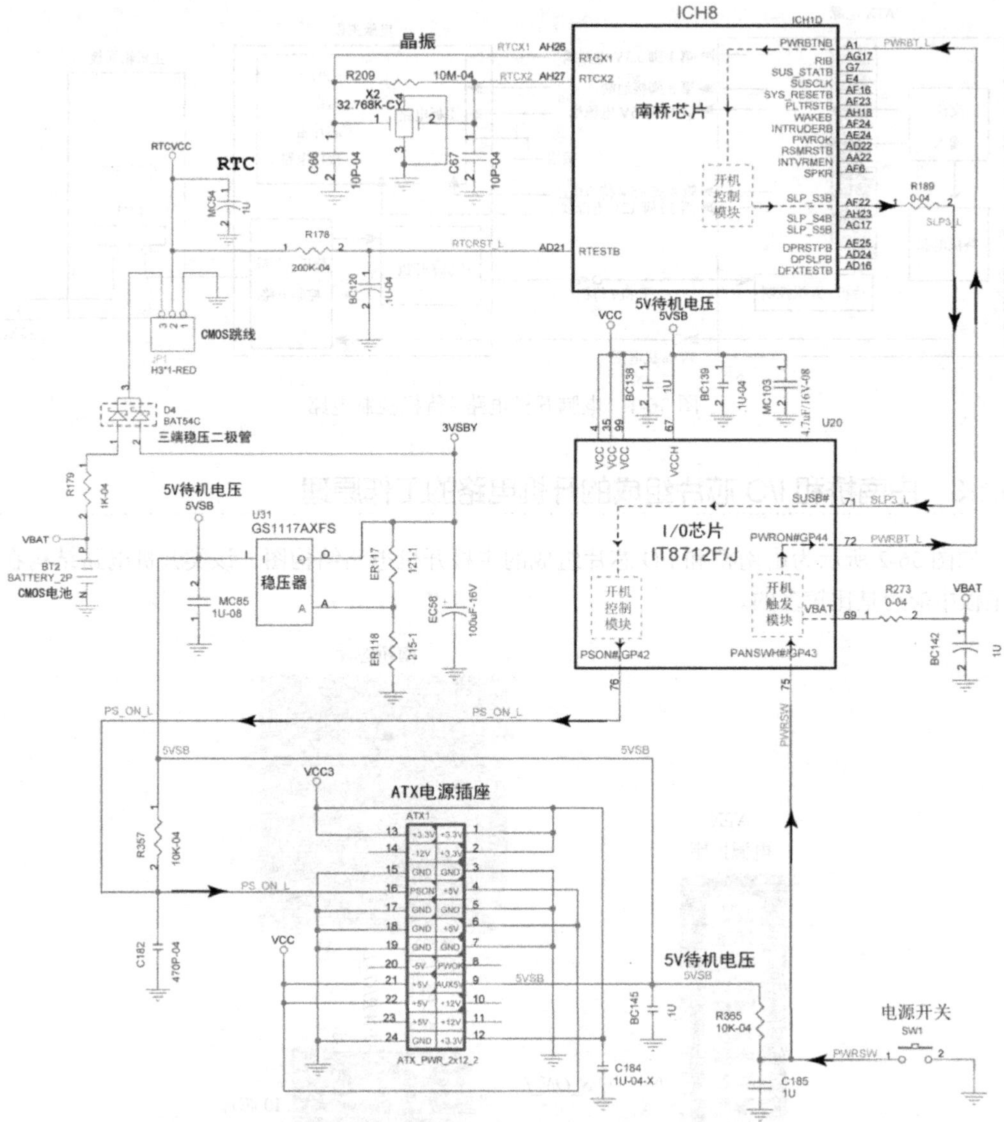

图 36-3　精英 P965T-A 主板由南桥芯片和 I/O 芯片组成的开机电路图

在 ATX 电源没有接通市电时，由 CMOS 电池提供一个 3.0V 的供电电压，该电压通过电阻 R179、三端稳压二极管 D4、CMOS 跳线和电阻 R178 为南桥芯片等供电，以保证主板 BIOS 等的存储设置。此时与南桥连接的实时晶体在获得供电后，开始工作输出 32.768KHz 的时钟频率，提供开机所需要的时钟信号。

三端稳压器 U31 是用来稳定 ATX 电源插座第 9 引脚输出的 ±5V 待机电压的，经过 U31 稳压后输出 3.3V 工作电压，在待机状态下为南桥和 I/O 芯片、CMOS 电路供电。

开启主板时，当电脑主机的 ATX 电源接通市电 220V 后，ATX 电源中的待机电路开始工作，它的第 9 脚开始输出 5V 的待机电压到三端稳压器 U31，经过稳压后变为 3V 输出电压，经三端稳压二极管和 CMOS 跳线为南桥芯片供电，此时 CMOS 电池不再为二极管供电。同时 ATX 电源的第 9 脚输出的 5V 电压经过电阻 R365 到达开关机按键和 I/O 芯片的 PANSWH#/GP43 端口。使开机键和 I/O 芯片 PANSWH# 端的电压为高电平。此时 I/O 芯片内部的触发电路没有被触发（触发条件是电平由低变高的跳变），南桥没有通过 PWRBTNB 端口接收到触发信号。因此从 I/O 端口 PSON#/GP42 输出到 ATX 电源第 16 针为高电平，ATX 电源没有工作。

当按下开关机键的瞬间，开机键的高电平被接地，电压变成了低电平，此时开机键的电压信号由高变低，I/O 芯片的 PANSWH#/GP43 端电压由高变低，I/O 芯片内部的触发器没有被触发（触发器在得到由低变高的跳变后触发），其输出端保持原状态不变。所以 ATX 电源第 16 针依然为高电平，ATX 电源没有工作。

当松开开关机键的瞬间，开关机键与地断开，开关机键的电压又变成了高电压，此时开关机键通过 I/O 芯片的 PANSWH#/GP43 端口向 I/O 内部的触发器发送了一个触发信号。I/O 芯片内部触发器被触发，同时通过 PWRON#/GP44 端口向南桥的 PWRBTNB 端口输送低电平的触发信号，南桥在接收到触发信号后，通过内部开机控制模块，由端口 SLP_S3B 将低电平输出到 I/O 芯片的 SUSB# 端口，然后由 I/O 内部的开机控制器，由端口 PSON#/GP42 输出到达 ATX 电源的第 16 针。第 16 针处电压由高电平变成低电平，ATX 电源开始工作。此时 ATX 电源通过第 8 脚为 CPU、时钟和复位电路供电，主板完成开机。

当要关闭主板时，在按下开关机键的瞬间，开机键的电压再次变为低电平，I/O 芯片内部触发模块没有被触发，主板依然保持开机状态。

在松开开关机键的瞬间，开关机键的电压由低电平变成高电平，此时 I/O 芯片内部的开机触发模块被触发，I/O 芯片通过 PWRON#/GP44 端口向南桥发出触发信号，南桥在收到触发信号后，经过内部的开机控制模块，通过由端口 SLP_S3 输出到 I/O 芯片的 SUSB# 端口，然后 I/O 内部的开机控制器由低电平转换为高电平，经端口 PSON#/GP42 输出到达 ATX 电源的第 16 针，第 16 针处的电平变为高电平，ATX 电源停止工作，主板没有了供电被关闭。

36.1.4　由智能芯片 + 南桥 +I/O 芯片组成的开机电路的工作原理

提到由智能芯片、南桥、I/O 芯片组成的开机电路，我们就以富士康 RS690 这款主板为例。富士康 RS690 主板的最大特色是主板内部集成了一款智能控制芯片 TIGER ONE，（如图 36-4 所示）。这款 TEGER ONE 智能控制芯片突破了其他品牌以往仅仅是通过软件实现智能控制的技术桎梏，而是通过“芯片 + 软件 +BIOS 设置”软件和硬件的完美结合实现。给用户带来的最大好处就是，自动侦测和调整系统状态和超系统电压以及大幅度提升系统超频能力。

图 36-4　TIGER ONE 芯片

如图 36-5 所示是由智能芯片 + 南桥 +I/O 芯片组成的开机电路。

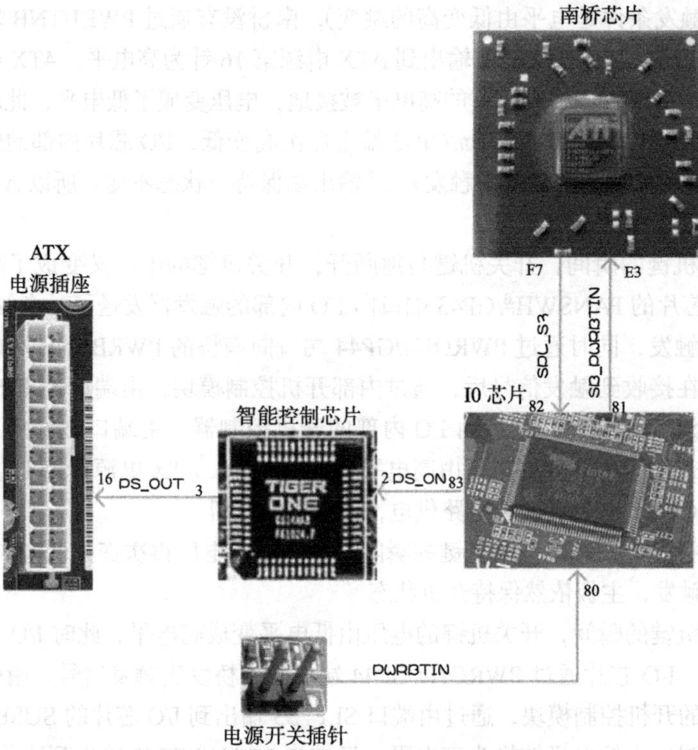

图 36-5 由智能芯片 + 南桥 +I/O 芯片组成的开机电路

如图 36-6 所示为富士康 RS690 主板的开机电路图。

该主板的开机电路图是由智能控制芯片、南桥、I/O 芯片组成的。这种开机方式在当前主板中也是比较流行的。从图 36-6 中我们可以看到 ATX 电源、南桥、I/O 芯片、智能控制芯片、稳压二极管 Q63、CMOS 电池、CMOS 跳线、开机控制三极管 Q64 和实时晶振等元器件。

其中稳压二极管 Q63 的作用就是将电源的 5V 待机电压转换成 3.3V 电压，为 CMOS 电路、南桥和 I/O 芯片供电。I/O 芯片内部集成了开机触发模块，当 I/O 芯片的 PWSIN#/GPIO26 引脚接收到的电压由低变高时，开机触发模块被触发。

在 ATX 电源没有接通市电 220V 时，是由 CMOS 电池提供一个 3.0V 的供电电压，该电压通过三端稳压二极管 Q63、CMOS 跳线和一系列电阻为南桥芯片等供电，以保证主板 BIOS 等的存储设置。此时与南桥连接的实时晶体在获得供电后，开始工作输出 32.768KHz 的时钟频率，提供开机所需要的时钟信号。

在主板接通市电时，由 ATX 电源的第 9 脚输出 5V 的待机电压，该电压连接到智能控制芯片、电源开关 SW1、稳压二极管 Q63、开机控制三极管 Q64 等元器件，电压为高电平。在稳压二极管 Q63 处时，CMOS 电池不再供电。由稳压二极管输出后分为两部分，一部分经过 CMOS 跳线到南桥芯片为其供电，另一部分则通过电阻 R520 为 I/O 芯片供电。此时，I/O 芯片内部开机触发电路没有被触发，南桥没有通过 PWR_BTN# 接收到触发信号，因此从 SLP_3 输出低电平信号。该信号通过电阻 R530 连接到开机控制三极管 Q64 的 B 端，所以开机控制三极管 Q64 处于截止状态，I/O 芯片端口 S3#/GPIO30 处为高电平，由智能控制芯片 PS_ONOUT# 端口输出高电平到 ATX 电源第 16 针，此时电源处于关闭状态。

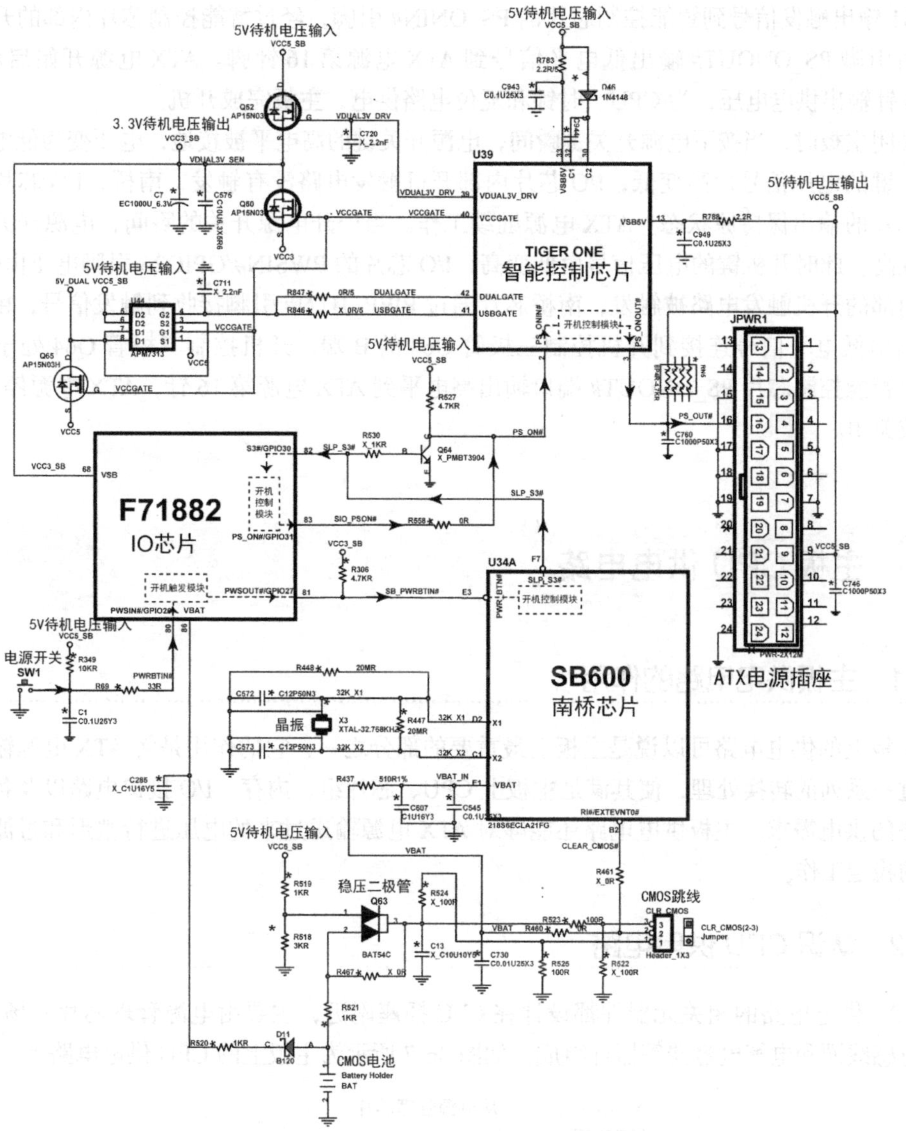

图 36-6　富士康 RS690 主板的开机电路图

开启主板时，当按下电源开关键 SW1 瞬间，电源开关的高电平端被接地，电压变为低电平，此时开机键的电压信号由高变低，I/O 芯片的 PWSIN#/GPIO26 引脚电压由高变低，I/O 芯片内部开机触发电路没有被触发（触发条件是由低到高的跳变后触发），I/O 芯片输出端保持原状态不变，南桥没有通过 PWR_BTN# 引脚接收到触发信号，因此从 SLP_3 引脚输出低电平信号。开机控制三极管 Q64 处于截止状态，由智能控制芯片 PS_ONOUT# 端口输出高电平到 ATX 电源第 16 针。电源没有工作。

当松开电源开关的瞬间，电源处电压又变回高电平，此时开机键的电压信号由低变高，I/O 芯片的 PWSIN#/GPIO26 引脚电压由低变高，芯片内部的开机触发电路被触发，南桥芯片通过 PWR_BTN# 引脚接收到触发信号，由 SLP_3 引脚输出高电平信号连接到开机控制三极管 Q64 的 B 端，此时 B 端为高电平，开机控制三极管 Q64 的 E 端接地，将高电平变为低电平，输送到 I/O 芯片的 S3#/GPIO30 引脚，再经过 I/O 芯片内部开机控制模块由引脚 PS_ON#/

GPIO31 输出触发信号到智能控制芯片的 PS_ONIN# 引脚，经过智能控制芯片内部的开机控制模块由引脚 PS_ONOUT# 输出低电平信号到 ATX 电源第 16 针脚。ATX 电源开始启动供电，由第 8 针输出供电电压，为 CPU、时钟和复位电路供电，主板完成开机。

关闭主板时，当按下电源开关键瞬间，电源开关键的高电平被接地，电压变为低电平，此时开机键的电压信号由高变低，I/O 芯片内部开机触发电路没有触发，南桥、I/O 芯片和智能控制芯片的输出保持原状态。ATX 电源继续工作。当松开电源开关的瞬间，电源开关处电平由低变高，此时开机键的电压信号由低变高，I/O 芯片的 PWSIN#/GPIO26 引脚电压由低变高，芯片内部的开机触发电路被触发，南桥芯片通过 PWR_BTN# 引脚接收到触发信号，由 SLP_3 引脚输出低电平信号连接到开机控制三极管 Q64 的 B 端，开机控制三极管 Q64 处于截止状态，由智能控制芯片 PS_ONOUT# 端口输出高电平到 ATX 电源第 16 针，ATX 电源停止工作，主板被关闭。

36.2 主板 CPU 供电电路

36.2.1 主板供电电路的作用

主板上的供电电路可以说是主板上最重要的部分之一，它的作用是将 ATX 电源输出的电压经过一系列的转换处理，使其满足主板上 CPU、芯片组、内存、I/O 接口电路以及各种接口和电路的供电需求。主板供电电路还能够对 ATX 电源输送过来的电压进行整形和过滤，保证电脑的稳定工作。

36.2.2 认识 CPU 供电电路

CPU 供电电路的相关元器件都设计在 CPU 插座附近，主要由电源管理芯片、场效应管、储能电感线圈和电解电容器等器件组成。如图 36-7 所示为主板上的 CPU 供电电路。

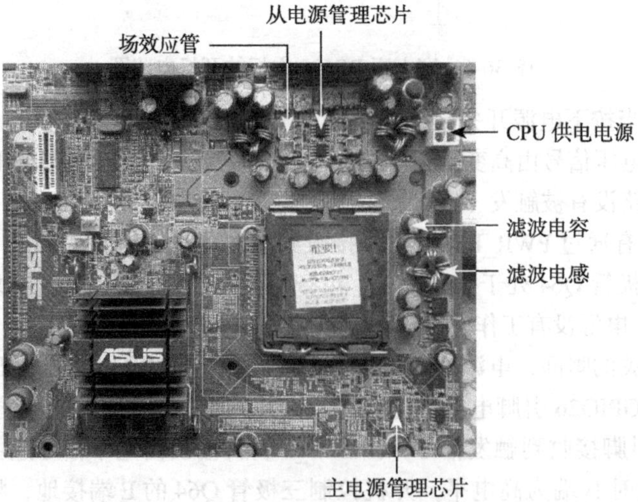

图 36-7 主板上的 CPU 供电电路

36.2.3　主流 CPU 供电电路的供电原理

供电是所有电子元器件正常工作的先决条件，供电电路也是最容易坏的单元，主板中 CPU 供电电路出现故障的频率也较高。下面我们就对 CPU 供电电路作一个分析。

不同频率测得 CPU 工作时所需要的工作电压是不一样的，因此主板工作时，CPU 所需的电压都是通过特定的线路（电压识别引脚）输送到电源管理芯片，经电源管理芯片内部编程后输出 CPU 工作时的正常电压，这是目前主板上 CPU 的供电电路常用的形式，CPU 的供电电路采用脉宽调制（PWM）开关电源方式。电源管理芯片根据 CPU 工作电压的需要产生开关脉冲信号，该信号为两个相位相反的 PWM 信号，分别经两个场效应晶体管将脉冲信号放大，再平滑滤波后输出 CPU 所需要的直流电压。如图 36-8 所示为 CPU 供电电路基本原理图。

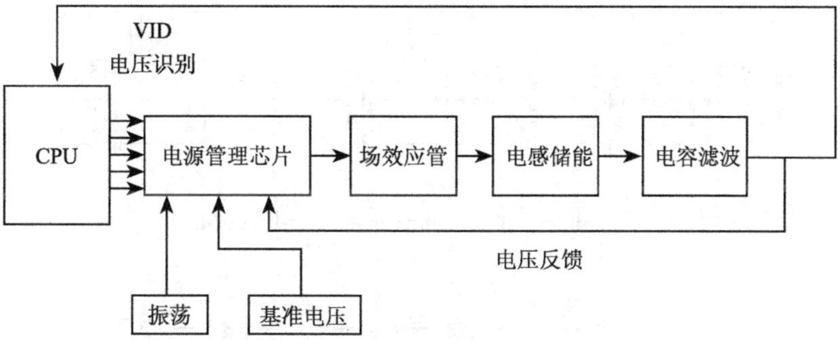

图 36-8　CPU 供电电路基本原理图

根据原理图中我们可以得知，当电脑开机后，电源管理芯片在获得 ATX 电源输送来的 +5V 或 +12V 供电后，为 CPU 提供电压，接着 CPU 电压自动识别引脚发出电压识别信号 VID 给电源管理芯片。电源管理芯片再根据 CPU 的 VID 电压，通过 UGATE 引脚和 LGATE 引脚分别输出 3 ～ 5V 且互为反相的驱动脉冲信号，控制两个场效应管导通的顺序和频率，使其输出的电压与电流达到 CPU 核心供电要求，为 CPU 提供所需的供电。

下面以目前主流的 CPU 供电电路为例进行介绍。

如图 36-9 所示为六相供电电路图，六相供电电路一般用于支持酷睿等双核 CPU 的主板。

从图中我们可以看出该供电电路由 ISL6336CRZ 和 6 个 ISL6622CRZ 共同组成。其中 ISL6336CRZ 为主电源管理芯片，该芯片有 49 引脚，可以支持两、三、四、五、六相供电，支持 VRM9.0 规范。图中 6 个 ISL6622CRZ 为从电源管理芯片，每个从电源管理芯片都连接了 3 个场效应管，这样极大地提高了供电电路的稳定性。

六相供电电路和三相、四相供电电路的原理基本相同，六相供电电路的工作原理如下：

当按下开关键松开后，ATX 电源开始向主板供电，接着 ATX 电源输出的 +12V 电压通过滤波电容滤波后为从电源管理芯片（PU2、PU3、PU4、PU5、PU6、PU7）供电，ATX 电源输出的 +5V 电压通过滤波电容滤波后为主电源管理芯片供电。同时 8 针电源插座的 +12V 电压通过滤波电感 PLI1 以及滤波电容 PEC11 ～ PEC14 等滤波后，为各个场效应管提供 +12V 供电电压。CPU 通过主电源管理芯片的 VID0 ～ VID7 引脚向主电源管理芯片输出 VID 电压识别信号。

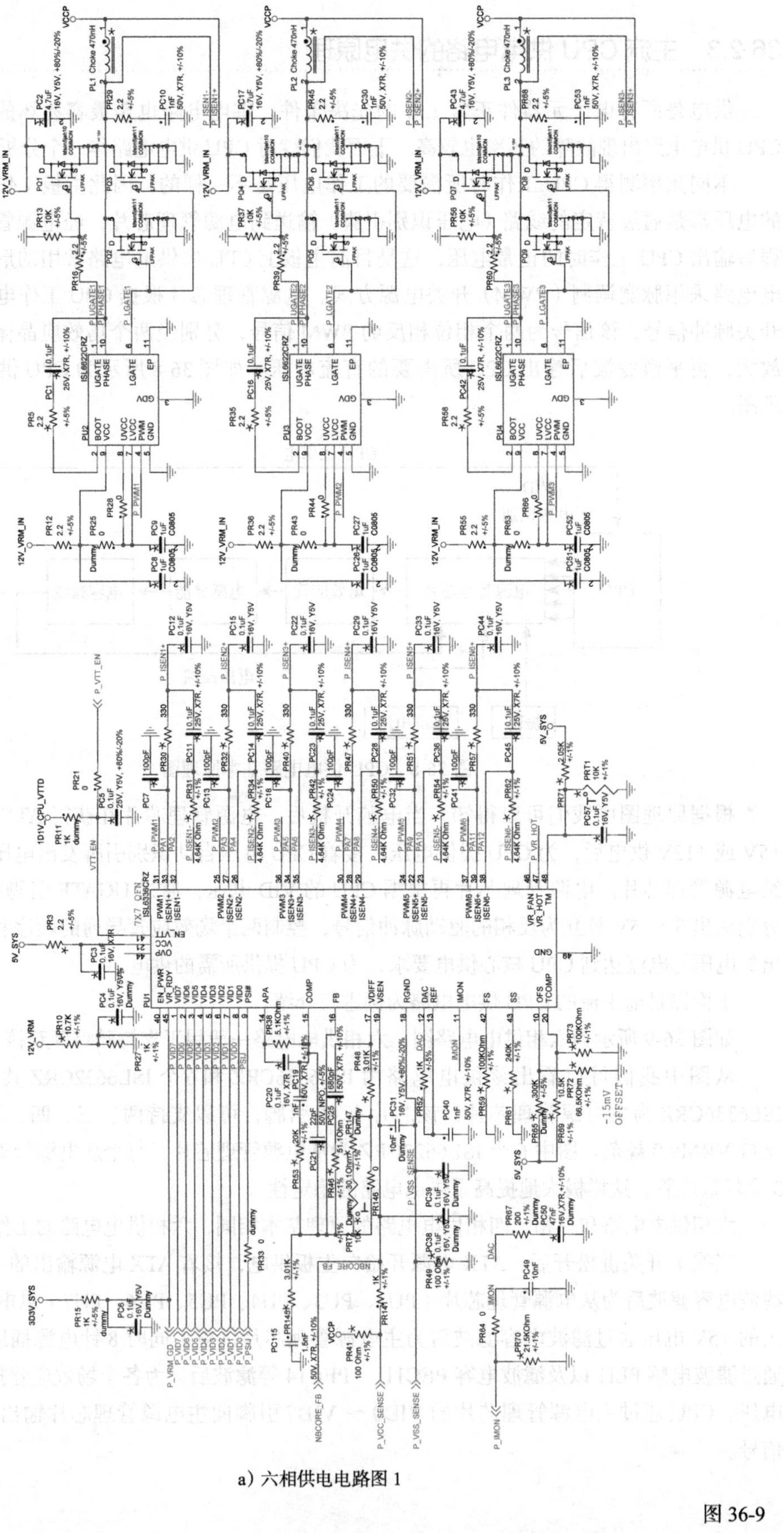

a）六相供电电路图 1

图 36-9

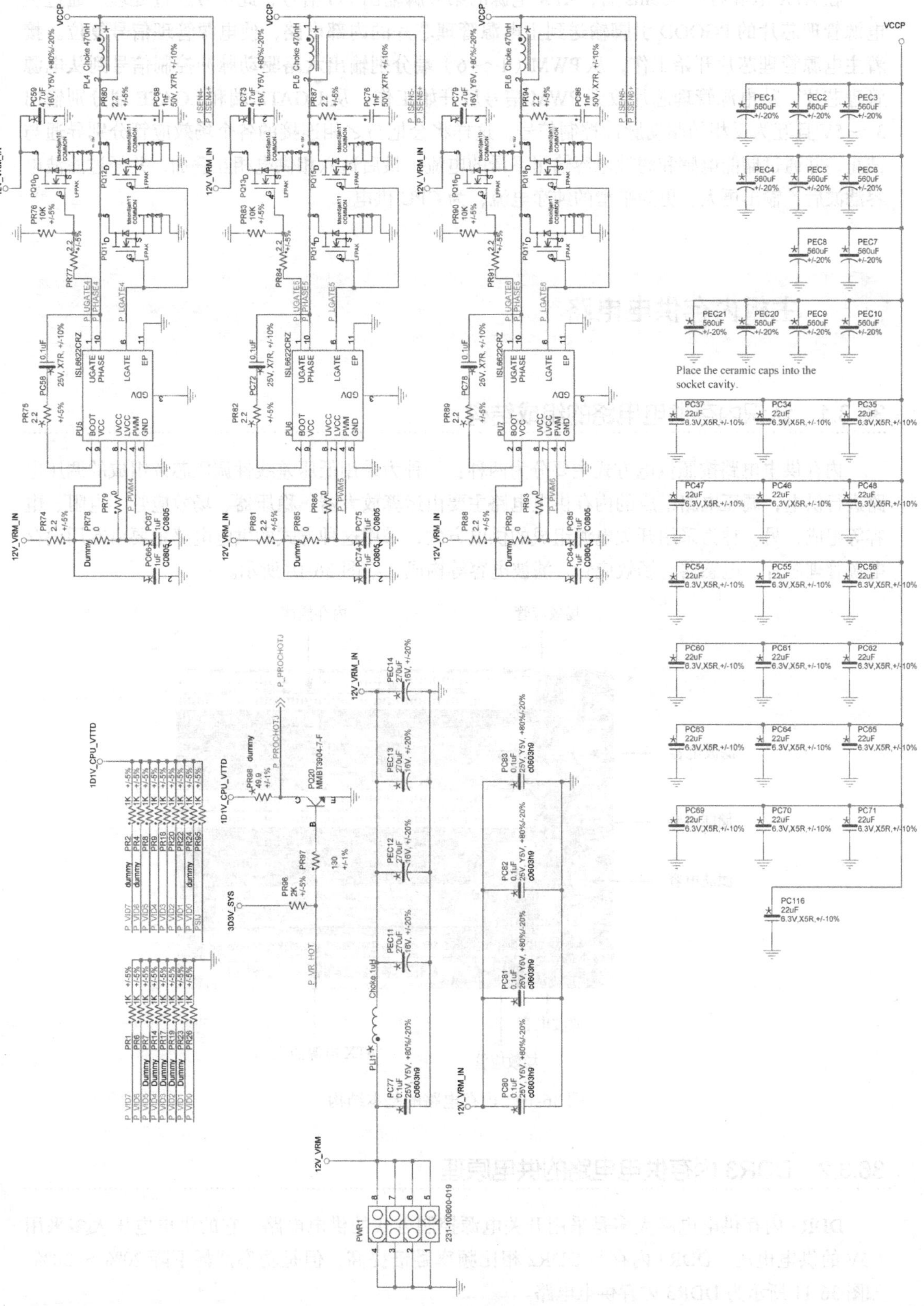

b) 六相供电电路图 2

六相供电电路图

在 ATX 电源启动 500ms 后，ATX 电源的第 8 脚输出 PG 信号，此信号经过处理后通过主电源管理芯片的 PGOOD 引脚输送到主电源管理芯片的内部电路，使电源管理信号复位。接着主电源管理芯片开始工作，从 PWM（1 ~ 6）端分别输出六路驱动脉冲控制信号到从电源管理芯片，从电源管理芯片收到 PWM 信号后开始工作，从 UGATE 端和 LGATE 端分别输出 3 ~ 5V 且互为反相的驱动脉冲控制信号，这样将会把与之相连接的各个场效应管分别导通与截止，并通过储能电感和滤波电容输出平滑的电流，最后这六相供电相互叠加，并经过滤波电容滤波后，输出更大、更为平滑的纯净电流，为 CPU 供电。

36.3 主板内存供电电路

36.3.1 认识内存供电电路的组成结构

内存供电电路按照供电方式主要分为两种：一种为采用低压差线性调压芯片组成的调压电路进行供电，调压电路组成的内存供电电路主要由运算放大器、稳压器、场效应管、电阻、电容等组成；另一种为采用开关电源组成的供电方式，采用这种方式的供电电路主要由专用内存电源管理芯片、电感器、场效应管、滤波电容等构成。如图 36-10 所示。

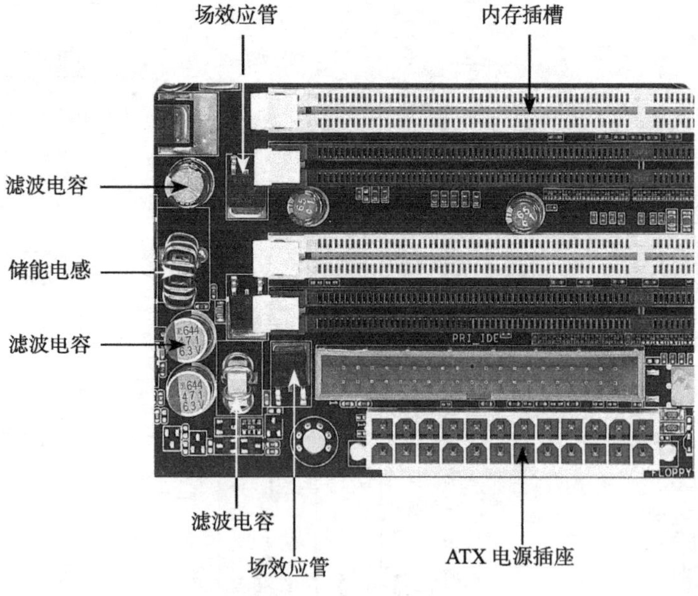

图 36-10 内存电路的基本结构

36.3.2 DDR3 内存供电电路的供电原理

DDR3 内存供电电路大多是采用开关电源控制方式的供电电路。它的供电电压大多采用 1.5V 的供电电压。DDR3 内存与 DDR2 相比频率翻倍提高，但是功率消耗下降 20% ~ 30%。如图 36-11 所示为 DDR3 内存供电电路。

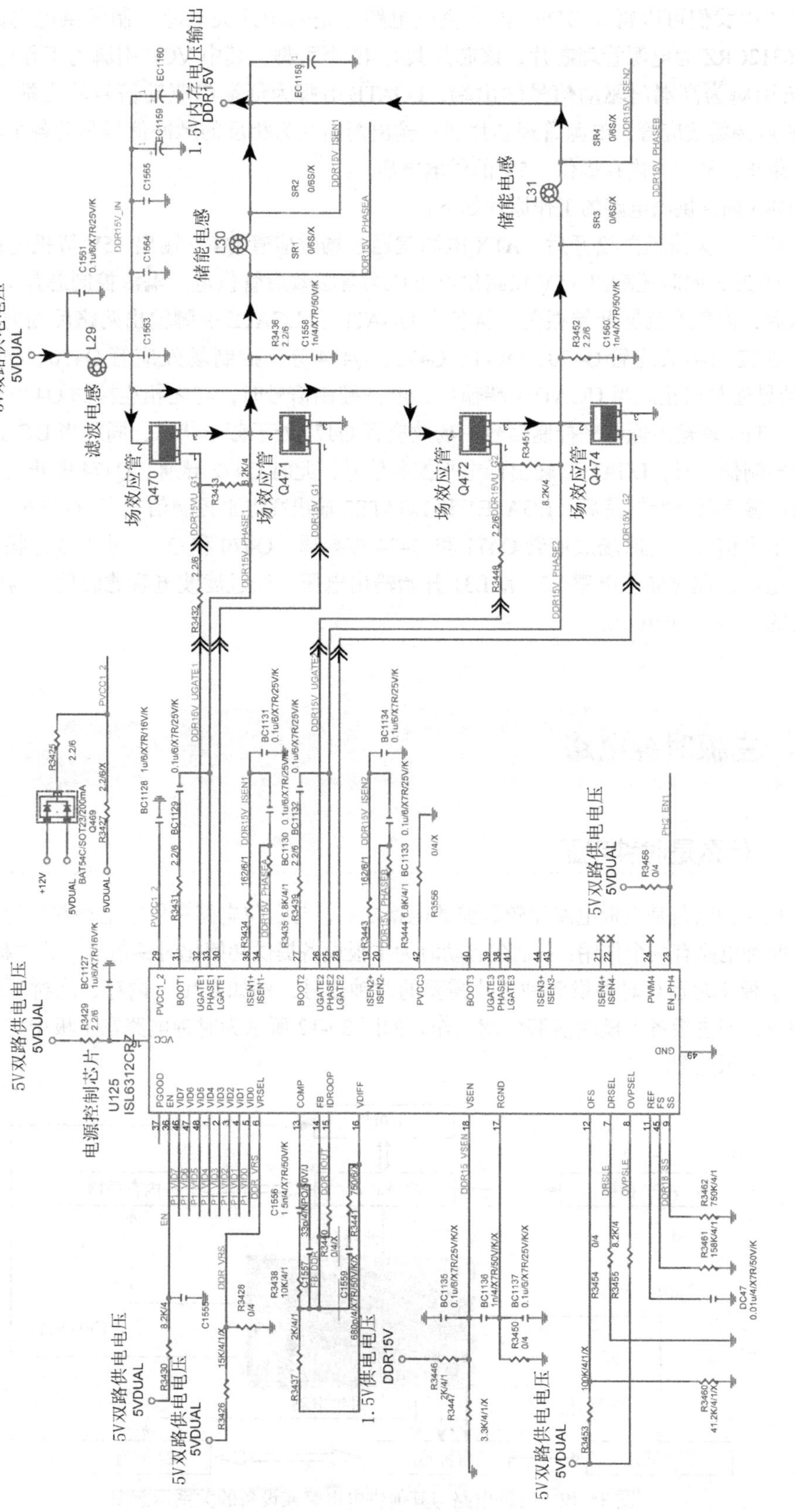

图 36-11 DDR3 内存供电电路

由图中我们可以得知DDR3内存供电电路也是采用开关电源控制的供电电路，在电路中ISL6312CRZ为电源管理芯片，该芯片共有49个引脚，其中VCC引脚为工作电压输入端；UGATE引脚为高端门驱动信号输出端，LGATE引脚为低端门驱动信号输出端，UGATE和LGATE连接场效应管，电源管理芯片通过输出两路互为相反的脉冲信号驱动各个场效应管的导通和截止，从而为内存提供1.5V的供电电压。

DDR3内存供电电路的工作原理如下：

当按下开关按键并松开后，ATX电源就通过场效应管Q469输出+5V待机电压到电源控制芯片U125，同时还输出+5V双路供电电压为各场效应管供电。电源控制芯片U125得到工作电压后，内部振荡器开始振荡，从各个UGATE和LGATE引脚输出两路反相的PWM波形信号，连接到场效应管Q470、Q471、Q472、Q474等，控制场效应管Q470、Q471、Q472、Q474的导通与截止。当UGATE1端输出高电平控制信号时，与之相连接的Q470处于导通状态，LGATE1端输出低电平控制信号，场效应管Q471处于截止状态，同理当UGATE2端输出高电平控制信号时，LGATE2输出低电平控制信号，此时Q472导通、Q474截止。当电源控制芯片内部振荡器开始振荡后，LGATE1和LGATE2输出高电平控制信号，UGATE1和UGATE2输出低电平信号，此时场效应管Q471和Q474被导通，Q470和Q472处于截止状态，开始输出供电电压，此时储能电感L30和L31开始输出电压，经过滤波电容滤波后，为内存输出平滑稳定的1.5V供电电压。

36.4 主板时钟电路

36.4.1 什么是时钟电路

主板时钟电路是主板电路比较重要的电路之一，与复位电路和供电电路并列为主板三要素之一。时钟电路有两个作用：一是在启动时为主板设备提供初始化时钟信号，让主板能够启动；二是在主板正常运行时提供各种芯片需要的时钟信号，例如CPU、内存、南桥、北桥等提供工作频率，使主板各个模块能够协调工作。如图36-12所示为时钟电路在主板中与其他电路或设备的关系示意图。

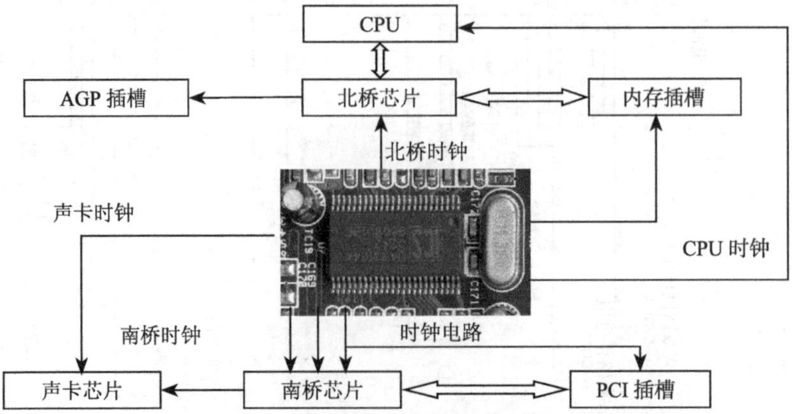

图36-12 时钟电路与其他供电电路或设备的关系示意图

电脑内部不同的电路、不同的总线，其工作频率也不同，所需要的时钟信号也不一样。在电脑中各个电路和部件所需时钟信号可以分为主板基准时钟和实时时钟两种时钟信号。

36.4.2 认识主板时钟电路的结构

主板上时钟电路主要是由时钟发生器芯片、14.318MHz 晶振、供电电路以及外接电阻电容等元器件构成。如图 36-13 所示。

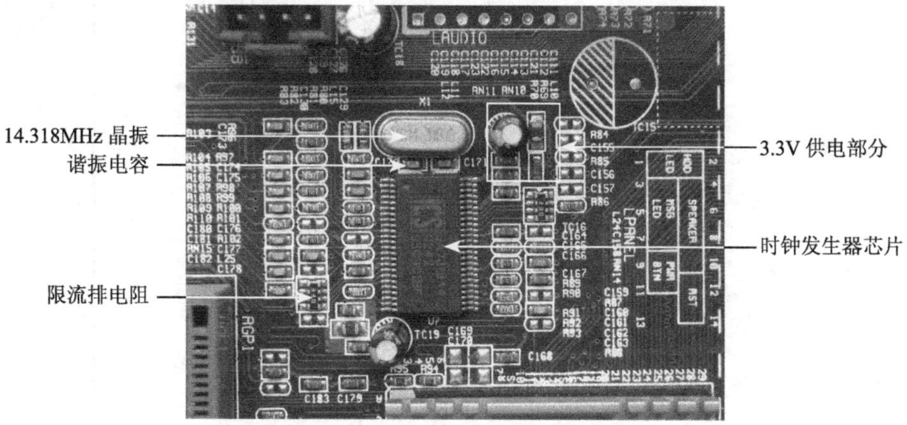

图 36-13 主板上的时钟电路

36.4.3 时钟电路的工作原理

在主板中不同的主板采用的时钟发生器芯片各不相同，不过它们的工作原理基本一致。当电脑开机时，南桥收到 PG 信号，然后会发送复位信号给时钟电路中的时钟发生器芯片，与此同时 ATX 电源通过电感、二极管等元器件为时钟发生器芯片提供 3.3V 的供电电压。此时时钟发生器内部的分频器开始工作，和晶振一起振荡，将晶振产生的 14.318MHz 频率按照需要放大或者缩小后，输送给主板的各个部件，如图 36-14 所示为主板时钟信号电路图。

由图 36-14 我们可以得知，CPU、南桥芯片、北桥芯片、I/O 芯片、BIOS 芯片、PCI 芯片、AGP 芯片、PCI 总线、键盘 / 鼠标等的时钟频率一般直接由时钟芯片提供，而音频芯片的部分时钟频率由南桥提供，内存的时钟频率一般由北桥芯片提供。

下面我们就以 ICS951413 时钟发生器芯片组成的时钟电路为例，介绍一下时钟电路的工作原理。如图 36-15 所示为时钟电路图。

如图 36-15 所示，GEN1 就是时钟发生器芯片 ICS951413，它共有 56 个引脚。其中 XTN 为晶振输入脚，XOUT 为晶振输出脚，这两个引脚连接 14.318MHz 的晶振，并且它们之间有 0.4V 左右的电压差；VDDCPU、VDD_SRC、VDD_48、VDD_PCI、VDD_REF 为供电端，它的供电电压为 3.3V；VDDA 为锁相环供电；SDATA 引脚和 SCLK 引脚分别为串行数据和串行时钟，由南桥芯片提供；FSC、REF1/FSB、REF0/FSA 引脚为时钟测试端；VTTPWRGD#/PD 引脚为 PG 信号输入端；USB_48 为 48MHz 时钟输出；CPU_STP# 引脚为停止 CPU 时钟端口。如图 36-16 所示为时钟发生器芯片 ICS951413 的内部结构图。

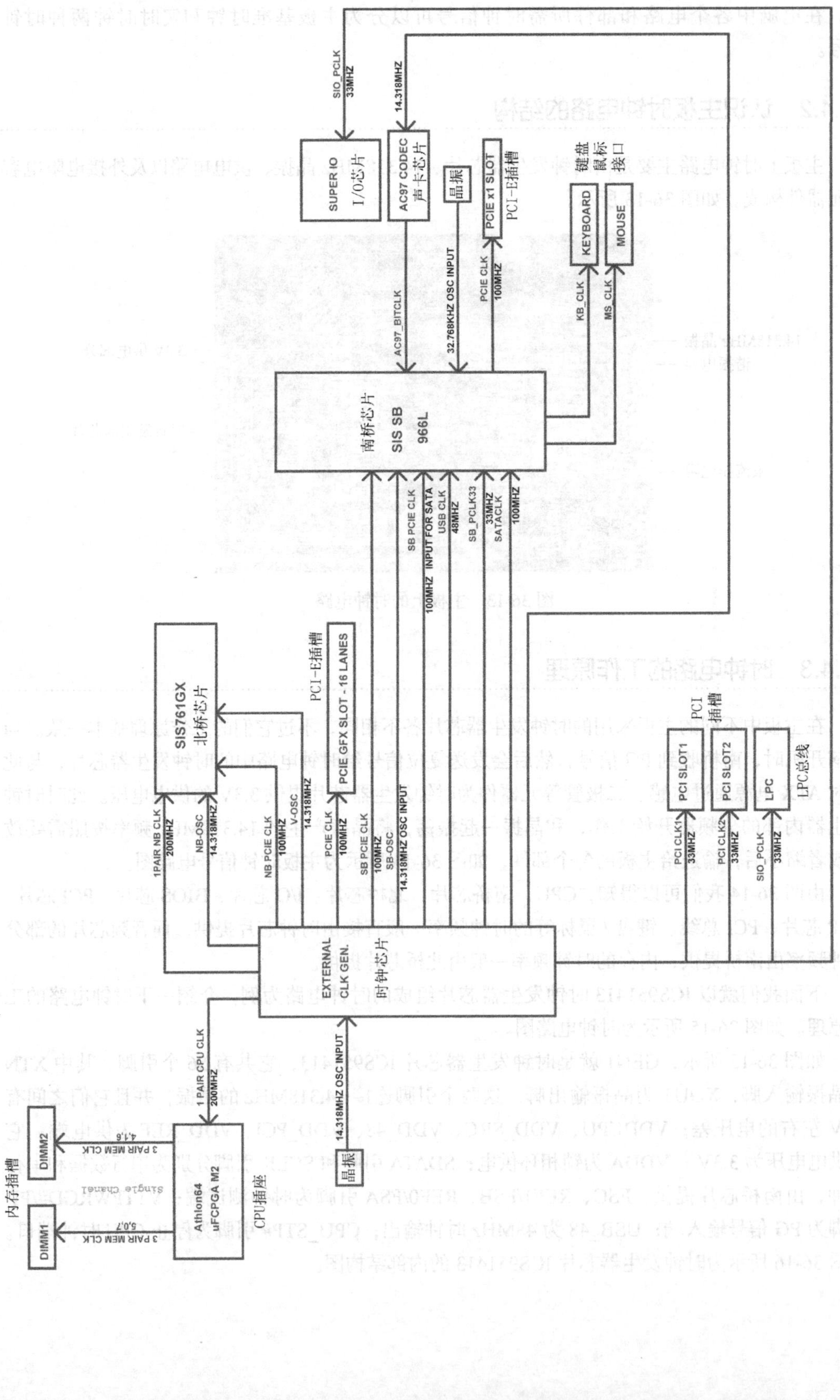

图 36-14 主板时钟信号电路图

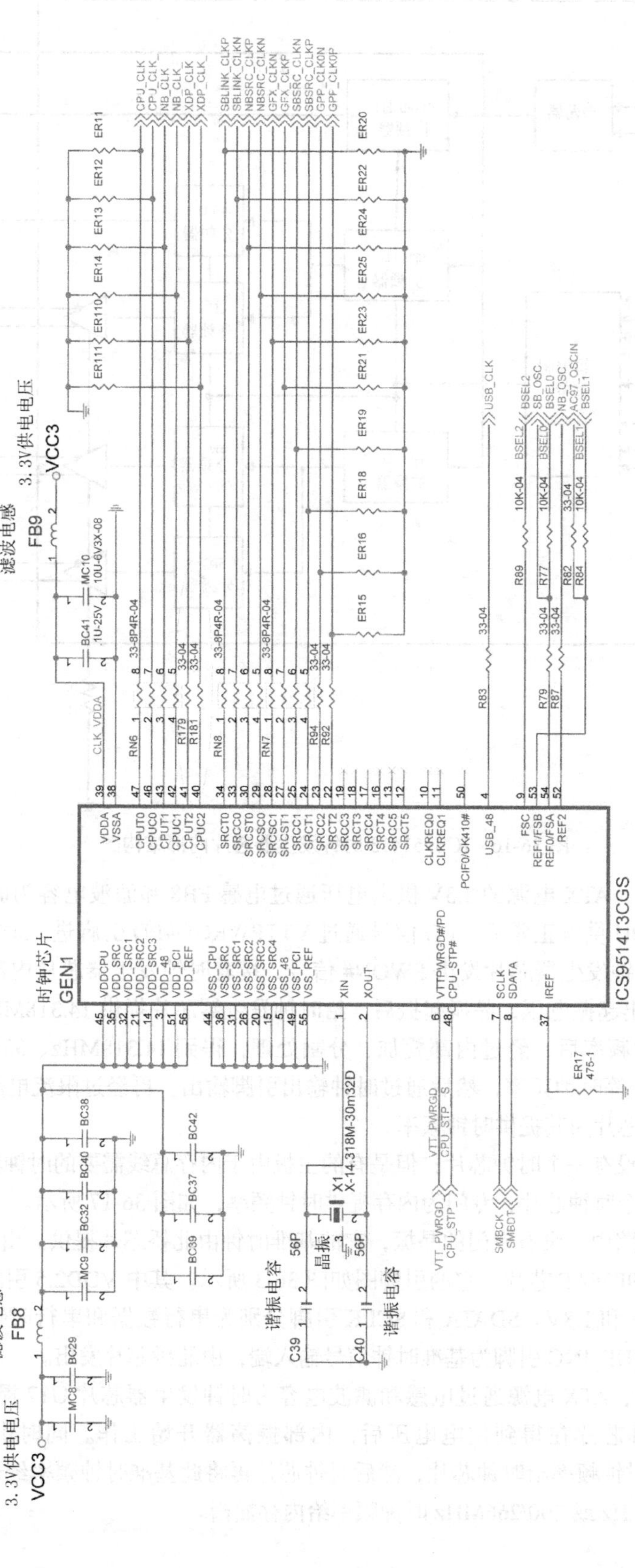

图 36-15　ICS951413 时钟发生器芯片组成的时钟电路图

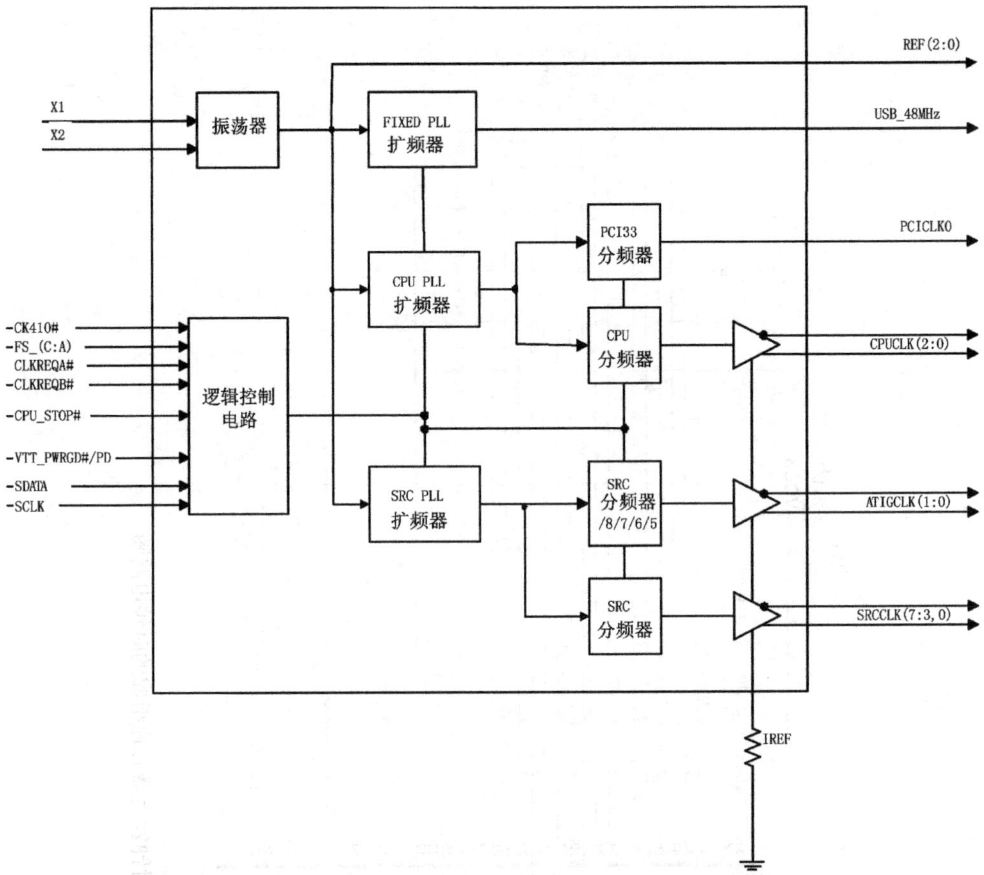

图 36-16 ICS951413 时钟发生器芯片内部结构图

当电脑启动后，ATX 电源的 3.3V 供电电压通过电感 FB8 和滤波电容为时钟发生器芯片 GEN1 供电。当 CPU 供电正常后，PG 信号通过 VTTPWRGD#PD 引脚进入时钟发生器芯片，同时南桥芯片向时钟发生器芯片发出 PWON# 信号，接着时钟发生器芯片内部振荡器开始工作，向晶振 X1 发出起振电压，晶振起振后，给时钟发生器芯片提供 14.318MHz 的时钟频率。时钟芯片在得到此频率后，经过内部叠加、分割处理，得到 14.318MHz、33MHz、66 MHz、48 MHz、100 MHz 等时钟频率，然后通过时钟输出引脚输出。再经过限流电阻后，分别送到主板的各个模块、芯片为其提供时钟频率。

一般的主板只设有一个时钟芯片，但是有的主板由于内存总线需要的时钟频率较多，因此在主板中又增加一个时钟芯片，专门为内存提供时钟频率，如图 36-17 所示。

在内存时钟电路中，没有专门的晶振，它的基准时钟由北桥芯片提供。由图 36-17 可知时钟芯片 U17 为 ICS9P36AF 芯片。它的引脚图如图 36-3 所示。其中 VDD2.5 引脚为供电端，它的供电电压为 2.5V 和 1.8V。SDATA 和 SCLK 引脚分别为串行数据和串行时钟，连接内存插槽。BUF_INT 和 BUF_INC 引脚为基准时钟信号输入端，由北桥芯片发出。

当电脑启动后，ATX 电源通过电感和滤波电容为时钟发生器芯片 U17 提供 1.8V 和 2.5V 的供电电压。时钟芯片在得到供电电压后，内部振荡器开始工作。同时由北桥芯片发送 200/260MHz 基准时钟频率给时钟芯片，然后时钟芯片再将此基准时钟频率经过内部叠加、分割，输出 166/200MHz 或 200/266MHz 时钟频率给内存插槽。

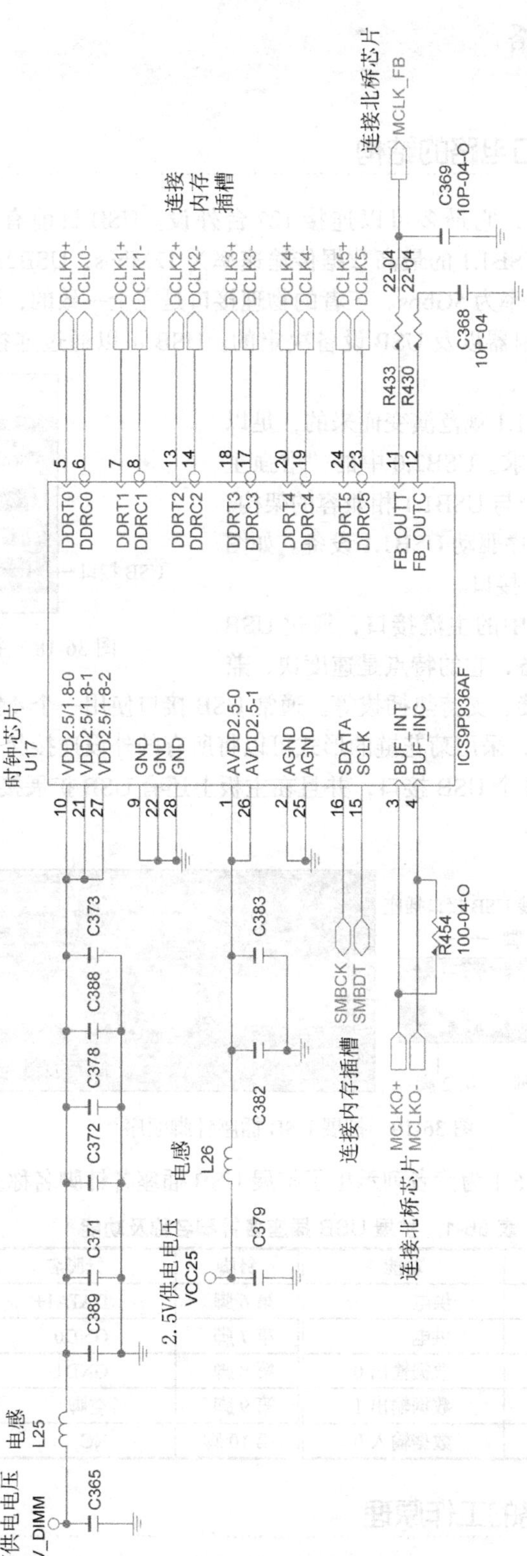

图 36-17　内存时钟电路

36.5 主板接口电路

36.5.1 主板 USB 接口电路的结构

USB 即通用串行总线，它最多可以连接 127 台外设。USB 目前有三个版本：USB1.1、USB2.0 和 USB3.0，其中 USB1.1 的最高数据传输速率为 12Mbps，USB2.0 的最高传输速率为 480Mbps,USB 3.0 最高传输率为 5Gbps。三者的物理接口是完全一致的，数据传输速率的差别完全由 PC 的 USB host 控制器以及 USB 设备决定的。USB 可以通过连接线为设备提供最高 5V、500mA 的供电。

USB2.0 规范是由 USB1.1 规范演变而来的，足以满足大多数外设的速率要求。USB2.0 中的“增强主机控制器接口”定义了一个与 USB1.1 相兼容的架构。它可以用 USB2.0 的驱动程序驱动 USB1.1 设备。如图 36-18 所示为主板上的 USB 接口。

图 36-18　主板上的 USB 接口

USB 接口是现在主板中的主流接口，通过 USB 接口可以连接很多外设设备，它的特点是速度快、兼容性好、不占断、可以串接、支持热插拔等。通常 USB 接口使用一个 4 针脚的插头作为标准插头，通过 USB 标准插头，采用菊花链的形式可以将所有的外设连接起来，而且不会损失带宽。主板上通常集成 4 ～ 8 个 USB 接口，并且在主板上还有 USB 扩展接口。如图 36-19 所示为扩展 USB 接口针脚顺序。

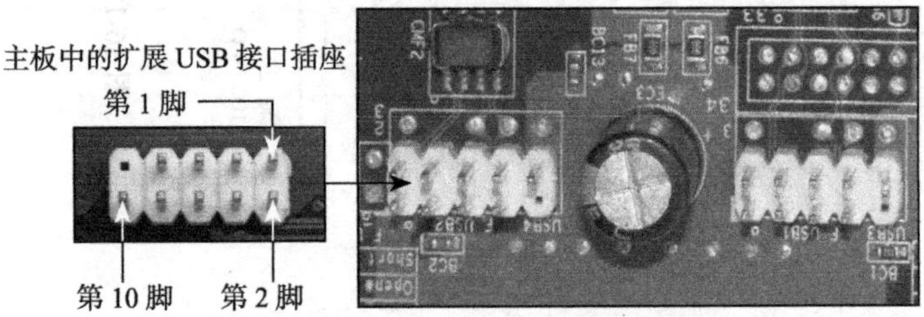

图 36-19　扩展 USB 插座针脚顺序

为方便读者查阅，表 36-1 为读者列示出了扩展 USB 插座各针脚名称及功能。

表 36-1　扩展 USB 插座各针脚名称及功能

针脚	针脚名	功能	针脚	针脚名	功能
第 1 脚	VCC0	供电	第 6 脚	DATA1+	数据输入 1
第 2 脚	VCC1	供电	第 7 脚	GND0	接地
第 3 脚	DATA0-	数据输出 0	第 8 脚	GND1	接地
第 4 脚	DATA1-	数据输出 1	第 9 脚	空脚	空脚
第 5 脚	DATA0+	数据输入 0	第 10 脚	NC	空脚

36.5.2 USB 接口电路的工作原理

USB 接口电路中主要由 USB 接口插座、电感、滤波电容、排电阻、保险电阻、南桥芯片等元器件组成，如图 36-20 所示为由芯片组控制的 USB 接口电路原理图。

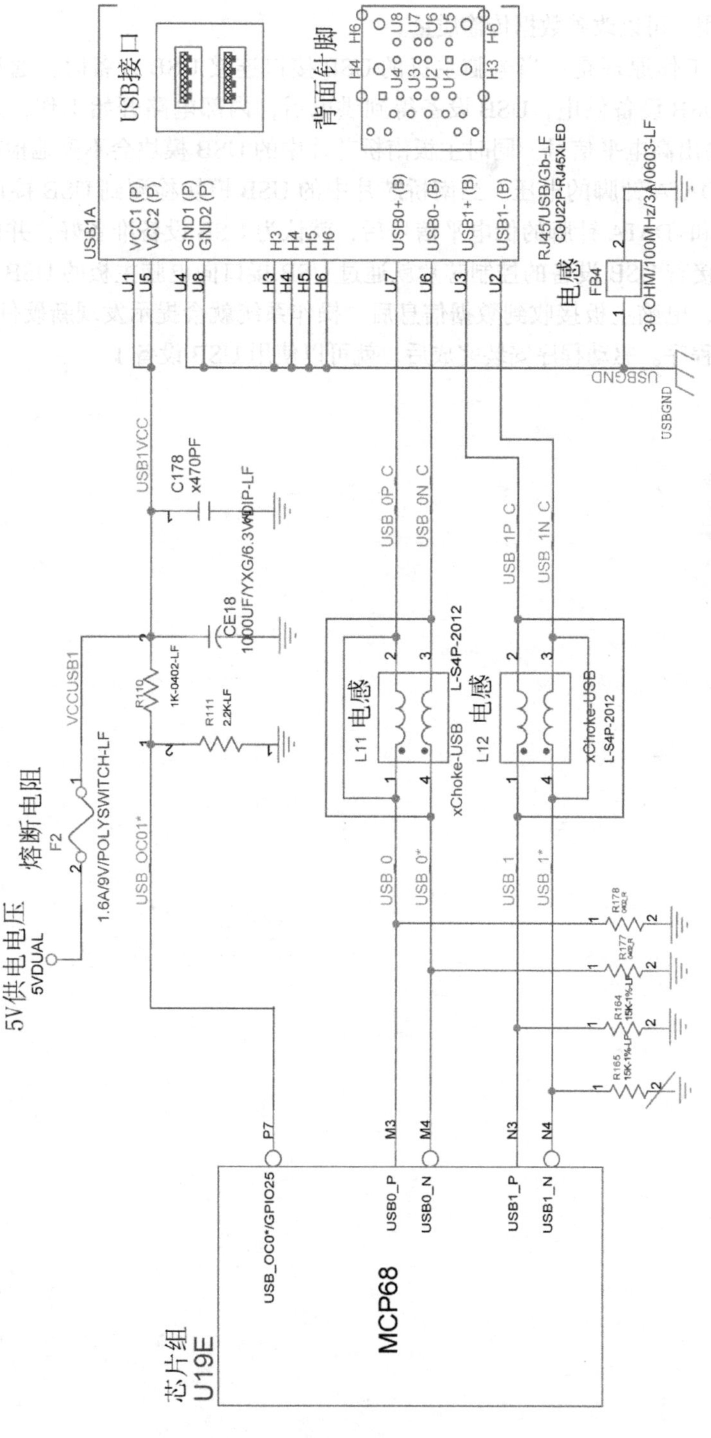

图 36-20　由芯片组控制 USB 接口电源原理图

图 36-20 中可以看出 5V 待机电压通过熔断电阻（保险电阻）后，分成两路：一路经过电阻 R110 连接到芯片组，为芯片组供电；另一路则连接到 USB 接口，为其供电。图中电感 L11、L12 和电阻 R165、R164、R177、R178 的作用是在数据传输时起到缓冲的作用。另外还起到了滤波的作用，可以改善数据传输质量。

USB 接口的工作原理是：当电脑主机的 USB 接口连接 USB 设备时，通过 USB 接口的 5V 供电电压为 USB 设备供电；USB 设备得到供电后，内部电路开始工作，并向 USB 接口的 +DATA 针脚输出高电平信号。同时主板南桥芯片中的 USB 模块会不停地检查 USB 两级的 +DATA 针脚和 -DATA 针脚的电压。当南桥芯片中的 USB 模块检测到 USB 接口的 +DATA 针脚的高电平信号和 -DATA 针脚的低电平信号后，就认为 USB 设备准备好，并向 USB 设备发出准备好信号。接着 USB 设备的控制芯片就通过 USB 接口向电脑主板的 USB 总线发送 USB 设备的数据信息，电脑主板接收到数据信息后，操作系统就会提示发现新硬件，并开始安装 USB 设备的驱动程序。驱动程序安装完成后，就可以使用 USB 设备了。

第 37 章

主板电路故障检测与维修

37.1 开机电路检测与维修

开机电路是电脑主板中重要的电路之一，控制着主板正常的开机工作，而开关机按键被按动得比较频繁，因此开机电路的故障率变得比较高，当开机电路出现故障时，将会导致整个电脑主板无法工作。

37.1.1 开机电路故障分析

开机电路中常见的故障现象有很多，大致表现为以下几方面：

1）主板无法加电。

2）开机后，过几秒就自动关机。

3）无法开机。

4）无法关机。

5）通电后自动开机。

37.1.2 主板不加电或加电不开机故障检测维修方法

造成这种故障的原因主要有两个方面，一是主板开机电路故障，二是主板 CPU 供电电路或时钟电路和复位电路故障。检测和处理方法如下：

1）检查主板中元器件是否完好，比如有没有出现烧黑、爆裂等的元器件，如果有，将其更换，再进行检测。如果没有，为主板通电。

2）检查 CPU 供电电路、时钟电路和复位电路是否有故障；如果按电源开关后，电源风扇不转（说明电源没有被启动），CPU 风扇也不转（说明 CPU 没有获得供电），则可能是开机电路方面的故障。

3）检测 CMOS 电池是否有电，方法是用万用表调挡至电压 20 的量程，用黑色表笔接地，红色表笔接电池正极，测量电池是否有电，或电压是否正常（正常为 2.6V ～ 3.3V），如图 37-1 所示为用万用表测试 CMOS 电池的电压。

4）如果电池正常，再检查 CMOS 跳线连接是否正确。正常情况下，CMOS 跳线应插在

“Normal”标识插槽上。

5）如果 CMOS 跳线连接正确，接着用万用表电压挡测量主板开关针有无 3.3V 或 5V 电压。如果没有，则通过跑电路（即通过用万用表查询电路走线，找到相关电路中的元器件）检查电源开关针到电源插座间所连接的元器件。如果连接的元器件损坏，将其更换。

6）如果电源开关针正常，需要测量实时晶振是否起振。起振电压一般为 0.5V ～ 1.6V。如果没有，就要更换晶振和其旁边的滤波电容。

7）晶振正常，下面用跑电路的方法测量电源开关到南桥或者 I/O 芯片之间是否有低电压输入。如果没有，一般是南桥或 I/O 芯片之间的门电路或三极管损坏。如果有低电压输入南桥或者 I/O 芯片，接着测量 ATX 电源绿线到南桥或 I/O 芯片之间是否有低电压输入。如果没有，则是 ATX 电源连接南桥或 I/O 芯片之间的元器件有损坏，检查并将其换掉。

图 37-1 用万用表测试 CMOS 电池

8）如果上述都无故障，则是南桥或 I/O 芯片损坏，将其换掉。

开机电路是主板中最容易出现故障的电路。

37.2 供电电路检测与维修

37.2.1 CPU 供电电路故障分析

1. 电脑死机或不能开机

CPU 供电电路有故障可能会引起电脑死机或不能开机，使用主板诊断卡对主板进行检测时，如果主板诊断卡数码管上显示“00”，这时就要怀疑主板 CPU 供电电路有故障。如图 37-2 所示为使用主板诊断卡诊断主板故障。

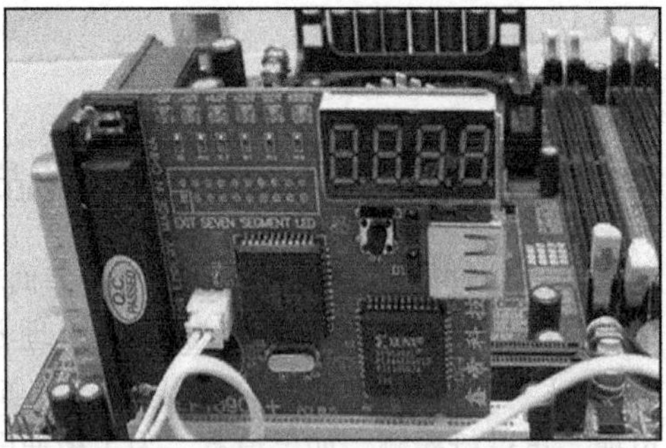

图 37-2 使用主板诊断卡诊断主板故障

主板 CPU 供电电路中的场效应管或电源管理芯片损坏，将导致 CPU 供电电路没有电压输出，会造成不能开机的故障。

2. 主板工作不稳定

CPU 供电电路中的滤波电容损坏可能会导致无法正常供电或主板工作不稳定，常引起主板中途死机。

37.2.2 CPU 供电电路故障检测维修方法

根据 CPU 供电电路的流程图进行检测，具体过程如下：

1）目测主板表面有无损坏点，例如电容有无爆裂、烧焦，电路线路有无断路、短路等。

2）检测 CPU 的工作电压是否正常。一般在 CPU 输出端上的场效应管 Q1 的 S 极可以测出。具体方法如图 37-3 所示，将万用表调至 2.5V 挡，将黑色表笔接地，红表笔接 Q1 的 S 极。正常状态下应测得 CPU 所需电压为 1.5V。

如果 Q1 的 S 极无电压，则还要测量 Q1 的输入极 D 极有无输入电压。用万用表黑色表笔接地，红色表笔连接 Q1 的 D 极，如果 Q1 的 D 极电压不正常，则找到 12V 或 5V 与 Q1 的 D 极相连的元器件是否有损坏，例如电解电容有无鼓包、漏液等，如果有则将其更换。

3）如果测得场效应管 Q1 的 D 极 12V 或 5V 电压正常，则进一步测量场效应管 Q1 的控制极 G 极是否正常，具体方法如图 37-4 所示。G 极电压由电源管理芯片控制，Q1 的 G 极有保险丝或小电阻连接到电源管理芯片，一旦电源管理芯片有故障，首先熔断保险丝或熔断电阻，起到保护后极电路的作用。在测量前先检查这些保险丝和熔断电阻有无故障，如果有则将其更换，如果没有，用万用表的黑色表笔接地，红色表笔连接 Q1 的 G 极，如果正常，则会测量到 3.5V 的电压。

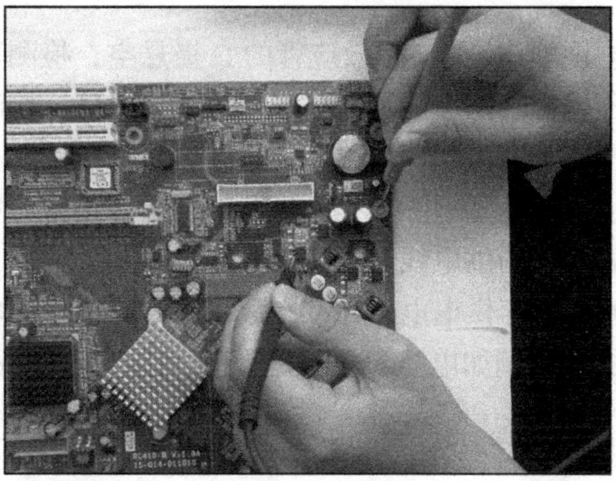

图 37-3　万用表测量场效应管 Q1 的 S 极

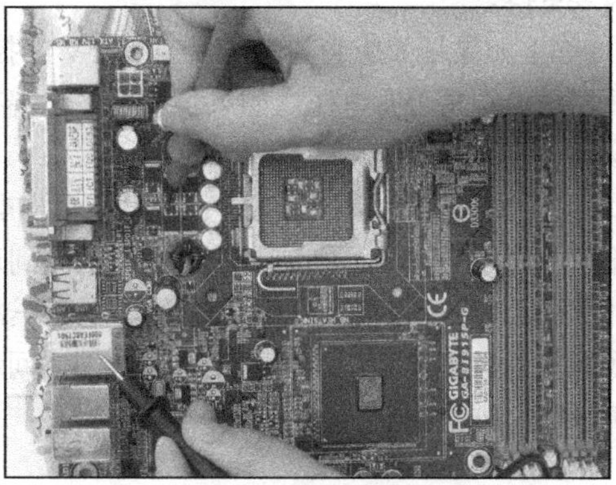

图 37-4　万用表测量场效应管 Q1 的控制极 G 极

4）如果上面的测量结果正常，把场效应管 Q1 的 G 极悬空，检测从电源管理芯片 U2 输出端是否有电压，如果有电压，则有可能是场效应管 Q1 或 Q2 有故障，检测场效应管，更换元器件。

5）如果上面测量没有电压，则进行下一步的检测——检测电源管理芯片 U1 输出端是否有电压，用万用表来测量 U2 输出端 12V 和 5V 供电是否正常。如果正常，则可判断电源管理芯片 U2 出现故障，将其更换。如果没有 12V 或 5V 电压，则需要检测电源插座到从电源芯片的供电线路是否正常，如果有故障则排除故障。

6）检测电源管理芯片 U1 的 5V 供电是否正常，如果不正常，则需要检查电源插座到 U1 的供电线路，排除故障。

7）检测管理芯片的 PG 信号是否正常。检测与电源 PG 端相连的元件，查看其是否正常。这个元件出现故障的概率很小，但是也不能忽略。

8）如果上述都正常，则是电源管理芯片有故障，将其更换。

37.2.3　内存供电电路故障检测维修方法

在电脑主板中由于内存供电电路故障而引起的常见故障现象主要是电脑频繁死机。

这可能是内存的主供电电压失常导致的，此时应该重点对内存供电电路进行检查。

1）对内存供电电路进行检测，首先要使用主板诊断卡对主板进行检查，如果主板诊断卡数码屏上显示“C0”“C1”“D0”“D3”“D4”，则说明主板内存供电电路的主供电电压没有输出，此时容易引起电脑主板不能启动的故障。

2）目测电脑主板的内存供电电路，查看电容器和电感器等元器件有无烧焦、爆裂、断路、短路等现象，如果有，则将其更换或修复。

3）如果内存供电电路表面没有故障迹象，则需要用万用表对供电电路中场效应管的S极进行检测，看其是否有电压输出。如果有电压输出，则有可能是相连的滤波电容或电阻有故障。如果没有电压输出，则需要进行下一步检测。

4）检测场效应管的D极的3.3V或5V供电电压是否正常。如果检测结果不正常，再检查电源插座5V或3.3V到场效应管的D极之间的元器件是否正常。如果场效应管D极的电压正常，再进行下一步检测。

5）检测场效应管G极是否有3～5V的控制电压，如果有，可以判定场效应管已损坏，需要更换。

6）如果场效应管G极没有3～5V的控制电压，则需要将场效应管的D极悬空，检测稳压器输出端是否有电压。如果稳压器输出端有电压输出，那么可以判定场效应管有故障，检测场效应管，更换损坏的器件。

7）如果经检测，运算放大器没有输出电压，那么再检查它的12V供电电压是否正常，如果供电电压不正常，则需要检测电源插座到运算放大器的供电线路，然后排除故障。

8）如果运算放大器的12V供电电压正常，但是内存供电电路还存在故障，则需要检测电源插座到运算放大器芯片的正相输入端之间的元器件，例如电阻、电感是否正常，直至找出故障原因，排除故障。

37.3 时钟电路检测与维修

37.3.1 时钟电路故障分析

主板时钟电路是向CPU、南北桥芯片组、总线以及各种接口提供基本工作频率的电路。时钟电路出现故障后一般会造成电脑开机后黑屏，而且时钟信号不正常的设备将停止工作。如果电脑主板出现以下现象，可以考虑是否是主板时钟电路出现故障：

（1）开机后黑屏，CPU不工作

主板时钟电路出现故障，将使主板的芯片组、CPU、内存等无法正常工作，很可能造成开机黑屏的故障。

（2）电脑时间不正常

电脑时间不正常，首先考虑主板CMOS电池是否耗尽，更换后，如果时间还是不正常，很可能是时钟电路中的贴片电容漏电所致。可用数字万用表的二极管挡进行检测。

（3）电脑死机、重启、装不上系统等不稳定故障

电脑出现这种不稳定故障时，很可能是由于时钟电路中的谐振电容损坏所致。

37.3.2　时钟电路故障检测维修方法

主板时钟电路出现常见故障时，需要按照以下方法进行处理：

1）使用主板诊断卡对主板进行检测，如果是时钟电路故障，诊断卡会显示“00”代码，表示时钟故障。

2）检测时钟芯片的 2.5V 和 3.3V 供电是否正常，如果不正常，再检测时钟芯片供电电路的电感、电容、电阻等元器件，如果元器件有故障，将其更换。

3）如果时钟芯片供电正常，需要用示波器检测 14.318MHz 晶振引脚，查看其波形，如果波形偏移严重，说明晶振损坏，将其更换。

4）如果检测到的波形正常，再测量经过晶振连接的两个谐振电容的波形，如果不正常，更换谐振电容。

5）如果谐振电容的波形正常，接着检测系统时钟芯片各个频率时钟信号的输出是否正常，如果正常，检测没有时钟信号的部件和系统时钟芯片间的线路中的元器件。

6）如果系统时钟芯片的各个频率时钟信号输出正常，则需要检测与系统时钟芯片的时钟信号输出端相连接的电阻或电感等元器件，并更换损坏的元器件。

7）如果经过以上检测后，时钟电路故障还无法排除，则是时钟芯片故障，将其更换。

37.4　接口电路检测与维修

37.4.1　USB 接口电路故障分析

USB 接口电路中常见的故障有：主板某个 USB 接口不能使用、主板 USB 接口都不能使用、USB 设备不能被识别。主板 USB 接口都不能使用，则可能是南桥芯片损坏，应重点检查供电线路和南桥芯片；如果主板中某个 USB 接口不能使用，可能是由于 USB 接口插座接触不良或 USB 接口电路供电线路中的保险电阻、电感等元器件等损坏造成的；如果 USB 设备不能被识别，一般是 USB 插座的供电电流太小供电不足所致，应检查供电线路中的电感和滤波电容。

37.4.2　USB 接口电路故障检测维修方法

USB 接口电路出故障时的检测步骤如下：

1）检查 USB 接口是某个不能使用还是全部不能使用，如果是某个 USB 接口不能使用，首先检测故障 USB 接口的插座是否有虚焊、断针等现象，如果有则将其重新焊接。

2）如果全部 USB 接口都不能使用，则是南桥芯片损坏或 USB 接口供电出现故障，检查 USB 接口的供电线路，如果供电不正常，则更换供电线路中损坏的元器件。如果供电正常，则是南桥芯片有问题，更换南桥芯片。

3）如果 USB 接口插座正常，接着测量 USB 接口电路中供电针脚对地阻值是否为 180 ～ 380Ω。如果对地阻值不正常，则检测供电线路中的保险电阻、电感等元器件是否正常，如果不正常则替换损坏的元器件。

4）如果USB接口供电线路正常，接着测量USB接口电路中数据线对地阻值是否与正常的USB接口电路中数据线的对地阻值大致相同。如果对地阻值不正常，检测线路中的滤波电容、电感、排电阻等元器件是否正常，如果不正常，则将其更换。

5）如果数据线对地阻值正常，则可能是USB接口的供电电流较小引起的，更换供电线路中的滤波电容或电感等元器件。

37.5 动手实践：主板电路故障维修

37.5.1 开机电路的ATX电源检测维修

在此之前我们检查一下主机电源是否存在故障。首先将ATX电源连接市电，按下开关，如果不能通电，再把主机的电源拔下，用镊子把电源线的绿线和黑线短路，查看主板电源风扇能否转动，如果转动则说明电源是无故障的，故障的原因在主板方面。

另外，还有一种方法可以检测ATX电源有没有故障。

把ATX电源线和主板接好，把主板上的开关针和复位针等拔起，用镊子短路开关针触发电源开关，查看能否开机，如图37-5所示，短路开关PWM-SW两针脚开机，如果不能开机，说明主板的开机电路出现故障。

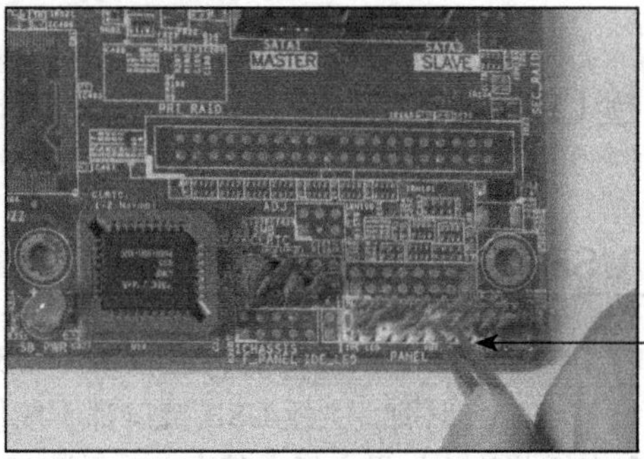

图37-5 将PWR-SW标识的两个针脚短路进行开机

若开机电路出现故障无法开机，可以强制开机，即将ATX电源插座的开机控制第16针引脚（绿线，24针主板ATX电源接口）与某一地线（黑线）短路，可以强制启动ATX电源。其操作如图37-6所示。

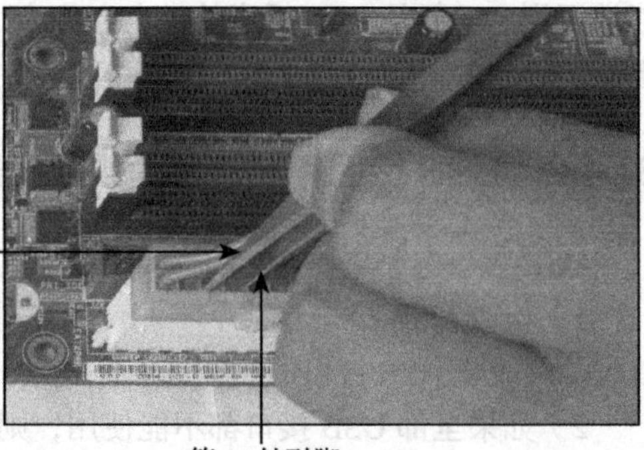

图37-6 将ATX电源插座的开机控制第16引脚与地线短路

再检查ATX电源，用万用表来检测它的3.3V和5V电压时，可以将黑色表笔接地，红色表笔连接引线端子或电源插座背面相关焊点，如图37-7所示，万用表选择20V直流电压挡，如果测得实际电压为3.3V和5V，则说明ATX电源无故障，如果供电电压不正常，则可能是ATX电源有故障，需要更换主机电源。图37-8所示为用万用表测3.3V和3.5V电压是否正常的示意图。

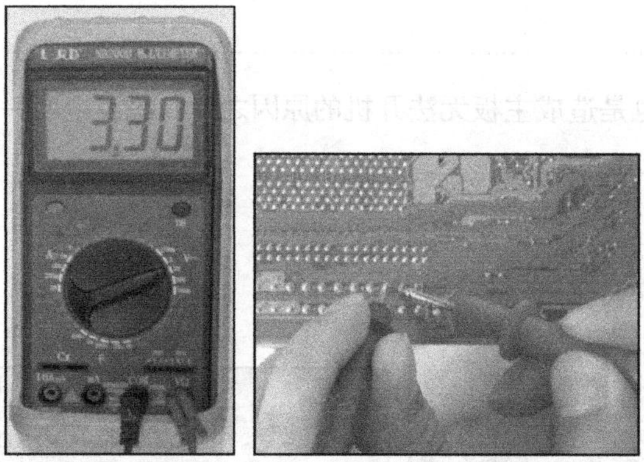

图 37-7　ATX 电源插座的引脚焊点

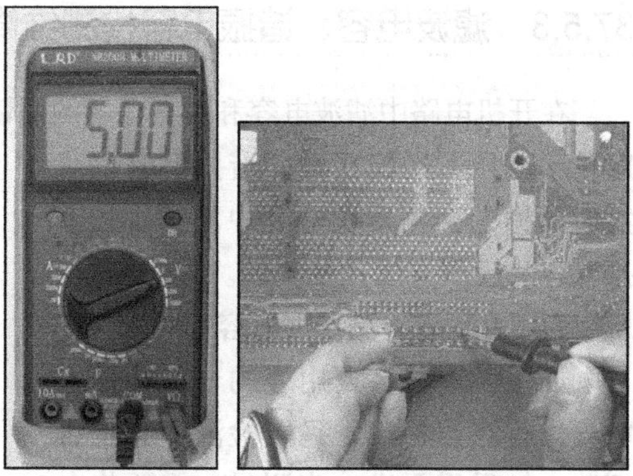

图 37-8　万用表检测 3.3V 电压

37.5.2　开机电路的实时晶振检测维修

实时晶振通常位于南桥附近。如图 37-9 所示为实时晶振。它的主要作用是为南桥内部做一个起始脉冲，保证客户时间和电脑的时间一致。当每次按开关机键的时候，用手或者万用表的表笔去接触实时晶体的两个引脚以及其谐振电容，有时候能够开机，这就是“摸晶振开机”。该现象一般都是由于晶体、电容老化或者南桥芯片老化造成的。

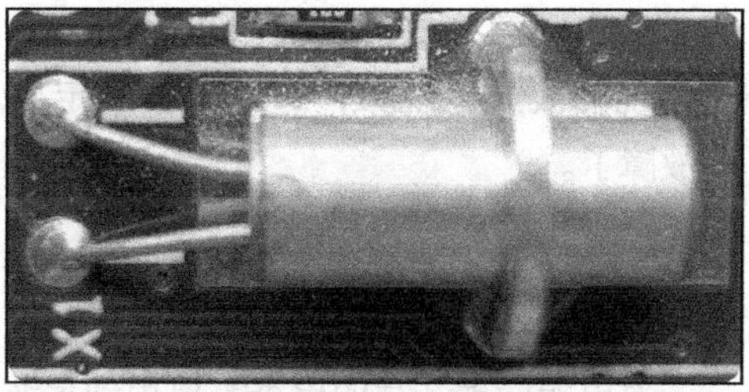

图 37-9　实时晶振

用万用表测量晶体引脚的电压值，将万用表调至“20V”直流挡，黑色表笔接地端，红色表笔首先接触实时晶振的一个引脚，如图 37-10 所示。万用表显示的数值为 0.334V。保持黑色表笔不动，用红色表笔接触实时晶振的另一个引脚，如图 37-11 所示。此时万用表显示的数值约为 0.138V。从测量的结果看，实时晶振的两个引脚间的电压值相差 0.2V 左右，属于正常电压差的范围。

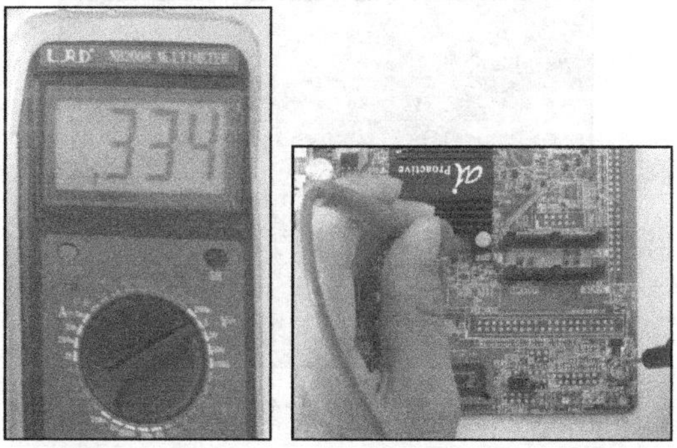

图 37-10　检测实时晶振的一个引脚电压

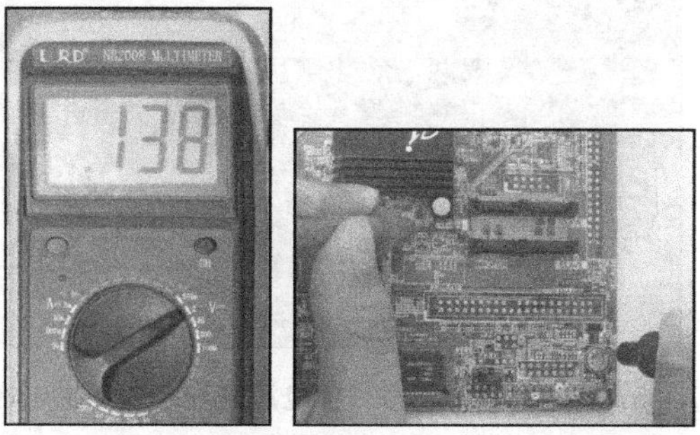

图 37-11　检测实时晶振的另一个引脚电压

也可以用示波器对实时晶振进行检测，将示波器的探头连接实时晶振，接地夹连接接地端，通常示波器会很直观地显示出晶振信号波形是否正常。如果波形不正常，则说明实时晶振可能损坏，需要更换。

37.5.3 滤波电容、谐振电容检测维修

在开机电路中滤波电容和谐振电容的损坏也是造成主板无法开机的原因之一。滤波电容一般位于稳压器的输出端，谐振电容位于实时晶振的两侧。在检测中，滤波和谐振电容的检测方法是相同的。如图 37-12 所示为用万用表检测谐振电容。

如果选用数字万用表的二极管挡对电容进行在路检测，只能检测电容是否短路，如果需要进一步测量，需要将电容从电路板上拆下进行开路测量。如果是开路检测的话，正常情况下在表笔接触电容的瞬间应有一个读数，静止后变为无穷大。有些故障是肉眼可见的，如果出现漏液鼓包现象，那电容器一定出现故障了。

图 37-12　用万用表检测谐振电容

37.5.4 电源管理芯片的检测维修

对电源管理芯片的检查需要用到示波器和万用表，对电源管理芯片的检查，主要是用示波器对芯片的各 PWM 引脚输出的 PWM 信号的检测。如果检测不到该信号，还不能确定该芯片是否损坏，接下来还需要确定电源供电是否正常。如图 37-13 所示，为用万用表检测主电源管理芯片的 VCC 供电端。将万用表量程调至直流 20V 电压挡，黑表笔接地，红表笔检测 VCC 引脚，正常时能测到 +5V 的供电电压。

然后再检测主电源管理芯片的 PGOOD 引脚，即检测 PG 复位信号是否正常，正常时使用万用表对其检测，也应有 +5V 复位电压。如图 37-14 所示。

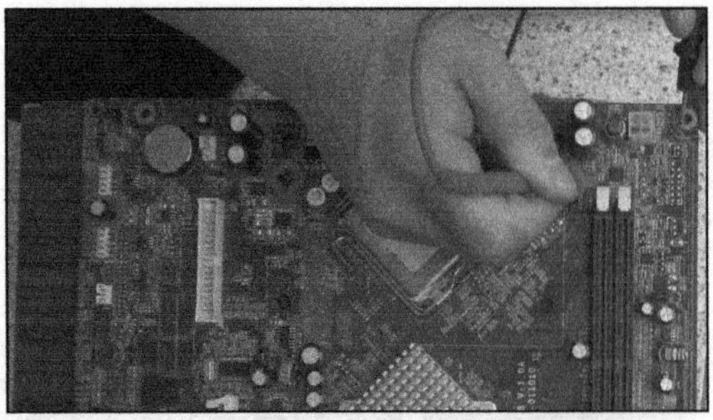

图 37-13　用万用表检测主电源管理芯片的供电端

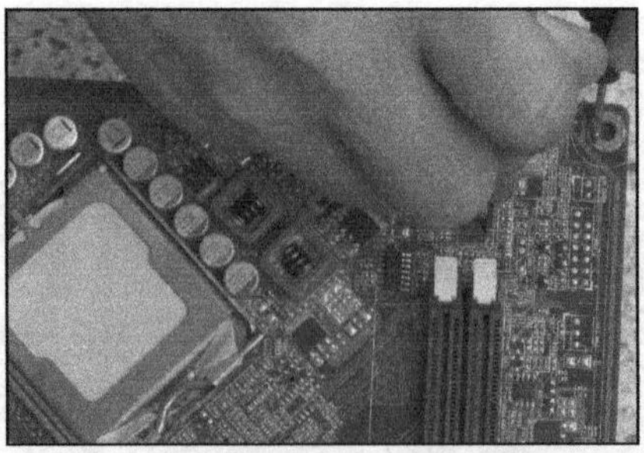

图 37-14　主电源管理芯片复位信号的电压检测

如果主电源管理芯片的 +5V 供电正常，PG 复位信号正常，电压识别引脚部分也正常，而电源管理芯片仍然没有 PWM 信号输出，则表明该芯片已经损坏。如果 +5V 供电或 PG 复位信号不正常，则需要检测相关供电电路和 PG 复位信号的输出电路。

37.5.5　时钟发生器芯片检测维修

时钟发生器芯片的损坏将导致主板无法启动。由于时钟发生器芯片引脚较多，该芯片的好坏可以通过对关键引脚电压或波形的检测来判断。

检测前需要根据芯片上标识的具体型号参照相关引脚功能图。将数字万用表调挡至“20V”，对芯片的电压供电端进行检测，将黑表笔接地，红表笔检测时钟发生器的各个引脚，正常情况下，电压供电端检测结果应该为 3.3V。再用万用表检测时钟发生器芯片外接 14.318MHz 晶体的引脚，正常情况下应有 1V 左右的电压值。然后再检测时钟发器生芯片的复位信号端，正常结果应该为 3.3V 左右。如图 37-15 所示为用万用表检测时钟芯片的方法。

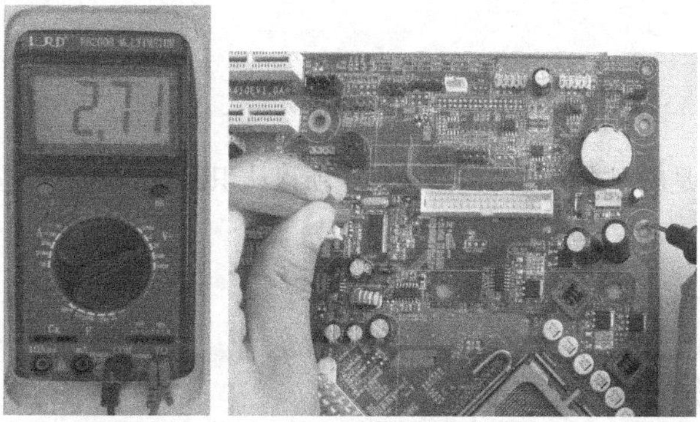

a）供电端电压的检测

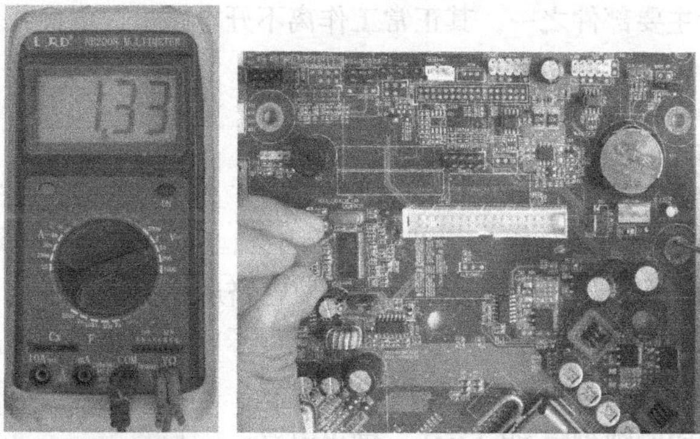

b）时钟发生器芯片外接 14.318MHz 晶体的引脚端电压检测

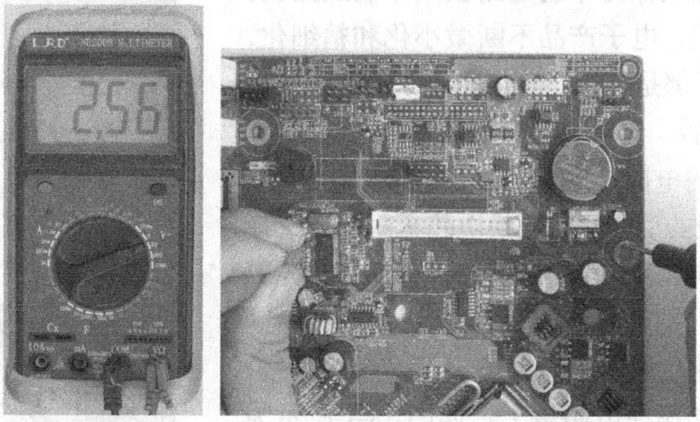

c）时钟发生器芯片的复位信号端电压的检测

图 37-15　万用表检测时钟发生器芯片的电压输入端

第 38 章 硬盘电路故障检测与维修

硬盘的故障多半是出现在硬盘的电路板上，所以认识硬盘的电路板是检修硬盘故障的重要环节。

38.1 深入认识硬盘电路板

硬盘电路板是硬盘主要部件之一，其正常工作离不开电路板，下面我们来具体认识一下电路板。

38.1.1 硬盘电路板简介

电路板的名称有线路板、PCB 板、铝基板、高频板、PCB 板、超薄线路板、超薄电路板、印刷（铜刻蚀技术）电路板等。电路板的作用就是使电路迷你化、直观化，并且对于固定电路的批量生产和优化用电器布局起重要作用。电路板是电子电路的基石，电路中的电子元器件及电子元器件之间的连接都是以电路板为支撑体而建立的。传统的电路板采用印刷蚀刻阻剂的方法，做出电路的线路及图面，因此被称为印刷电路板或印刷线路板。随着技术的不断发展，电子产品不断微小化和精细化，目前大多数的电路板都是采用贴附蚀刻阻剂 (压膜或涂布)，经过曝光显影后，再以蚀刻做出电路板。

对于每个硬盘的电路板，它都有一个独立的电路板板号，标识电路板的型号。在更换电路板时，要选择与待换电路板的型号相近或相同的电路板，那么首先要知道电路板的板号，那么什么是电路板的板号呢？其实，电路板的板号就是用于标识电路板的一个序列号，一般这个序列号会印刷在电路板上。如图 38-1 所示为硬盘的电路板。

图 38-1 硬盘的电路板

38.1.2　硬盘电路板上的主要元件

硬盘电路板体积比较小，电路板上的电子元器件不是很多，但是大多元件都采用贴片形式焊接在电路板上。硬盘电路板上主要有这样几种芯片：主控芯片、BIOS 芯片、缓存芯片、电机驱动芯片等。电路板上的各种芯片及元件构成了硬盘的控制电路，如图 38-2 所示为普通硬盘电路板的原理图。

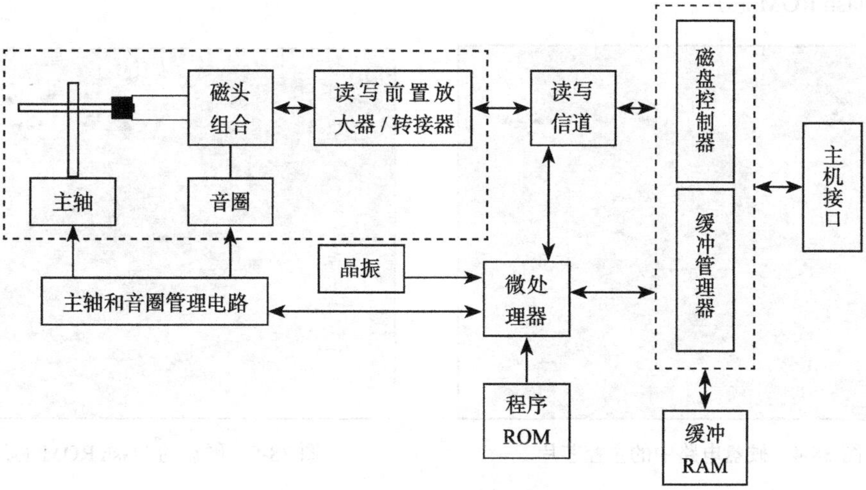

图 38-2　普通硬盘电路板原理图

对于一般的硬盘电路板，其设计结构基本上都是基于这四种芯片：

1）主控芯片，包括读写信道、磁盘控制器和控制处理器（微处理器）;

2）Flash ROM 芯片（即硬盘 BIOS 芯片），用于存储硬盘固件信息；

3）主轴电机和音圈电机控制芯片；

4）RAM 芯片（做缓存）。

如图 38-3 所示为硬盘电路板的结构。

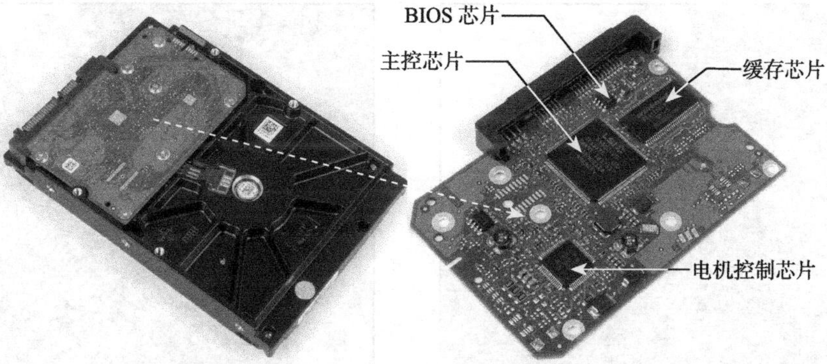

图 38-3　硬盘电路板的结构

1. 主控芯片

硬盘的主控芯片（微处理器）主要采用 RISC 架构，一般的主控芯片内部还包括：读写信道控制器、磁盘控制器和微处理器等，有的硬盘甚至包含了 BIOS 模块，如图 38-4 所示为硬盘电路中的主控芯片。

2. Flash ROM 芯片

硬盘的Flash ROM芯片即硬盘的电路中的BIOS芯片，主要用来保存硬盘的固化程序，用来对硬盘进行初始化、执行加电及启动主轴电机、加电初始寻道、定位以及故障检测等。另外，硬盘的容量信息、接口信息及硬盘的工作流程等都与BIOS芯片有关。如图38-5所示为硬盘的Flash ROM芯片。

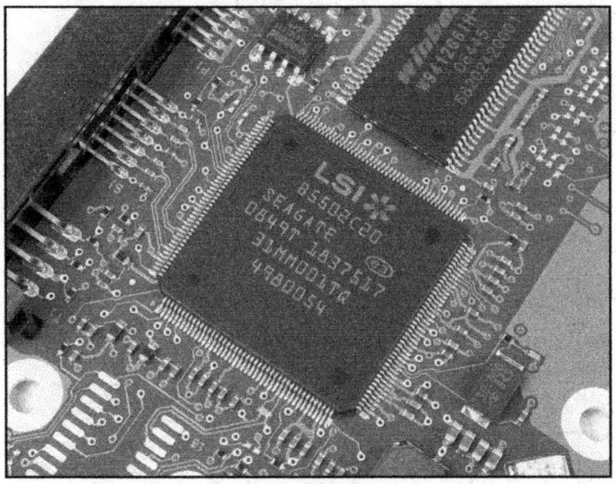

图 38-4 硬盘电路中的主控芯片

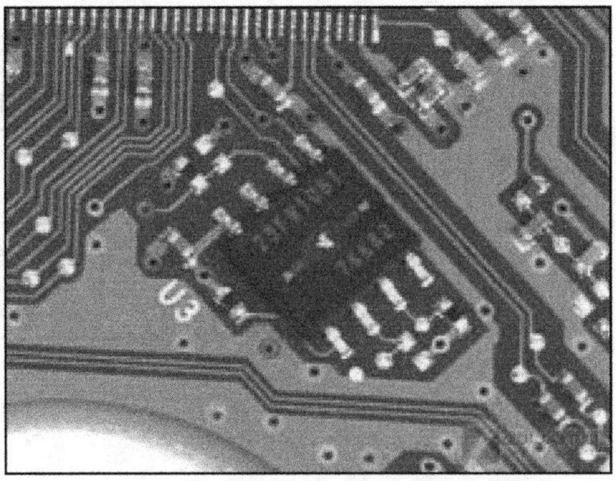

图 38-5 硬盘的 Flash ROM 芯片

3. 缓存芯片

硬盘电路中的缓存芯片主要负责为硬盘处理的数据提供暂存空间，提高硬盘的读写速率。一般而言，硬盘的缓存容量越大，速度相对更快。目前主流的硬盘缓存容量主要为64MB。如图38-6所示为硬盘的缓存芯片。

4. 电机驱动芯片

硬盘的电机驱动芯片主要负责给硬盘的音圈电机和主轴电机供电，驱动这两个电机转动。在硬盘的故障中，此芯片发生故障的概率较高。如图38-7所示为硬盘的电机驱动芯片。

图 38-6 硬盘的缓存芯片

图 38-7 电机驱动芯片

38.1.3 硬盘电路板的工作原理

硬盘的电路主要负责连接计算机的主板，并负责与计算机的通信管理，同时还控制管理整个硬盘的工作。如果硬盘的电路板设计不良，或电路板出现故障，均会造成硬盘的故障，下面先来了解一下硬盘电路板的工作原理。

硬盘电路中主控芯片中的读写信道是由前置放大器 / 转接器、读写电路和同步时钟等组成。前置放大器有多个通道，每个通道连接一个磁头。通道的切换由硬盘的微处理器的信号来进行控制。前置放大器中含有写入电流开关和写入出错传感器，磁头故障之后会发出信号。当集成的读写信道处于写入模式时，它从磁盘控制器接入磁盘。当处于读取模式时，从前置放大器来的信号传送到自动控制电路，然后通过可编程的滤波器、校正补偿电路和脉冲检测电路将信号转换为数据脉冲，再发送到磁盘控制器进行解码，最后传送到外部接口。

磁盘控制器是硬盘中最复杂的部件，它决定着硬盘和主机之间的数据交换速度。它拥有四个端口分别连接到主机、微处理器、缓冲 RAM 和数据交换信道。磁盘控制器是由微处理器驱动的自动部件，在主机中只有标准的任务文件可以访问磁盘控制器的寄存器。另外，磁盘控制器的初始化阶段也是由微处理器控制。

缓冲管理器是磁盘控制器功能的一部分，用于管理缓冲 RAM。缓冲管理器将缓冲 RAM 分割成独立的缓冲片段，微处理器使用专门的寄存器保存这些缓冲片段的地址，以供存取操作。当主机使用其中一个缓冲片段交换数据时，读写信道可以使用另外的缓冲片段交换数据。这样，系统可以实现多通道处理。

主轴电机控制器控制三相电机的运转，它由硬盘微处理器控制。主轴电机的运转有三种模式：启动模式，加速模式和稳定模式。电机加电之后通过 Reset 电路信号控制主轴电机开始起转，并产生感应电动势，随后电机开始进入到加速模式，电机的转速开始增加，并在微处理器的控制下达到额定转速，在点击达到额定转速之后进入到稳定模式，微处理器根据相位信号调整主轴电机转速，并跟踪主轴电机旋转控制其稳定性。

当给硬盘加电之后，硬盘的 Reset 电路会向微处理器发出 Reset 信号，使得微处理器执行 ROM 中的自检程序，清空存储器和磁盘控制器及其他连接到内部数据总线的可编程芯片的工作数据区，然后微处理器检查硬盘运转时使用的内部信号，如果没有发现紧急警告，就会启动主轴电机。

紧接着硬盘会进一步的进行内部测试，检查数据缓冲 RAM、磁盘控制器和输入微处理器的信号状态，之后微处理器开始分析脉冲信号直到主轴电机达到规定的转速。当电机达到规定的转速后，微处理器就开始操作定位电路和磁盘控制器，将磁头移动到固件数据区，并将固件数据载入到 RAM 中，以进行下一步操作。最后微处理器切换到准备就绪状态，并等待计算机主机命令。在等待模式下，从计算机主机 CPU 发来的命令会引起硬盘的所有电子部件的一连串动作以完成指定操作。

38.2 硬盘电路板故障检测与维修

硬盘电路板出现故障之后，一般会导致硬盘无法正常识别。在这种故障情况下处理故障一般采用两种方法：一是利用检测工具对硬盘的电路板进行检测，二是替换掉电路板上的元件或者更换电路板。

38.2.1 硬盘电路板故障分析

1. 供电组件中的滤波电容、电感和保险电阻等元件

在硬盘供电接口后方的电路板供电线路上总会有一些滤波电容、电感、保险电阻等元器件，这些元器件很容易损坏，这些元器件其实就是电子电路中的供电电路的故障点所在。这些元器件一旦损坏，就会造成硬盘电路板无法正常供电，从而无法正常工作。因此在检查电路板的故障时，应重点检查这些元器件是否正常。检测这些元器件的好坏，注意要根据该元器件自身的一些特性进行检测。如图 38-8 所示为硬盘电路板中的电容、电感等元器件。

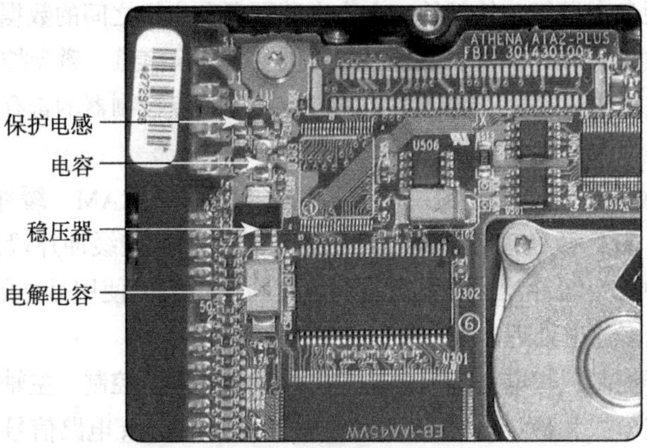

图 38-8 硬盘电路板中的电容、电感等元器件

2. 供电组件中的场效应管、三极管、稳压器等元件

在硬盘电路板中的 5V、12V 供电线路中，通常会使用一些场效应管或三极管或稳压器来控制电路或调节供电电压，给电路板中的各种芯片供电。如果这些元器件被损坏，则电路板中的一些芯片就无法得到正常的工作电压，从而无法正常工作。因此在检查电路板的故障时，应重点检查这些元器件是否正常。如图 38-9 所示为硬盘电路板中的场效应管、稳压器等元器件。

图 38-9 硬盘电路板中的场效应管、稳压器等元器件

3. 电机驱动芯片

电机驱动芯片也是硬盘里面最容易损坏的元器件之一，它的故障率占到硬盘电路板故障率的 70%。当电机驱动芯片工作不正常时，硬盘主轴电机将无法正常工作。因此当硬盘出现无法转动的故障时，应注意检查电机驱动芯片是否正常。如图 38-10 所示为硬盘中的电机驱动芯片。

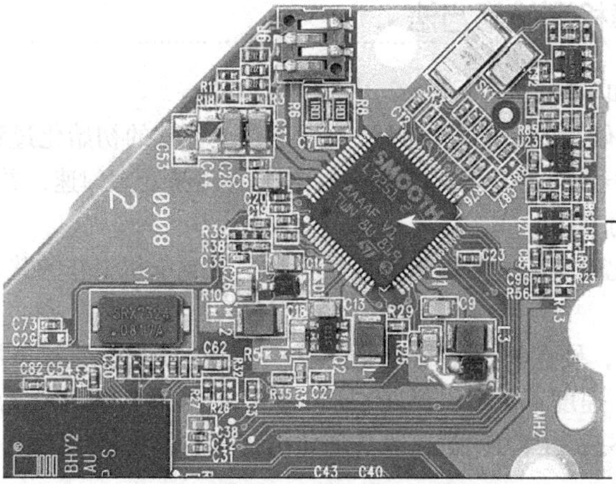

图 38-10　硬盘中的电机驱动芯片

4. 数据接口部分的排电阻或电阻

硬盘数据线接口附近通常有一些排电阻或电阻，有的硬盘电路板中的这些排电阻或电阻比较容易损坏。这些排电阻或电阻一旦损坏，将会导致硬盘数据传输不正常。如图 38-11 所示为硬盘电路板数据线接口附近的排电阻。

图 38-11　排电阻

5. 电路板与盘体的连接触点

一般硬盘的主轴电机触点和电路板的连接处，由于氧化及灰尘等原因，通常容易引起接触不良故障，从而导致硬盘主轴电机无法正常工作。另外，电路板与盘体中的磁头组件连接触点也经常容易出现接触不良故障。因此在检查硬盘故障时，应检查电路板与盘体的连接触点。如图 38-12 所示为硬盘电路板与盘体连接处的触点。

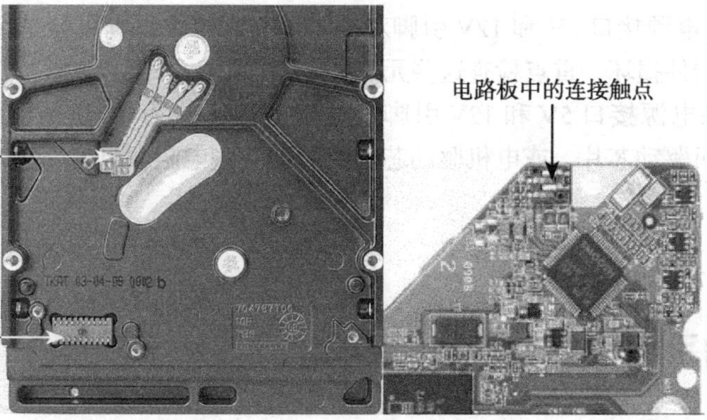

图 38-12　硬盘电路板与盘体连接处的触点

38.2.2 硬盘电路板故障检测维修方法

硬盘供电电路检测方法如下：

1）将硬盘接电，仔细听硬盘的初始化过程是不是正常。正常的初始化过程应该先能听到主轴电机由静止状态加速的声音，接着可以听见主轴电机的转速变为匀速，并保持匀速状态，最后可以听到磁头正常寻道的声音。

另外，如果周围的环境比较嘈杂，可以将手放在盘体上感觉电机工作的状态和磁头寻道的状态。

2）如果硬盘接上电源后，硬盘初始化声音不正常，主轴电机由静止状态加速后，没有保持匀速状态，而是忽快忽慢，速度不恒定。说明主轴电机供电电压不稳定，重点检查电机触点与电路板的连接是不是接触不良。因为此触点容易氧化引起接触不良。如图 38-13 所示。

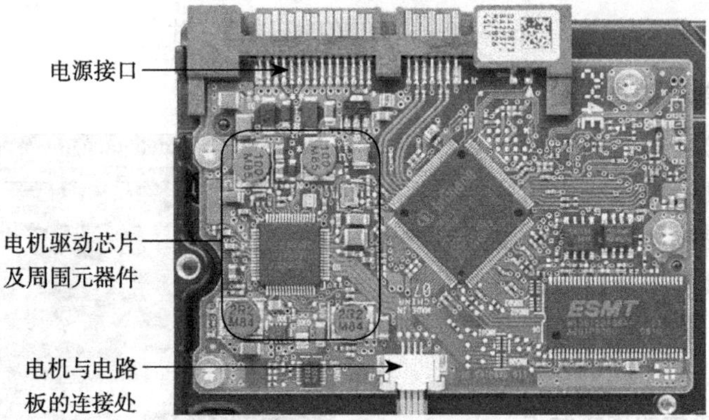

图 38-13　硬盘电路板

3）如果硬盘接上电源后，没有任何声音，则表示主轴电机没有工作。这时应该检查电机供电电路，可以先检测硬盘电源接口的 5V 和 12V 供电电压是否正常。

4）如果硬盘电源接口的 5V 和 12V 供电电压不正常，检查电源接口线是否接触良好，电源接口引脚是否虚焊。

5）如果硬盘电源接口的 5V 和 12V 供电电压正常，就先用万用表检测 5V 和 12V 电源接口引脚的对地阻值，来判断供电电路中是否有损坏的元器件。

6）如果电源接口 5V 和 12V 引脚对地阻值为无穷大，则可能是电源电路中的保险或电感或电容等元器件损坏，重点检查这些元器件。

7）如果电源接口 5V 和 12V 引脚对地阻值偏小或为 0（正常值应该为 400Ω ～ 900Ω），则可能是电机驱动芯片，或电机驱动芯片周围的一些电阻、电容、场效应管等损坏，重点检查这些元器件。

38.3 动手实践：硬盘故障维修

38.3.1 检测主轴电动机好坏

目前，市场中的硬盘主轴电机的引脚主要有 3 只引脚和 4 只引脚两种，如图 38-14 所示。

这两种引脚的电机检测方法基本相同，下面进行详细介绍。

a）主轴电机的 3 只引脚

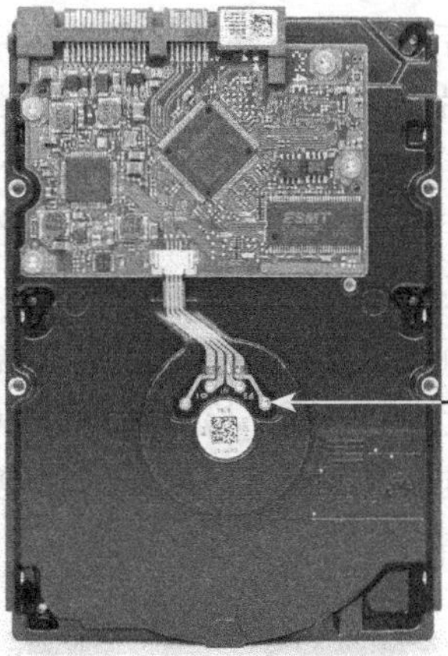

b）主轴电机的 4 只引脚

图 38-14　硬盘主轴电机引脚

1. 检测 3 只引脚主轴电机

3 只引脚主轴电机检测方法如下。

1）将数字万用表的功能旋钮调到欧姆挡 200 量程，接着用万用表的两只表笔分别接触主轴电机触点中的任意两只引脚，测量其阻值。

2）由于主轴电机是 3 只引脚，因此可以测量 3 组阻值，如果主轴电机正常，则测量的阻值应该是相同的。阻值通常为几欧姆大（如 3Ω 左右）。如图 38-15 所示。

2. 检测 4 只引脚主轴电机

4 只引脚主轴电机检测方法如下。

1）将数字万用表的功能旋钮调到欧姆挡 200 量程，接着用万用表的两只表笔分别接触主轴电机触点中的任意两只引脚，测量其阻值。

2）由于主轴电机是 4 只引脚，因此可以测量 4 组阻值，如果主轴电机正常，则测量的阻值应该是有两组相同。阻值通常为几欧姆大（如 4.5Ω 左右或 2.5Ω 左右或 1.2Ω 左右）。如图 38-16 所示。

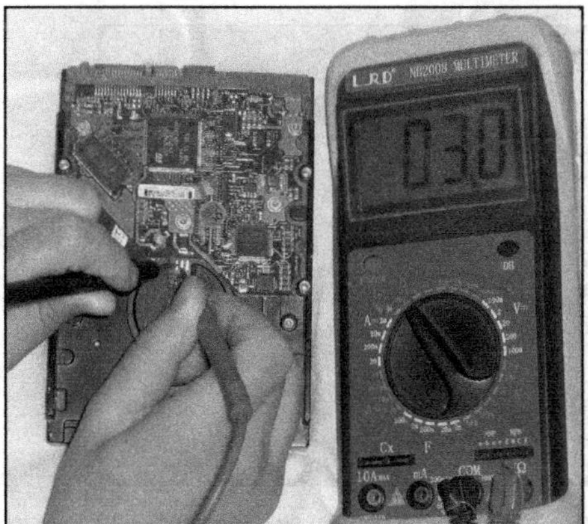

图 38-15　测量 3 只引脚电机阻值

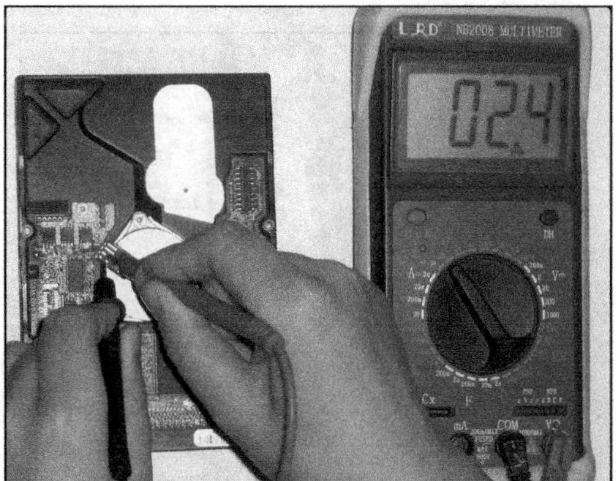

图 38-16　测量 4 只引脚电机阻值

38.3.2 硬盘电动机不转

硬盘开机后，电机不转故障的原因可能是3.3V、5V、12V供电电压不正常，或电路板中的电机驱动芯片损坏，或电路板与电机触点接触不良，或3.3V、5V、12V供电线路中的二极管、电阻、场效应管等损坏，或主控芯片损坏等。

硬盘开机后，电机不转故障检修思路如下：

1）观察硬盘电路板上的元器件是否有变形、变色、断裂缺损、烧坏等现象，如果有，故障可能是这些元器件引起的，重点检查这些元器件，并更换损坏的元器件。

2）将硬盘接上电源，检测硬盘电源接口的5V和12V供电电压是否正常，如图38-17所示。如果硬盘电源接口的5V和12V供电电压不正常，检查电源接口线是否接触良好，电源接口引脚是否虚焊。

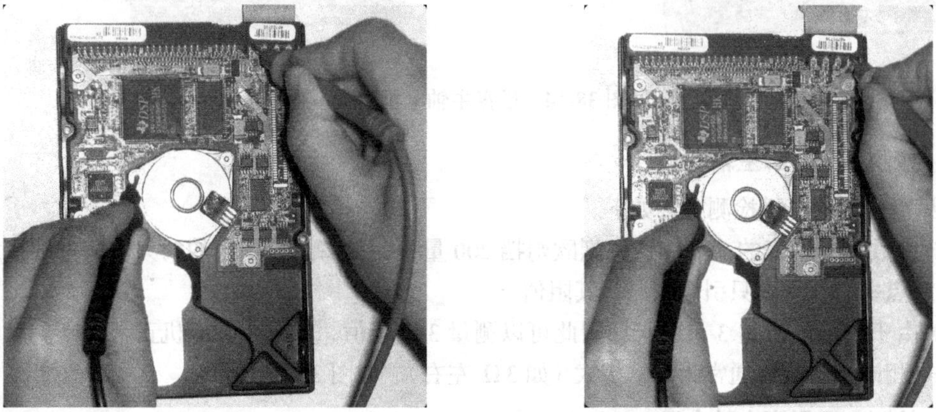

a）测量5V电压　　　b）测量12V电压

图38-17　测量电源接口供电电压

3）如果硬盘电源接口的5V和12V供电电压正常，接下来用万用表测量5V和12V电源接口引脚的对地阻值，来判断供电电路中是否有损坏的元器件。如图38-18所示为测量5V供电引脚对地阻值。

4）如果电源接口5V和12V引脚对地阻值为无穷大，则可能是电源电路中的保险电阻、电感或电容等元器件损坏，重点检查这些元器件。如图38-19所示。

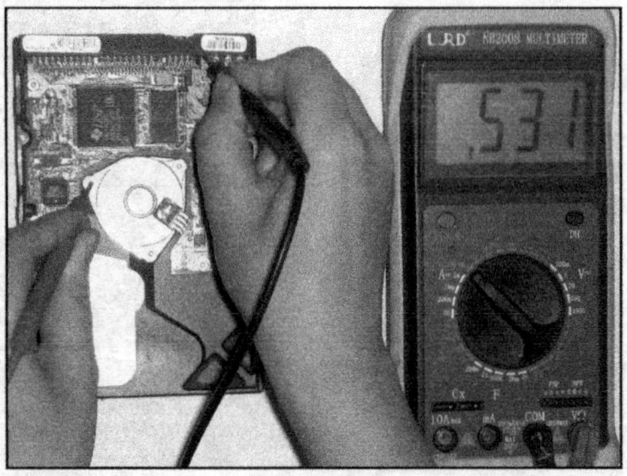

图38-18　测量5V供电引脚对地阻值

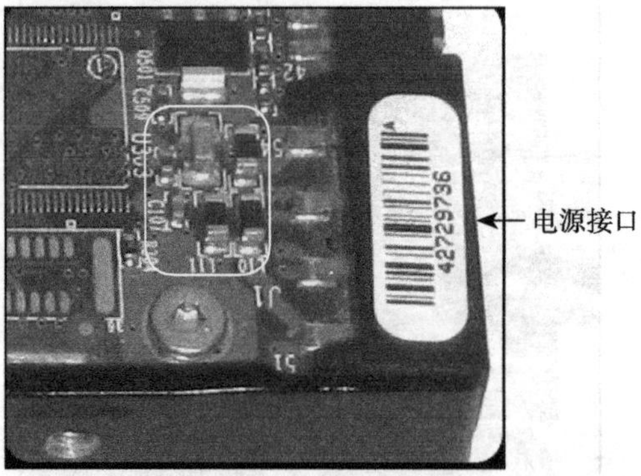

图38-19　电源供电电路中的保险电阻、电容等元器件

5）如果电源接口 5V 和 12V 引脚对地阻值偏小或为 0（正常值应该为 400Ω ～ 900Ω），则可能是电机驱动芯片或电机驱动芯片周围的一些电阻、电容、场效应管等损坏，重点检查这些元器件。

6）测量主轴电机引脚的工作电压（一般主轴电机的工作电压应该是 4 ～ 9V）是否正常。如果电压正常，则可能是主轴电机损坏，检测主轴电机。如图 38-20 所示为测量主轴电机工作电压。

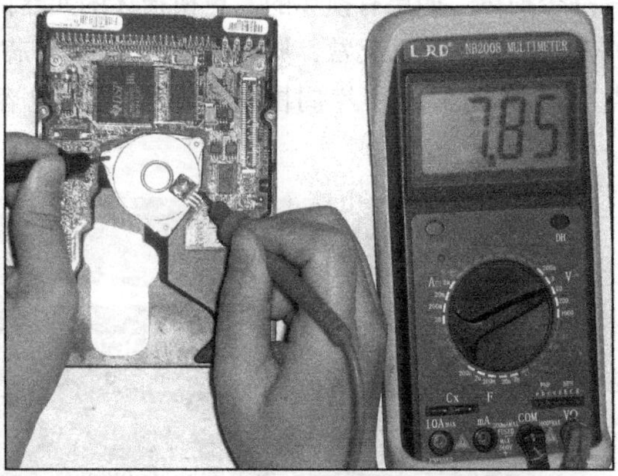

图 38-20　测量主轴电机工作电压

提示

检测硬盘主轴电机是否损坏。将数字万用表的功能旋钮调到欧姆挡 200 量程，接着用万用表的两只表笔分别接触主轴电机触点中的任意两只引脚，测量其阻值。如果主轴电机的触点是 3 只引脚，则可以测量 3 组阻值，如果主轴电机正常，则测量的阻值应该是相同的（如 3Ω 左右）；如果主轴电机的触点是 4 只引脚，则可以测量 4 组阻值，如果主轴电机正常，则测量的阻值应该是有两组相同（如 4.5Ω 和 2.5Ω 左右）。如果主轴电机不正常，更换主轴电机即可。如图 38-21 所示检测主轴电机。

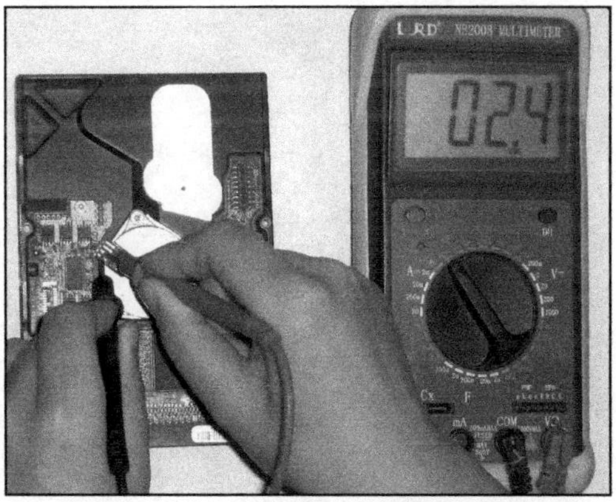

图 38-21　检测主轴电机

7）如果主轴电机工作电压不正常，则测量电机驱动芯片的输出电压是否正常（一般电机驱动芯片的输出电压应该是 4 ～ 9V)。如果输出电压不正常，再测量电机驱动芯片的输入电压是否正常（电机驱动芯片的输入电压一般是 3.3V、5V 和 12V)。

8）如果电机驱动芯片的输入电压正常，则可能是电机驱动芯片接触不良或损坏，接着检测电机驱动芯片各个引脚的对地阻值，并与正常值比较。如果引脚对地阻值有不正常的，则是电机驱动芯片损坏。

9）如果电机驱动芯片的输入电压不正常，接着检测 3.3V、5V 和 12V 供电线路中的三极管、场效应管、二极管等是否损坏。如果有损坏的，更换损坏的元器件。

10）如果电机驱动芯片的输出电压正常，则可能是电机驱动芯片周围的场效应管、电容等元器件损坏。重点检查电机驱动芯片周围的场效应管、电容等元器件。如图 38-22 所示。

图 38-22 电机驱动芯片周围的元器件

11）如果电机驱动芯片周围没有损坏的元器件，则可能是电路板与电机触点接触不良，清洁电机触点即可。

12）如果通过上面的检测后，硬盘电机还是不转，则可能是电路板中的晶振或主控芯片损坏，检查并更换损坏的元器件即可。

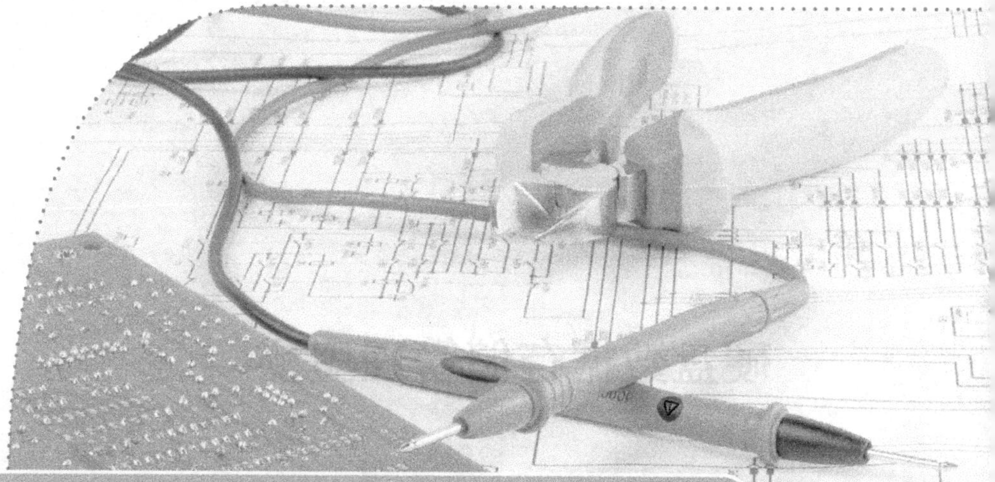

第六篇

数据恢复与加密

◆ 第 39 章　硬盘数据存储管理奥秘
◆ 第 40 章　多核电脑数据恢复方法
◆ 第 41 章　多核电脑安全加密方法

电脑故障无处不在，由于误操作或其他原因导致硬盘数据被删除、被损坏等情况屡屡发生，那么如何恢复丢失或损坏的硬盘数据呢？本篇将深入介绍硬盘数据存储的奥秘，介绍掌握硬盘数据恢复的方法。

另外，本篇最后还为您介绍了电脑及软件常用的加密方法。

第39章

硬盘数据存储管理奥秘

39.1 硬盘是如何存储数据的

一直以来，硬盘都是计算机系统中最主要的存储设备，同时也是计算机系统中最容易出故障的部件。要想有效的维护硬盘，首先要了解硬盘数据存储原理。

39.1.1 用磁道和扇区存储管理硬盘数据

硬盘是一种采用磁介质的数据存储设备，数据存储在密封的硬盘内腔的磁盘片上。这些盘片一般是在以铝为主要成分的基片表面涂上磁性介质而制成的，在磁盘片的每一面上，以转动轴为轴心、以一定的磁密度为间隔的若干个同心圆被划分成磁道（Track），每个磁道又被划分为若干个扇区（Sector），数据就按扇区存放在硬盘上。在每一面上都相应地有一个读写磁头（Head），所以不同磁头的所有相同位置的磁道就构成了所谓的柱面（Cylinder）。

硬盘中的磁盘结构关系如图39-1所示。

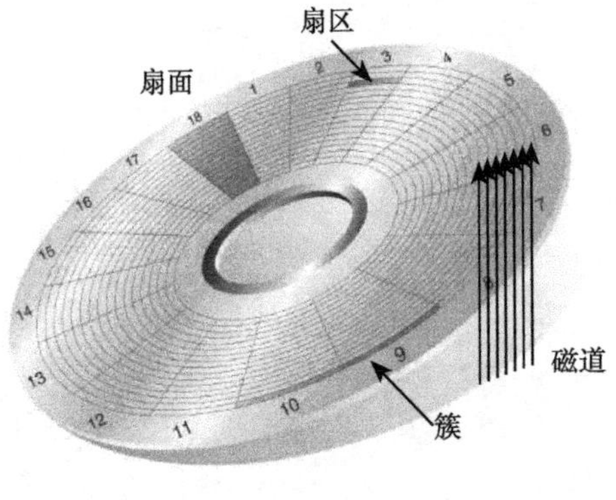

磁盘上的磁道、扇区和簇

a）磁盘上的磁道、扇区和簇

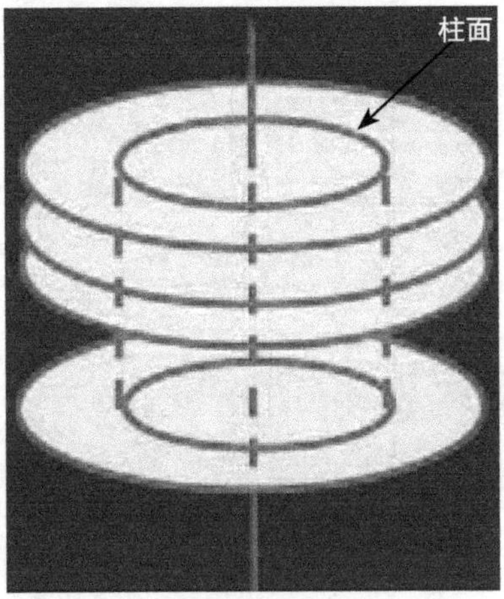

b）柱面

图39-1　磁盘的结构

硬盘中一般有多个盘片，每个盘片的每个面都有一个读写磁头，磁头靠近主轴接触的表面，即线速度最小的地方，是一个特殊的区域，它不存放任何数据，称为启停区或着陆区（Landing Zone），启停区外就是数据区。在最外圈，离主轴最远的地方是“0”磁道，硬盘数据的存放就是从最外圈开始的。如图 39-2 所示为硬盘盘片。

硬盘的第一个扇区（0 道 0 头 1 扇区）被保留为主引导扇区。在主引导区内主要有两项内容：主引导记录和硬盘分区表。主引导记录是一段程序代码，其作用主要是对硬盘上安装的操作系统进行引导；硬盘分区表则存储了硬盘的分区信息。计算机启动时将读取该扇区的数据，并对其合法性进行判断（扇区最后两个字节是否为 55AA），如合法则跳转执行该扇区的第一条指令。

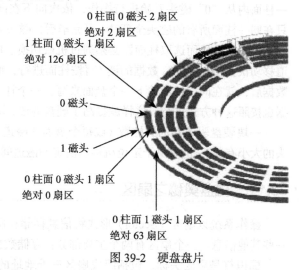

下面详细介绍硬盘盘片中的“盘面号”“磁道”“柱面”和“扇区”。

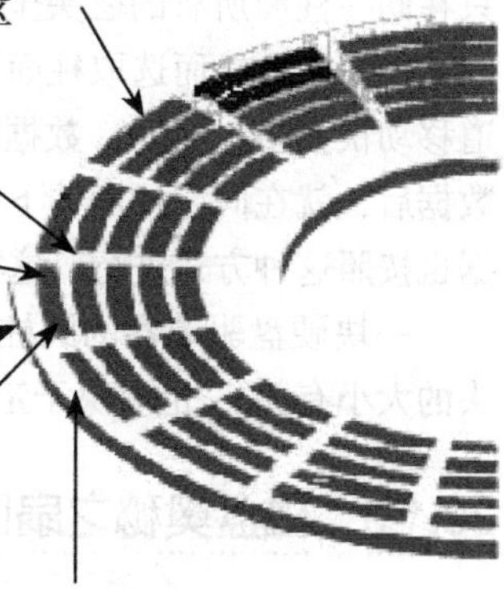

图 39-2 硬盘盘片

39.1.2 磁盘奥秘之盘面号

硬盘的盘片一般用铝合金材料做基片，高速硬盘也可能用玻璃做基片。玻璃基片更容易达到所需的平面度和光洁度，且有很高的硬度。磁头传动装置是使磁头部件作径向移动的部件，通常有两种类型的传动装置。一种是齿条传动的步进电动机传动装置；另一种是音圈电动机传动装置。前者是固定推算的传动定位器，而后者则采用伺服反馈返回到正确的位置上（目前的硬盘基本都用音圈电动机传动装置）。磁头传动装置以很小的等距离使磁头部件做径向移动，用以变换磁道。

硬盘的每一个盘片都有两个盘面（Side），即上、下盘面，一般每个盘面都会利用，都可以存储数据，成为有效盘片，也有极个别的硬盘盘面数为单数。每一个这样的有效盘面都有一个盘面号，按顺序从上至下从“0”开始依次编号。在硬盘系统中，盘面号又叫磁头号，因为每一个有效盘面都有一个对应的读写磁头。硬盘的盘片组为 2 ～ 14 片不等，通常有 2 ～ 3 个盘片，故盘面号（磁头号）为 0 ～ 3 或 0 ～ 5。

39.1.3 磁盘奥秘之磁道

磁盘在格式化时被划分成许多同心圆，这些同心圆轨迹叫作磁道（Track）。磁道从外向内从 0 开始顺序编号。以前的硬盘每一个盘面有 300 ～ 1 024 个磁道，目前的大容量硬盘每面的磁道数更多。信息以脉冲串的形式记录在这些轨迹中，这些同心圆不是连续记录数据，而是被划分成一段段的圆弧，这些圆弧的角速度一样。由于径向长度不一样，所以，线速度也不一样，外圈的线速度较内圈的线速度大，即同样的转速下，外圈在同样时间段里，划过的圆弧长度要比内圈划过的圆弧长度大。每段圆弧叫作一个扇区，扇区从“1”开始编号，每个扇区中的数据作为一个单元同时读出或写入。一个标准的 3.5in 硬盘盘面通常有几百到几千条磁道。磁道是盘面上以特殊形式磁化了的一些磁化区，在磁盘格式化时就已规划完毕。

39.1.4 磁盘奥秘之柱面

硬盘中的所有盘面上的同一磁道构成一个圆柱，通常称作柱面（Cylinder），每个圆柱上的磁头由上而下，从“0”开始编号。数据的读 / 写按柱面进行，即磁头读 / 写数据时首先在同一柱面内从“0”磁头开始进行操作，依次向下在同一柱面的不同盘面（即磁头上）进行操作，只在同一柱面所有的磁头全部读 / 写完毕后，磁头才转移到下一柱面，因为选取磁头只需通过电子切换即可，而选取柱面则必须通过机械切换。电子切换相当快，比在机械上磁头向邻近磁道移动快得多，所以，数据的读 / 写按柱面进行，而不按盘面进行。也就是说，一个磁道写满数据后，就在同一柱面的下一个盘面来写，一个柱面写满后，才移到下一个扇区写数据。读数据也按照这种方式进行，这样就提高了硬盘的读 / 写效率。

一块硬盘驱动器的圆柱数（或每个盘面的磁道数）既取决于每条磁道的宽窄（同样也与磁头的大小有关），也取决于定位机构所决定的磁道间步距的大小。

39.1.5 磁盘奥秘之扇区

操作系统以扇区（Sector）形式将信息存储在硬盘上，每个扇区包括 512 个字节的数据和一些其他信息。一个扇区有两个主要部分：存储数据地点的标识符和存储数据的数据段。

标识符是扇区头标，包括组成扇区三维地址的三个数字：扇区所在的磁头（或盘面）、磁道（或柱面号）以及扇区在磁道上的位置（即扇区号）。头标中还包括一个字段，其中有显示扇区是否能可靠存储数据或者是否已发现某个故障而不宜使用的标记。有些硬盘控制器在扇区头标中还记录有指示字，可在原扇区出错时指引磁盘转到替换扇区或磁道。最后，扇区头标以循环冗余校验（CRC）值作为结束，以供控制器检验扇区头标的读出情况，确保准确无误。

扇区的第二个主要部分是存储数据的数据段，可分为数据和保护数据的纠错码（ECC）。在初始准备期间，计算机用 512 个虚拟信息字节（实际数据的存放地）和与这些虚拟信息字节相应的 ECC 数字填入这个部分。

扇区头标包含一个可识别磁道上该扇区的扇区号。有趣的是，这些扇区号物理上并不连续编号，它们不必用任何特定的顺序指定。扇区头标的设计允许扇区号可以从 1 到某个最大值，某些情况下可达 255。磁盘控制器并不关心上述范围中什么编号安排在哪一个扇区头标中。在很特殊的情况下，扇区还可以共用（相同的）编号。磁盘控制器甚至根本就不管数据区有多大，只管读出它所找到的数据，或者写入要求它写的数据。

39.2 硬盘数据管理的奥秘——数据结构

了解了硬盘数据的存储原理后，接下来还需要掌握硬盘文件系统结构，这样在重要数据发生灾难时，才能更加轻松应对。

一般一块新的硬盘是没有办法直接使用的，用户需要将它分区、格式化，安装操作系统后才可以使用。而在分区、格式化之后，一般硬盘会被分成主引导扇区、操作系统引导扇区、文件分配表（FAT 表）、目录区（DIR）和数据区（DATA）5 部分。

39.2.1　数据结构之主引导扇区

我们通常所说的主引导扇区（MBR）在一个硬盘中是唯一的，MBR 区的内容只有在硬盘启动时才读取其内容，然后驻留内存。其他几项内容随硬盘分区数的多少而异。

主引导扇区位于整个硬盘的 0 磁道 0 柱面 1 扇区，由主引导程序 MBR（Master Boot Record）、硬盘分区表 DPT（Disk Partition Table）和结束标识（55AA）三部分组成。

硬盘主引导扇区占据一个扇区，共 512（200H）个字节，具体结构如图 39-3 所示。

1）硬盘主引导程序位于该扇区的 0 ～ 1BDH 处，占 446 字节。

2）硬盘分区表位于 1BEH ～ 1EEH 处，共占 64 字节。每个分区表占用 16 个字节，共 4 个分区表。单个分区表各字节具体意义请参考 6.3.2 节，分区表结构如图 39-4 所示。

3）引导扇区的有效标志，位于 1FEH ～ 1FFH 处，固定值为 55AAH。

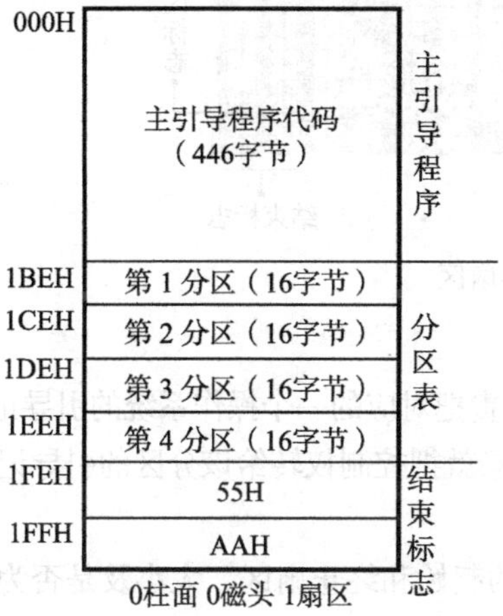

图 39-3 硬盘主引导扇区的结构

图 39-4　分区表中单个分区结构

1. 主引导程序

主引导程序的作用就是检查分区表是否正确，以及判别哪个分区为可引导分区，并在程序结束时把该分区的启动程序（也就是操作系统引导扇区）调入内存加以执行。

2. 分区表

在主引导区中，从地址 BE 开始到 FD 结束为止的 64 个字节中的内容就是通常所说的分区表。分区表以 80H 或 00H 为开始标志，以 55AAH 为结束标志，每个分区占用 16 个字节，一个硬盘最多只能分成四个主分区，其中扩展分区也是一个主分区。

3. 结束标识

主引导记录中最后两个标志“55AA”是分区表的结束标志，如果这两个标志被修改（有些病毒就会修改这两个标志），则系统引导时将报告找不到有效的分区表。

4. 主引导扇区的作用

硬盘主引导扇区的作用主要包括如下几方面。

1）存放硬盘分区表。

2）检查硬盘分区的正确性，要求只能且必须存在一个活动分区。

3）确定活动分区号，并读出相应操作系统的引导记录。

4）检查操作系统引导记录的正确性。一般在操作系统引导记录末尾存在着一个 55AAH 结束标志，供引导程序识别。

5）释放引导权给相应的操作系统。

在主引导扇区中，共有三个关键代码，如图 39-5 所示。

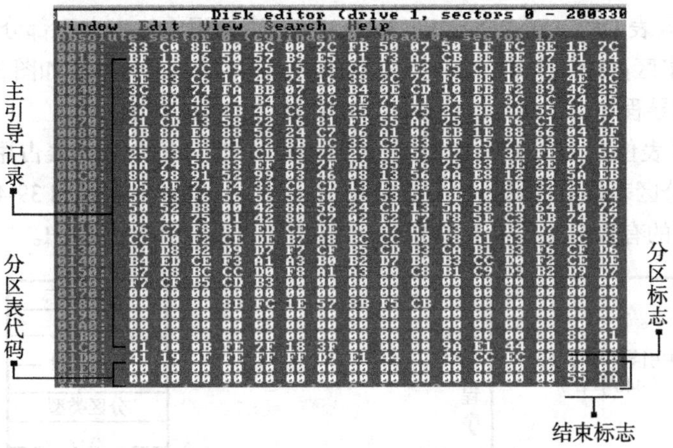

图 39-5 硬盘主引导扇区

第 1 关键代码：主引导记录

主引导记录的作用是找出系统当前的活动分区，负责把对应的一个操作系统的引导记录（即当前活动分区的引导记录）载入内存。此后，主引导记录就把控制权转给该分区的引导记录。

第 2 关键代码：分区表代码

分区表的作用是规定系统有几个分区，每个分区的起始和终止扇区、大小及是否为活动分区等重要信息。分区表以 80H 或 00H 为开始标志，以 55AAH 为结束标志，每个分区占用 16 个字节。一个硬盘最多只能分成四个主分区，其中扩展分区也是一个主分区。

在分区表中，主分区是一个比较单纯的分区，通常位于硬盘最前面的一块区域中，构成逻辑 C 磁盘。在主分区中，不允许再建立其他逻辑磁盘。也可以通过分区软件在分区的最后建立主分区，或在磁盘的中部建立主分区。

扩展分区的概念则比较复杂，也是造成分区和逻辑磁盘混淆的主要原因。由于硬盘仅仅为分区表保留了 64 个字节的存储空间，而每个分区的参数占据 16 个字节，故主引导扇区中总计可以存储 4 个分区的数据。操作系统只允许存储 4 个分区的数据，如果说逻辑磁盘就是分区，则系统最多只允许 4 个逻辑磁盘。对于具体的应用，4 个逻辑磁盘往往不能满足实际需求。为了建立更多的逻辑磁盘供操作系统使用，系统引入了扩展分区的概念。

所谓扩展分区，它不是一个实际意义的分区，它仅仅是一个指向下一个分区的指针，这种指针结构将形成一个单向链表。这样在主引导扇区中除了主分区外，仅需要存储一个被称为扩展分区的分区数据，通过这个扩展分区的数据可以找到下一个分区（实际上也就是下一个逻辑磁盘）的起始位置，以此起始位置类推可以找到所有的分区。无论系统中建立多少个逻辑磁盘，在主引导扇区中通过一个扩展分区的参数就可以逐个找到每一个逻辑磁盘，如图 39-6 所示。

需要特别注意的是，由于主分区之后的各个分区是通过一种单向链表的结构来实现链接的，因此，若单向链表发生问题，将导致逻辑磁盘的丢失。

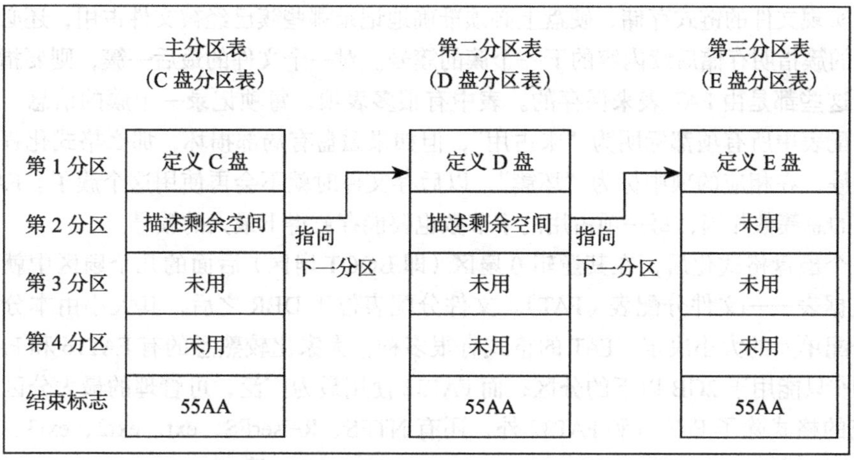

图39-6　硬盘分区表的各分区结构

第 3 关键代码：扇区结束标志

扇区结束标志（55AAH）是主引导扇区的结尾，它表示该扇区是个有效的引导扇区，可用来引导硬磁盘系统。

39.2.2　数据结构之操作系统引导扇区

操作系统引导扇区（Dos Boot Record，DBR），通常位于硬盘的 0 磁道 1 柱面 1 扇区，是操作系统可直接访问的第一个扇区，由高级格式化程序产生。DBR 主要包括一个引导程序和一个被称为 BPB（BIOS Parameter Block）的本分区参数记录表。在硬盘中每个逻辑分区都有一个 DBR，其参数视分区的大小、操作系统的类别而有所不同。

在操作系统引导扇区中，引导程序的主要作用是：当 MBR 将系统控制权交给它时，在根目录中寻找系统文件 IO.SYS、MSDOS.SYS 和 WINBOOT.SYS，如果存在，就把 IO.SYS 文件读入内存，并移交控制权给该文件。

在操作系统引导扇区中，BPB 分区表参数块记录着本分区的起始扇区、结束扇区、文件存储格式、硬盘介质描述符、根目录大小、FAT 个数、分配单元（Allocation Unit）的大小等重要参数。

39.2.3　数据结构之文件分配表

文件分配表（File Allocation Table，FAT）是系统的文件寻址系统，顾名思义，就是用来表示磁盘文件的空间分配信息的。它不对引导区、文件目录表的信息进行表示，也不真正存储文件内容。为了数据安全起见，FAT 一般做两个，第二个 FAT 为第一个 FAT 的备份。

磁盘是由若干个扇区组成的，若干个扇区合为一个簇，文件占用磁盘空间时用的基本单位不是字节而是簇。文件存取是以簇为单位的，哪怕这个文件只有 1 个字节，也要占用一个簇。每个簇在文件分配表中都有对应的表项，簇号即为表项号。同一个文件的数据并不一定完整地存放在磁盘的一个连续的区域内，而往往会分成若干段，像一条链子一样存放，这种存储方式称为文件的链式存储。由于 FAT 表保存着文件段与段之间的连接信息，所以操作系统在读取文件时，总是能够准确地找到文件各段的位置并正确读出。

为了实现文件的链式存储，硬盘上必须准确地记录哪些簇已经被文件占用，还必须为每个已经占用的簇指明存储后续内容的下一个簇的簇号。对一个文件的最后一簇，则要指明本簇无后续簇。这些都是由 FAT 表来保存的。表中有很多表项，每项记录一个簇的信息。最初形成的文件分配表中所有项都标明为“未占用”，但如果磁盘有局部损坏，那么格式化程序会检测出损坏的簇，在相应的项中标为“坏簇”，以后存文件时就不会再使用这个簇了。FAT 的项数与数据区的总簇数相当，每一项占用的字节数也要能存放得下最大的簇号。

当一个磁盘格式化后，在其逻辑 0 扇区（即 BOOT 扇区）后面的几个扇区中就形成一个重要的数据表——文件分配表（FAT）。文件分配表位于 DBR 之后，其大小由本分区的大小及文件分配单元的大小决定。FAT 的格式有很多种，大家比较熟悉的有 FAT16 和 FAT32 等格式。FAT16 只能用于 2GB 以下的分区；而 FAT32 使用最为广泛，可管理的最大分区为 32GB。文件系统的格式除了 FAT16 和 FAT32 外，还有 NTFS、ReiserFS、ext、ext2、ext3、ISO9660、XFS、Minx、VFAT、HPFS、NFS、SMB、Sys、PROC、JFS 等。

在读文件分区表时，要注意以下问题：

1）不要把表项内的数字误认为是当前簇号，而应该是文件的下一个簇的簇号。

2）高字节在后、低字节在前是存储数字的一种方式，读出时应进行调整，如两字节“12H，34H”，实际应为 3412H。文件分配表与文件目录表（FDT）相配合，可以统一管理整个磁盘的文件。它告诉系统磁盘上哪些簇是坏的或已被使用的哪些簇可以用，并存储每个文件所使用的簇号，就好比是文件的“总调度师”。

39.2.4 数据结构之硬盘目录区

目录区（Directory，DIR）紧接在第二 FAT 表之后。在硬盘工作时只有 FAT 还不能定位文件在磁盘中的位置，必须和 DIR 配合才能准确定位文件的位置。在硬盘的目录区记录着每个文件（目录）的文件名、扩展名、是否支持长文件名，起始单元、文件的属性、大小、创建日期、修改日期等内容。操作系统在读写文件时，根据目录区中的起始单元，结合 FAT 表就可以知道文件在磁盘的具体位置及大小，然后顺序读取每个簇的内容就可以了。

39.2.5 数据结构之硬盘数据区

数据区即 DATA，当将数据复制到硬盘时，数据就存放在 DATA 区。对于一块储存数据的硬盘来说，它占据了硬盘的绝大部分空间，但如没有前面所提到的 4 个部分，DATA 区就仅只是一块填充着 0 和 1 的区域，没有任何意义。

当操作系统要在硬盘上写入文件时，首先在目录区中写入文件信息（包括文件名、后缀名、文件大小和修改日期），然后在 DATA 区找到闲置空间将文件保存，并将 DATA 区中存放文件的簇号写入目录区，从而完成整个写入数据的工作。系统删除文件时的操作则简单许多，它只需将该文件在目录区中的第一个字符改成 E5，在文件分配表中把该文件占用的各簇表项清 0，就表示将该文件删除，而它实际上并不对 DATA 区进行任何改写。通常的高级格式化程序，只是重写了 FAT 表而已，并未将 DATA 区的数据清除；而对硬盘进行分区时，也只是修改了 MBR 和 DBR，并没有改写 DATA 区中的数据。正因为 DATA 区中的数据不易被改写，从而也为恢复数据带来了机会。事实上各种数据恢复软件，也正是利用 DATA 区中残留的种种痕迹来恢复数据的，这就是整个数据恢复的基本原理。

39.3 硬盘读写数据探秘

相信很多人一定非常熟悉 Windows 系统中的将硬盘当中文件数据保存、写入、删除等操作，但对于数据在硬盘当中到底是怎样被读取、写入或删除的，硬盘如何工作等，可能有很多读者不是很了解，下面重点分析一下硬盘数据的存储原理。

39.3.1 硬盘怎样写入数据

当要保存文件时，硬盘会按柱面、磁头、扇区的方式进行保存，即将保存的数据先保存在第 1 个盘面的第 1 磁道的所有扇区，如果所有扇区无法存下所有数据，接着在同一柱面的下一磁头所在盘面的第 1 磁道的所有扇区中继续写入数据。如果一个柱面存储满后就推进到下一个柱面，直到把文件内容全部写入磁盘。

在保存文件时，系统首先在磁盘的 DIR（目录表）区中找到空区写入文件名、大小和创建时间等响应信息，然后在 DATA（数据区）找到空闲位置将文件保存，并将 DATA 区的第一个簇写入 DIR 区。

39.3.2 怎样从硬盘读出数据

当要读取数据时，硬盘的主控芯片会“告诉”磁盘控制器要读出数据所在的柱面号、磁头号和扇区号。接着磁盘控制器则直接使磁头部件进到相应的柱面，选通相应的磁头，等待要求的扇区移动到磁头下。在扇区到来时，磁盘控制器读出每个扇区的头标，把这些头标中的地址信息与期待检出的磁头和柱面号做比较（即寻道），然后，寻找要求的扇区号。待磁盘控制器找到该扇区头标时，读出数据和尾部记录。

在读取文件时，系统先从磁盘目录区中读取文件信息，包括文件名、后缀名、文件大小、修改日期和文件在数据区保存的第一个簇的簇号。接着从第 1 个簇中读取相应的数据，然后再到 FAT 表（文件分配表）的相应单元（第一个簇对应的单元），如果内容是文件结束标志（FF），则表示文件结束，如果不是文件结束标志，则是下一个保存数据的簇的簇号，接下来再读取对应簇中的内容，这样重复下去一直到遇到文件结束标志，文件读取完成。

39.3.3 怎样从硬盘中删除文件

Windows 文件的删除工作却是很简单的，将磁盘目录区的文件的第一个字符改成 E5 就表示该文件删除了。

存储在硬盘中的每个文件都可分为两部分：文件头和存储数据的数据区。文件头用来记录文件名、文件属性、占用簇号等信息，文件头保存在一个簇并映射在 FAT 表（文件分配表）中。而真实的数据则是保存在数据区当中的。平常所做的删除，其实是修改文件头的前 2 个代码，这种修改映射在 FAT 表中，就为文件作了删除标记，并将文件所占簇号在 FAT 表中的登记项清零，表示释放空间，这也就是平常删除文件后硬盘空间增大的原因。而真正的文件内容仍保存在数据区中，并未得以删除。要等到以后的数据写入，把此数据区覆盖掉，这样才算是彻底把原来的数据删除了。如果不被后来保存的数据覆盖，它就不会从磁盘上抹掉。

第40章 多核电脑数据恢复方法

在进行数据恢复时，首先要调查造成数据丢失或损坏的原因，然后对症下药，使用对应的数据恢复方法。另外，在对数据进行恢复前，要先进行故障分析，不能做盲目的操作，以免造成数据被覆盖，无法恢复。下面将根据不同的数据丢失原因分析数据恢复的方法。

40.1 数据恢复的必备知识

40.1.1 硬盘数据是如何丢失的

硬盘数据丢失的原因较多，一般可以分为人为原因、自然原因、软件原因、硬件原因。

1. 人为原因造成的数据丢失

人为原因主要是指由于使用人员的误操作造成的数据丢失，如误格式化或误分区、误克隆、误删除或覆盖、人为地摔坏硬盘等。

人为原因造成的数据丢失现象一般表现为操作系统丢失，无法正常启动系统，磁盘读写错误，找不到所需要的文件，文件打不开，文件打开后乱码，硬盘没有分区，提示某个硬盘分区没有格式化，硬盘被强制格式化，硬盘无法识别或发出异响等。

2. 自然灾害造成的数据丢失

自然灾害造成的数据被破坏，如水灾、火灾、雷击、地震等造成计算机系统的破坏，导致存储数据被破坏或完全丢失，或由于操作时断电、意外电磁干扰造成数据丢失或破坏。

自然灾害原因造成的数据丢失现象一般表现为硬盘损坏（硬盘无法识别或盘体损坏）、磁盘读写错误、找不到所需要的文件、文件打不开、文件打开后乱码等。

3. 软件原因造成的数据丢失

软件原因主要是指由于受病毒感染、零磁道损坏、硬盘逻辑锁、系统错误，或瘫痪、软件Bug对数据的破坏等造成数据丢失或被破坏。

软件原因造成的数据丢失现象一般表现为操作系统丢失，无法正常启动系统，磁盘读写错误，找不到所需要的文件，文件打不开，文件打开后乱码，硬盘没有分区，提示某个硬盘分区没有格式化，硬盘被锁等。

4. 硬件原因造成的数据丢失

硬件原因主要是指由于计算机设备的硬件故障（包括存储介质的老化、失效）、磁盘划伤、磁头变形、磁臂断裂、磁头放大器损坏、芯片组或其他元器件损坏等造成数据丢失或破坏。

硬件原因造成的数据丢失现象一般表现为系统不识别硬盘，常有一种“咔嚓咔嚓”或“哐当哐当”的磁阻撞击声，或电机不转、通电后无任何声音、磁头定位不准造成读写错误等。

40.1.2　什么样的硬盘数据可以恢复

一块新的硬盘首先必须分区，再用 Format 对相应的分区进行格式化，这样才能在该硬盘上存储数据。

当需要从硬盘中读取文件时，先读取某一分区的 BPB（分区表参数块）参数至内存，然后从目录区中读取文件的目录表（包括文件名、后缀名、文件大小、修改日期和文件在数据区保存的第一个簇的簇号），找到对应文件的首扇区和 FAT 表的入口，再从 FAT 表中找到后续扇区的相应链接，移动硬盘的磁臂到对应的位置进行文件读取，当读到文件结束标志“FF”时，表示文件结束，这样就完成了某一个文件的读写操作。

当需要保存文件时，操作系统首先在 DIR 区（目录区）中找到空闲区写入文件名、大小和创建时间等相应信息，然后在数据区找出空闲区域将文件保存，再将数据区的第一个簇写入目录区，同时完成 FAT 表的填写，具体的过程和文件读取过程差不多。

当需要删除文件时，操作系统只是将目录区中该文件的第一个字符改为“E5”来表示该文件已经删除，同时改写引导扇区的第二个扇区，用来表示该分区可用空间大小的相应信息，而文件在数据区中的信息并没有删除。

当给一块硬盘分区、格式化时，并没有将数据从 DATA 区直接删除，而是利用 Fdisk 重新建立硬盘分区表，利用 Format 格式化重新建立 FAT 表而已。

综上所述，在实际操作中，删除文件、重新分区并快速格式化（Format 不要加 U 参数）、快速低级格式化、重整硬盘缺陷列表等，都不会把数据从物理扇区的数据区中实际抹去。删除文件只是把文件的地址信息在列表中抹去，而文件数据本身还是在原来的地方，除非复制新的数据覆盖到那些扇区，才会把原来的数据真正抹去。重新分区和快速格式化只不过是重新构造新的分区表和扇区信息，同样不会影响原来的数据在扇区中的物理存在，直到有新的数据去覆盖它们为止。而快速低级格式化，是用 DM 软件快速重写盘面、磁头、柱面、扇区等初始化信息，仍然不会把数据从原来的扇区中抹去。重整硬盘缺陷列表也是把新的缺陷扇区加入 G 列表或者 P 列表中，而对于数据本身，其实还是没有实质性影响。但对于那些本来存储在缺陷扇区中的数据就无法恢复了，因为扇区已经出现物理损坏，即使不加入缺陷列表，也很难恢复。

对于上述这些操作造成的数据丢失，一般都可以恢复。在进行数据恢复时，最关键的一点是在错误操作出现后，不要再对硬盘做任何无意义操作，也不要再向硬盘里面写入任何内容。

一般对于上述操作造成的数据丢失，在恢复数据时，可以通过纯粹的数据恢复软件来恢复（如 EasyRecovery、Final Data 等）。但如果硬盘有轻微的缺陷，用纯粹的数据恢复软件恢复将会有一些困难，应该稍微修理一下，在硬盘可以正常使用后，再用软件进行数据恢复。

另外，如果硬盘已经不能动了，这时需要使用成本比较高的软硬件结合的方式来恢复。这种数据恢复方式的关键在于用于恢复的仪器设备。这些设备都需要放置在级别非常高的超净无尘工作间里面。这些设备的恢复原理一般都是把硬盘拆开，把损坏的硬盘的磁盘放进机器的超净工作台上，然后用激光束对盘片表面进行扫描。因为盘面上的磁信号其实是数字信号（0和1），所以相应地，反映到激光束发射的信号上也是不同的。这些仪器就是通过这样的扫描，完整地把整个硬盘的原始信号记录在仪器附带的电脑里面，然后再通过专门的软件分析来进行数据恢复，还可以将损坏的硬盘的磁盘拆下后安装在另一个型号相同的硬盘中，借助正常的硬盘读取拆下来的磁盘的数据。

40.1.3 数据恢复要准备的工具

在日常维修中，通常使用一些数据恢复软件来恢复硬盘的数据，使用这些软件恢复数据的成功率也较高。常用的数据恢复软件有 EasyRecovery、FinalData、R-Studio、DiskGenius、Fixmbr、Winhex 等，下面详细介绍这些数据恢复软件的使用方法。

1. EasyRecovery 数据恢复软件

EasyRecovery 软件是一个非常著名的数据恢复软件。该软件功能非常强大，能够恢复因分区表破坏、病毒攻击、误删除、误格式化、重新分区等而丢失的数据，甚至可以不依靠分区表来按照簇进行硬盘扫描。

另外，EasyRecovery 软件还能够对 ZIP 文件以及微软的 Office 系列文档进行修复。

注意

不通过分区表来进行数据扫描，很可能不能完全恢复数据，原因是通常一个大文件被存储在很多不同区域的簇内，即使我们找到了这个文件的一些簇上的数据，恢复之后的文件也可能是损坏的。

EasyRecovery 使用 Ontrack 公司复杂的模式识别技术找回分布在硬盘上不同位置的文件碎块，并根据统计信息对这些文件碎块进行重整。接着 EasyRecovery 在内存中建立一个虚拟的文件系统并列出所有文件和目录，即使整个分区都不可见或者硬盘上只有非常少的分区维护信息，EasyRecovery 仍然可以高质量地找回文件。

EasyRecovery 不会向原始驱动器写入任何数据，它主要是在内存中重建文件分区表，使数据能够安全地传输到其他驱动器中。如图 40-1 所示为 EasyRecovery 软件主界面。

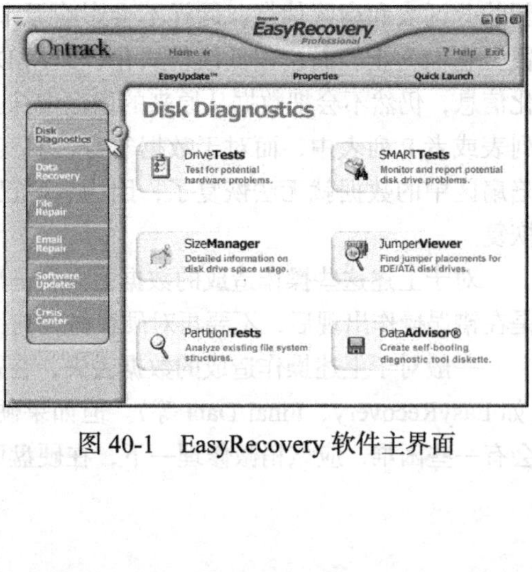

图 40-1 EasyRecovery 软件主界面

（1）Disk Diagnostics（磁盘诊断）

Easy Recovery 界面左边栏中第一个功能就是磁盘诊断。右边列出了“DriveTests”“Smart Tests”“SizeManager”“JumperViewer”“Partition Tests”和“DataAdvisor”功能块，如图 40-2 所示，具体功能如下。

“DriveTests”用来检测潜在的硬件问题；

“SmartTests”用来检测、监视并且报告磁盘数据方面的问题，这类似于磁盘检测程序，但是功能却非常强大；

“SizeManager”的功能是可以显示一个树形目录，看出每个目录的使用空间；

“JumperViewer”是 Ontrack 的另一个工具，只安装 EasyRecovery 是不包含该工具的，这里只列出了它的介绍；

“PartitionTests”类似于 Windows 2000/XP 里的“chkdsk.exe”，不过是图形化的界面，更强大、更直观；

“DataAdvisor”是用向导的方式来创建可以启动系统并分析磁盘状况的启动盘。

（2）Data Recovery（数据恢复）

Data Recovery 是 EasyRecovery 最核心的功能，其界面如图 40-3 所示，主要功能如下。

“AdvancedRecovery”带有高级选项，可以自定义地进行恢复。比如设定恢复的起始扇区和结束扇区、文件恢复的类型等；

“DeletedRecovery”可针对被删除文件进行恢复；

“FormatRecovery”对误操作格式化分区进行分区或卷的恢复；

“RawRecovery”是针对分区和文件目录结构受损时拯救分区重要数据的功能；

“ResumeRecovery”用于对上一次没有执行完的恢复事件继续进行恢复；

“EmergencyDiskette”用于创建紧急修复软盘，内含恢复工具，在操作系统不能正常启动时进行修复。

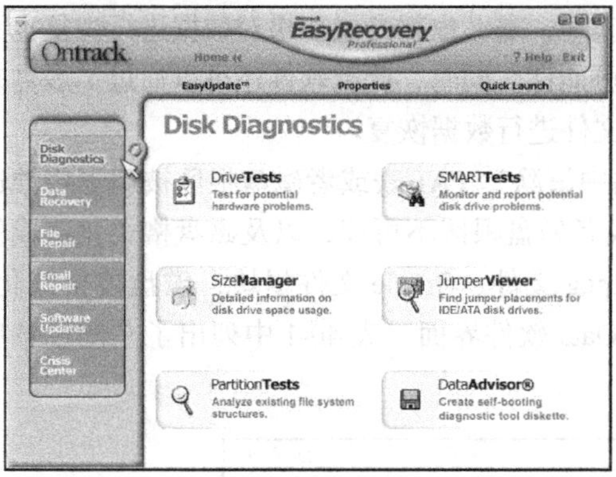

图 40-2　Disk Diagnostics 界面

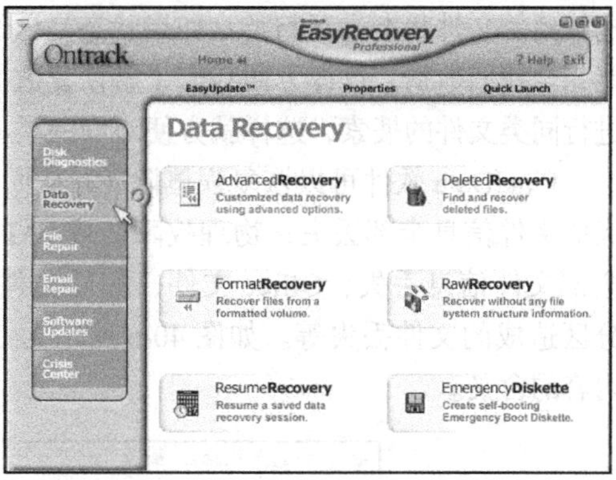

图 40-3　Data Recovery（数据恢复）界面

（3）File Repair（文件修复）

EasyRecovery 除了恢复文件之外，还有强大的修复文件的功能。在这个版本中主要是针对“Office”文档和“Zip”压缩文件的恢复。从右侧的列表中可以看到有针对“.mdb”“.xls”“.doc”“.ppt”“.zip”类型的恢复，而且操作过程极其简单，然而功能和效果都是非常明显的，如图 40-4 所示。

（4）Email Repair（电子邮件修复）

Email Repair 是针对“Office”组件之一的 Microsoft Outlook 和 IE 组件的“Outlook Express”文件的修复功能，如图 40-5 所示。

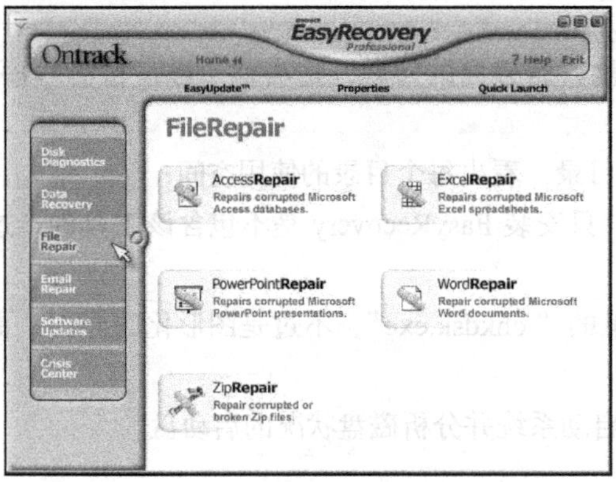

图 40-4 File Repair（文件修复）界面

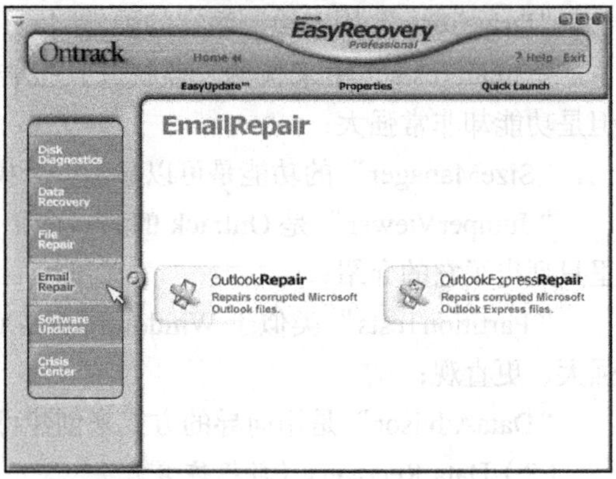

图 40-5 Email Repair（电子邮件修复）界面

（5）Software Updates（软件更新）和 Crisis Center（紧急中心）

在 Software Updates 这个项目里，将可以获得软件的最新信息。Crisis Center 这个项目就是 Ontrack 公司为用户提供的可以选择的其他服务项目。

2. FinalData 数据恢复软件

FinalData 软件的优势就是恢复速度快，可以大大缩短搜索丢失数据的时间，而且其在数据恢复方面功能也十分强大，不仅可以按照物理硬盘或者逻辑分区来进行扫描，还可以通过扫描硬盘的绝对扇区的分区表找到丢失的分区。

FinalData 软件在对硬盘进行扫描之后会在其浏览器的左侧显示出文件的各种信息，并且把找到的文件状态进行归类，如果状态是已经被破坏，那么也就是说如果对数据进行恢复也不能完全找回数据。这样方便我们了解恢复数据的可能性。同时，此款软件还可以通过扩展名来进行同类文件的搜索，这样就方便对同一类型的文件进行数据恢复。

FinalData 软件可以恢复误删除（并从回收站中清除）、FAT 表或者磁盘根区被病毒侵蚀造成的文件信息全部丢失，物理故障造成 FAT 表或者磁盘根区不可读，以及磁盘格式化造成的全部文件信息丢失，Office 文件、邮件文件、Mpeg 文件、Oracle 文件损块，磁盘被格式化、分区造成的文件丢失等。如图 40-6 所示为 FinalData 软件界面，表 40-1 中列出了左侧栏各项内容的含义。

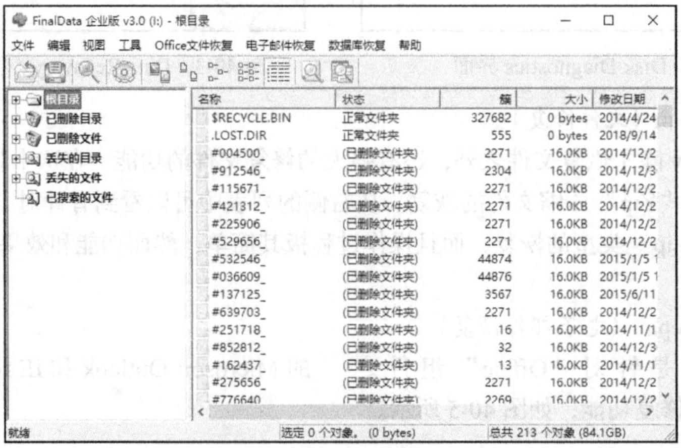

图 40-6 FinalData 软件界面

表 40-1　FinalData 软件界面左侧栏内容含义

内　容	含　义
根目录	正常根目录
已删除的目录	从根目录删除的目录集合
已删除的文件	从根目录删除的文件集合
丢失的目录	如果根目录由于格式化或者病毒等而被破坏，FinalData 就会把发现和恢复的信息放到“丢失的目录”中
丢失的文件	被严重破坏的文件，如果数据部分依然完好，可以从“丢失的文件”中恢复
已搜索的文件	显示通过“查找”功能找到的文件

3. DiskGenius 分区表修复软件

DiskGenius 是一款硬盘分区及数据维护软件，不仅提供了基本的硬盘分区功能（如建立、激活、删除、隐藏分区），还具有强大的分区维护功能（如分区表备份和恢复、分区参数修改、硬盘主引导记录修复、重建分区表等）。此外，它还具有分区格式化、分区无损调整、硬盘表面扫描、扇区复制、彻底清除扇区数据等实用功能，并增加了对 VMWare 虚拟硬盘的支持。

目前最新版的 DiskGenius 支持 Windows 操作系统，如图 40-7 所示为 DiskGenius 主界面。

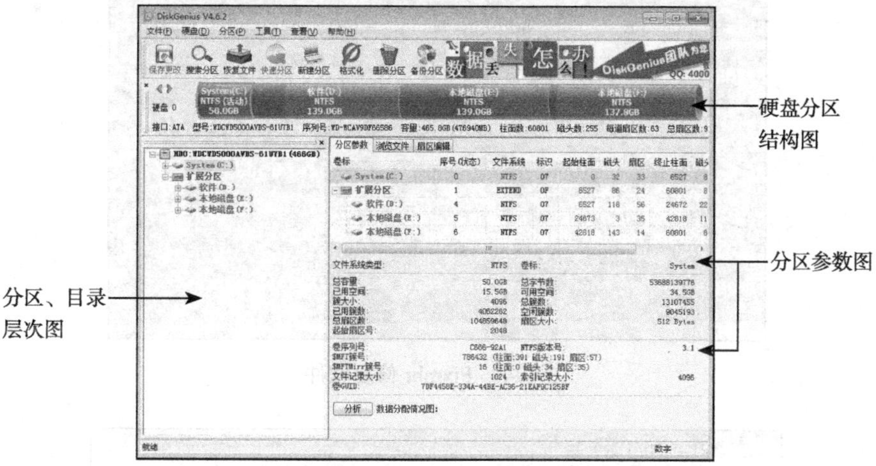

图 40-7　DiskGenius 主界面

DiskGenius 软件主要用来备份和恢复分区表、重建分区表、重建主引导记录等。

4. Fixmbr 主引导扇区修复软件

Fixmbr 修复软件是一个基于 DOS 系统的应用软件，其主要功能就是重新构造主引导扇区。该软件只修改主引导扇区记录，对其他扇区不进行写操作。

Fixmbr 的基本命令格式如下：

Fixmbr [Drive] [/A] [/D] [/P] [/Z] [/H]

/A：激活基本 DOS 分区。

/D：显示主引导记录内容。

/P：显示 DOS 分区的结构。

/Z：将主引导记录区清零。

/H：帮助信息。

如果直接输入 Fixmbr 后按 Enter 键，默认的情况下将执行检查 MBR 结构的操作。如果发现系统不正常，将会出现是否进行恢复的提示。按“Y”键后则会开始修复，如图 40-8 所示。

5. Winhex 手工数据恢复软件

Winhex 是一款在 Windows 下运行的十六进制编辑软件，此软件功能强大，有完善的分区管理功能和文件管理功能，能自动分析分区链和文件簇链，能对硬盘进行不同方式、不同程度的备份，甚至复制整个硬盘，能够编辑任何一种文件类型的二进制内容（用十六进制显示），其磁盘编辑器可以编辑物理磁盘或逻辑磁盘的任意扇区。

另外，它可以用来检查和修复各种文件，恢复删除文件、硬盘损坏造成的数据丢失等，还可以让用户看到其他程序隐藏起来的文件和数据。此软件主要通过手动恢复数据。如图 40-9 所示为 Winhex 程序主界面。

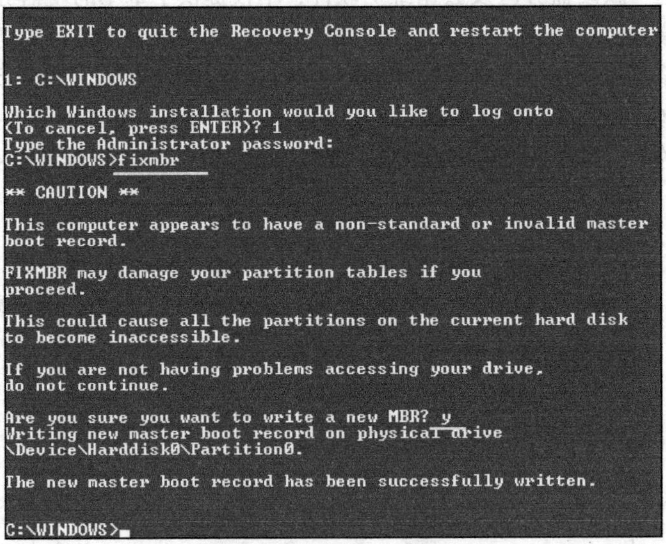

图 40-8 Fixmbr 修复软件

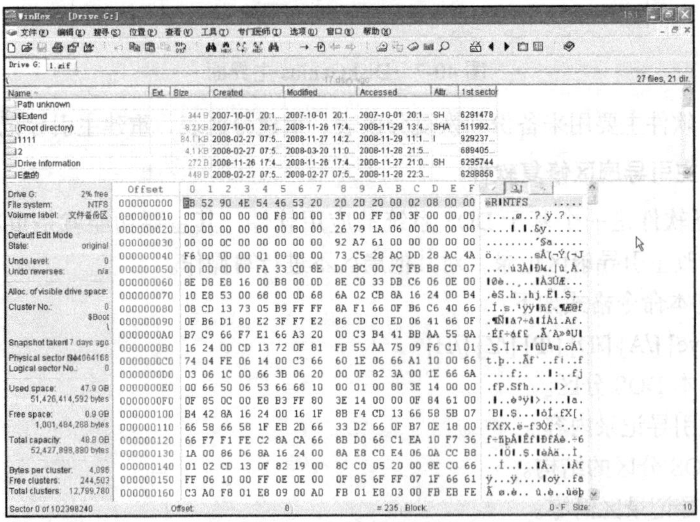

图 40-9 Winhex 程序主界面

40.2 数据恢复流程

在进行数据恢复时，首先要分析硬盘出现故障的真正原因，然后检查硬盘的外观有无烧坏的痕迹，接着加电试机，在真正恢复前应先备份硬盘中能备份的数据信息（如分区表、目录区等），以防止恢复失败，造成硬盘中的数据彻底无法恢复，最后，在硬盘数据恢复后要及时备份到其他硬盘中。硬盘具体数据恢复流程图如图 40-10 所示。

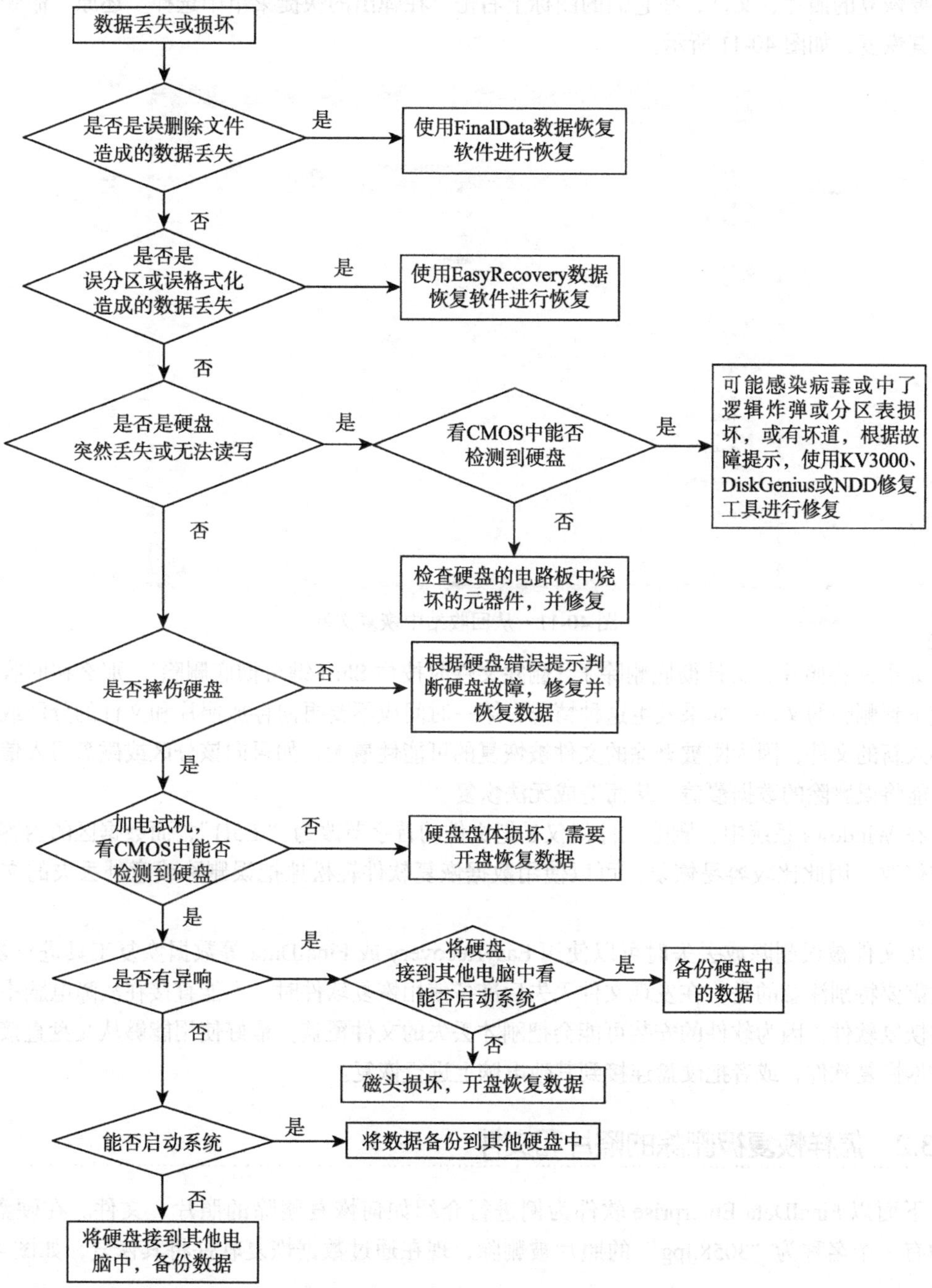

图 40-10　硬盘数据恢复流程图

40.3 恢复被删除的照片、文件

40.3.1 照片、文件被删除后第一时间应该做什么

如果照片、文件被删除时没有按 Shift 键，可以到回收站中将其恢复。方法是打开回收站，找到要恢复的照片、文件，在它们的图标上右击，在弹出的快捷菜单中选择“还原”命令，即可将其恢复，如图 40-11 所示。

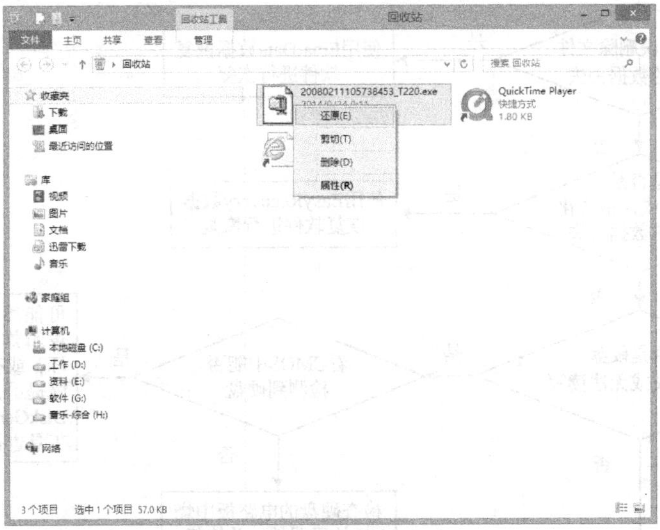

图 40-11 从回收站中恢复文件

如果是将照片、文件彻底删除了（删除文件时按住 Shift 键可彻底删除），那么在回收站中就找不到删除的文件。如果发生这种情况，第一时间应不要再向存放照片和文件的分区或者磁盘存入新的文件，因为刚被删除的文件被恢复的可能性最大，如果向该分区或磁盘写入信息就有可能将误删除的数据覆盖，从而造成无法恢复。

在 Windows 系统中，删除文件仅仅是把文件的首字节改为“ E5H”，而数据区的内容并没有被修改，因此比较容易恢复。可以使用数据恢复软件轻松地把误删除或意外丢失的文件找回来。

在文件被误删除或丢失时可以使用 EasyRecovery 或 FinalData 等数据恢复工具进行恢复。不过需要特别注意的是，在发现文件丢失后准备使用恢复软件时，不能直接在故障电脑中安装这些恢复软件，因为软件的安装可能会把刚才丢失的文件覆盖。最好使用能够从光盘直接运行的数据恢复软件，或者把硬盘连接到其他电脑上进行恢复。

40.3.2 怎样恢复被删除的照片和文件

下面以 FinalData Enterprise 软件为例进行介绍如何恢复删除的照片、文件。在硬盘的 I 盘中有一个名称为“3058.jpg”的照片被删除，现在通过数据恢复软件将其恢复，如图 40-12 所示。

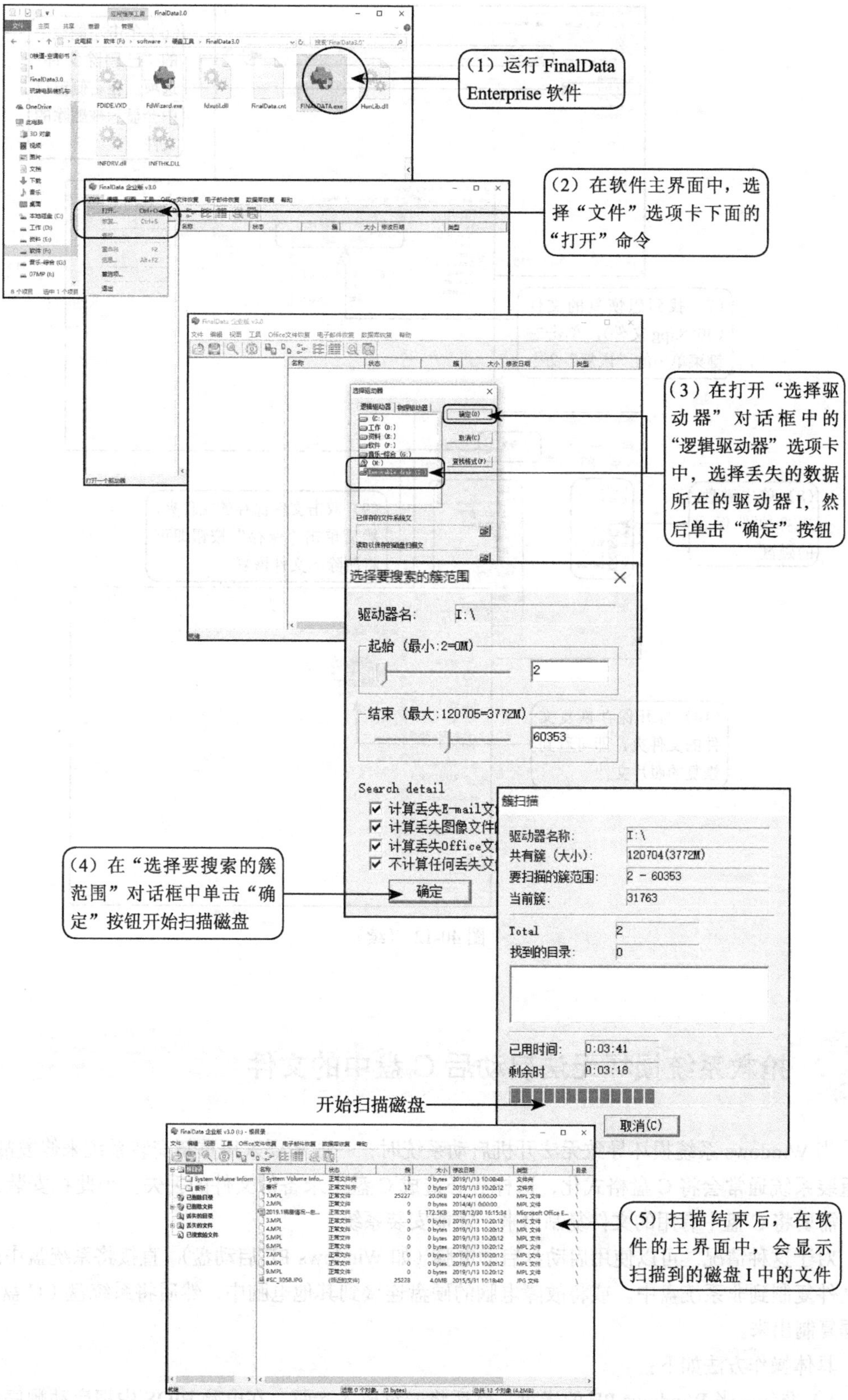

图 40-12　保存恢复的文件

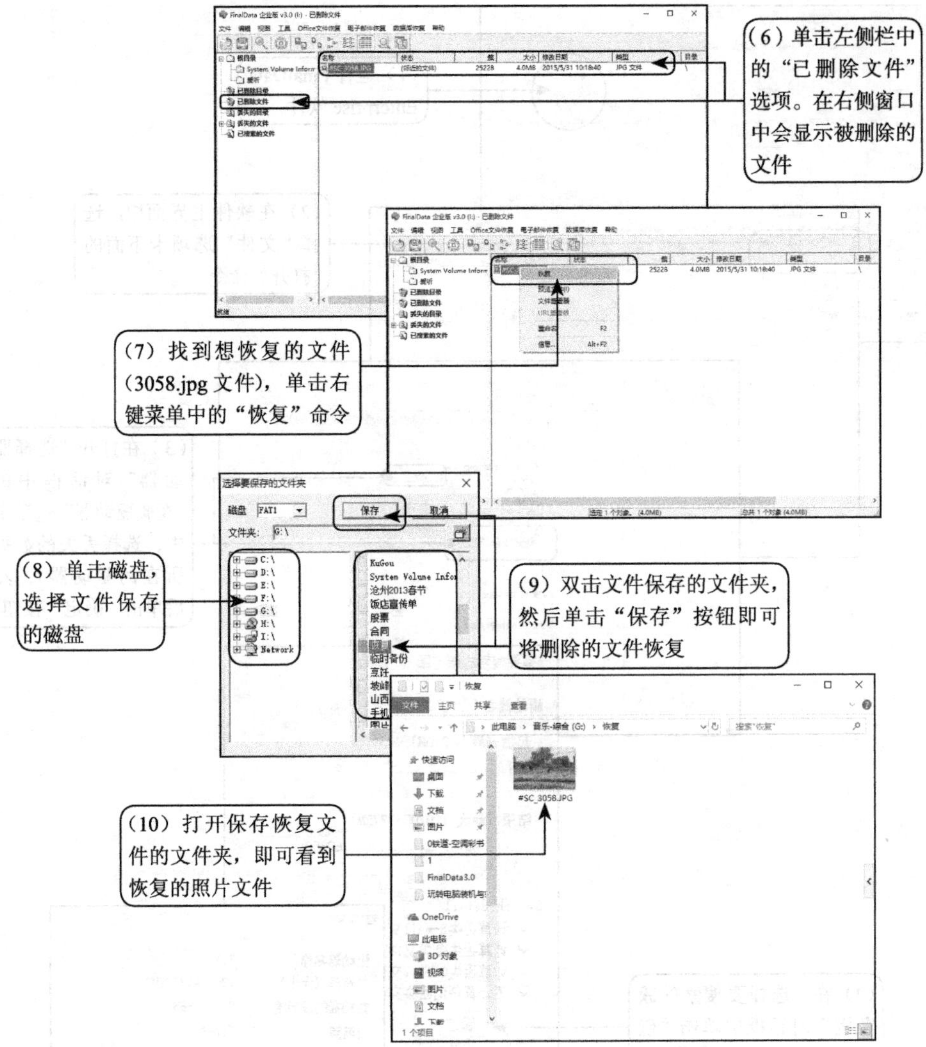
（6）单击左侧栏中的“已删除文件”选项。在右侧窗口中会显示被删除的文件
（7）找到想恢复的文件（3058.jpg 文件），单击右键菜单中的“恢复”命令
（8）单击磁盘，选择文件保存的磁盘
（9）双击文件保存的文件夹，然后单击“保存”按钮即可将删除的文件恢复
（10）打开保存恢复文件的文件夹，即可看到恢复的照片文件
选择要保存的文件夹
保存
取消
#SC_3058.JPG

图 40-12 （续）

40.4 抢救系统损坏无法启动后 C 盘中的文件

当 Windows 系统损坏导致无法开机启动系统时，一般需要采用重新安装系统来修复故障，而重装系统通常会将 C 盘格式化，这样势必造成 C 盘中未备份文件的丢失。因此在安装系统前，需要将 C 盘中有用的文件复制出来，才能安装系统。

对于这种情况，可以使用启动盘启动电脑（如 Windows PE 启动盘），直接将系统盘中的有用文件复制到非系统盘中。或将故障电脑的硬盘连接到其他电脑中，然后将系统盘（C 盘）的数据复制出来。

具体操作方法如下：

1）准备一张 Windows PE 的光盘，然后将光盘放入光驱。在电脑 BIOS 中把启动顺序设置为光驱启动，并保存退出，重启电脑。

2）开始启动系统后，选择从 Windows PE 启动系统。

3）系统会启动到桌面，打开桌面上的“我的文档”文件夹，然后将有用的文件复制到 E 盘，如图 40-13 所示。

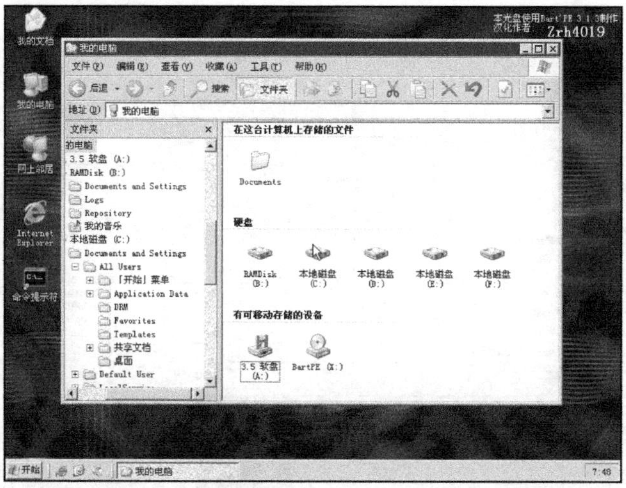

图 40-13　在 Windows PE 系统中恢复数据文件

提示

利用“加密文件系统”(EFS) 加密的文件不易被恢复。

40.5 修复损坏的 Word 文档的方法

在日常的办公中，经常会用到办公软件，而一些办公文件由于感染病毒等原因导致打开时出现乱码或无法打开，而这类文件的损坏会直接影响日常的工作。下面将介绍一些方法来恢复办公文件。

40.5.1　怎样修复 Word 文档

一般损坏的文件不能正常打开通常是因为文件头被意外破坏。而恢复损坏的文件需要了解文件结构，对于一般人来说深入了解一个文件的结构比较困难，所以恢复损坏的文件通常需要使用一些工具软件。

Word 文档是许多电脑用户写作时经常使用的文件格式，当它损坏而无法打开时，可以采用一些方法修复损坏文档，恢复受损文档中的文字。

40.5.2　如何使 Word 程序自行修复

“打开并修复”是 Word 具有的文件修复功能，当 Word 文件损坏后可以尝试这种方法。具体方法如下：

1）运行 Word 程序，单击“office”按钮，并在弹出的下拉菜单中选择“打开”命令。

2）弹出“打开”对话框，在此对话框中选择要修复的文件，然后单击“打开”按钮右边的下拉按钮，并在弹出的下拉菜单中选择“打开并修复”命令，如图 40-14 所示。

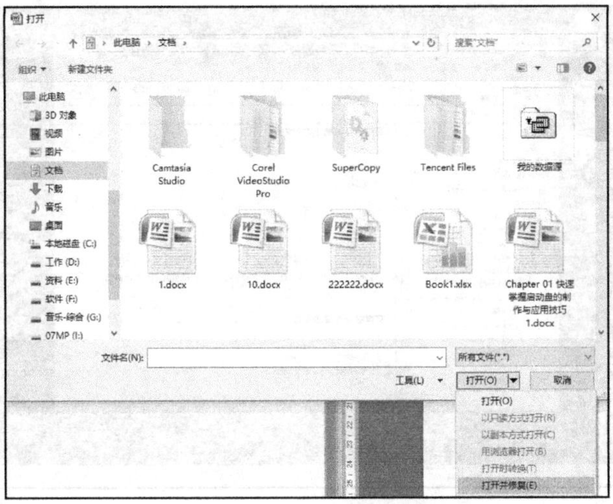

图 40-14 “打开”对话框

（3）Word 程序会修复损坏的文件并打开。

40.5.3 转换 Word 文档格式修复损坏的文件

最简单和最彻底的文档恢复方法是将 Word 文档转换为另一种格式，然后再将其转换回 Word 文档格式。

具体方法如下：

1）在 Word 中打开损坏的文档。

2）单击“office”按钮，在弹出的下拉菜单中选择“另存为”下的“其他格式”命令，打开“另存为”对话框。

3）在“保存类型”下拉列表中，选择“RTF 格式（*.rtf）”选项，然后单击“保存”按钮，如图 40-15 所示。

4）关闭文档，然后重新打开 RTF 格式文件。

5）单击“office”按钮，在弹出的下拉菜单中选择“另存为”下的“Word 文档”命令。然后在打开的“另存为”对话框中单击“保存”按钮。

6）关闭文档，然后重新打开刚创建的 DOC 格式文件。

提 示

Word 文档与 RTF 的互相转化将保留文档的格式。如果这种转换没有纠正文件损坏，则可以尝试与其他字处理格式的互相转换，这将不同程度地保留 Word 的格式。如果使用这些格式均无法解决本问题，可将文档转换为纯文本格式，再转换回 Word 格式。由于纯文本格式比较简单，这种方法有可能更正损坏处，但是文档的所有格式设置都将丢失。

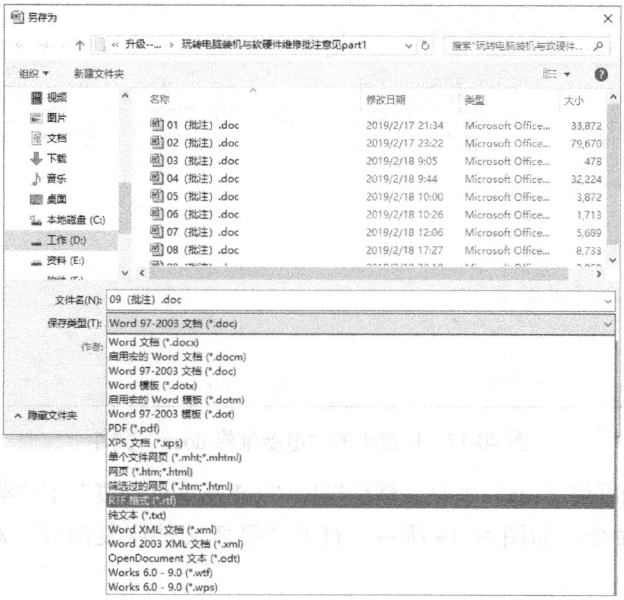

图 40-15　“另存为”对话框

40.5.4　使用修复软件进行修复

EasyRecovery、FinalData 软件中都带有修复 Word 文件的功能，结合这些功能可以轻松地将 Word 文件修复。如图 40-16 所示为 EasyRecovery 软件中的 Word 文件修复功能。

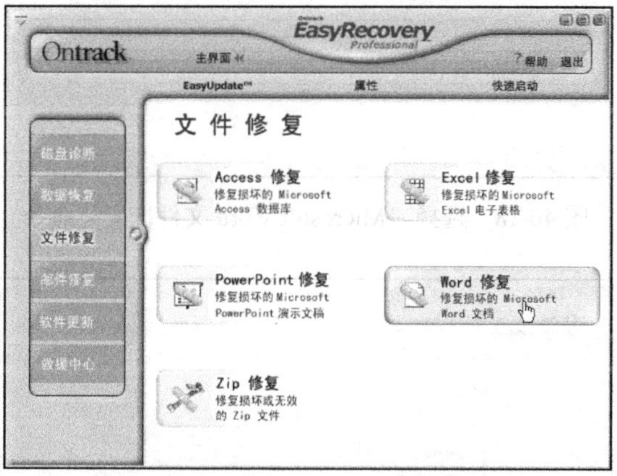

图 40-16　数据恢复软件中的 Word 文件修复功能

在电脑的 D 盘中有一个名称为“电脑维修 docx”的损坏文件，下面 FinalData 软件为例来介绍如何修复此文件。

修复损坏的 Word 文件的方法如下：

1）运行 FinalData 软件，单击软件界面中的“文件”菜单，选择“打开”命令，然后在“选择驱动器”对话框中选择 D 磁盘。

2）开始扫描 D 盘，完成扫描后，然后在 D 盘中找到“电脑维修 .docx”文件，如图 40-17 所示。

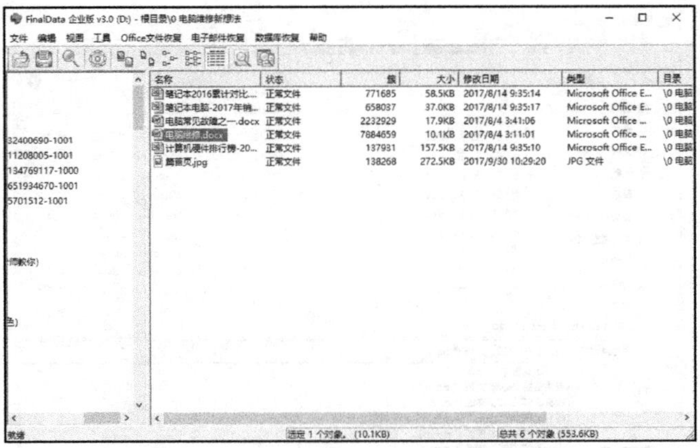

图 40-17　D 盘中的“电脑维修 docx”文件

3）选择“电脑维修 .docx”文件，然后选择“ office 文件恢复”下拉菜单中的“ Microsoft Word 文件恢复”命令，如图 40-18 所示。打开“损坏文件恢复向导”对话框，如图 40-19 所示。

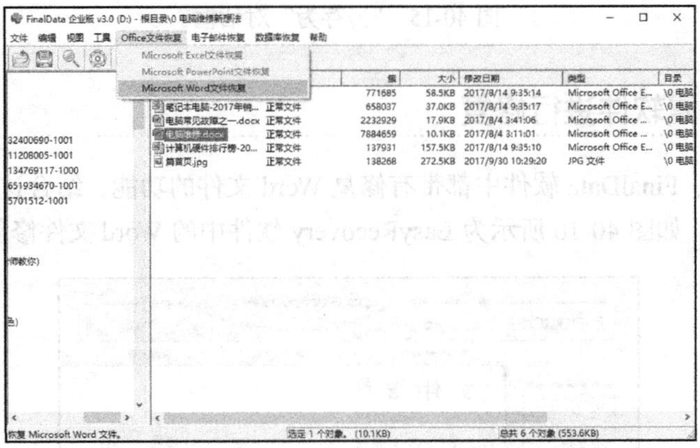

图 40-18　选择“Microsoft Word 文件恢复”命令

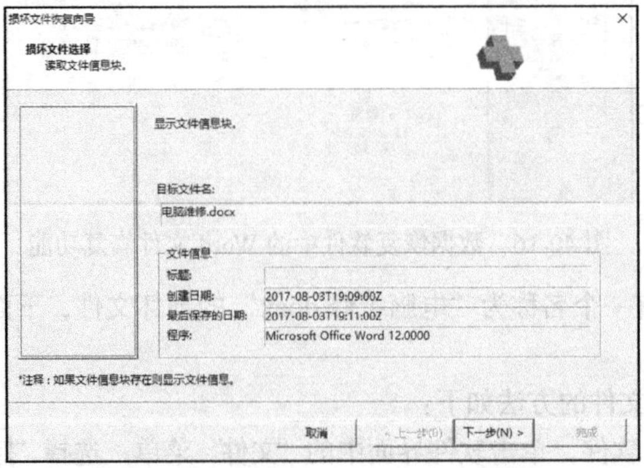

图 40-19　“损坏文件恢复向导”对话框

4）在此对话框中，单击“下一步”按钮，然后打开“损坏文件恢复向导 – 文件损坏率检查”对话框，如图 40-20 所示。

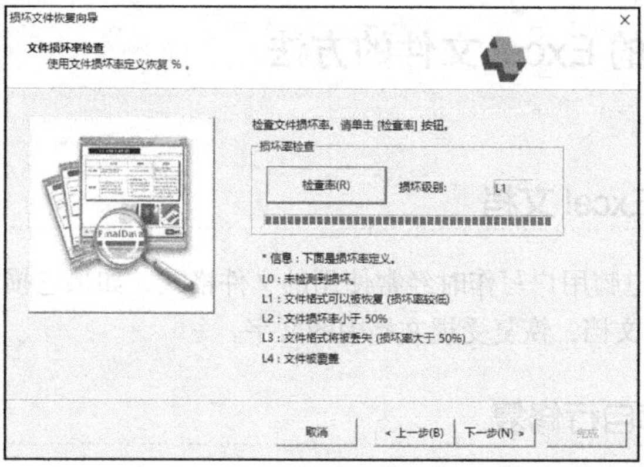

图 40-20　“损坏文件恢复向导 – 文件损坏率检查”对话框

5）在此对话框中，单击“检查率”按钮，检查文件损坏率。

6）检查完后，接着单击“下一步”按钮，打开“损坏文件恢复向导 - 开始恢复”对话框，如图 40-21 所示。在“保存位置”文本框中输入保存修复文件的目录，然后单击“开始恢复”按钮。

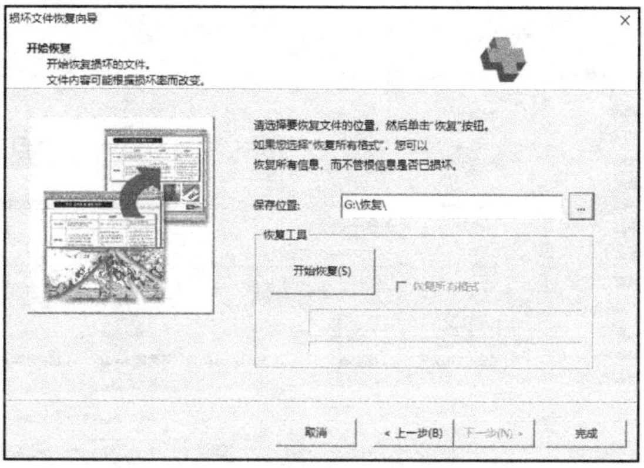

图 40-21　“损坏文件恢复向导 – 开始恢复”对话框

7）恢复完成后，单击“完成”按钮，完成 Word 文件的修复。图 40-22 所示为修复后的文件。

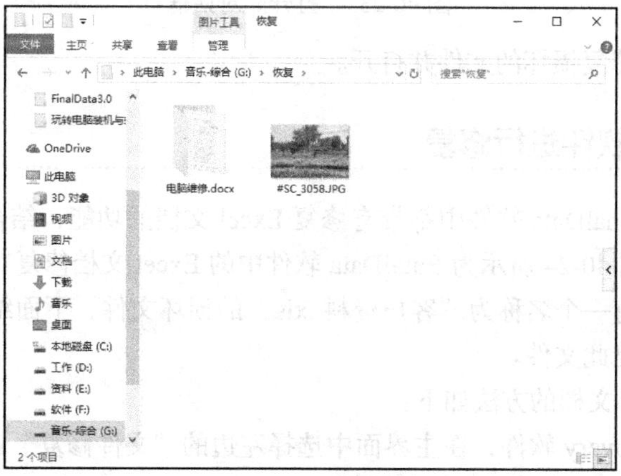

图 40-22　修复后的文件

40.6 修复损坏的 Excel 文件的方法

40.6.1 怎样修复 Excel 文档

Excel 文档是许多电脑用户写作时经常使用的文件格式，如果它损坏而无法打开时，可以采用一些方法修复损坏文档，恢复受损文档中的文字。

40.6.2 Excel 程序自行修复

“打开并修复”是 Excel 具有的文件修复功能，当 Excel 文档损坏后可以尝试这种方法。具体方法如下：

1）运行 Excel 程序，然后单击“office”按钮，并在弹出的下拉菜单中选择“打开”命令。

2）弹出“打开”对话框，在此对话框中选择要修复的文件，然后单击“打开”按钮右边的下拉按钮，并在弹出的下拉菜单中选择“打开并修复”命令，如图 40-23 所示。

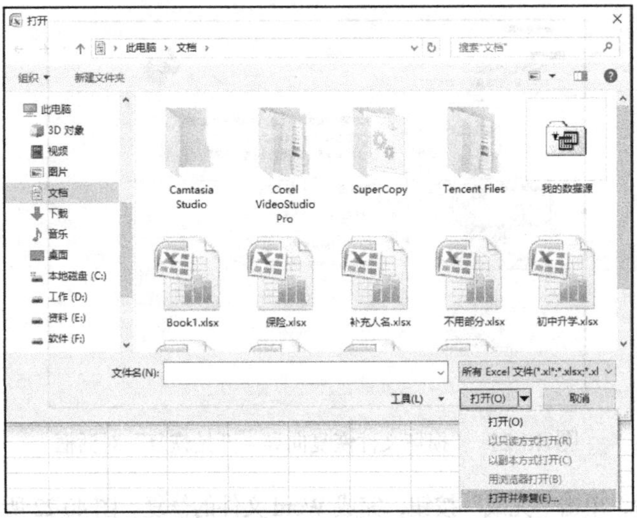

图 40-23 “打开”对话框

3）Excel 程序会修复损坏的文件并打开。

40.6.3 使用修复软件进行修复

EasyRecovery、FinalData 软件中都带有修复 Excel 文档的功能，结合这些功能可以轻松地将 Excel 文档修复。图 40-24 所示为 FinalData 软件中的 Excel 文档修复功能。

在电脑的 J 盘中有一个名称为“客户资料 .xls”的损坏文件，下面结合 EasyRecovery 中文版软件来介绍如何修复此文件。

修复损坏的 Excel 文档的方法如下：

1）运行 EasyRecovery 软件，在主界面中选择左边的“文件修复”选项，再单击右边窗口中的“Excel 修复”按钮，如图 40-25 所示。

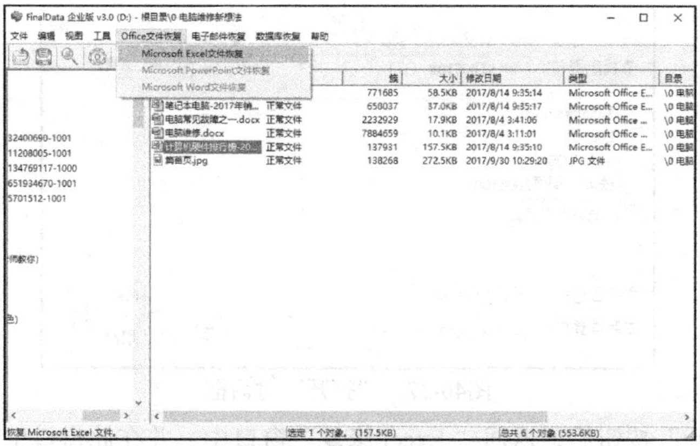

图 40-24　数据恢复软件中的 Excel 文档修复功能

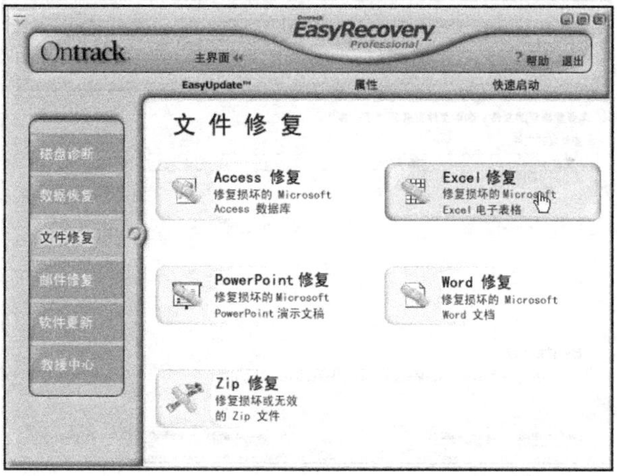

图 40-25　EasyRecovery 软件主界面

2）单击“ Excel 修复”按钮后，打开“ Excel 修复”窗口，如图 40-26 所示。在此窗口中单击“浏览文件”按钮，然后在弹出的“打开”对话框中，选择“客户资料 .xls”文件，然后单击“打开”按钮。如图 40-27 所示。

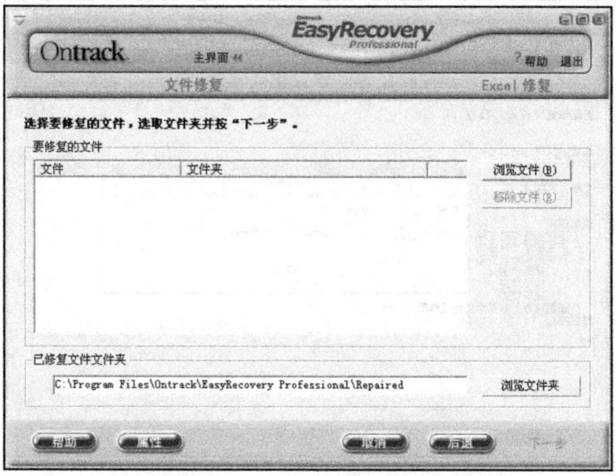

图 40-26　“Excel 修复”窗口

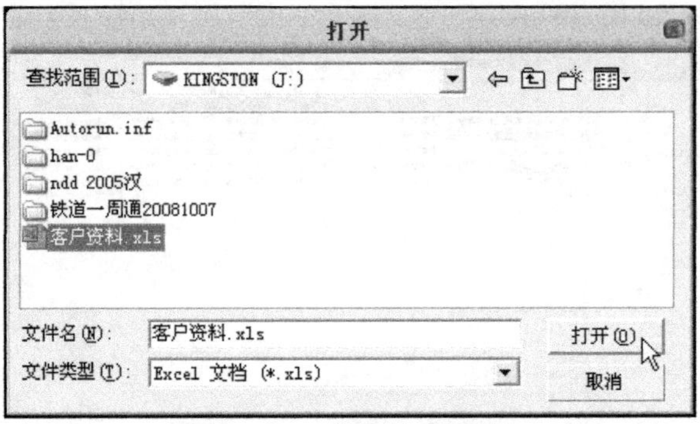

图40-27 “打开”对话框

3）单击“打开”按钮后，返回“Excel修复”窗口中，并在此窗口中出现要修复的文件（客户资料.xls），单击“下一步”按钮，如图40-28所示。

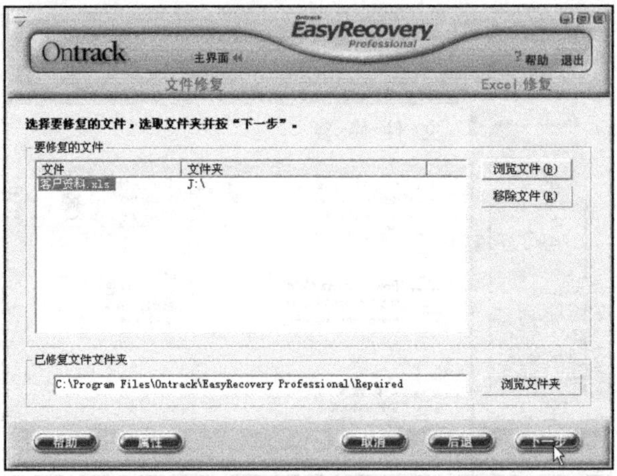

图40-28 选择修复的文件

4）软件开始修复“客户资料.xls”文件，修复完成后，会弹出“摘要”对话框，如图40-29所示。单击“确定”按钮关闭“摘要”对话框。最后单击“完成”按钮，返回软件主界面。

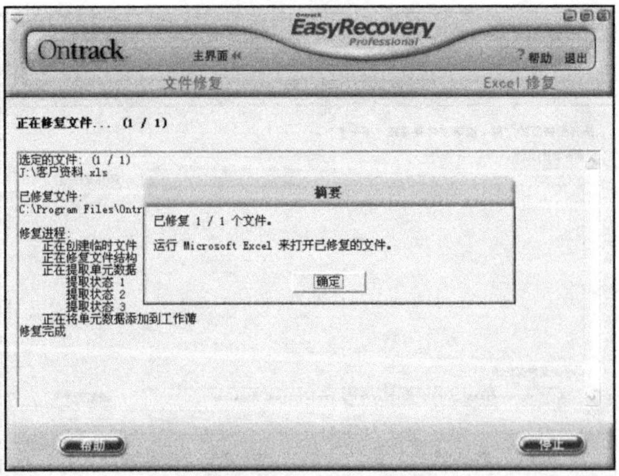

图40-29 修复文件

40.7 恢复被格式化的硬盘中的数据

当将一块硬盘被格式化时，并没有将数据从硬盘的数据区（DATA 区）直接删除，而是利用 Format 格式化重新建立了 FAT 表。所以硬盘中的数据还有被恢复的可能，通常硬盘被格式化后，结合数据恢复软件进行恢复。

提示

当出现硬盘被格式化操作造成数据丢失时，最好不要再对硬盘做任何无用的操作（即不要向被格式化的硬盘中存放任何数据），否则可能导致数据被覆盖，无法恢复。

下面结合 EasyRecovery 中文版软件来介绍如何恢复被格式化的分区中的文件。电脑的 K 盘被重新格式化，但 K 盘中还有重要的文件没有备份，需要通过数据恢复软件来恢复这些文件。

恢复被格式化分区的文件的方法如下：

1）运行 EasyRecovery 软件，然后在主界面中单击左边的“数据恢复”选项，再单击右边窗口中的“格式化恢复”按钮，如图 40-30 所示。

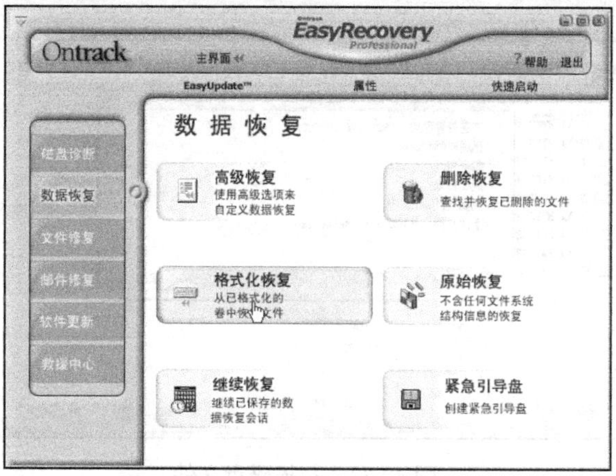

图 40-30 单击“格式化恢复”按钮

2）单击“格式化恢复”按钮后，软件开始扫描系统，接着弹出“目的警告”对话框，在此对话框中单击“确定”按钮。如图 40-31 所示。

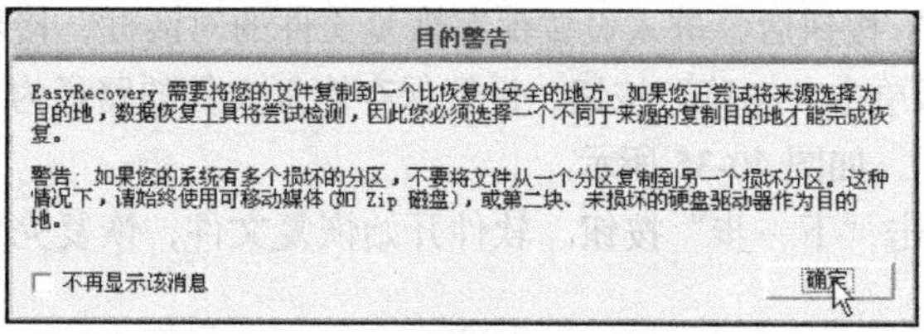

图 40-31 “目的警告”对话框

3）单击“确定”按钮后，打开“格式化恢复”对话框，在此对话框中选择 K 盘，然后单击“以前的文件系统”下拉菜单，然后选择“FAT32”（如果格式化前磁盘的分区是 NTFS，则选择 NTFS）。选择好后，单击“下一步”按钮。如图 40-32 所示。

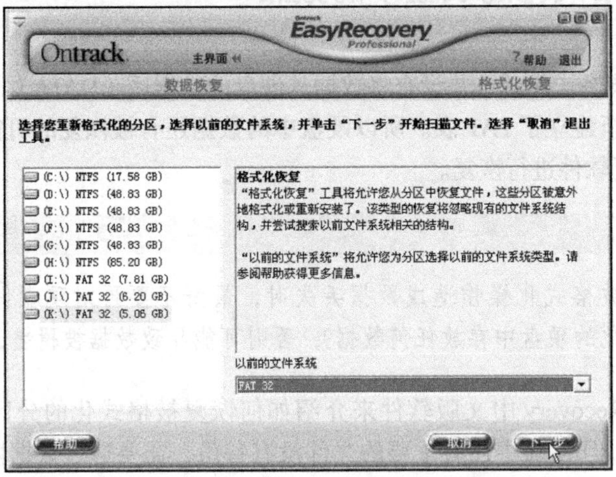

图 40-32 “格式化恢复”对话框

4）单击“下一步”按钮后，软件开始扫描磁盘文件，如图 40-33 所示。

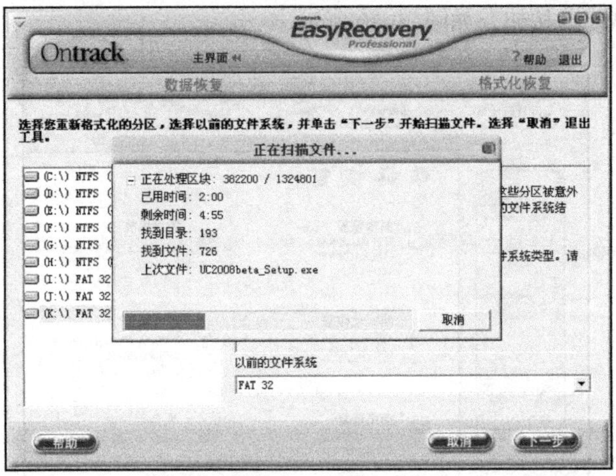

图 40-33 扫描磁盘文件

5）扫描完成后，软件会自动列出 K 盘中原先的文件，其中，左边窗口中是扫描到的文件夹，右边窗口中是扫描到的文件。在要恢复的文件前面打勾，然后单击“下一步”按钮。如图 40-34 所示。

6）单击“下一步”按钮后，进入设置保存恢复文件的对话框，接着单击“恢复到本地驱动器”单选按钮，然后单击“浏览”按钮，设置保存恢复文件的路径为“J:\ 恢复”（即保存到 J 盘中的恢复文件夹中），如图 40-35 所示。

7）设置好后，单击“下一步”按钮，软件开始恢复文件，恢复完成后，单击“完成”按钮。如图 40-36 所示。

8）单击“完成”按钮后，弹出“保存恢复”对话框，提示是否要保存恢复状态。如果要保存单击“是”按钮；如果不保存恢复状态，单击“否”按钮。设置保存恢复。此例中不保存恢复状态，按“否”按钮，返回到主界面，如图 40-37 所示。

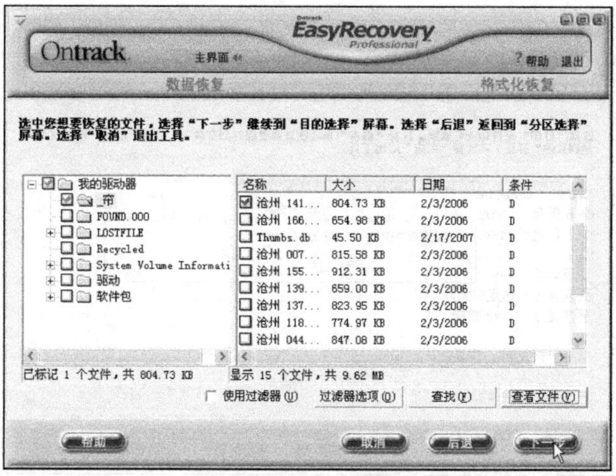

图 40-34　选择要恢复的文件

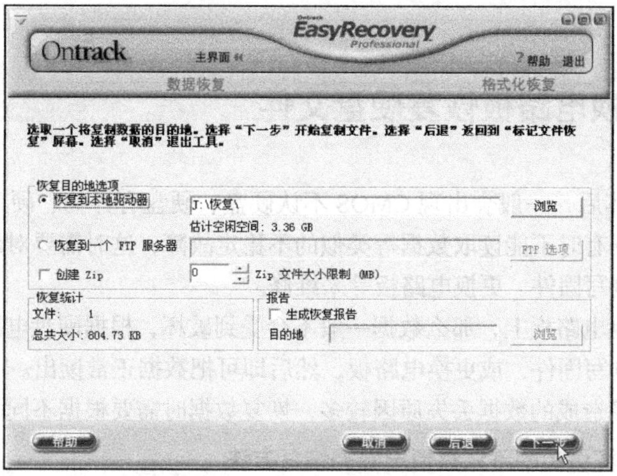

图 40-35　设置保存恢复文件的路径

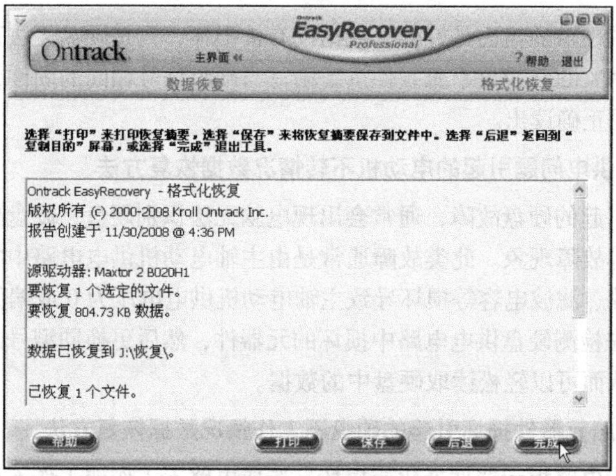

图 40-36　恢复文件

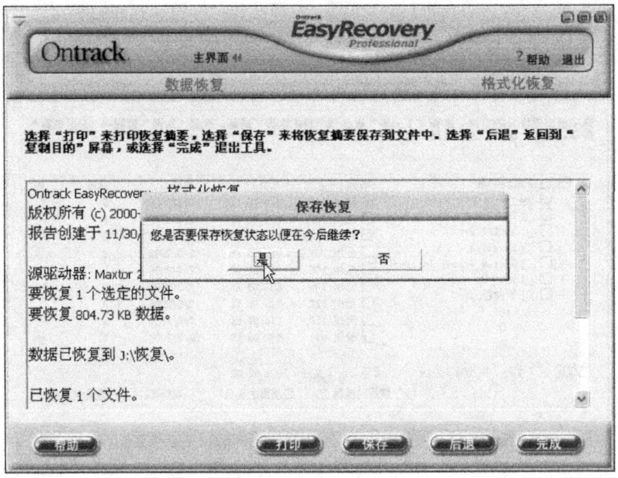

图 40-37 设置保存恢复

40.8 通过更换电路板恢复硬盘文件

硬盘电路板损坏后，一般会出现 CMOS 不认硬盘、硬盘有异响、硬盘数据读取困难、硬盘有时能够读取数据有时不能读取数据等类似的不稳定故障，这时需要对硬盘进行维修，更换损坏的芯片、重新刷写固件、更换电路板等来维修。

如果问题在硬盘电路板上，那么数据一般不会受到破坏，根据硬盘电路板故障，更换损坏的元器件，或重新刷写固件，或更换电路板，然后即可把数据正常读出。

硬盘电路板故障造成的数据丢失原因较多，恢复数据时需要根据不同故障情况进行恢复。

1. 对于固件损坏引起的不认盘情况数据恢复方法

此故障的表现为电脑无法识别硬盘。造成这种故障的原因主要是固件中某一模块损坏或丢失引起的。

出现这种故障的硬盘的盘面是好的，数据没有被损坏，只是硬盘无法正常工作。所以对于此故障，可以通过 PC-3000 或效率源软件重新刷写与硬盘型号相同的固件，然后连接到电脑中即可将硬盘中的数据正确读出。

2. 对于电路板供电问题引起的电动机不转情况数据恢复方法

对于供电问题引起的硬盘故障，通常会出现电脑无法识别硬盘、硬盘敲盘、硬盘主轴电动机转动声音不正常等故障现象。此类故障通常是由主轴电动机供电电路中的场效应管、保险电阻、电动机驱动芯片、滤波电容等损坏导致主轴电动机供电电压为 0 或偏低引起的。

此类故障一般先检测硬盘供电电路中损坏的元器件，然后更换同型号的元器件。更换后硬盘即可正常工作，从而可以轻松读取硬盘中的数据。

3. 对于硬盘电路元器件损坏引起的硬盘不工作情况数据恢复方法

此类故障是因为电路板元器件老化或损坏，造成电路不工作或工作不稳定。一般故障现象为硬盘无法被识别，硬盘可以被识别但工作不稳定等。

此类故障一般先检测电路板中损坏的元器件（重点检查场效应管、保险电阻、晶振、数据接口附近的电阻或排阻等），然后更换损坏的元器件。更换损坏的元器件后，硬盘即可正常工作，从而可以轻松读取硬盘中的数据。

4. 对于硬盘电路板故障引起的情况数据恢复方法

此类故障一般是由于电路板元器件老化，或电路板损坏，或电路板工作不稳定引起的。由于此类故障很难找到产生故障的具体原因，因此直接更换同型号的电路板即可。

在更换电路板后，应重新刷写与故障硬盘相同的 ROM，或直接将故障硬盘中的 BIOS 芯片更换到新的电路板中（BIOS 芯片必须是独立的）。更换电路板后，硬盘即可正常工作，从而可以轻松读取硬盘中的数据。如图 40-38 所示为硬盘电路板中的 BIOS 芯片。

5. 硬盘电路板损坏后的数据恢复实战

一块希捷酷鱼 7200.7 硬盘，型号为 ST3160023AS。在使用的过程中，打开机箱不小心将螺丝刀掉到硬盘电路板上，导致电脑黑屏，再重新启动时，在电脑 CMOS 中无法找到硬盘信息（硬盘中有重要的文件）。将硬盘拆下观察，发现硬盘电路板上的一个芯片被烧坏（芯片中间出现一个黑洞）。如图 40-39 所示。

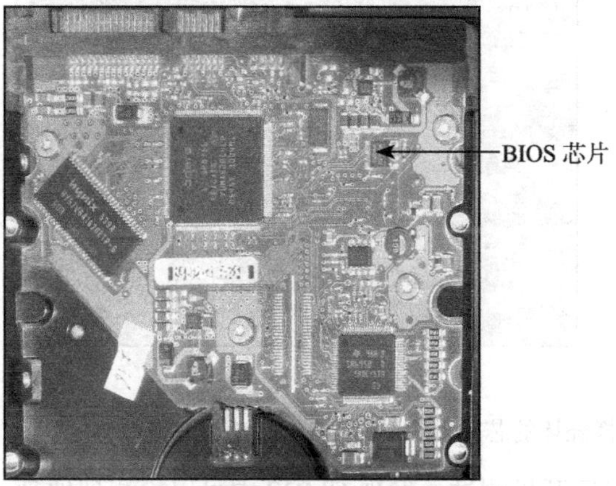

图 40-38　硬盘电路板中的 BIOS 芯片

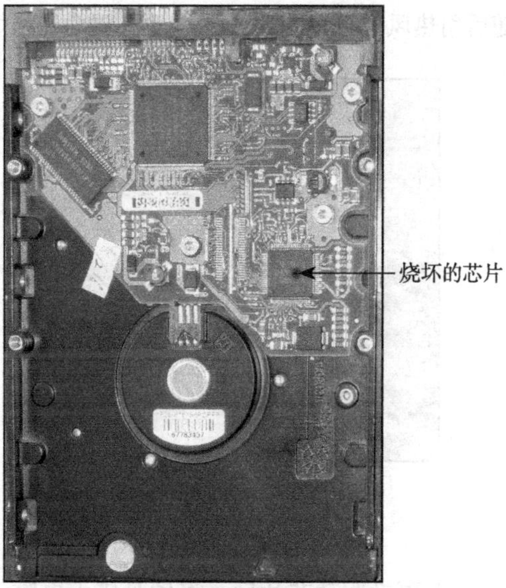

图 40-39　故障硬盘

由于此硬盘没有被摔过，且之前使用正常，没有异响，只是电路板出了点故障。因此可以判断此硬盘的盘片、磁头等没有损坏，故障应该是由电路板损坏引起的，只要将电路板恢复正常，硬盘中的数据就可以被恢复。

接下来开始恢复硬盘数据：

1）仔细观察被烧坏的芯片，此芯片的型号为 SH6950D。根据此芯片的型号和电路，判断此芯片为电动机驱动芯片，是专门为电动机、磁头等供电的。根据故障现象分析，此故障应该是螺丝钉引起硬盘电路短路，导致电动机供电电路中电流过大，最后烧坏电动机供电电路中的驱动芯片所致。

2）检测硬盘电路板中的电动机驱动芯片周围的场效应管、电感、电容、保险等元器件，未发现损坏的元器件。如图 40-40 所示。

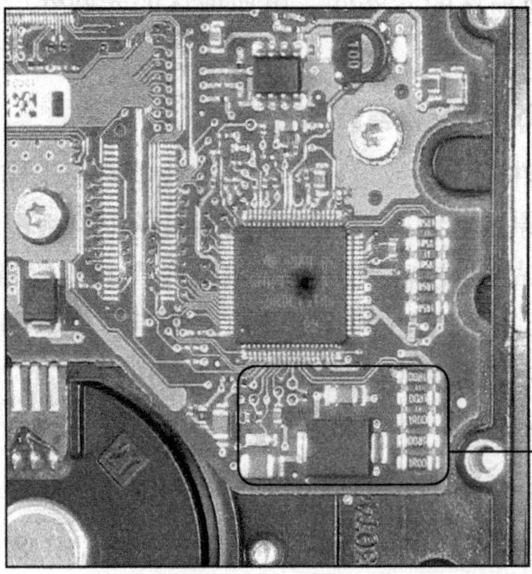

图 40-40 电动机驱动芯片周围的元器件

3）用热风焊台将故障硬盘的电动机驱动芯片卸下，然后用电烙铁修平电路板中的焊点。随后用热风焊台将同型号的电动机驱动芯片焊到故障硬盘上。如图 40-41 所示。

a）拆卸电动机驱动芯片

b）更换后的电动机驱动芯片

图 40-41 更换烧坏的芯片

4）更换驱动芯片后，将硬盘接入电脑，然后开机测试，发现 CMOS 中可以检测到硬盘。接着启动系统，发现系统可以正常启动，且硬盘的中的数据完好无损，故障排除。

第 41 章

多核电脑安全加密方法

进入信息和网络化的时代以来，越来越多的用户可以通过电脑来获取信息、处理信息，同时将自己最重要的信息以数据文件的形式保存在电脑中。为防止存储在电脑中的数据信息被泄露，有必要对电脑及系统进行一定的加密。本章将介绍几种常用的加密方法。

41.1 电脑系统安全防护

41.1.1 系统登录加密

Windows 10 系统是目前使用最多的操作系统，在这一节中介绍 BIOS 的密码设置和进入 Windows10 系统后登录密码的设置方法。

1. 设置电脑 BIOS 加密

进入电脑系统，可以设置的第一个密码就是 BIOS 密码。电脑的 BIOS 密码可以分为开机密码 (PowerOn Password)、超级用户密码 (SuperVisor Password) 和硬盘密码 (Hard Disk Password) 等几种。

其中，开机密码需要用户在每次开机时输入正确密码才能引导系统；超级用户密码可阻止未授权用户访问 BIOS 程序；硬盘密码可以阻止未授权的用户访问硬盘上的所有数据，只有输入正确的密码才能访问。

另外，超级用户密码拥有完全修改 BIOS 设置的权利。而其他两种密码对有些项目将无法设置。所以建议用户在设置密码时，直接使用超级用户密码。这样既可保护计算机安全，又可拥有全部的权限。

在台式电脑中，如果忘记了密码，可以通过 CMOS 放电来清除密码。但如果用户使用的是笔记本电脑，由于笔记本电脑中的密码有专门的密码芯片管理，如果忘记了密码，就不能简单地像台式电脑那样通过 CMOS 放电来清除密码，往往需要返回维修站修理，所以设置密码后一定要注意不要遗失密码。

电脑的 BIOS 密码设置方法参考 13.4.3 节内容。

2. 设置系统密码

Windows 10 系统是当前应用最广泛的操作系统之一，其中在系统中可以为每个用户分别设置一个密码，具体设置方法如下。

1）打开“控制面板”窗口，然后单击“用户账户”选项，如图 41-1 所示。

图 41-1 单击“用户账户”选项

2）在打开的“用户账户”窗口中，单击“用户账户”选项下面的“更改账户类型”选项。如图 41-2 所示。

3）在打开的“管理账户”窗口中的“选择要更改的账户”栏中，单击需要设置密码的账户，如图 41-3 所示。

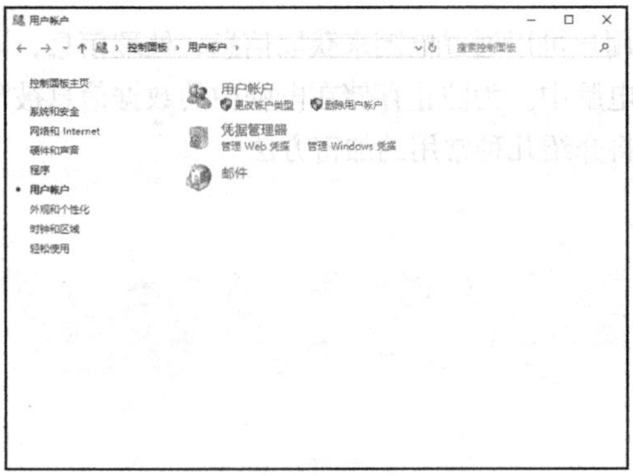

图 41-2 “用户账户”窗口

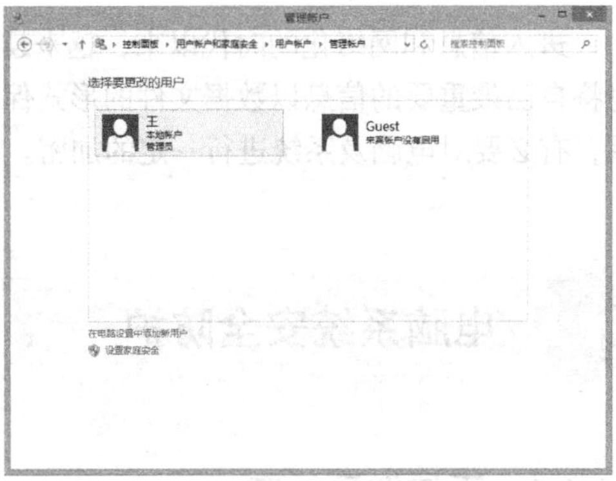

图 41-3 “管理账户”窗口

4）进入“更改账户”窗口，在此窗口左侧单击“创建密码”选项，如图 41-4 所示。

5）进入“创建密码”窗口，在此窗口中输入两次密码和一次密码提示问题，然后单击“创建密码”按钮。如图 41-5 所示。密码创建成功，还可以为其他用户设置不同的密码。

图 41-4 “更改账户”窗口

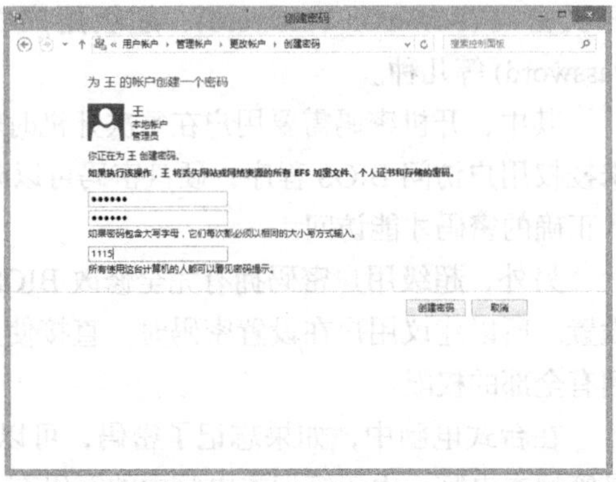

图 41-5 “创建密码”窗口

41.1.2 应用软件加密

禁止其他用户安装或删除软件的设置，同样是在 Windows XP 的组策略中进行设置，可以利用上一节所介绍方法，打开组策略对话框进行设置。禁止其他用户安装或删除软件设置方法如下（以 Windows 7/8 为例）。

1）按“win+R”组合键，在弹出的“运行”对话框中，输入“gpedit.msc”，单击确定按钮。如图 41-6 所示。

2）打开“本地组策略编辑器”窗口，然后在左侧窗口依次单击展开“用户配置→管理模板→控制面板→添加或删除程序”选项，如图 41-7 所示。

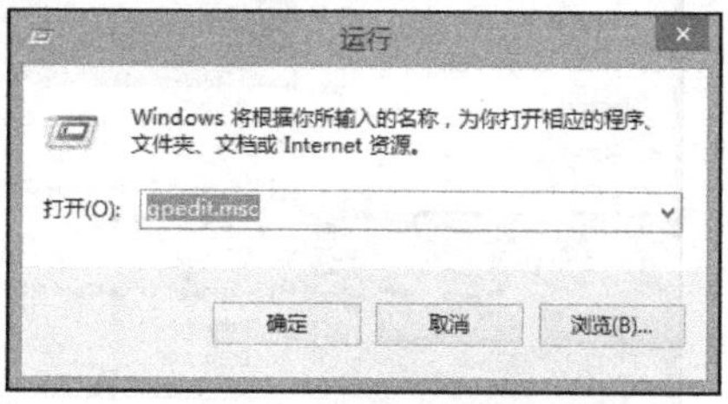

图 41-6 “运行”对话框

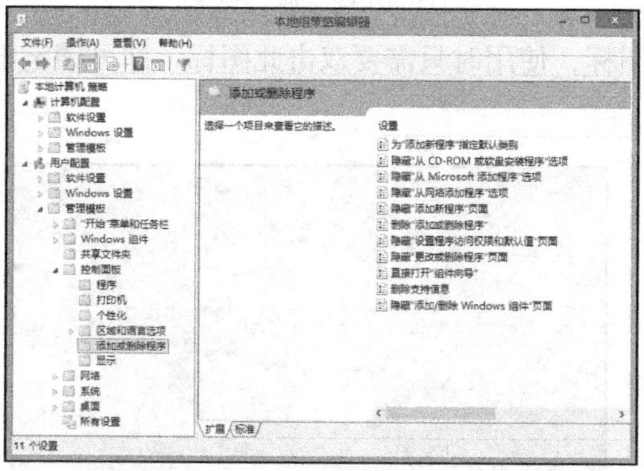

图 41-7 “本地组策略编辑器”窗口

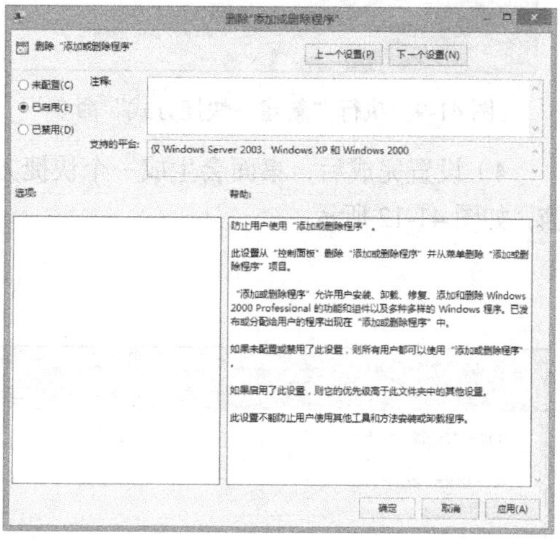

图 41-8 “删除‘添加或删除程序’”窗口

3）在组策略右侧的窗口中双击“添加或删除程序”选项，在打开的“删除‘添加或删除程序’”窗口中选择“已启用”，单击“确定”按钮完成设置。如图 41-8 所示。

41.1.3 锁定电脑系统

当用户在使用电脑时，如果需要暂时离开且不希望其他人使用自己的电脑，这时可以把电脑系统锁定起来，当重新使用时，只需要输入密码即可打开系统。

下面介绍两种锁定电脑系统的方法，这两种方法都必须先给 Windows 用户设定登录密码后才能执行操作，否则锁定电脑后，没有登录密码，还是可以轻松登录系统。

锁定电脑系统设置方法如下：

1）在电脑桌面单击右键，在弹出的快捷菜单中执行“新建→快捷方式”命令，如图 41-9 所示。

2）在“创建快捷方式”对话框中输入“rundll32.exe user32.dll,LockWorkStation”，单击“下一步”按钮，必须注意大小写和标点符号，如图 41-10 所示。

3）在打开的界面中输入快捷方式的名称（如锁定电脑），单击“完成”按钮，如图 41-11 所示。

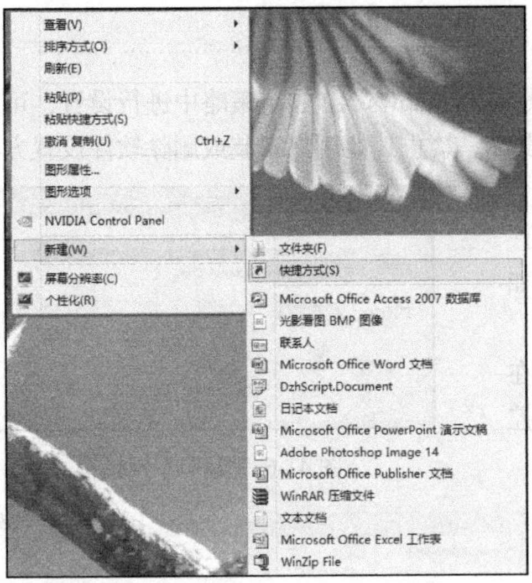

图 41-9 执行“新建→快捷方式”命令

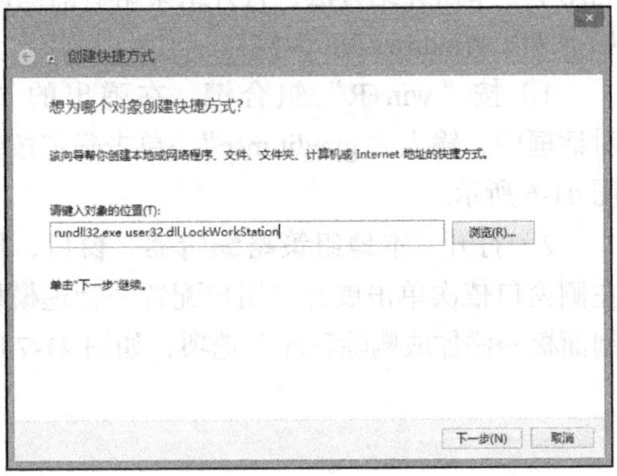

图 41-10 输入命令

4）设置完成后，桌面会生成一个快捷方式图标，使用时只需要双击此图标，即可锁定电脑，如图 41-12 所示。

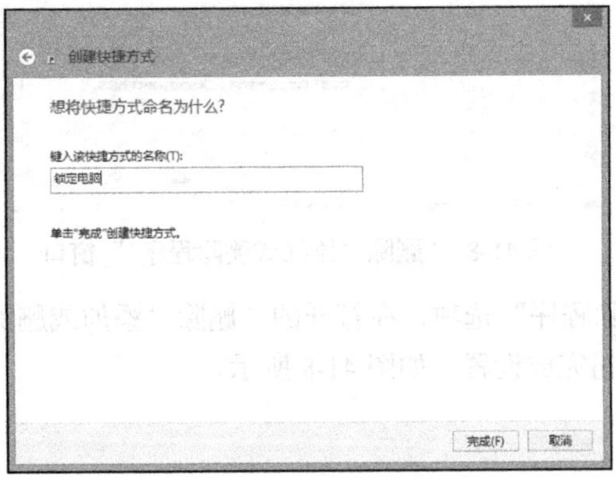

图 41-11 输入名称

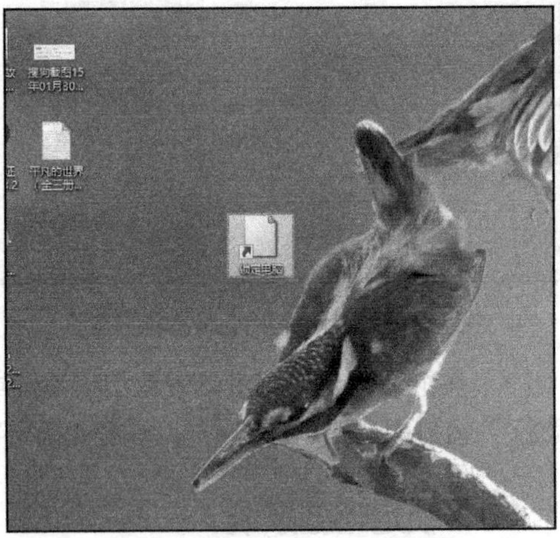

图 41-12 完成设置

41.2 电脑数据安全防护

电脑数据安全防护的方法主要是给数据文件加密，下面介绍几种常见的数据文件的加密方法。

41.2.1 Office 数据文件加密

在 Office 软件中，Word 文档和 Excel 文档的加密方法大致相同，这里以 Excel 文档为例进行介绍。

1）打开需要加密的 Word 或 Excel 文档。然后单击“office”按钮，并单击“另存为→Excel 工作簿”命令，如图 41-13 所示。

2）在打开的“另存为”对话框中，单击“工具”下拉菜单中的“常规选项”命令，如图 41-14 所示。

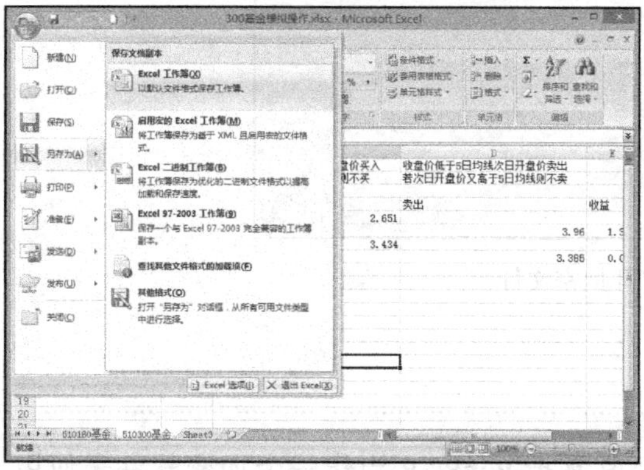

图 41-13　单击“office”按钮

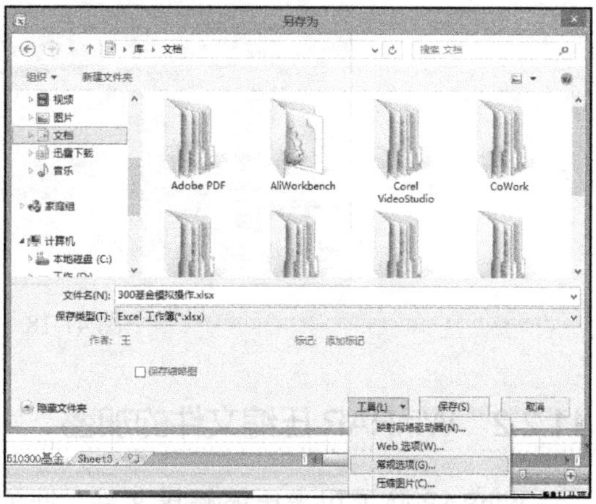

图 41-14　“工具”下拉菜单

3）在“常规选项”对话框中的“打开权限密码”和“修改权限密码”文本框中输入密码，然后单击“确定”按钮，如图 41-15 所示。

4）单击“确定”按钮后，再在“确认密码”对话框中的“重新输入密码”文本框中重新输入密码，然后单击“确定”按钮，如图 41-16 所示。

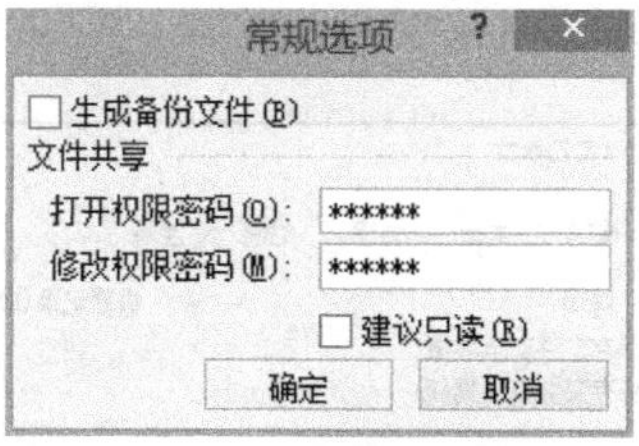

图 41-15　“常规选项”对话框

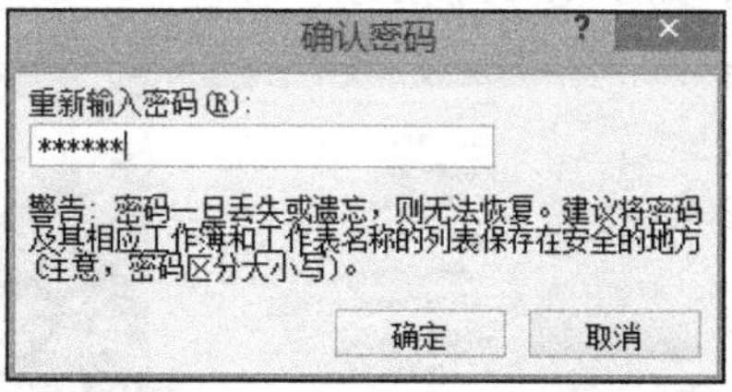

图 41-16　“确认密码”对话框

5）在“重新输入修改权限密码”文本框中再次输入密码，然后单击“确定”按钮，如图 41-17 所示。

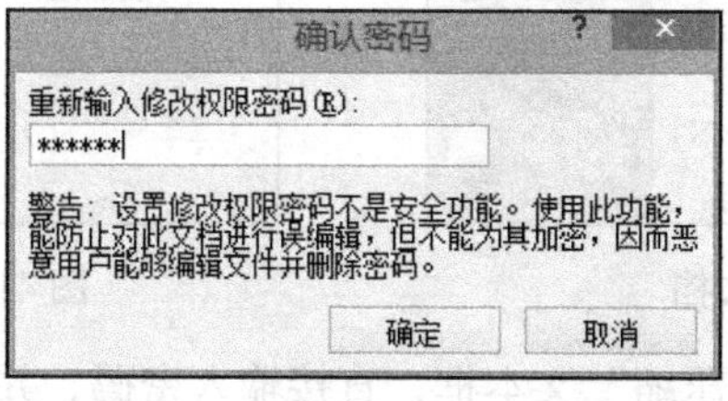

图 41-17　重新输入修改权限密码

6）单击“保存”按钮，完成设置密码，当打开加密文件时，会提示输入密码打开，如图 41-18 所示。

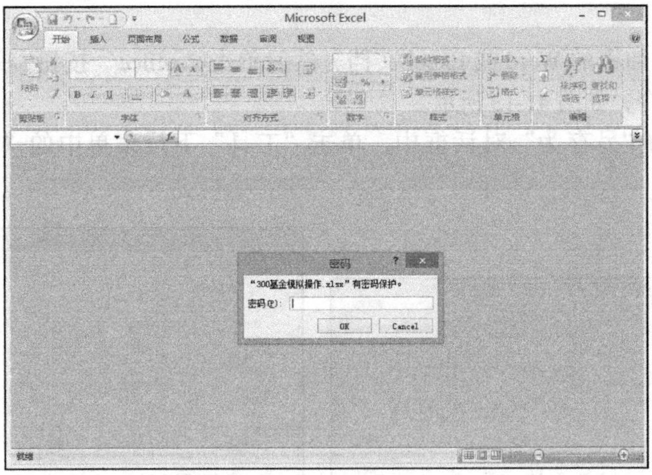

图 41-18 打开加密文件

41.2.2 WinRAR 压缩文件的加密

WinRAR 除了用来压缩解压文件，我们还常常把 WinRAR 当作一个加密软件来使用，在压缩文件的时候设置一个密码，就可以达到保护数据的目的。WinRAR 密码设置方法如下。

1）在压缩加密的文件上单击右键，在弹出的快捷菜单中单击“添加到压缩文件”如图 41-19 所示。

2）在打开的“压缩文件名和参数”对话框中，单击“高级”选项卡，再单击“设置密码”按钮，如图 41-20 所示。

图 41-19 加密文档

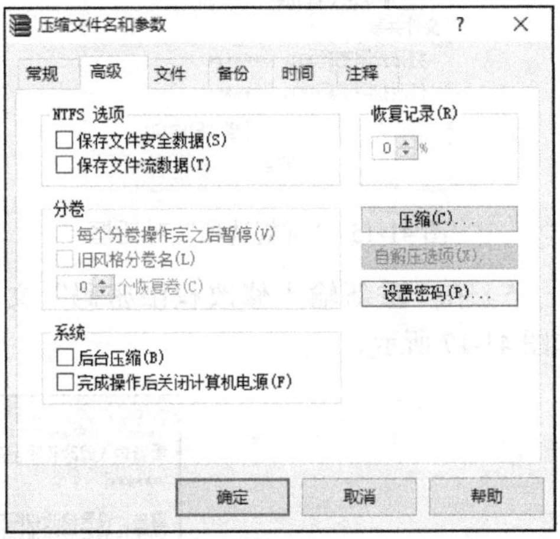

图 41-20 “高级”选项卡

3）之后会打开“带密码压缩”文本框，直接输入密码，并单击“加密文件名”复选项，然后单击“确定”按钮，如图 41-21 所示。

4）在“压缩文件名和参数”对话框中单击“确定”按钮，完成设置。如图 41-22 所示。

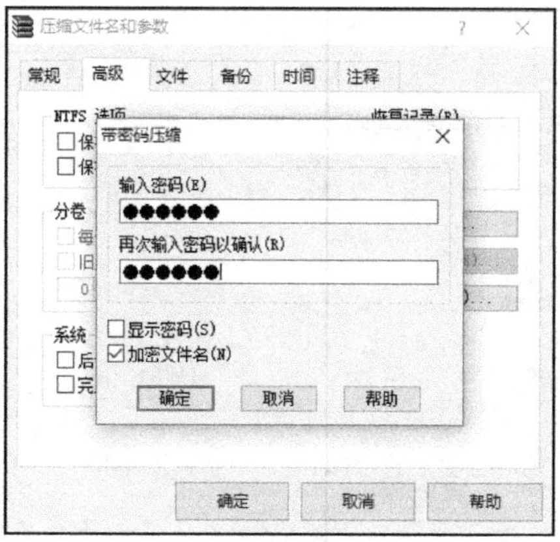

图 41-21 “带密码压缩”文本框

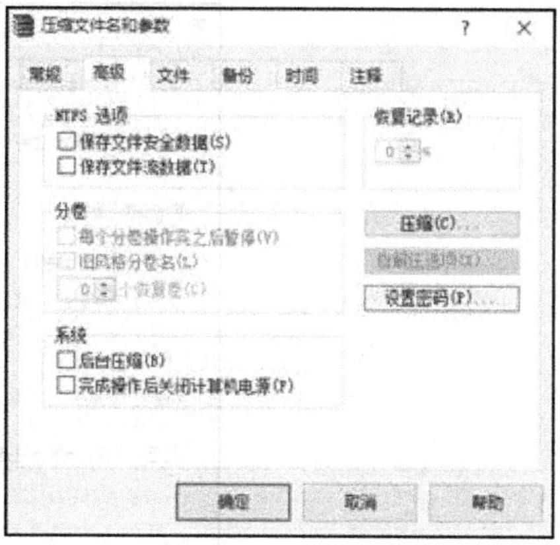

图 41-22 完成设置

41.2.3 数据文件夹加密

数据文件夹加密主要有两种常用的方法：一是使用第三方的加密软件进行加密；二是使用 Windows 系统进行加密。下面重点介绍利用 Windows 7/8 系统来加密各种文件档案。

用 Windows 10 系统加密的方法要求分区的格式是 NTFS 才能进行设置。文件夹加密的设置方法如下。

1）在需要加密的文件夹上单击鼠标右键，然后选择“属性”命令，如图 41-23 所示。

2）在“属性”对话框中，单击“高级”按钮，如图 41-24 所示。

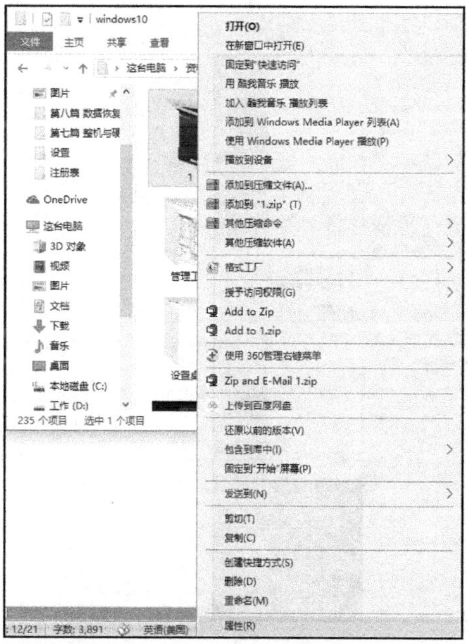

图 41-23 选择“属性”命令

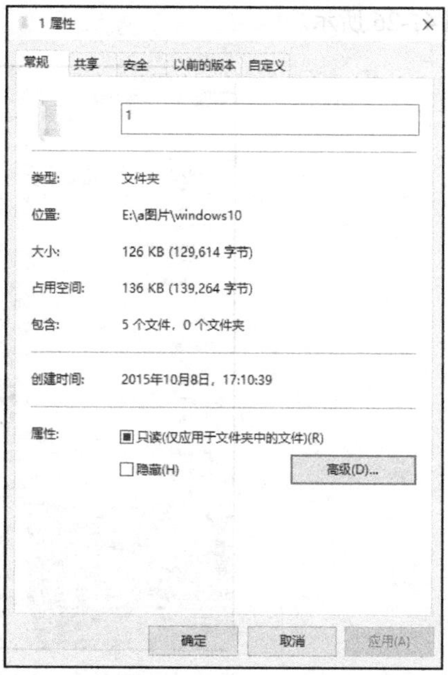

图 41-24 “属性”对话框

3）在“高级属性”对话框中，勾选“加密内容以便保护数据”复选框，然后单击“确定”按钮，如图 41-25 所示。

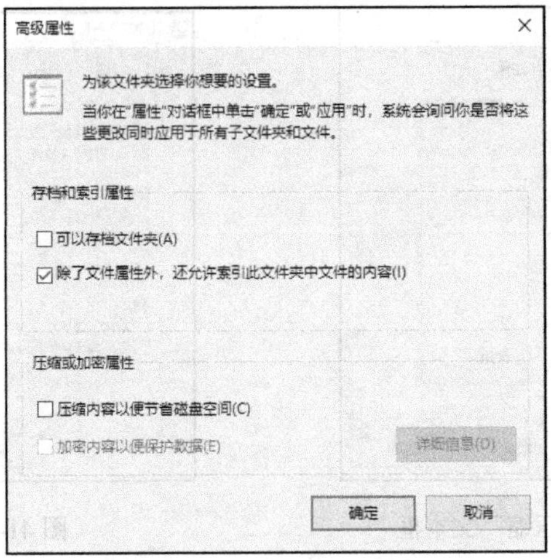

图 41-25 “高级属性”对话框

4）返回“属性”对话框，在属性对话框中单击“确定”按钮，文件夹加密完成，名称变成绿色，其他用户登录电脑后，无法对文件夹操作。

41.2.4 共享数据文件夹加密

通过对共享文件夹的加密，可以为不同的网络用户设置不同的访问权限，共享文件夹设置权限方法如下（以 Windows10 系统为例）。

1）在想设置为共享的文件夹上单击右键，在打开的菜单中选择“共享→特定用户”命令，如图 41-26 所示。

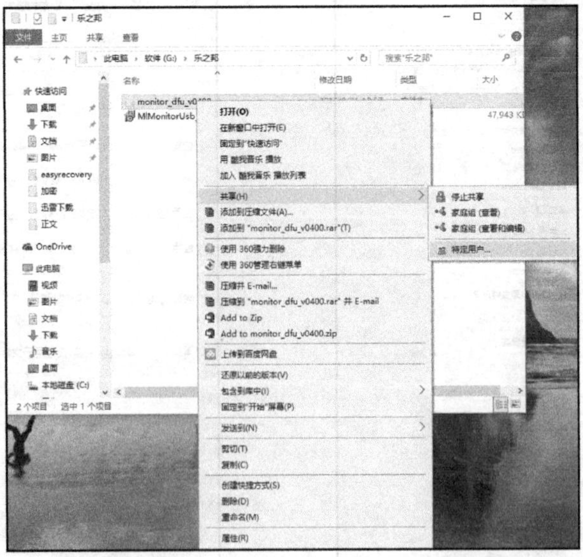

图 41-26 选择“共享→特定用户”命令

2）在打开的“文件共享”对话框中，单击“添加”按钮前面的下拉按钮，选择一个共享文件的用户，如图 41-27 所示。

3）选择好后，单击“添加”按钮，将用户添加到共享列表中，如图 41-28 所示。

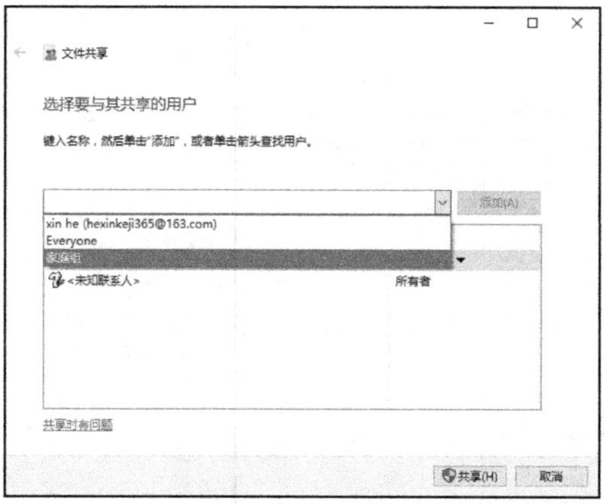

图 41-27　选择用户

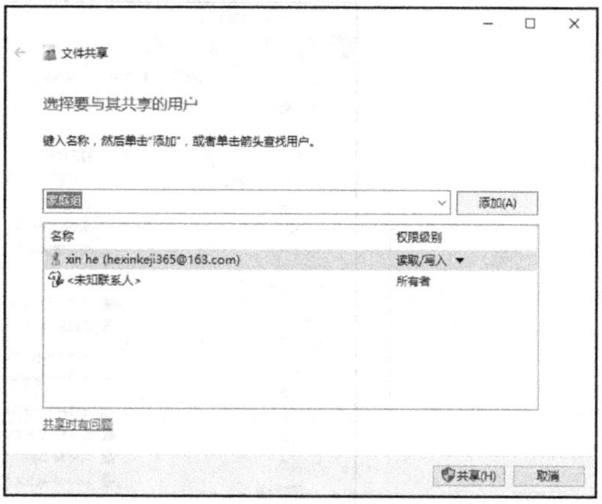

图 41-28　添加用户

4）单击该用户名称右侧“权限级别”栏下的三角按钮，选择用户权限，如图 41-29 所示。

5）设置好后，单击“共享”按钮，再单击“完成”按钮，完成共享文件加密设置，今后电脑会根据用户访问权限来决定是否让用户访问。如图 41-30 所示。

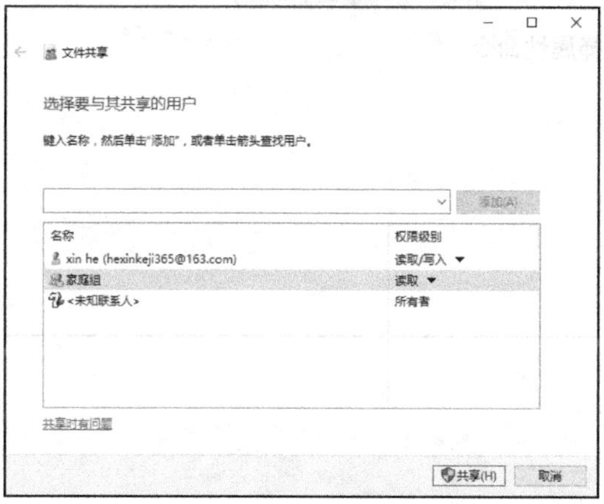

图 41-29　为用户设置访问权限

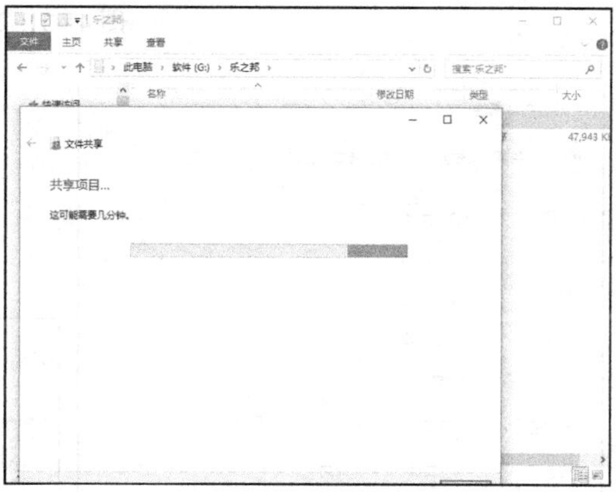

图 41-30　完成设置

41.2.5　隐藏重要文件

如果担心重要的文件被别人误删，或不想让别人看到重要的文件，可以采用隐藏的方法将重要的文件保护起来。具体设置方法如下：

1）在需要隐藏的文件上单击右键，然后选择“属性”命令，如图 41-31 所示。

2）在打开的“属性”对话框中，勾选“隐藏”复选框，然后单击“确定”按钮。如图 41-32 所示。

对于已经隐藏的文件，如果要显示出来，需要在文件夹选项中进行设置，具体方法如下：

1）打开隐藏文件所在的文件夹或磁盘，然后单击“查看”菜单下“选项”按钮，如图 41-33 所示。

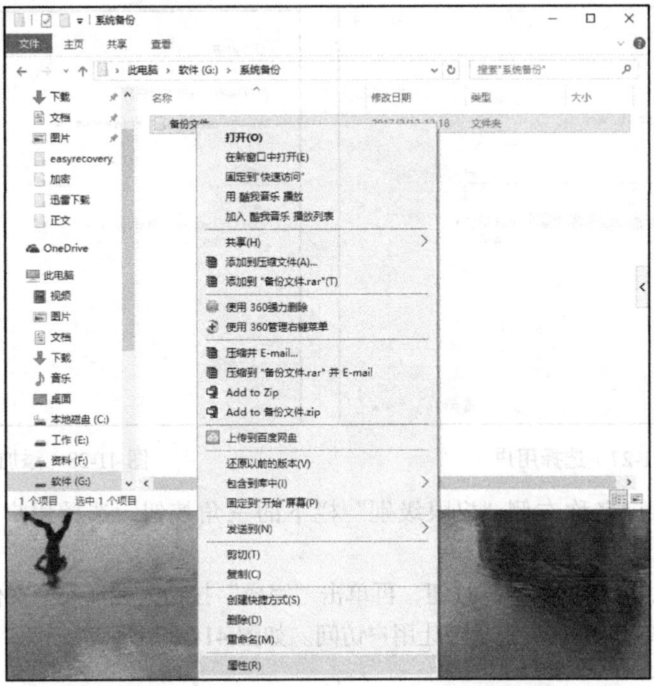

图 41-31 选择属性命令

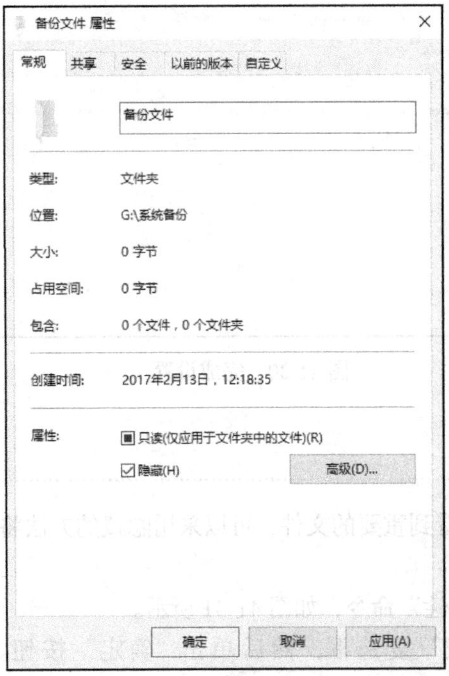

图 41-32 设置完成

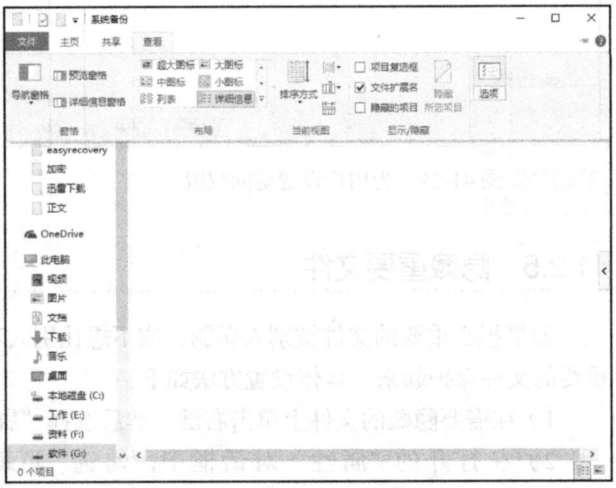

图 41-33 单击“选项”按钮

2）在打开的“文件夹选项”对话框中，单击“查看”选项卡，然后在“高级设置”列表中，单击“显示隐藏的文件、文件夹和驱动器”单选按钮，然后单击“确定”按钮，就可以显示隐藏文件了，如图 41-34 所示。

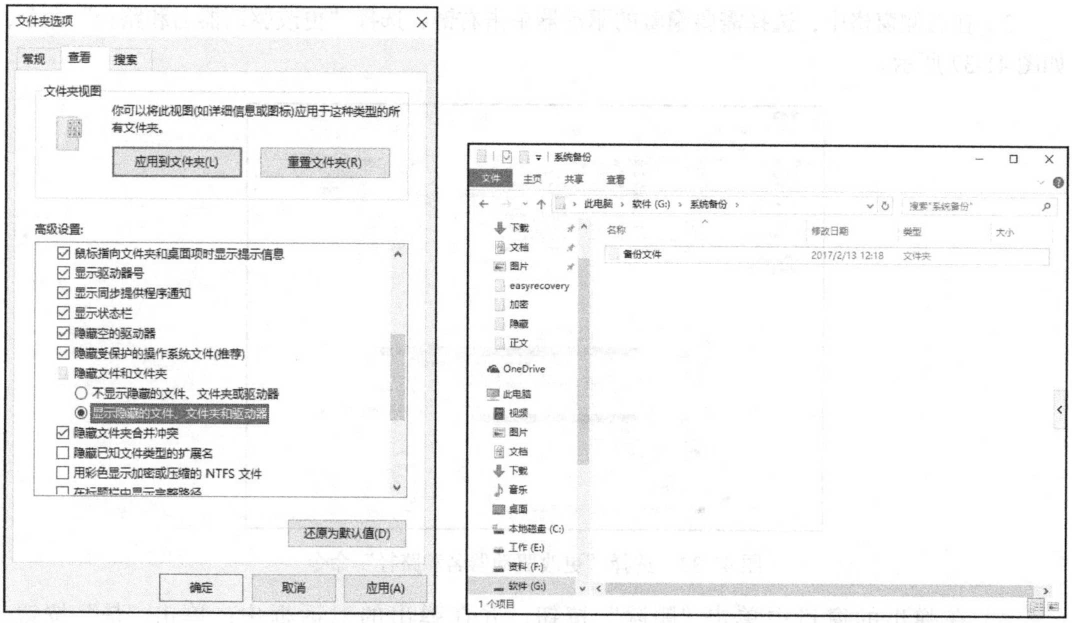

图 41-34　显示隐藏文件

41.3 电脑硬盘驱动器加密

在 Windows 系统中有一个功能强大的磁盘管理工具，此工具可以将电脑中的磁盘驱动器隐藏起来。让其他用户无法看到隐藏的驱动器，增强电脑的安全性，隐藏磁盘驱动器设置方法如下。

1）在“计算机”图标上（以 Windows 10 系统为例）单击鼠标右键，选择“管理”命令，如图 41-35 所示。

2）在“计算机管理”窗口中的左侧，单击“存储→磁盘管理”选项，在右侧窗口会看到硬盘的详细信息，如图 41-36 所示。

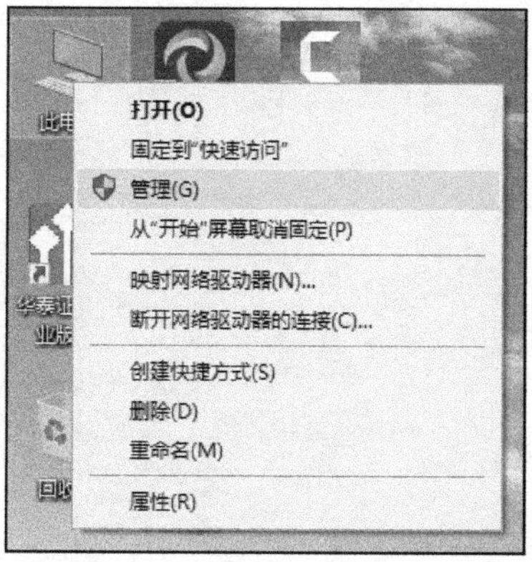

图 41-35　选择“管理”命令

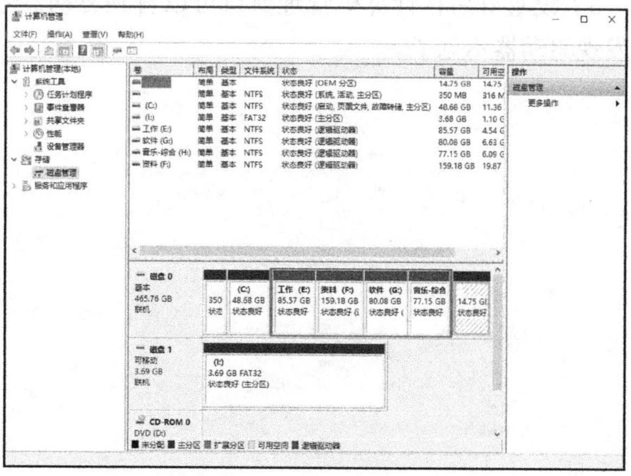

图 41-36　“计算机管理”窗口

3）在右侧窗格中，选择需要隐藏的驱动器单击右键，选择“更改驱动器名和路径”命令，如图 41-37 所示。

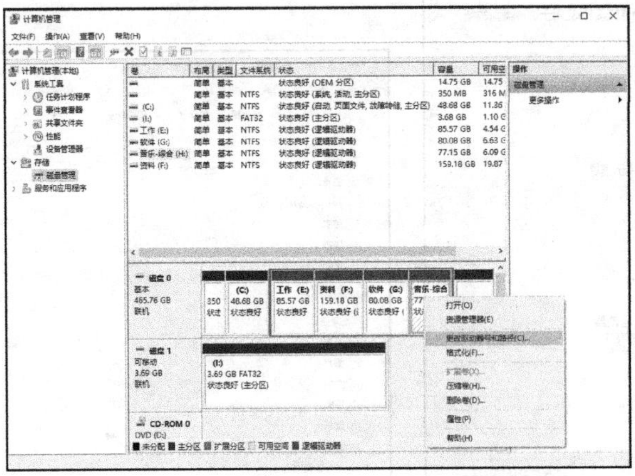

图 41-37 选择“更改驱动器名和路径”命令

4）在弹出的窗口中单击“删除”按钮，并在弹出的对话框中，单击“是”按钮。如图 41-38 所示。

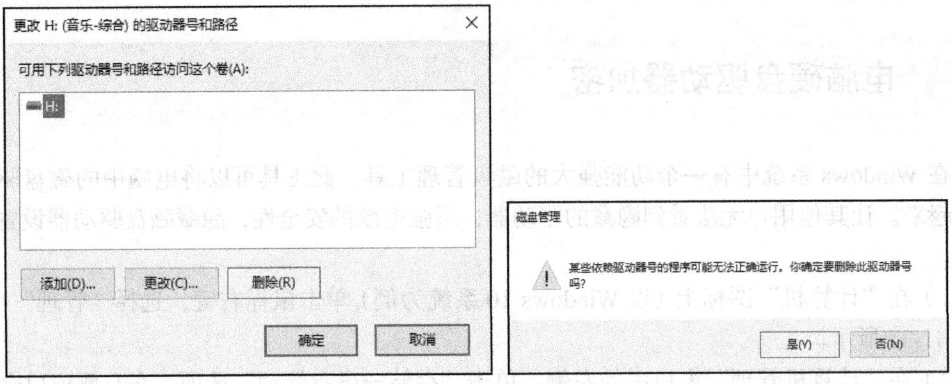

图 41-38 删除驱动器

5）设置好后在计算机管理窗口可以看到驱动器号被隐藏，设置完后，重新启动计算机即会发现驱动器不见了。